CEwind eG / Alois Schaffarczyk (Hrsg.)

Einführung in die Windenergietechnik

CEwind eG / Alois Schaffarczyk (Hrsg.)

Einführung in die Windenergietechnik

Mit 332 Bildern, 27 Tabellen sowie zahlreichen Beispielen und Übungen

fV

Fachbuchverlag Leipzig
im Carl Hanser Verlag

CEwind eG
Kompetenzzentrum Windenergie Schleswig-Holstein
c/o Fachhochschule Flensburg
Kanzleistraße 91-93
D-24943 Flensburg

Alle in diesem Buch enthaltenen Programme, Verfahren und elektronischen Schaltungen wurden nach bestem Wissen erstellt und mit Sorgfalt getestet. Dennoch sind Fehler nicht ganz auszuschließen. Aus diesem Grund ist das im vorliegenden Buch enthaltene Programm-Material mit keiner Verpflichtung oder Garantie irgendeiner Art verbunden. Autor und Verlag übernehmen infolgedessen keine Verantwortung und werden keine daraus folgende oder sonstige Haftung übernehmen, die auf irgendeine Art aus der Benutzung dieses Programm-Materials oder Teilen davon entsteht.

Die Wiedergabe von Gebrauchsnamen, Handelsnamen, Warenbezeichnungen usw. in diesem Werk berechtigt auch ohne besondere Kennzeichnung nicht zu der Annahme, dass solche Namen im Sinne der Warenzeichen- und Markenschutz-Gesetzgebung als frei zu betrachten wären und daher von jedermann benutzt werden dürften.

Bibliografische Information der Deutschen Nationalbibliothek
Die Deutsche Nationalbibliothek verzeichnet diese Publikation in der Deutschen Nationalbibliografie; detaillierte bibliografische Daten sind im Internet über http://dnb.d-nb.de abrufbar.

ISBN: 978-3-446-43032-7
E-Book-ISBN: 978-3-446-43133-1

Internet: http://www.hanser-fachbuch.de

Lektorat: Dr. Martin Feuchte
Satz: Dr. Karen Lippert, SciWriter, Leipzig
Coverconcept: Marc Müller-Bremer, www.rebranding.de, München
Coverrealisierung: Stephan Rönigk
Druck und Bindung: Friedrich Pustet KG, Regensburg
Printed in Germany

Vorwort

Mit dem Probebetrieb der Großwindanlage (GROWIAN) 1983 im Kaiser-Wilhelm-Koog nahe dem Eingang in den Nord-Ostsee-Kanal begann in Deutschland die Ära der modernen Windenergie. Waren Ende des neunzehnten Jahrhunderts knapp zwanzigtausend Windmühlen in Betrieb, so erzeugten Ende 2011 mehr als dreiundzwanzigtausend Windturbinen fast 10 Prozent des Nettostromverbrauchs in Deutschland. Knapp dreißig Jahre nach diesem ambitionierten Neubeginn überschreiten heutzutage Standardanlagen – fast vom Fließband – die Größe und Leistung des einst so geschmähten GROWIAN.

Auf Anregung des Carl Hanser Verlags und unter dem Dach der CEwind eG, der Forschungsgemeinschaft Windenergie der schleswig-holsteinischen Hochschulen, legen zehn Autoren aus dem Umfeld der schleswig-holsteinischen Windcommunity und den Niederlanden eine einführende Darstellung der Windenergietechnik vor. In elf Kapiteln sollen interessierte Leserinnen und Leser in die Lage versetzt werden, den modernen Stand dieser nunmehr als eigenständig zu bezeichnenden Technik kennenzulernen.

Wir beginnen mit einem Abriss der Geschichte, der ergänzt wird durch eine energiepolitische Diskussion der internationalen Bedeutung der Windenergie. Weitere Kapitel legen den aerodynamischen und strukturellen Blattentwurf dar. Dem Energiefluss in der Anlage folgend, stellen wir danach moderne Triebstrangkonzepte sowie Turm und Gründung vor. Im weitesten Sinne elektrische Komponenten wie Generator, Umrichter, Regelungs- und Betriebsführungskonzepte schließen sich an. Einer Beschreibung, wie sehr große Anteile dieser fluktuierenden Energieform erfolgreich in das bestehende elektrische Versorgungsnetz integriert werden, kommt im Zuge der in Deutschland beschlossenen „Energiewende“ eine besondere Beachtung zu. Wir schließen mit einem Kapitel über den jüngsten, aber hoffnungsvollsten und mit hohen Erwartungen versehenen Zweig der Windenergie, der Offshore-Technik.

Kiel, im Februar 2012 | Für die CEwind eG: A. P. Schaffarczyk

Die Autoren

Dr. h.c. Jos Beurskens leitete die Abteilung für Erneuerbare Energien und Windenergie des Niederländischen Forschungszentrums für Energie (ECN) mehr als 15 Jahre. Für sein Lebenswerk wurde er von der Europäischen Windenergievereinigung (EWEA) 2008 mit dem Poul-la-Cour-Preis ausgezeichnet. Er ist nun unabhängiger Berater für Technologieentwicklung und Forschungsstrategien.

Prof. Dipl.-Ing. Lothar Dannenberg beschäftigte sich mehr als 10 Jahre mit Rotorblättern und Offshore-Gründungen. Er lehrte an der FH Kiel neben diesen Gebieten in den Bereichen Konstruktion und Festigkeit von Schiffen, Faserverbundwerkstoffe und Unterwasserfahrzeuge.

Frank Ehlers war seit Einführung des EEG an der Erstellung der nationalen technischen Anschlussrichtlinien beteiligt. Des Weiteren war er Mitglied der ersten EEG-Bundesclearingstelle.

Heute ist er bei der E.ON Hanse zuständig für die Planung und den Bau von Netzen und Umspannwerken.

Prof. Dr.-Ing. Torsten Faber leitet seit dem 1. November 2010 das Wind Energy Technology Institute (WETI) an der Fachhochschule Flensburg. Zuvor sammelte er über 10 Jahre Berufserfahrung bei der Zertifizierung von Windenergieanlagen.

Prof. Dr.-Ing. Friedrich W. Fuchs leitet den Lehrstuhl für Leistungselektronik und Elektrische Antriebe an der Christian-Albrechts-Universität zu Kiel. Ein wichtiger Forschungsschwerpunkt ist die Wandlung regenerativer Energie. Davor war er 14 Jahre in der Industrie, zuletzt als Entwicklungsleiter bei CONVERTEAM (damals AEG, heute General Electrical Power Conversion). Er ist Gründungsmitglied und Aufsichtsratsvorsitzender von CEwind eG.

Dr. Hermann van Radecke arbeitet seit über 20 Jahren an der FH Flensburg im Bereich Technologietransfer Hochschule und Windenergie. Er ist Gründungsmitglied von CEwind. Er ist an der Fachhochschule und der Universität Flensburg in der Lehre für Physik, für Grundlagen der Windenergie und im internationalen Master-Studiengang Wind Engineering vertreten.

Klaus Rave leitete die Abteilung Energiewirtschaft in Schleswig-Holstein und war langjähriger Vorstand der Investitionsbank des Landes. Seit vielen Jahren ist er in internationalen Verbänden für die Windenergie tätig.

Dipl.-Ing. Sönke Siegfriedsen gründete 1983 die Firma aerodyn und leitet diese als Geschäftsführer. aerodyn hat mehr als 25 erfolgreiche Gesamtentwicklungen von WEA's durchgeführt. Bis Ende 2011 wurden dabei weltweit ca. 27 000 Anlagen mit insgesamt 31 000 MW errichtet.

Prof. Dr. A. P. Schaffarczyk beschäftigt sich seit 1997 mit der Aerodynamik von Windturbinen. Er ist Gründungsmitglied und ehrenamtlicher Vorstand der CEwind eG und lehrt im internationalen Master of Science Studiengang Wind Engineering.

Prof. Dr. Reiner Johannes Schütt war lange Jahre Entwicklungsleiter und Technischer Leiter der ENERCON NORD Electronic GmbH in Aurich. Heute lehrt und forscht er im Fachgebiet Steuerungen/Elektrische Antriebe und Windenergietechnik an der FH Westküste in Heide.

Dr. Sven Wanser leitet den Geschäftsbereich Netzbetrieb bei der Schleswig-Holstein-Netz AG und lehrt das Fachgebiet Elektrische Energietechnik an der FH Westküste in Heide.

Danksagung

Der Herausgeber dankt Susanne Coulibaly für ihre unermüdliche Hilfe bei der Technischen Unterstützung zur Erstellung der Manuskripte und dem studentischen Team um Prof. von Schilling für die Erstellung der deutschen Übersetzung des Textes von Herrn Beurskens.

Für die detaillierte Ausarbeitung der Inhalte des Kapitels 6 dankt Herr Siegfriedsen seinen Mitarbeitern Peter Krämer, Oliver Mathieu, Felix Mund und Arved Hildebrandt, die diese Zusatzarbeiten engagiert und kompetent ausgeführt haben.

Prof. Faber dankt Lisa Klinke, die mit viel Engagement und Tatkraft bei der Erstellung dieses Kapitels mitwirkte und den Unternehmen und der FH Flensburg, durch deren Unterstützung die Arbeit am Institut ermöglicht wird.

Prof. Fuchs dankt dem Team des Lehrstuhls für Leistungselektronik und Elektrische Antriebe der Christian-Albrechts-Universität für die Unterstützung bei der Ausarbeitung des Kapitels 9.

Dr. van Radecke dankt den Koautoren Dr. Mengelkamp und Andreas Kunte für ihre Beiträge in Kapitel 3. Dr. Theo Mengelkamp (Abschnitt 3.2.6) ist Umweltmeteorologe und leitet seit über 20 Jahren die für Windenergieprognosen bekannte Firma anemos. Andres Kunte (Abschnitt 3.8) war über 20 Jahre in mehreren Umweltämtern in Schleswig-Holstein zuständig für Genehmigungen von Windenergieanlagen. Außerdem dankt Dr. van Radecke für die freundliche fachliche Unterstützung durch Herrn Robin Funk von der Firma EMD und Dr. Wolfgang Schlez von der Firma GL Garrad Hassan.

Dr. Sven Wanser und Frank Ehlers danken allen Fachkollegen und Lesern, die mit vielen wertvollen Anregungen zur Gestaltung des Kapitels beigetragen haben. Besonderer Dank gilt dabei den Kollegen Dipl.-Ing. Matthias Dau (E.ON Hanse AG), Dipl.-Ing. Kai Dohse (Schleswig-Holstein Netz AG) und Dipl.-Ing. Christoph Keßler (E.ON Hanse AG) für die Nachrechnung der Beispiele, die Textüberarbeitung und die grafische Gestaltung sowie Herrn Dieter Petersen (E.ON Hanse AG) für die Erstellung der Bilder.

Dem Verlag danken die Autoren für die Veröffentlichung des Buches und für die gute Betreuung während der Erstellungsphase.

Inhalt

Die Geschichte der Windenergie

1.1 Einleitung

Wind wird wahrscheinlich seit mehr als 1 500 Jahren als Energiequelle genutzt. In Zeiten, in denen andere Energiequellen nicht bekannt oder knapp waren, stellte Windenergie ein sehr erfolgreiches Mittel zur industriellen und wirtschaftlichen Entwicklung dar. Windenergie wurde zu einer Marginalquelle, als kostengünstige, einfach zu erschließende und reichlich vorhandene Energiequellen verfügbar wurden. Vom Standpunkt des Beitrags der Windenergie zur wirtschaftlichen Entwicklung aus betrachtet, kann man die Geschichte der Windenergie in vier sich überschneidende Zeitabschnitte einteilen. Außer im ersten Abschnitt liegt das Augenmerk hierbei auf der Stromerzeugung durch Wind.

Bild 1.1 Historische Entwicklung der Nutzung des Windes als Energiequelle. Die erste und letzte Periode haben die deutlichsten Auswirkungen auf die Gesellschaft. Die Jahresangaben sind Anhaltswerte für die Zeiträume der jeweiligen Entwicklungsperioden

600–1890: Klassische Periode Klassische Windmühlen für mechanische Antriebe; mehr als 100 000 Windmühlen in Nordwesteuropa. Die Periode endet nach der Erfindung der Dampfmaschine und aufgrund reichlicher Holz- und Kohlevorkommen.

1890–1930: Aufkommen elektrizitätserzeugender Windkraftanlagen Die Entwicklung der Elektrizität zu einer für jedermann zugänglichen Energiequelle führt zum Einsatz von Windmühlen als einer zusätzlichen Möglichkeit zur Stromerzeugung. Grundlagen im Bereich der Aerodynamik. Die Periode endet aufgrund preisgünstigeren Erdöls.

1930–1960: Erste Innovationsphase Die Notwendigkeit der Elektrifizierung ländlicher Gebiete und die Energieknappheit während des 2. Weltkriegs lösen neue Entwicklungen aus. Fortschritt im Bereich der Aerodynamik. Die Periode endet aufgrund preisgünstigeren Gases und Erdöls.

seit 1973: Zweite Innovationsphase mit Kommerzialisierung Die Energiekrise und Umweltproblematik in Kombination mit technologischem Fortschritt sorgen für den kommerziellen Durchbruch.

Während der klassischen Periode wandelten die „Windvorrichtungen“ (Windmühlen) die kinetische Energie des Windes in mechanische Energie um. Nachdem Stromerzeuger wie Gleichstrom- und Wechselstromgeneratoren erfunden wurden und man sie für die öffentliche Stromversorgung einsetzte, wurden Windmühlen zur Stromerzeugung genutzt. Diese Entwicklung begann effektiv im späten 19. Jahrhundert und wurde nach der Energiekrise von 1973 zu einem großen wirtschaftlichen Erfolg.

Um zwischen den verschiedenen Anlagen klar unterscheiden zu können, werden sie in diesem Buch als Windmühlen bzw. als Windkraftanlagen bezeichnet.

1.2 Die ersten Windmühlen: 600–1890

Wassermühlen gelten sehr wahrscheinlich als Wegbereiter für Windmühlen. Wassermühlen wiederum entwickelten sich aus Vorrichtungen, die von Menschen oder Tieren angetrieben wurden. Die Vorrichtungen, die uns aus historischen Quellen bekannt sind, besaßen eine vertikale Hauptwelle, an die senkrecht ein Querbalken angebracht war, um die Hauptwelle anzutreiben. Der Querbalken wurde von Nutztieren, wie Pferden, Eseln oder Kühen, angetrieben. Es scheint nur logisch zu sein, dass sich die vertikalen Windmühlen aus diesen Vorrichtungen entwickelten. Jedoch gibt es nur wenige historische Quellen, die dies belegen. Es lassen sich mehr Quellen über die „nordischen“ oder „griechischen“ Wassermühlen finden, die sich aus den von Tieren angetrieben Vorrichtungen entwickelten (siehe Bild 1.2). Um 1000 vor Christus hatten diese Arten von Wassermühlen ihren Ursprung in den Hügeln des östlichen Mittelmeerraums und wurden auch in Schweden und Norwegen genutzt [10].

Bild 1.2 Wasserrad mit vertikaler Drehachse bei Göteborg, Schweden. Aus: Ernst, The Mills of Tjorn, herausgegeben von Mardiska Museet, Stockholm 1965 [25]

Die ersten Windmühlen mit vertikaler Hauptwelle fand man in Persien und China. Mitte des 7. Jahrhunderts n. Chr. war der Bau von Windmühlen ein hoch angesehenes Handwerk in Persien [9]. In China wurden vertikale Windmühlen von Händlern eingeführt. Der erste Europäer, der über Windmühlen in China berichtete, war Jan Nieuhoff, der 1656 mit einem der niederländischen Botschafter nach China reiste. Bild 1.3 zeigt eine Illustration von Jan Nieuhoff [17]. Bis vor Kurzem waren ähnliche Windmühlen in China noch in Gebrauch (siehe Bild 1.4).

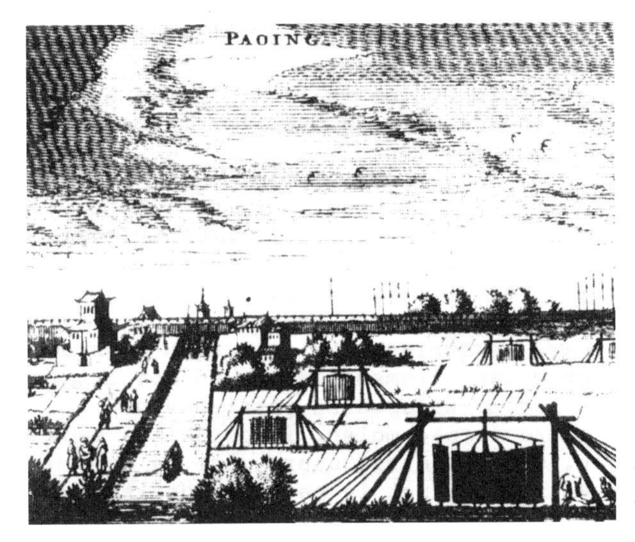

Bild 1.3 Zeichnung chinesischer Windmühlen in Paoying (Chiangsu) von Jan Nieuhoff, 1656 [17]

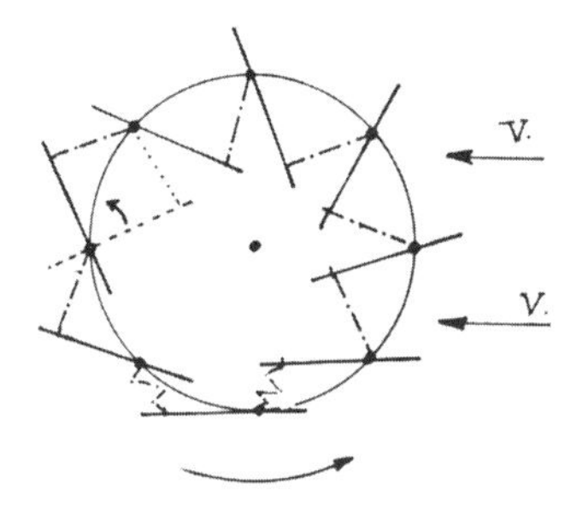

Bild 1.4 Links: chinesische Windräder bei Taku, die Lake für die Salzgewinnung pumpen (Hopei [9]); rechts: schematische Darstellung der Funktionsweise einer chinesischen Windmühle. Durchgezogene Linien stellen Flügel und strich-punktierte Linien Seile dar [2]

Eine andere Art der Vorrichtung waren die Tretmühlen, die durch die Körperkraft von Menschen oder Tieren angetrieben wurden. Radial zur Hauptwelle waren Schaufeln angeordnet. Indem man Körperkraft von Menschen oder Tieren durch die Kraft von fließendem Wasser ersetzte, entwickelte sich die horizontale Wassermühle aus der Tretmühle. Auf diesem Wege entstanden im 1. Jahrhundert vor Christus die sogenannten vitruvischen Wassermühlen, welche durch den Römer Vitruvius eingeführt wurden. Diese Wassermühle kann als Prototyp für das unterschlächtige Wasserrad angesehen werden, das in ganz Europa in Flüssen und Bächen mit niedrigen Wasserhöhedifferenzen zu finden ist. Es wird weithin angenommen, dass das vitruvische Rad der Vorläufer der horizontalen Windmühle ist [10].

Bild 1.5 Eine persische Vertikalachsen-Windmühle zum Getreidemahlen in Sistan, einem iranisch-afghanischen Grenzgebiet im Iran. Das Konzept stammt aus dem 8. Jahrhundert

Die ersten horizontalen Windmühlen wurden während der Kreuzzüge im Vorderen Orient und später in Nordwesteuropa gefunden. Diese Windmühlen verfügten über eine fixierte Rotorkonstruktion, die nicht in den Wind gedreht werden konnte (Gieren). Die Rotorflügel dieser Windmühlen waren denen ähnlich, die man heute z. B. noch auf der griechischen Insel Rhodos beobachten kann. Um 1100 wurde über die ersten festen Bockwindmühlen, die auf den Pariser Stadtmauern standen, berichtet. Es ist unklar, ob die Windmühlen, die weit verbreitet waren, über den Vorderen Orient nach Europa kamen oder in Westeuropa wiedererfunden wurden. Einige Autoren zweifeln sogar an der Existenz von horizontalen Windmühlen im Vorderen Orient während der Kreuzzüge [9, 28]. Andere wiederum sprechen nur von vertikalen Windmühlen zu jener Zeit [17, 18].

Bild 1.6 Eine Vertikalachsen-Windmühle aus dem Jahre 1718 [25]

Die Annahme, dass die Windmühlen Westeuropas unabhängig von jenen des Vorderen Orients erfunden wurden, wird durch Dokumente gestützt, die in Archiven der niederländischen Provinz Drenthe gefunden wurden. In diesen Dokumenten, die aus dem Jahr 1040, also der Zeit vor den ersten Kreuzzügen, stammen, werden zwei Windmühlen (Deurzer Diep und Uffelte) erwähnt. Während der Renaissance wurden auch in Europa einige vertikale Windmühlen gebaut (siehe Bild 1.6). Besonders bekannt war die von Kapitän Hooper gebaute Windmühle in Margate London [25].

Technische Entwicklung der ersten horizontalen Windmühlen

Die ersten Windmühlen verfügten über keinen Giermechanismus und die Flügel bestanden aus einem Rahmen aus Längs- und Querstangen, durch den Segeltuch geschnürt war (siehe Bild 1.7, links). Die Leistungsabgabe wurde dadurch gesteuert, dass man das Tuch entweder ganz oder teilweise von Hand aufwickelte (siehe Bild 1.7, rechts).

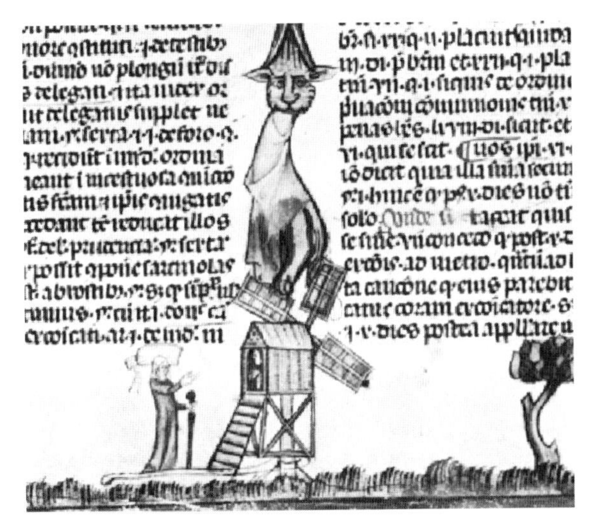

Bild 1.7 Links: eine Bockwindmühle aus dem frühen 14. Jahrhundert (Britisches Museum) [25]; rechts: „Leistungssteuerung" einer klassischen Windmühle [5]

Aus statischen Gründen wurde die Hauptwelle mit einem Neigungswinkel versehen (Abmessungen des Mühlengebäudes, der Achsenlast auf das Axialgleitlager, die Möglichkeit ein tragendes Gebäude bzw. einen konischen Turm zur Stabilisierung zu bauen).

Vor der Untersuchung der globalen Entwicklung von Windmühlen zu Windkraftanlagen, mit denen man heutzutage Strom erzeugt, wird die Entwicklung der klassischen Windmühle in Westeuropa beschrieben.

Obwohl in den windigen Regionen Europas der Wind vornehmlich aus einer bestimmten Richtung kommt, variiert die Windrichtung so stark, dass ein Giermechanismus sinnvoll ist, um bei seitlichem Anströmen des Windes nicht zu viel Energie zu verlieren. Diese Anforderung führte zu den ersten Bockwindmühlen (siehe Bild 1.8), welche in den Wind gegiert werden konnten. Diese Windmühlen wurden zum Mahlen von Getreide genutzt. Durch einen starken Balken, der am Mühlenhaus angebracht war, konnte das gesamte Haus, das auf einer fixierten Unterkonstruktion stand, so weit gedreht werden, bis der Rotor senkrecht zum Wind stand. Oft wurden die Stützbalken der Unterkonstruktion so mit Holzplanken verkleidet, dass ein Lagerraum entstand. Der Mühlstein und die Zahnräder befanden sich im drehbaren Mühlenhaus.

Bild 1.8 Bockwindmühle, Baexem, Niederlande [5]

Eine der ersten Schilderungen über diese Windmühlenart, die auf das Jahr 1299 datiert ist, stammt aus einem Kloster in Sint Oedenrode, in der Region Noord Brabant in den Niederlanden. Ein anderer Versuch, den Rotor in den Wind zu drehen, bestand darin, die Windmühle auf eine schwimmende Plattform zu bauen. Die Plattform war mittels eines Gelenks an einem Pfahl befestigt, der in den Grund eines Sees eingeschlagen war. Vermutlich aufgrund der fehlenden Stabilität dieser Windmühle, die 1594 im Norden von Amsterdam gebaut worden war, wurde nie wieder eine solche Mühle errichtet. Dieses Konzept, das als erste Offshore-Windkraftanlage der Welt gelten kann, wurde nicht weiterverfolgt.

Aus der Bockwindmühle entwickelte sich die sogenannte Kokerwindmühle (siehe Bild 1.9). Nach 1400 wurden Windmühlen in den flacheren Regionen der Niederlande nicht nur zum Getreidemahlen genutzt, sondern auch zum Trockenlegen von Seen und Sümpfen. Die Pumpvorrichtung, meist ein Schaufelrad, war an einer befestigten Stelle außen am Mühlenhaus angebracht. Nur die Übertragungselemente der Windmühle waren im Inneren untergebracht, wodurch der rotierende Teil der Windmühle merklich kleiner wurde. Mit Beginn des 16. Jahrhunderts stieg der Bedarf an einer höheren Pumpleistung, wodurch die Wippmühle durch eine

Bild 1.9 Kokerwindmühle aus der Provinz Südholland. Fotografie (rechts) [5]

Mühle mit drehbarer Haube ersetzt wurde. Nur das Kegelradgetriebe befand sich im Inneren der Haube, mit dem Ergebnis, dass dieser Teil relativ wenig wog. Als der Bedarf an einer höheren Leistungsabgabe stieg, baute man Windmühlen, deren einzig rotierbares Teil die Haube war. Die Antriebsmaschinerie konnte im feststehenden Mühlenhaus untergebracht werden und musste nicht mehr in den beweglichen Teil (z. B. bei der Bockwindmühle) oder im Freien (wie bei Kokerwindmühlen) platziert werden. Die in Bild 1.10 dargestellten Skizzen zeigen die Entwicklung der Haupteigenschaften der klassischen Windmühle.

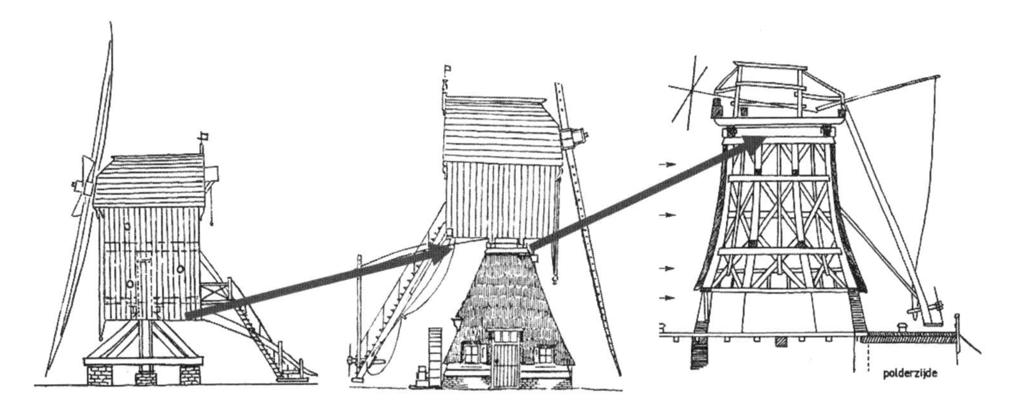

Bild 1.10 Die Entwicklung der klassischen „Holländermühle“

Mit der steigenden Zahl an Windmühlen stieg der Druck, diese effizienter zu betreiben. Aus dieser Motivation entstandene Neuerungen wurden in die Mühlen integriert.

Eine Neuerung war das automatische Gieren des Windmühlenrotors in den Wind mithilfe einer Windrose: ein Rotor, dessen Welle senkrecht zur Hauptwelle der Windmühlen angebracht war. In England befestigte Edmund Lee 1745 eine Windrose an einer Windmühle. Die Windrose war eine hölzerne Konstruktion, die an den drehbaren Teil der Windmühle montiert war, um den Rotor in die Windrichtung zu drehen. John Smeaton, ebenfalls Engländer, erfand eine Windrose, die auf der drehbaren Haube der Windmühle angebracht war (siehe Bild 1.11).

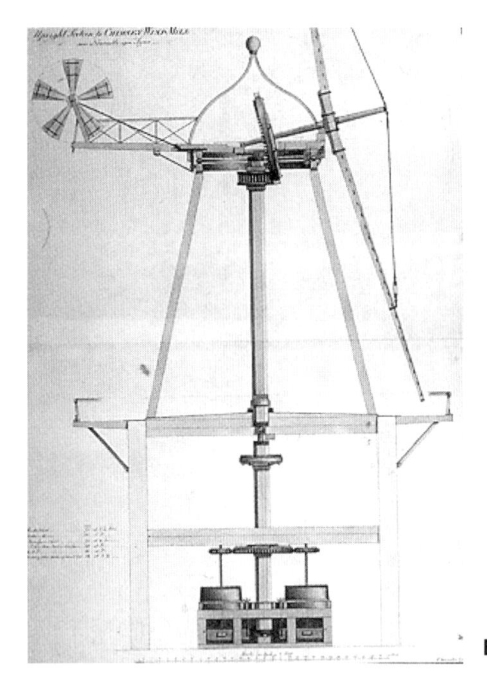

Bild 1.11 Smeatons Erfindung der Windrose

Diese Neuerung war so erfolgreich, weil sie an einer großen Zahl an Windmühlen genutzt wurde, vor allem in England, Skandinavien, Norddeutschland und im östlichen Teil der Niederlande. Dieses Konzept wurde bis in die Ära der stromerzeugenden Windkraftanlagen des späten 19. Jahrhunderts und sogar bis ins späte 20. Jahrhundert beibehalten. Am Anfang war die Übertragung voll mechanisch und später agierte die Windrose alleinig als Sensor, um ein Kontrollsignal an den Giermechanismus zu senden (siehe Bild 1.12).

In der ersten Phase der klassischen Periode der Windmühlen wurden diese vor allem zum Getreidemahlen und zur Entwässerung genutzt. Nach und nach wurde Wind auch als Energiequelle für alle möglichen Industrieprozesse eingesetzt. Vor allem in Regionen, in denen keine anderen leicht zu handhabenden Energieträger wie Holz und Kohle verfügbar waren, spielte Wind eine tragende Rolle als Energiequelle für die industrielle, wirtschaftliche Entwicklung. Dies war vor allem in „de Zaanstreek" nördlich von Amsterdam und in Kent, England, der Fall. Windmühlen wurden zum Holzsägen, zur Produktion von Papier, Öl und Farbe, zum Schälen von Reis und Schroten sowie zur Herstellung von Senf und Schokolade verwendet (siehe Bild 1.13) [28]. Außerdem wurden sie zur Belüftung von Gebäuden (England) genutzt. Der Bau von Windmühlen wurde vor allem in geeigneten Gebieten konzentriert. Die Anhäufung von

Bild 1.12 Windrichtungsnachführung mit Sensor auf einer frühen Lagerwey-Windkraftanlage [5]

Windmühlen, wie in der Galerie der Windmühlen, um Sümpfe und Seen trockenzulegen, kann als Vorläufer moderner Windparks angesehen werden.

Bild 1.13 Anhäufung von Windmühlen in „De Zaanstreek", nördlich von Amsterdam. Quelle: Zaansche Schans Museum, Niederlande

Weitere Neuerungen im Bereich des Leistungsverhaltens und der Steuerung des Rotors wurden nach und nach eingeführt. Das Segeltuch, das durch die Flügelbalken geschlungen wurde, ersetzte man durch Tuchstreifen, die an der Vorderseite des Flügels angebracht waren. Der Unterdruck auf der Windschattenseite hielt das Tuch an Ort und Stelle, wodurch es ein aerodynamisches Profil erhielt. Die Leistungsabgabe wurde gesteuert, indem man den Holzrahmen des Flügels teilweise abdeckte. Um den Wartungsaufwand zu reduzieren, ersetzte man die hölzernen Stangen und Rahmen durch Eisen- und Stahlbauteile.

Der Weg zu einer nennenswerten Erhöhung der aerodynamischen Effizienz stützt sich auf wissenschaftliche Forschungen aus der Mitte des 18. Jahrhunderts. Die wohl faszinierendste Arbeit wurde von John Smeaton (1724–1792) angefertigt und kann als Vorläufer der modernen Forschung angesehen werden. Seine Arbeit stützt sich auf Experimente mit der Apparatur, die in Bild 1.14 zu sehen ist. Durch das Ziehen am Seil beginnt sich die vertikale Welle zu drehen, genau wie der Arm, an dessen Ende das Modell eines Windmühlenrotors befestigt ist. Der Rotor wird mit einer Windgeschwindigkeit angeströmt, die gleich der Flügelspitzengeschwindigkeit des Arms ist. Während der Rotation hebt der Rotor ein Gewicht. Indem man die Rotoreigenschaften ändert, kann die optimale „Wirkkraft" (im modernen Gebrauch als „Leistung"

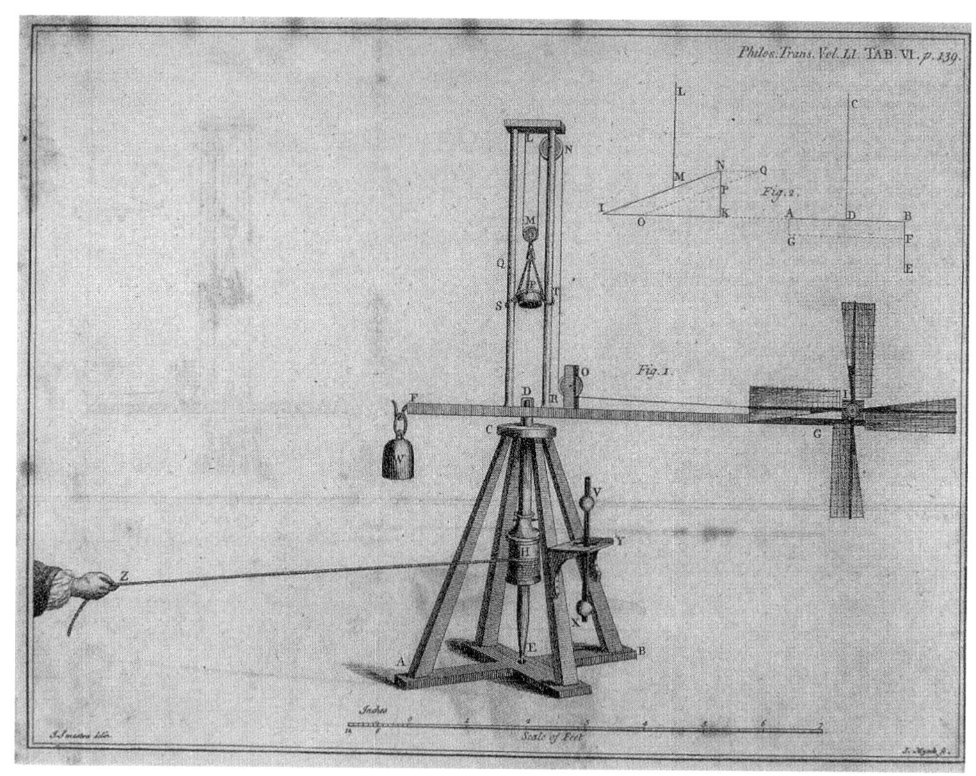

Bild 1.14 Versuchsstand Smeatons zur Bestimmung des Leistungsverhaltens von Windmühlenrotoren

bezeichnet) ermittelt werden. Smeaton präsentierte die Ergebnisse seines Experiments „zur Konstruktion und Wirkung von Windmühlen Flügeln" in einer klassischen Abhandlung, die 1759 der Royal Society vorgestellt wurde. Die „Wirkkraft" war gleich dem Produkt aus dem Gewicht und der Anzahl an Umdrehungen, die der Rotor in einer bestimmten Zeitspanne ausführte, wobei Reibungsverluste an der Apparatur auszugleichen waren.

Smeaton bestimmte die beste Form und „Wetter" der Flügel. In der klassischen Windmühlentechnik bezeichnet „Wetter" den Winkel zwischen dem Flügelabschnitt und der Rotationsebene. Heute wird mit „Wetter" die Verdrehung der Rotorblätter bezeichnet. Später untersuchte Maclaurin den lokal vorherrschenden Anstellwinkel mithilfe einer Abstandsfunktion, die den Winkel zwischen dem Querschnitt der Anlage und den Achsen des Rotors beschreibt. Es ist interessant, die Arbeit von Smeaton mit der heutigen Forschung zu vergleichen, daher werden im folgenden Abschnitt seine Schlussfolgerungen oder „Maximen" wörtlich wiedergegeben [9]. Seine Schlussfolgerungen aus den Experimenten:

Maxime 1: Die Geschwindigkeit von Mühlenflügeln, bei gleicher Form und Position, ist nahezu die des Windes. Dabei ist es unerheblich, ob sie unbelastet oder so belastet werden, dass sie ein Maximum produzieren.

Maxime 2: Die Maximallast ist nahezu, aber etwas weniger als die Windgeschwindigkeit zum Quadrat, sofern die Form und Position der Flügel gleich ist.

Maxime 3: Die Leistung der gleichen Flügel bei maximaler Leistungsabgabe ist nahezu aber etwas weniger als die Windgeschwindigkeit hoch drei.

Seine Schlussfolgerungen aus seinen theoretischen Überlegungen:

Maxime 6: Bei Flügeln mit ähnlicher Form und Position verhält sich die Anzahl der Umdrehungen in einem bestimmten Zeitabschnitt antiproportional zum Radius oder der Länge der Flügel.

Maxime 7: Die maximale Last, die Flügel mit ähnlicher Form und Position bei einer bestimmten Entfernung zum Drehpunkt aushalten können, hat den Wert des Radius hoch drei.

Maxime 8: Die Wirkung der Flügel mit ähnlicher Form und Position hat den Wert des Radius zum Quadrat.

Neben der automatischen Windrichtungsnachführung Gieren und der verbesserten Konfiguration der Flügel wurde die Effizienz der Windmühlen durch weitere Innovationen verbessert. Beispielsweise erhielt Andrew Meikle 1772 ein Patent für Lamellen in den Rotorblättern, um die Leistungsabgabe automatisch zu regeln. 1787 führte Thomas Mead die automatische Regelung dieser Rotorblätter mittels eines Zentrifugalreglers ein.

Mit der Erfindung der Dampfmaschine (Watt) ergab sich die Möglichkeit, Strom nach Belieben erzeugen zu können. Die Versorgung mit Energie konnte perfekt an die Nachfrage angepasst werden. Daneben waren Brennstoffe wie Kohle und Holz verhältnismäßig kostengünstig. Dies hatte verheerende Auswirkungen auf den Einsatz von Windmühlen. Während des 19. Jahrhunderts verringerte sich die Gesamtzahl der Windmühlen in Nordwesteuropa von anfänglich 100 000 auf 2 000. Dank der aktiven Erhaltungspolitik des Verening de Hollandsche Molen (Holländischer Mühlenverein) konnten in den Niederlanden 1 000 der annähernd 10 000 Windmühlen erhalten werden. Diese klassischen Holländerwindmühlen sind immer noch betriebsfähig.

1.3 Stromerzeugung durch Windmühlen: Windkraftanlagen 1890–1930

Als die ersten elektrischen Dynamos und Wechselstromgeneratoren in Betrieb genommen wurden (siehe Kasten „Dynamo“, S. 30), verwendete man alle möglichen Energiequellen, um die Generatoren anzutreiben. Die Generatoren wurden durch Tretmühlen, mit Holz oder Kohle befeuerte Dampfmaschinen, Wasserräder, Wasserturbinen und Windrotoren angetrieben. Der Wind wurde dabei nur als eine von vielen Möglichkeiten zur Energiegewinnung betrachtet. 1876 wurde beispielsweise der verbesserte Gleichstromgenerator von Charles Brush durch eine Tretmühle, die wiederum durch Pferde betrieben wurde, angetrieben.

Mit der Erfindung des Dynamos wurde es möglich, gewerbliche Verbraucher und einzelne Haushalte mittels Elektrizität mit Energie aus der Ferne zu versorgen. Elektrizität konnte einfach von einem zentralen Generator aus an die Verbraucher übertragen werden. Nach Einführung des ersten zentralen E-Werks stieg der Bedarf an Primärenergie sehr schnell an.

Die Entwicklung der stromerzeugenden Windmühlen (im Folgenden Windkraftanlagen genannt) war nicht eigenständig, sondern überschnitt sich mit dem Aufkommen der ersten

E-Werke und der ersten lokalen Stromnetze. Der erste Mensch, der eine Windmühle zur Stromerzeugung nutzte, war James Blyth, Professor am Anderson College in Glasgow. Seine 1887 gebaute 10 m hohe Windkraftanlage, deren Flügel mit Segeltuch bespannt waren, nutzte er, um in seinem Ferienhaus die Akkus der Beleuchtung aufzuladen.

1888 konstruierte Charles Brush, der Besitzer eines Maschinenbauunternehmens, an seinem Haus in Cleveland, Ohio (USA), eine 12-kW-Windkraftanlage mit einem Durchmesser von 17 m. Im Vergleich zu ihrer Nennleistung hatte die Anlage einen sehr großen Durchmesser. Der Rotorbereich wurde vollständig durch die 144 schmalen Rotorblätter abgedeckt, weshalb die Drehzahl niedrig war. Daraus ergab sich ein sehr großes Übersetzungsverhältnis von der Rotorwelle zum Generator. Die Leistungsabgabe wurde durch einen sogenannten „ekliptischen Regler“ automatisch geregelt. Der Rotor wurde dem zunehmenden Wind durch eine Windfahne, die senkrecht zum Hauptflügelrad positioniert war, aus dem Wind gedreht, während das Hauptflügelrad an einem Schräggelenk befestigt war. Das Bild aus dem *Scientific American* vom 20. Dezember 1890 (siehe Bild 1.15) zeigt viele Merkmale der Anlage.

„Dynamo“ war der ursprüngliche Name für den Gleichstromgenerator. Ihm gegenüber steht der Wechselstromgenerator, der über einen Schleifring oder einen Rotormagnet Wechselstrom erzeugt. Das erste betriebsfähige, öffentliche E-Werk wurde 1880 in New York gebaut. Es bestand hauptsächlich aus Dynamos und betrieb Bogenlampen in einem 2 Meilen langen Stromkreis. Es gab einen harten Wettkampf zwischen den Befürwortern der Gleichstromsysteme unter der Führung des amerikanischen Erfinders Thomas Alva Edison und den Befürwortern der Wechselstromsysteme unter der Führung des amerikanischen Industriellen George Westinghouse. Gleichstrom hatte den Vorteil, dass der Strom in elektrochemischen Batterien gespeichert werden konnte. Im Gegensatz dazu war der große Vorteil des Wechselstroms, dass die Spannung leicht in einen höheren Spannungspegel umgewandelt werden konnte, um Übertragungsverluste zu reduzieren und dann beim elektrischen Verbraucher wieder zurück auf einen niedrigeren Spannungspegel gebracht werden konnte. Am Ende gewannen die Wechselstromsysteme den Wettkampf.

Windkraftanlagen wurden auch verwendet, um an Bord von Schiffen Strom zu erzeugen. Die Anlagen wurden an Deck aufgebaut und trieben per Riemenübersetzung einen Dynamo an. Mit dem Strom wurden dann Batterien an Bord aufgeladen. Die Rotoren besaßen mit Segeltuch bespannte Flügel. Zwei Beispiele hierfür sind die *Fram*, das Schiff, mit dem Fridtjof Nansen 1888 in die Antarktis segelte, und die *Chance* aus Neuseeland (siehe Bild 1.16).

1891 konstruierte Professor Poul la Cour in Askov, Dänemark, seine erste Windkraftanlage, um Strom zu erzeugen, den er für verschiedene Anwendungen verwendete. Er schloss seine Windkraftanlage, die vier ferngesteuerte Jalousieflügel besaß, an zwei 9-kW-Dynamos an. Mit dem erzeugten Strom wurden für die Askov Folk High School Batterien aufgeladen und durch die Elektrolyse von Wasser Wasserstoff gewonnen, mit dem Gaslampen betrieben wurden. La Cours Entwürfe basierten auf Windkanalmessungen an seiner Schule (siehe Bild 1.17).

Die Jalousieflügel, die Poul la Cour verwendete (siehe Bild 1.17), wurden 1772 von Andrew Meikle in Großbritannien erfunden und angewendet. Meikle ersetzte das Segeltuch durch rechteckige Lamellen. Die Lamellen öffneten sich bei Windböen gegen die Kraft von Stahlfedern automatisch. Dies war die erste Möglichkeit der automatischen Regelung, welche den Beruf

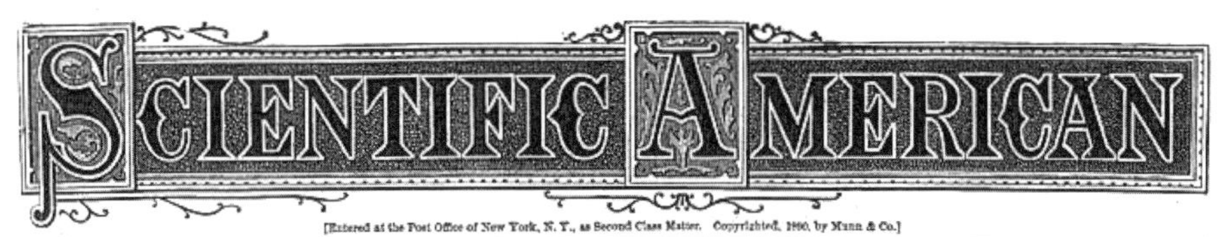

[Entered at the Post Office of New York, N. Y., as Second Class Matter. Copyrighted, 1890, by Munn & Co.]

A WEEKLY JOURNAL OF PRACTICAL INFORMATION, ART, SCIENCE, MECHANICS, CHEMISTRY, AND MANUFACTURES.

Vol. LXIII.—No. 25. Established 1845. | NEW YORK, DECEMBER 20, 1890. | $3.00 A YEAR. Weekly.

1. Windmill in the park. 2. Vertical section of the tower. 3. Dynamo. 4. Storage batteries. 5. Regulating apparatus.

THE WINDMILL DYNAMO AND ELECTRIC LIGHT PLANT OF MR. CHARLES F. BRUSH, CLEVELAND, O.—[See page 389.]

Bild 1.15 Seite aus der Zeitschrift *Scientific American,* 20. Dezember 1890

Bild 1.16 Links: Elektrische Generatoren auf Schiffen während der Jahrhundertwende. Segelschiff *Chance,* Neuseeland, 1902; rechts: Fridtjof Nansens *Fram,* 1895

des Müllers viel bequemer machte. Die Spannung der Federn musste jedoch immer noch von Hand eingestellt werden. Dafür musste die Windmühle vollständig angehalten werden.

Später wurden die Lamellen entweder automatisch oder manuell durch einen Stab, der durch die hohle Hauptwelle der Mühle verlief, gesteuert. Dadurch konnte die Mühle gesteuert werden, ohne sie ständig anhalten zu müssen. Das System wurde 1807 von William Cubitt patentiert. Die Lamellen wurden durch eine spinnenartige Konstruktion gesteuert, die auch heute noch in klassischen Windmühlen, u. a. in Norddeutschland, England und Skandinavien, gefunden werden kann (siehe Bild 1.19).

Obwohl die Flügel von la Cours Windkraftanlage über einige Neuerungen verfügten, war das aerodynamische Design an die klassischen Windmühlen angelehnt. Es dauerte etwa zwei Jahrzehnte, bis effiziente aerodynamische Profile, die aus der Luftfahrt heraus entwickelt wurden, auf Windkraftanlagen angewendet wurden.

Bild 1.17 Poul la Cours Windkanal

Bild 1.18 Poul la Cours Windenergieversuchsanlage in Askov, Dänemark. Rechts: Windkraftanlage aus dem Jahr 1891. Links: größere Anlage von 1897 [11]

Ausgehend von den Experimenten, die la Cour in Askov (siehe Bild 1.18) durchführte, gab er Empfehlungen für die praktische Umsetzung, aus denen u. a. die dänischen Fabrikanten Lykkegaard und Ferritslev (Fyn) kommerzielle Windkraftanlagen entwickelten. Bis 1908 hatte Lykkegaard 72 Windkraftanlagen errichtet und bis 1928 stieg die Anzahl auf etwa 120. Der maximale Durchmesser der La-Cour-Lykkegaard-Windkraftanlagen betrug 20 m. Außerdem waren sie mit 10-kW- bis 35-kW-Generatoren ausgestattet. Die Anlagen erzeugten Gleichstrom, der an kleine Gleichstromnetze und Batterien weitergeleitet wurde. Da die Brennstoffpreise extrem angestiegen waren, wurde die Entwicklung der Windtechnologie in Dänemark auch im 1. Weltkrieg fortgesetzt.

Bild 1.19 Jalousieflügel der *Mühle am Wall* im Zentrum von Bremen [5]

Zwischen den beiden Weltkriegen wurde in den Niederlanden versucht, das Leistungsverhalten der klassischen Windmühlen zu verbessern. An der TU Delft führten der Helikopter-Pionier Professor A. G. von Baumhauer und A. Havinga Messungen an 4-Blatt-Rotoren klassischer Windmühlen durch [26]. Das Mauerwerk der klassischen Windmühlen, welches die verbesserten Rotoren stützen sollte, hätte den Axialkräften aber nicht standgehalten, da diese mit der höheren Effizienz der Rotoren ebenfalls anstiegen. In den 1950er- und 1960er-Jahren wurden weitere Experimente durchgeführt, die aber alle aufgrund struktureller Integrität oder aus wirtschaftlichen Gründen fehlschlugen (Prinsenmolen; de Traanroeier, Oudeschild, Texel).

In Deutschland veröffentlichte der Leiter der Aerodynamischen Versuchsanstalt Göttingen, Albert Betz, im Jahr 1920 gleichzeitig mit Zhukowsky, aber nach Lanchester (1915), eine mathematische Analyse zum theoretischen Maximalwert des Leistungskoeffizienten eines Windkraftanlagenrotors (dieser wird meist Lanchester-Betz-Koeffizient genannt und beträgt 16/27 = 59,3 %. Er basierte auf dem axialen Strömungsmodell. Betz beschrieb außerdem auch Windkraftanlagen mit verbesserten aerodynamischen Blättern [15]. Bild 1.20 zeigt eine schnelllaufende 4-Blatt-Windkraftanlage der Firma Aerodynamo aus Berlin.

Bild 1.20 Schnellläufer-Windrad der Firma Aerodynamo A. G. Berlin, Kurfürstendamm. Das Bild zeigt die von dieser Firma angewandten Bremsklappen auf der Saugseite der Flügel [1]

Die Anlage hatte Bremsklappen an den Niederdruckseiten der Flügel. Unmittelbar nach dem 1. Weltkrieg war es Kurt Bilau, der die Effizienz seines 4-Blatt-Ventimotors dadurch weiter verbessern wollte, dass er dem Aeroprofil der Blätter eine stromlinienförmige Form gab. Er behauptete sogar, eine höhere Effizienz zu erreichen, als Betz später als Maximalwert für den Leistungskoeffizienten angab. Bilau errichtete außerdem in Ostpreußen und in Südengland Testanlagen.

Nach dem 1. Weltkrieg stieg das Angebot fossiler Brennstoffe beachtlich an, weshalb das Interesse an der Windenergie nachließ. In der westlichen Industriewelt wurde die Weiterentwicklung der Windenergie bis zum 2. Weltkrieg in sehr geringem Maße fortgeführt. In der Sowjetunion war dies allerdings nicht der Fall, denn dort wurde unter dem Regime Stalins ein großes Programm zur Elektrifizierung abgelegener Gebiete durchgeführt. Die wenigen Informationen aus dieser Zeit zeigen, dass sich die sowjetischen Ingenieure die neuesten Entwicklungen der Aerodynamik für ihre Entwürfe zunutze machten. Ein Beispiel dafür wird in Bild 1.21 gezeigt.

Bild 1.21 ZAGI-Turbine mit Sabinins Hilfsflügel. Rotordurchmesser 3,6 m. Vollständige Regelung des Blatteinstellwinkels [4]

Die Rotorblätter, entworfen vom Zentralen Aerohydrodynamischen Institut (ZAGI), können mit einem kleinen Hilfsflügel an der Hinterkante des Hauptblattes verstellt werden. 1931 wurde eine experimentelle Windkraftanlage in der Nähe von Sewastopol auf der Krim gebaut, die parallel zu einem mit Torf befeuerten 20-MW-E-Werk betrieben wurde. Die Anlage WIME D-30 hatte einen Rotordurchmesser von 30 m und eine Nennleistung von 100 kW. Sie war bis 1942 in Betrieb. Die Windkraftanlage (Bild 1.22) verfügte über ähnliche aerodynamische Merkmale wie das kleinere Modell aus Bild 1.21.

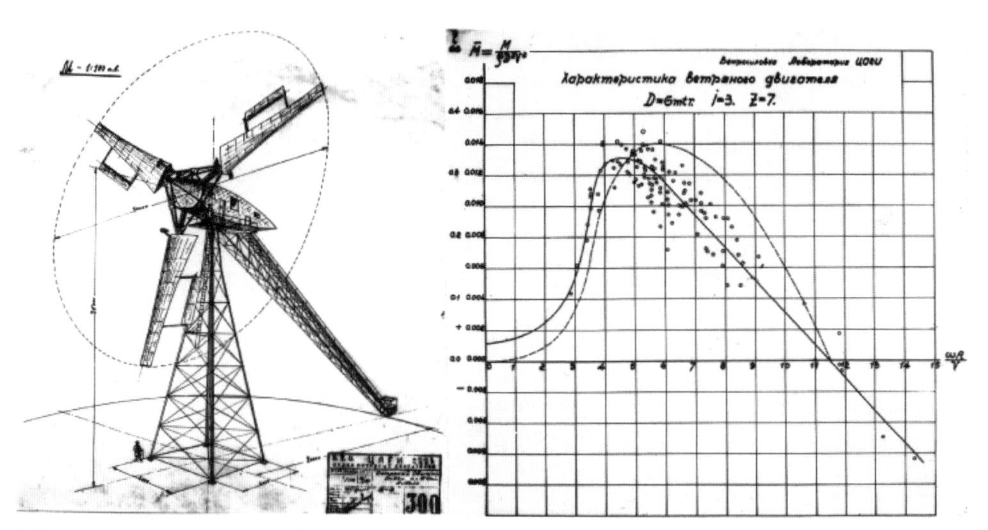

Bild 1.22 Links: Entwurf der Windkraftanlage in der Nähe von Sewastopol auf der Krim: in Betrieb von 1931 bis 1942, Rotordurchmesser 30 m. Rechts: gemessene Leistungsbeiwerte und Drehmomentkoeffizient als eine Funktion über der Schnelllaufzahl, [4].

1.4 Der erste Innovationszeitraum: 1930–1960

Während und unmittelbar nach dem 2. Weltkrieg nahmen verschiedene Länder die Entwicklung der Windkraftanlagen wieder auf. Der Grund hierfür war, dass strategische Ressourcen wie fossile Brennstoffe knapp geworden waren. In dieser Zeit wurden viele Neuerungen eingeführt, welche wahrscheinlich eine weiträumige Einführung der Windkraftanlagen für die Stromerzeugung parallel zum Stromnetz ermöglichten. Die Neuerungen, vor allem im Aufbau des Rotors, bauten hauptsächlich auf den Neuerungen aus der vorangegangenen Ära auf.

Die wichtigsten Entwicklungen fanden in Dänemark, den USA und Deutschland statt. Während des 2. Weltkrieges entwickelte die Firma F. L. Smidth aus Kopenhagen Windkraftanlagen zur Erzeugung von Elektrizität. Da Dänemark über keine eigenen fossilen Brennstoffe verfügte, war die Windenergie einer der wenigen Wege zur Stromerzeugung. Die Anlagen von Smidth besaßen 2-Blatt-Rotoren, wobei die Blätter einen festen Anstellwinkel hatten, nicht verstellbar und stallgeregelt waren. Bei diesen Rotorblättern war der Leistungskoeffizient verhältnismäßig niedrig, die Leistungskurve aber relativ breit. Das bedeutete, dass die Effizienz des gesamten Systems, auf ein weites Spektrum von Windgeschwindigkeiten verteilt, relativ hoch war. Die Smidth-Aeromotoren hatten einen Rotordurchmesser von 17,5 m (die Nennleistung betrug 50 kW) und wurden entweder auf Stahlgitter- oder Betontürmen gebaut. Nachdem es bei den 2-Blatt-Rotoren Probleme mit den dynamischen Eigenschaften gab, führte Smidth eine größere Anlage mit einem Rotordurchmesser von 24 m (Nennleistung 70 kW) ein. Insgesamt wurden sieben dieser Anlagen gebaut. Sie waren bis auf eine Ausnahme alle mit Gleichstromgeneratoren ausgestattet (siehe Bild 1.23).

Dieser Anlagentyp wurde der Blaudruck für den Beginn der Entwicklungen in der modernen Windenergie nach der ersten Energiekrise 1973. Es war J. Juul, der den 3-Blatt-Entwurf von

Bild 1.23 Ein außer Betrieb genommener *Smidth-Aeromotor* in Dänemark. Rotordurchmesser 24 m, Nennleistung ca. 70 kW. Das Bild datiert aus dem Jahre 1972. Fotograf: Paul Smulders

Smidth nutzte, um 1957 in Gedser eine 200-kW-Version mit einem Durchmesser von 24 m zu bauen (siehe Bild 1.31). Die Maschine hatte einen Asynchrongenerator und war direkt ans Netz angeschlossen. Sie hatte drei Rotorblätter, war stallgeregelt und hatte bewegliche Blattspitzen, um ein Überdrehen zu vermeiden, wenn Last verloren wurde. Die Gedser-Windkraftanlage wurde zum Archetypen der „Dänischen Windkraftanlage", einer Generation sehr erfolgreicher Windkraftanlagen nach der Energiekrise 1973.

Nach den Veröffentlichungen von Betz 1920 und 1925 entwarf Hermann Honnef auf Grundlage der analytischen Ergebnisse von Betz u. a. eine sehr große Struktur mit mehreren Rotoren. Dies war möglicherweise der erste Entwurf, der vollständig auf wissenschaftlichen Erkenntnissen basierte. Sein Konzept hatte 5 Rotoren, je mit einem Durchmesser von 160 m und 6 Blättern. Jeder Rotor sollte einen 20-MW-Generator betreiben. Die Rotoren bestanden aus zwei gegenläufigen Rädern. Auf 80 % der Rotorfläche trugen sie je einen Ring (siehe Bild 1.24). Die Ringe waren Teil eines riesigen „Ringgenerators". Das Konzept ging weit über das hinaus, was zu dieser Zeit technisch machbar war. Dies wird klar, wenn man sich vor Augen führt, dass erst jetzt (2012) Anlagen von ähnlicher Größe entworfen und gebaut werden (siehe auch Bild 1.38).

Mit der Unterstützung des Kuratoriums für Wind- und Wasserkraft, welches 1941 gegründet wurde, um Erfinder bei der Suche nach Energiequellen zu unterstützen, baute Honnef auf einem Testfeld auf dem Mathiasberg, nordwestlich von Berlin, ein Modell des Multirotors, das über 2 Blätter verfügte. Nach dem Krieg wurde das Testfeld von den Sowjets zerstört und die Anlagen im Hochofen von Hennigsdorf eingeschmolzen.

Mit dem Zusammenbruch des Dritten Reichs musste Honnef im März 1945 seine Arbeiten im Bereich der Windenergie beenden. Das Streben nach Unabhängigkeit in der Energieversorgung führte 1939 zur Gründung der Reichsarbeitsgemeinschaft Windkraft (RAW), in der Wissenschaftler, Erfinder und Industrie zusammenarbeiteten. Ein Projekt, das die RAW unterstützte, war die von Franz Kleinhenz geplante 3- bzw. 4-Blatt-Windkraftanlage, die mit einem Rotordurchmesser von 130 m und einer Nennleistung von 10 MW ausgestattet war und in Zusammenarbeit mit dem Unternehmen MAN konstruiert wurde. Der Krieg verhinderte jedoch den für 1942 geplanten Bau. Von Kriegsende bis zur Wiederaufnahme der Forschung und Entwicklung zur Windenergie während der Ölkrise 1973 und darüber hinaus war Professor Ulrich

Bild 1.24 Vision einer 5 x 20 MW, 5 x 160 m Windkraftanlage von Hermann Honnef, 1933

Hütter stets eine feste Größe in Deutschland und leitete eine Testeinrichtung der Firma Ventimotor GmbH im Webicht, Weimar. Dort sammelte er viele praktische Erfahrungen bei der Gestaltung kleinerer Windkraftanlagen. Hütter promovierte im Dezember 1942 an der Universität Wien mit seiner Dissertation *Beitrag zur Schaffung von Gestaltungsgrundlagen für Windkraftwerke.* Während seiner Laufbahn arbeitete er abwechselnd in der Luftfahrzeugtechnik und der Windenergietechnik. 1947 baute Hütter die erste Windkraftanlage nach Kriegsende.

1948 wollte Erwin Allgaier seine Windkraftanlage in Serie bauen (3 Rotorblätter, 8 m Rotordurchmesser, 13 kW Nennleistung). Geringfügig größere Anlagen (11,28 m Rotordurchmesser, 7,2 kW Nennleistung) wurden nach Südafrika, Äthiopien und Argentinien exportiert. Die Windkraftanlagen waren aufgrund einer relativ hohen Schnelllaufzahl von 8 sehr leicht. Auch die eingerichtete Leistung pro Einheit überstrichener Rotorfläche war sehr gering, sodass die Windkraftanlage für geringe Windregime geeignet war und gleichzeitig relativ hohe äquivalente Volllaststunden lieferte (Kapazitätsfaktor) (siehe Bild 1.25).

Um Strom in abgelegene Gebiete zu liefern, begannen in den frühen 1920er-Jahren die Gebrüder Marcellus und Joseph Jacobs in den USA Windkraftanlagen zum Laden von Batterien zu entwickeln. Nach Experimenten mit 2-Blatt-Anlagen führten sie eine 3-Blatt-Windkraftanlage mit einem Rotordurchmesser von 4 m und einen direkt angetriebenen Gleichstromgenerator ein. Mehrere Tausende dieser Anlagen wurden in der Zeit zwischen den frühen 1920er-Jahren und den ersten Jahren nach der Ölkrise 1973 verkauft (siehe Bild 1.26).

Mit der Erweiterung des Stromnetzes stellte die ländliche Stromversorgung kein großes Problem mehr dar, und die Windenergieentwicklung wandte sich großen Anlagen für den Betrieb des Netzes zu. Während des Zweiten Weltkriegs schienen Windkraftanlagen eine potenziell strategische Technologie zur Nutzung von eigenen Energiequellen zu sein, die während Krisenzeiten genutzt werden konnte.

Bild 1.25 Allgaier-Windkraftanlage WE 10

Die erste jemals gebaute Megawattanlage war die von Palmer C. Putnam konstruierte und von der S. Morgan Smith Company (York, Pennsylvania) gebaute Smith-Putnam-Windkraftanlage, die auf Grandpa's Knob, einem 610 m hohen Hügel nahe Rutland, Vermont, errichtet wurde (siehe Bild 1.27). Bei dieser Anlage handelte es sich um einen Leeläufer mit einem Rotordurchmesser von 53,3 m. Dieser war mit individuell einstellbaren Rotorblättern ausgestattet und die Nennleistung des Synchrongenerators betrug 1,25 MW. Die Leistungsabgabe wurde mittels hydraulisch eingestellter Blattwinkel gesteuert. Der Rotor besaß keine Blattverwindung und hatte Blätter mit konstanter Blattbreite. Die Anlage war von 1941 bis 1945 in Betrieb und speiste während ihrer 1000 Stunden Laufzeit Elektrizität in das Stromnetz der Central Vermont Public Service Company ein. Nachdem die Anlage am 26. März 1945 ein Rotorblatt verlor, wurde sie außer Betrieb genommen, da die Geldmittel zur Reparatur des Rotors fehlten. Es sollte bis zur Ölkrise dauern, bis Putnams Erfahrungen zur Verwirklichung einer ganzen Serie von Großwindkraftanlagen in den USA genutzt wurden.

Bild 1.26 Windpark mit Jacobs-Windkraftanlagen, Big Island Hawaii, 1988 [5]

Bild 1.27 Smith-Putnam-Windkraftanlage auf dem Grandpa's Knob in der Nähe von Rutland, Vermont, USA [22]

Zu den Gründen, dass die Windenergieentwicklungen nach dem Zweiten Weltkrieg weitergeführt wurden, gehörten unter anderem [13]:

- die schnell ansteigende Nachfrage an Elektrizität, während in den meisten Orten keine lokale Energiequelle vorhanden war,
- dass verteilernahe Quellen bereits ausgeschöpft waren und
- dass die Armut nach dem Krieg und die politischen Zustände Länder zur Suche nach heimischen Energiequellen zwangen, anstatt sich auf importierte Brennstoffe zu verlassen.

Das Wissen über Aerodynamik und Werkstoffe, das durch die Ingenieure bereitgestellt wurde, die während des Krieges in der Militärindustrie und nun in der zivilen Industrie beschäftigt waren, begünstigte die Bedingungen zur Fortführung der Windkraftentwicklung. Durch die neuen Technologien eröffnete sich die Perspektive, erfolgreichere MW-Anlagen zu bauen als die Anlage auf Grandpa's Knob.

Später, in den 1950er-Jahren, erkannten kritische Wissenschaftler und Politiker, dass Kohle und Öl nicht zum Zwecke der Stromerzeugung verbrannt werden sollten, sondern als Werkstoffe besser geeignet waren. Eine weitere Tatsache sorgte für Bedenken: Der Gedanke, von nur einer Energiequelle (Öl) abhängig zu sein, die aus politisch instabilen Regionen importiert werden musste. Diese Bedenken wurden zu den ersten Anzeichen einer politischen Debatte um Demokratie, Wachstumsgrenzen und Verbrauch, Diversität und Umweltschutzauflagen für die

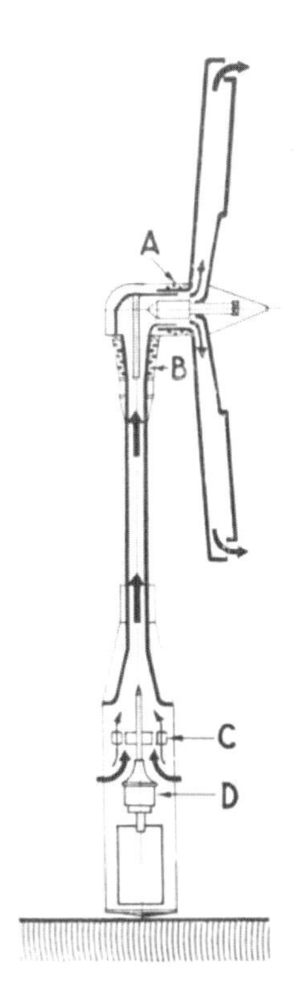

Bild 1.28 Links: Skizze der Funktionsweise der Andreau-Enfield-Windkraftanlage; rechts: Andreau-Enfield-Windkraftanlage in Algerien

industrielle Entwicklung, die in den 1960er-Jahren begann und in der Veröffentlichung der Studie *The Limits to Growth* (Meadows et al.) des Club of Rome gipfelte [15]. Von den 1950er-Jahren bis zum Ausbruch der ersten Energiekrise 1973 trugen nicht nur Dänemark, die USA und Deutschland zu weiteren Entwicklungen in der Windenergie bei, auch Staaten wie Frankreich und Großbritannien beteiligten sich. Überaschenderweise beteiligten sich die Niederlande, die als Land der Windmühlen bekannt sind, nicht an der Entwicklung zur modernen Nutzung der Windenergie, sondern versuchten, klassische Windmühlen für die Stromerzeugung zu nutzen.

1950 baute die John Brown Company auf den schottischen Orkneyinseln für das North of Scotland Hydroelectric Board eine 3-Blatt-Anlage mit einer Nennleistung von 100 kW und einem Rotordurchmesser von 15 m, die parallel an einem Dieselaggregat betrieben wurde [9]. Die Rotorblätter waren mittels Blattschlaggelenken an einer Nabe befestigt. Der komplexe Rotor versagte jedoch nach einigen Monaten.

Zur selben Zeit konstruierte der französische Ingenieur Andreau eine 2-Blatt-Anlage mit einer sehr ausgefallenen Übertragungstechnik. Die Rotorblätter waren hohl und hatten an den Enden Öffnungen. Der Rotor fungierte dadurch wie eine Zentrifugalpumpe, die Luft durch die Öffnungen in den Grund des Turms sog. Die Luft passierte dabei eine Luftturbine, die am Fuße des Turms angebracht war und einen Generator antrieb. Dadurch wurde eine sanfte Übertragung realisiert, die eine Alternative zu den steifen, Antriebszügen bildete, die auf direkt angeschlossenen Synchron- und Induktionsgeneratoren basierten. 1951 bauten De Havilland Propellers eine Prototypanlage für Enfield Cables Ltd. in St. Albans (Hertfordshire), siehe Bild 1.28.

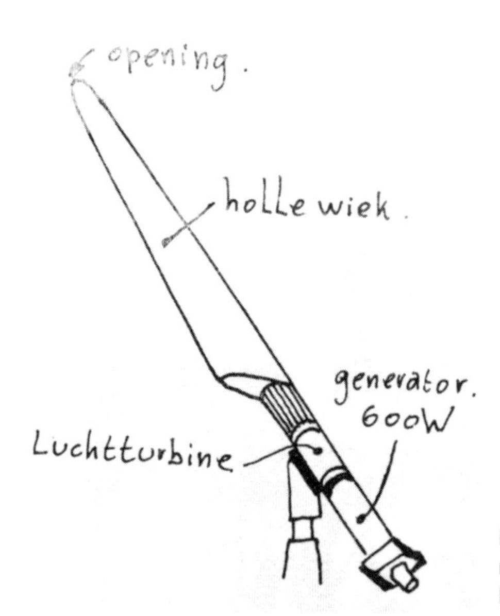

Bild 1.29 Hütter-Konzept des Einblattrotors mit aerodynamischer Kraftübertragung. Die Blattlänge beträgt 6 m

Da es unmöglich war, die Anlage aufgrund der geringen Windgeschwindigkeiten des Standorts und einem geringen Übertragungswirkungsgrad von 20 % wirtschaftlich zu betreiben, wurde sie 1957 abgebaut und in Grand Vent, Algerien, wiedererrichtet, doch nach einer kurzen Laufzeit wieder außer Betrieb genommen. Obwohl das Konzept ausgefallen schien, war es nicht einzigartig. Bereits 1946 stellte Ulrich Hütter eine hohle 1-Blatt-Anlage, die als Zentrifugalpumpe fungieren sollte, vor. Als Gegengewicht wurden die Luftturbine und der Generator auf der gegenüberliegenden Seite des Rotorblatts befestigt (siehe Bild 1.29). R. Bauer konstruierte eine 1-Blatt-Anlage mit einem Rotordurchmesser von 3 m, die ab 1952 von der Winkelstraeter GmbH betrieben wurde.

Außer Andreau waren noch einige andere französische Ingenieure in die Konstruktion von Windkraftanlagen involviert. L. Romani baute 1958 eine 800-kW-3-Blatt-Versuchsanlage mit einem Rotordurchmesser von 30,1 m für den Energieversorger EDF (Electricité de France) in Nogent-le-Roi nahe Paris (siehe Bild 1.30). Die sogenannte Best-Romani-Anlage war mit einem Synchrongenerator ausgestattet und wurde nach dem Ausfall eines Rotorblatts 1963 außer Betrieb genommen.

Gleichzeitig konstruierte Louis Vadot zwei Windkraftanlagen mit ähnlicher Ausstattung wie die Best-Romani-Anlage und errichtete sie für die Neyrpic in Saint-Rémy-de-Landes (Manche). Eine der Anlagen maß einen Rotordurchmesser von 21,1 m (132 kW), die andere einen Durchmesser von 35 m (1 MW); beide besaßen Induktionsgeneratoren. Da EDF sein Interesse an der Windkraft verlor, wurden die Anlagen 1964 und 1966 außer Betrieb genommen.

Zeitgleich mit den technischen Entwicklungen wurden die forschenden Industriegemeinschaften verschiedener Länder von internationalen Organisationen dazu aufgefordert, ihre Ergebnisse auf internationalen Konferenzen vorzustellen. Zu diesen Institutionen zählten unter anderem die UNESCO, die Organisation für europäische wirtschaftliche Zusammenarbeit (OEEC) und die World Meteorological Organisation (WMO). Das Vorgehen dieser Organisationen (siehe [21, 23, 29]) gab einen hervorragenden Überblick über die Fortschritte der Windkrafttechnologie von Kriegsende bis zum Beginn der Ölkrise. Interessanterweise weitete

Bild 1.30 Windkraftanlage von Best-Romani in Nogent-le-Roi (Eure et Loir), Frankreich

sich die Nutzung der Windkraft von industrialisierten Gegenden wieder auf entfernte, aride Gegenden und Entwicklungsländer aus. Das weltweite Potenzial der Windkraft wurde neben den Fortschritten in Theorie und Technologie zunehmend diskutiert. Diese internationalen Konferenzen waren die ersten bescheidenen Schritte hin zu umfangreichen internationalen Netzwerken im Bereich der Windkraft, die heute bestehen.

Aus heutiger Sicht ist es erstaunlich, wie viele moderne Erfindungen im Zeitraum von 1930 bis 1960 gemacht und getestet wurden. Die Entwicklungen basierten weniger auf analytischen Methoden als vielmehr auf Versuchen. Nicht alle Experimente waren erfolgreich; viele technische Fehler wurden gemacht. Es waren keine Geldmittel für Reparaturen oder die Fortführung der Windkrafttechnologie vorhanden. Die meisten Versuchsprojekte, die man in Frankreich, Großbritannien, Deutschland, den USA und Dänemark durchgeführt hatte, wurden gestoppt und die Ausrüstungen zerstört, mit Ausnahme der Windkraftanlage in Gedser, Dänemark. Warum diese Anlage so erfolgreich war, soll im folgenden Absatz geklärt werden. Die Windkraftentwicklungen wurden aufgrund fehlender Geldmittel gänzlich gestoppt. Ein Grund war die Tatsache, dass fossile Brennstoffe besonders billig wurden und Atomkraft immer beliebter. Dieses optimistische Szenario fand durch die Veröffentlichung der Studie *The Limits to Growth* [15] und den Ausbruch der Ölkrise 1973 ein plötzliches Ende.

Die unten aufgeführte Tabelle gibt einen kurzen Überblick über die modernen Konzepte, die in dieser Zeit entwickelt wurden. Der Überblick beinhaltet zudem einen Indikator über den Erfolg der Erfindungen.

Tabelle 1.1 Innovationen und Entwickler von 1930 bis ca. 1960 (Auswahl)

Nr.	Beschreibung	Erfinder/Entwickler	Land	Anwendung heute
	Rotor			
1	Schnellläufer: 3 Rotorblätter	Smidth Aeromotor	(1942)	ja
		Jacobs (1932)	USA	ja
2	Schnellläufer: 2 Rotorblätter	Smidth (1942)	DK	ja
3	Stallregelung: 3 Rotorblätter	Smidth (Gedser; 19xx)	DK	ja, mittelgroße Turbinen
4	Blattspitzenbremsen für Stallregelung	Juul (Gedser)		
5	Stallregelung: 2 Rotorblätter	Smidth (1942)	DK	ja, begrenzte Baugröße
6	Einblattrotor	Bauer (1945)	D	ja, begrenzt
7	Komplette Blattwinkeleinstellung, aktiv	John Brown	GB	ja
		Neyrpic-Vadot (1962–1964)	F	ja
8	Komplette Blattwinkeleinstellungsregelung, unterstützt durch Hilfsflügel	WIME	UdSSR (1932)	nein
		ZAGI	UdSSR (1930)	nein
9	Flettner-Rotor auf Schiffen	Flettner (1925)	D	nein (mit Ausnahme der Enercon Experimente)
	Flettner-Rotor auf Schienen [31]	Madaras (1932)	USA	nein
10	Gegenläufiger Rotor	Honnef (1940)	D	nein
11	Einführung von GFK für Rotorblatt-Werkstoffe	Hütter	D	ja
	Kapazität			
12	> 1 MW Nennleistung, 4 Rotorblätter	Entwurf von MAN-Kleinhenz (1942)	D	nein
13	> 1 MW Nennleistung, 2 Rotorblätter	Smith – Putnam (1,25 MW, 1945)	USA	ja
14	> 1 MW Nennleistung, 3 Rotorblätter	Neypric-Vadot (1 MW, ca. 1960)	F	ja
	Entwurf			
15	Multirotor	Honnef (1932)	DK	ja, stark begrenzte Baugröße in NL
16	Vertikalachsenrotor	Darrieus (Patent 1930)	F	ja, begrenzte Baugröße
17	Leeläufer	Kleinhenz (1942)	D	ja, begrenzte Baugröße
18	Betonturm	Smidth Aeromotor	DK	ja
19	Rotor arbeitet als Zentrifugalluftpumpe; erzeugt Durchlauf für den Luftturbinenantriebsgenerator; 2 Rotorblätter	Andreau Enfield	F, GB	nein
20	Rotor arbeitet als Zentrifugalluftpumpe; erzeugt Durchlauf für den Luftturbinenantriebsgenerator.	Hütter	D	nein

1.5 Der zweite Innovationszeitraum und die volle Kommerzialisierung: 1960 bis heute

Fast alle wichtigen technologischen Entwicklungen in der Windkraft wurden Mitte der 1960er-Jahre beendet. Fossile Brennstoffe waren reichlich vorhanden und sehr billig und Atomkraft wurde als Lösung für alle zukünftigen Energieprobleme angesehen. Zwar gab es im Kreise der Entscheidungsträger nur wenige Diskussionen sowohl über Versorgungssicherheit als auch über Umwelt- und Sicherheitsbelange, aber die Gesellschaft hegte Bedenken bezüglich des grenzenlosen Wirtschaftswachstums und seinen Einflüssen auf Entwicklungsländer und dauerhaft erhältliche Ressourcen. Die Veröffentlichung der Studie *The Limits to Growth* 1971/1972 im Auftrag des Club of Rome [15], die anschließend entfachten Diskussionen und der Ausbruch der Ölkrise 1973 als Ergebnis eines weiteren Nahostkonflikts machten die angenommenen zukünftigen Probleme zu aktuellen, gegenwärtigen Problemen.

Die politischen Reaktionen auf die Krise mündeten in einer neuen Energiepolitik, die auf den folgenden Schlüsselproblemen basierte:

- Die Abhängigkeit von Energiemonopolen (Öl) sollte durch Änderung der Energiebereitstellungsalternativen limitiert werden, unter anderem durch die Nutzung von heimischen Energiequellen mit gleichzeitiger Steigerung der Energieeffizienz.
- Fossile Energiequellen sollten der Herstellung von Werkstoffen vorbehalten sein und nicht schneller für die Energiegewinnung verbrannt werden, als sie sich regenerieren können.

Etwa ein Jahrzehnt später wurden Umweltbedenken (fossile Brennstoffe, Atommüll) und Sicherheitsbedenken (Atomenergie; Three Miles Island, Tschernobyl) in der politischen Debatte laut. Im Rahmen der neuen Energiepolitik wandten sich viele Länder sofort erneuerbaren Energiequellen zu. Dazu zählen die Solarenergie und weitere Energiequellen wie Windenergie, Biomasse und die Gewinnung von Energie aus Meereswärme. Auch im Bereich weiterer Quellen wie Geothermie und Gezeitenenergie wurde geforscht. Bereits 1973 wurden die ersten Forschungsprogramme auf nationaler Ebene eingeleitet und Windkraft spielte in vielen von ihnen eine wichtige Rolle. Es gab viele Ähnlichkeiten in den Programmen: Ressourcenvorkommen, Standortwahl, technologische Optionen, Bedarf nach Forschung und Entwicklung, potenzielle Einflüsse auf die nationale Energiebilanz, (makro-)ökonomische und soziale Einflüsse und Umsetzungsstrategien. Allerdings unterschieden sich die spezifischen Ansätze und Projekte erheblich von Land zu Land. Rückblickend kann gesagt werden, dass dort, wo hinsichtlich Zeit und Geld, ein Gleichgewicht zwischen technologischer Entwicklung, Marktentwicklung (sowohl auf der Nachfrage- als auch auf der Angebotsseite) und politischer Unterstützung (Fördergelder, Verordnungen, Infrastruktur) hergestellt wurde, die erfolgreichsten Projekte verwirklicht wurden. Allerdings war das Mitte der 1970er-Jahre noch nicht abzusehen. Einige Länder begannen Windkraftanlagen von Grund auf neu zu entwickeln und führten allerhand Analysen durch, ohne auf den Markt und die Infrastruktur zu achten. Beispiele dafür sind Großbritannien, die Niederlande, Deutschland, Schweden, die USA und Kanada. Sie alle setzten ausnahmslos auf große Windkraftanlagen als Basis für langfristige Energieszenarien.

Aufgrund der Erfahrungen aus der Vergangenheit war dies jedoch nicht besonders überraschend. Obwohl sie nicht alle erfolgreich waren, wiesen die Experimente und Analysen von Hütter, Kleinhenz, Palmer Cosslett Putnam, Juul, Vadot, Honnef, Golding und anderen alle in die gleiche Richtung: Die Einführung der Windenergie in größerem Umfang wäre nur dann wirtschaftlich realisierbar, wenn sehr große Windkraftanlagen mit einer Leistung von mehreren Megawatt eingesetzt würden. Den Bau solch großer Anlagen betrachtete man nicht nur als technisch machbar, man war auch optimistisch bezüglich der Wirtschaftlichkeit. Dies wird unter anderem anhand der Sitzungsberichte des amerikanischen Kongresses aus dem Jahre 1971 deutlich, die einen Hinweis auf eine entsprechende Studie von 1964 [6] enthalten. Eine von der Regierung im selben Jahr geförderte Forschungsgruppe unter der Leitung von Ali B. Cambel kam zu folgenden Erkenntnissen:

> Es sind ausreichend Kenntnisse vorhanden, um einen Prototypen mit einer Leistung von 5 000 bis zu 10 000 kW zu bauen, der eine realistische Einschätzung der Windenergienutzung zulässt. Eine Konstruktionsstudie der Anlagen und eine meteorologische Untersuchung der möglichen Standorte müsste dem eigentlichen Bau vorausgehen. Solch ein Programm würde wichtige Informationen über die Wirtschaftlichkeit von Windkraftanlagen und ihre Einbindung in das Stromnetz liefern [...] Auch auf lange Sicht stellt die Windenergie eine verlässliche Energiequelle dar [...] Sie ist unerschöpflich und wirkt sich nicht negativ auf die Umgebung aus, da sie keine schädlichen oder unerwünschten Nebenprodukte produziert.

Aufgrund dessen war die Multimegawatt-Windkraftanlage die technische Grundlage aller staatlich geförderten Entwicklungen. Das einzige Land, das diesem allgemeinen Trend der Fokussierung auf Großwindkraftanlagen nicht folgte, war Dänemark. Dort wurden von Anfang an risikoreiche technische Experimente vermieden, die Markteinführung wurde angekurbelt und die Politik unterstützte die Einführung institutioneller Rahmenbedingungen.

Unabhängig von den parallel stattfindenden, staatlich geförderten Programmen begannen wegweisende Unternehmen mit der Entwicklung und dem Verkauf von kleinen Windkraftanlagen zur Wasserversorgung, zum Laden von Batterien und zur Anbindung ans Stromnetz. Viele dieser Unternehmen wurden von E. F. Schuhmachers „Small is Beautiful"-Vision aus dem Jahre 1973 inspiriert. In den frühen 1980er-Jahren waren allein in Dänemark ungefähr 30 und in den Niederlanden etwa 20 Unternehmen auf dem Markt aktiv.

Auch Nichtregierungsorganisationen (NGOs) beteiligten sich mit dem Ziel, den Wind zur Wasserversorgung von Haushalten, zur Bewässerung der Felder und zum Tränken des Nutzviehs in Entwicklungsländern zu nutzen. Die Verwendung einer eigenen Energiequelle zur Deckung des Hauptbedarfs war für die weiteren Entwicklungen wichtig und erforderte kaum fremdes Kapital. Diese Organisationen besaßen oft Verbindungen zu Universitäten. Beispiele dafür sind die SWD/CWD in den Niederlanden, die ITDG in Großbritannien, das BRACE-Institut in Kanada, das Folkecenter in Dänemark, die IPAT in Berlin sowie mehrere Verbände in verschiedenen Staaten sowie die USA, die mit Universitäten vernetzt waren.

Im folgenden Abschnitt sollen die verschiedenen technischen Entwicklungen einmal genauer betrachtet werden. Da die Entwicklungen, die nach der Ölkrise stattfanden, so weitreichend und unterschiedlich waren, ist es nicht möglich, diese genauso detailliert zu beschreiben wie die Entwicklungen in den historischen Epochen. Die nachfolgende Beschreibung beschränkt sich auf die allgemeinen Tendenzen und stellt die wichtigsten Fälle dar.

Zuerst werden die staatlich geförderten Entwicklungen von Windkraftanlagen beschrieben. Die beste Quelle für die historischen Details stellen die seit 1985 jährlich herausgegebenen

Berichte der IEA (Internationale Energieagentur) Windenergieprogramms dar. Nationale Projekte leisteten häufig Beiträge zum IEA-Programm. Fast gleichzeitig zu der staatlich geförderten Entwicklung von Großwindkraftanlagen entwickelten kleine Pionierunternehmen Kleinwindkraftanlagen. Die konsequente Erweiterung und Vergrößerung dieser Windkraftanlagen bildeten das Fundament des heutigen Markts (2012). Im Folgenden werden aktuellere Entwicklungen wie Windparks, Offshore-Parks und die Anbindung ans Stromnetz thematisiert.

Die staatlich geförderte Entwicklung großer Windkraftanlagen

Die ersten Experimente wurden in Dänemark durchgeführt und bildeten ein gemeinsames Projekt Dänemarks und den USA. Wie bereits erwähnt, wurde die Windkraftanlage in Gedser zwar 1966 außer Betrieb genommen, aber nicht abgerissen. Der erste Schritt zu einer Wiederbelebung der Windenergieentwicklung war die Wiederinbetriebnahme der Windkraftanlage in Gedser im Jahr 1977 (siehe Bild 1.31).

Bild 1.31 Gedser-Windkraftanlage in den frühen 1990er-Jahren [5]

Die Ergebnisse der gemeinsamen dänisch-amerikanischen Messungen und Tests dienten als Startpunkt sowohl für die Forschung und Entwicklung des Windenergieforschungsprogramms der NASA als auch für die dänischen Forschungs- und Wirtschaftsaktivitäten. Die Konstruktionsphilosophie Ulrich Hütters war ebenfalls ein wichtiger Bestandteil des amerikanischen Entwicklungs- und Forschungsprogramms. Außer in Dänemark und den USA wurden auch in den Niederlanden, Deutschland, Schweden, Großbritannien, Kanada und später in Italien sowie Spanien während der späten 1970er-Jahre beachtliche Forschungs- und Entwicklungsprogramme ins Leben gerufen.

Kleinere Programme, vielmehr Projekte, existierten auch in Österreich, Irland, Japan, Neuseeland und Norwegen. Die erste Ländergruppe nahm sich der Entwicklung von Großwindkraftanlagen an. Die zwei Hauptfragen bei der Konzeption der ersten großen Testanlagen waren:

- Welches Potenzial bieten Windkraftanlagen mit Vertikalachse (Darrieus-Rotor) im Vergleich zu Windkraftanlagen mit Horizontalachse?
- Welcher Strategie sollte man folgen, um günstige Windkraftanlagen mittelfristig zu entwickeln?

Sollte man zuerst die zwar sehr riskante, aber auch viel Potenzial bergende Richtung zu leichten, schnelllaufenden Turbinen mit entsprechenden Rotorkonzepten einschlagen? Oder sollte man die Zuverlässigkeit an die erste Stelle setzen und die bereits erprobten Konstruktionen aus der Zeit vor 1960 schrittweise verbessern?

Die USA, die Niederlande, Großbritannien und Deutschland führten eine systematische Analyse des Potenzials von Horizontalachsen-Anlagen gegenüber Anlagen mit Vertikalachse durch. Kanada legte von Beginn an den Fokus auf Anlagen mit Vertikalachse; und Dänemark war das einzige Land, das der zweiten Strategie folgte. Die ersten großen Windkraftanlagen wurden 1979 in Betrieb genommen (Nibe 1 und 2 in Dänemark) und die letzte rein experimentelle, nicht wirtschaftlich betriebene Windkraftanlage wurde 1993 fertiggestellt. Insgesamt wurden in den verschiedenen Staaten etwa 30 nur zu Versuchszwecken betriebene Anlagen gebaut, die eine starke staatliche Förderung erhielten.

Die Tabellen 1.2 und 1.3 bieten einen Überblick über eine Auswahl dieser Windkraftanlagen. Auch die kommerziellen Prototypen werden aufgeführt. Die Bilder 1.32 bis 1.36 zeigen einige dieser Windkraftanlagen, deren technische Gestaltung sehr vielfältig war. Viele Innovationen der Vergangenheit (Tabelle 1.1) wurden neu konstruiert und eingesetzt. Erhebliche Verbesserungen wurden erreicht, indem glasfaserverstärkte Kunststoffe in die Rotorstruktur eingebaut und neue elektrische Umwandlungssysteme verwendet wurden.

Die Finite-Elemente-Methode (FEM), wenn auch nicht so weit entwickelt wie heute, wurde dazu verwendet, die Konstruktion der empfindlichen Komponenten der Windkraftanlage, insbesondere den Aufbau der Nabe, zu verbessern. Die Grundlage für umfassende Konstruktionsmethoden war höchst unvollständig. In der Aerodynamik gab es keine oder nur ungenaue Simulationen von Strömungsabrissen, dreidimensionalen Effekten, aeroelastischen Modellierungen usw. Dasselbe galt für Windbeschreibungen in der Rotorebene, die Auswirkungen von Turbulenzen auf die Leistung und die mechanische Belastung sowie das Modellieren und die Interaktionen der Strömungsnachläufe.

Zu den Windturbinenkonzepten gehörten unter anderem:

- Rotoren mit 1 bis 3 Rotorblättern für Windkraftanlagen mit Horizontalachse und 2 oder 3 Rotorblättern für Anlagen mit Vertikalachse,
- starre Naben, Pendelnaben und bewegliche Naben,
- starre Rotorblätter, Stallregelung und komplette oder partielle Regelung der Blatteinstellwinkel,
- (fast) konstante und variable Drehzahlübertragungssysteme.

Außerdem wurde eine spektakuläre Reihe von Installationstechniken angewendet. Die Methoden reichten von der konventionellen Installation mithilfe eines Krans bis hin zur Nutzung des

Tabelle 1.2 Auswahl staatlich geförderter Versuchsanlagen

Windkraftanlage (Land)	Rotordurchmesser [m]	Nennleistung [MW]	Jahr der Inbetriebnahme	Kommerzieller Nachfolger
Nibe 1 (Nibe, DK)	40	0,63	1979	nein
Nibe 2 (Nibe, DK)	40	0,63	1979	nein
25-m-HAT (Petten, NL)	25	0,4	1981	nein
5 x MOD-0 (Sandusky, Ohio; Clayton, New Mexico, Culebra, Puerto Rico; Block Island, Rhode Island; Kuhuku Point, Oahu-Hawaii; USA)	38,1	0,1–0,2	seit 1975	nein
WTS-75 (Näsudden, S)	38,1	0,1–0,2	seit 1975	nein
WTS-3 (Marglarp, S)	75	2	1983	nein
WTS-4 (Medicine Bow, Wyoming, USA)	78	3	1982	nein
MOD-1 (Boone, North Carolina, USA)	61	1	1979	nein
5 x MOD-2 (3 in Goodnoe Hills, Washington State; Medicine Bow, Wyoming; Solano, California, USA)	91	2,5	1980	nein
MOD-5B (Kahuku Point, Oahu-Hawaii, USA)	97,5	3,2	1987	nein
ÉOLE (Cap Quebec, CND)	100	4	1980 (?)	nein
GROWIAN (Kaiser-Wilhelm-Koog, D)	100,4	3	1982	nein

Tabelle 1.3 Erste große europäische Windkraftanlagen-Entwicklung und Versuchsreihen

Windkraftanlage (Land)	Rotordurchmesser [m]	Nennleistung [MW]	Jahr der Inbetriebnahme	Kommerzieller Nachfolger
Europäisches Programm WEGA I				
Tjæreborg (Esbjerg, DK)	61	2	1989	nein
Richborough (GB)	55	2	1989	nein
AWEC-60 (Cabo Villano, E)	60	1,2	1989	nein
Europäisches Programm WEGA II				
Bonus (Esbjerg, DK)	54	1	1996	ja
ENERCON E-66 (D)	66	1,5	1996	ja
Nordic (S)	53	1	1996	nein
Vestas V63	63	1,5	1996	ja
WEG MS4	41	0,6	1996	nein
Europäisches Vorführungsprogramm THERMIE				
Aeolus II (D und S)	80	3	1993	nein
Monoptoros	56	0,64	1990	nein
NEWECS 45 (Stork, NL)	45	1	1991	nein
WKA-60 (MAN, Helgoland, D)	60	1	1989	nein
NEG-MICON (DK)	60	1,5	1995	ja
NedWind (NL)	53	1	1994	ja

Bild 1.32 Links: Heidelberg-Windkraftanlage mit vertikaler Drehachse in Kaiser-Wilhelm-Koog [5]; rechts: GROWIAN-Windkraftanlage in Kaiser-Wilhelm-Koog [5]

Turms der Anlage als Hebevorrichtung für Plattformen, die dazu genutzt wurden, um das Motorengehäuse und die Rotorblätter anzubringen.

Nach einem bescheidenen Anfang hinsichtlich finanzieller Mittel begann das europäische Programm 1988 damit, die Unterstützung für die Entwicklung von großen Windkraftanlagen zu verstärken. Dieser Änderung in der Politik gingen ausgiebige Diskussionen mit Wissenschaftlern und Repräsentanten der Industrie über optimale Anlagengröße, industrielle Strategien und Marktpotenzial voraus.

Das Ergebnis dieser Gespräche war, dass die Hersteller, die bereits früher in der Herstellung kleinerer Anlagen tätig waren und die ernsthaftes Interesse daran hatten, große Windkraftanlagen zu kommerzialisieren, auf die Initiative der Europäischen Kommission reagierten und Verträge über die Entwicklung und den Bau der ersten kommerziellen Prototypen von Megawatt-Windkraftanlagen schlossen. Die Beteiligung kommerzieller Unternehmen bei diesem Programm veränderte die Industrie nachhaltig. Die Programme zur Erprobung und Evaluierung, finanziert von einzelnen Regierungen und durchgeführt von großen Konstruktions- und Luftfahrtunternehmen, kamen langsam zum Ende. Das physische Ende von einigen Windkraftanlagen war recht spektakulär: MOD 2, GROWIAN und Aelous II wurden gesprengt.

Die Konstruktionsphilosophie der kommerziellen Prototypen basierte auf der graduellen Vergrößerung kleinerer Anlagen, die von einigen der Pionierunternehmen, die eine schwere Krise

Bild 1.33 Links: 25-m-HAT-Windkraftanlage in Betrieb in Petten, Niederlande; mitte: Kanadische ÉOLE-Windkraftanlage mit Darrieus-Rotor; rechts: WTS-75-Windkraftanalage in Näsudden, Gotland, Schweden [5]

in den 1980er-Jahren überlebt hatten, entwickelt und kommerzialisiert wurden. Die erfolgreichsten Windkraftanlagen waren anfangs jedoch nicht die fortschrittlichen, sehr schnell laufenden Modelle, sondern diejenigen, die viele Eigenschaften des bewährten „dänischen Konzepts“ besaßen. Dieses Konzept basierte auf den Blaudrucks der Windkraftanlage in Gedser. Bild 1.37 bietet einen Überblick über die europäischen Programme WEGA I und II.

Mit den Programmen WEGA und THERMIE begann die konsequente Erweiterung der Windkraftanlagen (siehe Bild 1.38). Typisch für diese Entwicklungsphase war die konsequente Erweiterung der kleineren, erfolgreichen kommerziellen Windkraftanlagen. Viele der fortschrittlichen, technischen Konstruktionen wie Pendelnaben, Leeläufer sowie schnell laufende Rotoren mit ein oder zwei Rotorblättern wurden von der Industrie aufgegeben. Ihre ersten Prototypen waren eher „konservativ“, da die Kunden vor allem auf Verlässlichkeit Wert legten und nicht so sehr an fortschrittlichen Systemen mit Einsparungspotenzial für künftige Kosten interessiert waren. Die Innovationen, die später entwickelt wurden, unterschieden sich von der ersten Generation von Anlagen. Die großartigste Weiterentwicklung stellte der leistungselektronische Umrichter dar, denn er ermöglichte eine stark verbesserte Regelung der Turbinen. Durch diese Umwandlungssysteme, zusammen mit der Regelung des Blatteinstellwinkels und fortschrittlichen Multi-Parameter-Steuerungsstrategien, entsprachen die modernen Anlagen den Anforderungen des Stromnetzes. Kritische Entwicklungs/Konstruktionsverfahren und die Verwendung neuer Materialien führten zu einer Reduzierung des Gewichts und damit auch zu einer Reduzierung der Stromerzeugungskosten.

Während der Vergrößerung der Windturbinen nahm auch das Marktvolumen der Windkraftanlagen immens zu (siehe Bild 1.39). Die Produktlebensdauer einer bestimmten Art von Windkraftanlagen, basierend auf der Turbinenkapazität, beträgt meistens sechs Jahre und verlängert sich mit dem Wachstum der Turbinengröße seit 2002 [8].

Das technische Fachwissen nahm besonders im Bereich der Aerodynamik, der Modellierung von Strömungsnachläufen in Windparks, der Aeroelastizität, der FEM, der Baudynamik, der

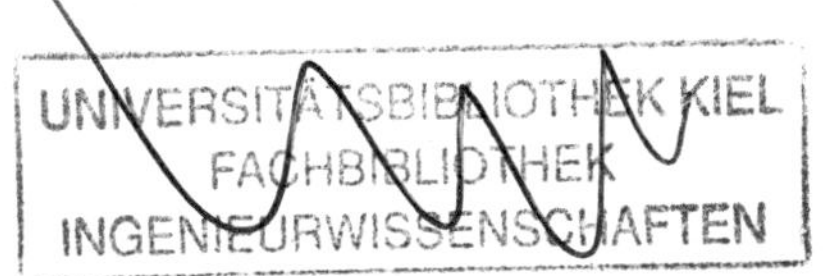

Bild 1.34 Links: Nibe-Windkraftanlage in Jütland, Dänemark; rechts: WEST-Windkraftanlage mit Einblattmotor im Vordergrund und Zweiblattanlage im Hintergrund am Alta-Nurra-Testfeld, Sardinien, Italien [5]

Messtechniken, der Systemmodellierung und der Regeltechnik beeindruckend zu. Die rein analytischen Ergebnisse mussten verifiziert werden, weshalb außer Laboreinrichtungen auch experimentelle Windkraftanlagen unter freiem Himmel errichtet wurden. Die Laboreinrichtungen bestanden hauptsächlich aus Prüfständen für Rotorblätter, Versuchsständen für Materialien sowie Prüfständen für Triebstränge und Windkanäle.

Die meisten dieser Forschungseinrichtungen entsprangen nationalen Initiativen und die europäischen Projekte erhielten manchmal Unterstützung von der Europäischen Kommission, die alle besondere Ausstattungen besaßen. Die wichtigsten Testeinrichtungen für Windkraftanlagen unter freiem Himmel waren:

- MOD-0 (38 m im Durchmesser, 1- und 2-Blatt-Rotoren, USA): einstellbare Steifigkeit der tragenden Struktur
- Uniwecs (16 m Durchmesser, 2-Blatt-Rotor, Leeläufer, Deutschland): Die Konfiguration der Nabe konnte durch eine von einem Computer gesteuerte Hydraulik verändert werden (einzeln schwenkbare Rotorblätter, Pendelnabe, feste Nabe) und Dämpfungs- und Steifigkeits-Parameter waren einstellbar.

Bild 1.35 MOD-2-Windkraftanlage in Solano, Kalifornien, USA [5]

Bild 1.36 Demontierte AWCS-60 in Kaiser-Wilhelm-Koog, Deutschland [5]

- 25 m HAT (25 m Durchmesser, 2-Blatt-Rotor, Luvläufer, Niederlande): Die Eigenschaften der Generatorlast sind voll einstellbar, indem ein Gleichstromgenerator und DC-AC-Umrichter verwendet werden.
- NREL, Phase II, III, IV Turbinen (Boulder, USA)
- Risø, TELLUS Turbine (Dänemark)
- TUD Open Air Facility (10 m Durchmesser, 2-Blatt-Rotor, Luvläufer, Niederlande): Das voll ausgestattete Rotorblatt für Druckverteilungsmessungen konnte auch in einem Windkanal getestet werden, um einen Vergleich mit genau festgelegten Strömungsbedingungen in einem Windkanal zu ermöglichen.
- Mie Universität (Japan)
- Imperial College und Rutherford Appleton (RAL) (Großbritannien)

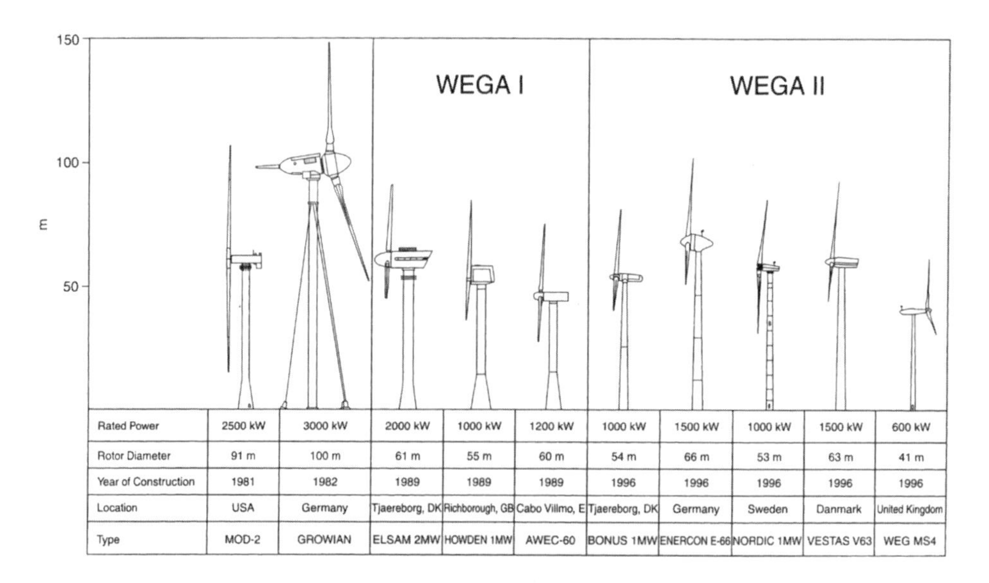

Rated Power	2500 kW	3000 kW	2000 kW	1000 kW	1200 kW	1000 kW	1500 kW	1000 kW	1500 kW	600 kW
Rotor Diameter	91 m	100 m	61 m	55 m	60 m	54 m	66 m	53 m	63 m	41 m
Year of Construction	1981	1982	1989	1989	1989	1996	1996	1996	1996	1996
Location	USA	Germany	Tjaereborg, DK	Richborough, GB	Cabo Villmo, E	Tjaereborg, DK	Germany	Sweden	Danmark	United Kingdom
Type	MOD-2	GROWIAN	ELSAM 2MW	HOWDEN 1MW	AWEC-60	BONUS 1MW	ENERCON E-66	NORDIC 1MW	VESTAS V63	WEG MS4

Bild 1.37 Überblick über die in Europa entwickelten Großwindkraftanlagen [14]

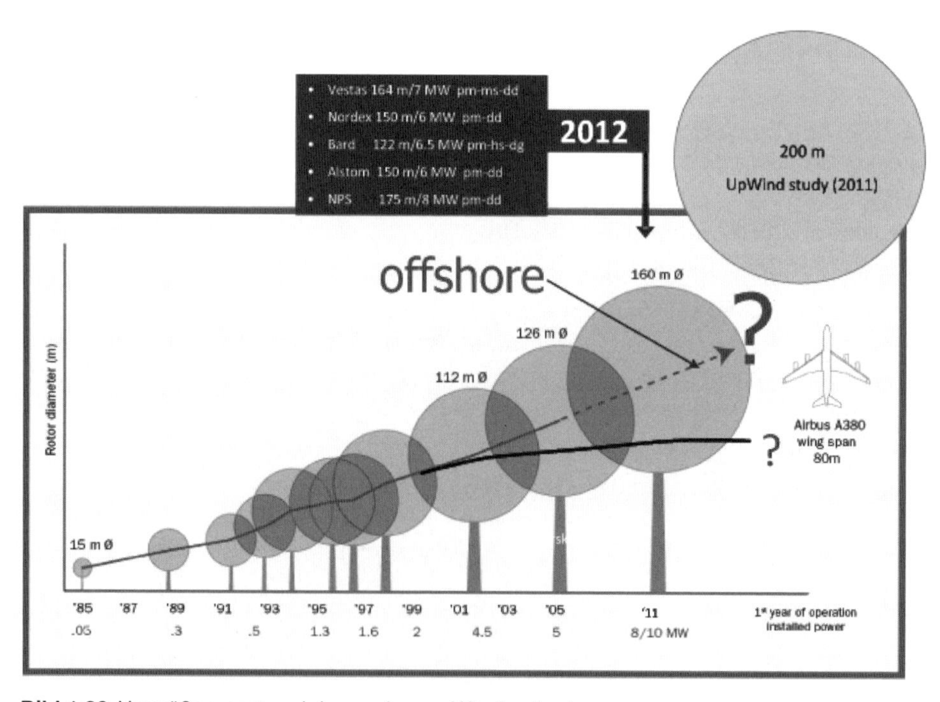

Bild 1.38 Vergrößerungstrend der modernen Windkraftanlagen

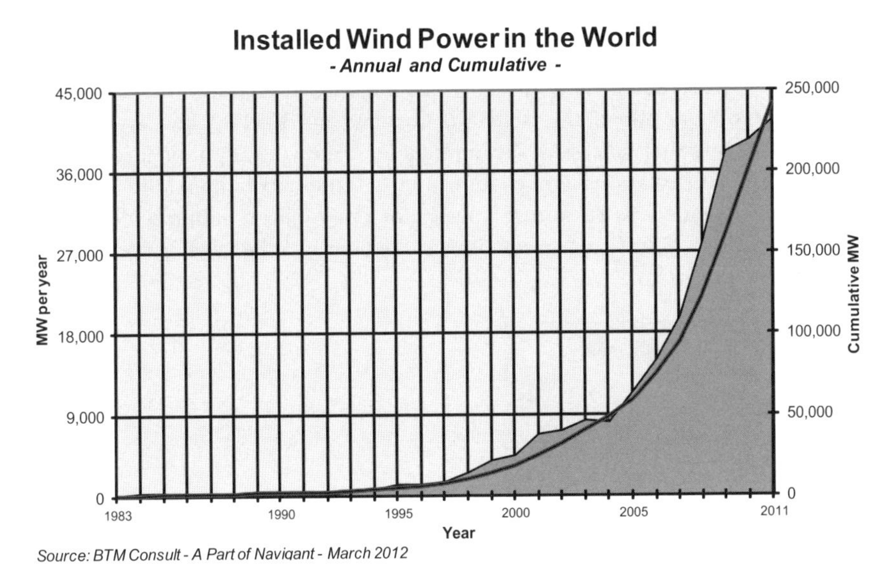

Bild 1.39 Wachstum des Weltmarkts für Windkraftanlagen

Die Entwicklung kleiner Windkraftanlagen

Um die Entwicklung der modernen Windenergietechnologie und den Marketingerfolg vollständig verstehen zu können, muss auch die Rolle der Windenergiepioniere in Betracht gezogen werden. Dies bezieht sich sowohl auf einzelne Personen als auch kleine Firmen.

Bild 1.40 Holländischer Do-it-yourself-Pioneer im Bereich Windenergie Fons de Beer mit seiner passiv geregelten Windkraftanlage [5]

Sogar vor der Ölkrise bauten Pioniere kleine Windkraftanlagen, um ihre Häuser und kleinen Geschäfte selbst mit Strom zu versorgen (siehe Bild 1.40). In gewisser Weise folgten diese Pioniere einem Handwerk, das während des Zweiten Weltkriegs entwickelt wurde. Viele bauten Windkraftanlagen zur Stromversorgung, da das Stromnetz permanent zusammenbrach. Aus dieser Zeit des Kriegs existieren noch verschiedene Do-it-yourself-Anleitungen. Einige dieser selbst entwickelten Konstruktionen schafften es bis zur industriellen Herstellung. Beispiele dafür sind die Lagerwey-Turbine (siehe Bild 1.41 [Henk Lagerweij & Gijs van de Loenhorst, Niederlande]), Enercon (Alois Wobben, Deutschland), Carter (siehe Bild 1.43, Jay Carter, USA), Enertech (siehe Bild 1.42 Bob Sherwin, USA). Die Amerikaner folgten der Tradition Jacobs, aber vom Konzept her war die Konstruktion ziemlich innovativ. In Dänemark bauten Mitglieder der Smedemesterforeningen kleine, ans Stromnetz angeschlossene Anlagen hauptsächlich nach dem bewährten „dänischen Design". Aus dieser Pionierarbeit entwickelten sich Unternehmen wie Vestas, Bonus, NEG und Micon.

Bild 1.41 Die frühe passiv geregelte Windkraftanlage von Lagerwey van de Loenhorst mit variabler Geschwindigkeit. Durchmesser: 10 m [5]

Bild 1.42 Enertech-Windkraftanlage in einem kalifornischen Windpark [5]

Bild 1.43 J. Carters passiv geregelter Leeläufer [5]

Zur Unterstützung der Bemühungen der kleinen Unternehmen, ihre Produkte zu verbessern und ihren wirtschaftlichen Erfolg in den USA und den Niederlanden zu erhöhen, wurden vonseiten der Regierungen Ausschreibungen für die Entwicklung von kostengünstigen kleinen

Windkraftanlagen organisiert. Diese waren allerdings nicht erfolgreich, da die Nachfrage nach dieser Art von Windkraftanlagen mit geringen Kapazitäten langsam zugunsten der mittelgroßen, an das Stromnetz angeschlossenen Anlagen sank. Es waren die dänischen Hersteller, die damit begannen, ihre Anlagen in großem Umfang auch auf dem eigenen Markt und in verschiedenen europäischen Ländern zu verkaufen. Zugleich exportierten sie sehr erfolgreich in die USA.

Mit steigender Nachfrage an größeren Windkraftanlagen haben die Hersteller die Kapazität ihrer bewährten Konzepte Schritt für Schritt erhöht. Anfang der 1990er-Jahre erreichten sie dieselbe Größe wie die kleineren, von der Regierung geförderten Anlagen aus den 1980er-Jahren. Mit Unterstützung der Europäischen Kommission (Programme: WEGA und THERMIE) und anderen war es ihnen möglich, ihre Konstruktionen zu verbessern, ihre Anlagen zu testen und Erfolgsgeschichten zu schreiben. Dies war eine notwendige Bedingung zur erfolgreichen Markteinführung. Zu diesem Zeitpunkt wurden aus den zwei ursprünglich getrennten Entwicklungslinien eine. Der Vergrößerungstrend setzte sich aufgrund der Nachfrage nach sehr großen Windkraftanlagen fort, da diese im Offshore-Bereich potenziell wettbewerbsfähiger zu sein schienen.

Fast keines der Pionierunternehmen aus den 1970er- und 1980er-Jahren ging aus dieser Phase unverändert hervor. Einige gingen bankrott, andere wiederum waren erfolgreich. Sie blieben entweder gänzlich unabhängig (ENERCON) oder zogen als unabhängige Unternehmen die Aufmerksamkeit ausländischer Investoren auf sich (Vestas). Andere fusionierten oder wurden von größeren Unternehmen übernommen. Als Beispiel für bekanntere Fusionen kann man NEG und Micon anführen.

Windparks, Offshore und Netzanbindung

Zusammen mit der steigenden Kapazität von Windkraftanlagen vergrößerten sich auch die Windenergieprojekte (Windparks) derart, dass sich ihre Gesamtkapazität von einem Megawatt auf bis zu mehreren hundert vergrößerte. Um Windparks effizient zu planen, war zunächst Fachwissen über den Umgang mit Nachlaufströmungen und Strömungsbedingungen innerhalb von Windparks erforderlich. Die Forschung auf diesen Gebieten begann Anfang der 1980er-Jahre mit der physikalischen Analyse von Nachlaufströmungen und experimentellen Untersuchungen in Windkanälen (siehe Bild 1.44). Seit den ersten Untersuchungen über Strömungsbedingungen in Windparks wurde dieses Forschungsgebiet immer wichtiger. Äußere Einflüsse, wie zum Beispiel Windscherung, die Turbulenzintensität und die Stabilität der Atmosphäre spielen bei der Ausbreitung von Strömungen eine große Rolle. Da diese Einflüsse an Land und im Offshore-Bereich sehr unterschiedlich sind, hängt die wirtschaftliche Planung von Offshore-Windparks im großen Maße von den Untersuchungsergebnissen über die Strömungsbedingungen in Windparks ab.

Die Bedeutung von Offshore-Windenergie in der Entwicklung der Windenergie wurde größer, da die besten Standorte zur Windenergiegewinnung an Land in Nordwesteuropa bereits erschlossen worden waren. Offshore ist die einzige Möglichkeit von Küstenstaaten, den Beitrag von Windenergie zur Energieversorgung signifikant zu erhöhen (> 20 %). Ein weiterer Grund für die wachsende Bedeutung von Offshore-Windenergie ist, dass sich öffentlicher Widerstand gegen die Errichtung von Windkraftanlagen in geschützten und alten Landschaftszügen regte, insbesondere in Großbritannien und Schweden. Das Potenzial von Offshore wurde bereits ganz am Anfang des modernen Windenergiezeitalters erkannt. Offshore-Windenergie wird bereits seit 1978 im Rahmen des IEA-Windenergieprogramms untersucht (siehe Bild 1.46).

Bild 1.44 Frühe Windparkmessungen, durchgeführt von David Milborrow, Electrical Research Association, Großbritannien. Foto: ERA

1991 wurde 2,5 km vor der Küste von Vindeby in Dänemark der erste große, kommerziell genutzte Offshore-Windpark, mit einer Gesamtleistung von 4,95 MW, errichtet. Dieser umfasste 11 Bonus-Windkraftanlagen mit je 450 kW. Der zweite dänische Offshore-Windpark, in Tuno Knob, wurde 1995 errichtet. Dieser Windpark hat eine Gesamtleistung von 5 MW und setzt sich aus 10 Vestas-Windkraftanlagen mit je 500 kW zusammen. Beide Windparks wurden in geschützten und flachen Gewässern errichtet. Der erste große Offshore-Windpark in der Nähe von Kopenhagen, Middelgrunden, wurde mit der Hilfe von Landschaftsarchitekten errichtet und besaß eine Gesamtleistung von 40 MW. Er umfasst 20 Bonus-Windkraftanlagen, die jeweils 2 MW abgeben, bogenförmig angeordnet und in einer Wassertiefe zwischen 5 und 10 Metern errichtet sind.

Der erste Schritt in Richtung Windenergienutzung in der rauen Umgebung der Nordsee wurde 2002 durch die Errichtung des Horns Rev Offshore-Windparks gemacht. Die installierte Leistung des Windparks betrug 160 MW. Somit war er der erste Windpark, dessen Gesamtleistung größer als 100 MW war. Der Park umfasst 80 Windkraftanlagen mit je 2 MW, die zwischen 14 und 17 km vor der Küste liegen und in einer Wassertiefe zwischen 6 bis 14 Metern stehen. Schrittweise traten mehr Länder der Offshore-Gemeinschaft bei. Mitte 2012 gab es Offshore-Anlagen mit einer Gesamtleistung von 4 100 MW. Diese verteilten sich auf die folgenden Staa-

Bild 1.45 Multimegawatt-Anlage von ENERCON, Norddeutschland [5]

ten: Dänemark, Schweden, die Niederlande, Großbritannien, Irland, Belgien, Deutschland und China. Das schnelle Wachstum der Windparkkapazitäten wird durch folgende Zahlen veranschaulicht.

Durchschnittliche Kapazität:	43 MW/Park
Durchschnittliche Kapazität der 10 kleinsten älteren Windparks:	8 MW/Park
Durchschnittliche Kapazität der 10 größten neueren Windparks:	198 MW/Park

Unter Berücksichtigung der Kapazitäten von Offshore-Windenergie planen die europäischen Staaten weitere Offshore-Windparks, und das in einem Gebiet ohne eine vorhandene elektrische Infrastruktur. Dadurch wird die Notwendigkeit eines neuen Konzepts für Stromnetze verdeutlicht. Diese Notwendigkeit wird unter Beachtung der zukünftig variablen Leistungsabgabe erneuerbarer Energiequellen immer dringlicher. Dies betrifft hauptsächlich Windkraftanlagen, konzentrierte Solarenergieanlagen und Wasserkraftwerke. Da die Vorlaufzeit zur Erweiterung der Stromnetze sehr lang ist, üblicherweise 10 Jahre oder mehr, hätte die Stromnetzerweiterung bereits vor 10 Jahren beginnen sollen, um den heutigen Anforderungen zu genügen. Die Erweiterung der Stromnetze hätte Teil dieser Ausführungen sein können und müssen, was aber nicht der Fall war. Somit wird verdeutlicht, dass der Engpass für den weiteren Ausbau der Kapazitäten von Offshore-Windenergie das Stromnetz ist.

Internationale Netzwerke

Rückblickend stellt sich die interessante Frage, ob die von Regierungen getragenen Programme von 1979 ohne Nutzen waren, da es keine direkt aus ihnen resultierenden kommerziellen Anwendungen gab.

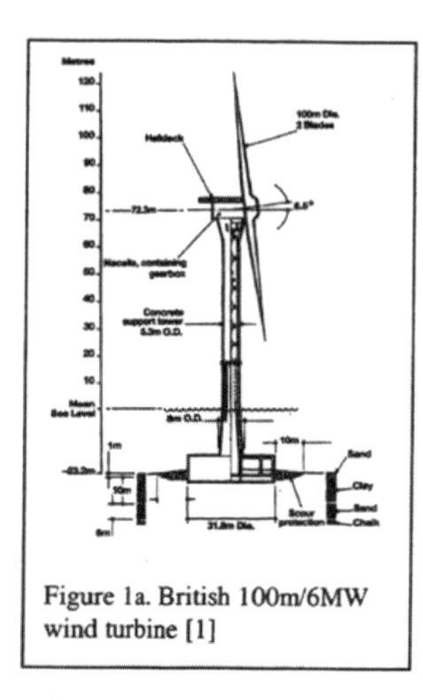

Figure 1a. British 100m/6MW wind turbine [1]

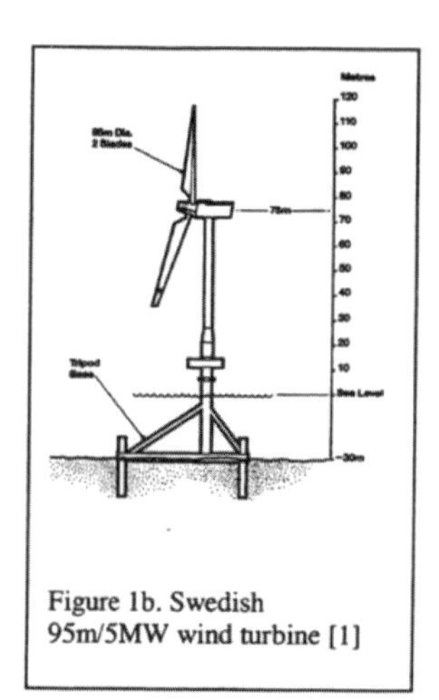

Figure 1b. Swedish 95m/5MW wind turbine [1]

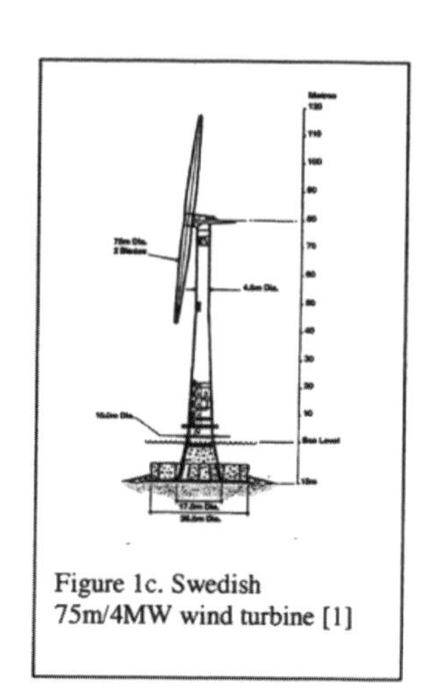

Figure 1c. Swedish 75m/4MW wind turbine [1]

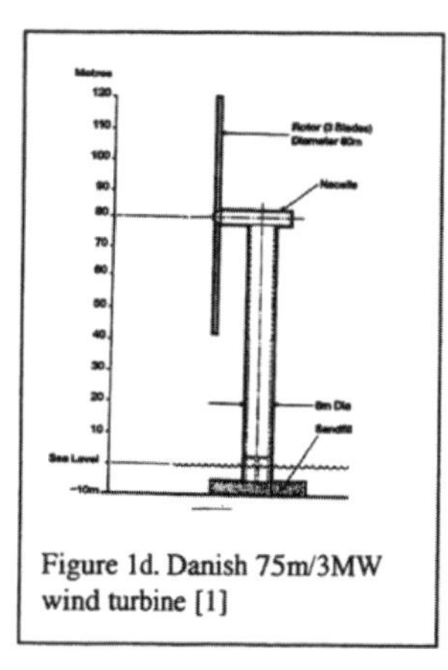

Figure 1d. Danish 75m/3MW wind turbine [1]

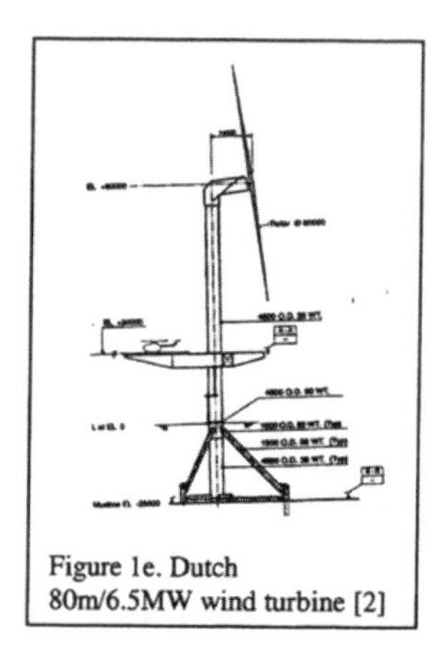

Figure 1e. Dutch 80m/6.5MW wind turbine [2]

Bild 1.46 Im Rahmen des IEA-LS-WECS-Programms wurde die Offshore-Technik seit 1978 untersucht. Die Teilnehmerländer waren Dänemark, Niederlande, Schweden, Großbritannien und die USA

Die Antwort wäre „ja", wenn es zwischen 1979 und 1985 Unternehmen gegeben hätte, die groß genug gewesen wären, um die Risiken zu tragen, welche die Markteinführung von Großwindkraftanlagen mit sich brachte. Diese Unternehmen existierten jedoch zu dieser Zeit nicht. Die Unternehmen, welche dazu imstande gewesen wären, solch einen risikoreichen Weg einzuschlagen, waren zu diesem Zeitpunkt nicht an der kommerziellen Einführung von Großwindkraftanlagen interessiert.

Die Antwort wäre „nein", wenn man die enorme Menge an zusammengetragenen Daten über Konstruktion, Betrieb und Erkenntnissen, die aus Unfällen und Vorfällen gewonnen wurden, berücksichtigt. Die Art und Weise, wie diese Erkenntnisse zur neuen Generation von Windkraftanlagen beitrugen, ist nicht direkt nachvollziehbar, da diese Entwicklung sich nicht in eindeutig aufeinanderfolgenden Schritten vollzog. Der Lernprozess vollzog sich durch Experten, die in die private Wirtschaft wechselten und ihr Wissen mitbrachten. Hinzu kamen auch Konferenzen (z. B. organisiert von der EWEA, der Europäischen Kommission und der AWEA) und

Bild 1.47 160 MW Horns REV Offshore-Windpark an der Nordsee in Esbjerg, Dänemark. Fotograf: ELSAM

Fachtagungen (z. B. organisiert von der IEA). Die nationalen Forschungseinrichtungen schufen ständige Einrichtungen für das Zusammentragen von Expertenwissen über Windkraftanlagen. Diese Einrichtungen (anfangs Nationales Forschungslabor Risø, ECN, SERI/NREL), Universitäten und neuere universitäre Netzwerke wie ForWind und CEWind aus Deutschland wurden langfristig durch nationale Regierungen unterstützt.

Ohne diese Institutionen wäre der Zugang zu dem Wissen über Windkraftanlagen versperrt geblieben oder sogar verloren gegangen. Der Zusammenhang der verschiedenen Aspekte dieses Wissens, wie Ressourcenmanagement, Strukturdynamik, elektrische und mechanische Energieübertragung und andere, wäre auch verloren gegangen.

Die Tatsache, dass dieses Wissen noch immer kohärent, aktuell und zugänglich ist, hängt zu großen Teilen vom Organisationsgrad der Wissenschaftswelt und den intensiven Kontakten zwischen der Wissenschaft und der Industrie ab. Regierungen hatten daran einen kleineren Anteil. Obwohl sie und die Europäische Kommission die Zusammenarbeit durchaus förderten, war es der Windenergiesektor, der viele Initiativen startete oder koordinierte, Aufgaben verteilte und strategische Wissenschaftsprogramme entwickelte. Beispiele dieser Initiativen aus Europa sind die EWEA (European Wind Energy Association), die EUREC (European Renewable Energy Agency), die EAWE (European Academy for Wind Energy) und MEASNET (Measurement Quality Assurance Network). Diese internationalen Netzwerke stellen im Vergleich zu heutigen, nationalen Gesellschaften, welche bereits seit Langem existieren, eine neue Dimension dar.

Zum Schluss

Folgt man dem langen Pfad der Geschichte, von den Anfängen der zweckmäßigen Nutzung von Windmühlen durch die Perser bis hin zur heutigen, großflächigen Nutzung der Windenergie, kann man zwei sehr erfolgreiche Abschnitte unterscheiden: Innerhalb des ersten Abschnitts (1700–1890) ermöglichte die Nutzung der Windenergie die Industrialisierung von Teilen Nordwesteuropas, insbesondere in den Niederlanden. Während des zweiten Abschnitts (nach der Ölkrise von 1973) begann der Wind weltweit eine wichtige Stellung einzunehmen. Die enge Verzahnung von Theorie und Praxis in der Entwicklung der Technologie, die Einführung von verlässlichen Marktanreizen und politische Unterstützung erwiesen sich als Schlüssel zum Erfolg der heutigen Entwicklungen im Windenergiesektor.

Literatur

[1] Betz, A.: Windenergie und ihre Ausnützung durch Windmühlen. 1925

[2] Beurskens, Jos; Houët, Martin; van der Varst, Paul; Smulders, Paul: Windenergie. Technische Hogeschool Eindhoven, Afdeling Natuurkunde, Vakgroep Transportfysica. Eindhoven 1974. (Niederländisch)

[3] Beurskens, H. J. M.; Elliot, G.; Hjuler Jensen, P.; Molly, J. P., Schott, T.; de Wilde, L.: Safety of small and medium scale wind turbines. Commission of the European Communities. DG for Energy. October 1986

[4] Beurskens, Jos: Private Sammlung von Fotografien

[5] Fotografien von Jos Beurskens

[6] Congressional Record. Proceedings and Debates of the 92d Congress. Volume 117, No 190. Washington, December 7, 1971

[7] Dörner, Heiner: Drei Welten – ein Leben. Prof. Dr. Ulrich Hütter. ISBN 3-00-000067-4. Heilbronn 2002

[8] Ender, C.: Windenergienutzung in Deutschland; Stand 31-12-2010. DEWI Magazin, Februar 2011

[9] Golding, E. W.: The generation of electricity by wind power. E. and F.N. Spon, London 1955

[10] Greaves, W. F.; Carpenter, J. H.: A short history of mechanical engineering. Longmans Green and Co, London 1969

[11] Hansen, H. C.: Poul la Cour - en tidlig forkæmper for vedvarende energy. (Dänisch)

[12] Harrison, Robert; Hau, Erich; Snel, Herman: Large Wind Turbines; Design and Economics. Wiley ISBN 0 471 49456 9. Wiley 2000

[13] Hau, Erich. Wind turbines. Fundamentals, Technologies, Application, Economics. Springer Verlag, Berlin 2000. ISBN 3-540-57064-0

[14] Husslage, G.: Windmolens. Keesing, Amsterdam 1968

[15] Meadows, Donella H.; Meadows, Dennis L.; Randers, Jørgen; Behrens III, William W.: The Limits to Growth. ISBN 0-87663-165-0. Universe Books 1972. Ein Vordruck war bereits 1971 verfügbar. Der Bericht wurde mehrere Male aktualisiert.

[16] Molly, Jens-Peter: Windenergie; Theorie, Anwendung, Messung. Verlag C.F. Müller, Karlsruhe 1990

[17] Needham, J.: Science and civilization in China. Cambridge University Press, London 1965, Volume IV, Section 27

[18] Notebaart, J.: Windmühlen. Mouton Verlag, Den Haag, Paris

[19] Oelker, Jan: Windgesichter. Aufbruch der Windenergie in Deutschland. Sonnenbuch, 2010

[20] Office of Production Research and Development, War Production Board. Final Report on the Wind Turbine, Washington 1946

[21] Organisation for European Economic Co-operation. Technical papers presented to the Wind Power Working Party

[22] Palmer Cosslett Putnam. Power from the Wind. ISBN 0 442 26650 2. Van Nostrand Reinhold Company. New York, 1948

[23] Procès Verbal des Séances du Congrès du Vent. Carcasonne, septembre 1946

[24] Rave, Klaus; Richter, Bernard: Im Aufwind. Schleswig-Holsteins Beitrag zur Entwicklung der Windenergie. ISBN 978 3 529 05429 7. Wachholz Verlag Neumünster 2008

[25] Reynolds, J.: Windmills and Watermills. Hugh Evelyn, London 1970

[26] Rijks-Studiedienst voor de Luchtvaart. Rapport A 258, A.G. von Baumhauer. Onderzoek van molen-modellen (Messungen an Windmühlenmodellen). Rapport A 269, Proefnemingen met modellen van windmolens (Untersuchung von Windrädern)

[27] Smeaton, J.: On the construction and effects of windmillsails. Royal Society. London 1759

[28] Stokhuyzen, F.: Molens. Unieboek, Bussum 1972 (Niederländisch)

[29] UNESCO. Wind and Solar Energy. Proceedings of the New Delhi Symposium, 1954. Volume I, Wind Energy. (Englisch, Spanisch, Französisch)

[30] Westra, Chris; Tossijn, Herman: Wind Werk Boek. ISBN 906224 025 9. Ekologische Uitgeverij. Amsterdam 1980. (Niederländisch)

[31] Will towers like these dot the land? Electrical World, May 28, 1932

2 Die internationale Entwicklung der Windenergie

Windenergie ist eine universelle Ressource. Sie kann als Lösung für eine Vielzahl der globalen Energieprobleme nicht nur theoretisch, sondern auch tatsächlich dienen. Mit ihrer Hilfe kann Strom erzeugt werden, die Leitenergie des 21. Jahrhunderts. Die Endlichkeit der fossilen Ressourcen sowie deren geografisch ungleichgewichtige Verteilung, die Folgen der Klimaveränderung aufgrund deren Verbrennung, die Gefahren des nuklearen Sektors, zuletzt dramatisch in Japan bzw. Fukushima erlebbar, finden zunehmend Antworten und Alternativen in der Stromerzeugung durch regenerative Quellen, allen voran durch die Nutzung der Windenergie.

2.1 Der Beginn der modernen Energiedebatte

Die internationale Energiedebatte erreichte eine neue Dimension mit der Veröffentlichung von Meadows *Limits to Growth*, dem Bericht des Club of Rome. Der Schock der ersten Ölpreiskrise 1973 traf die industrialisierte Welt hart: In Deutschland gab es sogar Sonntagsfahrverbote. Knappheit, Verteilungskämpfe: Szenarien, die zum Umsteuern aufforderten.

Die nuklearen Unfälle von Harrisburg, aber insbesondere von Tschernobyl (1986) markierten eine weitere Dimension der Gefährdung der und durch die Energieversorgung. Die sogenannte „friedliche Nutzung der Kernenergie" wurde zunehmend hinsichtlich ihrer Risiken hinterfragt (siehe [1, 2, 31]) Bürgerbewegungen bildeten sich, die Parteiströmung „Die Grünen" entstand in etlichen Ländern aus diesem Protest heraus.

Als dritte große Herausforderung der internationalen Energieversorgung trat seit den 1980er-Jahren die Klimadebatte auf den Plan, genauer gesagt wuchs die Erkenntnis, dass es bestimmende anthropogene Effekte einer Veränderung des Erdklimas gäbe (siehe als frühe populärwissenschaftliche Publikation: [14]; auch [5]; aktuell [30]). Sicherheitsfragen – militärischer wie ziviler Natur und bezogen auf die Bedarfsdeckung und durch den Klimawandel ausgelöst – dominieren die aktuelle Debatte (siehe aktuell wie umfassend [32]).

Wenn auch diese drei Debatten zeitlich versetzt verliefen, zum Teil argumentativ versucht wurde, z. B. die Klimadebatte zur schnelleren Verbreitung der Atomenergie als angeblich CO_2-freier Stromerzeugung zu nutzen, so war doch kontinuierlich die Entwicklung erneuerbarer Energieträger, allen voran die Windenergie, ein wesentlicher und wachsender Teil der Argumentationskette (siehe Tabelle 2.1 zum globalen Wachstum). Diesen Zusammenhang stellt auch der UN Generalsekretär Ban Ki-moon her, wenn er die Forderung nach „Sustainable Energy for All" aufstellt, Zieljahr 2030 (siehe *New York Times* vom 11.01.2012 in der Vorberichterstattung zum Future World Energy Forum und der Generalversammlung der IRENA – s. u. – in Abu Dhabi). Ansonsten gilt für die Gefahren aus der Erderwärmung wie für die nuklearen Risiken die Formel: „Avoid the unmanageable and manage the unavoidable."

Zwei Sachverhalte unterstützten und verstärkten diesen Trend. Zum einen die historischen Erfahrungen mit der Nutzbarmachung des Windes für die zivilisatorische Entwicklung der Menschheit. Zum anderen eine auch schon über Jahrzehnte existierende Tradition von Forschung und Entwicklung auf diesem Gebiet, sei es in den USA, sei es in Deutschland, Dänemark, Holland oder Großbritannien (siehe die ausführliche Darstellung in Kapitel 1).

1993 wurde anlässlich der in Schleswig-Holstein stattfindenden European Wind Energy Conference das Durchbrechen einer Schallmauer gefeiert: 1 000 MW waren installiert. Das Jahr 2011 sah eine neue Dimension: weltweit waren 240 000 MW errichtet, davon in 21 Staaten mehr als 1000 MW (siehe Tabelle 2.2).

Tabelle 2.1 Kapazität der weltweit installierten WEA (in MW)

Jahr	Leistung	Zuwachs
1996	6 100	1 280
1997	7 600	1 520
1998	10 200	2 520
1999	13 600	3 440
2000	17 400	3 760
2001	23 900	6 500
2002	31 100	7 270
2003	39 431	8 133
2004	47 620	8 207
2005	59 091	11 531
2006	74 052	15 245
2007	93 820	19 866
2008	120 291	26 560
2009	158 908	38 793
2010	197 039	38 265

Nicht nur die Zahl der Anlagen und deren Größenordnung ist kontinuierlich gewachsen, sondern auch die Anzahl der Länder, in denen die Windkraft zur Stromerzeugung genutzt wird. Die USA, Dänemark, Deutschland und Spanien sind als Pionierländer zu nennen, in denen diese Entwicklung ihren Anfang nahm. Lange Zeit wurde befürchtet, dass diese vier unter sich blieben. Die Gefahr wuchs, dass politische Veränderungen in nur einem Land negative Folgen für die gesamte Entwicklung auslösen könnten. Heute ist die Nutzung der Windenergie in über 75 Staaten verbreitet. Das Wachstum geht einher mit technologischer und geografischer Diversifizierung: Erstmals lösten 2010 Nicht-OECD-Staaten angeführt von China die OECD-Staaten als Wachstumstreiber ab. Das quantitative Element wird ergänzt und auf ein neues Niveau gehoben.

Tabelle 2.2 Die Windländer weltweit

Afrika & Naher Osten		bis 2010	neu 2011	2011 total
	Kap Verde	2	23	24
	Marokko	286	5	291
	Iran	90	3	91
	Ägypten	550	–	550
	andere(1)	137	–	137
	insgesamt	**1 065**	–	**1 093**
Asien				
	China	44 733	17 631	62 364
	Indien	13 065	3 019	16 084
	Japan	2 334	168	2 501
	Taiwan	519	45	564
	Südkorea	379	28	407
	Vietnam	8	29	30
	andere(2)	69	9	79
	insgesamt	**61 106**	**20 929**	**82 029**
Europa				
	Deutschland	27 191	2 086	29 060
	Spanien	20 623	1 050	21 674
	Frankreich*	5 970	830	6 800
	Italien	5 797	950	6 737
	Großbritannien	5 248	1 293	6 540
	Portugal	3 706	377	4 083
	Dänemark	3 749	178	3 871
	Schweden	2 163	763	2 970
	Niederlande	2 269	68	2 328
	Türkei	1 329	470	1 799
	Irland	1 392	239	1 631
	Griechenland	1 323	311	1 629
	Polen	1 180	436	1 616
	Östereich	1 014	73	1 084
	Belgien	886	192	1 978
	andere(3)	2 807	966	3 708
	insgesamt	**86 647**	**10 281**	**96 606**
	davon EU-27	84 650	9 616	93 947

* vorläufige Daten; (1) Südafrika, Israel, Nigeria, Jordanien, Kenia, Lybien, Tunesien; (2) Bangladesch, Indonesien, Philippinen, Sri Lanka, Thailand; (3) Rumänien, Norwegen, Bulgarien, Ungarn, Tschechien, Finnland, Litauen, Estland, Kroatien, Ukraine, Zypern, Luxembourg, Schweiz, Lettland, Russland, Färöer, Slowakei, Slowenien, Rep. Mazedonien, Island, Liechtenstein, Malta

Tabelle 2.1 Die Windländer weltweit (*Fortsetzung*)

Lateinamerika & Karibik				
	Brasilien	927	583	1 509
	Chile	172	33	205
	Argentinien	50	70	130
	Costa Rica	119	13	132
	Honduras	–	102	102
	Dominikanische Rep.	–	33	33
	Karibik(4)	91	–	91
	andere(5)	118	10	128
	insgesamt	**1 478**	**852**	**2 330**
Nordamerika				
	USA	40 298	6 810	46 919
	Kanada	4 008	1 267	5 265
	Mexiko	519	50	569
	insgesamt	**44 825**	**8 127**	**52 753**
Pazifik				
	Australien	1 990	234	2 224
	Neuseeland	514	109	623
	Pazifische Inseln	12	–	12
	insgesamt	**2 516**	**343**	**2 859**
	weltweit	**197 637**	**40 564**	**237 669**

(4) Jamaika, Kuba, Dominica, Guadelupe, Curacao, Aruba, Martinique, Bonaire; (5) Kolumbien, Ecuador, Nicaragua, Peru, Uruguay

2.2 Zur Erneuerung der Energiemärkte

Die äußerst ungleichgewichtige regionale und damit politische Verteilung der konventionellen Brennstoffe war und ist eine prägende Krisenursache. Ob Öl, Gas, Kohle oder Uran, das Vorhandensein auf nationalem Territorium und das Exportpotenzial oder die Importabhängigkeit entschieden und entscheiden über Wohlstand, Entwicklung und wirtschaftliches Wachstum. Das Preiskartell der OPEC, die „billige" Kohle bzw. der hochsubventionierte Kohleabbau, der hochgefährliche Brennstoffkreislauf des Uran, die spezifischen Abhängigkeiten von der leitungsgebundenen Gasversorgung führen jeweils auf unterschiedliche Art und Weise zu außenpolitischen Spannungen bis hin zu Kriegen wie auch innenpolitischen Verteilungsdisparitäten mit folgenreichen internen Konflikten (siehe [32], S. 227 ff.).

In der neueren Menschheitsgeschichte – der Geschichte der Industrialisierung – waren die Energiemärkte immer politisch gestaltet bzw. beeinflusst. Staatliche Energieversorger, monopolistische oder oligopolistische Rohstoffförderer prägen die globale Energiewirtschaft. Die 10 größten (gemessen an ihren Reserven) Öl- und Gasfirmen der Welt befinden sich in Staatsbesitz (The Economist, 21. Januar 2012).

Die Regulierungsintensität der Energiemärkte ist extrem differenziert ausgeprägt: Eine Skala von 0 bis 100 würde voll ausgeschöpft. Die Korrelation mit dem globalen Korruptionsindex von Transparency International ist augenfällig. Das Spektrum der politischen Einflussnahme reicht von „Atoms for Peace" über den „Kohlepfennig" bis zu den Oligarchen von Gazprom, von forschungspolitischen Programmen bis zum EEG. Die regulatorische Ausgestaltung des EU-Binnenmarktes gilt als einer der wichtigsten und komplexesten politischen Prozesse der Gegenwart.

Dieser ist allerdings weit übertroffen von den langwierigen Verhandlungen über ein internationales Klimaschutzabkommen: das 2%-Ziel von Kopenhagen hat eben – noch – keine bindende völkerrechtliche Wirkung. Das Vorhaben, sich über ein Ziel bis 2015 zu verständigen, musste im Anschluss an die Konferenz von Durban als Erfolg gewertet werden, um nicht weitere Hoffnungslosigkeit verkünden zu müssen (siehe [6], S. 348 ff. zur Entwicklung und zum Überblick über vereinbarte Instrumente).

Eine globale Problemstellung – die sichere, umwelt- und sozialverträgliche Energiebedarfsdeckung – bleibt ohne völkerrechtlichen Rahmen. Die Analogie zur Situation der Finanzmärkte drängt sich auf. Nicht nur durch den Hinweis, „wenn das Klima eine Bank wäre, wäre es schon gerettet", der auf dem Post-Lehmann-Brothers-Höhepunkt der Krise gelegentlich zu hören war. Auf beiden Feldern sind verbindliche Abkommen und regulatorische Standards dringend erforderlich und gleichermaßen in zu weiter Ferne. Auf beiden Feldern wächst das Gefährdungspotenzial für Staat, Wirtschaft und Gesellschaft stetig. Für beide Bereiche gilt, dass nur durchsetzbare international verbindliche Regeln dauerhafte Wirkung entfalten können. Klimaschutz und Finanzmarktregulierung stellen die internationale Völkergemeinschaft nicht nur vor neue Dimensionen der Kooperation, sondern sind für die globale Ökologie (zur Begrifflichkeit siehe [17]) wie Ökonomie überlebensnotwendig.

Der Wandel auf den Energiemärkten findet derzeit auf verschiedenen Ebenen statt:

- Auf der Ebene der Akteure treten neue Spieler auf das Feld bzw. wandeln sich traditionelle Anbieter. Zum einen werden alte Monopole aufgebrochen zur Schaffung echter Märkte durch die Trennung von Netzbetrieb und Erzeugung, wie in der EU, zum anderen nimmt die Zahl und das Gewicht unabhängiger Investoren in die Energieerzeugung stetig zu.

  Des Weiteren entwickeln sich neue Dienstleistungen wie der Handel mit Strom über die Börse oder das Angebot von Speicherkapazitäten unterschiedlichster Art (Pump- und Druckluftspeicher, Elektromobilität, „Power to Gas", hervorzuheben ist die besondere Rolle Norwegens mit den Unternehmen Statoil und Statkraft und deren Strategie der Rolle einer „Battery of Europe").
- Auf der Ebene der Rohstoffbeschaffung konventioneller Energieträger gewinnt der Offshore-Bereich fortlaufend an Bedeutung bzw. werden sogenannte unkonventionelle Quellen wie Shale-Gas erschlossen und in neuartigen Verfahren unter umweltpolitisch fragwürdigen Bedingungen gewonnen.

1. Exkurs: Die Neugestaltung der Meeresnutzung

Große Chancen, aber auch Risiken sind mit der Nutzung des Offshore-Bereichs verbunden. Aktuell wurden die Gefährdungen durch Ölleckagen, wie sie zuletzt im Golf von Mexiko und vor der Küste Brasiliens sichtbar wurden, diskutiert. In noch bedrohlicherem Ausmaß gilt dies auch für alle Entwicklungen im arktischen bzw. antarktischen Bereich, die noch durch

„frozen claims“ sowie im Rahmen internationaler Verträge geschützt sind. Hier besteht eine Verantwortung der Völkergemeinschaft.

Dies gilt auch für die Weltmeere außerhalb der 200 Meilen exklusiven Wirtschaftszone gem. United Nations Convention on the Law of the Sea. Es stimmt daher optimistisch, dass nach den USA auch die EU-Kommission ein Grünbuch – besser: Blaubuch – vorgelegt hat, aus dem eine eigenständige Meerespolitik entwickelt werden soll. Die Genehmigungsverfahren für Offshore-Windparks in der Nord- aber auch Ostsee, wie sie in anspruchsvollster Weise das BSH durchführt, haben dabei planungsrechtlich Maßstäbe gesetzt in Bezug auf Umweltfolgenabschätzungen u. a. und führen so zu einer „Terranisierung“ des Meeres (siehe [15]). So könnte die Meeresnutzung verantwortlich gestaltet werden. Die Menschheit wäre dann hinsichtlich ihres Umgangs mit diesem einzigartigen Ökosystem unseres blauen (!) Planeten endlich aus dem Stand der Jäger und Sammler heraus und in einem Quantensprung im maritimen Industriezeitalter angekommen (siehe [28, 33]).

- Auf der Ebene der Endenergieversorgung gewinnt Strom systematisch Marktanteile und wird zur Schlüsselenergie des 21. Jahrhunderts (siehe [32], S. 714), nicht zuletzt durch seine Bedeutung für den Sektor der Informationstechnologie sowohl als Energieträger als auch hinsichtlich des technologischen Zusammenwirkens von ITC und Energieversorgung, Stichwort „Smart Grid“, „Smart Metering“, „Smart Home“.
- Auf der Ebene des Energietransports, speziell des Stromtransports erschließen sich neue Dimensionen hinsichtlich der Entfernung und der dadurch entstehenden Transportverluste durch die HGÜ-Technologie.
- Auf der Ebene der Preisbildung kann von einem hohen Sockel mit mittel- bis langfristig ansteigenden Preisen sowohl auf der Rohstoffseite als auch bezogen auf die Endenergie ausgegangen werden.

Der Bedeutungszuwachs der Edelenergie Strom wird dabei noch dadurch unterstrichen, dass diese Endenergie aus diversifizierten Quellen erzeugt werden kann.

2.3 Zur Bedeutung der Stromnetze

Da die Strombereitstellung in sicheren Netzen auch für das Wachstum der internationalen Kommunikationswege unverzichtbar ist, wird ihre spezielle strategische Bedeutung noch deutlicher (siehe [25]). Das Internet und das Stromnetz sind jeweils für sich und auch durch die entstehende innovative Symbiose beider die strategischen Infrastrukturinvestitionen, der Schlüssel zur Modernisierung und nachhaltigen Entwicklung der Volkswirtschaften von der lokalen über die regionale und nationale bis hin zur globalen Ebene (siehe auch [20]).

Vom „Super Grid“ (siehe Bild 2.1) wie Eddy O'Connor, Gründer von Airtricity, jetzt Mainstream Renewable Power, es erdachte bis zum „Smart Grid“ und dem „Smart Metering“, wie es derzeit in Europa (Italien, Schweden, auch Deutschland) konzipiert wird: Innovative Technologien und Cross-Over-Anwendungen führen in neue Dimensionen (siehe [6]).

Die reine Angebotsorientierung des Erzeugers gegenüber dem Verbraucher wird abgelöst durch bedarfsgerechte Steuerung bei Optimierung der eingesetzten Ressourcen. So können

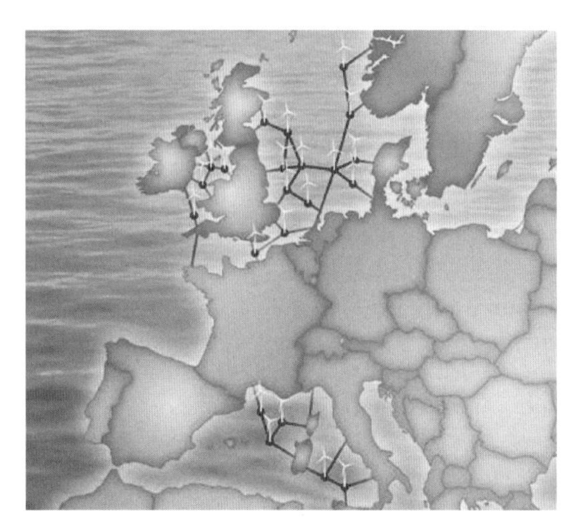

Bild 2.1 Europäisches Windenergie-Stromverbundnetz (Supergrid)

die erneuerbaren Energieträger voll zur Entfaltung kommen. Weniger bedeutsam ist dabei, auf wie vielen Ebenen der Strom und von wem transportiert, verteilt und an die Endkunden geliefert wird. Dies ist letztlich eine Frage der Kosten, schließlich muss ja auf jeder Stufe eine Marge verdient werden, in Deutschland also z. B. auf dreien, in Frankreich oder Italien nur auf einer.

Ein „Global Link" ist keine Utopie mehr. Zu Recht hat die (US-amerikanische) National Academy of Engineering die groß angelegte Elektrifizierung mittels Stromnetzbetrieb als größte Ingenieurleistung des 20. Jahrhunderts gewürdigt. Die Möglichkeiten der Informationstechnologie in Verbindung mit dem Stromnetz und einer Stromerzeugung aus erneuerbaren Quellen fordern Ingenieurleistungen, die für das 21. Jahrhundert Maßstäbe setzen können. UN Generalsekretär Ban Ki-moon verweist in seinem Namensartikel in der New York Times darauf, dass noch vor 20 Jahren die weltweite Verbreitung von Mobiltelefonen unvorstellbar war (11.01.2012). Aus der Verbindung von Energietechnologie mit der Informationstechnologie wird – dem Prinzip der Emergenz folgend – Neues entstehen. Meine These: analog zur Entwicklung des „Cloud Computing" eine Art von „Cloud Generating". Getragen von einem weltweiten Verbund, dem „Global Link".

So werden die drei Megatrends miteinander verbunden: Globalisierung, Dezentralisierung und Dekarbonisierung. Und auch dem zweiten Dreiklang wird Rechnung getragen: Knappheit, Sicherheit, Qualität. Ebenso wie dem dritten, schon erwähnten: Endlichkeit der Ressourcen, Risiken der Atomkraftnutzung, Gefahren des Klimawandels. Bei aller Ungleichzeitigkeit der internationalen Entwicklung, speziell der weit auseinanderklaffenden Entwicklungsstände und Pro-Kopf-Einkommen bzw. CO_2-Emissionen, stellen Wind- und Solarenergie zusätzlich zur Wasserkraft und dem Potenzial der Biomasse die übergreifende Antwort im Rahmen eines intelligenten Stromnetzes dar.

Der Zugang zu einem Stromnetz, die Ablösung instabiler Inselnetze durch Verbünde ist dabei für die sich entwickelnden Volkswirtschaften eine große Herausforderung. Nicht einmal ein Viertel der derzeit auf der Erde lebenden 7 Mrd. Menschen verfügt über einen derartigen Zugang. Doch in China, Indien, im gesamten südostasiatischen Raum, in den ehemaligen, jetzt unabhängigen asiatischen Sowjetrepubliken, auf dem afrikanischen Kontinent, in Lateinamerika ist die Nutzung von Informationstechnologien der Schlüssel zur wirtschaftlichen und individuellen Entwicklung: Eine gesicherte Stromversorgung ist damit ebenfalls unverzichtbar. Oft genug ist vor dem „Digital Divide" gewarnt worden, oft genug wurde dabei missachtet, dass der Zugang zu Strom, die Sicherheit eines Stromnetzes dabei einen wesentlichen Entwicklungsschritt darstellen (siehe [21], S. 3 f.).

Während in Europa „top-down" neue Kooperationsformen erprobt werden müssen, die USA bzw. der nordamerikanische Kontinent neben der Verstärkung der Nord-Süd-Achse sich der Herausforderung der Ost-West-Verbindung stellen muss, gilt es in den sich entwickelnden Volkswirtschaften aus dezentralen Ansätzen heraus „bottom-up" zu einer Systemintegration und Vernetzung zu kommen. Gemeinsam ist beiden Entwicklungen, dass nur ein technisch anspruchsvoller Netzbetrieb die Versorgungssicherheit herstellt. Europa, speziell Deutschland hat dabei besondere und positive Erfahrungen einzubringen bzw. Beiträge zu leisten. Das deutsche Stromnetz ist vor dem Hintergrund des Charakters als Transit- und Industrieland das mit Abstand weltweit am besten konfigurierte und betriebene. Die Ausfallzeiten betragen ca. 20 Minuten pro Jahr, während die nächsten Länder bereits bei über 4 Stunden liegen und der volkswirtschaftliche Schaden in den USA nach Schätzungen ca. 150 Mrd. $ beträgt, die durch Blackouts verursacht werden (siehe auch [25]).

Die Stromerzeugung wird auch zukünftig einem Wandel unterliegen. Der Strom, der aus der Steckdose kommt, soll hingegen immer die gleiche Qualität haben und jederzeit zur Verfügung stehen. Darin liegt die Modernisierungsaufgabe für die Stromnetzkonfiguration und den Betrieb von Stromnetzen begründet.

Das Zeitalter des Verbrennens fossiler Stoffe zur Energiegewinnung ist abgelaufen. Die Vision eines ewigen nuklearen Brennstoffkreislaufs gibt es nicht mehr. Investoren geht es nach wie vor um die Verhinderung von „stranded investments", speziell in Bezug auf die hohen Kapitalkosten von Atomkraftwerken, deren Prozesse durch die Nichtinbetriebnahme von Schnellen Brütern in Deutschland und Frankreich sowie durch die ungelöste Endlagerfrage gefährdet sind. Wenn der Übergang zu neuen Energieträgern und neuen Wegen der Stromerzeugung erfolgreich sein soll, ist die Modernisierung der Stromnetze ein wesentlicher Schlüssel.

Daher meine Formel: „No transition without transmission." Es gilt:

- natürliche Potenziale mit angepassten Technologien bedarfsgerecht zu verbinden,
- grenzüberschreitende Versorgungssicherung zu erreichen,
- sozial verträgliche Preise zu gestalten,
- Preissicherheit und damit wirtschaftliche Stabilität zu erreichen und zwar durch die
- Kalkulierbarkeit der Up-Front-Kosten, wie sie die Windenergie ermöglicht, bei
- Vermeidung der volatilen Kosten der endlichen fossilen Brennstoffe.

Der Ausbau der Netze ist dabei vergleichbar in seiner strategischen Bedeutung für das 21. Jahrhundert mit dem Ausbau der Schienen- und Straßennetze und auch der Telefonnetze im späten 19. und 20. Jahrhundert. In Bezug auf Letztere wurde bekanntlich auch für lange Zeit ein transatlantisches Kabel als illusionär angesehen.

Ohne die Vision von Verbindungen und Netzen wäre die Menschheitsgeschichte anders verlaufen. Aber warum sollte der Handel mit Strom nicht globalisiert und dieser auf internationalen Trassen physikalisch transportiert werden? Die Seidenstraße oder die transsibirische Eisenbahn mögen als zivilisatorische Referenz dienen.

Fragen der Finanzierung stellen sich ebenso wie die der Organisationsform – staatlich, privat, gemischtwirtschaftlich. Durch den langfristig gesicherten, weil regulierten (s. u.) „return on investment" liegt hier allerdings ein attraktives Anlageobjekt vor, das gerade in Zeiten finanzpolitischer Instabilität z. B. für Pensionsfonds große Bedeutung erlangen kann. Auch für privates Investment wird neuer Raum geschaffen: Sicherheit und Langfristigkeit mit besserer Verzinsung als Spareinlagen.

Dabei darf in diesem Zusammenhang auch ein Hinweis auf die Chancen einer nicht nur politisch sondern ebenso materiell wie finanziell partizipatorischen Energiepolitik gegeben werden: Bürgerwindparks waren die Vorreiter, inzwischen gibt es vielfältige Beteiligungsformen, Bürgernetze sind im Entstehen und die Öffnung für diese neuartigen Beteiligungsmöglichkeiten kann auch eine aktive Antwort auf das weit verbreitete St.-Florians-Prinzip oder den NIMBY-Effekt (not in my backyard) sein. Während immer wieder in Deutschland darauf hingewiesen wird, dass Planungen bis zur Realisierung über 10 Jahre brauchen, haben die Windbauern auf der Ostseeinsel Fehmarn es der Welt gezeigt: In 11 Monaten wurde die Insel anlässlich des Repowering völlig verkabelt und mit dem Festland neu verbunden, ausschließlich privat finanziert. Die Arge Netz in Nordfriesland entwickelt und betreibt nicht nur das Stromnetz auf der Erzeugungsebene für über 1 000 MW Windparkleistung, sondern bietet in diesem ländlichen Raum auch den Zugang über eine Breitbandversorgung zu einem schnellen Internet (siehe [25]). Warum nicht Volksaktien an Netzbetreibern ausgeben und so Akzeptanz schaffen für Investitionen in ein gemeinwirtschaftliches Gut?

Die dänische Regierung und das Parlament haben in Hinblick auf die Pläne zum Ausbau der Windenergie als der Leitenergie den Netzbetrieb des gesamten Landes zusammengefasst und damit die Integration der beiden Systeme Nordel und UCTE besorgt sowie dann in eine staatliche Gesellschaft überführt (die jetzt weltweit im Auftrag der Regierung beratend eingesetzt wird, wenn es um Fragen der Integration von Windstrom ins Netz geht, sicher auch mit dem Ziel der Absatzförderung dänischer Anlagenbauer wie VESTAS, so zuletzt in 2011 in China mit Übergabe eines Gutachtens an die dortige Regierung anlässlich der China Wind Power Conference and Exhibition).

Der Netzbetrieb wird technologisch anspruchsvoller und die Windkraftnutzung ist in diesem Rahmen ein entscheidender Treiber. Initiiert von der Fördergesellschaft Windenergie und wissenschaftlich vom Kasseler ISET unterstützt, fand im Jahr 2000 der erste Fachkongress zum Thema „Large Scale Integration" statt und markierte den Beginn einer qualifizierten und intensiven Auseinandersetzung der Branche mit diesem Thema. Veranstalter war die EWEA, der älteste und größte Branchenverband, der daraufhin kontinuierlich an dieser Thematik weiterarbeitete, dabei eng mit der inzwischen auf europäischer Ebene organisierten Vereinigung der Stromnetzbetreiber (ENTSO-E) kooperierte und wesentlich Impulse zuletzt auf einem internationalen Kongress im Jahr 2010 in Berlin setzte (siehe auch [6] S. 173 ff., umfassend ebenfalls von EWEA, Powering Europe. Wind Energy and the Electricity Grid). Diese Kooperation ist dringend erforderlich. Bislang gibt es keine rechtlichen Instrumente aufgrund deren bzw. mit deren Hilfe sowohl die physikalische Planung als auch die energiewirtschaftliche Abstimmung für einen Netzausbau grenzübergreifend in der EU, geschweige denn in internationalem Maßtab, vorangebracht werden könnte.

Der leitungsgebundene Energieträger Strom bedarf dabei als natürliches Monopol stringenter Regulierung, damit einerseits die richtigen Impulse für Investitionen gesetzt werden – durch eine auskömmliche Rendite bei höchstem technischen Standard, andererseits keine diskriminierende Marktmacht ausgeübt wird, z. B. unabhängigen Stromerzeugern gegenüber: Der Durchbruch der Windenergie in Deutschland wurde bekanntlich durch das Einspeisegesetz von 1989 erreicht, das aus der Mitte des Bundetages kam und erstmalig den Netzzugang wie auch eine definierte Vergütung sicherte.

2.4 Die erneuerte Wertschöpfungskette

Als Leitenergie des 21. Jahrhunderts – so meine These – wird Strom daher die Marktcharakteristika wesentlich verändern. Eine neue globale Wertschöpfungskette wird entstehen:

- die Produktion aus diversifizierten regenerativen Quellen
- der Transport als eine eigenständige Dienstleistung mit originärem Geschäftsmodell
- die Speicherung als strategischer Bestandteil der Wertschöpfungskette
- der Handel zur Erreichung des Optimums von Angebot und Nachfrage
- angemessene Preisbildung

Diese neue Konstellation der Marktakteure wird dabei auf allen drei derzeit definierten Marktplätzen greifen, zwar nicht gleichzeitig und gleichförmig, durchaus aber in übergreifender Weise. Sowohl der reife Onshore-Markt wie die sich entwickelnden Onshore-Märkte z. B. Chinas, Indiens und Brasiliens, aber auch der neue Offshore-Markt sehen bereits heute bzw. für die Zukunft angekündigt den Auftritt neuer Akteure. Die traditionelle Unterscheidung, wie sie z. B. von BTM Consult vorgenommen wurde, in Märkte, die umweltpolitisch getrieben wurden und solche, die aus energiewirtschaftlichen Gründen sich entwickelten, kann nicht länger aufrechterhalten werden. Auch dies ist ein Symptom für die globale Entwicklung und Markterschließung. Knappe Rohstoffressourcen, Klimaschutz und nukleare Risiken werden zwar nicht international einheitlich in ihrem Gefährdungspotenzial bewertet, sind aber gemeinsame Treiber des weltweiten Wachstums der Windenergienutzung. Der Ersatz ineffizienter Kraftwerke bzw. der erstmalige Aufbau einer Stromversorgung geben gleichzeitig Anlass für eine Prüfung der Sinnhaftigkeit einer Investition in die Windenergie.

Für jedes Investment ist eine sorgfältige Risikoabschätzung unabdingbar. Dies gilt in besonderem Maße für den Energiesektor, wo die Langfristigkeit der Investition und Amortisation auf hohe politische Risiken trifft. Auch für den Kapitaleinsatz gilt wie für die konkrete Planung bzw. Umsetzung von Planungen: Effizienz = Potenzial mal Akzeptanz. Die globale Zustimmung für einen verstärkten Einsatz von erneuerbaren Energien zur Stromerzeugung ist dabei ausweislich diverser, über lange Zeiträume durchgeführter Studien und Befragungen überragend. Auf die Solarenergie wie auf die Windkraft werden große Hoffnungen gesetzt. Diese Akzeptanz wie auch die Dezentralität der Stromgewinnung erlauben es daher, von einem Beitrag der Erneuerbaren zur demokratischen Legitimation von Energiepolitik zu sprechen (siehe ausführlich [6], S. 399 ff.).

Eine Vielzahl von gesetzlichen Bestimmungen und Fördertatbeständen gibt es derzeit. Häufig haben diese allerdings nur kurzfristigen Bestand oder sind an das Jährlichkeitsprinzip von öffentlichen Haushalten gebunden (siehe z. B. für die EU: [6], S. 231 ff.). Es kann daher im Kontext dieser Darstellung nicht darum gehen, eine Übersicht mit dem Anspruch auf Vollständigkeit zu geben.

Herausgestellt werden sollen die zwei prägenden Modelle, das Festpreissystem sowie das System der Mengenregulierung (siehe ausführlich [3], S. 12 u. 288 ff.). Ergänzt werden diese Systeme z. B. durch den Handel mit „grünen Zertifikaten“ oder Emissionsrechten bzw. durch steuerliche Anreize oder Vorgaben hinsichtlich des CO_2-Gehalts eines Portfolios eines Energieversorgers. Insbesondere bezüglich der Investitionssicherheit und Kalkulierbarkeit haben sich dabei die vom deutschen Einspeisegesetz und dem aktuellen Erneuerbaren Energiegesetz beeinflussten Festpreissysteme als überlegen erwiesen. Im Übrigen auch als gerichtsfest: Klagen deutscher Energieversorger vor dem EUGH scheiterten. Vielmehr wird anerkannt, dass eine höhere als die übliche Vergütung angemessen ist, da der Ausstoß von CO_2 vermieden wird. (Vonseiten der EU-Kommission wird ein Aufschlag von 5 Ct. anerkannt; Hohmeyers Studie zur Internalisierung der externen Kosten der Energieerzeugung hat enorme praktische Relevanz erreicht, siehe vertiefend [6], S. 370 ff., [4], S. 111 ff.; [9], S. 213 ff.)

Auch die Finanzierungsarten wie -quellen sind vielfältig. Prägend ist global jedoch die Projektfinanzierung: „Projektfinanzierung ist die Finanzierung eines Vorhabens, bei der ein Darlehensgeber zunächst den Fokus der Kreditwürdigkeitsprüfung auf die Cashflows des Projekts als einzige Quelle der Geldmittel, durch die die Kredite bedient werden, legt“ (Nevitt, Fabozzi nach [3], S. 14). Das weitere Verfahren lässt sich in den Varianten BOT, BOOT, BLT beschreiben (build, own, transfer; build, own, operate, transfer; build, lease, transfer). Die Relation von Fremd- zu Eigenkapital ist risikoabhängig. In entwickelten Onshore-Märkten beträgt sie 80 : 20, im Offshore-Bereich werden mindestens 30 % Eigenkapital gefordert.

Sowohl aufseiten der Eigen- wie der Fremdkapitalgeber gibt es eine große Pluralität. Praktizierende Landwirte und geschlossene Fonds, private und genossenschaftliche Banken und Sparkassen, Förderinstitute undFörderinstitute Entwicklungsbanken mit lang laufenden günstigen Zinssätzen bewegen sich in diesem Markt mit länderspezifisch unterschiedlichen Anteilen. Bedingt durch die noch anhaltende Krise des internationalen Finanzmarktes hat der Anteil der öffentlich-rechtlichen bzw. staatlichen Fremdkapitalgeber in den vergangenen Jahren deutlich zugenommen. Sie reicht von der (US-amerikanischen) Federal Financing Bank über die China Development Bank, die IFC oder die IDB und ADB bis zur EIB, der EBRD und der KfW. Großbritannien bereitet aktuell die Gründung einer staatlichen „Green Investment Bank“ vor (zur Rolle der Entwicklungsbanken siehe ausführlich *Global Wind Report* S. 4 ff.).

2. Exkurs: Plädoyer für ein neues Vertragswerk

Die politischen Bemühungen um eine Anschlussvereinbarung zum Kyoto-Protokoll sind gemeinhin bekannt. So sehr die Expertenmeinung des IPCC in immer abgesicherterer Form auf die Gefahren des Klimawandels hinweist, Vertreter der IEA wie Fatih Birol auf das schmale Zeitfenster verweisen, das für ein Umsteuern zur Verfügung steht, so wenig beschleunigt sich der internationale Prozess für die Verständigung auf globale Klimaschutzziele. Zu umfassend ist die Bedeutung von Energieerzeugung und Verbrauch, zu unterschiedlich die wirtschaftliche Situation bzw. der nationale Pro-Kopf-Verbrauch sowie die von diesen ausgelösten CO_2-Emissionen, als dass schnelles Einvernehmen zu erwarten wäre. Mut- und Perspektivlosigkeit setzen ein, nicht nur bei Umweltaktivisten oder progressiven Regierungsvertretern, sondern insbesondere bei den Völkern, die wie z. B. die der pazifischen Inselstaaten oder Bangladeshs ganz besonders hart von einem sich beschleunigenden Klimawandel und dem damit verbundenen Anstieg des Meeresspiegels betroffen wären.

Als positive Referenz soll daher an das globale Problem des Ozonlochs erinnert werden, verursacht über die Emission von FCKW. Hier ist es in relativ kurzer Zeit zu einem völkerrechtlich verbindlichen Verbot gekommen. Diese geostrategische Umweltgefährdung wurde gestoppt. Ersatzstoffe standen bereit. Schäden für das Wachstum von sich entwickelnden wie entwickelten Volkswirtschaften wurden vermieden.

Der Ersatzstoff für Kohle, Öl, Uran und Gas steht ebenfalls bereit: Es sind die Erneuerbaren, die Windkraft und die Sonnenenergie wie auch die Biomasse, natürlich auch die Wasserkraft. (Lösungen für die weiteren Verursacher des Klimaproblems wie die Abholzung von Regenwäldern oder die Massentierhaltung der Landwirtschaft müssen selbstverständlich ebenso entwickelt werden).

Mein Vorschlag: Statt auf komplexe, von Verzicht getragene Abkommen zu setzen, sollte ein internationaler Vertrag globale Perspektiven für Investitionen in die Erneuerbaren anstoßen und absichern. Das wäre eine neue Art von Generationenvertrag: „A renewable generation contract" (siehe ausführlich zur Gesamtproblematik: Lange, Internationaler Umweltschutz – Völkerrecht und Außenpolitik zwischen Ökonomie und Ökologie; „Rethinkiung Socail Contracts: Building Resilience in a Changing Climate" zur aktuellen Debatte um Gesellschaftsverträge, O'Brien, Hayward, Berkes in Ecology and Society 14 (2) mit interessanten Hinweisen auf Norwegen, Neuseeland und Kanada). Durch diese Kennzeichnung käme darüber hinaus ebenfalls zum Ausdruck, dass es einen weiteren Megatrend gibt, auf den die Völkergemeinschaft Antworten finden muss: der demografische Wandel, eben nicht nur ein europäisches Problem, sondern auch eine Herausforderung für Japan, für China und die „Ein-Kind-Politik". Die Investitionen in Wind- und Sonnenenergie heute sichern dabei insofern künftigen Wohlstand, als dass die höheren Up-Front-Kosten von der heutigen Generation geschultert werden können, durch die ausbleibenden Belastungen durch teure Brennstoffe aber ein Ausgleich für steigende Renten- bzw. Sozialkosten entsteht. So entsteht durch Investitionen in die Windenergie ein positiver sozialer Saldo.

2.5 Internationale Perspektiven

Das Potenzial für die Umwandlung von Windkraft in Strom ist in einer Vielzahl von Szenarien beschrieben worden und zwar für Deutschland, die Europäische Union und in globalem Maßstab. Als Zieljahr für eine Strombedarfsdeckung, die zu nahezu 100 % aus erneuerbaren Quellen erfolgt, wird dabei das Jahr 2050 genannt, Zwischenziele sollen in den Jahren 2020 oder 2030 erreicht werden.

Zwei Stichworte sollen vorab erwähnt werden, die in der internationalen Debatte eine bedeutende Rolle spielen. Zum einen die Auseinandersetzung mit der Problemstellung von „local content", zum anderen die Frage von „Good Governance". Der lokale Wertschöpfungsanteil ist, wie gezeigt wird, für örtliche Akzeptanz und fördernde politische Entscheidungen immer ein Thema. Allerdings gibt es keine Verständigung, was denn unter einer solchen örtlichen Wertschöpfung zu verstehen sei. Im politischen Raum wird überwiegend auf die Schaffung von Arbeitsplätzen in der industriellen Fertigung verwiesen (Türme, Generatoren, Getriebe, Flügel).

Volkswirtschaftlich ist auf die gesamte Wertschöpfungskette zu verweisen. Der Bau der Anlage ist dabei immer lokal wie auch der folgende, für den sicheren Betrieb unverzichtbare Service.

Anreizsysteme wie z. B. in der Kanadischen Provinz Ontario, die einen bestimmten „local content" zwingend einfordern oder wie die Kreditbedingungen der brasilianischen BNSDE, die die Gewährung ihrer Darlehen an „local content" bindet, führen zu Beschwerden von Herstellern bei der WTO bzw. haben bereits zum Aufbau von Überkapazitäten geführt mit betriebswirtschaftlich negativen Folgen für Unternehmen der Branche. Hier bedarf es einer internationalen Verständigung, um Fehlinvestitionen zum Nachteil der Branche und damit der gesamten Entwicklung zu vermeiden.

Speziell die herstellende Industrie, d. h. die Windkraftanlagenbauer im engeren Sinne, sehen sich der regionalwirtschaftlich begründeten Forderung nach Investitionen in Produktionsanlagen vor Ort ausgesetzt. Und wenn sogar die Kreditvergabe über staatliche Förderbanken an entsprechendes Verhalten gekoppelt wird, ist die Eröffnung eines neues Werks nahezu zwingend. Brasilien rühmt sich, inzwischen mehr als sieben Hersteller im Lande zu haben. Das jährliche, realistisch umsetzbare Marktpotenzial ist kaum größer als 1 GW. Hinzu kommt, dass die international tätigen Unternehmen sehr unterschiedlich organisiert sind.

Unternehmen	Marktanteil
Vestas	14,8 %
Sinovel	11,1 %
GE Wind	9,6 %
Goldwind	9,5 %
Enercon	7,2 %
Suzlon Group	6,9 %
Dongfang	6,7 %
Gamesa	6,6 %
Siemens	5,9 %
United Power	4,2 %

Tabelle 2.2 Top-Ten-Unternehmen nach BTM Consult

Teils handelt es sich bei den Windfirmen (zu den Marktanteilen siehe Tabelle 2.2) um Abteilungen multinationaler Konzerne – Siemens, GE – teils um langjährig tätige Unternehmen mit dichter Wertschöpfung – Vestas und Enercon – oder hohem Zukaufsanteil – REpower, jetzt 100 % zum Suzlon Konzern gehörend, oder mit staatlichem Hintergrund und hohem Heimmarktanteil – wie die chinesischen Unternehmen – Sinovel, Goldwind z. B. Auch die Zulieferindustrie ist differenziert aufgestellt. Das schnelle Wachstum der Branche stellt an diese immer neue Anforderungen: Neue Länder und klimatische Entwicklungen von Wüstensand bis Eissturm, Onshore- und Offshore-Technologien, große und mittelgroße Anlagentypen müssen zeitgleich in Angriff genommen werden. Hinreichend Eigenkapital und gute Bonität bei der Einwerbung von Fremdkapital sind Voraussetzung dafür, dieses Wachstum meistern zu können. Der Konsolidierungsprozess ist noch nicht abgeschlossen.

„Good Governance", d. h. die verlässliche Umsetzung regulatorischer Rahmenbedingungen in eine gute Verwaltungspraxis ist das politische Fundament für eine stetige Verbreitung in weitere Länder. Nicht nur, weil die Energiemärkte – wie oben dargestellt – immer politisch getrieben waren. Vielmehr ist eine verlässliche Verwaltungskultur der Schlüssel für die Umsetzung von Investitionen in langfristige Wirtschaftsgüter und deren störungsfreien Betrieb. Die Attraktivität des Investitionsstandortes hängt davon unmittelbar ab. Die Gewährleistung angemessener öffentlicher Dienstleistungen stellt einen relevanten Teil der Risikoabwägung in diesem Zusammenhang dar. Gutachten stellen die Windverhältnisse und damit die potenziellen Erträge eines Projekts dar, „due diligence" bewertet technische Risiken. „Good Governance" ist schwer als Bewertungskategorie zu erfassen bzw. wird häufig nicht deutlich genug als Forderung der Investoren formuliert. Allein ein Abgleich zwischen den Staaten, die über ein Einspeisegesetz-ähnliches Rechtsinstrument verfügen und den installierten Anlagen, zeigt, welche Bedeutung die praktische Umsetzung hat (siehe [3], S. 12). Zwar gibt es im Rahmen von Kreditgewährungen an Staaten Rating-Instrumente, diese gehen aber nicht in die erforderliche Tiefe und Breite, um dem Problem von „Good Governance" Rechnung tragen zu können. Auch hier besteht Handlungsbedarf auf der internationalen Ebene.

3. Exkurs: Zur besonderen Bedeutung Dänemarks und Schleswig-Holsteins für die internationale Entwicklung

Erste politische Zielvorgaben für den Ausbau der Windenergie wurden in Dänemark und Schleswig-Holstein gemacht und zwar nicht zufällig und nahezu gleichzeitig zu Beginn der 1990er-Jahre (siehe hierzu ausführlich [19, 26, 29], S. 611 ff., [24], S. 246 ff. sowie in Jahrbuch Ökologie 1992, S. 352 ff. „Windenergie in Schleswig-Holstein"). Jeweils verbunden mit einer klaren Strategie, basierend auf den „drei Säulen" – Energiesparen, Energieeffizienz und Ausbau der Erneuerbaren – wurden für den Zeitraum bis 2010 jeweils 20 bis 25 % Strombedarfsdeckung aus Windkraft durch Kabinettsbeschlüsse als Zielvorgabe formuliert. Klimaschutz wie auch eine Ablehnung bzw. der Ausstieg aus der Atomenergie waren tragende gemeinsame Elemente dieser Energiepolitiken, die auch in Gestalt verbindlicher und durch Erklärungen getragene Vereinbarungen umgesetzt werden sollten. „Atomkraft – Nej Tak", dieses dänische Symbol ging um die Welt. Von Kopenhagen aus war schließlich das schwedische AKW Barsebaek deutlich sichtbar (siehe vertiefend auch [27]). In Schleswig-Holstein wurde nach dem baden-württembergischen AKW Wyhl Brokdorf zum Symbol der Anti-AKW-Bewegung (siehe ausführlich [2]). Die progressive Zielsetzung und Vorgehensweise der Regierungen in Kopenhagen und Kiel galt als extrem ehrgeizig, wenn überhaupt machbar, wurde aber von den jeweiligen Regierungen offensiv politisch vermarktet und auch gegen Kritiker verteidigt. In ihrer konkreten Umsetzung waren diese Politiken sehr erfolgreich. In beiden Ländern wurden die Ziele jeweils weit, nämlich sieben bis acht Jahre vor der avisierten zeitlichen Zielmarke erreicht. Neben dem eindeutig formulierten politischen Willen war dabei entscheidend, dass es einen klaren regulatorischen Rahmen gab. In beiden Ländern gab es Fixpreissysteme. Positiv für Investoren wie auch die örtliche Akzeptanz wirkte sich eine langfristige planerische Sicherheit aus.

So wurden in Schleswig-Holstein neue Verfahren entwickelt zur Sicherung sogenannter Vorrangflächen. Die Begrenzung auf 1 % der Landesfläche wirkte akzeptanzbildend. Nachhaltige Finanzierungsbedingungen durch die Einbindung regionaler Kreditinstitute sowie spezielle Zinsangebote und die Entwicklung von Betreibergemeinschaften in Gestalt von Bürgerwindparks bewirkten weiteres stetiges Wachstum. Die regionale und lokale Wertschöpfung durch Einkommen, Arbeitsplätze und Steuern wurde deutlich sichtbar. Eine mittelständische Industrie – eine Windwirtschaft – entwickelte sich, auch aus einem Zusammenwirken des maritimen Sektors mit der Agrarwirtschaft (zur Gesamtentwicklung siehe [26]). Vorbildlich auch die Datenerhebung: Da die ersten Programme mit öffentlichen Geldern unterstützt wurden, konnte von den Fördermittelgebern den Betreibern auch auferlegt werden, ihre Betriebsergebnisse zu melden. Eine Arbeitsgemeinschaft lieferte der

Landwirtschaftskammer Schleswig-Holstein ab 1990 die Daten zu (siehe Landwirtschaftskammer Schleswig-Holstein, Praxisergebnisse Windenergie). So entstand über eine einmalig lange Zeitreihe ein Fundus an Wissen. Nirgendwo sonst sind weltweit Betriebsergebnisse von Anlagen und Standorten so detailliert und transparent erfasst und aufgearbeitet und veröffentlicht worden. Für Investoren eine Fundgrube besonderer Qualität (siehe [22], S. 41 ff.), die z. B. durch die Anschlussfinanzierung, speziell die Anforderungen an das einzusetzende Eigenkapital beim Repowering, aufgrund der nachrechenbaren Cash-Flows wesentlich erleichtert wird. Die Windpotenzialbestimmung war dabei schon Bestandteil der Formulierung der Zielvorgabe gewesen, die ersten flächendeckenden Windkarten lagen vor (siehe Geschichte der Windtest Kaiser-Wilhelm-Koog GmbH).

Es ist bemerkenswert, in welcher Kontinuität, auch über parteipolitische Grenzen hinweg die dänische Energiepolitik innovative Beiträge zu Klimaschutz und Ressourcenschonung bis hin zur wichtigen Rolle der für Klimaschutz zuständigen Kommissarin Connie Hedegard spielt. Ein stabiler Konsens trägt diese Politik, die so auch zu einem Exportartikel der besonderen Art wird. Nahezu im zeitlichen Gleichtakt haben die Regierungen in Kopenhagen und Kiel – mit breiter parlamentarischer Unterstützung – im Jahr 2011 ihre Ausbauziele erweitert. Für Dänemark gilt ein 50-%-Ziel, für Schleswig-Holstein ein 100-%-Ziel und zwar jeweils für das Zieljahr 2020. Beide Länder, in Deutschland inzwischen der gesamte norddeutsche Raum, sind international von großer Bedeutung für den Know-how-Transfer. Von der universitären Ausbildung über die herausragende Bedeutung des Forschungsinstituts Risoe bis zum BZEE (führend in Aus-, Weiter- und Fortbildung, siehe u. a. das Windskill-Projekt) in Husum und der dort verankerten wichtigsten internationalen Windmesse wirkt sich der lange Erfahrungshintergrund als weltweite Attraktion aus.

2.6 Der Ausbau in ausgewählten Ländern

Doch soll diese Sonderentwicklung in den Kontext des allgemeinen und globalen Ausbaus der Windenergie gestellt werden. Diese Phase hat Beurskens aus technologischer Sicht analysiert und als das Zeitalter der modernen Windkraftnutzung gewürdigt. Die USA, speziell Kalifornien, waren Vorreiter dieser Moderne. Noch heute sind – leider – die Anlagen aus diesen ersten Boomjahren in den Wüsten nahe San Francisco zu besichtigen, mehr stehend als drehend, abgeschrieben in jedem Sinne des Wortes. Denn auf den Boom folgte der „Bust“: Die steuerlichen Anreize wurden eingestellt und damit auch die weitere Entwicklung abrupt gestoppt. Windfirmen wie VESTAS gerieten in die Insolvenz, aus der sie aufgrund des progressiven dänischen Insolvenzrechts allerdings restrukturiert und gestärkt hervorgingen. US Windpower, ein auf diesem Markt dominanter Player, musste sich aus diesem endgültig verabschieden. Umso erstaunlicher ist es, dass trotz dieser negativen Erfahrungen mit steuergetriebenen Systemen diese in den USA immer noch vorherrschend sind. Und wenn diese dann kurz vor dem Auslaufen stehen wie derzeit (Juni 2012) die PTC (Production Tax Credits), führt dies nicht nur zu turbulenten politischen Diskussionen, sondern wirkt sich dramatisch auf Produktionsfazilitäten und damit auf Arbeitsplätze aus. Trotz vielfältiger Hinweise der CEO von AWEA, Denise Bode, auf die Notwendigkeit mittelfristiger Planungssicherheit gibt es keinen Systemwechsel. Der Aufbau einer eigenen Industrie wird so unmöglich. Wie zum Beweis dafür bildet den Kern der Windaktivitäten von GE immer noch die – deutsche, mittelständische – Firma Tacke, die aus der Konkursmasse von ENRON erworben wurde.

Sehr früh gab es auch Versuche zur Nutzung der Windenergie in China. Bereits in den 1980er-Jahren betrieb der Germanische Lloyd – heute GL GarradHassan – mit Unterstützung des BMFT ein Testfeld in der inneren Mongolei (siehe [26], S. 130 ff.). Deutsche und dänische Windpioniere machten sich auf den Weg nach Indien, um für die ländliche Elektrifizierung einen Beitrag zu leisten. Durch Programme der deutschen Entwicklungshilfe wurde die zweiflüglige Anlage der MAN, der Aeroman mit 50 kW Leistung, in viele sich entwickelnde Länder geliefert (siehe die Darstellung dieser Anfänge in [26]). Doch blieben diese Ansätze immer punktuell bzw. wurden als Nische angesehen. Relevante Veränderungen bewirkten sie nicht. Der Durchbruch in China (siehe unten) gelang erst durch eigene Manufaktur und Zielsetzungen im 5-Jahres-Plan.

Großbritannien war im Bereich von Forschung und Entwicklung ebenfalls ein Pionierland. Bis in die 1990er-Jahre gab es bei Glasgow ein Testfeld. Kleinere Unternehmen nahmen die Herstellung und den Vertrieb von Anlagen auf. Hervorzuheben ist dabei die Entwicklung und Verbreitung einer mobilen Kleinanlage, die z. B. bei Nomadenvölkern in der asiatischen Steppe zum Einsatz kam. Die Konzentration auf die Entwicklung des Finanzplatzes London und der damit einhergehende Trend zur De-Industrialisierung stoppten diese Ansätze. Diverse Politiken zur Stimulierung der heimischen Nutzung onshore scheiterten an ihren stark wettbewerblich ausgeprägten Strukturen. Die günstigsten Preise waren in Küstennähe auf den jeweils höchsten Punkten zu realisieren und diese trafen planerisch auf die intensivsten Widerstände, speziell der einflussreichen Landbesitzer. Hervorzuheben ist die Rolle britischer Wissenschaftler und Unternehmer bei der Gründung und Entwicklung internationaler Verbände wie der EWEA.

Einen sehr speziellen Weg in der Windenergieentwicklung ging auch Deutschland. Zunächst standen F&E-Programme im Vordergrund. Der GROWIAN sollte sozusagen die dänische Entwicklung überholen, ohne sie einzuholen. Dieser Zweiflügler mit 100 m Rotordurchmesser wurde als die weltweit größte Anlage im schleswig-holsteinischen Kaiser-Wilhelm-Koog errichtet. Konstruiert wurde sie von Ingenieuren der DLR in Stuttgart: Flugzeugbau und Raumfahrt traten in die Entwicklung ein. Dieses sehr kostenaufwendige Experiment scheiterte wirtschaftlich, brachte aber der Branche zahlreiche wichtige Erkenntnisse für die weitere Entwicklung (siehe ausführlich in [26]). Es folgte das 100-MW-Programm, mit dem nach Kriterien wie Typenvielfalt, Standortvielfalt, Betreibervielfalt deutsche Anlagen mit einem Bonus von zunächst acht Pfennig auf die erzeugte KWh gefördert wurden. Dieses Vorhaben wurde als F&E-Maßnahme deklariert im Sinne eines Breitentests (um eine Notifizierung bei der EU-Kommission zu umgehen). Eigentlich diente es jedoch der Verringerung des Vorsprungs der dänischen gegenüber den deutschen Herstellern, die technologisch ein fortwährendes Up-Scaling praktizierten und Weltmarktführer waren (auch unter Einbeziehung zahlreicher in Deutschland gefertigter Komponenten, Experten gingen von ca. 50 % Wertschöpfungsanteil aus, siehe [26]). Folge dieses Programms war die Aufstellung einer Vielzahl von WKA unterschiedlichster Technologie: vom Einflügler bis zum Vertikalachsenrotor, von Aufstellungen wie „Bush and Tree" bis zu Bürgerwindparks. Zwar wurden in diesem Programm auch Anlagenentwicklungen großer Konzerne gefördert, doch bildete sich eine mittelständische Dimension heraus. Denn während auf der Konzernebene derartige (Nischen-)Programme eher „mitliefen", gaben diese Anreizsysteme kleineren Unternehmen die entscheidenden Wachstumsimpulse. Der Durchbruch für die gesamte Branche kam jedoch mit dem Stromeinspeisegesetz, mit dem der Netzzugang garantiert und eine feste Vergütung gewährt wurde. Dieses Gesetz aus der Mitte des Bundestages heraus fraktionsübergreifend eingebracht, leitete den Systemwechsel energiewirtschaftlich ein, auf dem das heutige Erneuerbare-Energien-Gesetz aufbaute. In der internationalen energiepolitischen Debatte hat es einen überragenden Stellenwert eingenommen (siehe [32], S. 536 ff.). Nicht unerwähnt bleiben sollen außenwirtschaftliche Programme wie El Dorado und Terna. Diese hatten allerdings eher negative Effekte, denn es wurden zwar Anlagen für sich entwickelnde Länder (nahezu zu 100 %) finanziert, aber da der Aufbau derartiger Anlagen nicht einherging mit einem Know-how-Transfer und Ansätzen lokal eingebundener eigener Strukturen, blieben diese WKA häufig nach kurzer Zeit mangels einer Wartungsinfrastruktur stehen.

Der dritte europäische Taktgeber für die Windenergie ist Spanien. Hier war es eindeutig die Industriepolitik, die die Feder führte. Es ging um die Schaffung neuer Arbeitsplätze in den Regionen des Landes. Produzierende Unternehmen entstanden. Im Unterschied zu Deutschland waren es aber in der Regel keine „Independent Power Producers", die als Investoren auftraten, sondern Energieversorger, speziell Iberdrola. Heute ist dieses Unternehmen der weltweit führende Investor, der zudem über exzellente Erfahrungen und Technologien und Techniken zur Windparküberwachung und Netzeinbindung verfügt.

Eine eigenständige Entwicklung durchlief Brasilien, geprägt von starkem Wirtschaftswachstum, politischer Stabilität und exzellenten Energieressourcen (von der Wasserkraft über Öl- und Gasreserven und Biomasse) wie auch Windregimen. Während in einer ersten Einführungsphase ein dem Einspeisegesetz deutscher Prägung nachgebildetes Rechts- und Förderregime (Proinfa) galt, wurde dieses durch ein strikt wettbewerbliches auf der Basis von Ausschreibungsrunden im Jahre 2010 abgelöst. Zwischenzeitlich haben zwei Ausschreibungsrunden stattgefunden, aufgrund deren sich ein Kapazitätsausbau von ca. 7 GW bis 2015 abzeichnet. Die öffentlich genannten Preise sind im Vergleich sehr niedrig, was durch hohe Kapazitätsfaktoren begründet wird: eine herausfordernde Entwicklung.

2.7 Zur Rolle der EU

Kontinuierlich verlief die Entwicklung in der Europäischen Union. Sie gründete sich bekanntlich noch als Europäische Wirtschaftsgemeinschaft. Die Schaffung gemeinsamer Märkte für Kohle und Stahl, auch die Landwirtschaft stand im Vordergrund. Eigene Verträge zur nuklearen Nutzung wurden geschlossen. Aus den sechs Gründungsländern Frankreich, Deutschland, Italien und den BeNeLux-Staaten wurden inzwischen, beschleunigt durch den Fall des Eisernen Vorhangs, eine Staatengemeinschaft von 27 Ländern inklusive einer EURO-Zone mit 17 Mitgliedern. Durch die Finanz- und Wirtschafts-, jetzt auch Staatsschuldenkrise steht diese Staatengemeinschaft in einer historischen Bewährungsprobe. Es bleibt zu hoffen, dass es gelingt, durch die Mobilisierung gemeinsamer Stärken diese Schwächen und Schwächungen zu überwinden.

Mit diesen Stärken sind gemeint:

- ein großes Ausmaß an Diversität,
- gute Erfahrungen im Umgang mit Dezentralität,
- die Integration verschiedener Kulturen,

- diverse Erfahrungen im „Change Management“, sei es durch den industriellen Wandel,
- sei es durch den Systemwechsel nach dem Untergang des Staatskommunismus.

Bereits in den 1980er-Jahren begann die EU-Kommission mit der Förderung der Windenergie und zwar im Rahmen ihrer Forschungsprogramme sowie durch europäische Konferenzen (aus denen heraus u. a. auch die EWEA gegründet wurde, s. u. zur Entstehungsgeschichte). Diese jahrzehntelange Tradition wurde dann im Jahr 2005 in die Technologieplattform Wind (TP Wind, siehe [6]) überführt, innerhalb derer sämtliche Forschungsaktivitäten mit Unterstützung der EU koordiniert werden und zwar durch die EWEA und in persona Henning Kruse, vormals Bonus, jetzt Siemens. In einer zweiten Phase entstand dann in den 1990er-Jahren das erste Grünbuch, wesentlich mitgestaltet von Arthouros Zervos, der als Spezialist, von der Athener National Technical University kommend, in der Generaldirektion Forschung arbeitete und seit vielen Jahren Präsident der EWEA wie auch des EREC (European Renewable Energy Council) ist sowie den GWEC (s. u. zur Entstehungsgeschichte) mit gründete. Erstmals wurden Ausbauziele entwickelt. Zur forschungspolitischen Bedeutung trat die energiewirtschaftliche Bedeutung hinzu, verstärkt durch die Diskussion um den Klimaschutz.

Eine weitere Entwicklungsstufe wurde durch die 20-20-20-Zielsetzung erreicht. Auf der EREC-Konferenz in Berlin 2005 wurde ein derartiges Ziel erstmals formuliert, dann von der EU-Kommission und dem Europäischen Parlament aufgegriffen, schließlich vom Ministerrat beschlossen. 20 % Energiebedarfsdeckung im Jahr 2020 aus erneuerbaren Quellen und, verbunden damit, 20 % Reduktion der CO_2-Emissionen. Lange war um die Frage der Verbindlichkeit von Zielvorgaben zwischen Kommission und Parlament sowie dem Rat gestritten worden. Ein neues Instrument war das Ergebnis dieses Disputs. Jeder Mitgliedstaat hatte bis Herbst 2010 einen „National Renewable Energy Action Plan“ vorzulegen (siehe Tabelle 2.3), mit dem der Nachweis zu führen war, wie auf nationaler Ebene dieses gemeinsame Ziel zu erreichen ist. (Fast) alle Mitgliedstaaten legten ihre Pläne zeitgerecht vor, sodass erstmals in der europäischen Geschichte ein detaillierter und nachvollziehbarer Rahmen für den Ausbau der Erneuerbaren Energien gesteckt ist. Auf dem Sektor der Stromerzeugung ist die Windkraft der wesentliche Treiber für den Wandel hin zur CO_2-freien Bedarfsdeckung und zwar sowohl durch den Ausbau onshore wie offshore (s. u.).

Der nächste Entwicklungsschritt wurde im Dezember 2011 von Energiekommissar Oettinger der Öffentlichkeit vorgestellt: eine Roadmap 2050. In diesem Dokument werden diverse Szenarien vorgestellt. Sowohl ein weiterer Ausbau der Atomenergie wie auch der großflächige Einsatz der bislang nur im Labormaßstab funktionsfähigen CCS-Technologie werden betrachtet. Allerdings widmet sich ein Szenario auch dem verstärkten Ausbau der Erneuerbaren zur Stromerzeugung. Im Jahr 2050 werden dabei 97 % als machbar angesehen. Davon wird ein dominierender Anteil aus dem Zubau von WKA erwartet. Diese neue Landkarte steht jetzt in der öffentlichen Kritik und wird in dem trilateralen Abstimmungsprozess zwischen Kommission, Parlament und Rat noch die eine oder andere Veränderung erfahren.

	NREAP on	NREAP off	NREAP gesamt
Belgien	2320	2000	4320
Bulgarien	1256	–	1256
Dänemark	2621	1339	3960
Deutschland	35750	10000	45750
Estland	400	250	650
Finnland	2500	–	2500
Frankreich	19000	6000	25000
Griechenland	7200	300	7500
Großbritannien	14890	12990	27880
Irland	4094	555	4649
Italien	12000	680	12680
Lettland	236	180	416
Litauen	500	–	500
Luxemburg	131	–	131
Malta	14,5	95	109
Niederlande	6000	5178	11178
Österreich	2578	–	2578
Polen	6150	500	6650
Portugal	6800	75	6875
Rumänien	4000	–	4000
Schweden	4365	182	4547
Slovakei	350	–	350
Slowenien	106	–	106
Spanien	35000	3000	38000
Tschechien	4365	182	4547
Ungarn	750	–	750
Zypern	300	–	300
EU	170054	43324	213378

Tabelle 2.3 National Rewenable Energy Action Plans

2.8 Internationale Institutionen und Organisationen

Neben einer Vielzahl von Lobby- und Interessengruppen kommt in der internationalen Kommunikation zu Energiefragen im Allgemeinen, der Rolle und den Potenzialen der Erneuerbaren im Besonderen zwei Institutionen eine herausgehobene Bedeutung zu:

- der International Energy Agency (IEA) und
- der International Renewable Energy Agency (IRENA).

Als spezialisierte globale Institution gibt es daneben noch mit Sitz in Wien die Internationale Atomenergiebehörde (IAEO).

Die Gründung der IEA im Jahr 1973 war eine unmittelbare und prompte Reaktion auf die Ölpreiskrise dieses Jahres. 16 Industriestaaten ergriffen die Initiative. Als autonome Einheit der OECD wurde diese Einrichtung dann 1974 in Paris angesiedelt. Exekutivdirektorin ist seit September 2011 die ehemalige niederländische Außenministerin Maria Van der Hoeven, der schon zitierte Fatih Birol ist Chefökonom. Trotz regelmäßiger und teils heftiger Kritik an Einschätzungen und Prognosen ist der jährlich veröffentlichte World Energy Outlook (zuletzt November 2011) die einflussreichste globale Publikation für den Sektor und damit auch für die Branche der Erneuerbaren (zu den Szenarien s. u.). Trotz der Prägung durch die konventionelle Energiewirtschaft der Industriestaaten hat in den vergangenen Jahren die Einschätzung der Potenziale z. B. der Windenergie stark an Gewicht gewonnen (siehe beispielhaft [10]).

Ein Grund dafür mag auch die Gründung der IRENA gewesen sein: Ein positiver Wettbewerb setzt ein. Die Entwicklungsgeschichte der IRENA ist ungleich langwieriger als die der IEA. Erste Anregungen finden sich im „Brandt-Report" (nach dem ehemaligen Bundeskanzler Willy Brandt, der die UN-initiierte Nord-Süd-Konferenz leitete). Auf der folgenden UN-Konferenz in Nairobi 1981 ging diese Forderung in das Abschlussdokument ein. Ein unermüdlicher Verfechter und Verbreiter dieser Idee war Hermann Scheer, Gründer und langjähriger Vorsitzender von Eurosolar, dem es in seiner Eigenschaft als SPD-MdB auch gelang, die Forderung nach einer derartigen Einrichtung in den ersten Rot-Grünen Koalitionsvertrag aufnehmen zu lassen. In Bonn wurde 2004 die Forderung auf der ersten „International Conférence for Renewable Energies" in der Abschlussresolution bekräftigt. Es folgte die erste Vorbereitungskonferenz in Berlin im April 2008 sowie die Gründungskonferenz im Januar 2009 in Bonn. Die Statuten traten im Juli 2010 in Kraft: Aus anfänglich 75 wurden 86 Signatarstaaten sowie die EU, insgesamt zeichneten 148 Staaten sowie die EU. Sitz der Institution ist Abu Dhabi, Generalsekretär ist jetzt – Frau Pelosse nach anderthalb Jahren folgend – der Kenianer Adnan Amin, ein erfahrener UN-Diplomat. Drei Themenfelder sind als Aufgabenstellung für die Arbeitsprogramme definiert:

- Wissensmanagment und technologische Kooperation
- Politikberatung und Kapazitätsausbau
- Innovation and Technologie

Auf der traditionell im Januar stattfindenden Generalversammlung gaben neben dem UN-Generalsekretär zahlreiche Staats- und Regierungschefs positive Stellungnahmen zum Ausbaupotenzial der Erneuerbaren ab, so auch der chinesische Regierungschef, der auf besonders bemerkenswerte Ausbauzahlen und -ziele seines Landes in der Windenergie verweisen konnte.

REN 21: „Renewable Energy Policy Network for the 21st Century", so lautet der offizielle Titel dieses in Paris angesiedelten Netzwerks. Es wird getragen von der deutschen GIZ und dem Programm UNEP und von der IEA unterstützt. Mitwirkende sind Regierungen, NGOs, internationale Institutionen. Den Vorsitz führt Mohamed El-Ashry. Christine Linz ist die Generalsekretärin. Angeregt durch die oben erwähnte Bonner Konferenz von 2005 wurde dieses Netzwerk u. a. mandatiert, internationale Selbstverpflichtungen zu betreuen. Der jährlich im Juni herausgegebene „Globale Statusbericht zu erneuerbaren Energien" gilt als das Standardwerk der Branche (siehe auch die interaktive Karte).

WindMade: Auf Initiative und unter aktiver Mitwirkung des dänischen Windturbinenherstellers VESTAS entstand 2011 WindMade, das erste globale Verbraucherlabel für Windstrom. Die unabhängige Stiftung mit Sitz in Brüssel versteht sich als Kommunikationsplattform. Sowohl Firmen wie Organisationen als auch Produkte können sich um Aufnahme unter dieses Qualitätssiegel bewerben. Der WWF wie auch der GWEC unterstützen diese Initiative, zu deren Gründungsmitgliedern u. a. Bloomberg New Energy Finance, LEGO und die Deutsche Bank gehören.

Global Wind Day: Der 15. Juni ist seit 2007 „Global Wind Day". Die EWEA ergriff diese Initiative, die heute von ihr gemeinsam mit dem GWEC gestaltet wird. 2011 beteiligten sich über 30 Länder auf 4 Kontinenten an dieser Veranstaltung. Ziel ist es, Öffentlichkeit für die Bedeutung der Windkraft herzustellen. Die Formen dieser Öffentlichkeitsarbeit sind vielfältig: vom Fotowettbewerb über Besichtigungen und Besteigungen, Drachensteigen und Malwettbewerben. Kontinuierlich nahm die Zahl der mitwirkenden Länder und Organisationen zu. Auch so wird die steigende internationale Verbreitung sichtbar.

EWEA, AWEA, GWEC und Co.: EWEA ist der älteste und größte Verband der Windenergiebranche. Gegründet 1982, hat dieser Verband heute über 700 Mitglieder aus über 60 Ländern. Charakteristisch für den Verband ist dabei, dass die Mitgliedschaft alle Akteure der Branche umfasst. Hersteller wie Zulieferer, Investoren wie Projektentwickler, nahezu alle europäischen Verbände und die wichtigsten Forschungsinstitute. Diese „Broad Church" unterscheidet sich daher von anderen Lobbygruppen und Interessenverbänden und besitzt aufgrund dieser Mitgliederstruktur ein spezifisches Know-how. Regelmäßig publiziert werden neben den „Wind Directions" Hintergrundreports wie z. B. „Wind in Our Sails", „EU Energy Policy to 2050" oder „Pure Power – Wind Energy Targets for 2020 and 2030". Als europaweit wichtigste Events gelten die Konferenzen, sei es die EWEA-Konferenz, sei es die Offshore-Konferenz. Eine besondere Verantwortung für die EU-Kommission hat EWEA mit dem Management der „Technology Plattform" übernommen, innerhalb derer die Anforderungen and die technologische Weiterentwicklung auch mithilfe der Forschungsrahmenprogramme der EU diskutiert und definiert werden. Der Fokus der politischen Arbeit ist dabei im Wesentlichen auf vier Themenfelder ausgerichtet:

- die Herstellung eines echten Binnenmarktes für Energie
- die Etablierung eines stabilen regulatorischen Rahmens
- die Erreichung eines „level playing field" für die Windkraftnutzung
- die stetige Steigerung des Windstromanteils an der Bedarfsdeckung: 50 % bis 2050

AWEA ist – mit Sitz in Washington – der 2 500 Mitglieder starke Verband der Interessen der US-amerikanischen Windwirtschaft und als solcher ein wichtiger Impulsgeber für die Politik zentral wie dezentral. Publikationen und Veranstaltungen erfreuen sich großer Nachfrage und Interesses. CREIA steht für Chinese Renewable Industry Association, IWTA für

Indian Wind Turbine Manufacturers Association, BWE für den Bundesverband Windenergie, DWIA für Danish Wind Industry Association: Alle vier nationalen Verbände sind in ihren jeweiligen Ländern sehr einflussreich. Der deutsche Verband wie auch sein dänisches Pendant haben dabei in ihren Ländern und darüber hinaus Pionierarbeit geleistet. In beiden Ländern existieren weitere Verbände, teils mit einer langen Geschichte hinsichtlich technischer Standards, wie die Fördergesellschaft Windenergie in Deutschland oder als reiner Industrieverband wie der VDMA oder der dänische Verband der Anlagenbetreiber. So wird nochmals die besondere Bedeutung der EWEA deutlich: Nur diese Vereinigung umfasst alle Akteure der Branche. Ständig an Einfluss und Bedeutung gewinnen auch die Verbände Brasiliens, Mexikos, Kanadas, Japans und Koreas.

Sämtlich sind sie Mitglieder des Global Wind Energy Councils (GWEC). Dieser wurde 2006 als internationaler Dachverband gegründet und hat seinen Sitz im Brüsseler Wind Power House mit Repräsentationen in London und Peking. Seit Gründung ist Steve Sawyer, von Greenpeace kommend, Generalsekretär. Die Mitglieder des GWEC werden unter *www.gwec.net* aufgeführt. Zu ihnen gehören neben nationalen und kontinentalen Verbänden auch alle wesentlichen Industriefirmen und weitere Akteure der Wertschöpfungskette.

Szenarien

Bedingt durch die Langfristigkeit der Investitionszyklen und wegen der herausragenden strategischen Bedeutung von Energie – speziell Strom – für die Volkswirtschaften haben Szenarien traditionell einen hohen Stellenwert. Neben der Prognose von Preisentwicklungen spielt die Verfügbarkeit von Rohstoffen – siehe u. a. die Debatte um „peak oil“ – und die strategische Allokation von Ressourcen eine besondere Rolle. Auf die Veröffentlichungen der EU-Kommission wurde bereits eingegangen. Die heftige Kontroverse um die Nutzung der Atomenergie in Deutschland mit der Folge des ersten Ausstiegsbeschlusses der Regierung Schröder/Fischer, der Revision dieses Beschlusses durch die Regierung Merkel und die Revision dieser Revision durch eben diese Bundesregierung nach dem Super-GAU von Fukushima als Folge eines Seebebens und eines durch dieses ausgelösten Tsunamis haben eine besonders intensive Beschäftigung mit Szenarien hervorgerufen. Erwähnt werden soll hier der SRU (Sachverständigenrat für Umweltfragen), der eine Energiebedarfsdeckung nur auf Basis erneuerbarer Energien im Jahr 2050 für möglich und machbar hält. Auch das IPCC hat eine umfangreiche, 1 000 Seiten starke Studie vorgelegt, in er 164 Szenarien ausgewertet wurden. In einem Konsensverfahren einigten sich 194 Ländervertreter. 80 % soll demnach der Anteil der Erneuerbaren an der Energiebedarfsdeckung bis 2050 weltweit ausmachen.

Um die Stimme der Windenergie im Konzert der Szenarienverkünder hörbar zu machen, ging die EWEA im Jahr 2000 in die Offensive und veröffentlichte gemeinsam mit Greenpeace den ersten „Windforce 10“-Report, der in den folgenden Jahren als „Windforce 12“ fortgeschrieben wurde und nach dessen Gründung durch den „Global Wind Energy Outlook“ des GWEC (Global Wind Energy Council) ersetzt wurde.

Der Global Wind Energy Outlook untersucht in seinen Szenarien die Windenergiepotenziale für die Zeiträume 2020, 2030 und 2050. Die Veröffentlichung entsteht in Zusammenarbeit mit Greenpeace und der DLR (Deutsche Anstalt für Luft- und Raumfahrt, die auch schon in den Pioniertagen der Windenergie tätig war [26]). Drei Szenarien werden betrachtet:

- die Annahmen des World Energy Outlook der IEA (von der DLR auch auf das Jahr 2050 extrapoliert); dies gilt als das konservative Szenario;

- in einem zweiten Szenario wird – bezogen auf die bereits entwickelten Förderinstrumente – unterstellt, dass diese umgesetzt werden und dass schon definierte nationale Ausbauziele erreicht werden; dies gilt als das moderate Szenario;
- zum dritten wird unterstellt, dass die fortschrittlichsten Ausbauziele verwirklicht werden; dies ist das progressive Szenario (siehe Tabelle 2.4).

Jahr	konservativ	moderat	ambitioniert
2007	93 864	93 864	93 864
2008	120 297	120 297	120 297
2009	158 505	158 505	158 505
2010	185 258	198 717	201 657
2015	295 783	460 364	533 233
2020	415 433	832 251	1 071 415
2030	572 733	1 777 550	2 341 984

Tabelle 2.4 Prospektive Marktentwicklung: global (Angaben in MW)

2.9 *Global Wind Energy Outlook 2010* – Der globale Blick in die Zukunft

Im Rückblick konnte bis jetzt und Jahr für Jahr festgestellt werden, dass nationale Ziele in aller Regel übertroffen bzw. vor der avisierten Zeit erreicht wurden. Dies galt schon für die ersten Ziele, wie sie für Dänemark und Schleswig-Holstein gesetzt worden waren (s. o.). Dies galt auch für sämtliche Prognosen der EWEA für die EU-Mitgliedstaaten. Allerdings ausschließlich für die Entwicklung des Onshore-Marktes. Der war und ist zwar bestimmend, aber heute doch differenzierter zu betrachten. Eine uniforme Entwicklung, wie sie in den 1990er-Jahren und der ersten Hälfte des ersten Jahrzehnts zu verzeichnen war, gibt es nicht mehr.

Wie oben bereits herausgestellt, sind drei große Trends zu unterscheiden: 1. das Wachstum der reifen bzw. heranreifenden Onshore-Märkte. Das Überschreiten der 1 000-MW-Marke ist dabei als wichtiger Schritt zu definieren, der die Windkraftnutzung aus der Nische in den „Mainstream" überführt; 2. die spezifischen Rahmenbedingungen für die Entwicklung der Offshore-Märkte; nicht nur wird hier planerisch Neuland betreten und bedarf es angepasster Technologie, bestimmend sind finanzielle Faktoren: Die Kosten pro erstellter Anlage liegen um mindestens den Faktor 2,5 über dem von Onshore-WKA, das jeweilige Finanzierungsvolumen ist von einer Dimension i. d. R. im oberen dreistelligen Millionenbereich, sodass hier die Folgen der Finanzmarktkrise deutlich spürbar sind; 3. die Bedarfsdeckung der unterversorgten Volkswirtschaften und Menschen, d. h. dem Fünftel der Menschheit – 1,4 Mrd. – ohne Zugang zu Strom, die aufgrund ihrer Einkommen an der Armutsgrenze auch keinen eigenen finanziellen Beitrag leisten können: hier Bedarf es Instrumente wie Mikrokredite für Klein(wind)anlagen und öffentlich finanzierter Projekte (nach sorgfältiger Evaluation der schon durchgeführten Programme zur „Rural Electrification").

Die globale Einschätzung des Kapazitätswachstums im Global Wind Energy Outlook erfolgt auf der Grundlage historischer Daten. Aktuelle Trends werden berücksichtigt wie auch prägende

Marktentwicklungen. Das IEA-Szenario ging z. B. für 2010 von einem Rückgang der installierten Leistung auf nur noch 26,8 GW aus. Tatsächlich wurden über 38 GW aufgestellt. Diese Größenordnung legt das moderate Szenario zugrunde. Es geht von einem jährlichen Zubau von 40 GW aus, die ab 2015 auf 63 GW gesteigert werden könnten.

2.10 Aktualisierung auf der Basis von 2011

2.10.1 Die Marktentwicklung in ausgewählten Ländern

China

Die Entwicklung Chinas ist besonders bemerkenswert. Im dritten Jahr in Folge erreicht die Volksrepublik mit großem Abstand die führende Position. Nahezu 20 GW wurden 2011 erreicht. Vier chinesische Hersteller sind inzwischen unter den weltweiten Top Ten (s. o., zu den Szenarien siehe Tabelle 2.5). Der starke Heimmarkt dient als Basis für die globale Markterschließung mit Fokus auf Afrika und Lateinamerika. Beachtlich dynamisch entwickeln sich die Beziehungen zwischen China und Brasilien. Von großem Vorteil ist dabei, dass auch bei Großprojekten kein Mangel an Liquidität zu verzeichnen ist. Die China Development Bank begleitet die Hersteller auch auf ihrem Weg in die Internationalisierung. Von Vorteil erweist es sich auch, dass nunmehr eine klare Ausbauplanung in den zwölften 5-Jahres-Plan aufgenommen worden ist. Bis 2015 soll die installierte Leistung 100 GW betragen. Auch eine Aussage bezogen auf das „magische" Jahr 2050 findet sich. Dann sollen 17 % der Strombedarfsdeckung aus Windkraft stammen (siehe Windlog, January 2012).

Tabelle 2.5 Prospektive Marktentwicklung: China (Angaben in MW)

Jahr	konservativ	moderat	ambitioniert
2009	25 805	25 805	25 805
2010	32 805	39 608	41 030
2015	45 305	115 088	134 712
2020	70 305	200 026	250 397
2030	95 305	403 741	513 246

Tabelle 2.6 Prospektive Marktentwicklung: USA (Angaben in MW)

Jahr	konservativ	moderat	ambitioniert
2009	38 585	38 585	38 585
2010	45 085	49 329	49 648
2015	75 585	119 190	140 440
2020	106 085	220 041	303 328
2030	141 085	410 971	693 958

USA

Die weitere Entwicklung des zweiten starken Marktes ist von großer Unsicherheit geprägt. Die USA befinden sich im Vorwahlkampf – eigentlich immer. Die Zukunft der PTC ist heftig umstritten. Ob ein Package-Deal zustande kommt, lässt sich nicht vorhersagen. Der billige Gaspreis, die Macht der konventionellen Energielobby, die Interessen der windreichen, aber nicht ins Netz eingebundenen Staaten des Mittleren Westens, keiner kann eine Prognose abgeben. Der derzeitige Ausbau ist von Vorzieheffekten bestimmt. Knapp 7 GW sind dennoch bescheiden im Vergleich zu den vorhandenen Potenzialen. (Kalifornien liegt mit über 900 MW vor Illinois und Iowa mit fast 700 bzw. 650 MW.) Klimaschutz gilt als Wahlkampfverliererthema.

Kanada

Der nordamerikanische Nachbar Kanada hat sich auch auf den Weg gemacht. Im Jahr 2011 waren über 4 500 MW installiert. Der Ausbau findet zwar in allen Provinzen statt, doch liegt Ontario (über 1 500 MW) mit Abstand vor Alberta und Quebec.

Die Europäische Union

Auch in der EU gibt es Unsicherheiten, vor allem mit Blick auf die ehrgeizigen Offshore-Ziele. Aber auch die Staatsschuldenkrise hinterlässt ihre Spuren, der spanische Markt kam zum Stillstand. Netzausbaupläne sind verkündet, aber harren der Umsetzung. Doch sind die Klimaschutzziele klar, existieren die NREAP: Kleinere Dellen in der Entwicklung sollten nicht den generellen Trend überschatten. Im Jahr 2011 wurden über 9 GW hinzugebaut, davon knapp 10 % Offshore. Auch der deutsche Markt hat wieder angezogen mit über 2 GW Zubau.

Tabelle 2.7 Jährlich neu installierte Leistung in der EU (Angaben in MW)

Jahr	Offshore	Onshore
2001	4377	4
2002	5743	51
2003	5203	170
2004	5749	259
2005	6114	90
2006	7528	93
2007	8201	318
2008	7935	373
2009	9929	582
2010	8764	883
2011	8750	966

Tabelle 2.8 Anteile der EU-Länder (Stand Ende 2011)

Staat	Leistung	Anteil
Deutschland	29,1 GW	31 %
Spanien	21,7 GW	23 %
Frankreich	6,8 GW	7 %
Italien	6,7 GW	7 %
Großbritannien	6,5 GW	7 %
Portugal	4,1 GW	4 %
Dänemark	3,9 GW	4 %
Schweden	2,9 GW	3 %
Niederlande	2,3 GW	3 %
Irland	1,6 GW	2 %
andere	8,3 GW	9 %

Mittel- und Südamerika

Positives lässt sich auch über den lateinamerikanischen Markt sagen. Brasilien hat 2011 die 1 GW-Marke überschritten, Mexiko steht kurz davor. Laut reNews America (22. 12. 2011) sind insgesamt 3 171 MW auf diesem Kontinent (inkl. Karibik) aufgestellt. Erwartet werden ca. 7 GW bis 2015. Chile hat einen enormen Strombedarf, aber der regulatorische Rahmen steht noch nicht. Argentinien verfügt über ein hervorragendes Potenzial, aber der Süden des Landes ist

Jahr	konservativ	moderat	ambitioniert
2009	1 072	1 072	1 072
2010	1 522	1 956	2 082
2015	2 522	11 932	13 329
2020	4 772	28 004	42 224
2030	10 522	72 044	93 347

Tabelle 2.9 Prospektive Marktentwicklung: Mittel- und Südamerika (Angaben in MW)

nicht an das Stromnetz angebunden. Damit sind die beiden wesentlichen Ursachen dafür genannt, weshalb dieser Erdteil bislang weit unter seinen Möglichkeiten geblieben ist.

Indien

Dies gilt in vergleichbarer Weise auch für Indien. Mängel der Stromversorgung sind schon seit langer Zeit als ein wesentliches Wachstumshindernis erkannt. Es waren nicht zuletzt Industrieunternehmer, die in die ersten Windparks investierten, um durch die Eigenerzeugung Stromabschaltungen zu vermeiden. Auch die bisher vonseiten der Regierung definierten Ziele blieben weit hinter dem ausschöpfbaren Potenzial zurück (siehe GWEC India Report) Massiv vollzieht sich hingegen der Ausbau der Kohlekraft: 130 Mrd. $ sind in den vergangenen 5 Jahren in diese Branche geflossen (The Economist, 21. 01. 2012) Umso wichtiger war es für die indische Windenergieinindustrie, auf jetzt zwei Jahre in Folge verweisen zu können, in denen man auf Platz 3 der internationalen Liste gelegen hat. Über 3 GW in 2011 deuten darauf hin, dass eine neue Dynamik entstanden ist. Es kann davon ausgegangen werden, dass auch die Regierung in Delhi ihre Ziele nach oben korrigiert (befürchtet werden allerdings Veränderungen des Steuersystems mit negativen Auswirkungen auf die Zukunft). Ausführlich wird die Situation und das Potenzial des Subkontinents im „Indian Wind Energy Outlook 2011" beschrieben (Global Wind Energy Council mit World Institute of Sustainable Energy und Indian Wind Turbine Manufacturers Association).

Jahr	konservativ	moderat	ambitioniert
2009	10 926	10 926	10 926
2010	12 276	12 629	12 833
2015	19 026	24 747	29 151
2020	24 026	46 104	65 181
2030	30 526	108 079	160 741

Tabelle 2.10 Prospektive Marktentwicklung: Indien (Angaben in MW)

Südkorea

Über 400 MW waren 2011 Südkorea aufgestellt. Die Volkswirtschaft beginnt ihr aus der Erfahrung von Stahl- und Schiffbau resultierendes Potenzial für die Windenergie zu sehen. Dies gilt in besonderem Maße für die Offshore-Industrie. Hier wird der Schwerpunkt im Lande selbst liegen. Auf diesem Feld beginnen sich die koreanischen Konzerne international zu engagieren. Regierung und Wirtschaft legen Szenarien vor, die dem Vorgehen des GWEC angeglichen sind (Referenz – moderat – ambitioniert). Zieljahre sind definiert. Für 2015 werden mindestens 1,9 GW erwartet, höchstens 7,4. 2020 reicht der Bogen von 3 bis 7,5, 2030 von 7,4 bis 23 GW. Letzteres ist Ziel der Industrie. 10 % Strombedarfsdeckung würden so erreicht (siehe Korean Wind Energy Industry Association).

Afrika

Afrika galt lange Zeit als kaum erreichbarer und erschließbarer Markt. Obwohl gerade auf diesem Kontinent der Mangel an einer Stromversorgung evident ist, gab es außerhalb von Nordafrika, hier insbesondere Marokko, Tunesien und Ägypten, kaum Ansätze für die Nutzung der zum Teil üppig vorhandenen Windenergie. Nicht nur fehlte es an einem Stromnetz oder einer rechtlichen Basis, sondern auch die handwerklichen und industriellen Dienstleistungen konnten lokal nicht abgebildet werden. Deshalb ist es ein besonders wichtiges Signal, dass jetzt Südafrika in zwei Ausschreibungsrunden das grüne Licht für den Bau etlicher Windparks gegeben hat. In diesem Land galt es, die starke Lobby der Kohle- und Uranindustrie politisch einzudämmen, um den Erneuerbaren eine Chance zu geben. Durch die industrielle Stärke des Landes sind besonders positive Ausstrahlungseffekte auf Nachbarstaaten zu erwarten. Gerade wurde für Kenia verkündet, dass dort ein erstes 300-MW-Projekt umgesetzt werden soll. Marokko hat nicht nur aufgrund der langen Atlantikküste exzellente Ressourcen, sondern auch die Notwendigkeit des Ausbaus von Stromerzeugungskapazitäten für die wichtige Tourismusindustrie. Über 300 MW sind bereits installiert. Der weitere Ausbau ist Regierungsprogramm. Ägypten begann sehr früh mit einem ersten Testfeld und Windparks und hat im Jahr 2011 über 600 MW erreicht. Der unter dem Stichwort „arabischer Frühling“ bekannt gewordene politische Umbruch unterbricht zunächst diese Entwicklung.

Türkei

Die Türkei ist die mit Abstand am schnellsten wachsende Volkswirtschaft der Region. Entsprechend steigt der Bedarf nach Energie, gerade auch Strom. Auch ist dieser Staat Transitland für Pipelines. Der Energiemix ist kohlelastig. Aber man beginnt, die Chancen der Nutzung der Windkraft zu sehen und zu realisieren. 2011 näherte man sich der 2-GW-Grenze.

Australien und Neuseeland

Die 2 GW-Marke wurde 2011 auch in Australien erreicht. Trotz der enormen Kohlereserven und dem entsprechenden Einfluss dieser Industrie auf die nationale Energiepolitik des Kontinents hat die Regierung ehrgeizige Klimaschutzziele beschlossen. Mit einem stetigen weiteren Ausbau kann daher gerechnet werden. South Australia und Western Australia liegen dabei als Staaten vorn. Neuseeland verzeichnete 2011 ein ca. 25%-iges Wachstum und überspringt die 600-MW-Hürde. Ein verstetigter weiterer Ausbau ist vorgezeichnet.

Fazit

1. Die Zahl der Länder, in denen Windkraft zur Stromerzeugung genutzt wird, ist kontinuierlich auf jetzt 75 gestiegen. Es kann von einer weltweiten Verbreitung dieser Technologie gesprochen werden.
2. Gleichzeitig ist der Anteil der Länder gestiegen, in denen die installierte Leistung die kritische Marke von 1 GW überstiegen hat. Insgesamt haben 22 Länder diese Aufstellungszahl erreicht, 15 europäische und weitere 7.
3. Wesentlich für den politisch getriebenen Energiemarkt ist die Formulierung von Zielvorgaben. Noch nie gab es derart viele klar definierte Ziele wie 2011 (EU, China, Korea, Indien).
4. Durch den Start der Aktivitäten der IRENA kann davon ausgegangen werden, dass die Lernkurve noch steiler werden wird, d. h. der Prozess sich beschleunigt. Erstmals konzentriert sich eine internationale Institution auf die Verbreitung von Wissen über die Erneuerbaren.
5. Die Zahl und das wirtschaftliche wie politische Gewicht der Akteure auf dem weltweiten Markt der Windenergie hat eine eigenständige Dynamik erreicht.

6. Die Querschnittstechnologien Energieerzeugung und Informationsverarbeitung eröffnen neue Perspektiven und beschleunigen den Wandel.
7. Die Moderne des Energiezeitalters hat begonnen.

Tabelle 2.11 Länder mit mehr als 1 GW

Asien		
	China	ca. 63,00 GW
	Indien	ca. 16 GW
	Japan	2,5 GW
Europa		
	Deutschland	29,00 GW
	Spanien	ca. 21,70 GW
	Frankreich	6,80 GW
	Großbritannien	ca. 6,50 GW
	Portugal	4,10 GW
	Dänemark	ca. 3,90 GW
	Schweden	ca. 3,00 GW
	Niederlande	ca. 2,30 GW
	Irland	1,60 GW
	Griechenland	1,60 GW
	Polen	1,60 GW
	Österreich	ca. 1,10 GW
	Belgien	ca. 1,10 GW
	Türkei	ca. 1,80 GW
Nordamerika		
	USA	ca. 47,00 GW
	Kanada	ca. 5,30 GW
Lateinamerika		
	Brasilien	1,50 GW
	Mexiko	ca. 0,90 GW
Pazifik		
	Australien	2,20 GW

Literatur

[1] Altenburg, Cornelia: Kernenergie und Politikberatung. Die Vermessung einer Kontroverse, 2010

[2] Aust, Stefan: Brokdorf. Symbol einer politischen Wende, 1981

[3] Böttcher, Joerg (Hg.): Handbuch der Windenergie. Onshore-Projekte: Realisierung, Finanzierung, Recht und Technik, 2012

[4] Cairncross, Frances: Costing the Earth, 1991

[5] Deutscher Bundestag (Hg.): Erster Bericht der Enquete-Kommission „Schutz der Erdatmosphäre“, 12. Wahlperiode

[6] EWEA: Wind Energy: The Facts. A guide to the technology, economics and future of wind power, 2009

[7] Powering Europe: wind energy and the electricity grid, 2010

[8] Global 2000: Der Bericht an den Präsidenten, 1980 (deutsche Auflage)

[9] Hohmeyer, Olaf, Ottinger, Richard (Hg.): External Environmental Costs of Electric Power, 1991

[10] IEA: Renewable Energy. Market & Policy Trends in IEA Countries, 2004

[11] Jarass, Loranz, Obermair, Gustav, Voigt, Wilfried: Windenergie. Zuverlässige Integration in die Energieversorgung, 2. Aufl. 2009

[12] Landwirtschaftskammer Schleswig-Holstein: Windenergie. Praxisergebnisse (I bis ...)

[13] Lang, Winfried: Internationaler Umweltschutz. Völkerrecht und Außenpolitik zwischen Ökonomie und Ökologie, 1989

[14] Lyman, Francesca (Hg.): The Greenhouse Trap: What We're Doing to the Atmosphere and How We Can Slow Global Warming, World Resources Institute, 1990

[15] Mann-Borghese, Elisabeth: Das Drama der Meere, 1975

[16] Meadows, Dennis et. al.: The Limits to Growth. A Report for the Club of Rome's Project on the Predicament of Mankind, 1974

[17] Odum, Eugene P.: Prinzipien der Ökologie – Lebensräume, Stoffkreisläufe, Wachstumsgrenzen, 1991

[18] Pringle, Peter, Spigelman, James: Die Atom-Barone, 1983

[19] Rave, Klaus: Programmarbeit – und sie bewegt doch!, in: Demokratische Geschichte, Jahrbuch zur Arbeiterbewegung und Demokratie in Schleswig-Holstein III, S. 611 ff., 1988

[20] ders.: Information Technology plus Energy Technology. A New Approach, in: World Market Series, Business Briefing, World Bank, 2001

[21] ders.: Grüner Strom statt Blackout, in: Solarzeitalter, 15. Jahrgang, No. 4, 2003

[22] ders.: Wie eine Windwirtschaft entsteht, in: Alt, Franz, Scheer, Hermann (Hg.), Wind des Wandels, 2007, S. 41 ff.

[23] ders.: A citizen's electricity network, in: Wind Directions, Vol. 29, No. 5, 2010

[24] ders.: The Emergence of the Wind Economy in Germany, in: Sparking a World Wide Energy Revolution, S. 264 ff., 2010

[25] ders.: Erdgas, Strom, Breitband. Netzinfrastrukturen in Schleswig-Holstein im Wandel, in: Rave, Klaus, Schlie, Klaus, Schliesky, Utz (Hg.), Arbeitspapier 92, Lorenz-von-Stein-Institut

[26] Rave, Klaus, Richter, Bernhard: Im Aufwind – Schleswig-Holsteins Beitrag zur Entwicklung der Windenergie, 2008

[27] Rieder, Stefan: Regieren und Reagieren in der Energiepolitik. Die Strategien Dänemarks, Schleswig-Holsteins und der Schweiz im Vergleich, 1998

[28] Runge, Karsten (Hg.): Coastal Energy Management. Integration Erneuerbarer Energieerzeugung an der Küste, 2002

[29] Schleswig-Holsteinischer Landtag (Hg.): Energieversorgung in Schleswig-Holstein bis zum Jahr 2010, 1993

[30] Stern, Nicholas: The Economics of Climate Change. Stern Review, 2007

[31] Traube, Klaus et al.: Nach dem Super-GAU. Tschernobyl und die Konsequenzen, 1986

[32] Yerkin, Daniel: The Quest. Engery, Security and the Remaking of the Modern World, 2011

[33] Zierul, Sarah: Der Kampf um die Tiefsee. Wettlauf um die Rohstoffe der Erde, 2010

3 Windressourcen, Standortbewertung, Ökologie

3.1 Einleitung

In diesem Kapitel werden Produktions- und Umweltaspekte der Windenergie behandelt. Zunächst wird dargestellt, wie die Windressource an einem Standort mit gängigen Methoden und mit Reanalysedaten bestimmt wird. Es folgt eine einfache Berechnung des Jahresenergieertrags einer Windenergieanlage. Es wird dargestellt, wie in einem Windpark die gegenseitige Abschwächung berechnet wird. Nachfolgend werden die Emissionen der Windenergieanlagen dargestellt, auf Schall- und Schattenemissionen wird dabei ausführlich eingegangen. Es werden zwei Programme genannt, mit denen Windparks geplant werden. Es werden die Technischen Richtlinien der FGW und die IEC 61400 genannt, die die Messprozeduren und andere Verfahren im Zusammenhang mit Windenergieanlagen vorgeben. Die Umwelteinflüsse werden durch das Bundes-Immissionsschutzgesetz (BImSchG) geregelt, das darauf aufbauende Genehmigungsverfahren wird skizziert. Es werden Übungsaufgaben mit Lösungen gegeben.

3.2 Windressourcen

Nachfolgend werden die Windressourcen, ihre Berechnungen und die daraus folgenden Energieerträge dargestellt.

3.2.1 Globales Windsystem und Bodenrauigkeit

Die Hauptwindrichtung in Europa ist Südwest bis West. Dies ist die Folge aus dem globalen Windsystem. Die Sonne und die Neigung der Erdoberfläche relativ zur Sonne, beschreibbar mit dem Cosinus der geografischen Breite plus der Deklination der Sonne, treiben das System durch unterschiedliche Erwärmungen an. Am Äquator ist es warm, die Luftdichte ist gering, die Luft steigt auf, es herrscht ein Tiefdruckgebiet. Am Pol ist es kühl, die Luft sinkt ab, es herrscht ein Hochdruckgebiet. Unterschiedliche Drücke erzeugen Luftströmungen in großer Höhe vom Äquator zum Nordpol und gleichermaßen zum Südpol. Am Boden fließt die Luft in umgekehrter Richtung zurück. Der Luftkreislauf ist geschlossen. Die Erddrehung erzeugt die Corioliskraft. Diese erzeugt auf der Nordhalbkugel eine Ablenkung nach rechts. Auf der Breite der Azoren ist die Ablenkung so groß, dass die Luft in der Höhe ihren Weg nach Norden nicht mehr fortsetzt, sondern es zu einem aerodynamischen Kurzschluss kommt. Die Luft

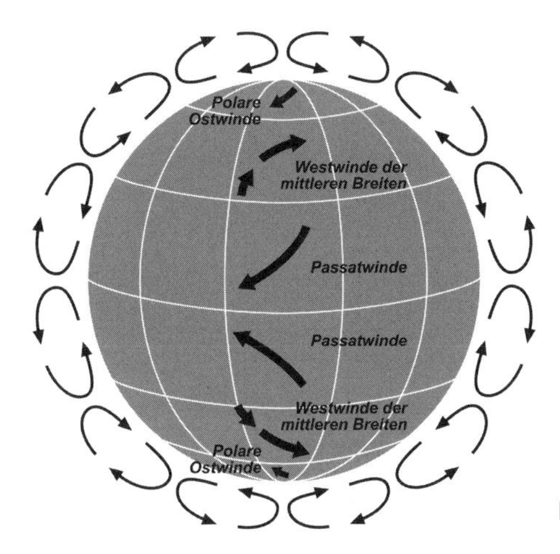

Bild 3.1 Globales Windsystem

sinkt ab, es entsteht der Hochdruckgürtel der Azoren. Weil am Pol ein Hoch ist, muss zwischen diesen beiden Hochdruckgebieten ein Tiefdruckgürtel entstehen, das sind die polaren Tiefdruckgebiete. Dieses globale Windsystem führt somit dazu, dass nördlich und südlich des Äquators am Boden die aus Osten fließenden Passatwinde entstehen und dass Europa im Bereich der Westwinddrift liegt. In Europa ist die Hauptwindrichtung somit Südwest bis West, siehe Abb. 3.1. Überlagert wird das globale Windsystem von lokalen und überregionalen Hoch- und Tiefdruckgebieten, die durchziehen oder auch räumlich und zeitlich erheblich stabil sind. Dieses führt in Schleswig-Holstein zu einem Nebenmaximum der Windrichtung aus östlicher Richtung.

Die Bodenrauigkeit ist die Unebenheit der Erdoberfläche, siehe auch Abschnitt 3.2.2. Sie bremst die Windgeschwindigkeit. Über dem Meer ist die Rauigkeit trotz Wellen sehr klein, was dazu führt, dass die Windgeschwindigkeit über dem Meer hoch ist. Somit herrschen in allen Küstenregionen der Nord- und Ostsee hohe Windgeschwindigkeiten. Weiter im Landesinneren nimmt die Windgeschwindigkeit mit zunehmendem Abstand von der Küste ab. In Höhenlagen wie der Eifel oder viel stärker in den Alpen ist die Windgeschwindigkeit höher, was eine Folge des Höhenprofils ist. Zwischen Gebirgen gibt es im Zusammenhang mit Land-See-Winden ebenfalls höhere Windgeschwindigkeiten. Die Gebirge begrenzen hierbei die Luftströmung horizontal wie in einer Düse. Ein Beispiel dazu ist der Mistral in Südfrankreich zwischen den Alpen und den Pyrenäen. Talwinde von Hochebenen können angetrieben durch vertikale Temperaturdifferenzen (oben ist es kühler als unten) lokale Winde erzeugen. Ein Beispiel dazu ist der Fallwind Bora im Küstenstreifen von Kroatien.

Grafische Darstellungen zu der Beschreibung findet man im European Windatlas, siehe Troen (1989), in seiner deutschen Übersetzung, siehe Troen (1990), und ausführlich auf der Homepage European Windatlas (2011).

3.2.2 Höhenprofil und Rauigkeitslänge

Der Wind hat ein Höhenprofil. Direkt am Boden muss wegen der Bodenhaftung die Windgeschwindigkeit null sein, während in großer Höhe die Geschwindigkeit voll ausgebildet ist. Der Wind in großer Höhe, auf den die Bodenreibung keinen Einfluss hat, wird geostrophischer

Wind genannt. Dazwischen bildet sich eine Grenzschicht aus, in der die horizontale Geschwindigkeit v abhängig von der Höhe h ist, $v = v(h)$. Diese Funktion wird Höhenprofil genannt. Winde sind turbulent, was sich sofort mit der Reynolds-Zahl zeigen lässt, was wiederum an der geringen kinematischen Viskosität der Luft mit $15 \cdot 10^{-6}\,\mathrm{m^2/s}$ liegt. Für die Beschreibung des Profils sind zwei Gleichungen gebräuchlich: das exponentielle Windprofil nach Hellmann und das logarithmische Windprofil.

Nach Hellmann haben zwei Geschwindigkeiten in zwei Höhen folgenden Zusammenhang:

$$\frac{v_2}{v_1} = \left(\frac{h_2}{h_1}\right)^{\alpha} \tag{3.1}$$

v_2 = Windgeschwindigkeit [m/s] in Höhe h_2 [m] über dem Boden
v_1 = Windgeschwindigkeit [m/s] in Höhe h_1 [m] über dem Boden
α = Hellmannscher Höhenexponent [-],

wobei v_1 häufig die gemessene Referenzgeschwindigkeit v_{Ref} und die Messhöhe h_1 die zugehörige Referenzhöhe h_{Ref} ist.

Das universelle logarithmische Wandgesetz von Prandtl, siehe Oertel (2008), gilt für turbulente Grenzschichten in kleinem und in großem Maßstab, also in Turbinenschaufeln, in Strömungskanälen und in der Atmosphäre. Es wird mit folgender Gleichung beschrieben:

$$v(h) = \frac{u_\tau}{\kappa} \cdot \ln\left(\frac{h}{z_0}\right) \tag{3.2}$$

Der Ausdruck u_τ ist die Sohlschubspannungsgeschwindigkeit und nur schwer zu bestimmen. In den FGW-Richtlinien (2011) und in der IEC 61400 (2011) wird der Ausdruck u_τ/κ ersetzt durch die Windgeschwindigkeit v_{Ref} gemessen in einer Höhe h_{Ref}. Das logarithmische Höhenprofil erhält damit folgende leicht anzuwendende Form:

$$v(h) = \frac{v_{\mathrm{Ref}}}{\ln\left(\frac{h_{\mathrm{Ref}}}{z_0}\right)} \cdot \ln\left(\frac{h}{z_0}\right) \tag{3.3}$$

$v(h)$ = Windgeschwindigkeit [m/s] in Höhe h
h = Höhe über dem Boden [m]
z_0 = Bodenrauigkeit [m]
v_{Ref} = Windgeschwindigkeit [m/s] gemessen in Höhe h_{Ref} [m]
ln = natürlicher Logarithmus (darf auch log (Logarithmus Basis Zehn) sein)

In manchen Darstellungen von Gl. 3.3 findet man statt des natürlichen Logarithmus ln den Logarithmus zur Basis Zehn log oder lg, was identisch ist, da der Logarithmus im Zähler und im Nenner steht, und sich der Umrechnungsfaktor kürzt.

Beide Gleichungen, Gl. 3.1 und Gl. 3.3, beschreiben ein sehr ähnliches Profil. Es gibt einen Zusammenhang zwischen dem Hellmannschen Höhenexponenten α und der Bodenrauigkeit z_0. Dieser ist nicht einheitlich und abhängig von der Höhe der Referenzmessung. Als Näherung lässt sich $\alpha = \alpha(z_0)$ z. B. nach Windfarmer (2011) mit Gl. 3.4 oder nach Manwell (2009) mit Gl. 3.5 angeben:

$$\alpha(z_0) = \frac{1}{\ln\left(\frac{15{,}25\,\mathrm{m}}{z_0}\right)} \tag{3.4}$$

$$\alpha(z_0) = 0{,}096 \cdot \log_{10}\left(\frac{z_0}{1\,\mathrm{m}}\right) + 0{,}016\left(\log_{10}\left(\frac{z_0}{1\,\mathrm{m}}\right)\right)^2 + 0{,}24 \tag{3.5}$$

Wichtig ist zur Kenntnis zu nehmen, dass die Einheit der Bodenrauigkeitslänge z_0 Meter ist. Gleichung 3.4 beschreibt besser den Zusammenhang von α und z_0, dargestellt in Hau (2008). In Gl. 3.5, einer Einheitengleichung (siehe unten), muss nur der Zahlenwert von z_0 (angegeben in Metern) eingesetzt werden. Diese Gleichung trifft besser den Zusammenhang bei Standardbedingungen $z_0 = 0{,}1$ m. Grund für den nicht eindeutigen Zusammenhang ist, dass der Höhenexponent schwach abhängig ist von der Höhe. Die beste Methode, den Höhenexponenten zu bestimmen, besteht darin, mit der Definition des Höhenexponenten Gl. 3.1 und zwei gemessenen Geschwindigkeiten in zwei Höhen α zu bestimmen.

Die Rauigkeiten werden für die praktische Auswertung in Klassen eingeteilt, sodass sich Klassen von Landschaftsformen ergeben. Die Klassen reichen von offener See über flaches offenes Gelände zu städtischen Siedlungsgebieten. Der hier vorgestellte Zusammenhang ist übersichtlich in Hau (2008) dargestellt. Auf die Klassen wird weiter unten eingegangen.

Standardbedingung ist $\alpha = 0{,}159$, was vergleichbar ist zu $z_0 = 0{,}1$ m. Dieses sind die Parameter für flaches offenes Gelände, das landwirtschaftlich genutzt wird und einige niedrige Windhindernisse hat. Das entspricht an vielen Stellen der Landschaftsform von Schleswig-Holstein mit seinen Knicks. Genau dort sind bzw. werden Windenergieanlagen errichtet, sodass der Standard einen typischen Standort für Windenergieanlagen darstellt. Als erste Näherung lässt sich mit den genannten Parametern α oder z_0 eine Windgeschwindigkeit, gemessen in beliebiger Höhe, umrechnen auf die Windgeschwindigkeit in einer anderen beliebigen Höhe, z. B. der Nabenhöhe der Windenergieanlage.

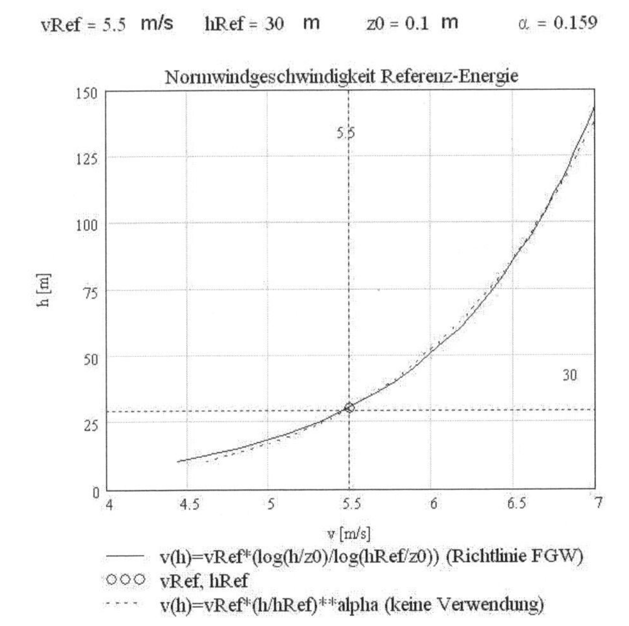

Bild 3.2 Höhenprofil, Höhe über Grund als vertikale Achse, Horizontalgeschwindigkeit als horizontale Achse, logarithmisches Profil mit Standardwert für Rauigkeitslänge $z_0 = 0{,}1$ m, Profil nach Hellmann mit entsprechendem Standardwert für Höhenexponent $\alpha = 0{,}159$, beides für die Windgeschwindigkeit $v = 5{,}5$ m/s in $h = 30$ m (Referenzwert). Das sind Standardbedingungen für ein Profil.

In Abb. 3.2 ist das Höhenprofil dargestellt für Standardbedingungen. Standardbedingungen sind die oben genannte Rauigkeitslänge bzw. der Exponent und die Windgeschwindigkeit 5,5 m/s, gemessen in 30 m Höhe. Eingetragen ist das logarithmische Profil, durchgezogene Linie, und das Profil nach Hellmann mit $v_2 = v_{\mathrm{Ref}}$ und $h_2 = h_{\mathrm{Ref}}$. Man erkennt, dass die Profile nicht vollkommen identisch, aber sehr ähnlich sind. Dieses standardisierte logarithmische

Profil dient in den FGW-Richtlinien (2011) zur Berechnung des Referenzenergieertrags, mit dem die Dauer der erhöhten Vergütung berechnet wird, siehe Abschnitt 3.2.10.

3.2.3 Rauigkeitsklassen

Aufbauend auf der oben beschriebenen Rauigkeitslänge z_0 werden nach dem Europäischen Windatlas, siehe Troen (1990), die Rauigkeitsklassen und ihre Rauigkeitslängen dargestellt. Man unterscheidet fünf Klassen, von 0 bis 4, wobei auch gebrochene Klassen möglich sind, siehe Abb. 3.3 und Tab. 3.1. Relevant als Standorte für Windenergieanlagen sind Klasse 1, das ist offenes landwirtschaftliches Gelände mit sehr wenig Windhindernissen und Klasse 2, das ist landwirtschaftliches Gelände mit vielen Häusern und Büschen. Klasse 1 ist in Schleswig-Holstein selten, Klasse 2 ist als Standort häufig anzutreffen. Die Klasse 3 repräsentiert u. a. Dörfer oder Wälder. Dörfer sind keine Aufstellungsorte und Wälder sind in manchen Regionen, auch wenn die Windenergieanlagen hoch genug sind, als Aufstellungsorte nicht erlaubt. Diese Klasse ist aber häufig im ausgedehnten Windeinzugsbereich anzutreffen und muss deshalb u. U. in Windgutachten berücksichtigt werden. Ebenso ist Klasse 4, die große Städte mit dichter Bebauung beschreibt, im Windeinzugsbereich relevant. Klasse 0 ist Wasseroberfläche und ist auch für Onshore-Anlagen relevant, die im Windeinzugsbereich der See oder großer Seen stehen. Die Bildung von Wellen, die die Rauigkeitslänge vergrößert, bleibt unberücksichtigt. Es wird erwartet, dass der Anstieg der Turbulenz über Offshore-Wasserflächen und über Wäldern erst über 12 m/s relevant ist, siehe dazu Horns Ref (2011). Der Windeinzugsbereich für Rauigkeiten wird bis zum Radius von 20 km berücksichtigt.

Tabelle 3.1 Rauigkeitsklassen nach Europäischem Windatlas, Troen (1990), Windpower (2006)

Rauigkeits-klasse	Rauigkeits-länge	Geländetyp
0	0,0002 m	Wasserflächen
0,5	0,0024 m	Offenes Terrain mit glatter Oberfläche, z. B. Beton, Landebahnen auf Flughäfen, gemähtes Gras
1	0,03 m	Offenes landwirtschaftliches Gelände ohne Zäune und Hecken, eventuell mit weitläufig verstreuten Häusern, sehr sanfte Hügel
1,5	0,055 m	Landwirtschaftliches Gelände mit einigen Häusern und 8 Meter hohen Hecken mit Abstand von ca. 1 250 Meter
2	0,1 m	Landwirtschaftliches Gelände mit einigen Häusern und 8 Meter hohen Hecken mit Abstand von ca. 500 Meter
2,5	0,2 m	Landwirtschaftliches Gelände mit vielen Häusern, Büschen, Pflanzen oder 8 Meter hohen Hecken mit Abstand von ca. 250 Meter
3	0,4 m	Dörfer, Kleinstädte, landwirtschaftliches Gelände mit vielen oder hohen Hecken, Wäldern und sehr raues und unebenes Terrain
3,5	0,8 m	Größere Städte mit hohen Gebäuden
4	1,6 m	Großstädte, hohe Gebäude, Wolkenkratzer

(a) Rauigkeitsklasse 1

(b) Rauigkeitsklasse 2

(c) Rauigkeitsklasse 3

Bild 3.3 Rauigkeitsklassen nach Europäischem Windatlas, Troen (1990)

Die Berechnung der Rauigkeit eines Geländes mit Häusern ist im Europäischen Windatlas, siehe Troen (1990), nach Gl. 3.6 angegeben:

$$z_0 = \frac{\frac{1}{2} \cdot h^2 \cdot b \cdot n}{A} + z_{0\mathrm{T}} \tag{3.6}$$

h = Höhe der Häuser [m]
b = Breite der Häuser quer zum Wind [m]
n = Anzahl der Häuser [-]
A = horizontale Fläche, die betrachtet wird [m^2]
$z_{0\mathrm{T}}$ = Rauigkeitslänge zwischen den Häusern [m],

wobei landwirtschaftlich genutzte Flächen den Wert $z_{0\mathrm{T}} = 0{,}03$ m erhalten. Die Rauigkeit $z_{0\mathrm{T}}$ zwischen den Häusern, die die Rauigkeit des Bodens beschreibt, wird auch Hintergrundrauigkeit genannt. In manchen Anwenderprogrammen, siehe auch Abschnitt 3.6, muss eine Hintergrundrauigkeit angegeben werden.

Für eine sehr grobe Schätzung der Rauigkeitslänge z_0 kann man annehmen, dass die realen Höhen der Hindernisse 30-mal so groß sind wie z_0. Veranschaulichen kann man sich das im Bild der Rauigkeitsklasse 1 mit Kornfeldern, die eine Höhe von 1 m haben, während die Rauigkeitslänge $0{,}03$ m beträgt. Wichtig bei dieser sehr groben Schätzung ist jedoch zu verstehen, dass der Boden mit seinen Hindernishöhen das Profil bestimmt, die Rauigkeitslänge aber ein mathematisches Maß in der logarithmischen Gleichung für das Profil ist. Beide hängen ursächlich miteinander zusammen, befinden sich aber wegen ihrer verschiedenen Bedeutung auf verschiedenen Skalen.

Viele Windgutachter bevorzugen die Angabe der Rauigkeit nicht als Rauigkeitslänge z_0 sondern als Klasse Kl. Für die Umrechnung $z_0 = z_0(\mathrm{Kl})$ gilt für Klassen größer gleich 1 nach Troen (1990):

$$\ln\left(\frac{z_0}{1\mathrm{m}}\right) = 1{,}333 \cdot \mathrm{Kl} - 4{,}9 \qquad \text{für} \quad \mathrm{Kl} \geq 1 \tag{3.7}$$

3.2.4 Höhenlinien und Hindernisse

Nachfolgend wird der Einfluss von Höhenlinien und von Hindernissen mit Korrekturfaktoren, die sich durch eine Erhöhung bzw. durch eine Abschwächung ergeben, beschrieben.

Höhenlinien

Ein Höhenunterschied entlang der Windströmung, z. B. ein sanfter Hügel, siehe Abb. 3.4, verändert das Profil. Er wirkt wie die untere Hälfte einer Düse und stellt eine Querschnittsverengung dar, die nach der Kontinuitätsgleichung $v \cdot A =$ konst. mit v als Geschwindigkeit und A aus durchströmte Querschnittsfläche zu einer Geschwindigkeitserhöhung führt. Die Geschwindigkeitserhöhung wird mit einem Korrekturfaktor Cor bzw. S (Speed up) beschrieben.

Das Profil vor dem Hügel wird als logarithmisches Profil $v_0(h)$ nach Gl. 3.8 beschrieben, wobei der Index 0 auf das vom Hügel ungestörte Profil vor dem Hügel hinweist. Der Hügel hat die Höhe H und bei halber Höhe die Breite $2 \cdot L$, d. h. die Halbwertsbreite auf halber Höhe beträgt L. Für das Profil auf der Hügelkuppe $v(h)$ wird die Höhenkoordinate h ab der Kuppe gezählt.

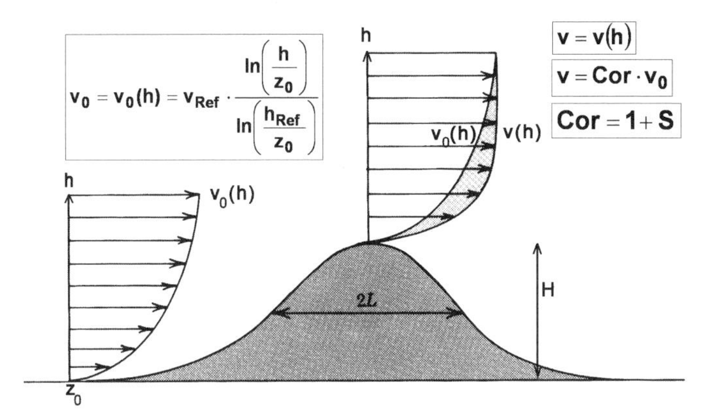

Bild 3.4 Höhenunterschiede verändern das Profil, nach Europäischem Windatlas, Troen (1990), mit eigenen Ergänzungen

Das neue Profil setzt sich zusammen aus dem ungestörten Profil $v_0(h)$ mit unveränderter Höhenkoordinate h und dem Korrekturfaktor Cor bzw. S nach folgenden Gleichungen, siehe u. a. Windfarmer (2011):

$$v_0(h) = v_{\text{Ref}} \cdot \frac{\ln\left(\frac{h}{z_0}\right)}{\ln\left(\frac{h_{\text{Ref}}}{z_0}\right)} \tag{3.8}$$

$$v(h) = \text{Cor}(h) \cdot v_0(h) \quad \text{Cor}(h) = 1 + S(h) \quad S(h) = \frac{\frac{1}{2} \cdot H}{L} \cdot 2 \cdot \frac{\ln\left(\frac{L}{z_0}\right)}{\ln\left(\frac{h}{z_0}\right)} \cdot \frac{1}{\left(1 + \frac{h}{L}\right)^2} \tag{3.9}$$

Die Erhöhung S ist proportional zur Steigung $\frac{1}{2}H/L$ des Hügels. Die Steigung, die in dieser Schreibweise der Tangens ist, darf nicht größer als 0,3 sein, was einem Steigungswinkel von 16° entspricht. In den Programmen, z. B. WAsP und WindPRO, kann man anhand des RIX-Index (Ruggedness), siehe u. a. WindPRO-Handbuch 2.7 (2010), prüfen, ob diese Bedingung erfüllt ist. Der mittlere Faktor $\ln(L/z_0)/\ln(h/z_0)$ beschreibt den Einfluss der Höhe des Hügels auf das Profil indirekt über die Länge und die Steigung. Der Faktor $1/(1 + h/L)^2$ ergibt sich aus der Potenzialtheorie. Dieses ist der Grund, dass es für die Gültigkeit dieser Gleichung nicht zu Verwirbelungen kommen darf, und das ist wiederum der Grund für die geforderte Begrenzung der Steilheit des Hügels. Der Speed-up-Faktor $S(h)$ ist für Höhen h, die größer sind als ein Zehntel der Halbwertsbreite, gültig. Es muss gelten $h > L/10$. Windenergieanlagen erfüllen üblicherweise diese Bedingung. Die Höhenlinien eines Gebietes werden auch als Orografie bezeichnet, siehe Abschnitte 3.2.5 und 3.2.6.

Hindernisse

Hindernisse schwächen die mittlere Windgeschwindigkeit hinter dem Hindernis. Nach dem Windatlas, Troen (1990), ist wesentlich die Höhe H des Hindernisses. Die Tiefe des Hindernisses hat einen untergeordneten Einfluss und wird hier nicht berücksichtigt; zur Vereinfachung wird die Tiefe mit null angenommen. Zur Berücksichtigung von winddurchlässigen Hindernissen wird die Porosität P eingeführt. Bäume haben die Porosität 0,5. Häuser haben die Porosität 0. Die Abschwächung in der Höhe h über dem Boden und im Abstand x hinter dem Hindernis wird ähnlich wie oben mit einem Korrekturfaktor Cor bzw. hier mit einem Abschwächungsfaktor a berechnet, Gl. 3.10. Die relative Abschwächung der Windgeschwindigkeit wird nach Astrup (1999) mit Gl. 3.11 berechnet, wobei $\alpha = 0{,}14$ als Höhenexponent fest gewählt wird. Die Rauigkeitslänge wird in der Beispielrechnung von Astrup (1999) mit $z_0 = 0{,}1$ m angegeben.

$$v(h,x) = \mathrm{Cor}(h,x) \cdot v_0(h) \qquad \mathrm{Cor}(h,x) = 1 - a(h,x) \tag{3.10}$$

$$a(h,x) = \frac{\Delta u}{u} = 9{,}75 \cdot \left(\frac{H}{h}\right)^{\alpha} \cdot \frac{H}{x} \cdot (1-P) \cdot \eta \cdot \exp\left(-0{,}67 \cdot \eta^{1,5}\right) \tag{3.11}$$

$$\text{mit } \eta = \frac{h}{H} \cdot \left(\frac{0{,}32}{\ln\left(\frac{H}{z_0}\right)} \cdot \frac{x}{H} \right)^{-\frac{1}{2+\alpha}} \qquad \text{und} \qquad \alpha = 0{,}14$$

a = Abschwächung hinter Hindernis [-]
x = horizontaler Abstand stromab hinter dem Hindernis [m]
h = Höhe über dem Grund [m]
H = Höhe des Hindernisses [m]
P =Porosität des Hindernisses (Haus P = 0)
α = Höhenexponent fest gewählt ($\alpha = 0,14$)
z_0 = Rauigkeitslänge fest gewählt ($z_0 = 0,1$ m)
η = Zwischenergebnis [-]

Erstaunlich groß ist die Reichweite der Abschwächung. Die Höhe H des Hindernisses ist dabei die entscheidende Größe sowohl vertikal als auch horizontal. Die Abschwächung ist bis zur dreifachen Höhe nachweisbar und horizontal bis 40-mal, also sehr weit, siehe Abb. 3.5.

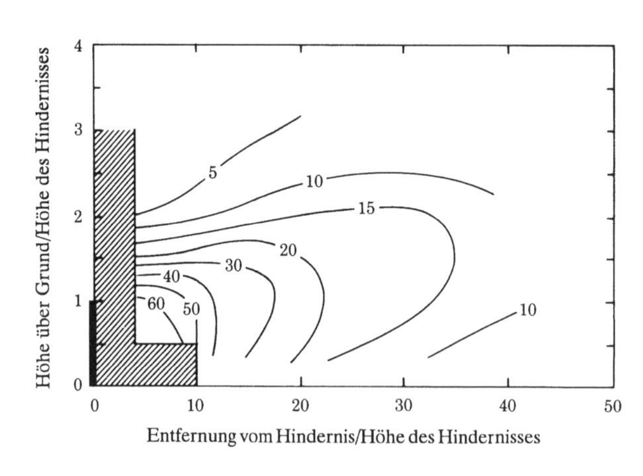

Bild 3.5 Windabschwächung hinter Hindernis.
Schwarz: Das Hindernis hat die Höhe 1 und die Tiefe 0.
Grau: Keine Aussagen möglich.
Linien und Zahlen: Abschwächung in %,
nach Europäischem Windatlas, Troen (1990)

Nicht alle Hindernisse müssen berücksichtigt werden. Nach obiger Rechnung, insbesondere nach Abb. 3.5, ist ersichtlich, dass eine Abschwächung nur bis zur dreifachen Höhe des Hindernisses nachweisbar ist. Das heißt, dass Abwinde von Hindernissen, die nur ein Drittel so hoch sind wie die Höhe der Rotorblattspitze in ihrer unteren Position, unter dem Rotor durchziehen. Das heißt wiederum, dass diese Hindernisse nicht berücksichtigt werden müssen. Mit der Nabenhöhe NH und dem Rotordurchmesser D können alle Hindernisse H, für die gilt $H < \frac{1}{3}(NH - \frac{1}{2}D)$, vernachlässigt werden. Wegen der großen horizontalen Ausdehnung der Abschwächung werden Hindernisse üblicher Größe bis etwa 25 m Höhe in Abständen bis 1 000 m untersucht, siehe WindPRO-Handbuch 2.7 (2010). Hindernisse in größeren Entfernungen werden nicht als Hindernisse sondern als Rauigkeitselemente berücksichtigt, siehe dazu Abschnitt 3.2.3.

3.2.5 Windressource mit WAsP, WindPRO, Windfarmer

Mit den oben dargestellten Zusammenhängen zwischen Höhenprofil, Rauigkeitslänge, Höhenlinien und Hindernissen wird mit WAsP das Windpotenzial für den Standort einer Windenergieanlage bzw. eines Windparks erstellt. Die Abkürzung steht für Wind Atlas Analysis and Application Program. Details sind bei Troen (1989) und (1990) sowie online unter European Windatlas (2011) zu finden.

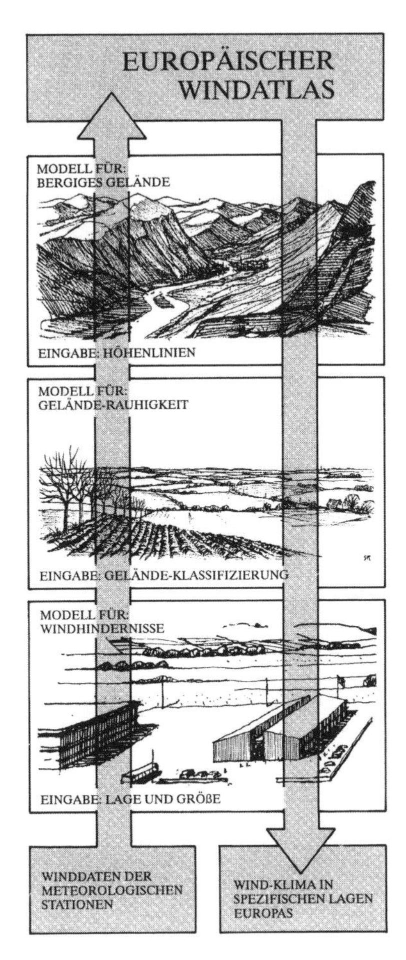

Bild 3.6 Windberechnung nach WAsP, Europäischer Windatlas, Troen (1990)

Ausgehend von den Daten einer meteorologischen Messstation (Referenzstation), siehe Abb. 3.6, die über mindestens 10 Jahre Winddaten gemessen hat und deren Daten für 12 Richtungssektoren als Häufigkeitsverteilungen (siehe Abschnitt 3.2.8) bekannt sind, berechnet man unter Berücksichtigung der lokalen Hindernisse (unteres Bild), der Rauigkeiten (mittleres Bild) und Höhenlinien (oberes Bild) den von Bodeneinflüssen bereinigten Wind, siehe Abschnitt 3.2.2. Diese Daten werden in Deutschland und weiten Teilen von Europa von verschiedenen Datenanbietern (z. B. Risø [European Windatlas, 2011] und Deutscher Wetterdienst [DWD]) in einem Netz kleiner 100 km Abstand angeboten. Vereinfachend setzt der Autor den von den Bodeneinflüssen befreiten Wind gleich dem Geostrophischen Wind, der ein meteorologischer Begriff ist, in großer Höhe herrscht (500 m bis 1 000 m) und nur angetrieben wird durch horizontale Druckunterschiede und die Corioliskraft. Dieser Wind ist überregional. Mit diesem Wind berechnet man für den Standort der Windenergieanlage unter Berücksichtigung lokaler Höhenlinien, der lokalen Rauigkeitslängen bis zu einem Radius von 20 km und der lokalen Hindernisse das Windprofil und damit die Windgeschwindigkeit in Nabenhöhe der Windenergieanlage.

Mit Gl. 3.3 wird deutlich, dass für die Festlegung des Profils am Standort erstens die Bestimmung der lokalen Bodenrauigkeit z_0 benötigt wird und zweitens eine Referenzwindgeschwindigkeit v_{Ref} in h_{Ref}. Bei diesem vorgestellten Verfahren wird die Bodenrauigkeit am und um den Standort festgelegt und aus der Übertragung der Referenzstation die Referenzgeschwindigkeit gewonnen.

Für die meteorologische Messstation sind die Himmelsrichtungen in 12 Sektoren eingeteilt, Breite 30°, beginnend im Norden mit Sektor Null. Für jeden Sektor liegt die mittlere Windgeschwindigkeit v_{Mittel} in m/s, die beiden Parameter der Weibull-Häufigkeitsverteilung A in m/s und k (ohne Einheit) sowie die Häufigkeit des Windes aus dieser Richtung in % vor. Nach der Berechnung liegen diese Daten umgerechnet für den Standort vor.

Durch sektorenweise Verrechnung dieser Daten mit der Leistungskennlinie, siehe Abschnitt 3.2.9, wird die Jahresenergie der Windenergieanlage berechnet.

Die Programme WindPRO, siehe WindPRO-Handbuch 2.7 (2010), und Windfarmer (2011) arbeiten unter anderem mit WAsP und erstellen mit der oben dargestellten Methode Energieberechnungen für einzelne Windenergieanlagen und für einen ganzen Windpark.

Es ist zu berücksichtigen, dass die mittlere Windgeschwindigkeit nicht in allen Jahren gleich ist. Diese Schwankungen werden mit dem Windindex beschrieben. Der Windindex ist ein Energieindex, der ein vergangenes Jahr in Relation setzt zu dem berechneten langjährigen Mittelwert der Energie. Der Windindex von Deutschland ist zum Beispiel direkt beim Bundesverband Windenergie (2011) einzusehen. Für genauere Abschätzungen ist ein lokaler Windindex geeignet. Grundsätzlich wird bei Energieberechnungen aus diesem und aus anderen Gründen ein Sicherheitsabschlag abgezogen, der als erste Schätzung 10 % beträgt.

Anmerkung: Die Abbildungen aus dem Europäischen Windatlas, Troen (1990), wurden für den Nachdruck freigegeben von Risø DTU National Laboratory for Sustainable Energy at the Technical University of Denmark.

3.2.6 Bestimmung Windpotenzial mit Mesoskala-Modellen und Reanalysedaten

Neben den im vorherigen Kapitel behandelten einfachen linearen Modellen werden zunehmend auch komplexe Mesoskala-Modelle für die Bestimmung des Windpotenzials eingesetzt. Der Begriff Mesoskala bezieht sich auf atmosphärische Phänomene mit horizontalen Skalen von einigen wenigen bis zu mehreren hundert Kilometern. Typische Phänomene sind die Land-See-Zirkulation, Berg- und Talwindsysteme und größere Gewitterzellen. Mesoskala-Modelle lösen die Erhaltungsgleichungen für Impuls (Bewegungsgleichungen), innere Energie (Thermodynamik und Wasserdampf) und Masse (Kontinuitätsgleichung) numerisch. Die Prozesse, die nicht explizit aufgelöst werden können (Turbulenz, Konvektion, Grenzschicht) werden parametrisiert. Einen guten Überblick findet man in Pielke (1984). Mesoskala-Modelle beschreiben zeitabhängige Phänomene und können den Tagesgang und Jahresgang des atmosphärischen Zustands simulieren (das ist ein Gegensatz zu dem Programm WAsP, das nur langjährige mittlere Verhältnisse berechnet).

In der Windenergie werden Mesoskala-Modelle vorwiegend für die Simulation einer Karte der mittleren Windgeschwindigkeit (Windmapping) und zur Berechnung des zeitabhängigen, dreidimensionalen Zustands der Atmosphäre eingesetzt (Windatlas: Zeitreihen von Windgeschwindigkeit, Windrichtung, Temperatur, Druck usw.). Komplexe atmosphärische Strömungen, z. B. an Bergrücken, steilen Kliffs oder in Tälern, werden oftmals mit mesoskaligen Simulationen einer detaillierten Analyse zugänglich gemacht.

Mesoskala-Modelle simulieren einen Ausschnitt der Atmosphäre für eine bestimmte Zeitperiode. Insofern benötigen sie Anfangs- und Randbedingungen. Diese werden üblicherweise durch Reanalysedaten vorgegeben. Am unteren Rand der Atmosphäre beschreiben die Orografie und die Landnutzung den Charakter der Erdoberfläche.

3.2.6.1 Reanalysedaten

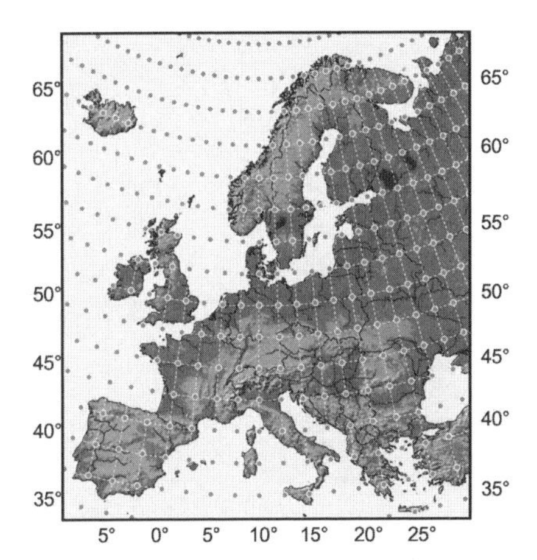

Bild 3.7 Knotenpunkte der NCEP/NCAR Reanalysedaten über Europa

Bei der Reanalyse werden Beobachtungsdaten aus der Vergangenheit mit einem atmosphärischen Simulationsmodell aufbereitet und auf ein dreidimensionales Gitter interpoliert. Die wohl bekanntesten und in der Windenergie sehr häufig verwendeten Reanalysedaten sind die

NCEP/NCAR-Daten (Kalnay et al., 1996, Kistler et al., 2001). Diese Reanalysedaten liegen auf einem 2,5 × 2,5-Grad-Gitter in einer 6-stündlichen Auflösung seit 1948 weltweit vor und werden kontinuierlich aufbereitet. Beobachtungsdaten stammen von Wetterstationen, Schiffen, Flugzeugen, Radiosonden und Satelliten. Die Daten sind relativ konsistent, weil das Simulationsmodell beibehalten wird, während die Beobachtungsdatensätze variieren, z. B. durch Einführung der Satellitendaten.

Die zeitliche und räumliche Auflösung der Reanalysedaten ist für viele Anwendungen in der Windenergiemeteorologie zu grob. Mesoskala-Modelle sind das Werkzeug, um Windfelder mit höherer Auflösung zu berechnen. Dieses sogenannte Downscaling wird als statistisch-dynamisches Downscaling zur Bestimmung des langjährigen mittleren Windpotenzials (Windmapping) oder zur kontinuierlichen zeitabhängigen Simulation (Windatlas) angewendet. Häufig werden Bezeichnungen verwechselt und ein einfaches Windmapping wird als Windatlas bezeichnet. Die Unterschiede werden nachfolgend erläutert.

3.2.6.2 Windmapping

Beim statistisch-dynamischen Downscaling wird angenommen, dass sich das Windklima einer Region durch einen geeigneten Satz atmosphärischer Variablen (einer Statistik von Wettersituationen) und einer Beschreibung der Erdoberflächencharakteristika in entsprechender Auflösung beschreiben lässt. Mit Bezug zum Windklima sind dies:

- der geostrophische Wind (Windgeschwindigkeit und -richtung)
- die Stabilität der atmosphärischen Grenzschicht
- die Orografie
- die Landnutzung (oder Rauigkeit der Oberfläche)

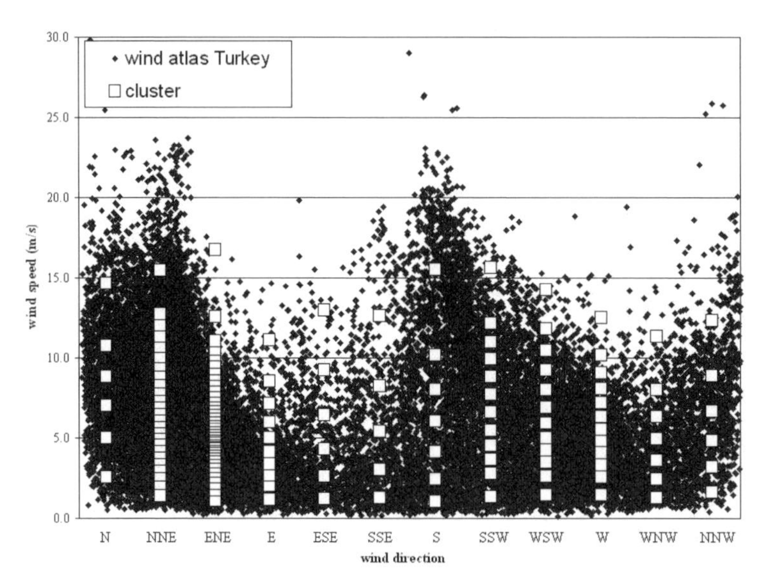

Bild 3.8 Alle Kombinationen Windgeschwindigkeit und Windrichtung (dunkle Punkte) und die abgeleiteten Cluster (helle Quadrate)

Als sehr geeignet zur Ableitung einer Statistik der Wetterlagen hat sich die Clusteranalyse erwiesen, bei der die große Anzahl der in einem langen Zeitraum vorkommenden Kombinationen von Windgeschwindigkeit, Windrichtung und Stabilität in Cluster einteilen lässt. Bei dieser Einteilung wird die Übereinstimmung der Häufigkeitsverteilung der Originaldaten (Zeitreihen der Reanalysedaten) mit der Verteilung der Clusterdaten optimiert. Simulationen werden nur für die einzelnen Cluster durchgeführt, was eine erhebliche Rechenzeitersparnis bedeutet. Bei Kenntnis der Häufigkeit der einzelnen Cluster kann dann durch Kombination der Windfelder für jedes einzelne Cluster und der jeweiligen Häufigkeit das mittlere Windfeld bestimmt werden. Die Anzahl der Einzelereignisse in jedem Cluster bestimmt dessen jeweiliges Gewicht. Als Beispiel zeigt die Abb. 3.8 alle in einer Zeitreihe vorkommenden Kombinationen der Windgeschwindigkeit und Windrichtung (dunkle Punkte) und die daraus abgeleiteten Cluster (helle Quadrate). Das Prinzip des statistisch-dynamischen Downscaling ist in Abb. 3.9 gezeigt.

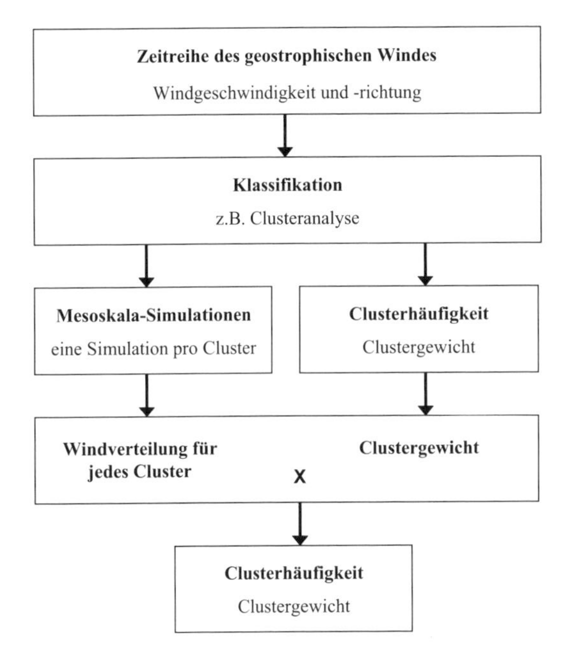

Bild 3.9 Skizze des Verfahrens des statistisch-dynamischen Downscaling

Die einzelnen Cluster werden in einer Kaskade mit unterschiedlicher räumlicher Auflösung gerechnet (genestetes Modell), weil beispielsweise der Sprung von der groben Auflösung der NCEP/NCAR hin zu einer sehr hohen Auflösung von z. B. einigen hundert Metern numerisch instabil wäre. Die Abb. 3.10 zeigt die verschiedenen Ebenen des Downscaling bis hinunter zu einer Auflösung von 5 km über Deutschland. Während die Reanalysedaten eine Auflösung von etwa 250 km haben, beträgt die Auflösung der 1. Ebene 135 km, der 2. Ebene 45 km, der 3. Ebene 15 km und der letzten Ebene 5 km. Die jeweils verwendete Orografie als untere Randbedingung ist in Abb. 3.11 dargestellt. Ein vergleichbares Bild ergibt sich für die Landnutzung.

Das Ergebnis einer solchen Simulation kann dann das mittlere Feld der Windgeschwindigkeit in 100 m Höhe für den Zeitraum 1990 bis 2006 sein wie es in Abb. 3.12 dargestellt ist.

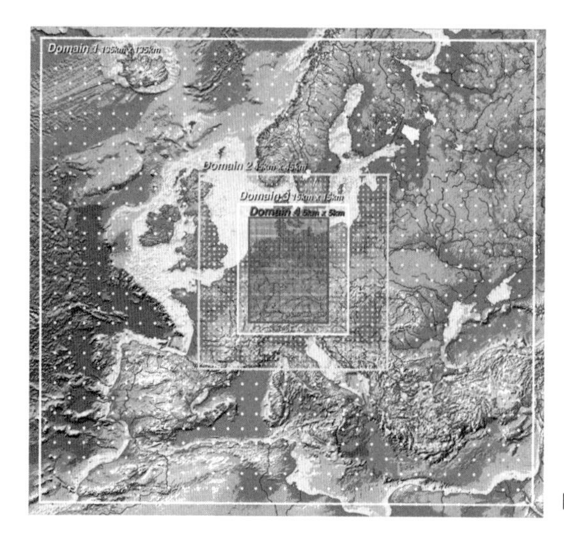

Bild 3.10 Ebenen des Downscaling

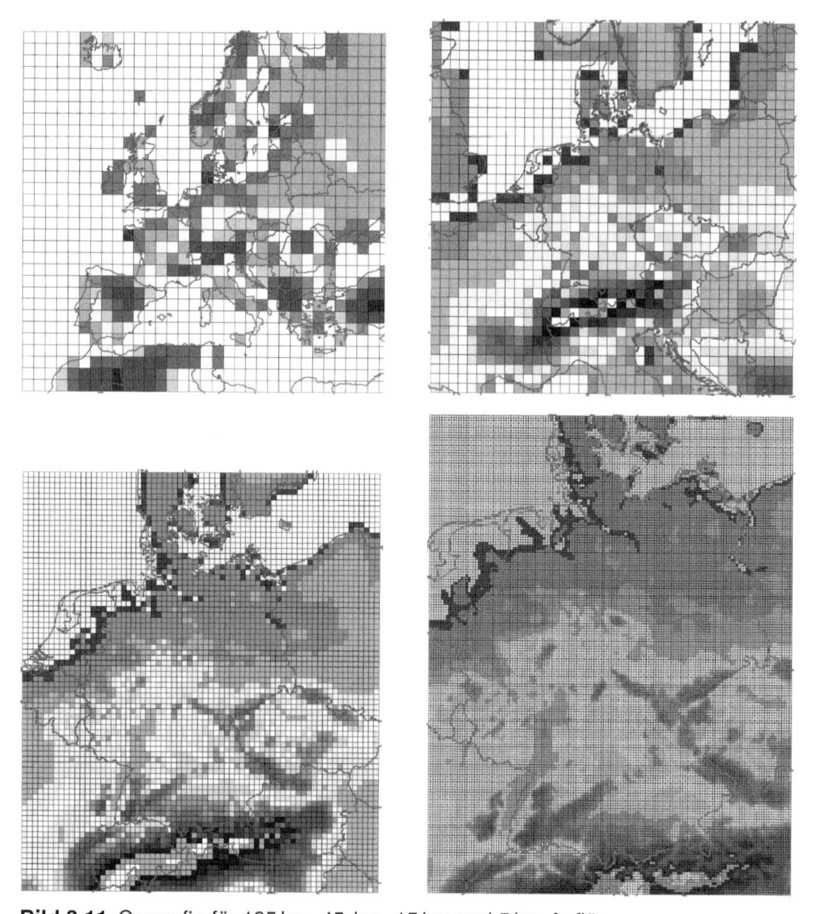

Bild 3.11 Orografie für 135 km, 45 km, 15 km und 5 km Auflösung

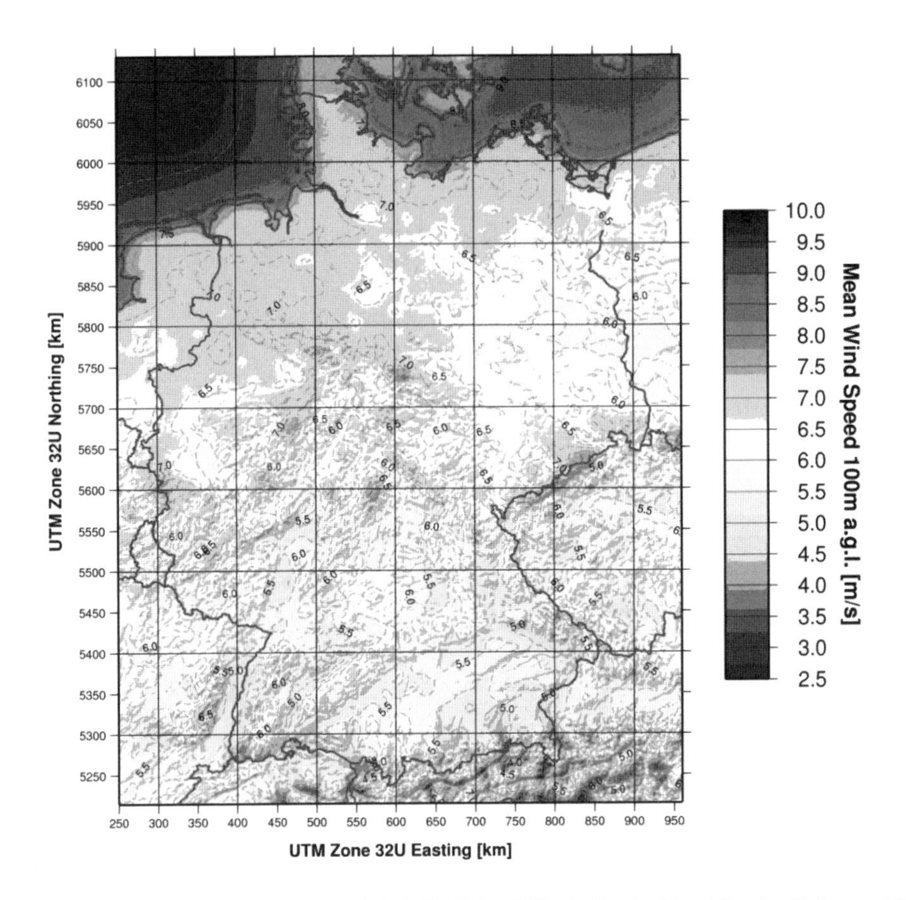

Bild 3.12 Mittlere Windgeschwindigkeit für 100 m Höhe in Deutschland für den Zeitraum 1990–2006

3.2.6.3 Windatlas

Für einen Windatlas werden die Simulationen zeitabhängig durchgeführt. Das Downscaling geschieht in der gleichen Weise wie vorab beschrieben durch eingebettete Simulationsgebiete (siehe oben: genestetes Modell). Der Antrieb ist nun aber nicht mehr durch eine Statistik vorgegeben, sondern das Modell wird kontinuierlich durch Vorgabe der Randbedingungen angetrieben. Das Ergebnis sind Zeitreihen der atmosphärischen dynamischen und thermodynamischen Parameter an jedem der horizontalen und vertikalen Modellgitterpunkte. In der Windenergie spricht man auch von „virtuellen Messmasten". Eine solche Simulation ist charakterisiert durch das Simulationsgebiet (model domain), die räumliche (horizontale und vertikale) Auflösung, die zeitliche Auflösung (Zeitschritt des Abspeicherns der Ergebnisse) und die simulierte Zeitperiode.

Modelle und Methodik dieser Simulationen ähneln denen der regionalen Klimamodellierung und erfordern in ähnlichem Maße große Rechnerkapazitäten und Kompetenz bei der Durchführung und Analyse der Simulationen.

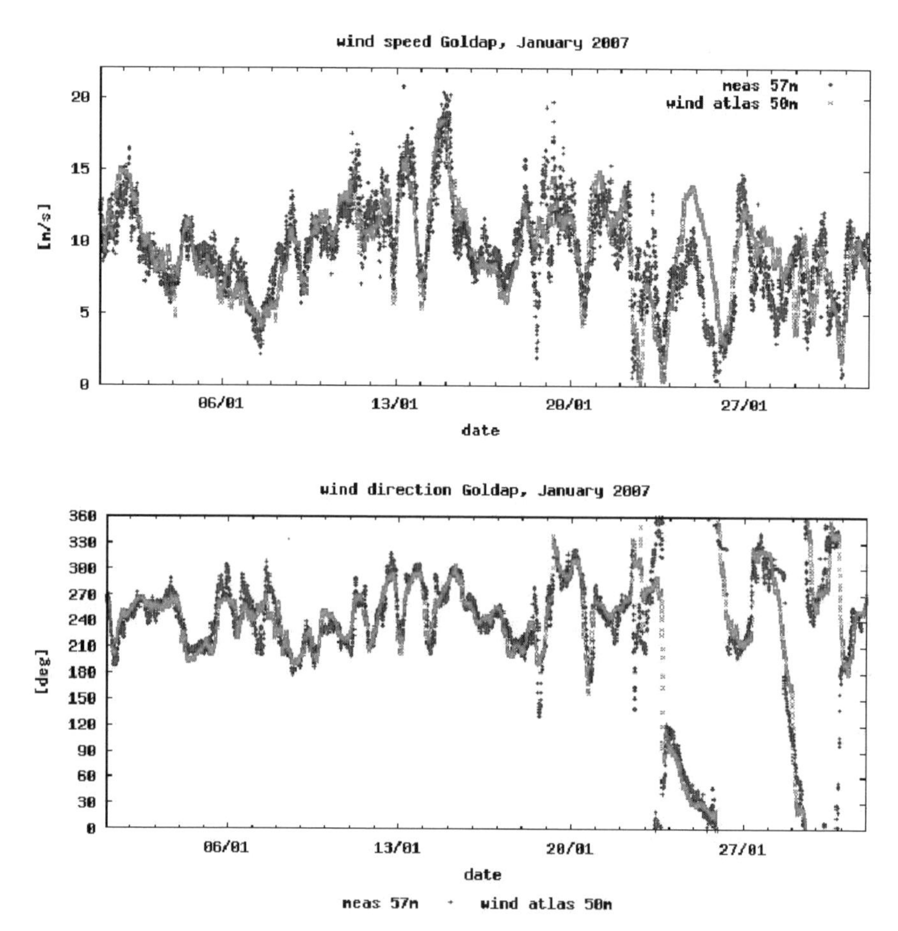

Bild 3.13 Vergleich Windgeschwindigkeit (oben) und Windrichtung (unten), Berechnung (x hellgrau) und Messung (+ dunkelgrau), Standort im Norden Polens (Berechnung auf 50 m Höhe, Messung auf 57 m Höhe)

3.2.6.4 Verifizierung und Zeitreihen

Die Verifizierung der Modellergebnisse mit Beobachtungen ist eine ständige Herausforderung. Für die Windenergienutzung vergleicht man in der Regel die Zeitreihen der Windgeschwindigkeit und Windrichtung, die Häufigkeitsverteilungen und statistische Größen wie Mittelwert, Standardabweichung, Extremwerte usw. Bei der Bewertung muss immer bedacht werden, dass man eine Modellgröße, die für eine Fläche von der Modellgitterauflösung repräsentativ ist, mit einer lokalen Größe (Anemometermessung) vergleicht.

Ein Vergleich der Windgeschwindigkeit und -richtung für einen Standort im Norden Polens für eine Gitterweite von $5 \times 5\ \text{km}^2$ ist in Abbildung 3.13 gezeigt. Aus einer Vielzahl ähnlicher Vergleiche lässt sich schließen, dass Mesoskala-Modelle durchaus in der Lage sind, die zeitlichen Variationen der Windgeschwindigkeit und -richtung realitätsnah zu simulieren. Die Übereinstimmung im Absolutwert der Windgeschwindigkeit oder des Windpotenzials variiert sehr stark und ist insbesondere von der Geländekomplexität abhängig.

3.2.6.5 Anwendungsbereiche

Zeitreihen der Windgeschwindigkeit, Windrichtung, Temperatur und daraus abgeleiteter Energieproduktion von Windenergieanlagen werden für unterschiedlichste Anforderungen verwendet. An erster Stelle steht hier die Verwendung dieser Daten als Langzeitdatenquelle für die Korrelation mit kurzzeitigen Windmessungen oder mit tatsächlichen Produktionsdaten von Windenergieanlagen. So lassen sich Windmessungen über üblicherweise einen 12-monatigen Zeitraum in Bezug zu einem 20- oder 30-jährigen Zeitraum setzen und man kann kurzzeitige jährliche Schwankungen bei der Analyse berücksichtigen. Wenn Windenergieanlagen wenige Monate in Betrieb sind, lässt sich durch Vergleich mit langzeitlichen Produktionsdaten abschätzen, welcher langjährige Ertrag zu erwarten ist.

Oftmals müssen Windenergieanlagen wegen behördlicher Auflagen zu bestimmten Zeiten abgeschaltet oder mit reduzierter Nennleistung betrieben werden (schallreduzierter Betrieb in den Nachtstunden, zeitweilige Abschaltung wegen Kranichflug oder zu hoher Lufttemperatur usw.). Der Ertragsverlust kann detailliert durch Analyse einer entsprechenden Ertragszeitreihe berechnet werden. Abbildung 3.14 zeigt den Ertragsverlust durch eingeschränkten Betrieb wegen Fledermausflugs im Jahresgang und Tagesgang.

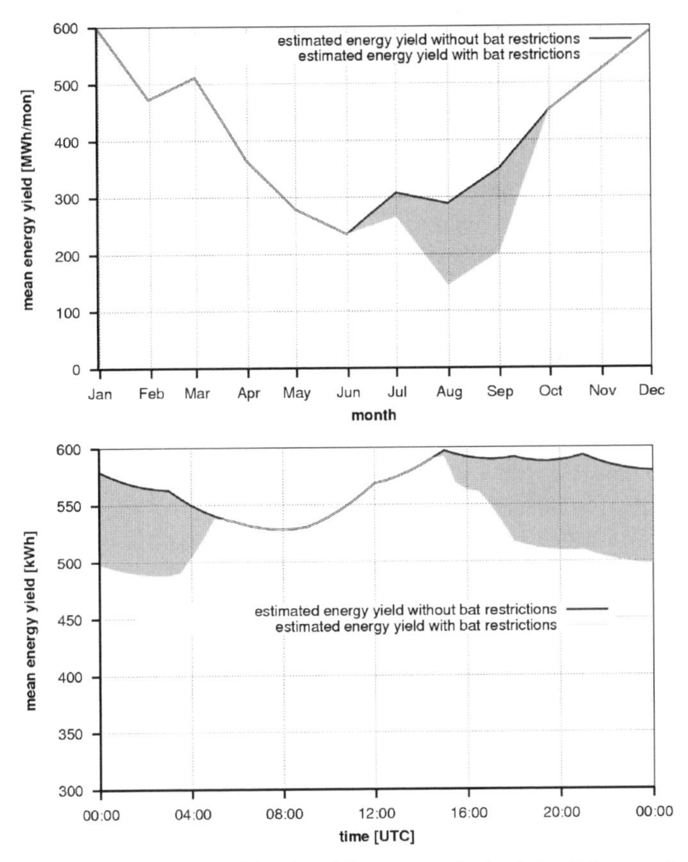

Bild 3.14 Jahresgang (oben) und Tagesgang (unten) des Ertragsverlustes durch Abschaltung wegen Fledermausflugs

3.2.7 Wind im Windpark

Windenergieanlagen werden fast nur noch in Windparks aufgestellt. Es werden geometrische und nicht geometrische Konfigurationen gewählt. Die Abstände der Anlagen sind nicht einheitlich. Als Regel kann man annehmen, dass Anlagen quer zur Hauptwindrichtung mindestens drei Rotordurchmesser und in Hauptwindrichtung mindestens fünf Rotordurchmesser Abstand haben sollten, siehe Abb. 3.15. Auf dem Meer werden größere Abstände gewählt, z. B. sieben. Man braucht die zweite Reihe nicht auf Lücke zur ersten Reihe zu setzten, da die Hauptwindrichtung nicht aus einer einzigen Gradzahl besteht, sondern oft sogar über zwei Richtungssektoren verteilt ist.

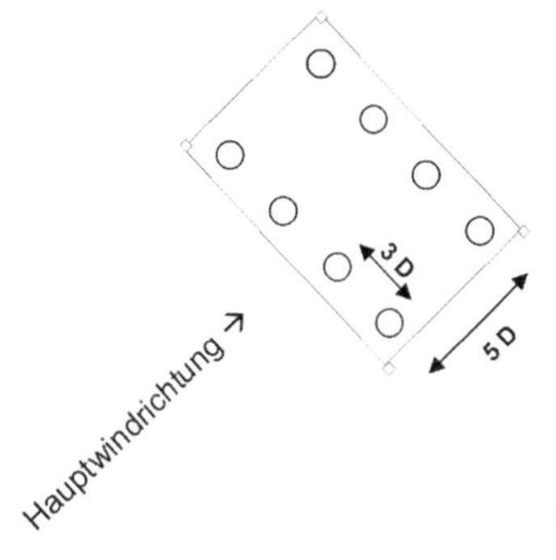

Bild 3.15 Prinzipielle Aufstellung im Windpark, D = Durchmesser des Rotors

Die angegebenen Abstände sind in der Praxis ein guter Kompromiss zwischen Abschattung der Winde, siehe unten, struktureller Belastung der Anlagen der zweiten Reihe durch die turbulenten Abwinde der ersten Reihe, beides verlangt große Abstände, und dem Flächenbedarf, dieser verlangt kleine Abstände. Der Flächenbedarf soll nicht verwechselt werden mit Flächenverbrauch. Die Fläche zwischen den Anlagen und auch unter den Rotoren wird weiterhin landwirtschaftlich genutzt. Die Versiegelung der Fläche betrifft das Fundament, dabei meistens nur den Turm selbst, gegebenenfalls ein Transformatorhaus und mit Schotter befestigte Zuwegungen zu den Anlagen. Der Flächenbedarf geht ein in die begrenzt ausgewiesenen Windvorrangflächen, die für Windenergieanlagen geeignet sind. Dieses führt zu der deutlich werdenden Tendenz, die Abstände in Windparks möglichst klein zu wählen. Nach der dena Netzstudie (2010) wird für großflächige Planung als Bedarf für Fläche pro Nennleistung 7 ha/MW genannt (1 ha hat 100 m × 100 m). Bei realen Windparks in einer Aufstellung nach Abb. 3.15 ist durchaus mit mehr Leistung pro Fläche zu rechnen.

Da die Anlage der ersten Reihe die Windgeschwindigkeit in ihrem Nachlauf senkt, erzeugt die Anlage der zweiten Reihe weniger Energie. Der Parkwirkungsgrad bezogen auf die Jahresenergie beträgt üblich 90 %. Das entspricht einem Verlust von 10 % nur durch gegenseitige Abschattung des Windes. Bei realen Windparks sind Zahlen von 6 % bis 12 % zu finden. Weitere Verluste durch nicht vorhandene technische Verfügbarkeit von z. B. 5 % und Netzverluste durch parkinterne Verkabelung von z. B. 3 % sind zwei weitere zu beachtende Verluste in Windparks.

Das durch die Windenergieanlage der ersten Reihe gestörte Profil erholt sich stromab mit größer werdendem Abstand. Ursache ist die Turbulenz, die vertikale Geschwindigkeitsschichtungen solange mischt, bis das logarithmische Profil wiederhergestellt ist, das ein Gleichgewichtszustand ist. In Abb. 3.16 sind die Störung des Profils durch eine Anlage mit dem Durchmesser D, die Turbulenz, die auch mit Richtungsänderungen verbunden ist, siehe Abschnitt 3.5, und das ungestörte Profil dargestellt. Letztlich füllt damit kinetische Energie aus den obersten Schichten das Geschwindigkeitsdefizit im Nachlauf wieder auf.

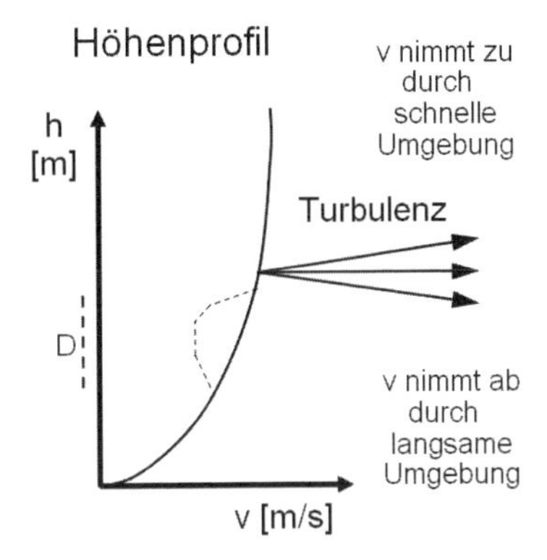

Bild 3.16 Höhenprofil, ungestörtes Profil, durch WEA mit Durchmesser D gestörtes Profil, Turbulenz stellt Profil wieder her

Beschrieben wird der Nachlauf in einem Windpark nach einem einfachen Modell, siehe Jensen (1983), Katic (1986) und WindPRO-Handbuch 2.7 (2010). Auch im Programm Windfamer (2011) wird neben dem Eddy-Viscosity-Modell dieses Modell verwendet. Der ungestörte Wind hat die Geschwindigkeit v. Die Windenergieanlage WEA hat den Durchmesser D, dort sinkt die Geschwindigkeit auf den Wert v_W, wobei w für wake (dt. Nachlauf) steht. Im Abstand x hinter der Anlage bildet sich ein Konus, mit dessen zunehmender Querausdehnung sich die Windgeschwindigkeit v_w erholt, siehe Abb. 3.17.

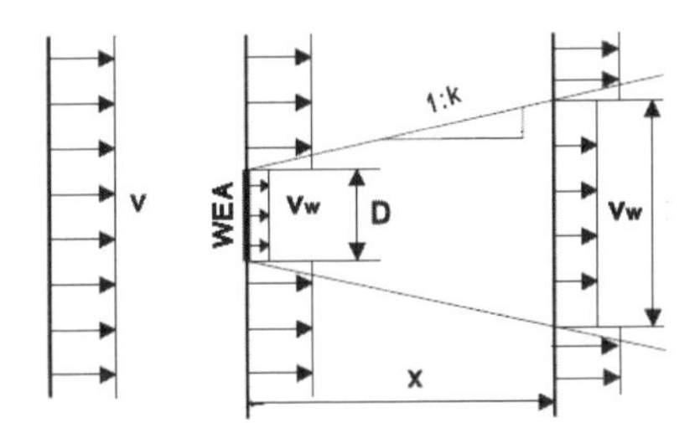

Bild 3.17 Nachlauf hinter einer Windenergieanlage, Geschwindigkeitsabnahme in Rotorebene mit C_t beschrieben, Erholung der Geschwindigkeit geometrisch mit 4° (entspricht k) beschrieben (u. a. Jensen [1983] überarbeitet)

Rechnerisch beschrieben wird die Windgeschwindigkeitsabnahme in der Rotorebene mit dem Schubbeiwert C_t. Der Schubbeiwert C_t (engl. thrust coefficient) beschreibt die horizontale Schubkraft auf die Nabe nach Gl. 3.12 analog zum Strömungswiderstand, siehe Abb. 3.18:

$$F = \frac{1}{2} \cdot \rho \cdot A \cdot C_t \cdot v^2 \tag{3.12}$$

F = Schubkraft [N]
ρ = Dichte [kg/m^3]
A = überstrichene Rotorfläche [m]
C_t = Schubbeiwert [-]
v = ungestörte Windgeschwindigkeit in Nabenhöhe [m/s]

Im Windfeld wird, wie oben bereits genannt, C_t benutzt, um die Windabschwächung zu beschreiben. Grund für diesen Weg der Beschreibung und nicht den Weg über die umgesetzte Energie ist derselbe wie bei dem Betz'schen Gesetz. Die Energieerhaltung ist nicht vollständig

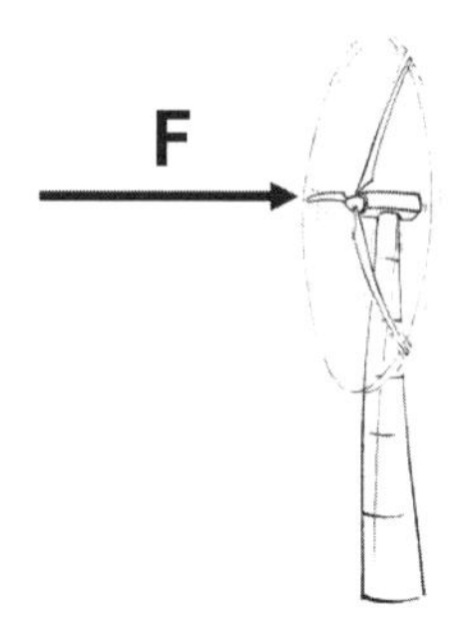

Bild 3.18 Schubbeiwert C_t [-] (thrust coefficient) beschreibt Schubkraft F [N] horizontal auf Nabe

beschreibbar, hingegen die Impulserhaltung und im Besonderen die Massenerhaltung sind immer erfüllt. Über den Impuls, der mit der Schubkraft verbunden ist, wird die verringerte Geschwindigkeit in der Rotorebene beschrieben und nachfolgend die Massenerhaltung genutzt nach:

$$v_W = v \cdot \left[1 - \left(1 - \sqrt{1 - C_t}\right)\left(\frac{D}{D + 2 \cdot k \cdot x}\right)^2\right] \tag{3.13}$$

v_W = Geschwindigkeit im Nachlauf (wake) [m/s]
C_t = Schubbeiwert [-]
D = Durchmesser Rotor [m]
k = 0,07 Aufweitung, 4° = atan(0,07)
x = Abstand stromab [m]

Der obere Ansatz für k mit $k = 0{,}07$ ist hinreichend. Allgemein gilt für k:

$$k = \frac{A}{\ln\left(\frac{h}{z_0}\right)} \tag{3.14}$$

A = 0,5 Konstante
h = Höhe (Nabenhöhe) [m]
z_0 = Rauigkeitslänge [m]

In Gl. 3.13 beschreibt der vordere Teil der Klammer – man setzt dazu den Abstand x zur ersten Anlage auf null ($x = 0$) – die reduzierte Geschwindigkeit in der Rotorebene der Anlage, der mit dem Schubbeiwert berechnet wird. Für $x > 0$ beschreibt der Teil $(D/(D+2\cdot k\cdot x))^2$ die Aufweitung des Abwindes als Konus mit k, was in erster Näherung einem halben Winkel von 4° entspricht, es gilt $k = 0{,}07 = \tan(4°)$. In dem Maße, wie der Abwind aufweitet, erholt sich die Geschwindigkeit im Nachlauf v_W und nähert sich der ungestörten Geschwindigkeit v. Für genauere Angaben kann mit Gl. 3.14 der Faktor k berechnet werden. Mit der Rauigkeitslänge z_0 wird der Einfluss der Turbulenz deutlich. Je größer die Bodenrauigkeit ist, desto größer ist die Turbulenz, desto früher kommt es zu einem Ausgleich. Rechnerisch wird k mit größerer Rauigkeitslänge größer, d. h. der Aufweitungswinkel wird größer und die Strecke x bis zur Erholung des Profils wird kürzer.

Aus der Theorie lässt sich leicht herleiten, dass mit dem Leistungsbeiwert $C_P = 16/27$ nach Betz $C_t = 8/9$ folgt, sodass gilt $C_t = 3/2C_P$. Der Vergleich mit dem Widerstandsbeiwert einer runden Scheibe, deren $C_W = 1{,}1$ beträgt und dessen Gleichung mit $F = \frac{1}{2}\rho A C_W v^2$ in der Struktur gleich ist zu der von C_t, wird ersichtlich, dass der Rotor mit seinen 3 Rotorblättern nur um 20 % durchlässiger ist als eine Vollscheibe bezogen auf die Kraft.

Bei Windenergieanlagen werden neben den elektrischen C_P-Werten auch die realen C_t-Werte angegeben, sodass man mit den C_P-Werten die Leistung und mit den C_t-Werten den Nachlauf berechnen kann. In Tabelle 3.2 sind die elektrischen C_P-Werte und die C_t-Werte für eine moderne Multimegawatt-Windenergieanlage angegeben.

Tabelle 3.2 Elektrischer Leistungsbeiwert C_{p-el} und Schubbeiwert C_t für alle Windgeschwindigkeiten für eine moderne Multimegawatt-Anlage, mit $P = 1/2\rho A C_P v^3$ und $F = 1/2\rho A C_t v^2$

v [m/s]	C_{p-el} [-]	C_t	v [m/s]	C_{p-el} [-]	C_t	v [m/s]	C_{p-el} [-]	C_t
0	0	0	9	0,424	0,77	18	0,114	0,15
1	0	0	10	0,422	0,72	19	0,097	0,12
2	0	0	11	0,400	0,65	20	0,083	0,11
3,5	0,162	0,97	12	0,362	0,54	21	0,072	0,09
4	0,258	0,89	13	0,302	0,42	22	0,062	0,08
5	0,369	0,79	14	0,240	0,33	23	0,055	0,07
6	0,393	0,79	15	0,197	0,25	24	0,048	0,06
7	0,413	0,79	16	0,162	0,21	25	0,043	0,06
8	0,420	0,78	17	0,135	0,17	26	0	0

3.2.8 Häufigkeitsverteilung Wind

Der Wind wird meistens mit einem Schalensternanemometer über ein Zeitintervall von 10 Minuten gemessen. Jede Sekunde liefert das Messgerät einen Geschwindigkeitswert. Aus den 600 Daten werden der Mittelwert, das Maximum, das Minimum und die Standardabweichung bestimmt. Das Maximum lässt Aussagen über Extremlasten zu, das Minimum ist wenig bedeutend, die Standardabweichung ist das statistische Maß der Turbulenz, siehe Abschnitt 3.5. Im Folgenden wird der Mittelwert des 10-Minuten-Intervalls betrachtet. Diese Geschwindigkeit wird mit v bezeichnet.

Die Windgeschwindigkeit wird über eine Zeitspanne von 1 Jahr gemessen, meteorologisch auf 10 m Höhe, windenergetisch meistens höher, möglichst in Nabenhöhe. Nach einem Jahr liegen $365 \cdot 24 \cdot 6 = 52\,560$ Geschwindigkeitsmesswerte vor, das ist 100 % oder statistisch 1. Die Geschwindigkeiten werden in Bins (dt. Körbe) der Bin-Breite 1 m/s eingeteilt. Das Verfahren heißt allgemein Klassenbildung. Die Windgeschwindigkeiten werden in die Bins hineingezählt, z. B. wird für die Geschwindigkeiten 3,666 m/s und 3,667 m/s Bin 3 um jeweils 1 erhöht. Da es auf der Zahlengeraden unendlich viele Zahlen gibt, kann eine Zahl nie genau getroffen werden. Daher ist es zwingend, eine Intervallbreite für das Zählen zu definieren. In diesem Beispiel werden alle Geschwindigkeiten zwischen 3 und echt kleiner als 4 in das Intervall 3 gezählt. Dieses führt auf den Begriff Häufigkeitsdichte, das ist die Häufigkeit pro Intervall. Hier ist die Bin-Breite 1 m/s. Nachdem alle Geschwindigkeitswerte in die Bins eingezählt worden sind, wird durch die Gesamtanzahl der Werte dividiert und man erhält die Häufigkeit in %. Das Diagramm wird Histogramm genannt und ist in Abb. 3.19 als eckige Kurve zu erkennen.

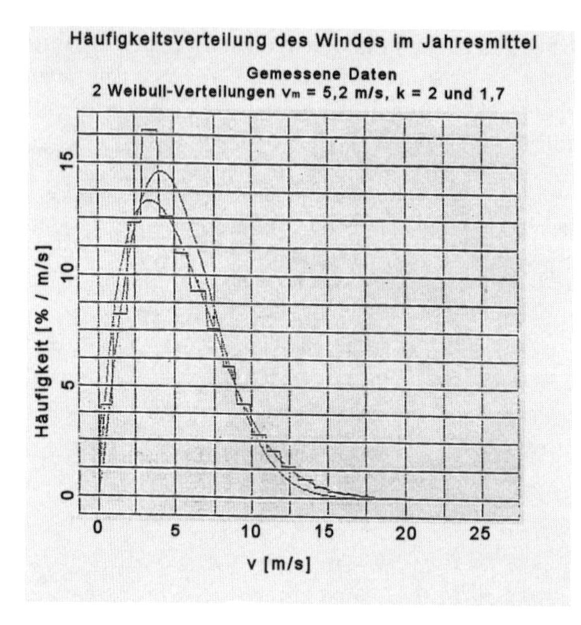

Bild 3.19 Häufigkeit des Windes $p(v)$ über das Jahr als Histogramm, als Rayleigh-Verteilung und als Weibull-Verteilung ($v_m = v_{\text{Mittel}}$ bedeutet Jahresmittelwert, $k = 2$ bedeutet Rayleigh, Häufigkeit für alle 3 Kurven in Prozent pro m/s (bedeutet Bin-Breite 1 m/s)

Als analytische Funktion zur Beschreibung des Histogramms wird häufig die Rayleigh-Verteilung (Rayleigh-Funktion) verwendet:

$$p(v) = \frac{\pi}{2} \cdot \frac{v}{(v_{\text{Mittel}})^2} \cdot \mathrm{e}^{-\frac{\pi}{4}\left(\frac{v}{v_{\text{Mittel}}}\right)^2} \tag{3.15}$$

$p(v)$ = Häufigkeit von v, Zahl zwischen 0 und 1
v = Windgeschwindigkeit [m/s], das Argument der Funktion
v_{Mittel} = mittlere Jahreswindgeschwindigkeit [m/s]

Die Betrachtung der Einheit von Gl. 3.15 zeigt, dass der Term $v/(v_{\text{Mittel}})^2$ die Einheit 1/(m/s) für p erzeugt, die anderen Einheiten verschwinden. Somit ist p eine Zahl zwischen 0 und 1, die die Häufigkeit pro m/s angibt, welche der obigen Bin-Breite 1 m/s entspricht. Die mittlere Jahreswindgeschwindigkeit v_{Mittel} ist der einzige freie Parameter der Funktion. Der Wert des Mittelwerts ist bekannt, er lässt sich leicht aus den Messwerten für das Jahr berechnen, hier z. B. 5,2 m/s. Damit ist die Rayleigh-Verteilung vollständig bestimmt und kann für jede Geschwindigkeit v berechnet werden. Das Ergebnis ist als durchgezogene Linie in Abb. 3.19 dargestellt. Wie man sieht, beschreibt die Rayleigh-Verteilung mit mäßiger Genauigkeit das Histogramm.

Eine höhere Genauigkeit wird mit der Weibull-Verteilung erreicht. Diese Verteilung hat einen weiteren Parameter, den Formparameter k. Er erlaubt eine Abweichung von 2 im Exponenten der e-Funktion. Die Gleichung lautet:

$$p(v) = a \cdot \mathrm{e}^{-\left(\frac{v}{A}\right)} \quad \text{mit} \quad a = \frac{k}{A} \cdot \left(\frac{v}{A}\right)^{k-1} \tag{3.16}$$

$p(v)$ = Häufigkeit von v, Zahl zwischen 0 und 1
v = Windgeschwindigkeit [m/s], das Argument der Funktion
k = Formfaktor [-]
A = Skalierungsfaktor (ähnlich Mittelwert aber nicht identisch) [m/s]
a = Normierungsfaktor [1/m/s]

Der Normierungsfaktor a ergibt sich aus der Ableitung des Exponenten in Gl. 3.16, da p eine Häufigkeitsdichte darstellt. Der Faktor A, Einheit m/s, ist ein Skalierungsfaktor ähnlich dem Mittelwert, A ist aber nicht mit diesem identisch. Die Weibull-Verteilung hat somit zwei Parameter, k und A. Aus beiden zusammen erhält man den Mittelwert der Windgeschwindigkeit nach Gl. 3.17, siehe dazu u. a. Molly (1990):

$$v_{\text{Mittel}} = A \cdot \left(0{,}568 + \frac{0{,}434}{k}\right)^{1/k} \tag{3.17}$$

Die Weibull-Verteilung wird bevorzugt benutzt. Angegeben werden A, v_{Mittel} und k. Die Parameter A und k beschreiben die Weibull-Verteilung zwar vollständig, aber von praktischem Interesse ist v_{Mittel}.

An vielen Standorten hat der Formfaktor den Wert $k = 2$, dann geht die Weibull-Verteilung in die Rayleigh-Verteilung über und es genügt die Kenntnis des Mittelwerts zur Beschreibung der Häufigkeitsverteilung. Erfahrungsgemäß treten an Küstenstandorten, wo der Wind stetiger ist, höhere k-Werte als 2 auf, im Binnenland dagegen niedrigere.

Wenn nur die über das Jahr gemittelte Windgeschwindigkeit zur Verfügung steht, wird die Häufigkeitsverteilung des Windes oft mit der Rayleigh-Verteilung berechnet, was eine akzeptable Annäherung für die Weibull-Verteilung darstellt.

3.2.9 Standortbewertung und Jahresenergieertrag

Die Standortbewertung wird hier durchgeführt, indem eine einfache Methode dargestellt wird, die Jahresenergie einer Windenergieanlage zu berechnen.

Zunächst muss die mittlere Windgeschwindigkeit in Nabenhöhe bekannt sein. Im angegebenen Beispiel, siehe Tabelle 3.3, beträgt die Windgeschwindigkeit gemittelt über das ganze Jahr und alle Richtungssektoren 5,9 m/s. Mit der Rayleigh-Verteilung nach Gl. 3.12 werden für die Bin-Breite 1 m/s jeweils für die Geschwindigkeit der Mitte des Bins, siehe in der Tabelle v_i in m/s in Spalte 1, die Häufigkeiten $h_i = p(v_i)$ in 1/m/s in Spalte 3 berechnet. Die Häufigkeiten h_i entsprechen einem Histogramm, in dem die Einheit von p, also 1 pro m/s, mit Bezug auf die Bin-Breite 1 m/s verschwindet, man erhält eine reine Zahl zwischen 0 und 1. Ein Jahr hat $T = 8760$ Stunden. Die Häufigkeit h_i multipliziert mit T gibt die Anzahl der Stunden im Jahr an, in denen der Wind mit Geschwindigkeiten in den Grenzen dieses Bin weht, siehe $h_i \cdot T$ in Spalte 4. In Spalte 5 ist die Leistungskennlinie P_i der Anlage angegeben, das ist die Leistung in der Einheit kW für die Windgeschwindigkeit angegeben in der ersten Spalte. Die Multiplikation der Anzahl der Stunden in Spalte 4 mit der Leistung P_i in Spalte 5 ergibt die Energie in Spalte 6 in der Einheit kWh für jedes Bin. Ihre Summe ergibt den Jahresenergieertrag E_{anno} in kWh:

$$E_{\text{anno}} = \sum_{i=0}^{n} (h_i \cdot T) \cdot P_i \quad \text{mit} \quad h_i = p(v_i) \cdot 1\,\text{ms bei Bin-Breite } 1\,\text{m/s} \tag{3.18}$$

In Abb. 3.20 ist die Rechnung grafisch dargestellt, die hintere Balkenreihe ist die Leistungskennlinie, die mittlere ist die Rayleigh-Verteilung und die vordere ist die Energie, jeder Balken entspricht einem Bin. Die Balkenreihen sind zur besseren Übersicht normiert auf 1.

Erkennbar ist, dass die meiste Jahresenergie in einem Windgeschwindigkeitsbereich erreicht wird, der im Teillastbereich liegt knapp unter der Geschwindigkeit, bei der die Nennleistung

Tabelle 3.3 Jahresenergieertrag

v [m/s]	$p(v)$ [%m/s]	h_i [1/m/s]	$h_i \cdot T$	$P(v) = P_i$ [kW]	$h_i \cdot T \cdot P_i$ [kWh]
0,5	2,24	0,0224	196,5	0,00	0
1,5	6,43	0,0643	563,6	0,00	0
2,5	9,80	0,0980	858,2	0,70	601
3,5	11,98	0,1198	1 049,4	5,40	5667
4,5	12,86	0,1286	1 126,4	13,60	15 319
5,5	12,54	0,1254	1 098,7	26,40	29 005
6,5	11,31	0,1131	990,5	45,20	44 769
7,5	9,51	0,0951	833,3	71,10	59 248
8,5	**7,51**	**0,0751**	**658,2**	**103,70**	**68 260**
9,5	5,60	0,0560	490,1	142,60	69 894
10,5	3,94	0,0394	345,0	176,50	60 892
11,5	2,63	0,0263	230,0	196,50	45 198
12,5	1,66	0,0166	145,5	205,30	29 867
13,5	1,00	0,0100	87,4	208,00	18 178
14,5	0,57	0,0057	49,9	208,00	10 380
15,5	0,31	0,0031	27,1	208,00	5 639
16,5	0,16	0,0016	14,0	208,00	2 916
17,5	0,08	0,0008	6,9	208,00	1 436
18,5	0,04	0,0004	3,2	208,00	674
19,5	0,02	0,0002	1,4	208,00	301
20,5	0,01	0,0001	0,6	208,00	129
21,5	0,003	0,0000	0,3	208,00	52
22,5	0,001	0,0000	0,1	208,00	20
23,5	0,0004	0,0000	0,04	208,00	7
24,5	0,0001	0,0000	0,01	208,00	3
25,5	0,00005	0,0000	0,004	0,00	0
Summe	100,2	1,002	8776,5		468 457

erreicht wird. Üblicherweise liegt diese Geschwindigkeit bei 8 m/s. In der Abb. 3.20 liegt dieser Bereich etwas höher, weil die untersuchte Windenergieanlage speziell ausgelegt ist.

Aus der Bildung eines Maximums in den Energie-Bins kann man schließen, dass das Anlagen-Konzept einer festen Drehzahl für alle Windgeschwindigkeiten ein energetisch gutes Konzept ist. Bei einer festen Drehzahl hat man für die optimale Auslegung einer Anlage nur einen Betriebspunkt. Diesen legt man auf die Windgeschwindigkeit, in der das beschriebene Maximum liegt. Diese Geschwindigkeit beträgt üblicherweise 8 m/s. Bei dieser Geschwindigkeit ist die Anlage genauso gut wie eine drehzahlvariable Anlage, denn „optimal" lässt sich nicht steigern. Bei anderen Windgeschwindigkeiten ist die drehzahlfeste Anlage etwas im Nachteil, das Gesamtdefizit gegen eine drehzahlvariable Anlage ist jedoch nicht so groß.

Dennoch werden drehzahlvariable Anlagen favorisiert. Zum einen ist die Wechselrichtertechnik, die dafür notwendigerweise zum Einsatz kommt, sehr fortgeschritten. Zum anderen kön-

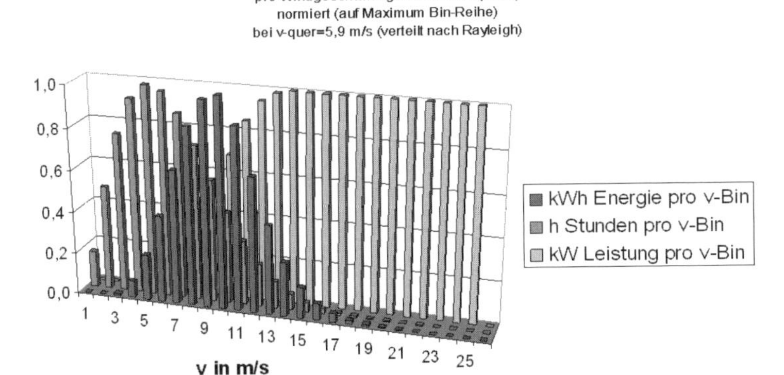

Bild 3.20 Jahresenergie in kWh ist die Summe der Produkte von Leistung in kW mal Stunden in h, typisch ist ein Maximum im Teillastbereich unter der Nennwindgeschwindigkeit

nen drehzahlvariable Anlagen bei der immer vorhandenen Böigkeit des Windes in die Drehzahl ausweichen. Damit werden Stöße im Drehmoment auf den Triebstrang verkleinert, was wiederum den Bau von ganz großen Anlagen erst ermöglicht.

Volllaststunden sind ein Maß, um Anlagen und Standorte untereinander zu vergleichen. Für eine Anlage mit Nennleistung P_{Nenn} muss dazu die Jahresenergie entweder wie oben berechnet oder über ein Jahr gemessen bekannt sein. Die Volllaststunden sind der Quotient aus beiden:

$$\text{Volllaststunden} = \frac{E_{\mathrm{anno}}}{P_{\mathrm{Nenn}}} \tag{3.19}$$

Volllaststunden [h]
E_{anno} = Jahresenergie [kWh]
P_{Nenn} = Nennleistung [kW]

Alternativ wird der Kapazitätsfaktor angegeben:

$$\text{Kapazitätsfaktor} = \frac{\text{Volllaststunden}}{8\,760\,\mathrm{h}} = \frac{P_{\mathrm{Mittel}}}{P_{\mathrm{Nenn}}} \tag{3.20}$$

Kapazitätsfaktor [-]
Volllaststunden [h]
8 760 h Jahresstunden

Mit Gl. 3.20 lässt sich P_{Mittel} angeben. Das ist die über das Jahr gemittelte Leistung der Anlage. Gute Werte sind knapp über 2 000 Volllaststunden, was etwa dem Kapazitätsfaktor 1/4 entspricht oder anders ausgedrückt, ein Viertel der Nennleistung wird gemittelt über das Jahr geliefert. Sinken die Volllaststunden unter ca. 1 500, wird die Anlage unwirtschaftlich. Werden 3 000 Volllaststunden erreicht, ist zu überlegen, eine Windenergieanlage mit anderem Verhältnis Rotorfläche zu Nennleistung zu wählen, um die Volllaststunden zu senken, weil dann die Anlage wirtschaftlicher wird. Inzwischen sind gelegentlich entgegengesetzte Überlegungen zu hören. Wenn die Herstellung der Infrastruktur, z. B. das Verlegen von Kabeln, sehr kostspielig ist, z. B. auf See oder in wenig erschlossenen Gebieten, fernab von Stromverbrauchszentren, ist es u. U. günstiger, den Kapazitätsfaktor der Kabel (Gl. 3.15 bezogen auf die Übertragungsleistung des Kabels $P_{\mathrm{Mittel}}/P_{\mathrm{Nenn}}$) möglichst hoch zu wählen, was zur Folge hat, dass die Windenergieanlagen hohe Volllaststundenzahlen erreichen müssen. Das wiederum heißt, dass Windenergieanlagen ausgelegt werden müssen für große Rotorflächen bei kleinen Generatoren für windstarke Gebiete, d. h. das Verhältnis Rotorfläche zu Nennleistung entspricht Schwachwindanlagen, die Standfestigkeit entspricht Starkwindanlagen.

In der Praxis werden Energieprognosen (siehe obige Rechnungen) mit drei Erweiterungen durchgeführt. Die Bin-Breite ist nach IEC-Norm 0,5 m/s. Die Energieberechnung wird mit der Häufigkeitsverteilung für jede der 12 Richtungssektoren durchgeführt und summiert. Die Häufigkeitsverteilung wird bei bekanntem Formfaktor k nach Weibull berechnet.

3.2.10 Referenzertrag und Dauer der erhöhten Vergütung

In Anlehnung an die Technischen Richtlinien TR2, TR5, TR6, siehe FGW-Richtlinien (2011), und das EEG 2009 § 29 Wind Energie, siehe EEG (2009), wird nachfolgend beschrieben, wie der Referenzertrag einer Windenergieanlage und damit die Dauer der erhöhten Vergütung nach dem EEG berechnet wird.

Die Leistungskennlinie einer Windenergieanlage $P_i = P(v_i)$ in Schritten der Bin-Breite 0,5 m/s für $i = 0 \ldots n$ muss bekannt sein. Beispielsweise für die Geschwindigkeit 0 bis 25 m/s beträgt $n = 2 \cdot 25 + 1 = 51$. Für die nicht relevanten Werte, in denen die Geschwindigkeit unter der Einschaltgeschwindigkeit von üblicherweise 3 m/s liegt, in denen die Geschwindigkeit über der Abschaltgeschwindigkeit liegt oder für die keine statistisch relevanten Werte aus der Vermessung vorliegen, was oft über 22 m/s der Fall ist, liegen meistens keine Leistungswerte vor, sodass n kleiner als 51 ist. Immer ist die Leistung der Leistungskennlinie angegeben für die Windgeschwindigkeit v_{NH} in Nabenhöhe NH. Die Windgeschwindigkeit in Nabenhöhe ergibt sich für den Referenzertrag aus dem normierten Profil nach Abschnitt 3.2.2. Mit Gl. 3.3 kann man die mittlere Windgeschwindigkeit in Nabenhöhe der Anlage angeben durch Einsetzen von $v_{\text{NH}} = v_{\text{HN}}(h = \text{NH},\ z_0 = 0{,}1\,\text{m/s},\ v_{\text{Ref}} = 5{,}5\,\text{m/s},\ h_{\text{Ref}} = 30\,\text{m})$. In der Praxis braucht der Referenzertrag nicht berechnet zu werden. Der Wert wird mit den Daten der Windenergieanlage angegeben oder ist bei der FGW nachzuschauen unter FGW-Referenzertrag (2011).

Mit der Rayleigh-Verteilung, hier nicht wie oben als Häufigkeitsdichte, sondern als Summenfunktion dargestellt (das ist die Häufigkeit von 0 bis v_i), lässt sich für alle n Werte von v_i die Summenhäufigkeit $F(v_i)$ angeben:

$$F(v_i) = 1 - \mathrm{e}^{-\frac{\pi}{4}\cdot\left(\frac{v_i}{v_{\text{NH}}}\right)^2} \tag{3.21}$$

Damit lässt sich der Energieertrag jedes Bin AEP(v_i) berechnen (AEP steht für Annual Energy Production), hier per Bin i:

$$\text{AEP}(v_i) = 8760h \cdot (F(v_i) - F(v_{i-1})) \cdot \left(\frac{P_i + P_{i-1}}{2}\right) \tag{3.22}$$

Der Ausdruck $F(v_i) - F(v_i - 1)$ entspricht der Häufigkeitsdichte $p\left((v_i + v_{i-1})/2\right)$ nach Gl. 3.15, ist aber wegen der Nichtlinearität von $p(v)$ genauer. Die Ausdrücke $(P_i + P_{i-1})/2$ der gemittelten Leistung und die Stundenzahl der Jahresstunden entsprechen den Darstellungen in Abschnitt 3.2.9. Der Vorteil dieser Darstellung ist, dass die Bin-Breite nicht rechnerisch berücksichtigt werden muss und gegebene Stützwerte der Leistungskennlinien ohne Weiteres verwendet werden können.

Die Summe aller Bin ergibt wie oben die Jahresenergie AEP:

$$\mathrm{AEP} = \sum_{i=1}^{n} \mathrm{AEP}(v_i) \tag{3.23}$$

Für den Referenzertrag R wird eine Periode von 5 Jahren herangezogen, es gilt somit:

$$R = 5 \cdot \mathrm{AEP} \tag{3.24}$$

Für die ersten 5 Jahre erhält jede Windenergieanlage die erhöhte Vergütung. Die Höhe ist abhängig von verschiedenen Umständen, als erste Näherung kann man 9 Cent pro kWh (im Jahre 2011) annehmen. Als Summe ist E_5 die erzeugte Energie über die ersten 5 Jahre. Nach Gl. 3.25 ergibt sich die Dauer der erhöhten Vergütung Δ in Monaten:

$$\Delta = \left(1{,}5 - \frac{E_5}{R}\right) \cdot \frac{2}{0{,}0075} \tag{3.25}$$

Δ = Dauer [Monat] der erhöhten Vergütung in Monaten
E_5 = Energieertrag [kWh] in den ersten 5 Jahren nach der Inbetriebnahme
R = Referenzertrag [kWh] nach Gl. 3.24
0,0075 = Konstante [-]

Die Dauer der erhöhten Vergütung sinkt nicht unter Null, $\Delta_{\min} = 0$. Ist der tatsächliche Ertrag gleich dem Referenzertrag $E_5 = R$, entspricht dies einem 100%igen Standort, Δ ist dabei größer als null und beträgt mehrere Jahre. Offensichtlich, und das ist beabsichtig, werden windstarke Standorte durch die kürzere Dauer schwächer gefördert als windschwache Standorte. Windschwache Standorte können somit u. U. genutzt werden. Es gibt somit einen Anreiz, Anlagen für Schwachwindgebiete zu entwickeln und zu installieren. Diese Förderung ist aber begrenzt. Als Grenze der Wirtschaftlichkeit wird der 60 %ige Standort angesehen, d. h. $E_5 = 60\%$ von R. Bei weniger Energie E_5 fällt Δ auf null. Die Erfahrung zeigt, dass es wenig Sinn macht, einen Standort an der 60 %-Grenze zu nutzen. Die Energieerträge sind aufgrund des geringen Windes so niedrig, dass trotz der langen Dauer der erhöhten Vergütung keine Wirtschaftlichkeit erreicht wird.

Nach Ablauf der Dauer der erhöhten Vergütung fällt die Vergütung auf die nicht erhöhte Vergütung herab. Diese ist ebenfalls abhängig von verschiedenen Umständen. Als erste Näherung kann man 5 Cent pro kWh (im Jahre 2011) annehmen.

Die Höhe der erhöhten Vergütung ist über die Betriebsdauer der Anlage konstant. Die Höhe ist aber abhängig von dem Zeitpunkt der Inbetriebnahme der Windenergieanlage. Je später im Laufe von Jahren ein Windpark errichtet und an das Netz angeschlossen wird, desto niedriger ist die erhöhte Vergütung. Nach Inbetriebnahme ändert sie sich aber nicht mehr, siehe oben. Die Degression wurde mehrfach geändert, als erste Näherung kann man 1,5 % pro Jahr annehmen. Die Degression schafft gewollt den Anreiz, Windenergienutzung immer wirtschaftlicher zu gestalten.

Es gibt zusätzliche Vergütungen, sogenannte Bonuszuschläge. Diese betreffen z. B. die Systemdienstleistung oder das Repowering. Als erste Näherung kann man jeweils 0,5 Cent pro kWh annehmen. Parallel gibt es die Möglichkeit der Direktvermarktung. Für Offshore-Anlagen gibt es höhere Vergütungen, z. Z. werden 15 Cent pro kWh genannt. Die Regelungen der Vergütungen ändern sich, aktuelle Vergütungen sind z. B. beim Bundesverband Windenergie (Osnabrück) zu erfahren.

3.3 Schall

Die Messung, Berechnung und Beurteilung von Schall ausgehend von Windenergieanlagen sind ausführlich beschrieben in den Normen und Richtlinien, siehe IEC 61400 (2011) und FGW-Richtlinien (2011). Man unterscheidet, obwohl es grundsätzlich mit denselben Gleichungen beschieben wird, in Emission, das ist der Schall, der von der WEA ausgeht, und Immission, das ist der Schall, der an einem Ort ankommt. Dabei wird ausschließlich der Schall beachtet, der durch das menschliche Ohr wahrgenommen wird, was mit der akustischen Wichtung A beschrieben wird. Hier wird ein Überblick über den Schall in Anlehnung an die genannten Normen gegeben. Es wird eingegangen auf die Einheit dB(A), die Schallquelle, die Ausbreitung des Schalls, auf Richtwerte, auf Frequenzanalyse und Impulszuschlag und auf Abstandsregeln.

3.3.1 Einheit dB(A)

Der Schall wird angegeben als Schallleistungspegel L (engl. Level) hier mit 3 Indizes L_{eq}, L_{WA} und L_{pa} in der Einheit dB(A).

An der dB-Skala sind zwei Umstände bemerkenswert. Erstens: Es ist eine logarithmische Skala, d. h. sie ist nicht linear, d. h. die gewöhnlichen Vorstellungen, die man zu Skalen hat, treffen nicht zu. Zweitens: 3 dB ist eine Verdopplung der Lautstärke (gilt auch für dB(A)).

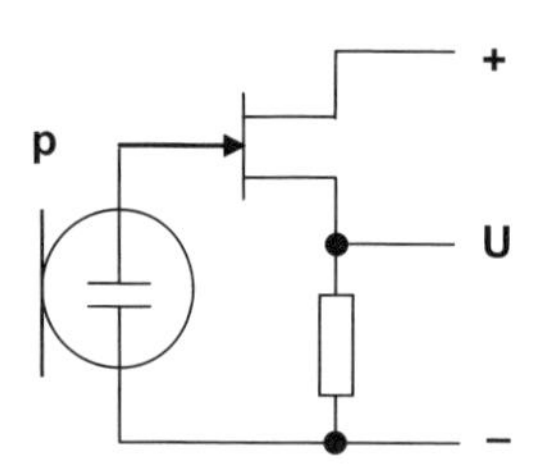

Bild 3.21 Kondensatormikrofon reagiert auf Druck p Änderung Druck $p \rightarrow$ Änderung Kapazität $C \rightarrow$ Änderung Spannung U

Gemessen wird der Schall z. B. mit einem Kondensatormikrofon, prinzipielles Schaltbild siehe Abb. 3.21. Eine Kondensatorfolie des Mikrofons reagiert auf den Luftdruck p, damit verändert sich die Kapazität des Kondensators, die dann als verstärktes Spannungssignal U ausgewertet wird. Die Schallleistung ergibt sich aus Quadrierung des Drucks p analog zur elektrischen Leistung $P = U \cdot I$, was mit dem ohmschen Gesetz umgestellt werden kann zu $P = U^2/R$. Bei Schall wird U ersetzt durch p, R ersetzt durch die Hörgrenze p_0. Man erhält analog nicht die Leistung, sondern die Leistung pro Fläche, die Intensität J, Einheit W/m². Der Pegel ist der Logarithmus zur Basis 10 multipliziert mit dem Faktor 10, damit die Zahlen schöner werden. Das ist die dB-Skala:

$$L = 10 \cdot \log\left(\frac{p^2}{p_0^2}\right) \tag{3.26}$$

L = Schallleistungspegel [dB] bzw. [dB(A)]
p = Luftdruck am Mikrofon, genau Effektivwert Wechseldruck [Pa]
p_0 = Hörgrenze = $2 \cdot 10^{-5}$ Pa
log = Logarithmus zur Basis 10
10 = konstanter Faktor

Das Mikrofon ist für alle Frequenzen gleich empfindlich, was technisch lineare Gewichtung genannt wird. Das menschliche Ohr kann Schall hören von 20 Hz bis 20 kHz. Die beste Empfindlichkeit liegt bei 1 000 Hz. Zu den genannten Grenzen nimmt die Empfindlichkeit kontinuierlich ab. Diese frequenzabhängige Empfindlichkeit des Ohrs wird technisch mit der A-Gewichtung beschrieben, wobei A für akustisch gewichtet steht.

Die Hörschwelle liegt bei 0 dB(A), die Schmerzgrenze bei 130 dB(A), gewöhnliche Sprache liegt bei 55 dB(A). Diese Lautstärke hat auch in etwa eine Windenergieanlage, wenn man im Abstand ihrer Bauhöhe (Nabenhöhe plus Rotorradius) am Boden steht. Der Geräuschpegel am Standort bei ausgeschalteter Anlage liegt oft 10 dB(A) niedriger bei 45 dB(A). Achtung, dies ist eine arithmetische Differenz.

Für die Addition (Subtraktion) der tatsächlichen Schallleistung müssen die Schallpegel energetisch addiert (subtrahiert) werden. Dazu werden zwei Schallleistungspegel L_1 und L_2 entlogarithmiert, addiert, wieder logarithmiert, und mehrfach wird der Faktor 10 berücksichtigt:

$$L_{Sum} = 10 \cdot \log\left(10^{L_1/10} + 10^{L_2/10}\right) \qquad (3.27)$$

L_1, L_2, L_{Sum} in dB oder dB(A), analog Differenz L_{Diff} ein Minus statt Plus in der Klammer

Mit Gl. 3.27 kann man leicht nachrechnen, dass mit $L_1 = L_2 = L$ als Summe folgt $L_{Sum} = L + 3$, Einheiten dB oder dB(A). Eine Verdopplung der Schallleistung bedeutet eine Erhöhung um 3 dB bzw. 3 dB(A). Dieses wird angewendet bei der Reflexion des Schalls am Boden (s. u.).

Des Weiteren folgt, dass man bei großem Unterschied der beiden Schallleistungspegel, z. B. 10 dB, die Addition in erster Näherung vernachlässigen kann. Dieses führt z. B. dazu, dass der Schall von Windenergieanlagen in größerer Entfernung, der um 10 dB(A) leiser ist, vernachlässigt werden kann, Details siehe IEC 61400 (2011).

Die energetische Differenz von Schallpegeln wird analog zu Gl. 3.27 durchgeführt, man ersetzt L_{Sum} durch L_{Diff} und in der Klammer das „+" durch das „−". Hiervon wird Gebrauch gemacht bei der Bestimmung der Lautstärke der Windenergieanlage. Es werden zwei Messreihen durchgeführt. Bei der ersten Messreihe ist die Anlage in Betrieb, es werden die Anlagen- und die Umgebungsgeräusche gemessen. Bei der zweiten Messreihe ist die Anlage ausgeschaltet, es werden die Umgebungsgeräusche gemessen. Die oben beschriebene energetische Differenz der Schallpegel ist der gesuchte Schallpegel der Windenergieanlage.

Es werden Messbedingungen angestrebt, bei denen die beiden Schallpegel einen Abstand von 6 bis 10 dB(A) haben, sodass der Einfluss des niedrigeren Schallpegels auf das Ergebnis klein ist. Dieses bedeutet, dass die Umgebungsgeräusche, die nicht immer konstant sind, wenig Einfluss auf das Ergebnis haben. Mit den Übungsaufgaben zur Berechnung von Pegeldifferenzen kann man sich diesen Zusammenhang verdeutlichen. Somit ist gerechtfertigt, die Schallpegel, die voneinander abgezogen werden, nicht gleichzeitig, sondern hintereinander zu messen.

Die Messzeit einer Messung beträgt 1 Minute bzw. 10 Sekunden. Mit der kurzen Messzeit pro Einzelmessung erhöht sich bei fester Gesamtmesszeit die Anzahl der Messungen. Dieses erlaubt eine genauere statistische Analyse der Messunsicherheit. Die Messwerte innerhalb 1 Minute bzw. innerhalb von 10 Sekunden werden energetisch gemittelt, analog Gl. 3.27 zu einem energieäquivalenten Wert:

L_{eq} = energieäquivalenter Mittelwert

Der energieäquivalente Mittelwert ist damit nach seiner Definition und in seiner Bedeutung äquivalent zum Effektivwert einer elektrischen Wechselspannung.

3.3.2 Schallquelle

Zur Messung der Quelllautstärke der Windenergieanlage L_{WA} wird das Mikrofon auf einer schallharten Platte zu ebener Erde, siehe Abb. 3.22, in einem definierten horizontalen Abstand vom Fundament der Anlage in Lee, also windabwärts, ausgelegt. Der horizontale Abstand ist gleich der Gesamthöhe (Nabenhöhe plus Rotorradius) mit der Toleranz 20 %. Zur Bestimmung der Quelllautstärke wird der Messabstand herausgerechnet, sodass das Ergebnis unabhängig vom tatsächlich gewählten Abstand ist. Die schallharte Platte hat den Reflexionsgrad 1, sodass man mit einem normierten Boden rechnet.

Bild 3.22 Schallmessung: Mikrofon auf schallharter Platte

In Mitwindrichtung wird der Schall am besten übertragen, sodass man den lautesten Schall misst (Worst-Case-Situation). Offensichtlich ist, dass mit steigender Windgeschwindigkeit die Lautstärke zunimmt, siehe dazu Abb. 3.23. Die Hintergrundgeräusche steigen ebenfalls mit der Windgeschwindigkeit nach $L_{eq}/(\mathrm{dB(A)}) = 2{,}5 \cdot v/(\mathrm{ms}) + 27{,}5$, siehe Hau (2008). In der IEC ist festgelegt, die Lautstärke bei der gemessenen Windgeschwindigkeit von 10 m/s in 10 m Höhe zu bestimmen. Diese Geschwindigkeit ist ebenfalls eine Worst-Case-Situation. Bei kleinerer Windgeschwindigkeit ist die Anlage leiser, bei größerer Windgeschwindigkeit ist die Nennleistung erreicht, die Anlage regelt ab, der Schall steigt nicht weiter an. Dieses ist nachgewiesen für Anlagen mit Pitch-Regulierung. Anlagen mit Stall-Regulierung werden gleichbehandelt. Ersatzweise ist nach IEC erlaubt, die Windenergieanlage selbst als Windmessgerät zu verwenden und bei 95 % der Nennleistung die Lautstärke zu messen. Bei älteren Anlagen und bei Kleinwindanlagen ist oft 8 m/s statt 10 m/s als Referenzgeschwindigkeit angegeben, bei der die Lautstärke gemessen wurde.

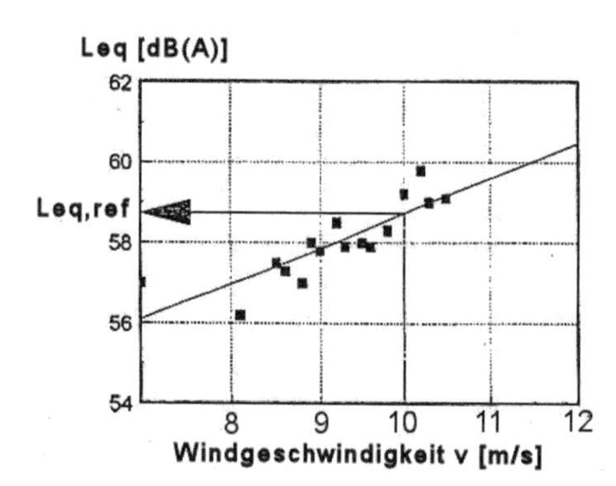

Bild 3.23 Schallleistungspegel steigt mit Windgeschwindigkeit, Referenzwert ($L_{eq,ref}$) bei 10 m/s

Zur Berechnung der Quelllautstärke der Anlage L_{WA} werden die gemessenen Schallwerte in Betrieb und bei Stillstand der Anlage gemessen, auf den Referenzwert bei 10 m/s ersatzweise bei 95 % Nennleistung interpoliert und voneinander energetisch abgezogen, siehe oben. Man erhält die reinen Anlagengeräusche $L_{eq,ref}$, siehe Abb. 3.23. Die Reflexion durch die schallharte Platte wird abgezogen und die Zunahme des Schalls entlang des Wegs des Schalls durch die Luft vom Mikrofon zum Zentrum der Nabe analog zu Gl. 3.29 addiert. Man erhält den Schallleistungspegel der Windenergieanlage L_{WA}, beschrieben als Punktschallquelle. Der Pegelwert der Punktschallquelle ist hoch. Dieser Wert ist aber lediglich eine Rechengröße für die Ausbreitung des Schalls. Theoretisch würde man diesen Schallwert im Abstand $R = 1/\sqrt{(4\pi)} \approx 28$ cm vom Zentrum der Rotornabe hören, tatsächlich ist dieser Wert dort nicht zu hören. Obwohl der Schall wesentlich von den Rotorblättern und dort vom äußeren Drittel emittiert wird, ist die Schallausbreitung mit der Gleichung einer Punktschallquelle beschreibbar. Hinreichend großer Abstand ist bereits am Boden in einem Abstand gleich der Bauhöhe erreicht.

Manwell (2009) gibt eine Abschätzung der Punktschallquelle an, in die die Blattspitzengeschwindigkeit v_{tip} mit der fünften Potenz in die Lautstärke eingeht:

$$L_{WA} = 10 \cdot \log\left(v_{tip}^5\right) + 10 \cdot \log(D) - 4 \tag{3.28}$$

Einheitengleichung
L_{WA} = Schallleistung WEA als Punktquelle (Quellstärke) in dB(A)
v_{tip} = Umfangsgeschwindigkeit Blattspitze in m/s
D = Rotordurchmesser in m

Für große Anlagen sind Werte $L_{WA} \geq 100{,}0$ dB(A) gewöhnlich. Man beachte, dass dies die Quelllautstärke einer Punktquelle ist. Schon am Fuß der Anlage ist der Pegel deutlich kleiner.

(Hinweis für Fortgeschrittene: Bei der Messung auf der schallharten Platte ist ungewöhnlich und nicht sofort einsehbar, dass die Reflexion an der Platte mit 6 dB statt mit gewöhnlich 3 dB berücksichtigt werden muss. Dieses ist bedingt durch den extrem kurzen Abstand zwischen Mikrofon und Platte, was zu einer kohärenten Überlagerung der direkten und reflektierten Schallwelle führt. Bei gewöhnlichen Reflexionen mit Abständen größer als die Wellenlänge wird die Leistung addiert, was 3 dB Erhöhung durch Reflexion bedeutet.)

3.3.3 Ausbreitung durch die Luft

Nach der TA Lärm (1998) ist eine vereinfachte Schallausbreitung ohne Berücksichtigung von Dämpfungen, insbesondere der Luftdämpfung, als Abschätzung zulässig. Die verwendete Gleichung ist eine Einheitengleichung. Das bedeutet, dass die Mess- und Rechengrößen in den angegebenen Einheiten als reine Zahlenwerte einzusetzen sind. Das Ergebnis ist ein reiner Zahlenwert, der die berechnete Größe in der angegebenen Einheit angibt. Die Windenergieanlage emittiert rechnerisch aus ihrer Nabe den Schallleistungspegel der L_{WA} , siehe dazu Abb. 3.24 und Gl. 3.29.

Über den Weg durch die Luft R nimmt der Pegel ab, das ist der negative Summand auf der rechten Seite der Gleichung, log ist der Logarithmus zur Basis Zehn. Der Immissionsort an einem Wohnhaus befindet sich in 5 m Höhe, das ist der erste Stock, wo meist die Schlafzimmer sind. R ergibt sich mit Pythagoras aus der Nabenhöhe H, der Höhe des Immissionsortes h und dem horizontalen Abstand R_0 von WEA und Haus. Additiv erreicht Schall den Immissionsort durch

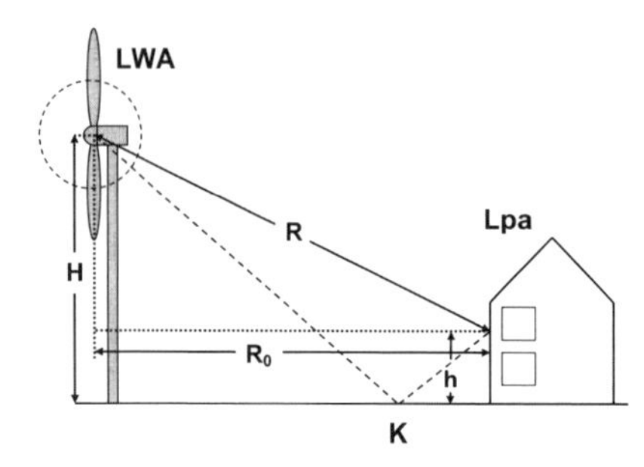

Bild 3.24 Schallausbreitung einfach

den Reflex am Boden. Wieder wird der härteste Fall angenommen mit vollständiger Reflexion und Vernachlässigung des gering längeren Wegs, sodass mit Leistungsverdopplung gerechnet werden kann, was eine Addition von 3 bedeutet, also $K = 3$ dB(A).

$$L_{\text{pa}} = L_{\text{WA}} - 10\log\left(4\pi R^2\right) + K \tag{3.29}$$

Einheitengleichung
L_{pa} = Schallleistungspegel am Immissionsort in dB(A) (Haus, Höhe 5 m, erster Stock)
L_{WA} = Schallleistungspegel der WEA in dB(A) (WEA als Punktquelle, rund 100 dB(A))
R = direkte Entfernung durch die Luft in m (WEA-Nabe bis Haus erster Stock)
K = Erhöhung Schallpegel durch Reflexion am Boden, K in dB(A) = 3

Einheitengleichung: Messgrößen in angegebenen Einheiten als reine Zahlenwerte einsetzen, Ergebnis ist der reine Zahlenwert der Messgröße in angegebener Einheit

Bei dieser Rechnung werden Dämpfungen nicht berücksichtigt. Wenn der Richtwert unterschritten ist, müssen genauere Rechnungen nicht durchgeführt werden.

3.3.4 Immissionsort und Richtwerte

Nach TA Lärm (1998) sind zulässige Richtwerte für Schallimmissionen an den Immissionsorten für nachfolgende Gebietsausweisungen zulässig, siehe Tabelle 3.4. Die Grenzen zwischen Tag und Nacht sind 6:00 und 22:00 Uhr. Wichtigster Richtwert ist 45 dB(A), der nachts im Mischgebiet einzuhalten ist. Mischgebiete sind Gebiete, in denen Windenergieanlagen häufig errichtet werden. Steht ein Haus im Mischgebiet, darf der Immissionswert L_{pa} nach Gl. 3.29 den Wert 45 dB(A) nicht überschreiten. Andernfalls werden bei der Genehmigung schallreduzierende Auflagen für die WEA erstellt oder die Genehmigung versagt.

Gebietsausweisung	tags	nachts
Gewerbegebiet (GE)	65	50
Mischgebiet (z. B. Bauernhof) (MI)	60	**45**
Allgemeines Wohngebiet (z. B. Dorf) (WA)	55	40
Reines Wohngebiet (z. B. Stadt) (WR)	50	35

Tabelle 3.4 Zulässige Richtwerte für Schallimmissionen in dB(A) nach TA Lärm (1998)

3.3.5 Frequenzanalyse, Tonzuschlag, Impulszuschlag

Weiterhin sind für die Schalluntersuchung Frequenzanalysen gefordert. Diese können im Rahmen einer Zertifizierung bzw. einer Typengenehmigung vorliegen. Es sind Terzanalysen (Terz = 1/3 Oktave) und Schmalbandanalysen vorzulegen, aus denen die spektralen Eigenschaften des emittierten Schalls hervorgehen. Mit den Terzspektren können frequenzabhängige Dämpfungen berechnet werden. Liegen solche Spektren nicht vor, kann überschlägig mit der Frequenz 500 Hz gerechnet werden. Wenn in dem Spektrum nicht nur ein breites Rauschen, sondern ein einzelner gut hörbarer Ton vorhanden ist, z. B. die Zahneinrastfrequenz des Getriebes, kann ein Tonzuschlag erteilt werden, in diesem Fall ein Einzeltonzuschlag von $K_T = 0$ bis 6 dB(A). Bei den modernen Anlagen sind Einzeltöne nicht mehr Stand der Technik, sie treten nicht mehr auf. Gleiches gilt für den Impulszuschlag. Impuls ist im akustischen Sinne ein kurzer heftiger Anstieg und Abfall der Lautstärke wie ein Hammerschlag, hervorgerufen z. B. durch die Passage eines Rotorblatts am Turm. Impulse sind ebenfalls nicht mehr Stand der Technik.

3.3.6 Schallreduktionsmaßnahmen

Schallquellen bei Windenergieanlagen sind die Rotorblätter und die Gondel. Beim Rotorblatt sind es die Vorderkante, die Hinterkante, beide radial im äußeren Drittel des Blatts und im schwächeren Maß die Blattspitze, die zusammen mit der turbulenten Luft, die durchfahren wird, ein breites aerodynamisches Rauschen erzeugen. Wirksamste Gegenmaßnahme ist die Absenkung der Blattspitzengeschwindigkeit, siehe Gl. 3.28.

In der Gondel sind Schallquellen der Generator, das Getriebe, Hilfsgeräte und Ventilatoren mit Abluftschächten. Dabei werden Vibrationen in der Gondel und zum Turm als Körperschall übertragen. Alle diese Schallquellen sind grundsätzlich vermeidbar. Maßnahmen dazu sind Entkopplungen des Körperschalls durch Elastomere als Tragpunkte von Getriebe und Generator sowie anderer Komponenten. Konstruktive Maßnahmen sind schallarme Entwürfe aller Komponenten, Schalldämpfer in Abluftkanälen und anderes. Die Entkopplung durch eine elastische drehsteife Kupplung der schnellen Welle zwischen Getriebe und Generator ist ebenfalls förderlich. Stand der Technik sind schallarme Gondeln mit schwacher Körperschallübertragung innerhalb der Gondel und in den Turm.

Aktive Maßnahme zur Reduktion von Schall ist die Reduktion der Drehzahl, siehe Gl. 3.28. Die Drehzahlreduktion ist verbunden mit der Absenkung der Leistung und wird nur durchgeführt bei entsprechenden Auflagen. Das Verfahren ist nur anwendbar bei drehzahlvariablen Anlagen. Drei Verfahren werden dabei gewählt:

1. Die Nennleistung bleibt erhalten, wird aber erst bei einer höheren Windgeschwindigkeit erreicht. Hierfür wird die Drehzahl über den gesamten Bereich der Leistungskennlinie reduziert.
2. Die Nennleistung wird reduziert, indem z. B. eine reduzierte Drehzahl eingestellt wird. Im Teillastbereich wird die Drehzahl nicht reduziert.
3. Eine Kombination aus erstens und zweitens.

Bei den Steuerungssystemen moderner Anlagen, die gelegentlich Sound-Management-Systeme genannt werden, werden alle drei Methoden frei nach Wahl dem Kunden angeboten.

3.3.7 Abstandsregeln

Windenergieanlagen müssen zu Einzelhäusern und Siedlungen bestimmte Abstände einhalten. Gemäß dem gemeinsamen Runderlass zweier Ministerien (2011) ergeben sich für Schleswig-Holstein Abstandsregeln nach Tabelle 3.5.

Nutzungsart des Immissionsgebietes	Abstand
Einzelhäuser und Splittersiedlungen (≤ 4 Häuser)	400 m
Siedlungen allgemein	800 m
Sondergebiete, die der Erholung dienen (§10 BauNVO)	800 m
Gewerbe- und Industriegebiete, auch am Siedlungsrand	500 m

Tabelle 3.5 Abstandsregeln nach Nutzungsart des Immissionsgebietes gemäß gemeinsamem Runderlass (2011) gültig für Gesamthöhe der WEA größer 70 m (Gesamthöhe bis 70 m, bis 50 m, bis 30 m gesonderte Regelungen)

Die Abstände sind einzuhalten für Anlagen mit der Gesamthöhe größer 70 m. Für Gesamthöhen bis 30 m, bis 50 m und bis 70 m gelten gesonderte Regeln, dabei werden Anlagen unter 50 m Gesamthöhe nach dem Baurecht und darüber nach BImSchG, siehe Abschnitt 3.8, genehmigt. Die Gesamthöhe H ist die Nabenhöhe NH plus Rotorradius $D/2$. Es wird unterschieden zwischen Einzelhäusern einschließlich Splittersiedlungen (≤ 4 Häuser), dörflichen und städtischen Siedlungen. Überschlägige Rechnungen der Schallausbreitung nach Abschnitt 3.2.3 mit einem typischen Wert für die Schallquelle L_{WA} und Richtwerten aus Abschnitt 3.2.4 ergeben eine Unterschreitung dieser Abstände. Daraus folgt, dass die Abstandsregeln so geschickt festgelegt worden sind, dass eine einzelne Windenergieanlage bei Einhaltung der Abstände die Richtwerte für Schall nicht übersteigen kann. Gleiches gilt für Schattenwurf. Bei mehreren Anlagen im Windpark muss wegen der Summation sorgfältig gerechnet werden.

3.4 Schatten

Schatten, genauer: periodischer Schattenwurf entsteht an einem Ort, wenn von diesem Ort aus gesehen die Sonne hinter dem drehenden Rotor der Windenergieanlage steht, siehe Abb. 3.25.

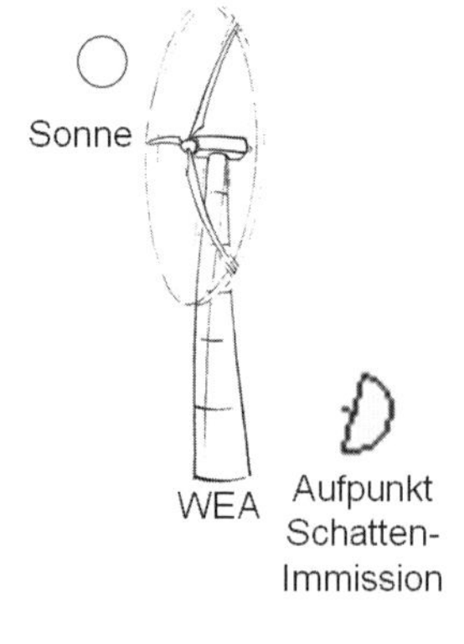

Bild 3.25 Periodischer Schattenwurf: Sonne hinter drehendem Rotor

Die Berechnung der Dauer des periodischen Schattenwurfs, also die Summen der Zeitspannen, in denen die Sonne hinter dem Rotor steht, wird für ein ganzes Jahr mit einer Auflösung von 2 Minuten unter astronomischen Bedingungen gerechnet. Es wird angenommen, dass es das ganze Jahr keine Wolken gibt und der Wind immer so steht, dass der Rotor quer zum Betrachtungspunkt ausgerichtet ist, also insgesamt wieder eine Worst-Case-Situation entsteht. Der Richtwert des Länderausschusses für Immissionsschutz (LAI) von prognostizierten 30 Stunden pro Jahr ist ebenfalls astronomisch ausgelegt. Ist die astronomisch gerechnete Schattenwurfdauer kleiner als der astronomische Richtwert, gibt es keine Einschränkungen. Tritt eine Überschreitung dieses theoretischen Richtwertes auf, muss der reale Schattenwurf mit einem realen Zeitwert verglichen werden. Das Verhältnis von realem zu astronomischem Schattenwurf beträgt in Deutschland etwa 1/4. Der LAI-Richtwert für realen Schattenwurf beträgt 8 Stunden im Jahr, genauer formuliert: pro 12 Monate, durch alle einwirkende Windenergieanlagen. Realer Schattenwurf entsteht bei einer Sonneneinstrahlung, die angegeben wird als Leistung in Watt pro Fläche in Meter, von mehr als 120 W/m^2. Die reale Schattenwurfdauer an einem Immissionspunkt wird messtechnisch und rechnerisch erfasst. Ein Abschaltmodul muss bei Überschreitung des realen Zeitwertes von 8 Std./Jahr in das System der Windenergieanlage installiert werden und diese dann abschalten. Das gilt für alle Immissionspunkte. Ein Abschaltmodul kann mehrere Anlagen oder ganze Windparks steuern. Kontrollmessungen seitens der genehmigenden Behörde an kritischen Punkten sind möglich.

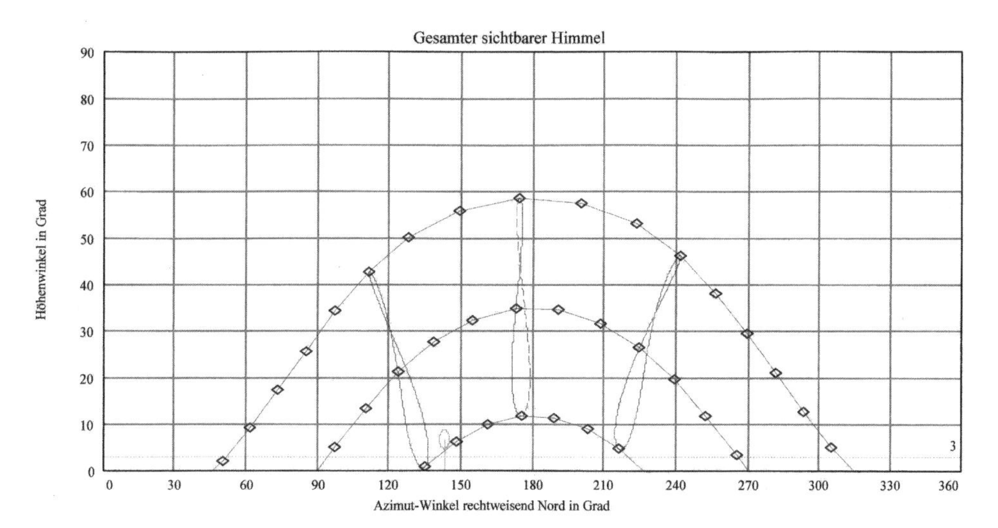

Bild 3.26 Gesamter sichtbarer Himmel, Höhenwinkel in Grad über Azimutwinkel rechtweisend Nord in Grad: Drei Tagesgänge der Sonne über Flensburg in Stundenschritten, oben: Sommersonnenwende, unten: Wintersonnenwende

Zur Verdeutlichung der astronomischen Berechnung ist in Abb. 3.26 der gesamte Himmel über Flensburg dargestellt. Horizontal ist der Azimutwinkel von null Grad, was Norden ist, bis 360 Grad aufgetragen. Vertikal ist der Höhenwinkel von null Grad, was der Horizont ist, bis 90 Grad, was der Zenit ist, aufgetragen. Eingetragen sind die drei extremen Tagesgänge der Sonne, die Sommersonnenwende (oben), die Wintersonnenwende (unten) und die Tag- und Nachtgleiche (in der Mitte). Die Schrittweite beträgt eine Stunde. Betrachtet man den Himmel von einem Beobachtungspunkt aus, kann man in die Abbildung die Kreisfläche des Rotors eintragen und die Verweildauer der Sonne in diesem Kreis berechnen. Als Ergebnis erhält man zum einen Berechnungen für einzelne kritische Immissionspunkte, also Häuser oder hausnahe Terrassen und zum anderen Berechnungen zu allen Punkten eines Areals, sodass ein Überblick mittels Schattenwurf-Isolinien in Stunden pro Jahr entsteht, siehe Abb. 3.27.

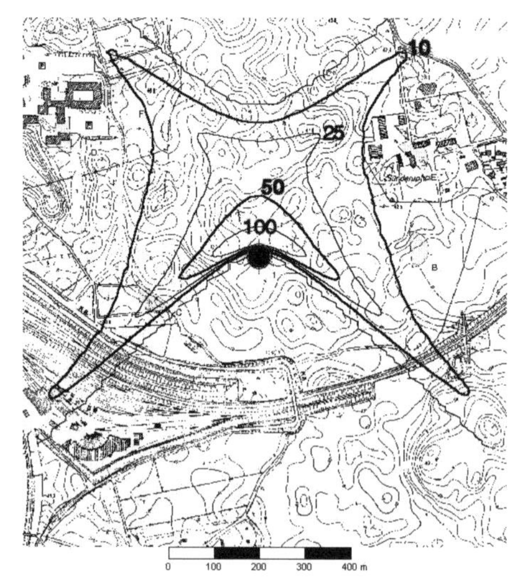

Bild 3.27 Schattenwurf-Isolinien in Stunden pro Jahr, 100, 50, 25, 10 h/a, schwarzer Kreis Windenergieanlage, Nabenhöhe 50 m, Rotordurchmesser 30 m, Maßstab Balken: 4 × 100 m

Die typische Schmetterlingsform ist dadurch bedingt, dass zu den beiden Sonnenwenden die Sonne die Auf- und Untergangspunkte am Horizont, also die Azimutwinkel, kaum von Tag zu Tag verändert, sodass summiert über das Jahr in diese Richtung viel Schatten fällt. Weitere Ergebnisse sind Kalender, in denen auf Minuten genau dargestellt ist, wann welche Windenergieanlage für beliebig viele kritische Punkte Schatten wirft; mit Beginn, Dauer und Ende des Schattenwurfs und angegeben für jede Anlage.

Ein weiterer astronomischer Richtwert ist, dass 30 Minuten Schattenwurf pro Tag nicht überschritten werden dürfen.

Zurzeit sollten in den Berechnungen alle Windenergieanlagen bis in eine Entfernung von rund 2 000 m berücksichtigt werden. Weiter steigende Anlagenhöhen können allerdings die Berücksichtigung größerer Radien erfordern, so reicht der periodische Schattenwurf von 183 m hohen Windenergieanlagen 2 460 m weit.

3.5 Turbulenz

Nachfolgend werden die natürliche Umgebungsturbulenz und die anlagenspezifische Turbulenz beschrieben.

3.5.1 Natürliche Umgebungsturbulenz

Wie bereits in Abschnitt 3.2.2 gezeigt, ist der Wind turbulent. Die gesamte Variation des Windes ist zeitlich nicht homogen, was das Spektrum der Windschwankung zeigt. Für dieses Spektrum wird über eine lange Dauer zeitlich hoch aufgelöst gemessen und die Amplitude der Schwankungen vertikal über der Frequenz der Schwankungen horizontal aufgetragen. Tatsächlich wird der Kehrwert der Frequenz, also die Periodendauer horizontal aufgetragen. Es zeigt sich, dass das Spektrum mit einer Periode von 10 Minuten eine Lücke bildet, also nur eine schwache Amplitude hat. Schwankungen mit längerer Periodendauer bis hin zu Tagen und einem Jahr treten stärker auf, die Ursache dafür nennt man Wetter; Schwankungen mit kürzeren Periodendauern treten stärker auf, das nennt man Turbulenz. Siehe dazu das van der Hoven Spektrum, u. a. dargestellt im Windatlas, siehe Troen (1990). Diese Lücke ist der Grund, weshalb meteorologisch 10 Minuten lang die horizontale Geschwindigkeit v gemessen wird. Als statistische Größen aus diesem 10-Minuten-Intervall wird der Mittelwert v_{Mittel} als Geschwindigkeit und die Standardabweichung $\sigma = \sigma_v$ als Turbulenz ausgewertet. Daraus wird die Turbulenzintensität I als Quotient berechnet:

$$I = \frac{\sigma_v}{v_{\text{Mittel}}} \tag{3.30}$$

I = Turbulenzintensität [-] oder [%]
σ_v = Standardabweichung Windgeschwindigkeit horizontale Komponente 10 min Messzeit [m/s]
v_{Mittel} = Mittelwert Windgeschwindigkeit horizontale Komponente 10 min Messzeit [m/s]

Tatsächlich hat die Windgeschwindigkeit einen ständig fluktuierenden Anteil in allen drei Vektorkomponenten. Die beiden Querkomponenten zu v horizontal und vertikal sind mit Richtungsänderungen verbunden. Nach Prandtl, siehe Oertel (2008), gibt es eine Gleichverteilung der Fluktuation dieser Vektorkomponenten, sodass hier die Beschränkung auf die Fluktuation von v zur Beschreibung der Turbulenz genügt.

Die Umgebungsturbulenz, auch natürliche Turbulenz genannt, lässt sich in erster Näherung nach dem Windatlas beschreiben als Funktion der Bodenrauigkeit z_0 und der Höhe:

$$I_{\text{Umg}} = \frac{1}{\ln\left(\frac{h}{z_0}\right)} \tag{3.31}$$

I_{Umg} = natürliche Umgebungsturbulenz [-]
h = Höhe über Grund [m]
z_0 = Rauigkeitslänge [m]

Analog zur Strömung über eine ebene Platte, siehe Oertel (2008), erzeugt dort die Korngröße k und hier die Rauigkeitslänge z_0 die Turbulenz. Der Geschwindigkeitsgradient $\mathrm{d}v/\mathrm{d}h$ mit seiner Rotation kann als Generator für Turbulenz angesehen werden. Mit steigender Höhe h sinkt der Geschwindigkeitsgradient, die Turbulenz wird somit geringer, was mit Gl. 3.31 ebenfalls beschrieben wird. Typisch ist für Rauigkeitsklasse 2 in 80 m Höhe rechnerisch als Turbulenzintensität 15 %. Zuverlässiger sind Messungen. Zu beachten ist, dass bei gemessenen Turbulenzintensitäten nur solche von Windgeschwindigkeiten größer 4 m/s betrachtet werden, da bei kleineren Windgeschwindigkeiten die Turbulenzintensität nach Definition Gl. 3.30 stark ansteigt, was aber für die Wechsellasten an der Anlage keine Bedeutung hat, da die Kräfte klein sind und, was noch deutlicher rechtfertigt, die Einschaltgeschwindigkeit kaum erreicht ist.

3.5.2 Anlagenspezifische Turbulenz

Turbulenz erzeugt an der Anlage Wechsellasten, die technisch wiederum mit Wöhlerkurven beschrieben werden. Unter Berücksichtigung der Wechsellasten werden Windenergieanlagen in Standfestigkeitsbetrachtungen für Turbulenzintensitäten bzw. für Turbulenzklassen ausgelegt. Für diese Turbulenzintensitäten wird zwar von der Definition der Turbulenz nach Gl. 3.30 ausgegangen, doch wird die Turbulenzintensität um einen Faktor erhöht, um die besonders schädigenden Fluktuationen nach hohen Geschwindigkeiten zu berücksichtigen. Dieses führt zu mehreren Definitionen der Turbulenz, die verschieden hohe Zuschläge haben. Die wichtigsten Turbulenzintensitäten sind charakteristische, repräsentative und effektive Turbulenz. Die Definitionen und Verwendungen zur Bildung der Turbulenzklassen A, B und C sind nicht offensichtlich und werden hier nicht vertieft. Es wird verwiesen auf die Standards IEC 61400-1 Ed. 2/DIBt und Ed. 3, siehe IEC 61400 (2011).

Eine Windenergieanlage der zweiten Reihe steht in den Abwinden der ersten Reihe und erfährt zusätzliche Turbulenz. Für die Berechnung sind aufwendige Verfahren bekannt. Ihnen gemein ist, dass die Gesamtturbulenz I des Nachlaufs sich aus der bei Standardabweichungen üblichen quadratischen Addition der natürlichen Turbulenz I_{Umg} und der durch die Anlage zusätzlich erzeugten induzierten Turbulenz I_{ind} ergibt nach:

$$I = \sqrt{I_{\mathrm{Umg}}^2 + I_{\mathrm{ind}}^2} \text{ mit } I_{\mathrm{ind}} = I_{\mathrm{ind}}(C_{\mathrm{t}}, D, Z, \lambda, I_{\mathrm{Umg}}) \tag{3.32}$$

Die induzierte Turbulenz ist eine Funktion vom Schubbeiwert C_t, vom Rotordurchmesser D, der Blattanzahl Z, der Schnelllaufzahl λ und der Umgebungsturbulenz I_{Umg}. Es wird hier verwiesen auf weiterführende Literatur: Burton (2001), Quarton and Ainslie (1990) und Garrad Hassan (1989).

3.6 Zwei Anwenderprogramme zur vollständigen Planung von Windparks

Auf dem Markt sind zwei Anwenderprogramme gängig, mit denen die vollständige Planung von Windenergieparks durchgeführt werden können. Diese sind WindPRO, siehe WindPRO (2011), und WindFarmer, siehe WindFarmer (2011). Beide Programme können direkt oder indirekt zugreifen auf das Programm WAsP, siehe WAsP (2011), mit dem die oben dargestellten Windpotenziale berechnet werden. Mit beiden Programmen können die Energie und alle Emissionen (Schatten, Schall, visuelle Veränderung) dargestellt werden, die Parkverkabelung und die Wirtschaftlichkeit berechnet werden. Darüber hinaus können Windmessungen integriert werden.

Beide Programme, WindFarmer und WindPRO, sind auf Karten orientiert. Der Windpark wird auf einer digitalen topografischen Karte angelegt, mit all seinen Objekten und Rechenergebnissen, wodurch das gesamte Windparkprojekt bei geschickter Aufteilung sehr übersichtlich wird. Im Einzelnen können mit diesen Programmen bearbeitet werden:

- Eingabe der Grunddaten: Geografie, Windenergieanlagen mit kompletten Eigenschaften, wobei ein nahezu vollständiger Katalog marktgängiger Anlagen vorhanden ist

- Windpotenzialberechnungen: direkte Anwendung oder Import von WAsP, WINDSIM oder anderen Quellen
- Winddaten-Analyse: vielfältige Analysen von gemessenen Winddaten zur Integration in die Energieberechnung
- Energie: Berechnung der Jahresenergie des Windparks
- Optimierung der Energie unter Berücksichtigung des Parkwirkungsgrades und von Nebenbedingungen
- Schall: komplette Berechnung der Schallfelder einschließlich Vergleich mit Richtwerten
- Schatten: komplette Berechnung des periodischen Schattenwurfs einschließlich Vergleich mit Richtwerten
- Optimierung der Energie ohne und mit Vorgabe von Nebenbedingungen, z. B. Schallrestriktionen
- Sichtbarkeitsanalyse: Darstellung der Sichtbarkeit der Anlagen als Karte
- Fotomontage: Visualisierung des geplanten Windparks in realen Landschaftsfotos
- Elektrische Auslegung der internen Parkverkabelung
- Finanzielle Kalkulation des Windparks
- Turbulenz: Berechnung der natürlichen und der induzierten Turbulenz, Berechnung der repräsentativen oder der charakteristischen Turbulenz in einem Programm als Standard
- RIX-Analyse der Steilheit des Geländes
- Analyse der Störung von zivilen und militärischen Radarstationen in einem Programm

Unter den angegebenen Internetadressen sind alle Informationen erhältlich und es können Demoversionen der Programme geladen werden.

3.7 Technische Richtlinien, FGW-Richtlinien und IEC

Nachfolgend werden zwei Normen genannt, die als Standards in der Windenergie gelten. Das sind die Technischen Richtlinien der FGW und der International Standard IEC 61400. Beide Normensätze entsprechen im Wesentlichen einander. FGW steht für Fördergesellschaft Windenergie, IEC für International Electrotechnical Commission, wobei unter 61400 die Windturbinen zusammengefasst sind.

Die FGW-Richtlinien (TR) können u. a. bezogen werden von der FGW unter *www.wind-fgw.de*, siehe FGW-Richtlinien (2011). Hier genannte Teile sind

TR Teil 1	Bestimmung der Schallemissionswerte
TR Teil 2	Bestimmung von Leistungskurven und standardisierten Energieerträgen
TR Teil 3	Bestimmung der elektrischen Eigenschaften von Erzeugungseinheiten am Mittel-, Hoch- und Höchstspannungsnetz (Netzverträglichkeit)
TR Teil 4	Anforderungen an Modellierung und Validierung von Simulationsmodellen der elektrischen Eigenschaften von Erzeugungseinheiten und -anlagen

	(Netzanschlussgrößen, Kraftwerksverhalten)
TR Teil 5	Bestimmung und Anwendung des Referenzertrages
TR Teil 6	Bestimmung von Windpotenzial und Energieerträgen (einschließlich 60 %-Referenzertrag-Nachweis)
TR Teil 7	Instandhaltung von Windparks
TR Teil 8	Zertifizierung der elektrischen Eigenschaften von Erzeugungseinheiten und -anlagen am Mittel-, Hoch- und Höchstspannungsnetz

Die IEC 61400-x können bezogen werden vom IEC Central Office Schweiz: *www.iec.ch* und u. a. vom VDE-Verlag unter *www.vde-verlag.de*, siehe IEC 61400 (2011). Hier genannte Teile sind

IEC 61400-12	Wind turbine power performance testing (Leistungskennlinie, Messung, −1 Windmessmast, −2 Gondelanemometer)
IEC 61400-11	Acoustic noise measurement techniques (Schall, Messung)
IEC 61400-13	Measurement of mechanical loads (mechanische Lasten, Messung)
IEC 61400-14	Declaration of apparent sound power level and tonality values
IEC 61400-21	Measurement and assessment of power quality characteristics of grid connected wind turbines (Netzverträglichkeit)
IEC 61400-22	Conformity testing and certification (Zertifizierung)
IEC 61400-23	Full-scale structural testing of rotor blades (Blätter)
IEC 61400-24	Lightning protection (Blitzschutz)
IEC 61400-25	Communications power plant components, turbines to actors, Scada
IEC 61400-1	Design requirements (Auslegungsanforderungen für Windturbinen)
IEC 61400-2	Design requirements for small wind turbines (Kleinwindanlagen)
IEC 61400-3	Design requirements for offshore wind turbines (Offshore-Windenergieanlagen)
IEC 61400-4	Gears
IEC 61400-5	Wind turbine rotor blades

3.8 Umwelteinflüsse, Bundes-Immissionsschutzgesetz und Genehmigungsverfahren

Wirtschaften ist, ebenso wie das menschliche Leben mit Wohnen und Arbeiten, ohne den Einsatz von Energie nicht möglich. Jede Art der Energieumwandlung in elektrischen Strom hat Auswirkungen auf die Umwelt. Umweltauswirkungen können auftreten bei der Gewinnung der Rohstoffe, der Umwandlung in elektrische Energie und beim Anlagenrückbau bzw. durch einzulagernde Reststoffe.

Dies gilt auch für die Nutzung der Windenergie, deren Ausbau politisch gewollt ist und folgende Vorteile bietet:

- Beim Anlagenbetrieb oder bei Störfällen werden Klimagase und Radioaktivität nicht freigesetzt.
- Die Reserven der Erde werden auf Kosten zukünftiger Generationen nicht verbraucht.

- Windenergie ist weltweit vorhanden und bietet kein Konfliktpotenzial und damit kein Angriffsziel.
- Windenergienutzung bringt auf regionaler Ebene breit gestreutes Einkommen und sichert Zehntausende deutscher Arbeitsplätze.
- Polizeischutz ist bei WEA-Transporten nicht erforderlich.
- Die Versorgungssicherheit wird durch dezentrale Einspeisung erhöht.

Neben vorgenannten Vorteilen sind auch die Nachteile der Windenergienutzung zu nennen, denn wo Sonne ist, ist bekanntlich auch Schatten!

So sind wegen der Neuartigkeit dieser Anlagentechnik Schutzmechanismen gegen periodische Einwirkungen im menschlichen Erbgut nicht gespeichert. Aufgrund staatlicher Genehmigungs- und Überwachungstätigkeiten, der Rechtsprechung und aus wissenschaftlichen Untersuchungen heraus ist bekannt, dass sich Anwohner im Einwirkungsbereich von WEA belästigt fühlen:

- ca. 16 % durch die Hinderniskennzeichnung (Universität Halle, 2010)
- ca. 48 % durch periodischen Schattenwurf (Universität Kiel, 2000)
- ca. 58 % durch Lärm (Universität Kiel, 2000)
- ca. 64 % durch das Bewegungssignal (keine Immission!) (Universität Kiel, 2000)

Befürchtete Ernteausfälle in Bereichen, in denen der turbulente Nachlauf von WEA den Boden berührt, haben sich nicht bestätigt; stattdessen konnten US-amerikanische Untersuchungen nachweisen, dass turbulente Nachlaufströmungen die Bestäubung der Nutzpflanzen begünstigen. Zusätzlich zeigte sich, dass bei feuchten Witterungsverhältnissen durch schnellere Abtrocknung der Schimmelbildung vorgebeugt wird.

Zunehmend ist festzustellen, dass die Gesellschaft und der einzelne Bürger auf Umweltbelastungen sensibler reagiert. Aus diesem Grunde sind mit Inkrafttreten des „Artikelgesetzes" am 03.08.2001 weitere bislang baurechtlich zu genehmigende Anlagentypen, wie z. B. Windfarmen, dem umfangreicheren Genehmigungs- und Eingriffsinstrumentarium des Bundes-Immissionsschutzgesetzes (BImSchG), siehe BImSchG (2002), unterworfen worden. Neben dem Vorsorgegedanken wurde dadurch auch die Öffentlichkeitsbeteiligung erweitert.

Zweck des Bundes-Immissionsschutzgesetzes ist es, Menschen, Tiere und Pflanzen, den Boden, das Wasser, die Atmosphäre sowie Kultur- und sonstige Sachgüter vor schädlichen Umwelteinwirkungen zu schützen und dem Entstehen schädlicher Umwelteinwirkungen vorzubeugen (§ 1 BImSchG).

3.8.1 Bundes-Immissionsschutzgesetz (BImSchG)

Schädliche Umwelteinwirkungen im Sinne des § 3 BImSchG sind Immissionen, die nach Art, Ausmaß oder Dauer geeignet sind, Gefahren, erhebliche Nachteile oder erhebliche Belästigungen für die Allgemeinheit oder die Nachbarschaft herbeizuführen.

Immissionen sind auf Menschen, Tiere und Pflanzen, den Boden, das Wasser, die Atmosphäre sowie Kultur- und sonstige Sachgüter einwirkende Luftverunreinigungen, Geräusche, Erschütterungen, Licht, Wärme, Strahlen und ähnliche Umwelteinwirkungen.

Emissionen sind die von einer Anlage ausgehenden Luftverunreinigungen, Geräusche, Erschütterungen, Licht, Wärme, Strahlen und ähnliche Umwelteinwirkungen.

Bezogen auf Windenergieanlagen sind dies insbesondere:

- Lärm
- Periodischer Schattenwurf durch Zerteilen des Sonnenlichts durch Rotorblätter
- Discoeffekte durch Reflexion des Sonnenlichts an Rotorblatt-Oberflächen
- Turbulenzen für benachbarte WEA und Freileitungen der Bahn und der Netzbetreiber (EVU)
- Befeuerungen der WEA als Luftfahrthindernisse

Zusätzlich sind sonstige Einwirkungen zu nennen, welche durch Errichtung oder Betrieb der WEA auf die Umwelt einwirken. Für diese Einwirkungen gelten andere Gesetze oder untergesetzliche Regelwerke:

- Bewegungssignal durch Rotation der Rotorblätter
- Veränderung des Landschaftsbildes
- Eiswurf und Blitzschlag
- Entwertung benachbarter Kulturgüter
- Störungen durch Radar und Richtfunk
- Netzschwankungen (heute kaum noch ein Thema)
- Auswirkungen auf die Tierwelt
- Bodenerwärmung bzw. Bodenaustrocknung (begrenzt um das Erdkabel herum)
- Bodenversiegelung durch das Fundament und Verdichtung im Zuwegungsbereich
- Verwechselungen der Hinderniskennzeichnungsleuchten von WEA mit Verkehrsanlagen von Seewasserstraßen (z. B. hinter dem Elbdeich in Nachbarschaft der NOK- Schleuseneinfahrt)

3.8.2 Genehmigungsverfahren

Zur Veranschaulichung ist der Ablauf des Genehmigungsverfahrens nach BImSchG unten als Blockdiagramm dargestellt. Die wesentlichen Elemente des Ablaufs werden nachfolgend erklärt. Wegen der begrenzten Raumwirkung kleinerer WEA bis 50 Meter Gesamthöhe werden diese nach dem jeweiligen Landesbaurecht genehmigt. Erst ab einer Gesamthöhe von mehr als 50 Meter Gesamthöhe ist für WEA gemäß Ziff. 1.6 – Sp.2.4 BImSchV (1997) ein umfangreiches immissionsschutzrechtliches Prüf- und Genehmigungsverfahren für Windenergieanlagen vorgesehen. Die immissionsschutzrechtliche Genehmigung schließt die Baugenehmigung ein! Als Realkonzession gilt sie betreiberunabhängig und veräußerbar.

Nach Genehmigungserteilung muss innerhalb von 3 Jahren mit der Ausschöpfung der Genehmigung begonnen werden bzw. muss ein begründeter Antrag auf Verlängerung bei der Genehmigungsbehörde gestellt werden. Die Befristung ergibt sich aus dem fortschreitenden Erkenntnisstand im Immissionsschutz. Das Verfahren zur Erlangung einer immissionsschutzrechtlichen Genehmigung zur

- Errichtung und zum Betrieb einer WEA,
- wesentlichen Änderung der Lage, der Beschaffenheit oder des Betriebs der Anlage,
- Erlangung eines Vorbescheids oder einer Teilgenehmigung,

- Zulassung des vorzeitigen Beginns oder
- einer nachträglichen Anordnung nach § 17 (1a) BImSchG zur Erfüllung der Pflichten aus dem BImSchG oder deren Verordnungen

richtet sich nach den Vorgaben der Verordnung über das Genehmigungsverfahren, siehe 9. BImSchV (1992).

Die Änderung einer genehmigungsbedürftigen WEA ist, sofern eine Genehmigung nicht beantragt wird, gemäß § 15 BImSchG der zuständigen Behörde mindestens einen Monat bevor mit der Änderung begonnen werden soll, schriftlich anzuzeigen, wenn sich die Änderung auf immissionsschutzrechtliche Schutzgüter auswirken kann. Entsprechende Unterlagen sind beizufügen.

Der Eingang der Anzeige ist durch die Behörde zu bestätigen. Innerhalb eines Monats hat sie zusätzlich zu prüfen, ob die Änderung einer Genehmigung bedarf.

Der Vorhabensträger darf die Änderung vornehmen, sobald ihm die zuständige Behörde mitteilt, dass die Änderung einer Genehmigung nicht bedarf oder sich innerhalb der Monatsfrist nicht geäußert hat.

In der Europäischen Union wurde zusätzlich die Umweltverträglichkeitsprüfung durch die UVP-Richtlinie verankert, die von den Mitgliedstaaten der Union durch den Erlass eigener Bestimmungen über die UVP umgesetzt wurde, so auch in der Bundesrepublik Deutschland durch das Gesetz über die Umweltverträglichkeitsprüfung (UVPG) vom 12. Februar 1990 mit Geltung ab 1. August 1990, siehe BGBI.I (2001).

3.8.3 Umweltverträglichkeitsprüfung (UVP)

Die Umweltverträglichkeitsprüfung, auch als Umweltverträglichkeitsstudie oder Umweltverträglichkeitsuntersuchung bezeichnet, ist ein gesetzlich vorgesehenes, systematisches Prüfverfahren, mit dem die unmittelbaren und mittelbaren Auswirkungen von Vorhaben bestimmten Ausmaßes auf die Umwelt schutzgüterbezogen im Vorfeld der behördlichen Entscheidung über die Zulässigkeit des Vorhabens festgestellt, beschrieben und bewertet werden. Das schwierige Feld der Wechselwirkungen soll dabei mit betrachtet werden!

Diese Umweltverträglichkeitsprüfung ist als unselbstständiger Teil mit weiteren Antragsunterlagen Grundlage für die Prüfung durch die Fach- und Genehmigungsbehörden im Rahmen des Genehmigungsverfahrens.

3.8.3.1 Screening

Vor Abgabe der Antragsunterlagen auf immissionsschutzrechtliche Genehmigung einer WEA ist in einer Vorprüfung des Einzelfalls (Screening) durch überschlägige Prüfung der zuständigen Genehmigungsbehörde das Erfordernis einer UVP zu klären.

Die Kriterien für das Screening können der Anlage 2 des UVPG entnommen werden.

3.8.3.2 Standortbezogene Vorprüfung

Wie dem Windenergiehandbuch des Staatlichen Umweltamtes Herten (2007) für die standortbezogene Vorprüfung des Einzelfalls entnommen werden kann, sind nur die Merkmale des

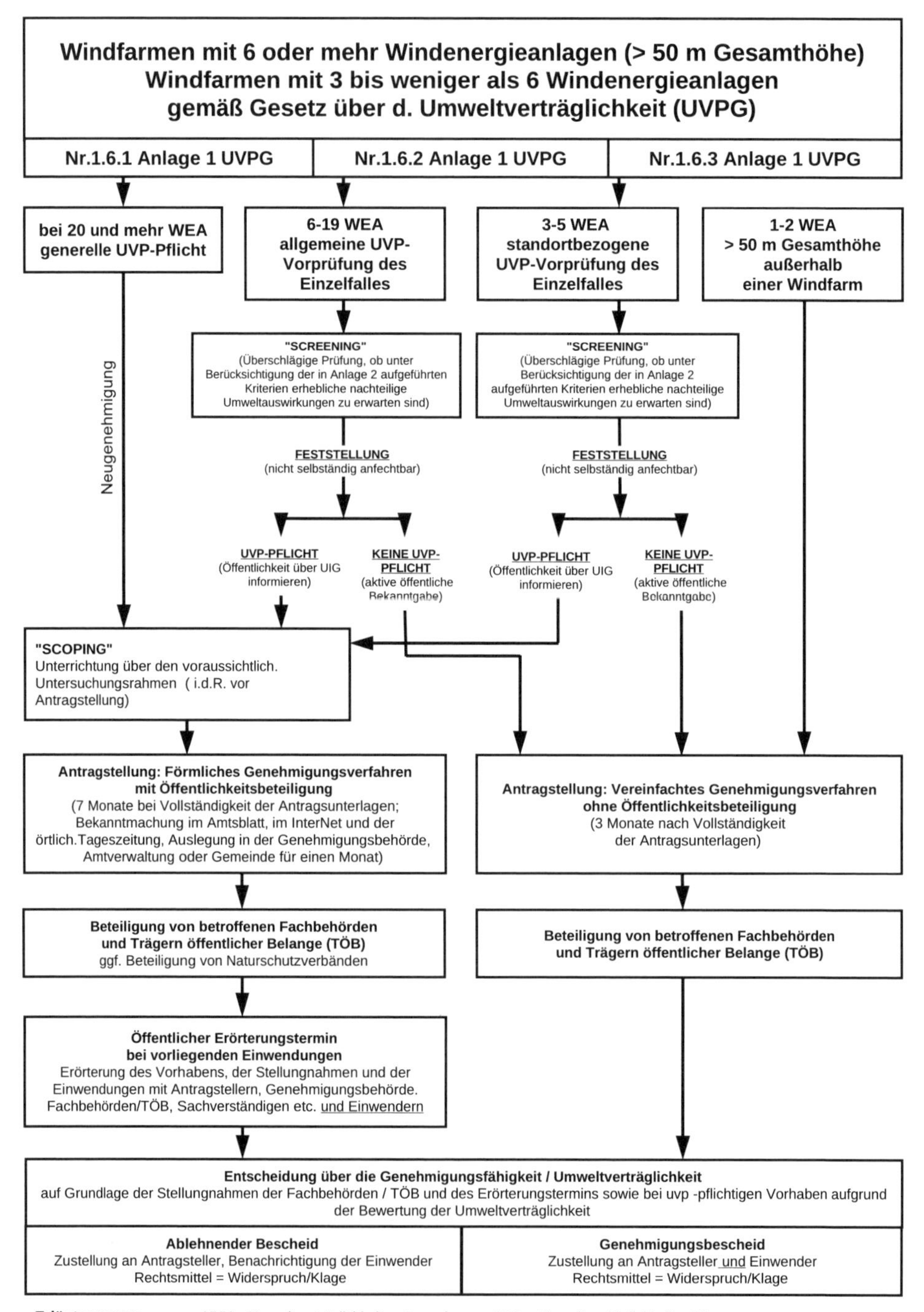

Bild 3.28 Ablauf des BImSchG-Genehmigungsverfahrens

Standortes für das Screening bedeutsam, d.h. es ist zu prüfen, ob trotz der geringen Anzahl von 3 bis 5 WEA allein aufgrund der besonderen örtlichen Gegebenheiten erhebliche nachteilige Umweltauswirkungen für das betroffene schützenswerte Gebiet zu erwarten sind. In der Regel sind keine erheblichen negativen Auswirkungen gegeben, wenn zu den geschützten Gebieten die Abstände der länderspezifischen WEA-Erlasse eingehalten werden oder wenn die Windfarm innerhalb einer ausgewiesenen Windeignungsfläche liegt und sich keine neuen Gesichtspunkte ergeben, die bei der Ausweisung des Regional-, Flächennutzungs- oder Bebauungsplans noch nicht berücksichtigt werden konnten.

3.8.3.3 Allgemeine Vorprüfung

Bei der allgemeinen Vorprüfung ist zu berücksichtigen, inwieweit der Schwellenwert von 6 WEA überschritten wird und sich dem Größenwert für die Pflicht-UVP von 20 Anlagen annähert (hinzuweisen ist, dass WEA, die vor dem 14. März 1999 errichtet wurden, hinsichtlich der Anlagenzahlen unberücksichtigt bleiben).

Da jedoch bei der allgemeinen Vorprüfung nicht allein die Größe des Vorhabens ausschlaggebend sein kann, hat der Gesetzgeber bei der Festlegung eines Schwellenwertes für die Pflicht-UVP bereits generalisierend die Auswirkungen eines Vorhabens bewertet und geht in der Regel erst ab 20 WEA von der Notwendigkeit einer UVP aus. Deshalb müssen auch bei der allgemeinen Vorprüfung des Einzelfalls Standortkriterien einbezogen werden und aus der Größe des Vorhabens und dem Zusammenwirken der spezifischen Vorhabensmerkmale mit den besonderen lokalen Verhältnissen erhebliche negative Umweltauswirkungen begründet sein. Aufgrund der dafür erforderlichen Fachkenntnisse ist es sinnvoll, zum Screeningtermin Behördenvertreter des Naturschutzes und der Denkmalspflege und Bürgermeister betroffener Gemeinden hinzuzuziehen.

Um bei dieser überschlägigen Prüfung zu vergleichbaren und reproduzierbaren Ergebnissen zu kommen, wurde ein mehrseitiger Screeningfragebogen entwickelt, welcher nach Vorstellung des Projekts durch den Antragsteller auf Basis vorhandener Informationen und ohne zusätzliche Studien und Untersuchungen mit „Ja" oder „Nein" durch den Vertreter der Genehmigungsbehörde beantwortet werden sollte.

Die Anzahl der mit „Ja" beantworteten Fragen ist dabei nicht entscheidend für die Frage, ob eine UVP durchgeführt werden soll; dies kann neben der inhaltlichen Bewertung lediglich als ein Indiz für die Abwägung zu werten sein.

Am Ende dieses 1- bis 2-stündigen Screeningtermins wird durch den verantwortlichen Behördenvertreter festgestellt, ob gemäß den §§ 3b bis 3f für das Vorhaben eine Verpflichtung zur Durchführung einer Umweltverträglichkeitsprüfung besteht oder nicht besteht, weil erhebliche nachteilige Umweltauswirkungen durch das Vorhaben nicht zu befürchten sind.

Eine gerichtliche Überprüfbarkeit dieser Entscheidung ist nicht vorgesehen.

Wird während des Screening-Termins eine Verpflichtung zur Durchführung einer Umweltverträglichkeitsprüfung festgestellt, so wird in einem nachfolgenden Scoping-Termin unter Beteiligung der Träger öffentlicher Belange auf Basis eines durch den Antragsteller eingereichten Entwurfs der UVP- Untersuchungsrahmen festgelegt.

3.8.3.4 UVP-Untersuchungsrahmen

Der UVP-Untersuchungsrahmen besteht aus nachfolgenden Teilen, die hier als Übersicht genannt werden.

1. Einleitung
2. Vorhabensrelevante Planungsvorgaben und Rahmenbedingungen
3. Beschreibung der vorhandenen und geplanten Nutzungen am Standort und im Einwirkungsbereich
4. Beschreibung und Bewertung der Umweltsituation
5. Entwicklungsprognose des Zustandes der Umwelt ohne Verwirklichung des Vorhabens
6. Beschreibung und Charakterisierung des Vorhabens
7. Ermittlung und Beschreibung der Raum- und Umweltauswirkungen
8. Vorschläge und Maßnahmen zur Vermeidung und Verminderung bzw. Kompensation von Umweltauswirkungen
9. Hinweise auf aufgetretene Schwierigkeiten und bestehende Kenntnislücken bei der Zusammenstellung der Angaben
10. Allgemeinverständliche Zusammenfassung

3.8.4 Einzelaspekte im Verfahren

3.8.4.1 Antrag auf immissionsschutzrechtliche Genehmigung

Nach Fertigstellung der Umweltverträglichkeitsstudie und Beifügung zu den sonstigen Antragsunterlagen ist der BImSchG-Genehmigungsantrag vollständig und bearbeitbar. Jetzt kann der Antrag auf Genehmigung einer Windenergieanlage gemäß § 4 Bundes-Immissionsschutzgesetz bei der zuständigen Genehmigungsbehörde eingereicht werden!

Sollte keine UVP-Verpflichtung festgestellt worden sein, so kann im vereinfachten Verfahren gemäß § 4 i. V. m. § 19 BImSchG der Genehmigungsantrag gestellt werden!

Zur Optimierung der Zeitabläufe sollten für eine sternförmige Beteiligung der Träger öffentlicher Belange (TöB) Antragsunterlagen in folgender Zahl eingereicht werden: 3 × komplette Antragsunterlagensätze (Antragsteller, Kreis- bzw. Stadtbauamt und Genehmigungsbehörde) sowie 10 × „abgemagerte" Antragsunterlagensätze (Straßenbauamt, Flugsicherheitsbehörden, Kreisbauamt, Gemeinde, Denkmalpflegebehörde, Schifffahrtdirektion, Küstenschutzamt, Eisenbahnamt usw.).

Betreiber von nicht hoheitlich betriebenen Richtfunktrassen werden nur informiert!

3.8.4.2 Erteilung der Genehmigung

Die immissionsschutzrechtliche Genehmigung sollte für eine WEA (> 50 m) im vereinfachten Verfahren nach ca. 3 Monaten bzw. mit UVP im förmlichen Verfahren nach 7 Monaten erteilt werden, sofern

- Antragsunterlagen vollständig waren,
- bauplanungsrechtliche Voraussetzungen stimmen,

- das gemeindliche Einvernehmen erteilt wurde und
- die beteiligten Träger öffentlicher Belange zugestimmt haben.

Mitgeteilte Bedingungen, Auflagen und Hinweise werden in den Genehmigungsbescheid aufgenommen und sind zu begründen.

3.8.4.3 Schwierigkeiten des Genehmigungsverfahrens

Durch folgende Umstände kann das Genehmigungsverfahren erschwert werden:

- Antragsunterlagen sind unvollständig und müssen nachgefordert werden (Unterschriften, Pachtverträge, Gutachten, Ausgleichszahlungen usw.).
- Die planungsrechtliche Zulässigkeit ist noch nicht gegeben. Das gemeindliche Einvernehmen fehlt, wird verweigert bzw. es wird eine Höhenbegrenzung von 100 Meter vorgegeben (eine bedarfsgerechte Befeuerung könnte solche Einschränkungen gegenstandslos werden lassen).
- Die Luftfahrtbehörden stimmen dem WEA-Vorhaben nicht zu (signaturtechnische Gutachten helfen manchmal weiter).
- Unvorhersehbare Nachforderungen müssen erhoben werden (Gutachten zur Feststellung der Auswirkungen auf den Menschen, Natur und Landschaft, ziehende und überwinternde Vögel und Fledermäuse, sowie Fische, Pferde aber auch zum Schutz gegen Verwechselungen mit Verkehrssignalen).
- Zeitnahes zweites Genehmigungsverfahren zwingt erstes Verfahren in die UVP.
- Unzureichende Einbindung von Bürgern oder bei grenznahen Projekten ggf. grenzüberschreitende Behördenbeteiligung unter Berücksichtigung dortiger Regelwerke (UVP in Deutschland ab 20 WEA ≠ UVP in Dänemark ab 85 m Gesamthöhe).

In den Genehmigungsbescheid einer WEA werden aus Gründen des Immissionsschutzes und der Vorsorge grundsätzlich Nebenbestimmungen (Bedingungen, Auflagen und Hinweise) zum Schutz der Nachbarschaft und der Umwelt genannt.

3.8.4.4 Geräusche sind Immissionen im Sinne des § 3 (2) BImSchG

Im Zusammenhang mit Geräuschimmissionen sind bei der Beurteilung des Anlagenbetriebes im Rahmen von BImSch-Genehmigungsverfahren oder Nachbarschaftsbeschwerden insbesondere die Technische Anleitung zum Schutz gegen Lärm – TA-Lärm – und auch die Empfehlungen des Arbeitskreises „Geräusche von Windenergieanlagen" zu beachten.

Die TA-Lärm legt Immissionsrichtwerte fest und beschreibt die grundsätzlichen Beurteilungen von Schallimmissionen in Genehmigungs- und Nachbarbeschwerdeverfahren. Im Genehmigungsverfahren ist dabei, neben den Immissionsrichtwerten, die DIN ISO 9613-2, Entwurf 1997, von besonderer Bedeutung. So dürfen beispielsweise bei Wohnhäusern im Außenbereich – in Analogie zum dörflichen Mischgebiet – durch die Gesamtheit aller relevant einwirkenden Anlagen folgende Richtwerte nicht überschritten werden: 60 dB(A) am Tage und 45 dB(A) in der Nacht.

Die Einhaltung dieser Richtwerte ist im Rahmen des Genehmigungsverfahrens zu prognostizieren und nach der Inbetriebnahme der genehmigten WEA durch eine gutachterliche Immissionsmessung 1 Meter vor dem geöffneten Fenster des nächstgelegenen Immissionsortes nachzuweisen.

Bei Richtwertüberschreitungen sind die Schallemissionen durch stufenweise Leistungsreduzierungen zu senken, ggf. bis hin zur nächtlichen Außerbetriebnahme.

3.8.4.5 Optische Immissionen: Lichtblitze, periodischer Schattenwurf

Zyklische Lichtblitze/Discoeffekte sowie periodischer Schattenwurf sind ebenfalls Immissionen im Sinne des Bundes-Immissionsschutzgesetzes.

Durch die Vorgabe mittelreflektierender Farben (z. B. RAL 7035-HR) und matten Glanzgraden gemäß DIN 67530/ISO 2813 ist Lichtblitzen vorzubeugen.

Periodischer Schattenwurf ist abhängig vom Zusammenwirken der Windrichtung, des Sonnenstandes und vom Stand und Betrieb der WEA. Zeitliche Abschaltmaßnahmen der Anlagen sind erforderlich, um periodischen Schattenwurf auf ein erträgliches Maß zu reduzieren. Auf Basis der wissenschaftlichen Untersuchungen des Psychologogischen Instituts der Universität Kiel im Jahr 2000 ist eine derartige Einwirkung i. d. R. nicht erheblich belästigend, wenn die astronomisch maximal mögliche Beschattungsdauer nicht mehr als 30 Min./Tag und darüber hinaus nicht mehr als 30 Std./Jahr (worst case) beträgt. Das entspricht einer realen Zeit von 8 Std. pro Jahr bzw. pro 12 Monate.

Werden diese Zeiten durch die Gesamtheit aller einwirkenden WEA pro Wohnort überschritten, sind Abschaltmaßnahmen zur Einhaltung der Richtwerte erforderlich. Entsprechend programmierbare Abschaltmodule stehen zur Verfügung. Ihre Eignung wurde in einem Zweijahrestest unter realen Bedingungen im Testgelände des Kaiser-Wilhelm-Koogs in Dithmarschen nachgewiesen.

3.8.4.6 Turbulenzen im Nachlauf von Windenergieanlagen

Auf der Leeseite von Windenergieanlagen bilden sich Turbulenzen/Windverwirbelungen. Der mit den Turbulenzen verbundene Über- und Unterdruck ist als Umwelteinwirkung im Sinne des § 3 Abs. 2 BImSchG zu beurteilen.

Diese Turbulenzen können auf Hochspannungsleitungen und auf andere Windenergieanlagen schädigend einwirken. Dies kann zu Materialermüdungen mit Folgen für die Lebensdauer der Anlagen führen. Die Betreiber benachbarter Anlagen sind daher im Genehmigungsverfahren zu beteiligen. Werden von Ihnen entsprechende Bedenken erhoben, und beträgt der Abstand weniger als das Fünffache des Rotordurchmessers der WEA zu anderen Anlagen, ist durch ein vom Antragsteller vorzulegendes standortbezogenes Gutachten nachzuweisen, dass der Abstand sicherheitstechnisch keine nachteiligen Folgen für die in Lee befindlichen Anlagen haben kann. Bauordnungsrechtliche Anforderungen bleiben hiervon unberührt.

Sind die Abstände kleiner als 3-mal Rotordurchmesser zu Hochspannungsleitungen, müssen diese zum Schutz mit Schwingungsdämpfern ausgerüstet werden.

3.8.4.7 Kennzeichnung von WEA als Luftfahrthindernisse

Durch die Entwicklung der Anlagen in Höhenbereiche über 100 Meter über Grund nimmt der Anteil der nach Luftverkehrsgesetz zu kennzeichnenden WEA gemäß der Allgemeinen Verwaltungsvorschrift zu Kennzeichnung von Luftfahrthindernissen, siehe Luftfahrthindernisse (2007), stetig zu. Eine diesbezügliche wissenschaftliche Untersuchung des Psychologischen

Instituts der Universität Halle-Wittenberg ergab, dass im sichtbaren Umfeld der mit Hindernisfeuern ausgerüsteten WEA sich 18 % der Anwohner erheblich belästigt fühlen, dabei störten insbesondere Xenon-Blitzleuchten.

Auf verschiedenen Arbeitsebenen wird eine Lösung per Transponder- oder Primärradar-System gesucht, um nur im seltenen Fall der Annäherung eines Luftfahrzeugs an die WEA die Hindernisleuchten bedarfsgerecht zu aktivieren.

Dieses würde die Akzeptanz von höheren WEA vor Ort erhöhen und entspräche auch dem im Energiebericht 2010 formulierten Wunsch der Bundesregierung.

3.8.5 Akzeptanz

Zur Verbesserung der Akzeptanz in der Nachbarschaft sollte die Möglichkeit der Bürgerbeteiligung an Windenergieprojekten soweit ausgedehnt werden, soweit Lärm und Schattenwurf dieser Anlagen reichen können, um so Nachteile mit Vorteilen kompensieren zu können. Gemeindegrenzen sind dabei unbeachtlich!

3.8.6 Überwachung und Klärung anlagenspezifischer Daten

Für die Anlagenüberprüfung durch Genehmigungs- und Überwachungsbehörde oder zur Klärung vorgetragener Beschwerden durch betroffene Anwohner stehen behördenseitig folgende Messgeräte zur Verfügung:

- **Lasergestütztes Fernrohr:** Ermittlung der Anlagenhöhe und des Rotordurchmessers sowie der Distanz zwischen WEA und Wohnhäusern
- **Glanzgradmesser:** Überprüfung des vorgegebenen Glanzgrades der Rotorblätter zur Diskoeffekt-Vermeidung
- **RAL-Farbtabelle:** Überprüfung eingesetzter Farben auf mittleres Reflexionsverhalten
- **GPS-Handgerät:** Ermittlung der Standortdaten in WGS bzw. in Gauß-Krüger-Koordinaten
- **Schallleistungspegelmesser:** Für orientierende Messungen stehen geeichte bzw. kalibrierte Messgeräte zur Verfügung.

Im Übrigen erlaubt die Internetrecherche über satellitengestützte Luftbilder eine erste Betrachtung der Verhältnisse vor Ort. Die Vermessungen der Standortdaten der genehmigten Anlage und der Schallimmissionswerte erfolgt ohnehin entsprechend den Auflagen im Genehmigungsbescheid nach Errichtung und Inbetriebnahme durch bekannt gegebene Messstellen. Weitere Anlagendaten können den häufig vorliegenden und als Antragsunterlage eingereichten Bauartzulassungen entnommen werden.

3.9 Übungsaufgaben

1. Höhenexponent
   An einem Standort beträgt in 50 m Höhe die mittlere Jahreswindgeschwindigkeit 6,0 m/s.

Der Hellmansche Höhenexponent beträgt 0,16. Wie groß ist die Jahreswindgeschwindigkeit in 100 m Höhe?

2. Rauigkeit und Profil
   Über einer Landschaft der Rauigkeitsklasse 2,0 beträgt in 50 m Höhe die mittlere Windgeschwindigkeit 5,9 m/s. Wie groß ist die Windgeschwindigkeit in 80 m Höhe? (Zwischenergebnis Länge nennen)
3. Rauigkeit umrechnen
   Welche Rauigkeitslänge z_0 hat die Rauigkeitsklasse 2,1?
4. Rauigkeit berechnen
   Wie groß ist die Rauigkeitslänge folgender dörflicher Gegend: Auf einer Fläche von $10\,000\,\text{m}^2$ stehen 10 Häuser, jedes mit der Höhe 5 m und Breite 20 m, das Gelände zwischen den Häusern wird mit der Rauigkeitslänge 0,03 m beschrieben.
5. Speed up auf Hügel
   Vor einem sanften Hügel beträgt die Referenzgeschwindigkeit $v_{\text{Ref}} = 11{,}9\,\text{m/s}$ gemessen in der Referenzhöhe $h_{\text{Ref}} = 50\,\text{m}$ über Bodenrauigkeitslänge $z_0 = 0{,}03\,\text{m}$. Wie groß ist die Geschwindigkeit v_0 in der Höhe $h = 25\,\text{m}$? Der Hügel hat die Höhe $H = 100\,\text{m}$ und die Halbwertslänge $L = 250\,\text{m}$. Die Bodenrauigkeitslänge ist überall dieselbe, auch auf dem Gipfel des Hügels. Wie groß ist die ungestörte Geschwindigkeit v_0 in $h = 25\,\text{m}$ Höhe? Wie groß ist der Speed-up-Faktor S? Wie groß ist der Korrekturfaktor Cor? Wie groß ist die Geschwindigkeit v in 25 m über dem Gipfel in m/s?
6. Hindernis
   Ein Hindernis ist ein Haus und es ist 10 m hoch. In 20 m Höhe beträgt die ungestörte Windgeschwindigkeit 6,0 m/s. Wie groß ist die Windgeschwindigkeit in dieser Höhe in der Entfernung 250 m hinter dem Hindernis? Schätzen Sie die Lösung über das Diagramm ab.
7. Schubbeiwert
   Leiten Sie aus dem Leistungsbeiwert nach Betz $C_P = 16/27$, der Gleichung für die Leistung $P = \frac{1}{2} \cdot \rho \cdot A \cdot C_P \cdot v_0^3$, der Gleichung für den Schubbeiwert $F = \frac{1}{2} \rho A C_t v_0^2$, dem Zusammenhang von Leistung, Kraft und Geschwindigkeit in der Rotorebene $P = F v_R$, dem Ansatz nach Betz für die Geschwindigkeit in der Rotorebene $v_R = 2/3 v_0$ die Relation C_t zu C_P und den Wert für C_t her.
8. Windabschwächung im Park
   Eine Anlage wird in Nabenhöhe mit 10 m/s frei angeströmt. Sie hat den Schubbeiwert 0,7. Auf welche Geschwindigkeit ist die Nachlaufströmung direkt hinter der Anlage abgesenkt? Welche Geschwindigkeit hat der Nachlauf im 5-fachen Durchmesser der Anlage hinter der Anlage?
9. Weibull-Parameter
   Für eine Weibull-Verteilung sind $A = 5{,}8\,\text{m/s}$ und $k = 2{,}1$ bekannt. Wie groß ist die mittlere Windgeschwindigkeit v_{Mittel}?
10. Jahresenergieertrag
    Eine Anlage, Nennleistung 200 kW, erzeugt bei einer mittleren Jahreswindgeschwindigkeit von 5,9 m/s in Nabenhöhe den Jahresenergieertrag 469 000 kWh.
    a) Berechnen Sie mit der Rayleigh-Verteilung die Häufigkeiten $p(v)$ für das Geschwindigkeits-Bin 8-9 m/s. *Hinweise:* Rechnen Sie mit $v = 8{,}5\,\text{m/s}$. Die Verteilung liefert die Häufigkeit für die Bin-Breite 1 m/s, rechnen Sie nicht auf % um, bleiben Sie bei der Normierung auf 1, wie die Gleichung sie liefert, geben Sie 4 Nachkommastellen an.

b) Rechnen Sie die Häufigkeit aus der soeben gelösten Aufgabe in die Anzahl der Stunden im Jahr um, ein Jahr hat 8 760 Stunden.

c) Bei der Windgeschwindigkeit 8,5 m/s beträgt die Leistung der Anlage 103,7 kW. Wie viel Jahresenergie erzeugt die Anlage in diesem Geschwindigkeits-Bin?

d) Geben Sie die Volllaststunden der Anlage an.

e) Geben Sie den Kapazitätsfaktor an, der gelegentlich anstelle der Volllaststunden angegeben wird.

11. Dauer erhöhte Vergütung
Eine Windenergieanlage erzeugt in den ersten fünf Jahren die Energie $E_5 = 2345000{,}0$ kWh. Der Referenzenergieertrag beträgt $R = 2422766{,}0$ kWh. Um viele Monate wird die Zahlung der erhöhten Vergütung verlängert? Wie viele Jahre wird die erhöhte Vergütung insgesamt bezahlt?

12. Schall, Bewertung
Welcher Schallpegel ist nachts im Gewerbegebiet zulässig?

13. Schall, Ausbreitung
Wie laut ist es an einem Haus (L_{pa}), wenn die Windenergieanlage eine Lautstärke $L_{\text{wa}} =$ 100 dB(A) hat, der Abstand zwischen Haus und Anlage durch die Luft 300 m beträgt und die vereinfachte Formel nach TA-Lärm anzuwenden ist?

14. Schallleistung schätzen
Schätzen Sie den Schallleistungspegel einer Windenergieanlage. Nutzen Sie die empirische Abhängigkeit LWA von der Blattspitzengeschwindigkeit, die 63 m/s beträgt, und dem Rotordurchmesser, der 30 m beträgt. Mit welcher Drehzahl in Umdrehungen pro Minute dreht der Rotor?

15. Schall, Addition einfach
Wie viel dB(A) ist eine Verdopplung des Schalls? Berechnen Sie genau 10 mal log (2 mal L durch L), wobei log der 10er-Logarithmus ist, und L ein Schallwert, den man kürzen kann. Was bedeutet (A) hinter dB?

16. Schall, Addition
a) Verdopplung ist 3 dB. Zeigen Sie durch genaue energetische Addition (mehrfach logarithmieren und Faktor 10: $L_3 = 10 \cdot \log\left(10^{(L_1/10)} + 10^{(L_2/10)}\right)$), dass 50 dB energetisch plus 50 dB gleich 53 dB ist. b) Der Stärkere gewinnt bei 10 dB Differenz. Zeigen Sie durch genaue energetische Addition, dass 60 dB energetisch plus 50 dB gleich 60 dB ist. Geben Sie ausnahmsweise beide Ergebnisse auf 3 Stellen nach dem Komma an. Man sieht dann, dass die Aussagen nur ungefähr sind, was praktisch aber bedeutungslos ist, weil dB-Werte vor dem Komma mächtig, aber hinter dem Komma schwach sind.

17. Turbulenz
Was haben Standardabweichung, Turbulenzintensität, Mittelwert und 10 Minuten bezüglich des Windes miteinander zu tun? Wie groß ist über der Rauigkeitslänge 0,100 m in 30 m Höhe und bei der Geschwindigkeit 5,5 m/s die Turbulenzintensität und die Standardabweichung der Windgeschwindigkeit? Welches Formelzeichen hat die Standardabweichung? Welche Einheit hat diese Standardabweichung? Nimmt die Turbulenzintensität mit steigender Höhe zu oder ab? Nimmt die Turbulenzintensität bei gleicher Höhe über größerer Rauigkeit zu oder ab? *Hinweis:* Benutzen Sie die Näherungsformel $I = 1/\ln(h/z_0)$.

18. Akzeptanz
Wie kann man die Akzeptanz in der Nachbarschaft von Windenergieprojekten verbessern?

3.10 Lösungen zu den Übungsaufgaben

1. Höhenexponent: 6,7 m/s
2. Rauigkeit und Profil: 0,1 m; 6,346 m/s
3. Rauigkeit umrechnen: Gleichung $\ln(z_0/1m) = 1{,}333\cdot$ Kl-4,9; 0,1224 m
4. Rauigkeit berechnen: 0,280 m
5. Speed up auf Hügel: $v_0 = 10{,}79$ m/s; $v_0 = 10{,}79$ m/s; $S = 0{,}444$; Cor=1,444; $v = 15{,}58$ m/s
6. Hindernis: 15 %; 0,90 m/s; 5,10 m/s
7. Schubbeiwert: $C_t = 3/2C_P$; $C_t = 8/9$
8. Windabschwächung im Park: 5,477 m/s; bei $x = 5D$ $v_{wake} = 8{,}435$ m/s
9. Weibull-Parameter: 5,2 m/s
10. Jahresenergieertrag: a) 0,0751, Einheit kann weggelassen werden, b) 658,2 h; c) 6 8260,1 kWh; d) 2 345 h; e) 26,77 %
11. Dauer erhöhte Vergütungen: $\Delta = 141{,}9$ Monate; +5 Jahre: 16,8 Jahre
12. Schall, Bewertung: 50 dB(A)
13. Schall, Ausbreitung: $L_{pa} = L_{wa}$ minus 10 mal log (4 mal π mal R in Metern zum Quadrat) plus 3; 42,5 dB(A)
14. Schallleistung schätzen: $L_{WA}/\mathrm{dB(A)} = 10\log((v_{tip}/\mathrm{m/s})^5) + 10\log(D/m)$-4; 100,74dB(A); 40,11 min^{-1}
15. Schall, Addition einfach: 3 dB(A); $10\log(2L/L) = 10\log(2) = 3{,}0103$; akustisch gewichtet, entspricht der Empfindlichkeit des menschlichen Ohrs
16. Schall, Addition: a) 53,010; b) 60,414
17. Turbulenz: I=Standardabweichung/Mittelwert der Windgeschwindigkeit beides gemessen über das Zeitintervall 10 Minuten; 17,5 %; 0,964m/s; σ; m/s; ab; zu
18. Akzeptanz: Möglichkeit der Bürgerbeteiligung am Windenergieprojekt schaffen für Bürger wohnhaft im ausgedehnten Bereich von Lärm und Schatten unbeachtlich Gemeindegrenzen

Literatur

[1] Astrup, P., Larsen, S.E.: WAsP Engineering Flow Model for Wind over Land and Sea. Risø National Laboratory, Roskilde, 1999

[2] BGBI. I – Gesetz über die Umweltverträglichkeit i. d. F. der Bekanntmachung vom 05. 09. 2001 (BGBl. I S. 2 351)

[3] BImSchG – Gesetz zum Schutz vor schädlichen Umwelteinwirkungen durch Luftverunreinigungen, Geräusche, Erschütterungen und ähnliche Vorgänge (Bundes-Immissionsschutzgesetz – BImSchG) i. d. F. vom 26. Sept. 2002 (BGBl. I S. 3 830)

[4] BImSchV – Vierte Verordnung zur Durchführung des Bundes-Immissionsschutzgesetzes (Verordnung über genehmigungsbedürftige Anlagen – 4. BImSchV) i. d. F. der Bekanntmachung vom 14. März 1997 (BGBl. I S. 504)

[5] BImSchV9 – Neunte Verordnung zur Durchführung des Bundes-Immissionsschutzgesetzes (Verordnung über das Genehmigungsverfahren – 9. BImSchV) i. d. F. der Bekanntmachung vom 29. Mai 1992 (BGBl. I S. 1 001)

[6] Bundesverband Windenergie, Internet: *http://www.wind-energie.de/infocenter/statistiken*, Zugriff 5/2011

[7] Burton, T., Sharpe, D., Jenkins, N., Bossanyi, E.: Wind Energy Handbook. J. Wiley & Sons, Chichester, 2001

[8] dena-Netzstudie II. Berlin, 2010

[9] EEG 2009, Erneuerbare-Energien-Gesetz § 29 Wind Energie, *http://bundesrecht.juris.de/eeg_2009/index.html*, Zugriff 5/2011

[10] European Windatlas Homepage, Wind Energy Division Risø, Roskilde DK, *http://www.windatlas.dk/Europe/About.html*, Zugriff 5/2011

[11] FGW-Fördergesellschaft Windenergie, Berlin, Technische Richtlinien (TR) Teil 1 bis 8, erhältlich *http://wind-fgw.de*, Zugriff 5/2011

[12] FGW-Referenzertrag, Fördergesellschaft Windenergie, Berlin, Referenzerträge, *http://www.wind-fgw.de/eeg_referenzertrag.htm*, Zugriff 5/2011

[13] Garrad Hassan and Partners: Characterisation of wind turbine wake turbulence and its implications on wind farm spacing – wake turbulence characterisation. ETSU WN 5096, 1989

[14] Gemeinsamer Runderlass „Grundsätze zur Planung von Windkraftanlagen" des Ministeriums für Landwirtschaft, Umwelt und ländliche Räume und des Ministeriums für Wissenschaft, Wirtschaft und Verkehr vom 22. 03. 2011 (Amtsblatt SH vom 04. 04. 2011)

[15] Hassan, U., Taylor, G.J., Garrad, A. D.: The impact of wind turbine wakes on machine loads and fatique. Proc. 1998 European Wind Energy Conference, Herning, DK, pp. 560–565, 1998

[16] Hau, E.: Windkraftanlagen. Springer Verlag, Berlin, 2008

[17] Herten – Windenergie, Handbuch des Staatlichen Umweltamtes Herten, Dez. 2007

[18] Horns Ref, Anstieg der Turbulenzintensität mit der Windgeschwindigkeit, *http://130.226.56.153/rispubl/reports/ris-r.1765.pdf*, Zugriff 5/2011

[19] IEC 61400 International Electrotechnical Commission, Wind Turbines, Part 1, 2, 3, 4, 5, 11, 12, 13, 14, 21 ,22, 23, 24, 25, Bezug: IEC Central Office, Geneva CH, *http://www.iec.ch*, auch Bezug: VDE Verlag GmbH, Berlin, *http://www.vde-verlag.de*, Zugriff 5/2011

[20] Jensen, N.: A note on wind generator interaction. Risø M-2411, 1983

[21] Kalnay, E., M. Kanamitsu, R. Kistler, W. Collins, D. Deaven, L. Gandin, M. Iredell, S. Saha, G. White, J. Woollen, Y. Zhu, A. Leetmaa, B. Reynolds, M. Chelliah, W. Ebisuzaki, W. Higgins, J. Janowiak, K. C. Mo, C. Ropelewski, J. Wang, R. Jenne, D. Joseph, 1996: The NCEP/NCAR 40-Year Reanalysis Project,Bull. Amer. Meteor. Soc., Vol. 77,no. 3, 437–471

[22] Katic, I., Hoestrup, J., Jensen, N.: A simple model for cluster efficiency. EWEC, 1986

[23] Kistler, R., E. Kalnay, W. Collins, S. Saha, G. White, J. Woollen, M. Chelliah, W. Ebisuzaki, M. Kanamitsu, V. Kousky, H. van den Dool, R. Jenne and M. Fiorino, 2001: The NCEP-NCAR 50-Year Reanalysis: Monthly Means CD-ROM and Documentation. Bull. Amer. Meteor. Soc., 82, 247–268.

[24] Luftfahrthindernisse. Allgemeine Verwaltungsvorschrift zur Kennzeichnung von Luftfahrhindernissen vom 8. Mai 2007. NfL I 143/07

[25] Manwell, J. F., McGowan, J. G.: Wind Energy Explained, Theory, Design and Applicaion. John Wiley and Sons Ltd, Chichester, 2009

[26] Molly, J.-P.: Windenergie, Verlag C. F. Müller GmbH, Karlsruhe, 1990

[27] Oertel, H.: Prandtl, Führer durch die Strömungslehre. Vieweg Teubner Verlag, Wiesbaden, 2008

[28] Pielke, R. A.: Mesoscale Meteorological Modeling, Academic Press, pp 612, 1984

[29] Quarton, D. C., Ainslie, J. F.: Turbulence in Wind Turbine Wakes. J. Wind Eng, Vol. 14 No. 1, 1990

[30] TA Lärm. Sechste Allgemeine Verwaltungsvorschrift zum Bundes-Immissionsschutzgesetz (Technische Anleitung zum Schutz gegen Lärm, TA Lärm), 1998

[31] Troen, I., Petersen, E. L.: European Windatlas. Meteorology and Wind Energy Department Risø National Laboratory, Roskilde, 1989

[32] Troen, I., Petersen, E. L.: Europäischer Windatlas. Meteorology and Wind Energy Department Risø National Laboratory, Roskilde, 1990

[33] WindFarmer Homepage, GL Garrad Hassan, Hamburg, Oldenburg, Bristol UK, *http://www.gl-garradhassan.com/en/software/GHWindFarmer.php*, Zugriff 5/2011

[34] WindFarmer Theory Manual, Version 4.2, Garrad Hassan and Partners, 2011

[35] WindFarmer Benutzerhandbuch, Version 4.2, Garrad Hassan and Partners, 2011

[36] WindPRO-Handbuch, Version 2.7, EMD International A/S, Niesen, P. et al., Aalborg, DK, 2010

[37] WindPRO Homepage, Energi- og Miljødata EMD, Aalborg, DK, *http://www.emd.dk/WindPRO/Frontpage*, Zugriff 5/2011

[38] Windpower, Internet: *http://www.windpower.org/de/stat/unitsw.htm#roughness*, Zugriff 3/2006

4 Aerodynamik und Blattentwurf

4.1 Zusammenfassung

Die Aerodynamik der Windturbinen als quantitative Beschreibung der Umströmung von Teilen oder ganzen Windturbinen oder sogar Windfarmen wird in den Grundzügen dargestellt. Da eine umfassende Darstellung dieses Gebietes noch aussteht und wir uns hier mit wenig Raum begnügen müssen, verweisen wir an vielen Stellen zum weiteren Studium auf die Originalliteratur.

Dieses Kapitel ist in drei Teile untergliedert: Horizontalachsrotoren, Vertikalachsrotoren und windgetriebene Fahrzeuge. Bild 4.1 gibt eine erste Übersicht (ohne Windfahrzeuge), wobei c_P eine dimensionslose (Vergleichs-)Leistung und λ, die Schnelllaufzahl, eine dimensionslose Vergleichsdrehzahl darstellen.

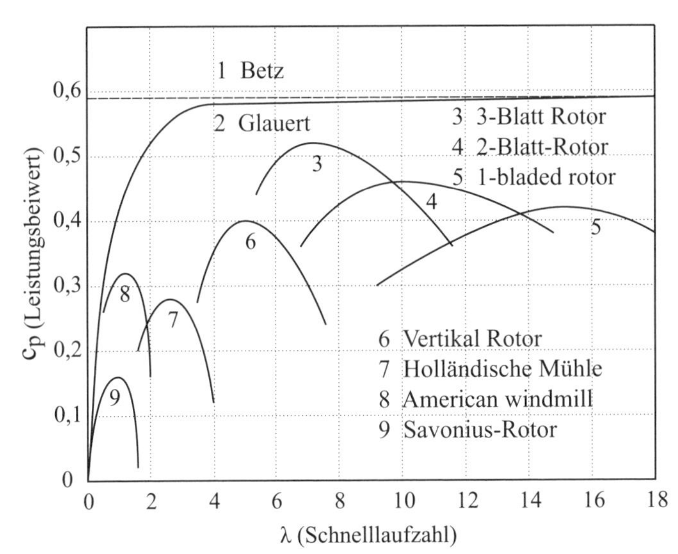

Bild 4.1 Landkarte der Windturbinen

4.2 Einleitung

In diesem Kapitel stellen wir anhand des klassischen Dreiblattrotors grundlegende Begriffe und Ergebnisse zusammen.

4.3 Horizontalanlagen

4.3.1 Allgemeines

Zur mechanischen Auslegung von Windturbinen muss auf theoretische Modelle zurückgegriffen werden, die in der einfachsten Form auf die Theorien von Rankine [69] und Froude [23] zurückgehen. Sie wurden ursprünglich für Schiffs- und Flugzeugpropeller entwickelt und dann von Betz [5] und Glauert [26] auf Windturbinen übertragen. Trotz aller Versuche, die engen Gütigkeitsgrenzen (z. B. mit CFD[1]) zu überwinden, ist dieses Blattschnittverfahren (engl.: Blade-Element-Method) bis heute das in der Praxis am meisten verbreitete, da es im Vergleich zum geringen Implementierungs- und Eingabeaufwand sehr brauchbare Ergebnisse liefert. In vieler Hinsicht verläuft die Entwicklung der aerodynamischen Theorie von Windturbinen parallel zu der von Schiffspropellern [9] und Hubschraubern [48], wobei natürlich durchaus große Unterschiede vorhanden sind: So sind bei Schiffschrauben die Kavitation und die damit verbundenen sehr viel niedrigeren Unterdrücke auf der Saugseite der Profile von entscheidender Bedeutung während bei den Hubschrauberrotoren die Machzahl (= Strömungsgeschwindigkeit/Schallgeschwindigkeit) in der Nähe von eins liegt und somit die Kompressibilität des Mediums einbezogen werden muss.

4.3.2 Aerodynamische Grundbegriffe

2D-Tragflügel

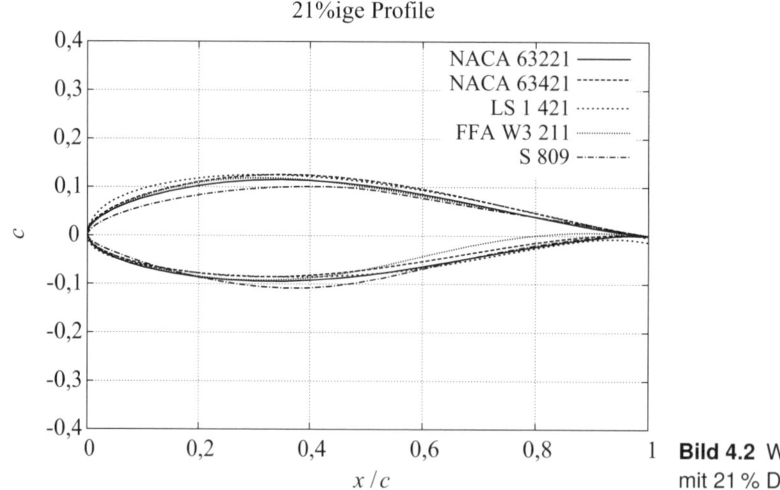

Bild 4.2 Windkraftprofile mit 21 % Dicke

Wird ein als zweidimensional angesehenes, aerodynamischen Profil (Bild 4.2) der Tiefe c mit der Geschwindigkeit v angeströmt, so ergeben sich zwei Kraftkomponenten je in Richtung

[1] Computational Fluid Dynamics, numerische Strömungsmechanik

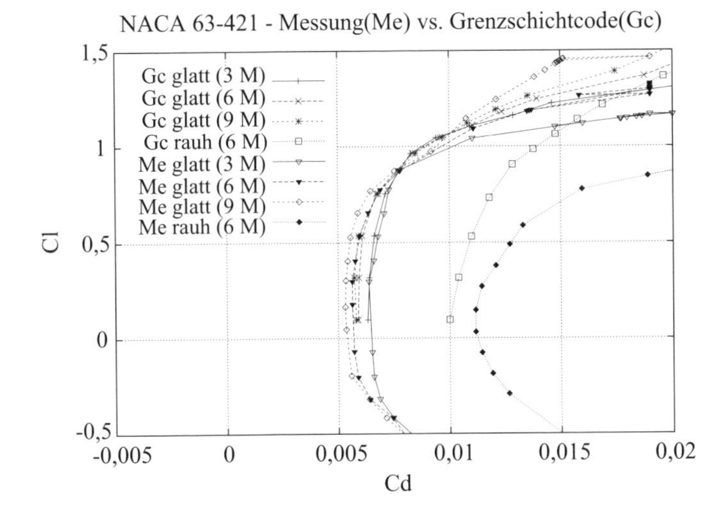

Bild 4.3 Polare des Windturbinenprofils NACA 63 421

(Widerstand – Drag – D) und senkrecht zum Wind (Auftrieb – Lift L) – pro Meter Spannweite mit den Beiwerten:

$$C_\mathrm{D} = \frac{D}{\frac{\rho}{2} v^2 \cdot c \cdot 1} \tag{4.1}$$

$$C_\mathrm{L} = \frac{T}{\frac{\rho}{2} v^2 \cdot c \cdot 1} \tag{4.2}$$

Eine typische Polare (Auftragung dieser Werte gegeneinander oder relativ zum Anstellwinkel) ist in Bild 4.3 dargestellt (AOA = Angle of Attack = Anstellwinkel α ist der Winkel zwischen der Anströmung und der Profilsehne).

In der Praxis greift man meistens auf Tabellen (z. B. NACA von Abbot/Doenhoff [1] oder den Stuttgarter Profilkatalog [2]) zurück, oder man muss zum Teil sehr aufwendige Messungen [21, 96] durchführen, wenn ihre Eigenschaften nicht bekannt sind.

Wir gehen schrittweise vor. Daher untersuchen wir zunächst Systeme, die durch den Wind rein translatorisch angetrieben werden. Als Beispiel kann ein Segelboot oder ein Eisgleiter dienen (siehe Bild 4.4).

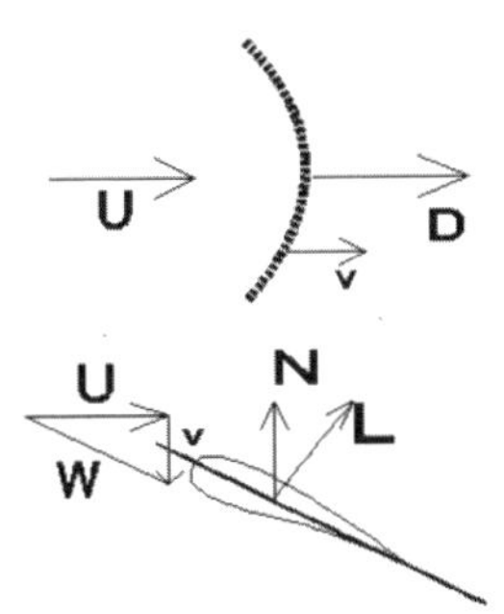

Bild 4.4 Vortrieb durch Widerstands- oder Auftriebskräfte (D bzw. L)

Widerstandskräfte

Seien wie oben c_D und c_L nach Gleichung (1) bzw. (2) die Beiwerte des Widerstands bzw. des Auftriebs. Ist $A = c \cdot l$ die Fläche des Segels und U die Windgeschwindigkeit sowie v die des Bootes, so gilt für die Leistung mit

$$P = \frac{\rho}{2}(U - v)^2 \cdot C_D \cdot cl \cdot v \tag{4.3}$$

Bezieht man einen Leistungsbeiwert auf die des Windes ($P_W = \frac{\rho}{2} U^3$) so folgt:

$$c_P = c_D (1 - v/U)^2 (v/U) \tag{4.4}$$

Differenziert man zur Maximierung nach $a := v/U$, so zeigt sich, dass der maximale Leistungsbeiwert eines solchen Widerstandsläufers nicht größer als

$$c_P^{\max,D} = \frac{4}{27} c_D \tag{4.5}$$

werden kann; also $c_P^{\max,D} \approx 0{,}3$ bei $v = 1/3U$. Ein solches Segelboot fährt bei Windstärke 7 (nach Beaufort $\approx$ 30 Knoten $\approx$ 16,2 m/s) nicht schneller als 10 Knoten. Es hat bei 30 m^2 Segelfläche somit eine maximale Leistung von $P = 24$ kW.

Auftriebskräfte

Um den Wirkungsgrad solcher Fahrzeuge zu erhöhen, benutzt man Auftriebskräfte, die selbst keine Arbeit verrichten, da sie senkrecht auf der Geschwindigkeit stehen.[2]

Allerdings sind die geometrischen Zusammenhänge etwas komplizierter. Der Wind sei nun senkrecht zur Fahrtrichtung (halber Wind). Die Leistung ist $P = N \cdot v$. N ist die Normalkraft senkrecht zum Wind und parallel zu v. Die Geschwindigkeiten U und v bilden ein Dreieck und N setzt sich zusammen aus:

$$N = N_L + N_D = L \cdot \cos(\phi) - \sin(\phi) \tag{4.6}$$

Durch algebraische Umformungen führt dies auf:

$$c_P = a\left(\sqrt{1 + a^2}\right) \cdot (C_L - C_D \cdot a) \tag{4.7}$$

Der maximale Leistungsbeiwert (vgl. Bild 4.5) ist nun

$$c_P^{\max,L} = \frac{2}{9} C_L \left(\frac{C_L}{C_D}\right) \sqrt{1 + \frac{4}{9}\left(\frac{C_L}{C_D}\right)^2} \tag{4.8}$$

Man beachte:

a) Nun ist die maximale Geschwindigkeit größer als die des Windes und wird bei

$$a = v/U = \frac{2}{3}\frac{C_L}{C_D} \tag{4.9}$$

erreicht; in unserem Beispiel wäre also $v_{\max} \approx 6 \cdot U = 180$ Knoten.

b) Eine (nicht unerhebliche) Kraft T parallel zum Wind muss kompensiert werden.

In Bild 4.5 sind beide Fälle für $C_D = 2$ bzw.$C_L = 1$ und $C_L/C_D = 10$ verglichen.

Eine etwas umfassendere Diskussion der windgetriebenen Fahrzeuge mit Rotor nehmen wir in Abschnitt 4.7 auf.

---

[2] $P = \dot{W} = \vec{F} \cdot \vec{v} = 0 \Leftrightarrow \vec{F} \perp \vec{v}$

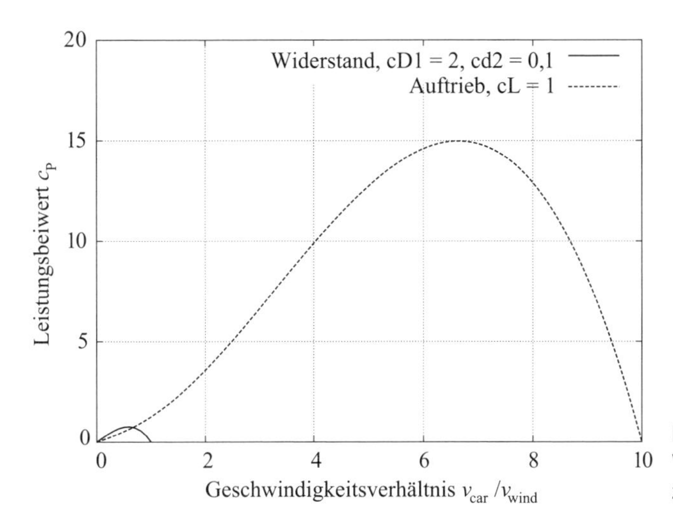

Bild 4.5 Leistungsbeiwerte von Widerstands- und Auftriebsfahrzeugen im Vergleich

4.4 Integrale Impulsverfahren

4.4.1 Impulstheorie der Windturbine: der Betz'sche Grenzwert

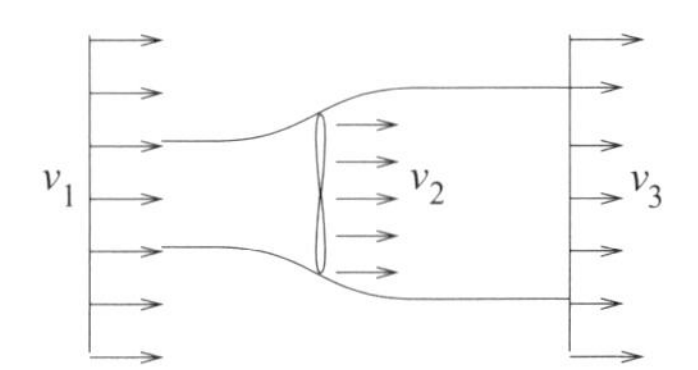

Bild 4.6 Idealisierte Strömungsverhältnisse um eine Windturbine

Im einfachsten Fall entzieht eine Windturbine dem Wind Energie nur durch dessen Verlangsamung, die wegen der Masseerhaltung einhergehen muss mit einer Strahlaufweitung (siehe Bild 4.6). Damit entsteht ein Druckabfall hinter der Turbine, also eine Schubkraft $\vec{T}$ in Windrichtung. Setzt man weiter voraus, das nur axiale (d. h. in Windrichtung) Geschwindigkeitskomponenten vorhanden sind, so ergibt sich in der Übersicht folgende einfache Herleitung:

$$\text{Energie: } E = \frac{1}{2} m v^2 \tag{4.10}$$

$$\text{Leistung: } P = \dot{E} = \frac{1}{2} \dot{m} v^2 \tag{4.11}$$

$$\text{Entzogene Leistung: } P_T = \dot{E} = \frac{1}{2} \dot{m} \left(v_1^2 - v_3^2\right) \tag{4.12}$$

$$\text{Froude's Law: } v_2 = \frac{1}{2}(v_1 + v_3) \tag{4.13}$$

$$\text{Massenfluss: } \dot{m} = \rho A v_2 \tag{4.14}$$

$$\text{damit: } P_T = \frac{1}{2} \rho A v_1^3 \left(\frac{1}{2}\left(1 + \frac{v_3}{v_1}\right) \cdot \left(1 - \left(\frac{v_3}{v_1}\right)^2\right)\right) \tag{4.15}$$

$$c_P(\eta) = \frac{1}{2}(1+\eta)\cdot(1-\eta^2) \tag{4.16}$$

$$\text{mit: } \eta = \frac{v_3}{v_1} \tag{4.17}$$

$$\text{und: } a = \frac{v_2}{v_1} \tag{4.18}$$

$$c_T(a) = 4a\cdot(1-a) \tag{4.19a}$$

$$c_P(a) = 4a\cdot(1-a)^2 \tag{4.19b}$$

Nun sind auch die dimensionslosen Kennzahlen

$$c_P = \frac{P}{\frac{\rho}{2}v^3\frac{\pi}{4}D^2} \tag{4.20}$$

$$c_T = \frac{T}{\frac{\rho}{2}v^2\frac{\pi}{4}D^2} \tag{4.21}$$

$$\lambda = \frac{\Omega R}{v} \tag{4.22}$$

und

$$\Omega = 2\cdot\pi N/60 \tag{4.23}$$

bekannt (vgl. 4.1). Es ergibt sich somit als maximale Leistung der Betz'sche (Grenz-)Wert:

$$c_P^{\text{Betz}} = \frac{16}{27} = 0{,}5926 \text{ bei } a_{\max} = \frac{1}{3} \tag{4.24}$$

Man sieht, dass weit stromabwärts der Wind um 2/3, d. h. auf 1/3 reduziert wird. Man beachte außerdem, dass diese Herleitung ihre Gültigkeit verliert, wenn der Luftstrom vollständig abgebremst wird ($a = 0{,}5$); und somit kein Schraubenstrahl hinter der Turbine existiert.

Um die Kraftwirkung zu bestimmen, kann man wegen $T = \frac{\mathrm{d}}{\mathrm{d}t}(m\cdot v) = \dot{m}v$ Impulsflussverluste innerhalb eines Kontrollvolumens vergleichen zu

$$T = \dot{m}(v_1 - v_3) \tag{4.25}$$

Damit ist eine sichere obere Grenze des Leistungsvermögens einer Windturbine gegeben, die trotz hartnäckiger Versuche vieler Erfinder nicht überschritten werden kann.[3]

---

[3] Etwas höhere Werte – bis etwa 0,62 – erreicht man nur, wenn man ausgedehnte Turbinen, wie z. B. Vertikalachsmaschinen – *Darrieus*-Rotoren – betrachtet [80]. Dies wurde auch schon von Betz [5] erkannt (siehe Abschnitt 4.6.2).

4.4.2 Änderung der Luftdichte durch Temperatur und Höhe

Häufig muss man die Normdichte ($\rho_0 = 1{,}225\,\mathrm{kg/m^3}$) von Luft auf andere Temperaturen (ρ) und Geländehöhen (H) umrechnen. Dafür kann man die Gebrauchsformeln:

$$\rho(p,T) = \frac{p}{R_i \cdot T} \tag{4.26}$$

$$T = 273{,}15 + \vartheta \tag{4.27}$$

$$R_i = 287 \tag{4.28}$$

$$p(H) = p_0 \cdot \mathrm{e}^{-H/H_{\mathrm{ref}}} \tag{4.29}$$

$$p_0 = 1015\,\mathrm{hPa} \tag{4.30}$$

$$H_{\mathrm{ref}} = 8400\,\mathrm{m} \tag{4.31}$$

benutzen.

4.4.3 Einfluss der endlichen Blattzahl

Eine häufig gestellte Frage ist die nach der Anzahl der Blätter. Es sei schon an dieser Stelle bemerkt, dass für die vorherrschende Dreiblättrigkeit keine aerodynamischen Gründe herangezogen werden können. Ausschlaggebend sind vielmehr höhere Fertigungskosten (mehr als drei Blätter) bzw. Erhöhung der aeroelastischen Beanspruchung beim Gieren (weniger als drei Blätter).

Der Auftrieb L kann mit einer wichtigen strömungsmechanischen Größe, der Zirkulation, vermöge des Satzes von Kutta-Joukovski verknüpft werden zu:

$$\Gamma = \oint \vec{v} \cdot \mathrm{d}s \tag{4.32}$$

$$L = \Gamma \cdot \rho \cdot v \tag{4.33}$$

Weiter steht diese Größe mit der lokalen Blatttiefe $c(r)$ und C_{L} in Verbindung:

$$\Gamma = \frac{B}{2} \cdot C_{\mathrm{L}} c \cdot w \tag{4.34}$$

Das Produkt $c(r) \cdot C_{\mathrm{L}}$ bestimmt also die aerodynamische Blattauslegung.

Die Blattelement- bzw. Actuator-Disk-Methode (siehe unten) setzt allerdings implizit voraus, dass es am Rand des Flügels keinen Druckausgleich gibt, und so eine konstante Zirkulation ($\simeq$ Auftrieb $\simeq$ treibendes Moment) verbleiben kann. Dies ist streng nur bei B(Blattzahl) $\rightarrow \infty$ gegeben. Für den Fall endlicher Blattzahl ist schon von Prandtl [68] eine Näherung für den Zirkulationsverlust gegeben worden. Sie basiert auf einer potenzialtheoretischen Überlegung, nach der die wirbelinduzierte Strömung um einen B-blättrigen Rotor konform auf einen Stapel mit B Platten abgebildet werden kann.

Sei F (der Abminderungsfaktor der Zirkulation an der Blattspitze) durch

$$\Gamma = F(B) \cdot \Gamma_\infty \tag{4.35}$$

Bild 4.7 Monopteros auf dem DEWI-Testfeld bei Wilhelmshaven, Foto: Alois Schaffarczyk

definiert, so folgt:

$$F = \frac{2}{\pi} \arccos(\exp(-f)) \tag{4.36}$$

$$f = \frac{B}{2} \cdot \frac{R-r}{r \cdot \sin(\phi)} \tag{4.37}$$

Hier ist ϕ der Strömungswinkel (siehe Gl. (4.52)). Die Verluste sind insbesondere bei $B = 1$ und $B = 2$ ausgeprägt. Der Fall $B = 1$, der als Monopteros (siehe Bild 4.7) gebaut wurde, ist lange Zeit heftig umstritten gewesen. Erst Okulov [63] gelang es mithilfe neuer analytischer Ansätze eine geschlossene Lösung zu finden, die sich harmonisch in das Gesamtbild fügt.

Neuerdings [30, 85] wurden auch die Methoden der Strömungssimulation (CFD) angewendet, um die Gütigkeit dieser Annahmen insgesamt zu untersuchen. Es deutet sich an, dass der Zirkulationsverlust – je nach Tip-Form – größer als durch die Prandlt'sche Näherung veranschlagt sein kann. Allerdings gelten auch jene Vorbehalte, die wir in Abschnitt 4.5.5 anhand von Vergleichen mit Messungen näher erläutern werden.

4.4.4 Drallverluste und lokale Optimierung des Flügels nach Glauert

Um die Drehbewegung des Rotors einzubeziehen, wird man analog zum Fall rein axialer Strömung eine Bilanz des tangentialen Impulses (= Drehimpuls) vornehmen, um das Moment und damit nach $P = M \cdot \omega$ die Leistung zu bestimmen:

$$M = \dot{m} \cdot r v_{\mathrm{t}} \tag{4.38}$$

$$\mathrm{d}M = \mathrm{d}\dot{m} \cdot r v_{\mathrm{t}} \tag{4.39}$$

Teilt man nun die Rotorfläche in Inkremente der Länge $\mathrm{d}r$ und Fläche $\mathrm{d}A = 2\pi r\,\mathrm{d}r$, so folgt:

$$\mathrm{d}M = 4\pi r^3 v_1 (1-a) a' \omega\,\mathrm{d}r \tag{4.40}$$

Hier ist $a' := \omega / 2\Omega$ der Induktionsfaktor für die tangentiale Geschwindigkeitskomponente. Für die gesamte Leistung ergibt sich:

$$P = \int \omega \mathrm{d}M \tag{4.41}$$

und mit

$$c_P = \frac{8}{\lambda^2}\int_0^\lambda (1-a)a'x^3\,dx \tag{4.42}$$

wobei $x = \omega r / v_1$ die mit dem Nabenabstand gebildete lokale Schnelllaufzahl ist. Im Vergleich zur Betz'schen Diskussion hat man nun zwei zu optimierende Parameter a, a', die beide von x abhängen. Eine weitere Gleichung, die sogenannte Glauert'sche Orthogonalitätsbedingung (siehe [102, 106]),

$$a'(1-a')\cdot x^2 = a(1-a) \tag{4.43}$$

ist notwendig, um das Gleichungssystem zu schließen.[4] Die Turbine ist nun nach Glauert lokal optimal, wenn die Funktion

$$f(a,a') = a'(1-a) \tag{4.44}$$

unter der Nebenbedingung Gl. (4.43) extremal wird. Ableiten von Gl. (4.44) führt auf:

$$(1-a)\frac{da'}{da} = a' \tag{4.45}$$

bzw. von Gl. (4.43):

$$(1+2a')x^2\frac{da'}{da} = 1-2a \tag{4.46}$$

Zusammen also:

$$a' = \frac{1-3a}{1+4a} \tag{4.47}$$

a	a'	x
0,25	∞	0,0
0,26	5,500	0,073
0,27	2,375	0,157
0,28	1,333	0,255
0,29	0,812	0,374
0,30	0,500	0,529
0,31	0,292	0,753
0,32	0,143	1,15
0,33	0,031	2,63
0,333	0,003	8,58
1/3	0,00	∞

Tabelle 4.1 a, a' von $x = \omega r / v$

Da a' positiv sein muss folgt daraus $0{,}25 < a < 0{,}33$. Die Gleichungen (4.43) und (4.47) bestimmen nun den Verlauf $a(x)$ und $a'(x)$ (siehe Tabelle 4.1).

Um die Integration über die Blattschnitte (d. h. über x, siehe Gl. (4.42), ausführen zu können, muss man die Funktion $x(a)$ nur noch invertieren, d. h. $x(a) \to a(x)$, nachdem a' vermöge Gl. (4.43) eliminiert ist, was durchaus einige Mühe bereitet. Die resultierenden Ergebnisse sind in Tabelle 4.1 und Bild 4.8 zusammengestellt.

[4] Auch hier zeigt sich, dass dies streng nur für $C_T \to 0$ gültig ist (siehe [89]).

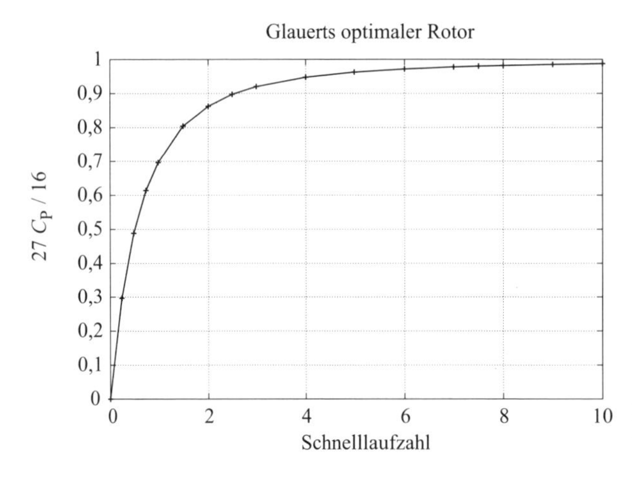

Bild 4.8 Optimaler Rotor nach Glauert, nur Drallverluste beinhaltend

Neuere Untersuchungen (siehe z. B. [14]) zeigen, dass diese Beziehungen ebenso wie im rotationsfreien, axialen Fall streng nur im Grenzfall schwach belasteter Rotoren, d. h. $C_t \rightarrow 0$ gelten. Für Windturbinen ist jedoch typisch $C_T \approx 0{,}7 \ldots 0{,}9$, was im Weiteren nicht berücksichtigt ist.

Glauerts [26] Analyse (siehe Tabelle 4.1) zeigt also, dass der Leistungsbeiwert erst dann durch Drallverluste merklich reduziert wird, wenn λ unter 2 fällt. Die Integration über x (dimensionslose Spannweite) deutet außerdem an, einen Übergang zu den Blattschnitten vornehmen zu müssen.

4.4.5 Verluste durch Profilwiderstand

Als letzten, wesentlichen Mechanismus zur Minderung der Leistung einer Windturbine werden nun die sogenannten Profilverluste besprochen. Eine Zusammenfassung aller Mechanismen zeigt Bild 4.9. E1 und E2 sind zwei Anlagen eines deutschen Herstellers und sollen den Fortschritt innerhalb von nur 10 Jahren verdeutlichen.

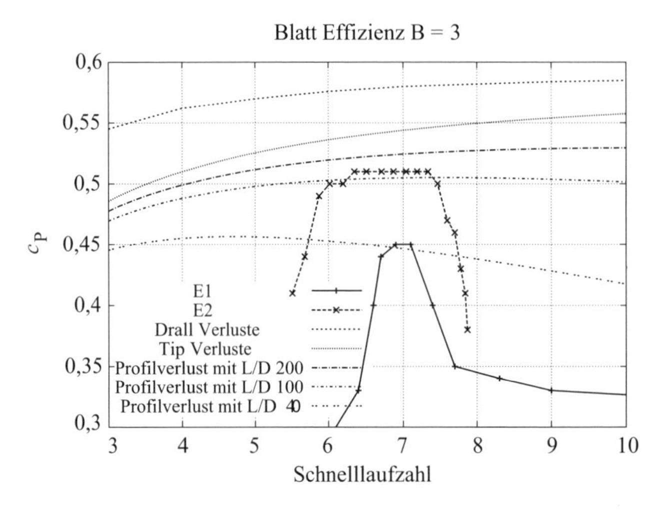

Bild 4.9 Vergleich der mechanischen Verlustmechanismen für eine Blattzahl $B = 3$

4.5 Impulstheorie der Blattschnitte

4.5.1 Die Formulierung

Die eigentliche Blattelementmethode (Bild 4.10) stellt in Verbindung mit der differenziellen Impulsmethode ein geeignetes Verfahren dar, messbare Aussagen über die Leistung von Rotoren (Propeller wie Impeller) und Lasten zu machen.

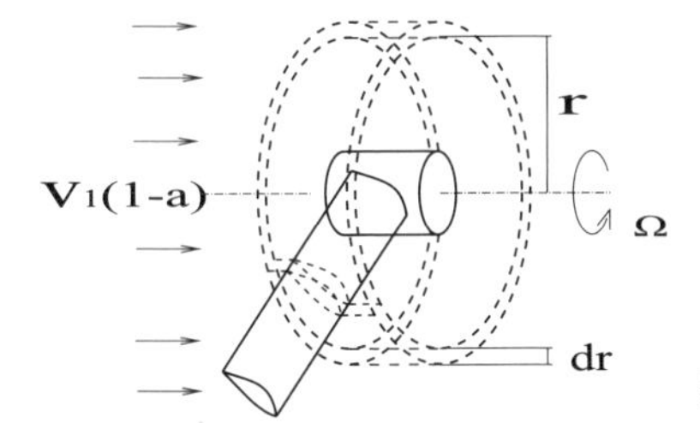

Bild 4.10 Blattschnitte

Über die Annahmen der Impulstheorie wird insofern hinausgegangen, als dass nun als Ursprung der Kräfte Auftrieb und Widerstand – durch die Parameter $C_\mathrm{L}, C_\mathrm{D}$ (siehe oben) beschrieben – angenommen wird. Die Inkremente an Moment (dQ) und Axialkraft (Schub, dT) sind in Bezug auf ein radiales Inkrement dr:

$$\mathrm{d}T = \mathrm{d}\dot{m}(v_1 - v_2) = 4a(1+a)2\pi r\,\mathrm{d}r \cdot \frac{\rho}{2} v_1^2 \tag{4.48}$$

$$\mathrm{d}Q = \mathrm{d}\dot{m}(v_1 \cdot r) = 2\pi r\,\mathrm{d}r \cdot \rho v_2 \cdot 2\omega r^2 = 4\pi r^3 \rho v_1 \Omega (1-a) a' \tag{4.49}$$

Hierbei ist r der betrachtete Abstand von der Nabe und v_1 die axiale Anströmgeschwindigkeit und $v_2 = (1-a) \cdot v_1$ der Wert in der Propellerebene.

Insgesamt ergibt sich das (Bild 4.11) für die Geschwindigkeits- und Kraftdreiecke. Es sind:

$$C_\mathrm{n} = C_\mathrm{L} \cdot \cos(\varphi) + C_\mathrm{D} \cdot \sin(\varphi) \tag{4.50}$$

$$C_\mathrm{tan} = C_\mathrm{L} \cdot \cos(\varphi) - C_\mathrm{D} \cdot \sin(\varphi) \tag{4.51}$$

mit

$$\tan(\varphi) = \frac{1-a}{1+a'} \frac{v_\infty}{r\Omega} \tag{4.52}$$

und

$$\varphi = \alpha + \theta \tag{4.53}$$

dem Strömungswinkel φ und θ der Verwindung (Twist) des Blattes.

Diese Methode ist in vielen Details durch ergänzende Annahmen vervollständigt worden. Es sind z. B. die oben angesprochenen Verluste durch 3D-Effekte an der Nabe und Flügelspitze (Hub- und Tip-Verluste) einbezogen worden.

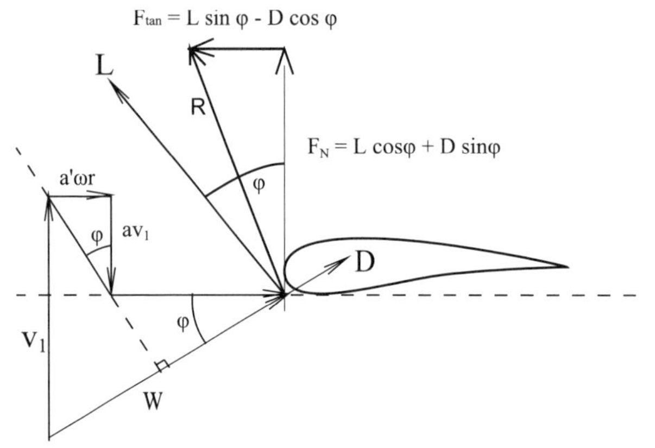

Bild 4.11 Geschwindigkeits- und Kraftdreiecke

Damit ist dann (w ist die Gesamtanströmungsgeschwindigkeit):

$$\mathrm{d}T = Bc\frac{\rho}{2}W^2 C_\mathrm{n}\cdot \mathrm{d}r \tag{4.54}$$

$$\mathrm{d}Q = Bc\frac{\rho}{2}W^2 C_\mathrm{t}\cdot r\,\mathrm{d}r \tag{4.55}$$

$$w^2 = (v_1\cdot(1-a))^2 + \left(\omega r\cdot(1+a')\right)^2 \tag{4.56}$$

Analog zum axialen Induktionsfaktor a ist $a' := 2\omega/\Omega$ – wie oben schon angesprochen. Auch für a' wird ein analoges Froud'sches Theorem angenommen, wonach die induzierten Komponenten in der Propellerebene halb so groß sind wie im fernen Nachlauf. Gleichung (4.48) gilt für den Schub nur solange wie $a \le \frac{1}{3}$ (oder zumindest $\le \frac{1}{2}$) ist, andernfalls muss man empirische Extrapolationen anwenden.

Stellt man Gl. (4.48) und (4.49) nach a bzw. a' um, so folgt:

$$\frac{a}{(1-a)} = \frac{BcF_t}{8\pi r\sin^2(\varphi)} \tag{4.57}$$

$$\frac{a'}{(1+a')} = \frac{BcF_n}{4\pi r\sin^2(\varphi)} \tag{4.58}$$

Insgesamt ergibt sich also folgendes Iterationsschema:

- Schätze a und a' (am Anfang: $a = a' = 0$),
- (*) bestimme φ aus Gl. (4.52),
- bestimme den Anstellwinkel α aus Gl. (4.53),
- bestimme C_L und C_D aus einer Tabelle (siehe Abschnitt 4.3.2),
- bestimme C_n und C_t aus Gl. (4.53),
- bestimme a und a' aus den Gl. (4.58) und (4.58),
- gehe zu (*) und iteriere bis zur Unterschreitung eines gegebenen Fehlers.

4.5.2 Beispiel einer Implementierung: WT-Perf

WT-Perf ist eine FORTRAN-Implementierung von M. Buhl des National Renewable Energy Laboratioriums (NREL) in Golden, Colorado, USA, die auf den legendären PROP-Code von S. Walker zurückzuführen ist. Die Quelle ist mit jedem GNU Compiler übersetzbar.

4.5.3 Optimierung und Entwurfsregeln für Blätter

Die Außenform eines Blattes ist geometrisch (aerodynamisch) also durch die Tiefenverteilung $c(r)$, die Verwindungsverteilung $\rho(r)$ und die Profilschnitte (= aerodynamische Profile) bestimmt. Aus den oben dargestellten Überlegungen sind viele sogenannte Optimalauslegungen abgeleitet worden [24, 26, 106]. Im einfachsten Fall ist für die relative Tiefe c/R:

$$c(r)/R = 2\pi B \frac{8}{9} \frac{1}{C_L} \frac{1}{\lambda^2 \cdot \left(\frac{r}{R}\right)} \tag{4.59}$$

(siehe z. B. [24]) und für die Verwindung (Twist):

$$\theta = \arctan\left(\frac{3}{2}\,\lambda\,\frac{r}{R}\right) \tag{4.60}$$

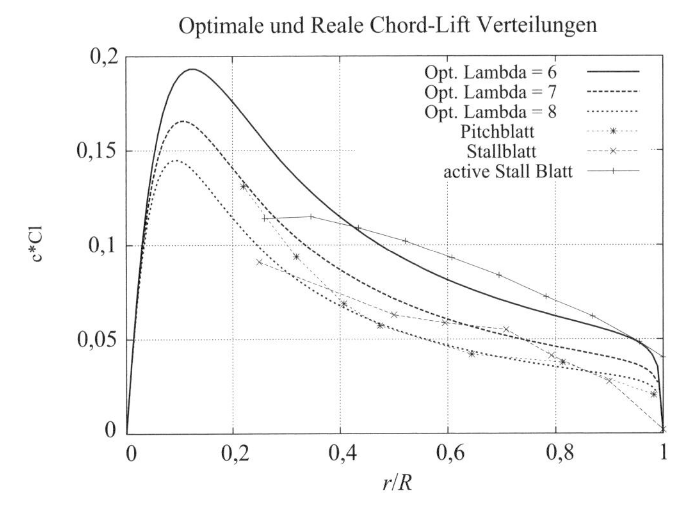

Bild 4.12 Optimale Blattauslegung (3 Blätter) nach Wilson/de Vries; Vergleich mit realisierten Blättern

Ergebnisse einer lokalen aerodynamischen Optimierung nach Wilson [106] und de Vries [102] sind in Bild 4.12 dargestellt und mit verschiedenen realen Ausführungen verglichen. Die Einbeziehung weiterer Nebenbedingungen, wie Lasten und anderer zur Optimierung der Gesamtkosten der so erzeugten Energie wichtigen, sind in einer Vielzahl von Publikationen dargestellt worden. Als aktuelles Beispiel sei auf [110] verwiesen. In [74] wird versucht, kommerzielle Blattentwürfe an diesen Verfahren zu spiegeln.

4.5.4 Erweiterung der Blattschnittverfahren: Die differenzielle Formulierung

Implementierung in eine CFD-Umgebung

Die Blattschnittmethode basiert sehr stark auf integralen Energie- und Impulsbilanzen, die Aussagen nur an drei Stellen (weit vor dem Rotor, am Rotor selbst und weit stromabwärts) treffen kann. Da angenommen wird, dass an der ersten und letzten Stelle keine radialen Variationen der Geschwindigkeiten stattfinden, ist dies eine eher ein- als zweidimensionale Methode. Eine volle 2D-Erweiterung stellen die sogenannten Actuator-Disk-(Wirkscheiben-)Methoden dar. Sie sind halbanalytisch lösbar (siehe [14]). Es sei an dieser Stelle angemerkt, dass man volle 3D-Methoden (siehe Abschnitt 4.5.5) nach 2,5D „downgraden" kann, um so einen mit geringerem Rechenaufwand verbundenen Mittelweg zu finden.

Die Implementierung in CFD erfolgt im Wesentlichen über eine zusätzlich eingebrachte Volumenkraft. Dazu werden Lift und Drag in Axial- und Umfangsrichtung aufgeteilt und auf das Flächenelement $2\pi r\,\mathrm{d}r$ verteilt. Als Volumenkraft muss dieser Drucksprung dann noch auf die Dicke t der Scheibe bezogen werden. Wir geben im Folgenden einige wenige Beispiele für die Wirksamkeit der Methode.

Validierung am Beispiel eines Aktiv-Stall-Blattes

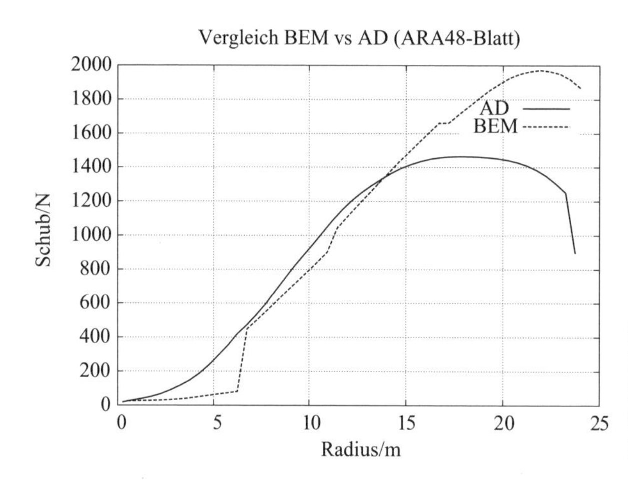

Bild 4.13 Vergleich von integraler (BEM) und differenzieller (CFD) Blattschnittmethode am Beispiel des Schubes eines 600 kW-Aktiv-Stall-Blattes

Ein sogenannter Aktiv-Stall-Blatt (ARA48, [76]) wurde benutzt, um beide Verfahren zu vergleichen (siehe Bild 4.13). Deutlich erkennt man Abweichungen in der Umgebung der Blattspitze, da in der CFD-Formulierung keine Prandtl-Korrektur einbezogen wird.

Windturbine mit Konzentrator (Diffusor)

Hansen et al. [27] stellen die Wirkung eines Windkonzentrators, bestehend aus einem NACA 0015-(Ring-)Profil dar. Unsere Methode [77] konnte zur Auswahl einer geeigneten Blattform für dieses kombinierte System herangezogen werden, da sich eine sehr starke Wechselwirkung zwischen Rotor und Diffusor ergab und sich somit eine getrennte Auslegung verbot. Phil-

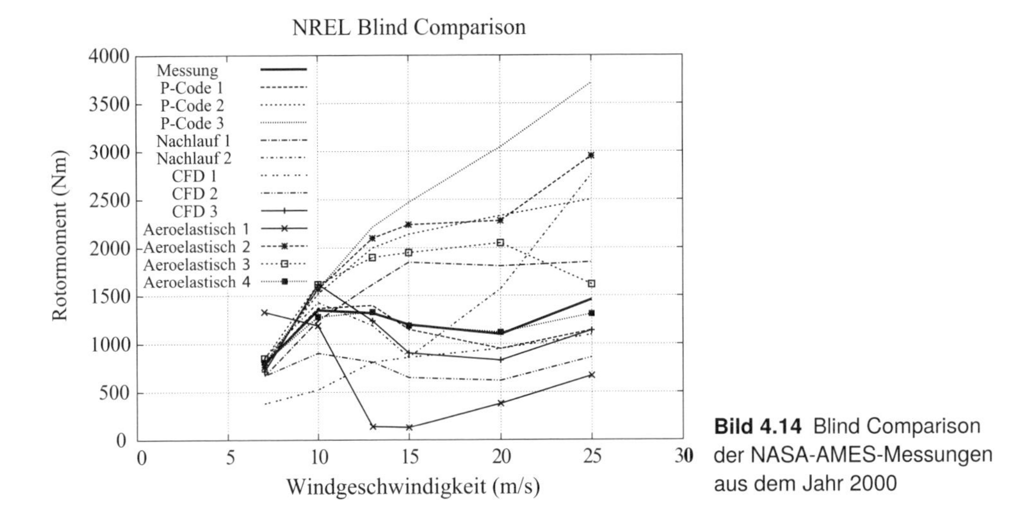

Bild 4.14 Blind Comparison der NASA-AMES-Messungen aus dem Jahr 2000

lips [67] untersuchte in seiner Dissertation sehr eingehend viele weitere Ansätze und Parameter. Wir konnten [77] zeigen, dass ein integrales BEM-Verfahren ungeeignet ist. [11] gibt eine aktuelle Zusammenfassung zum Stand von Theorie und Experiment.

Gegenläufige Tandem-Windturbine

Eine interessante Variante, die bei Schiffspropellern und Helikoptern durchaus sinnvoll eingesetzt wird, stellt die sogenannte gegenläufige (Contra-Rotating) Windturbine dar. Untersuchungen [79] zeigen allerdings, dass der zu erwartende Ertragsgewinn (ca. 5–10 %) möglicherweise durch einen zu großen Zusatzaufwand – insbesondere bei der Gestaltung der Blattformen – zunichte gemacht werden könnte.

4.5.5 Dreidimensionale Strömungssimulation – CFD

Der Einsatz effektiver numerischer Methoden zur Untersuchung von Windturbinen ist stets parallel zur allgemeinen Entwicklung aerodynamischer Theorien vorangetrieben worden. Seit etwa zwanzig Jahren sind numerische Verfahren zur Lösung der vollen dreidimensionalen Navier-Stokes-Gleichungen – zusammen mit empirischen Turbulenzmodellen wie z. B. dem k-ε- oder dem k-ω-Modell – auch kommerziell erhältlich. Leider sind diese Turbulenzmodelle noch nicht genügend ausgereift, um hinreichend genaue Aussagen zu treffen. Ergebnisse vieler Untersuchungen an verschiedenen Detailfragen scheinen jedoch nahezulegen, dass CFD (im diesem Sinne der numerischen Lösung der 3D-Navier-Stokes-Gleichungen) die einzige Möglichkeit zur konsistenten Erweiterung der aerodynamischen Beschreibung von Windturbinen zu sein scheint.

Als ein beeindruckendes Beispiel der nur mit 3D-CFD erreichten Ergebnisse ist eine Zusammenfassung von Begleitrechungen („Blind Comparison“) der NASA-Ames-Windkanalversuche aus dem Jahr 1999/2000 in Bild 4.14 zusammengestellt. Die Datenreihen C1 bis C3 stellen die CFD-Rechnungen dar. CFD3 ist die Untersuchung von Risø.

4.5.6 Zusammenfassung: Horizontalanlagen

In diesem Kapitel haben wir die wichtigsten Zusammenhänge und Ergebnisse der Aerodynamik von Windturbinen mit horizontaler Achse dargestellt. Auch wenn auf diesem Gebiet seit über einhundertfünfzig Jahren gearbeitet wird, scheint es doch in vielen Detailfragen keine abschließende Antworten zu geben. Für einen ersten Blattentwurf reicht jedoch das einfache und im Detail vorgestellte Blattschnittverfahren völlig aus, wenn man dessen Gültigkeitsgrenzen nicht aus den Augen verliert.

4.6 Vertikalanlagen

4.6.1 Allgemeines

Windenergieanlagen mit vertikaler Rotationsachse (VAWT) (Bild 4.15) stellen eine Alternative zu den Windturbinen mit horizontaler Achse dar. Sie bieten außerdem die Möglichkeit der Anwendung von Methoden der instationären (transienten) Strömungsmechanik. Durch ihre Unabhängigkeit von der Windrichtung sind bei der praktischen Realisierung im Vergleich zu HAWT einige Vorteile vorhanden, jedoch scheiterten viele Anlagen – bis hin zu der 4 MW leistenden und 100 m hohen ÉOLE-C in Cap-Chat, Canada, [71, 72] (Bild 4.16a) – an den nur unzureichend berücksichtigten Betriebslasten. Bild 4.16b zeigt eine dreiblättrige Anordnung mit 50 kW Nennleistung der HEOS Energy.

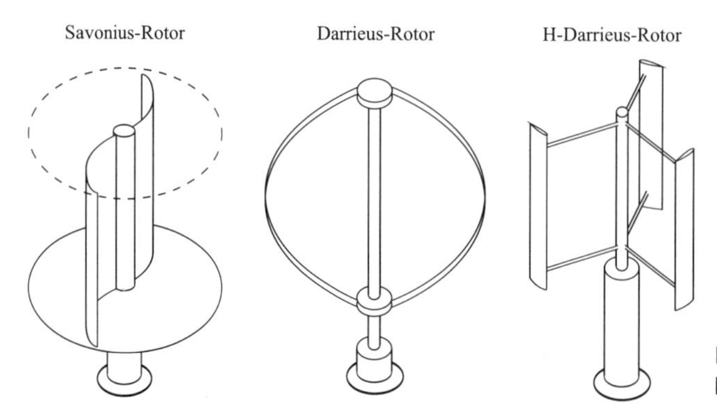

Bild 4.15 Windturbinen in Vertikalanordnung

In diesem Teil sollen wesentliche Modelle und Methoden dargelegt werden wie sie sich im Unterschied zur Aerodynamik der Horizontalanlagen darstellen. In der Landkarte (Bild 4.1) ist deutlich der Unterschied von Auftriebsläufern gegenüber Widerstandsläufern auch bei VAWT zu erkennen (Darrieus- bzw. Savonius-Prinzip).

Allerdings ist auch klar, dass die Horizontalmaschinen in den letzten zwanzig Jahren einen enormen Entwicklungssprung machen konnten, der den Vertikalmaschinen nicht zugute kam, sodass zurzeit nur Kleinanlagen unter 100 kW entwickelt bzw. gefertigt werden [55], [87]. In Deutschland wurde die Entwicklung vor allem von den Firmen Dornier [4, 17, 22, 37, 61] und Heidelberg-Motor [35] vorangetrieben. In den USA hat das Sandia National Laboratory eine

(a)

(b)

Bild 4.16 (a) Die bisher größte Vertikalanlage ÉOLE-C in Cap-Chat, Kanada, $A = 4000\,\mathrm{m}^2$, 1988, $P = 4$ MW, mit freundlicher Genehmigung von Prof. Dr.-Ing. Tamm, Nordakademie Elmshorn; (b) eine moderne 75 kW-Anlage, mit freundlicher Genehmigung der HEOS Energy GmbH, Chemnitz

Vielzahl von Untersuchungen durchgeführt, deren Berichte im Netz zugänglich sind [19, 86]. Eine gute Übersicht dieser Projekte gibt [66].

Erwähnenswert ist eine Anlage der Fa. Heidelberg-Motor, die in der Antarktis seit Anfang der 90er-Jahre bis 2008 der Stromerzeugung diente [111]. Erst unlängst sind erneut Untersuchungen aufgenommen worden [49, 99]. [99] beschreibt ein Projekt einer 20 MW VAWZ.

Sei in der üblichen Weise v_1 die Windgeschwindigkeit, $\omega = 2\pi$ RPM/60 die aus der Drehzahl pro Minute gebildete Winkelgeschwindigkeit. Damit ist $\lambda = \omega R/v_1$, die Schnelllaufzahl, ein wichtiger Parameter. Wie A. Betz schon 1926 zeigte, gilt er nur für eine Windturbine mit horizontaler Achse, deren Wirkung auf die Luftströmung durch eine (unendlich dünne) Scheibe der Fläche $A = \pi R^2$ beschrieben wird. Um $c_\mathrm{P}^{\mathrm{max,Betz}} = 16/27 = 0{,}593$ (Gl. (4.24)) auch bei VAWT zu erreichen oder sogar zu übertreffen, wurden viele Anstrengungen unternommen.

Hauptfragen beim Entwurf solcher Rotoren sind also:

- Wie nahe kann man diesem Wert kommen?
- Welche Betriebslasten erfährt eine solche Anlage?
- Kann Sie im Wettbewerb zu Anlagen mit horizontaler Achse bestehen?

Die letzte Frage kann natürlich nur zusammen mit Kostenmodellen [31, 32] entschieden werden.

4.6.2 Aerodynamik der H-Rotoren

Impulstheorie 1: Single Streamtube nach Wilson et al. (1974)

Um den Leistungsbeiwert c_P einer VAWT analog zu dem einer HAWT bestimmen und diskutieren zu können, geht Wilson mit $C_L = 2\pi \sin(\alpha)$[5] von einer umlaufenden, an die Flügel gebundenen Zirkulation aus. Mittelt man über eine Periode, so gelangt man in erster Näherung zu [107]:

$$c_P(x) = \pi \cdot x \left(\frac{1}{2} - \frac{4}{3\pi} x + \frac{3}{32} x^2 \right) \qquad (4.61)$$

mit

$$x = \lambda \cdot \frac{Bc}{R} \qquad (4.62)$$

Dieses Modell ergibt somit den maximalen Leistungsbeiwert $c_\mathrm{p}^\mathrm{max} = 0{,}554$ bei

$$a_\mathrm{max} = \frac{1}{2} \sigma \cdot \lambda = 0{,}401 \qquad (4.63)$$

Hierbei ist $\sigma = B \cdot c / R$ mit B der Anzahl der Blätter und c deren Tiefe, die sogenannte Völligkeit (engl. solidity) des Profils.

Aus diesem vergleichsweise einfachen Modell können bemerkenswerte wichtige Schlüsse gezogen werden. Bei großer Völligkeit (z. B. bei selbstanlaufenden Anlagen wie der DAWI-10-Anlage und anderen) ist die aus Gl. (4.63) bestimmte optimale Schnelllaufzahl, $\lambda_\mathrm{opt} = 0{,}8/\sigma$, jedoch um einen Faktor von etwa 2 zu klein[6], sodass sehr wahrscheinlich weitere, z. B. *Dynamic-Stall*-Effekte (siehe Abschnitt Dynamic Stall) zu berücksichtigen sind, da die Anstellwinkel (AOA) in diesem Fall so groß werden, dass der Zusammenhang $C_L = 2\pi \cdot \alpha$ nicht mehr als gültig angenommen werden kann. Aus Bild 4.17 ersieht man jedoch, dass schon die Einbeziehung von Profilreibung $\lambda(c_\mathrm{p}^\mathrm{max})$ deutlich erhöht.

Impulstheorie 2: Multiple Streamtube Model nach Strickland (1975)

Im Vergleich zu Wilson gibt Strickland ein Blattschnittverfahren an, d. h. es können gemessene (2D, s.o.) Polaren in die Bestimmung der Leistungsbeiwerte einbezogen werden. Wendet man dieses Modell auf eine realisierte Kleinwindanlage an, so erhält man die Ergebnisse aus Bild 4.18. Man erkennt deutlich die Verminderung von $c_\mathrm{p}^\mathrm{max}$ durch die Profilreibung. Gründe einer weiteren Verkleinerung des $c_\mathrm{p}^\mathrm{max}$-Wertes innerhalb einer CFD-Rechnung werden weiter unten diskutiert. Wichtig ist jedoch, dass mit allen drei Ansätzen das optimale λ in etwa gleich bleibt.

Lateral aufgelöste Streamtube-Modelle

Schon Betz merkte 1927 an, dass der nach ihm benannte Grenzwert überschritten werden könnte, wenn man statt einer als unendlich dünn angenommenen Wirkscheibe ausgedehnte Strukturen betrachtet. Diese Idee wurde von Loth und McCoy [50] detailliert für Vertikalachsmaschinen ausgearbeitet. Sie erhalten (vgl. Aufgabe 5) mit einem Modell der Doppelten

---

[5] α ist auch hier der Anstellwinkel, der strenggenommen nur bei idealer 2D-Anströmung sinnvoll gemessen werden kann.

[6] Der Autor dankt Herrn Görke, Weserwind AG, für diesen Hinweis.

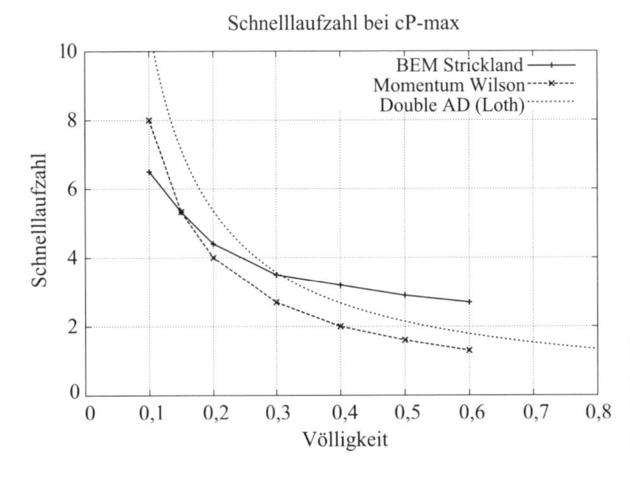

Bild 4.17 Schnelllaufzahl für maximales C_P nach Wilson (reibungsfrei) Strickland (BEM) und Loth and McCoy (Double Actuator Disk)

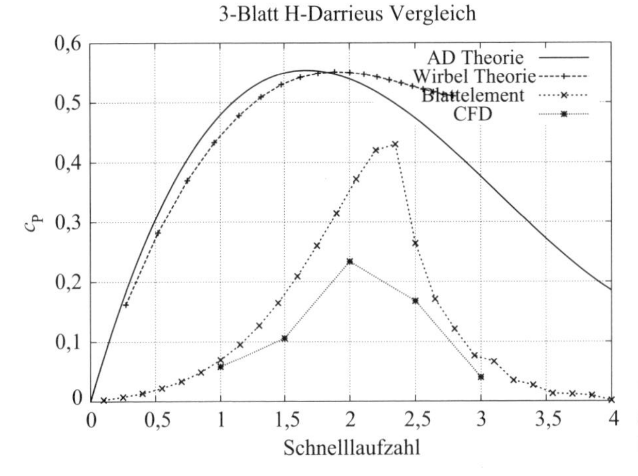

Bild 4.18 Verschiedene Methoden, angewendet auf einen VAWT-Rotor mit Völligkeit $\sigma = 0{,}48$

Actuator Disk ein $C_P^{\max,\mathrm{Loth}} \approx 0{,}62$. Allerdings muss einschränkend gesagt werden, dass bisher kein Prototyp gebaut werden konnte, der diese c_P-Werte explizit gezeigt hätte.[7]

Wirbelmodelle

a) Stationäre Modelle

Es gibt eine Reihe von Ansätzen zur Beschreibung des Strömungsfeldes, die anstatt des Geschwindigkeitsfeldes die Wirbelstärke ($\omega = \vec{\nabla} \times \vec{v}$) als primäre Feldgröße nutzen, da es zu den üblichen, $(\vec{v}, p)$-basierten, äquivalente Formulierungen der differenziellen Gleichungen gibt. Diese Ansätze sind in der Lage, auch den transienten Charakter des Strömungsfeldes zu beschreiben [40, 95, 105]. Wirbelfleckenmodelle sind dabei von besonderer Bedeutung, da sie die Änderung der Hauptströmung durch die Erzeugung, das Abstreifen und die Konvektion von Wirbeln (Vorticity) an den Blattkanten beschreiben. Grundlegend war hier die Arbeit von Holme [39], der die gebundenen Wirbel entlang eines Kreises verteilt (d. h. $B \to \infty$) und damit

[7] Die ÉOLE-C hatte ein $c_P^{\max} \approx 0{,}42$.

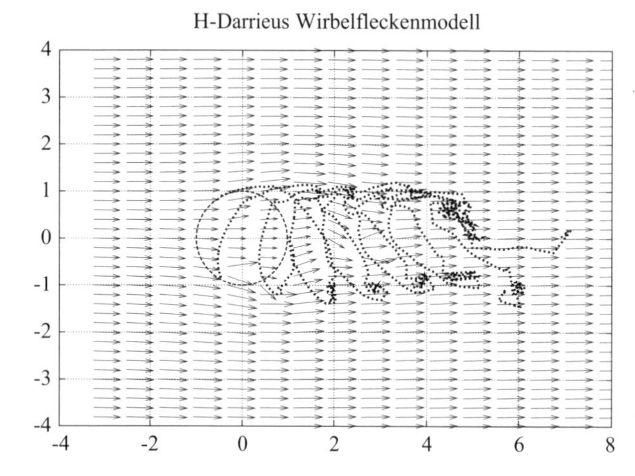

Bild 4.19 Momentaufnahme des Strömungsfeldes Strömungsfeld eines dreiblättrigen H-Darrieus-Rotors nach zwei Umläufen

ein stationäres aber asymmetrisches Modell erhielt. Interessant ist weiterhin, dass Holmes' Ansatz eine Strahlablenkung quer zur Anströmung zu beschreiben vermag. Im Rahme einer AD-Formulierung kann Holme's Modell in CFD-Systeme implementiert werden, damit kann über die von Holme noch zu nutzende Linearisierung der Ansätze hinausgegangen werden [80].

b) Transiente Methoden

Ein grundlegender Unterschied bei der Behandlung von Vertikalrotoren ist die starke, periodische Veränderung vieler Größen während eines Umlaufs.

Ist die Blattzahl kleiner als 3, so kann ein einfaches transientes Wirbelmodell [93] sinnvoll zur Modellierung eingesetzt werden. Es konnte [103, 108] gezeigt werden, dass die bei Umlaufmittelung erhaltenen Größen reproduziert werden. In Bild 4.19 ist das Strömungsfeld eines dreiblättrigen H-Rotors mit Völligkeit $\sigma = 0{,}3$ und $\lambda = 2$ nach 2 Umläufen dargestellt. Das Interesse an solchen Wirbelmethoden ist unlängst wieder erwacht [18, 57]. Weiterhin kann man so die pro Umlauf wirksamen Lastvariationen identifizieren, die für die Lastkollektive zur Bestimmung der Dauerfestigkeit wichtig sind.

c) Dynamic Stall

Unter dem Phänomen des dynamic stall versteht man die durchaus markante Änderung der Polaren durch dynamische Einflüsse, z. B. bei Oszillation des Flügels. Eine ausführliche Diskussion in Bezug auf VAWT wird bei Oler et al. [64] gegeben. Wir bemerken hier nur, dass dieser Effekt bei großen Völligkeiten sowie kleine Schnelllaufzahlen – und damit großen Anstellwinkeländerungen – besonders ausgeprägt ist.

d) Bemerkungen zur aerodynamischen Profilauswahl für VAWT

Im Gegensatz zu den Horizontalmaschinen, bei denen die Zirkulation $\Gamma \approx c \cdot C_l$ ein wichtiger, das Blatt bestimmender Parameter ist, übernimmt diese Funktion in den meisten Modellen für VAWT die Völligkeit $\sigma = B \cdot c / R$. Daher ist C_l – und damit das Profil – nur implizit einbezogen, da in allen obigen Überlegungen entweder idealerweise $C_l = 2\pi\alpha$ zu setzen ist oder andererseits Polartabellen benutzt werden.

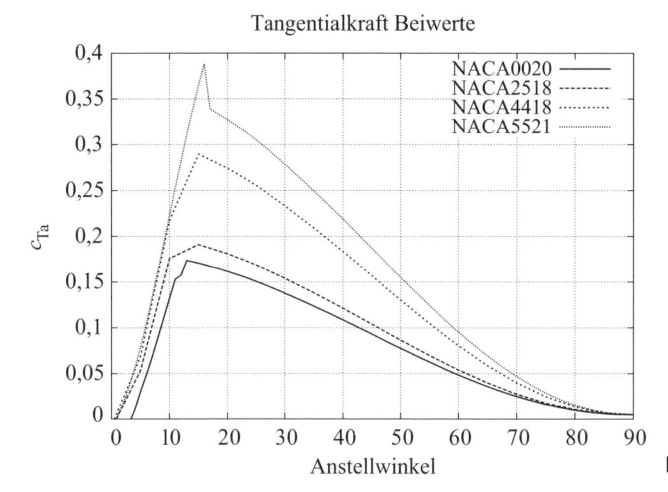

Bild 4.20 Profilvergleich: $C_t(\alpha)$

Betrachtet man die das treibende Moment erzeugende Tangentialkraft aufgeschlüsselt, so gilt:

$$C_t = C_l \cdot \sin(\alpha) - C_D \cdot \cos(\alpha) \tag{4.64}$$

$$= C_L \left(\sin(\alpha) - \frac{1}{GZ} \cdot \cos(\alpha) \right) \tag{4.65}$$

mit $GZ = c_L / c_D$.

Daher würde eine lokale Optimierung auf hohes c_L bei großer Gleitzahl setzen.[8] Sinnvoller ist jedoch ein globale Optimierung, d. h. die Maximierung von:

$$\frac{1}{2\pi} \langle C_t \rangle := \int_0^{2\pi} C_t / (\varphi) \cdot d\varphi \rightarrow \max. \tag{4.66}$$

womit man dann mit einem Variationsproblem konfrontiert ist. Bild 4.20 gibt die Abhängigkeit der Tangentialkraft vom Anstellwinkel für verschiedene vierziffrige NACA-Profile wieder. Es ist somit deutlich zu erkennen, dass symmetrische Profile bei kleinen Anstellwinkeln (< 7°) und subkritischen (Re < 500k) Reynoldszahlen negative Tangentialkräfte über weite Bereiche (bis zu 40°) des Azimutwinkels entwickeln können.

Paraschivoiu [66] wie auch Duetting [16] und Kirke [41] gehen in ihren Untersuchungen detaillierter auf diese Fragestellungen ein, wobei [16] sich insbesondere dem Anfahrverhalten widmet. An der DAWI-10-Anlage wurden von Meier et al. [53] experimentelle Untersuchungen durchgeführt. Die DAWI-10 besitzt eine extrem große Völligkeit von $\sigma = 0{,}69$. Es zeigt sich, dass die vom Umlaufwinkel abhängenden, gemessenen C_t-Verläufe deutlich von den theoretisch bestimmten abweichen.

Wir möchten diesen Abschnitt mit den folgenden Empfehlungen zur Profilauswahl abschließen:

- Der Effekt von Wölbung (Camber) und Anstellung (Nase nach außen) ist einer Erhöhung der Tiefe äquivalent.

[8] Paraschivoiu gibt in [66], p. 248, ein Profil an, das bei gleicher Gleitzahl ($GZ = 75$) einen fast doppelt so großen Auftriebsbeiwert $C_L = 1{,}0$ liefert, Re = 3M.

- Die Effekte des Dynamic Stall sind in die aerodynamische Modellierung einzubeziehen, wenn wegen großer Völligkeit kleine Schnelllaufzahlen eintreten.
- Modernere symmetrische (siehe [56] und zur Diskussion NACA 00tt vs. NACA 63ctt[9]) Profile können z. B. mit dem EPPLER-Code oder generischen Optimierungsalgorithmen (vgl. [8]) entwickelt werden.

4.6.3 Aeroelastik der Vertikalrotoren

Die konstruktive Auslegung einer Windenergieanlage wird durch die aus der Aerodynamik stammenden Lasten bestimmt. Sowohl Extrem- (Jahrhundertböe) als auch Betriebslasten (Nennwind inkl. turbulenter Schwankungen) bestimmen die Dimensionierung des Materials. Die spezifische aerodynamische Modellbildung wirkt also über die reine Aerodynamik weit hinaus. Leider stehen zurzeit keine oder nur wenige Systeme zur Verfügung, die VAWT modellieren können. Eine Ausnahme bildet das von A. Vollan [100, 101] entwickelte System GAROS. In einer Studienarbeit [42] haben wir erste Untersuchungen ausführen lassen. Ein damit bestimmtes Stabilitätsdiagramm (Campbell-Diagramm) ist in Bild 4.21 wiedergegeben.

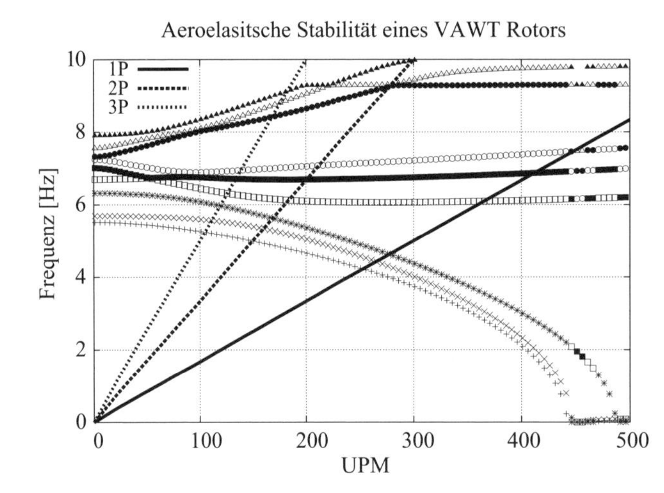

Bild 4.21 Campbell-Diagramm eines Vertikalrotors

Es zeigt sich, dass unterhalb der Nenndrehzahl (in diesem Fall 120 UPM = 2 Hz) und zwischen der 1P- und 3P- (nP = n-Faches der Rotordrehzahl) Anregung eine Anzahl von Eigenfrequenzen des Systems zu finden ist. Die Gesamtdämpfung des Systems ist jedoch stets negativ, sodass keine aerodynamische Divergenz zu erwarten ist. Vor allem die große Turmkopfmasse von ca. 650 kg (entsprechend 130 kg/kW) scheint für die relativ kleinen Werte der Eigenfrequenzen verantwortlich zu sein. Man muss allerdings berücksichtigen, dass wegen $\nu \sim m^{-1/2}$ eine Halbierung der Turmkopfmasse mit einer nur 30%igen Erhöhung der Frequenzen einhergeht. Es sei an dieser Stelle angemerkt, dass man das sogenannte vereinfachte Lastenschema der IEC 61400-2 für Kleinwindanlagen mit Rotorfläche $< 20\,\text{m}^2$ auch auf VAWT übertragen kann [38].

[9] Miglore [56] spricht von 20 % Ertragssteigerung.

4.6.4 Ein 50-kW-Rotor als Beispiel

Diese Anlage (siehe Bild 4.16b) mit Blattlänge $H = 10{,}21$ m und Rotorradius $R = 5$ m, d. h. Rotorfläche $A = 100\,\mathrm{m}^2$, besitzt mit drei Blättern eine Völligkeit von $\sigma = 0{,}68$ mit einem Maximum der Tiefe von $c_{\mathrm{max}} = 1{,}31$ m. Allerdings verjüngen sich die Blätter zum Rand hin merklich, sodass dieser Wert etwas überschätzt ist. Bild 4.22 zeigt die von uns mit dem Strickland-Code [92] bestimmte und mit Messdaten verglichene Leistungskurve.

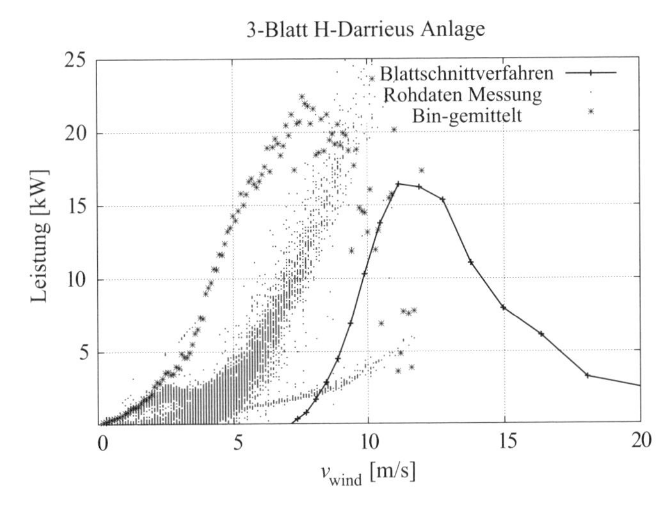

Bild 4.22 Leistung einer 50 kW-VAWT

Wegen der relativ geringen Windgeschwindigkeiten sind nur wenige Messwerte im Bereich nennenswerter elektrischer Leistung vorhanden. Durch eine geeignete Mittelung (Binning) kann die Streuung deutlich verringert werden, allerdings bleibt ein großer, bisher unerklärter Unterschied zur Leistungskurve mit dem Blattschnittverfahren.

4.6.5 Entwurfsregeln für Kleinwindanlagen nach dem H-Darrieus-Typ

- Vor jeder Auslegung muss ein Gesamtkonzept erstellt sein.
- Soll die Anlage selbstanlaufend sein, d. h. $c_{\mathrm{m}}(0) > 0$, so bestimmt der Momentenverlauf des elektrischen Generators die aerodynamische Auslegung.
- Eine dreiblättrige Anlage mit gewölbten nicht zu dicken Profilen scheint oft geeignet zu sein.
- Es ist möglich, neue Profilfamilien zu entwerfen [13] und zu nutzen. Sie stellen eine Verbesserung zu den vierziffrigen Profilen der NACA-Familie dar.
- Die optimale Schnelllaufzahl wird durch die Völligkeit $\sigma = Bc/R$ bestimmt. Sie sollte nicht unter 3 liegen[10], damit die maximalen Anstellwinkel nicht zu groß werden und Dynamic-Stall-Effekte berücksichtigt werden müssen.
- Ein aeroelastisches Simulationsmodell (z. B. mit GAROS) muss im frühen Entwicklungsstadium erstellt werden, damit die spezifischen Turmkopfmassen in einen sinnvollen Bereich von deutlich unter 100 kg/kW gelangen können.

[10] Paraschivoiu ([66], p. 177) nimmt dynamic stall schon unterhalb λ 4 an!

- Eine anzustrebende Typenzertifizierung sollte die Ernsthaftigkeit der Unternehmung unterstreichen.

4.6.6 Zusammenfassung: Vertikalrotoren

Grundlagen

Es wurde zunächst eine kurze Übersicht der bisher entwickelten aerodynamischen Modelle gegeben. Es zeigt sich, dass viele der älteren halbanalytischen Methoden (z. B. das Vortex-Ring [Cylinder] Model) problemlos in bestehende CFD-Systeme integriert werden können. Damit kann man stationäre, d. h. umfangsgemittelte Untersuchungen in kurzer Zeit durchführen. Als wichtige Ergebnisse können festgehalten werden: Es scheint nicht unmöglich zu sein, den Betz'schen Grenzwert (= 0,59) zu übertreffen, eine optimale Schnelllaufzahl kann aus Gl. (4.63) oder Bild 4.17 bestimmt werden. Kriterien zur aerodynamischen Profilauswahl wurden benannt.

Profile

Anlagenoptimierte aerodynamische Profile gibt es bei VAWT bei Weitem in nicht so hoher Anzahl wie dies bei HAWT der Fall ist. Eine Ausnahme ist [13]. Dies zeigt sich nicht zuletzt in der immer noch üblichen Verwendung von vierziffrigen NACA-Profilen, die in den 30er-Jahren des vergangenen Jahrhunderts entwickelt wurden. Die Entwicklung eigenständiger Profile wie dies für HAWT in Delft oder Risø geschehen ist, steht noch völlig aus.

Anfahrverhalten

Die Möglichkeit von selbststartenden Vertikalanlagen ($c_m(\lambda = 0) > 0$) wurde schon in den 1980er-Jahren in verschiedenen Dissertationen [13, 16] untersucht. Ergebnis dieser Untersuchungen waren Anlagenentwürfe mit hoher Völligkeit (> 0,4) und gewölbten Profilen wie z. B. NACA 4418. Diese Entwurfsempfehlung wird bei einigen neuen Anlagentypen benutzt. Eine Abstimmung der Momentenkennlinien (mechanischer und elektrischer Rotor) sollte unbedingt erfolgen.

4.7 Windangetriebene Fahrzeuge mit Rotor

4.7.1 Einleitung

In Abschnitt 4.3.2 haben wir kurz Fahrzeuge mit starrem Segel besprochen und gezeigt, dass es vorteilhaft ist, Auftriebskräfte zum Vortrieb zu nutzen. In diesem Zusammenhang ist es interessant, sogenannte Gegenwindfahrzeuge etwas allgemeiner zu betrachten. Konkreter Anlass dazu ist, dass 2008 erstmals ein internationaler Wettbewerb *Racing Aeolus* in Den Helder, Niederlande, ausgelobt und durchgeführt wurde. Dieser wurde 2009 und 2010 in Stauning, Dänemark, weitergeführt. Aus der Gruppe aller Teilnehmer haben das dänische [25], das Stuttgarter [46, 47] und unlängst auch das niederländische [6] Team Einzelheiten ihrer Auslegungskriterien veröffentlicht, sodass es geraten scheint, diese im Allgemeinen als auch für die Kieler Fahrzeuge speziell darzustellen [81].

Bild 4.23 zeigt das Prinzip des Windautos. Eine Windturbine wandelt kinetische Energie des Windes um in eine solche, die vom Antriebsstrang genutzt werden kann, um das Fahrzeug voranzutreiben.

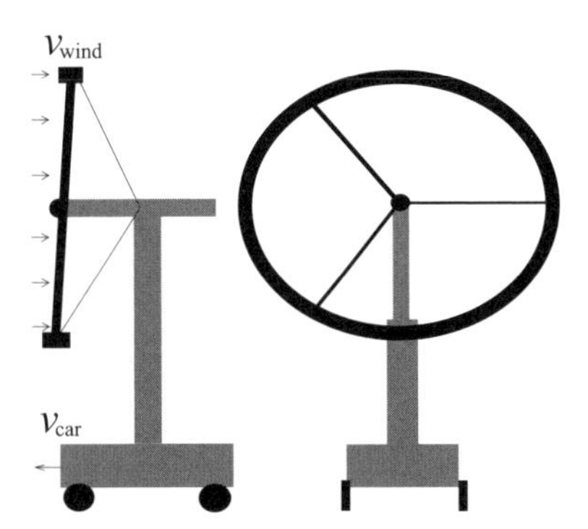

Bild 4.23 Prinzip eines Windautos

4.7.2 Zur Theorie der windgetriebenen Fahrzeuge

Die Modellvorstellungen zur Wandlung der kinetischen Energie des Windes durch eine Windturbine in mechanisch nützliche sind in Abschnitt 4.3 ausführlich dargestellt worden. Weiteres findet man z. B. in [74, 102]. Wesentliches Kriterium ist in diesem Fall, dass der Rotor so ausgelegt sein sollte, dass wie dargelegt

$$c_P := \frac{P}{\frac{1}{2}\rho v^3 \frac{\pi}{4} D^2} \tag{4.67}$$

maximiert wird. Es lässt sich leicht zeigen, dass dann der Schub (= Kraft auf die Turbine in Windrichtung) durch

$$c_T := \frac{T}{\frac{1}{2}\rho v^2 \frac{\pi}{4} D^2} \tag{4.68}$$

mit $c_T^{Betz} = 8/9 = 0{,}89$ gegeben ist. Eine optimal auf Leistungsentzug ausgelegte Windturbine erleidet also eine große Schubkraft. Das dimensionslose Verhältnis c_P/c_T ist 2/3.

4.7.3 Ein Zahlenbeispiel

Beim Wettbewerb ist die umstrichene Rotorfläche auf $2 \times 2 = 4\,\text{m}^2$ begrenzt. Wird ein Rotor mit horizontaler Achse benutzt, reduziert sich die Fläche auf $\pi = 3{,}14\,\text{m}^2$. Legt man eine Windgeschwindigkeit von 7 m/s und eine Fahrgeschwindigkeit von 3,5 m/s zugrunde, so ergibt sich in Zahlen $P = 1320\,\text{W}$ und $T = 188\,\text{N}$. Wären keine anderen Kräfte zu überwinden, so bräuchte der Transport des Schubes allein die Leistung $P_{\text{Schub}} = 660\,\text{W}$.

Dies ist der idealisierte Fall. In der Realität hat ein gut ausgelegter Rotor ein $c_P = 0{,}36$ also nur etwa 60 % der genannten Leistung (= 780 W). Ein Fahrzeug mit 50 N Rollreibung braucht zusätzlich eine Leistung von $50 \times 3{,}5 = 175$ W. Damit fährt dieses Fahrzeug nicht gegen den Wind. Daher ist es sinnvoll, das Blatt so auszulegen, dass $v_{car}/v_{wind} \to$ max wird. Dies gelingt im Rahmen und mithilfe der sogenannten Blattschnittmethode (vgl. Abschnitt 4.4).

Es sind bereits zwei Optimierungsstrategien zur Erstellung einer optimalen Blattgeometrie beschrieben worden:

- Optimiere den lokalen Anströmwinkel ϕ und wähle $c(r)$ konventionell (Stuttgart).
- Optimiere nach $c(r)$ und wähle den Anstellwinkel so, dass das Profil bei größter Gleitzahl c_L/c_D arbeitet (Kopenhagen).

Die Stuttgarter Ausführungen sind so detailliert, dass verglichen werden kann: [46, 47] legten den (2008) Rotor so aus, dass $\lambda = 5$, $c_P = 0{,}24$ und $c_T = 0{,}23$ war. Bei $v_{wind} = 8$ m/s wird $v_{car}^{max} = 5$ m/s und $P = 250$ W.

Demgegenüber ist die dänische Auslegungsstrategie [111] in folgender Gleichung zusammengefasst:

$$C_{PROPF,loc} = \eta_P \eta_T \left(1 + \frac{1}{V/V_{wind}}\right) C_{P,loc} - C_{T,loc} \to \text{max.} \tag{4.69}$$

4.7.4 Das Kieler Auslegungsverfahren

Wir lehnen uns an de Vries [90] an, d. h. wir beginnen mit

$$C_T = \frac{8}{\lambda^2} \int_0^\lambda (1 - aF) aF \left(1 + \frac{\tan(\varphi)}{GZ}\right) x \, dx \tag{4.70}$$

$$C_P = \frac{8}{\lambda^2} \int_0^\lambda (1 - aF) aF \left(\tan(\varphi) - \frac{1}{GZ}\right) x^2 \, dx \tag{4.71}$$

Hier ist GZ die Gleitzahl des Profils, $x = \lambda r/R$ die lokale Schnelllaufzahl und F der sogenannte Tip-Faktor nach Prandtl [74] (siehe auch Gl. (4.35) bis (4.37))

Die Optimierungsaufgabe, Gl. (4.69):

$$C_{PROPF,loc} \to \text{max} \tag{4.72}$$

lösen wir innerhalb eines kurzen FORTRAN-Programms mithilfe eines doppelten binären Suchverfahrens.

4.7.5 Auswertung

Die Ausgabe der Ergebnisse obiger Optimierungsaufgabe erfolgt zweckmäßigerweise wie in der Mechanik üblich in Form eines dimensionslosen Widerstandskoeffizienten des Fahrzeugs

$$K := C_D \cdot \frac{A_V}{A_R} \tag{4.73}$$

K	a	v_c/v_{wind}	c_P	c_T	c_P/c_T	$\eta_{Drivetrain}$
0,013	0,05	2,0	0,16	0,18	0,89	> 0,8
0,06	0,1	1,0	0,29	0,35	0,83	0,7
0,14	0,13	0,75	0,37	0,47	0,79	0,7
0,33	0,18	0,5	0,44	0,60	0,73	0,7
1,0	0,24	0,25	0,50	0,74	0,68	0,7
3,1	0,29	0,1	0,51	0,82	0,62	0,7
36	0,31	0,01	0,52	0,86	0,60	0,7

Tabelle 4.2 Ergebnisse der Optimierung für ein windangetriebenes Fahrzeug

C_D ist der Widerstandkoeffizient des Fahrzeugs, der durch $D := c_D \cdot \rho/2v^2 \cdot A_V$ definiert ist.

A_V und A_R sind die projizierten Flächen des Rotors und des Fahrzeugs (siehe auch Bild 4.23). Problematisch ist bei diesem Ansatz die Einbeziehung eines konstanten Rollwiderstandes.

Als wichtiges Ergebnis kann festgehalten werden, dass es grundsätzlich keine obere Grenze der Fahrgeschwindigkeit gibt.

Spezielle Blattgeometrien (Tiefen- und Verwindungsverlauf) können ebenfalls abgeleitet werden (siehe Bilder 4.24 und 4.25).

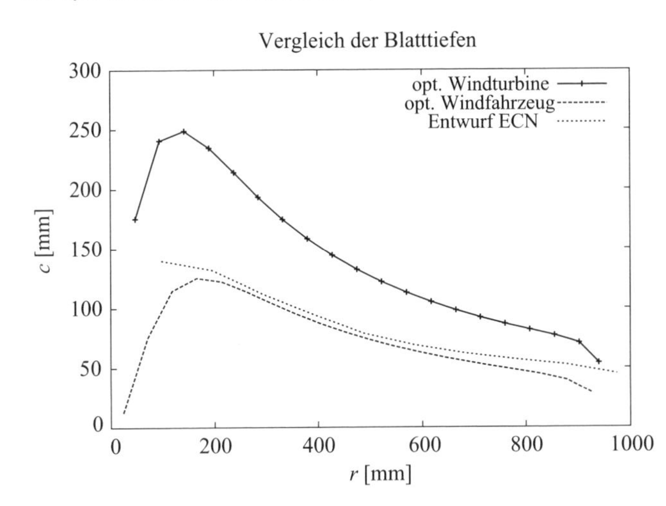

Bild 4.24 Optimale Tiefenverteilungen für Blätter von Windfahrzeugen

Die Auslegungsparameter unseres Entwurfs sind: $B = 3, \lambda = 5{,}5$, Design-Lift $c_L = 1{,}0$ und Gleitzahl = 80. Der Rotorradius ist 900 mm und die gesamte Triebstrangeffizienz ist zu 70 % angenommen.

Es scheint nicht ausgeschlossen zu sein, die Ergebnisse dieser speziellen Blattgeometrie auch durch Pitchen kommerziell erhältlicher (Wind-Dynamics-)Blätter reproduzieren zu können. Bild 4.26 vergleicht unsere Ergebnisse mit der Optimierung von Sørensen [90].

Es ist anzumerken, dass unsere Werte wegen zusätzlich einbezogener Größen (c_D und Blattspitzenkorrektur) grundsätzlich geringere Geschwindigkeiten ergeben sollten. Wie man Bild 4.26 entnimmt, sind zusätzlich zwei obere K-Grenzen eingezeichnet, die unrealistisch hohe c_P-Werte ausschließen. Weiterhin sieht man, dass die publizierten Werte aus [46] nur bei K-Werten unter 0,005 realisiert werden können. Wurde 2009 noch ein Fahrzeug mit $v_{car}/v_{wind} \geq 0{,}5$ separat mit dem ECN-Award prämiert (und erreicht, siehe Bild 4.28), so ist

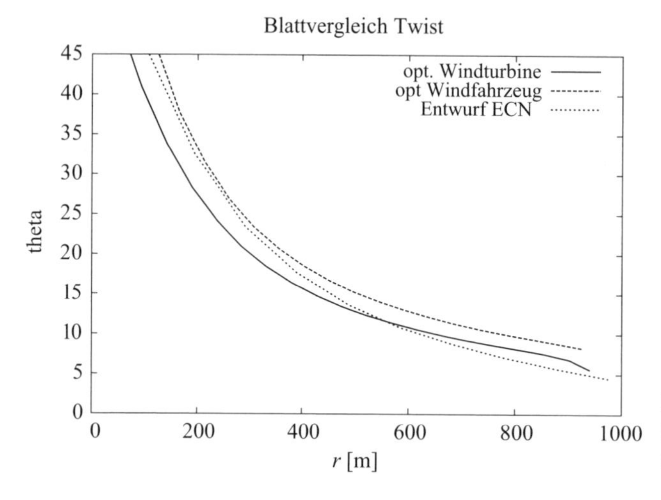

Bild 4.25 Optimale Verwindungsverteilungen für Blätter von Windfahrzeugen

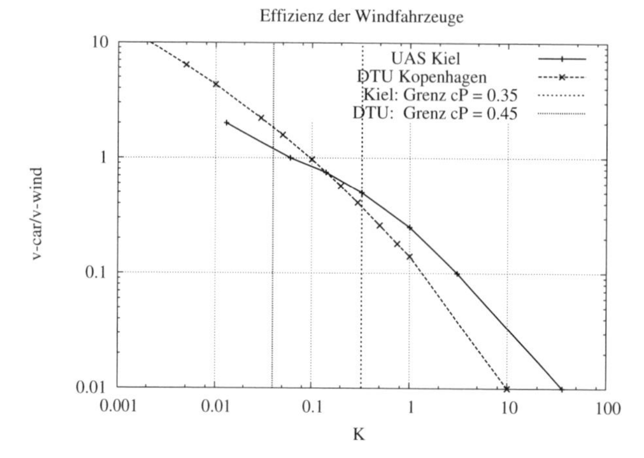

Bild 4.26 Optimale Auslegungen für windangetriebene Fahrzeuge aus Kopenhagen und Kiel

die Bedingung dafür nun auf $v_{car}/v_{wind} \geq 1$ verschärft worden. Unsere Analyse (Bild 4.26) zeigt, dass dies hohe Ansprüche an alle Komponenten stellt.

4.7.6 Realisierte Fahrzeuge

Ausgehend von ersten ernüchternden Erfahrungen mit einem VAWT-Rotor und elektrischem Triebstrang wurde ein radikal vereinfachtes Konzept erstellt und auch realisiert. Ein Diffusor-Ring wurde aus GFK gebaut und konnte sehr leicht (12 kg Masse) realisiert werden. Auf Yaw- und Pitchsystem wurde verzichtet und ein einfaches Vier-Gang-Mopedgetriebe (Übersetzungen 6,8,10 und 17 zu 1) benutzt. Die Hinterachse hat zwei Gelenkwellen mit Freilauf und einer Kette. Als Räder wurde solche eines Rollstuhls verwendet.

Erfolg stellte sich ein: In der Gesamtwertung belegte Kiel 2009 den zweiten Platz (siehe Tabelle 4.3 und Bild 4.27). Die 2008 und 2010 (2009 wurde kein zusammenfassender Bericht erstellt) erreichten Geschwindigkeitsverhältnisse sind in Bild 4.28 zusammengestellt.

Fahrzeug	Geschwindigkeitsverhältnis	bei v_{wind} [m/s]
Amsterdam 2	0,657	4,7
Amsterdam 1	0,495	4,7
Kiel	0,474	4,8
DTU 1	0,427	3,6
Stuttgart	0,402	4,51
DTU 2	0,249	4,67
Flensburg	0,161	5,47
Anemo	0,154	5,4
Bristol	0,049	4,3

Tabelle 4.3 Ergebnisse des Windautorennens Racing Aeolus 2010

Bild 4.27 Das Kieler Windauto *Baltic Thunder*, 2009/2010, Foto: Alois Schaffarczyk

4.7.7 Zusammenfassung: Windautos

Um die für den Antrieb eines windgetriebenen Fahrzeugs verfügbare Leistung zu maximieren, ist ein anderes Optimierungskriterium anzuwenden als für die Auslegung einer klassischen, auf Leistung optimierten Windturbine. In jedem Fall muss die Belastung der Windturbine, sei sie durch a oder c_T beschrieben, verringert werden. Eine weiterführende, interessante Diskussion über Unterschiede und Gemeinsamkeiten bei Propeller- und Turbinenbetrieb ist in [25] zu finden.

Es zeigt sich, dass nur dann nennenswerte Geschwindigkeiten ($v_{\mathrm{car}}/v_{\mathrm{wind}} > 0{,}5$) erreicht werden können, wenn der den Gesamtwiderstand des Fahrzeugs (ohne Schub) messende K-Wert unter 1 liegt. Dieser Wert reduziert sich nochmals deutlich ($K > 0{,}1$), wenn realistischere c_P-Werte als von der Optimierung gefordert ($c_P \approx 0{,}35$) betrachtet werden.

Das Kieler Windauto *Baltic Thunder 3* konnte 2010 in Stauning, Dänemark den zweiten Platz erreichen. Dies wurde durch Minimierung aller parasitären Widerstände und deutliche Verkleinerung der Masse (< 150 kg) erreicht. Eine Blatteigenentwicklung, wie sie z. B. auch von Stuttgart, ECN DTU vorgenommen wurde (vgl. Bilder 4.24 und 4.25) erfolgt für das Rennen 2011 in Den Helder.

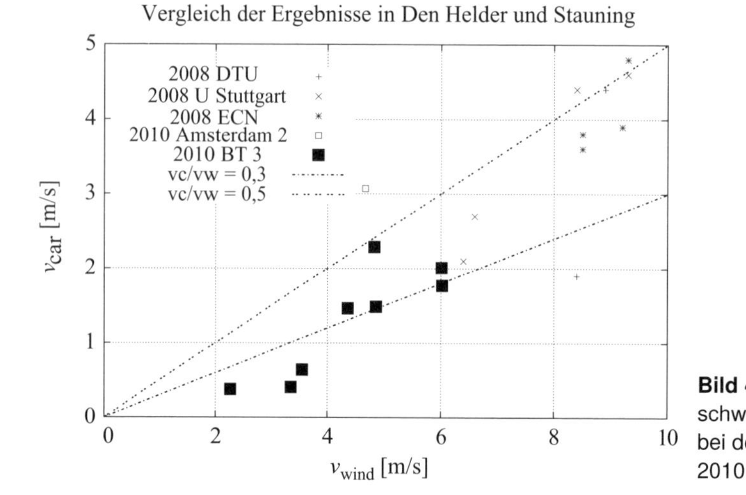

Bild 4.28 Erreichte Geschwindigkeitsverhältnisse bei den Rennen 2008 und 2010

4.8 Übungsaufgaben

1. Welchen Jahresertrag erbringt eine Windturbine mit $D = 80\,\text{m}$, $cP = 0{,}5$, $v_{\text{nenn}} = 11\,\text{m/s}$ und 2 000 Volllaststunden? Wie hoch ist der jährliche Ertrag (in Euro) bei einer Vergütung von 9 Eurocent pro kWh?
2. Bestimmen Sie nach Gl. (4.59) und (4.60) die maximale relative Dicke c/R eines Blattes bei $r/R = 0{,}25$ und $C_L = 1{,}0$.
   Wie viel m sind dies für ein Blatt aus Aufgabe 1?
3. Wie groß ist der (relative) Ertragsunterschied der Anlage aus Aufgabe 1, wenn diese
   a) im Winter ($\vartheta = -20°\text{C}$) auf Meereshöhe und
   b) im Sommer ($\vartheta = 30°\text{C}$) im Gebirge ($H = 1500\,\text{m}$) betrieben wird?
4. Zeigen Sie: Geht man von einer Rayleigh-Verteilung der Windgeschwindigkeit aus:

   $$P(v) = \frac{\pi}{2}\frac{v}{\overline{v}}\exp\left(-\frac{\pi}{4}\left(\frac{v}{\overline{v}}\right)^2\right)$$

   so kann der maximale Jahresertrag durch die 1-2-3-Formel:

   $$\overline{P} = \rho^1 \cdot \left(\frac{2}{3}D\right)^2 \cdot \overline{v}^3$$

   beschrieben werden. Welchem gemittelten $\overline{c}_P$ entspricht dies? Vergleichen Sie mit Aufgabe 1!
5. Betrachten Sie eine doppelte Actuator Disk als Modell einer Windturbine mit zwei gegenläufigen Rotoren oder als das eines Darrieus-Rotors. Zeigen Sie unter der Annahme eines voll entwickelten Schraubenstrahls der Scheibe 1 als Einströmbedingung der Scheibe 2 $\left(v_2^{\text{in}} := v_1 \cdot (1 - 2a)\right)$

   $$c_{P2} = \frac{16}{27} \cdot (1 - 2 \cdot a)^3$$

und

$$c_P^{max} = c_{P1} + c_{P2} = \frac{64}{125} + \frac{16}{125} = 0{,}512 + 0{,}128 = 0{,}64$$

Bestimmen Sie außerdem die jeweilige Belastung c_{T1} und c_{T2} sowie c_T.

6. Legen Sie ein Windauto für $v_{wind} = 8\,\text{m/s}$ und $v_{car} = 4\,\text{m/s}$ aus. Die Rotorfläche betrage 3 (2,5) m^2 und K (Gl. 4.73) sei 0,1. Diskutieren Sie Ihre Ergebnisse in Abhängigkeit von der Triebstrangeffizienz und im Lichte des Diagramms, Bild 4.26, und der Tabelle 4.2.

Literatur

[1] I. H. Abbot und A. E. von Doenhoff, Theory of Wing Sections, Dover Publications Inc., New York (USA), 1959

[2] D. Althaus, Niedriggeschwindigkeitsprofile, Vieweg, Braunschweig, 1996

[3] T. D. Ashwill, Measured Data for the 34-Meter Vertical Axis Wind-Turbine, Sandia National Laboratories, Sand91-2228, Albuquerque, NM, 1992

[4] H. Bankwitz, A. Fritzsche, J. Schmelle, D. Welte und C. Swamy, Entwicklung einer Windkraftanlage mit vertikaler Achse (Phase I–III), Friedrichshafen 1975, 1978 und 1982

[5] A. Betz, Wind-Energie und ihre Ausnützung durch Windmühlen, Vandenhoeck & Ruprecht, Göttingen, 1926

[6] K. Boorsma, L. Machielse und H. Snel, Performance Analysis of a Shrouded Rotor for a Wind Powered Vehicle, Proc. TORQUE 2010, Crete, Greece, 2010

[7] J. Böttcher (Hrsg.), Handbuch Windenergie, Onshore-Projekte: Realisierung, Finanzierung, Recht und Technik, Oldenbourg-Verlag, i. V. 2011

[8] R. Bourguet, G. Martinat, G. Harran und M. Braza, Aerodynamic Multi-Criteria Shape Optimization of VAWT Blade Profile by Viscous Approach, Proc. Euromech Colloquium Wind Energy, Oldenburg i. O., 2007

[9] J. P. Breslin and P. Andersen, Hydrodynamics of Ship Propellers, Cambridge University Press, Cambridge, UK, 1986

[10] T. Burton, D. Sharpe, N. Jenkins and E. Bossanyi, Wind Energy Handbook John Wiley & Sons, Ltd., Chichester, 2001

[11] G. J. W. van Bussel, The science of making more torque from wind: Diffuser experiments and theory revisited, Proc. The Science of making Torque form Wind, Lyngby, Denmark, 2007

[12] R. Carli, Design, Construction, Installation and Results of initial Trials of a Vertical Axis Variable Geometry WindEnergy Converter, Proc. EWEA Conf. and. Exp, Rome, Italy, 1986

[13] M. C. Claessens, The Design and Testing of Airfoils in Small Vertical Axis Wind Turbines, MSc Thesis, Technical University of Delft, Delft, The Netherland, 2006

[14] J. T. Conway and A. P. Schaffarczyk, Comparison of Actuator Disk Theory with Navier-Stokes Calculation for a Yawed Actuator Disk Proc. 8th CASI Meeting, Montreal, Canada, 2003

[15] H. Dumitrescu, M. Alexandrescu and A. Alexandrescu, Aerodynamic Analysis of a Straight-Bladed Darrieus Rotor including Dynamic-Stall Effects, Rev. Roum. Sci. Techn, pp 99–113, Bucarest, Roumania 2005

[16] J. Dütting, Untersuchungen über das Startverhalten von Windrotoren mit vertikaler Achse, Dissertation der Universität Bremen, Germany, 1987

[17] L. Eckert et al., Analyse und Nachweis der 50 kW-Windenergieanlage (Typ Darrieus), Interner Bericht, Dornier GmbH, MEB 55/90, 1990

[18] C. S. Ferreira, The near wake of the VAWT, PhD Thesis, Technical University Delft, The Netherlands, 2009

[19] FloWind Corporation, Final Project Report: High-Energy Rotor Development, Test and Evaluation, Sandia National Laboratories, Sand96-2205, Albuquerque, NM, 1996

[20] FLUENT Inc., FLUENT 5 User's Guide, Fluent Inc., Lebanon, NH, 1998

[21] K. Freudenreich, K. Kaiser, A. P. Schaffarczyk, H. Winkler und B. Stahl, Reynolds-Number and Roughness Effects on Thick Airfoils for Wind Turbines, Wind Engineering, 5, pp 529–546, 2004

[22] A. Fritzsche et al., Auslegung einer Windenergieanlage mit senkrechter Drehachse im Leistungsbereich 350–500 kW, Dornier GmbH, Friedrichshafen, 1991

[23] R. E. Froude, On the Part Played in Propulsion by Differences in Fluid Pressure, Trans. Inst. Nav. Arch., 390, 1889

[24] R. Gasch, J. Twele (Hrsg.), Windkraftanlagen, 6. Auflage, Vieweg+Teubner, Stuttgart, 2010

[25] M. Gaunå, Stig Øye und R. Mikkelsen, Theory and Design of Flow driven Vehicles Using Rotors for Energy Conversion, Proc. EWEC, Marseille, France, 2009

[26] H. Glauert, The elements of airfoil and airscrew theory, 2nd Ed., Cambridge University Press, UK, 1993

[27] M. O. L. Hansen, N. N. Sørensen, R. G. J. Flay, Effect of placing a Diffuser around a Wind Turbine, Proc. EWEC, Nice, France, 1999

[28] M. O. L. Hansen, Aerodynamics of Wind Turbines James & James (Science Publishers) Ltd, London (UK), 2000

[29] M. O. L. Hansen and D.N. Sørensen, CFD Model for Vertical Axis Wind-Turbine, Proc. EWEC, Kopenhagen, Denmark, 2001

[30] M. O. L. Hansen and J. Johannson, Tip Studies using CFD and comparison with Tip Loss Models, Proc. EAWE Conference The Science of making Torque from Wind, Delft, The Netherlands, 2004

[31] A. Haris, The variation in cost of energy with size and rated power for Vertical Axis Wind-Turbine, Proc. Brit. Windenergy Conf., 1991

[32] R. Harrison, E. Hau und H. Snel, Large Wind Turbines – Design and Economics, John Wiley, 2000

[33] E. Hau, Windkraftanlagen, 4. Auflage, J. Springer, Berlin, 2008

[34] J. V. Healey, Tandem-Disk Theory – With Particular Reference to Vertical Axis Wind Turbines, J. Energy 4, pp 251–254, 1981

[35] G. Heidelberg und J. Krömer, Windkraftanlage H-Rotor: Erfahrungen, Aktuelles und Ausblick, Husumer Windenergietage, Husum, Germany, 1993

[36] S. Heier, Windkraftanlagen, 4. Auflage, B. G. Teubner, Stuttgart, 2005

[37] H. Henseler, Eole-D Abschlussbericht, Friedrichshafen, 1990

[38] Chr. Heym, Entwicklung eines Berechnungsprogramms für den allgemeinen Sicherheitsnachweis von Kleinwindanlagen mit vertikaler Rotorachse nach IEC 61400-2:2004, Masterthesis, FH Kiel, Kiel, 2010

[39] O. Holme, A Contribution to the Aerodynamic Theory of the Vertical-Axis Wind Turbine, Paper C4, Proc. Int. Symp. on Wind Energy Systems, Cambridge, England, 1976

[40] J. Katz and A. Plotkin, Low-Speed Aerodynamics, Cambridge University Press, 2001

[41] B. K. Kirke, Evaluation of Self-Starting Vertical Axis Wind Turbines for Stand-Alone Applications, PhD-Thesis, Griffith University, Australia, 1988

[42] D. Kleinmann, Aeroelastische Analyse einer 5 kW H-Darrieus Anlage mit GAROS, Studienarbeit, FH Kiel, 2007

[43] P. C. Klimas and R. E. Sheldahl, Four Aerodynamic Prediction Schemas for Vertical Axis Wind-Turbines: A Compendium, Sandia National Laboratories, Sand78-0014, Albuquerque, NM, 1978

[44] B. Lakshminarayana, Fluid Dynamics and Heat Transfer of Turbomachinery, J. Wiley, New York, 1996

[45] E. E. Lapin, Theoretical Performance of Vertical Axis Wind-Turbine, Trans ASME Winter Meeting Houston, Texas, USA, 1975

[46] J. Lehmann, A. Miller, M. Capellaro und M. Kühn, Aerodynamic Calculation of the Rotor for a Wind Driven Vehicle, Proc. DEWEK, Bremen, Germany, 2008

[47] J. Lehmann und M. Kühn, Mit dem Wind gegen den Wind. Das Windfahrzeug InVentus Ventomobil, Physik in unserer Zeit, pp 176–181, 2009

[48] J. G. Leishman, Principles of Helicopter Aerodynamics, Cambridge University Press, Cambridge, UK, 2000

[49] D. W. Lobitz and T. D. Ashwill, Aeroelastic Effects in the Structural Dynamic Analysis of Vertical Axis Wind-Turbine, Sandia Report, SAND85-0957, Albuquerque, NM, USA, 1986

[50] J. L. Loth and H. McCoy, Optimization of Darrieus Turbines with an Upwind and Downwind Momentum Model, J. Energy, pp 313–318, 1983

[51] B. Massé, A Local-Circulation Model for Darrieus Vertical-Axis Wind Turbine, J. Prop., pp 135–141, 1986

[52] I. D. Mays and R. Clare, The U.K. Vertical Axis Wind-Turbine Programme Experiences and Initial Results, Proc. EWEA Conf. and Exp, Rome, Italy, 1986

[53] H. Meier, J.-D. Schneider und B. Richter, Messungen an der Windkraftanlage DAWI 10 und Vergleich mit theoretischen Untersuchungen, Germanischer Lloyd, WE-4/88, Hamburg, 1988

[54] R. Melzer, Konstruktive Entwicklung eines Vertikalrotors für Kleinwindkraftanlagen, Studienarbeit, TU Chemnitz, 2006

[55] S. Mertens, G. van Kuik and G. van Bussel, Performance of an H-Darrieus in the Skewed Flow on a Roof, J. Sol. En. Eng., pp 433–440, 2003

[56] P. G. Migliore, Comparison of NACA 6-Seies and 4-Digit Airfoil for Darrieus Wind Turbines, J. Energy, 4, pp 291–292, 1983

[57] R. Mikkelsen, Private Communication, April 2006 und R. S. Clausen, I. B. Sønderby, J. A. Anderkjær Eksperimentel og Numerisk Undersøgelse af en Gyro Turbine, Master-Thesis, DTU, Lyngby, 2005

[58] J.-P. Molly, Windenergie – Theorie, Anwendung, Messung, 2. Auflage, C. F. Müller, Karlsruhe, 1990

[59] B. G. Newman, Actuator-Disc Theory for Vertical-Axis Wind Turbines, J. Wind Eng. and Ind. Aero., 347–355, 1983

[60] F. Nitzsche, Dynamic Aeroelastic Stability of Vertical-Axis Wind Turbines under constant Wind Velocity, J. Prop. Power, 3 pp 348–55, 1994

[61] Lieferung und Montage einer 2,25 MW Darrieus-Windenergienanlage EOLE-D, Interner Bericht, Dornier GmbH, 1990

[62] CFX 4.2: Solver AEA Technology, Harwell, Oxfordshire, United Kingdom, Dec. 1997

[63] V. L. Okulov, Optimum operating regimes for the ideal wind turbine, Proc. The Science of making Torque form Wind, Lyngby, Denmark, 2007

[64] J. W. Oler, J. H. Strickland, B. J. Im, G. H. Graham, Dynamic Stall Regulation of the Darrieus Turbine, Sandia Report, SAND83-7029, Albuquerque, NM, USA, 1983

[65] I. Paraschivoiu, P. Desy, Aerodynamics of Small-Scale Vertical-Axis Wind Turbines, J. Prop., 282–288, 1986

[66] I. Paraschivoiu, Wind Turbine Design – with Emphasis on Darrieus Concept, Polytechnic International Press, Montreal, Canada, 2002

[67] D. G. Phillips, An Investigation on Diffuser Augmented Wind Turbine Design, PhD Thesis, The University of Auckland, Auckland, New Zealand, 2003

[68] L. Prandtl, Zusatz zu: A. Betz: Schraubenpropeller mit geringstem Energieverlust, Nachrichten der Kgl. Ges. d. Wiss., Math.-phys. Klasse, Berlin, 1919

[69] W. J. Rankine, On the Mechanical Principles of the Action of Propellers, Trans. Inst. Nav. Arch., 13, 1865

[70] H. V. Rao and G. E. L. Perera, Modified Betz-type limit for optimization of vertical axis wind turbines, Proc. BWEA Conference, pp 213–220, 1988

[71] B. Richards, Design, Fabrication and Installation of Project EOLE 4MW Prototype Vertical Axis Wind Turbine Generator (Vantg), Proc. EWEC, Rome, Italy, 1986

[72] B. Richards, Initial Operation of Project EOLE 4MW Vertical Axis Wind Turbine Generator, Proc. Windpower 1987, pp 22–27, 1987

[73] C. Rohrbach, H. Wainauski, and R. Worobel, Experimental and Theoretical Research on the Aerodynamics of Wind Driven Turbines, ERDA Contract No. E(11-1)-2615, 1977

[74] A. P. Schaffarczyk, Aerodynamics and Aero-elastics of Wind Turbines, Chapter 3 of [97]

[75] A. P. Schaffarczyk, CFD Investigations for a Wind Turbine inside a Solar Chimney 12th IEA Expert Meeting on Aerodynamics for wind-turbines, Lyngby, DK, 1998

[76] A. P. Schaffarczyk, Vergleich verschiedener Numerischer Strömungssimulationsverfahren an einem Aktiv-Stall-Blatt und Schlussfolgerungen für eine aerodynamische Optimierung, 4. Deutsche Windenergiekonferenz, pp. 356–360, Wilhelmshaven, 1998

[77] A. P. Schaffarczyk and D. Phillips, Design Principles for a Diffusor Augmented Wind-Turbine Blade, Proc. EWEC, Copenhagen, 2001

[78] A. P. Schaffarczyk and J. T. Conway, Analytical and Numerical Actuator Disk Theories for Yawed Rotors, Bericht Nr. 37 des Labors für numerische Mechanik, Kiel, 2003

[79] A. P. Schaffarczyk, Actuator Disk Modelling of Contra-Rotating Wind-Turbines, Bericht Nr. 32 des Labors für numerische Mechanik Kiel, 2003

[80] A. P. Schaffarczyk, New aerodynamical Modeling of a Vertical Axis Wind-Turbines with Application to Flow Conditions with Rapid Directional Changes, Proc. Dewek, Bremen, Germany, 2006

[81] A. P. Schaffarczyk, Zur acrodynamischen Auslegung der Kieler Windautos, Bericht Nr. 66 des Labors für Numerische Mechanik, Kiel, 2010

[82] W. Schatter, Windenergiekonverter, Fr. Vieweg, Braunschweig, 1987

[83] R. E. Sheldahl, P. C. Klimas and L. V. Feltz, Aerodynamic Performance of a 5-metre-Diameter Darrieus Turbine with Extruded Aluminium NACA-0015 Blades, Sandia National Laboratories, Sand80-179, Albuquerque, NM, 1980

[84] R. E. Sheldahl, Comparison of Field and Wind Tunnel Darrieus Wind Turbine Data, Sandia National Laboratories, Sand80-2469, Albuquerque, NM, 1981

[85] W. S. Shen, J. N. Sørensen and C. Bak, Tip loss corrections for wind turbine computations, Wind Energy, 4, pp 457–475, 2005

[86] A. Soler und H. G. Clever, Bau, Aufstellung und Erprobung einer 50 kW-Darriues-Windkraftanlage, Friedrichshafen, 1991

[87] A. Solum, P. Deglaire, S. Erikson, M. Ståberg, M. Leijon and H. Bernhoff, Design of a 12 kW Vertical Axis Wind-Turbine equipped with a direct driven PM synchronous generator, Proc. EWEC, Athens, 2006

[88] D. N. Sørensen and J. N. Sørensen, Towards improved rotor-only axial Fans. Part I: A Numerical Efficient Aerodynamic Model for Arbitrary Vortex Flow Danish Center for Applied Mathematics and Mechanics Report, Lyngby, Denmark, 1998

[89] J. D. Sørensen and J. N. Sørensen, Wind energy systems, Woodhead Publishing Ltd, Oxford, 2011

[90] J. N. Sørensen, Aero-mekanisk model for vindmølledrevet køretøj, unveröff. Bericht, Kopenhagen, Dänemark, ohne Jahr

[91] D. A. Spera (Ed.) Wind Turbine Technology, 2nd Ed., ASME Press, New York, 2009

[92] J. H. Stickland, The Darrieus Turbine: A Performance Prediction Model Using Multiple Streamtube, Sandia National Laboratories, Sand75-0431, Albuquerque, NM, 1975

[93] J. H. Stickland, B. T. Webster and T. Nguyen, A Vortex Model of the Darrieus Turbine: An Analytical and Experimental Study, Proc. Ann. Winter Meeting, ASME, New York, 1979

[94] R. J. Templin, Aerodynamic Performance Theory for the NRC Vertical Axis Wind Turbine, LTR-LA-160, Ottawa, Canada, 1974

[95] B. Thwaites (Ed.), Incompressible Aerodynamics, Oxford University Press, 1960

[96] W. A. Timmer and A. P. Schaffarczyk, The effect of Roughness on the performance of a 30 % thick Wind Turbine Airfoil at high Reynolds Numbers, Wind Energy, pp 295–307, 2004

[97] W. Tong (Ed.), Wind Power Generation and Wind Turbine Design, WIT Press, Southampton, UK, 2010

[98] I. Ushijama, Wind Energy Research at AIT, Presentation at the Hamburg Wind-Energy Fair, Hamburg, Germany, 2004

[99] L. Vita, U. S. Paulsen, T. F. Pedersen, A Novel Floating Offshore Wind Turbine Concept: New Development, Proc. EWEC, Warszaw, Poland, 2010

[100] A. Vollan, Aeroelastic Stability Analysis of a Vertical Axis Wind Energy Converter, Bericht EMSB-44/77, Dornier System, Immenstaad, 1977

[101] A. J. Vollan, The Aeroelastic Behaviour of Large Darrieus-Type Wind Energy Converters derived from the Behaviour of a 5,5 m Rotor, Paper C5, Proc. Int. Symp. on Wind Energy Systems, Amsterdam, The Netherlands, 1978

[102] O. de Vries, Fluid Dynamics Aspects of Wind Energy Conversion, AGARDograph, No. 242, Neuilly-sur-Seine, France, 1979

[103] O. de Vries, Fluid Dynamic Aspects of Wind Energy Conversion; Chap. 4.5: Vertical-axis turbines, AGARD-AG-242, Neuilly-sur-Seine, France, 1979

[104] O. de Vries, On the Theory of the Horizontal-Axis Wind Turbines, Ann. Rev. Fl. Mech, pp 77–96, 1983

[105] F. M. White, Viscous Fluid Flow, 2nd Ed., Mc GrawHill, New York, 1991

[106] R. E. Wilson, P. B. S. Lissaman, S. N. Walker, Aerodynamic Performance of Wind Turbines, Oregon State University Report, June 1976

[107] R. E. Wilson, P. B. S. Lissaman, S. N. Walker, Aerodynamic Performance of Wind Turbines, Chap. 4: Aerodynamics of the Darrieus Rotor, Corvallis, Oregon, USA, 1976

[108] R. E. Wilson and S. N. Walker, Fixed Wake Theory for Vertical Axis Wind-Turbines, J. Fl. Eng, pp 389–393, 1983

[109] M. H. Worstell, Aerodynamic Performance of the 17 Meter Diameter Darrieus Wind-Turbine, Sandia National Laboratories, Sand78-1737, Albuquerque, NM, 1978

[110] W. Xudong, W. Z. Shen, W. J. Zhu, J. N. Soerensen and S. Jin, Shape Optimization of Wind Turbine Blades, Wind Energy, 12, pp 781–803, 2009

[111] F. Zastrow, Entwicklung von Windkraftanlagen für den Einsatz in der Antarktis, Abschlussbericht, BMFT, POL 0041, Bremerhaven, 1992

5 Rotorblätter

5.1 Einführung

Das Rotorblatt ist ein besonders wichtiges Element einer Windenergieanlage (WEA). Seine Form ist entscheidend für die Leistungsausbeute. Sie wird nach aerodynamischen Kriterien optimiert, wie es z. B. im Kapitel 4 beschrieben worden ist. Um ein möglichst geringes Gewicht des Rotorblattes bei den durch die Aerodynamik festgelegten Abmessungen zu erreichen, ist eine Optimierung der Festigkeit, d. h., der Querschnittsabmessungen bzw. des Materialeinsatzes unter Beibehaltung der aerodynamischen Eigenschaften erforderlich, wobei das Gewicht wieder Auswirkungen auf die Festigkeit hat. Dadurch werden der Materialverbrauch und damit auch die Kosten für die Herstellung des Rotorblattes minimiert. Das Rotorblatt ist nach Turm und Fundament das zweitteuerste Teil einer Windenergieanlage, die Kosten betragen ca. 16–18 % der Gesamtkosten.

In den letzten 25 Jahren sind die Rotordurchmesser immer größer geworden, von durchschnittlich 20 m Durchmesser 1985 auf 120 m heute. Zurzeit werden Prototypen gebaut, die Durchmesser von über 160 m haben (Stand Ende 2011). Während bei kleinen Rotoren die Windlasten für die Festigkeitsauslegung dominierend sind, werden mit zunehmenden Durchmessern die Biegemomente aus den Eigengewichten immer bestimmender. Das Gewicht der Rotorblätter nimmt exponentiell mit der Blattlänge zu, siehe Bild 5.1.

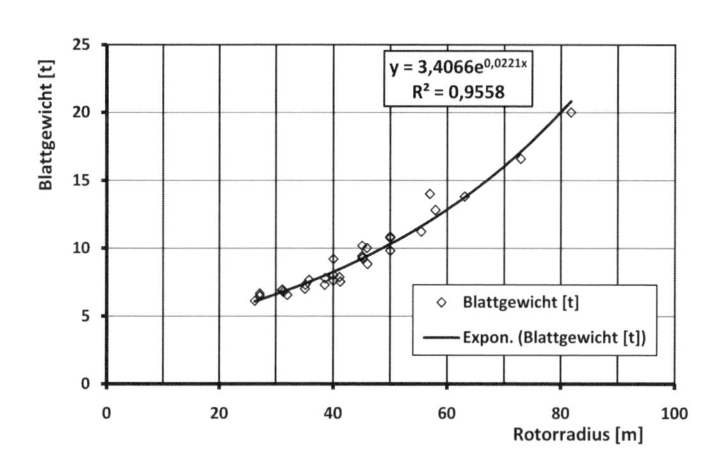

Bild 5.1 Rotorblattgewichte in Abhängigkeit vom Radius, nach [2]

Als Materialien für Rotorblätter können Stahl, Aluminium, Holz und FVW (Faserverbundwerkstoffe) verwendet werden. Bei den modernen, großen Rotorblättern haben sich glasfaserverstärkte Kunststoffe (GFK) aufgrund der guten Festigkeitseigenschaften bei relativ geringen Materialkosten durchgesetzt.

Bei sehr großen Rotorblättern der Kategorie 5 MW oder mehr werden nur an den im Hinblick auf die Festigkeit besonders kritischen Stellen auch Kohle- oder Carbonfasern (CFK) eingesetzt, da die Kosten der Carbonfasern wesentlich höher als die der Glasfasern sind. So kosten Glasfaserlaminate ca. 7 Euro/kg, Kohlefaserlaminate dagegen ca. 70 Euro/kg. Die für Faserlaminate verwendeten Epoxy-Harze kosten ca. 7,5 Euro/kg, im Vergleich dazu: Stahl ca. 0,15 Euro/kg, Aluminium ca. 0,5 Euro/kg (Stand: Mitte 2011). Bei dem Gewicht eines Rotorblattes der 5 MW-Klasse von ca. 16 t mit einem Faservolumengehalt von 50–60 Prozent sind die Materialkosten also ein erheblicher Kostenfaktor. Als Laminierharze werden fast nur Epoxy-Harze (EP-Harze) eingesetzt, obwohl diese etwa dreimal so teuer sind wie die ebenfalls geeigneten Polyurethan-Harze (PU-Harze).

In diesem Kapitel sollen die statischen und dynamischen Belastungen sowie die Methoden zur festigkeitsmäßigen und schwingungstechnischen Auslegung von Rotorblättern beschrieben werden. Dabei wird auf die Herleitungen der verwendeten Gleichungen weitgehend verzichtet, da diese in den Grundlagenwerken der Technischen Mechanik oder Festigkeitslehre nachgelesen werden können, z. B. in [14], [13] oder [11]. Ferner soll auf die Eigenschaften der in der Rotorblattfertigung am meisten benutzten Faserverbundwerkstoffe und deren Berechnungen sowie auf die Fertigung von Rotorblättern eingegangen werden.

5.2 Belastungen der Rotorblätter

5.2.1 Belastungsarten

Die Belastungen von Rotorblättern durch den Wind sind bereits in dem vorgehenden Kapitel behandelt worden. Sie sollen hier nochmals zusammengestellt werden, um ihren Einfluss auf die Kurz- und Langzeitfestigkeit zu erfassen und beschreiben. Je nach Art der Belastung kann diese einmalig, periodisch, d. h. bei jeder Umdrehung des Rotors, oder stochastisch auftreten. Im Hinblick auf die zeitlichen Änderungen muss man zwischen statischen bzw. quasistatischen und dynamischen Lasten unterscheiden. Als dynamische Belastungen werden alle zeitlich veränderliche Belastungen betrachtet, die das betrachtete System zu Schwingungen anregen können. Wenn die Eigenfrequenzen der Strukturen deutlich kleiner oder größer als die Anregungsfrequenzen sind, können die zeitlich veränderlichen Belastungen als quasistatisch betrachtet werden, da die Strukturen i. A. dann nur sehr gering zu Schwingungen angeregt werden. Sie werden dann wie statische Belastungen behandelt. Liegen die Anregungsfrequenzen in der Nähe von Bauteileigenfrequenzen, kann es zu Schwingungsresonanzen kommen, die eine deutlich höhere Belastung der Bauteile verursachen.

Die Belastungsarten eines Rotorblattes ergeben sich aus:

- Winddruck bei konstanter Windgeschwindigkeit (konstant, statisch)
- Extremwind durch die 50-Jahres- oder 100-Jahres-Böe (einmalig, quasi-statisch)
- Änderung der Anströmgeschwindigkeit und -richtung durch die Verteilung der Windgeschwindigkeit über der Höhe (Windhöhenprofil), das oben stehende Rotorblatt liegt im Bereich einer größeren Windgeschwindigkeit als das unten stehende (periodisch, quasistatisch)

- Kurzfristige Änderungen der Windgeschwindigkeiten (Böen, stochastisch, dynamisch)
- Turbulenzen des Windes allgemein und/oder durch benachbarte Windenergieanlagen in einem Windpark (Turbulenzmodelle, stochastisch, dynamisch)
- Vorbeigang eines Rotorblattes am Turm, dabei ändern sich die Anströmgeschwindigkeit und -richtung (periodisch, dynamisch)
- Wechsel von Zug- und Druckbelastung durch das Eigengewicht während der Rotation des Blattes (periodisch, quasi-statisch)
- Beschleunigungskräfte des Blatteigengewichts aus der Rotation bei konstanter Drehzahl (konstant, drehzahlabhängig)
- Wechsel der Vorzeichen der Biegemomente in Schwenkrichtung bei jeder Umdrehung des Rotors (periodisch, quasi-statisch)
- Belastungen aus relativ schnellen Änderungen des Betriebszustandes der WEA (Abbremsen des Rotors, Windrichtungsnachführung usw., dynamisch)
- Unwuchten bei Rotorlagerung, Getriebe und/oder Generator (periodisch)
- Ungleichmäßiger Eisansatz bei entsprechender Witterung (Veränderung des Rotorblattgewichts und der -umströmung, periodisch) periodisch)
- Bei Offshore-Windenergieanlagen können die Rotorblätter zusätzlich durch Wellenkräfte und Wirbelablösungen an den Fundamenten oder am Turm zu Schwingungen angeregt werden.

Die o. g. Belastungsarten treten sowohl bei sogenannten Luvläufern (der Wind trifft zuerst auf den Rotor, dann auf den Turm) als auch bei Leeläufern (der Wind trifft zuerst auf den Turm, dann auf den Rotor) auf. Der GL (Germanischer Lloyd [7]) beschreibt in seinen Richtlinien für Windenergieanlagen ca. 35 unterschiedliche Lastfälle, die zu untersuchen sind.

Es sollen in diesem Kapitel nur Rotoren mit horizontaler Achse betrachtet werden, sogenannte Vertikalläufer wie z. B. Darrieux-Rotoren, werden hier nicht behandelt, wenn auch viele der im Folgenden beschriebenen Verfahren auf sie angewandt werden können.

Da die Rotorblattquerschnitte unsymmetrisch sind und die Linien ihrer elastischen Schwerpunkte (siehe unten) meistens weder gerade noch genau in der Rotorblattebene angeordnet sind, verursachen die o. g. Belastungen in den Rotorblättern eine räumliche Beanspruchung mit Normal- und Querkräften sowie Biege- und Torsionsmomenten mit den daraus resultierenden Spannungen und Verformungen. In der linearen Elastizitätstheorie können die Spannungen und Verformungen, die sich aus den Belastungen ergeben, für jede Belastungsart einzeln berechnet und anschließend überlagert werden (Superpositionsprinzip). Um die Spannungen und Verformungen einschließlich ihrer Vorzeichen eindeutig ermitteln zu können, sollen die Voraussetzungen dafür im Folgenden erläutert werden.

5.2.2 Grundlagen der Festigkeitsberechnung

5.2.2.1 Koordinatensystem, Vorzeichenregeln

Ein Rotorblatt wird in allen drei Richtungen belastet. Deshalb ist es wichtig, ein zweckmäßiges Koordinatensystem einzuführen und es konsequent für alle Berechnungen zu verwenden, einschließlich der sich ergebenden Vorzeichen für die Belastungen, Schnittgrößen, Spannungen und Verformungen. In der Mechanik wird normalerweise bei einem Balken ein rechtshändiges kartesisches System (Rechte-Hand-Regel) mit der Balkenlängsrichtung als x-Achse verwendet. Die beiden anderen Achsen stehen senkrecht darauf, siehe Bild 5.2b. Der Germanische Lloyd benutzt für die Auslegung von Rotorblättern ein rechtshändiges Koordinatensystem, bei dem jedoch die Rotorlängsachse in Längs- bzw. z-Richtung, die Anströmrichtung des Blattes in y-Richtung (zum Profilende hin) und die x-Richtung zur Saugseite des Blattes zeigen (siehe Bild 5.2a). In diesem Kapitel wird zum einfacheren Verständnis das in der Festigkeit übliche Koordinatensystem verwendet, d. h., in Blattrichtung zeigt die x-Achse, in Anströmungsrichtung die y-Achse und zur Saugseite des Blattes die z-Achse.

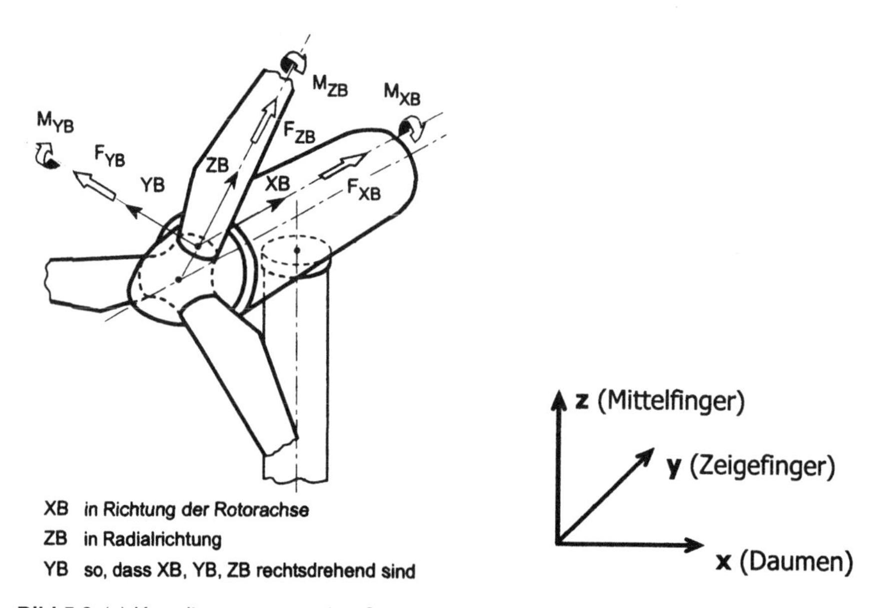

Bild 5.2 (a) Koordinatensystem des GL [7], (b) Standard-Koordinatensystem (Rechte-Hand-Regel)

Vorzeichenregelung: Die äußeren (Belastungen) und inneren Kräfte (Schnittkräfte) werden als positiv angenommen, wenn sie in Richtung der jeweiligen positiven Koordinatenachsen wirken. Die äußeren Momente (Belastungen) und inneren Momente (Schnittmomente) sind dann positiv, wenn ihre Drehsinne positiv zu den Achsenrichtungen wirken (siehe Bild 5.3).

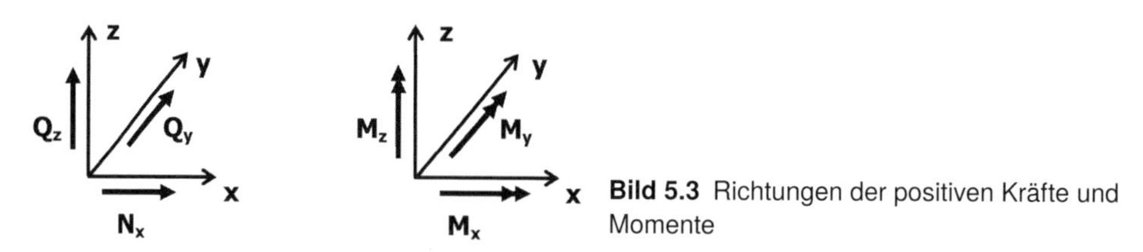

Bild 5.3 Richtungen der positiven Kräfte und Momente

5.2.2.2 Schnittlasten (Schnittkräfte und Schnittmomente)

Die Schnittkräfte sind die Resultierenden der Spannungen in einem Querschnitt, man erhält sie durch die Integration der Spannungen über die Querschnittsfläche A (die Indizes geben die Achsenrichtungen der Kräfte an). Wenn die Flächennormale eines betrachteten Schnitts aus dem Körper heraus in die positive Koordinatenrichtung zeigt, dann wird dieser Schnitt als ein positives Schnittufer bezeichnet; zeigt die Normale in negative Richtung, als negatives Schnittufer. Die positiven Spannungen bzw. Schnittlasten an einem positiven Schnittufer werden dann ebenfalls in positiver Koordinatenrichtung angesetzt, bei einem negativen Schnittufer in negativer Richtung.

Kraft in x-Richtung (Normalkraft): $$N_x = \int_{(A)} \sigma_x(y,z) \cdot \mathrm{d}A \tag{5.1a}$$

Kraft in y-Richtung (Querkraft): $$Q_x = \int_{(A)} \tau_{xy}(y,z) \cdot \mathrm{d}A \tag{5.1b}$$

Kraft in z-Richtung (Querkraft): $$Q_z = \int_{(A)} \tau_{xz}(y,z) \cdot \mathrm{d}A \tag{5.1c}$$

Die Indizierung der Spannungen ist folgendermaßen festgelegt: Der erste Index gibt die Richtung des Normalenvektors der Fläche an, in der die Spannung wirkt, der zweite Index die Richtung der Spannung. Beispiel für die Schubspannung τ_{xz}: die Flächennormale zeigt in x-Richtung, die Spannung in z-Richtung.[1] Bei den Normalspannungen σ ist die doppelte Indizierung nicht erforderlich, da Richtungen der Normalen und der Spannungen immer gleich sind.

Die Schnittmomente sind die Resultierenden der mit den jeweiligen Hebelarmen multiplizierten Spannungen, sie ergeben sich durch die Integration über die Querschnittsfläche nach den folgenden Gleichungen. Die Indizes geben die Momentenrichtungen an, d. h. die Drehungen um die jeweiligen Achsen:

Moment um die x-Achse (Torsion): $$M_x = M_\mathrm{T} = \int_{(A)} (y \cdot \tau_{xz} - z \cdot \tau_{xy}) \cdot \mathrm{d}A \tag{5.2a}$$

Moment um die y-Achse (Biegung): $$M_y = \int_{(A)} z \cdot \sigma_x \cdot \mathrm{d}A \tag{5.2b}$$

Moment um die z-Achse (Biegung): $$M_z = -\int_{(A)} y \cdot \sigma_x \cdot \mathrm{d}A \tag{5.2c}$$

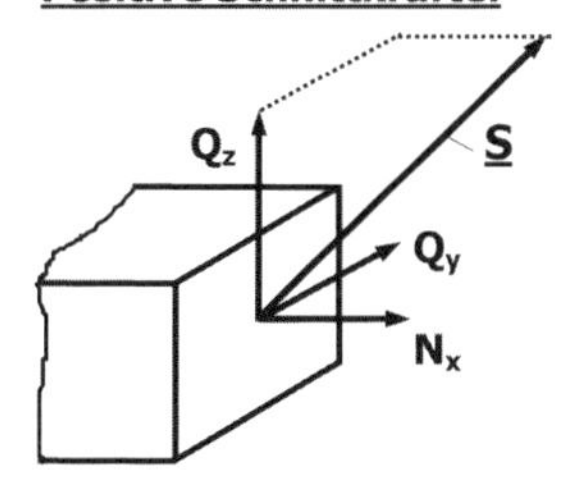

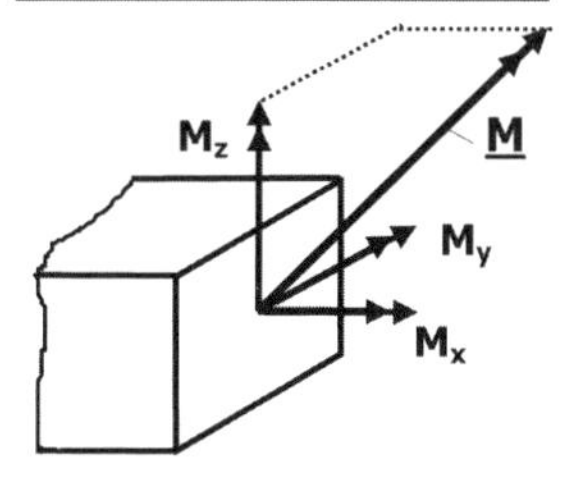

Bild 5.4 Richtungen der positiven Schnittkräfte und Schnittmomente (am positiven Schnittufer)

[1] In der englischsprachigen Literatur ist die Reihenfolge der Indizierung meistens umgekehrt.

5.2.3 Querschnittswerte des Rotorblattes

Rotorblätter sind dünnwandige nichtsymmetrische Hohlquerschnitte mit i. A. unterschiedlichen Materialeigenschaften in den Querschnitten und in Längsrichtung (z. B. unterschiedlicher Laminataufbau, teilweise Verwendung von Sandwichausführungen usw.). Bei den Berechnungen der Schwerpunkte und Trägheitsmomente bzw. Biege-, Dehn-, Schub- und Torsionssteifigkeiten muss das berücksichtigt werden.

Bei einem Querschnitt aus homogenem Material (Dichte, E-Modul, Schubmodul usw. sind im ganzen Querschnitt gleich) liegen Flächen-, Massen- und der sogenannte „elastische" Schwerpunkt in einem gemeinsamen Punkt. Ist der Querschnitt einfach symmetrisch, liegen diese auf der Symmetrielinie, ist er doppelt symmetrisch, d. h., er hat zwei Symmetrielinien, liegen alle Schwerpunkte im Kreuzungspunkt der Symmetrielinien. Symmetrie bedeutet hierbei, dass neben den Abmessungen auch die Materialeigenschaften symmetrisch sind.

Bei den Querschnitten von Rotorblättern ist das nicht mehr der Fall. Dichte, E-Modul, Schubmodul usw. können innerhalb des Querschnitts und über der Blattlänge unterschiedlich sein. Dann müssen die einzelnen Schwerpunkte getrennt betrachtet und unter Berücksichtigung der entsprechenden Materialgrößen berechnet werden. Am besten verwendet man ein „zweckmäßiges" Koordinatensystem, z. B. mit dem Ursprung in der Mitte des Blattanschlusses an die Rotornabe und berechnet für die einzelnen Querschnitte die darauf bezogenen Koordinaten der Schwerpunkte.

Da die vollständigen Beschreibungen der Rotorblattprofile (Konturen, Wanddicken, Materialwerte usw.) meistens nicht in analytischer Form vorliegen, teilt man zweckmäßigerweise die Querschnitte der Profile in N schmale Rechtecke auf, in denen die Materialwerte konstant sind. Die Längen der Rechtecke richten sich nach den jeweils vorhandenen Krümmungen der Profilkonturen, bei großen Krümmungen werden die Rechtecke kurz, bei kleinen Krümmungen länger. Die Endpunkte sind mit (i) und (k) bezeichnet mit den entsprechenden y- und z-Koordinaten (siehe Bild 5.5). An den Sprungstellen von Dicke, E-Modul und Dichte sowie an Stellen, an denen mehr als zwei Querschnittsteile zusammenlaufen, sind Endpunkte anzuordnen. Bestehen Teile des Querschnitts aus Kreissegmenten, Ellipsen, Parabeln usw., könnten deren Flächenanteile, Schwerpunkte und Trägheitsmomente zwar direkt berechnet und in den folgenden Summenformeln verwendet werden, aber im Hinblick auf spätere Berechnungen, speziell für die Ermittlung der Torsions- und Schubsteifigkeiten sowie der Schubspannungen (siehe unten), sind sie zweckmäßigerweise ebenfalls in Rechtecke aufzuteilen. Für Sandwichbauteile ist es erforderlich, dass der Kern und die beidem Deckschichten als separate Rechtecke behandelt werden.

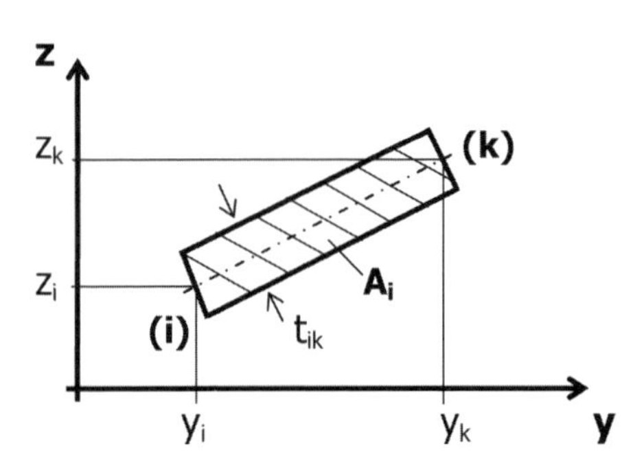

Bild 5.5 Schmales Rechteck zur Berechnung der Querschnittswerte

In den betrachteten Rechtecken (Index i) sind E-Modul und spezifische Dichte konstant. Man erhält für die:

Fläche des Rechtecks: $$A_i = t_{ik} \cdot \sqrt{(y_k - y_i)^2 + (z_k - z_i)^2} \tag{5.3a}$$

Flächenschwerpunktkoordinaten: $$e_{y_i} = (y_i + y_k)/2; \quad e_{z_i} = (z_i + z_k)/2 \tag{5.3b}$$

Die zu ermittelnden Koordinaten der Gesamtschwerpunkte sind (Anzahl der Rechtecke = N):

Flächenschwerpunkt des Querschnitts (in diesem Punkt sind die Biegespannungen gleich null, wenn überall im Querschnitt der gleiche E-Modul vorhanden ist):

$$e_{y_F} = \sum_{i=1}^{N} A_i \cdot e_{y_i} \Big/ \sum_{i=1}^{N} A_i \quad (y\text{-Koordinate}) \tag{5.4a}$$

$$e_{z_F} = \sum_{i=1}^{N} A_i \cdot e_{z_i} \Big/ \sum_{i=1}^{N} A_i \quad (z\text{-Koordinate}) \tag{5.4b}$$

Massen- oder Gewichtsschwerpunkt (in diesem Punkt wirken die Massenkräfte):

$$e_{y_M} = \sum_{i=1}^{N} A_i \cdot \rho_i \cdot e_{y_i} \Big/ \sum_{i=1}^{N} A_i \cdot \rho_i \quad (y\text{-Koordinate}) \tag{5.5a}$$

$$e_{z_M} = \sum_{i=1}^{N} A_i \cdot \rho_i \cdot e_{z_i} \Big/ \sum_{i=1}^{N} A_i \cdot \rho_i \quad (z\text{-Koordinate}) \tag{5.5b}$$

Die Masse pro Längeneinheit des Rotorblattquerschnitts an der Stelle x beträgt:

$$m(x) = \sum_{i=1}^{N} A_i(x) \cdot \rho_i(x) \tag{5.5c}$$

Elastisches Zentrum (EZ, in diesem Punkt sind die Biegespannungen gleich null):

$$e_{y_{EZ}} = \sum_{i=1}^{N} A_i \cdot E_i \cdot e_{y_i} \Big/ \sum_{i=1}^{N} A_i \cdot E_i \quad (y\text{-Koordinate}) \tag{5.6a}$$

$$e_{z_{EZ}} = \sum_{i=1}^{N} A_i \cdot E_i \cdot e_{z_i} \Big/ \sum_{i=1}^{N} A_i \cdot E_i \quad (z\text{-Koordinate}) \tag{5.6b}$$

Flächen- und Gewichtsschwerpunkt in einem Querschnitt fallen dann zusammen, wenn das Material des Querschnitts überall die gleiche spezifische Dichte hat. Das elastische Zentrum fällt mit dem Flächenschwerpunkt zusammen, wenn im Querschnitt überall der gleiche E-Modul vorhanden ist.

Der Schubmittelpunkt ist der Punkt, durch den alle Querkräfte gehen müssen, damit durch sie keine zusätzlichen Torsionsmomente um die x-Achse erzeugt werden. Seine Koordinaten werden mit e_{y_S} und e_{z_S} bezeichnet. Die Kenntnis des Schubmittelpunkts ist bei dünnwandigen Hohlquerschnitten erforderlich, um die Schubspannungen im Querschnitt infolge der Querkräfte und der Torsionsmomente ermitteln zu können. Es soll hier jedoch nicht auf seine Berechnung eingegangen werden, da es den Rahmen dieser Einführung sprengen würde. Der Schubmittelpunkt muss mithilfe der Theorie der Wölbkrafttorsion für dünnwandige mehrzellige Hohlquerschnitte ermittelt werden, siehe z. B. [8] oder [3].

Das aerodynamische Zentrum ist der Punkt, in dem die aerodynamischen Kräfte Auftrieb und Widerstand des Profils wirken. Da dieser Punkt mit der Anströmung des Profils veränderlich ist, wird dafür häufig ein Punkt auf der Sehne des Profils angenommen, der 1/4 der Sehnenlänge von der Profilvorderkante entfernt ist. Die Koordinaten des aerodynamischen Zentrums werden mit e_{y_W} und e_{z_W} bezeichnet. Durch die Verschiebung des Kraftangriffsortes von Auftrieb und Widerstand in diesen Punkt ist das dadurch entstehende zusätzliche Torsionsmoment in den Festigkeitsberechnungen zu berücksichtigen (siehe Bild 5.6). Die Auftriebs- und Widerstandkräfte werden jeweils unabhängig von der Anströmrichtung in die z- bzw. y-Richtung transformiert.

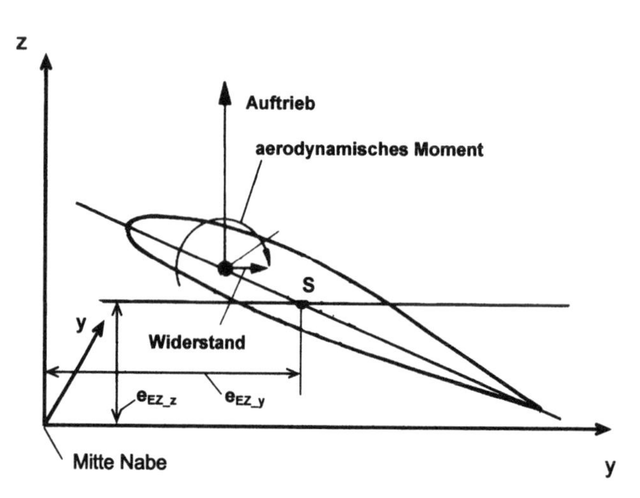

Bild 5.6 Aerodynamische Belastung eines Profils

Generelle Bemerkungen zu vereinfachten Berechnungsmodellen oder Näherungsverfahren:

Werden zur Berechnung von Spannungen, Verformungen, Frequenzen usw. Näherungsverfahren verwandt, wie z. B. oben beschrieben, dann ist immer auch abzuschätzen, welchen Einfluss diese Vereinfachungen auf die Genauigkeit des jeweiligen Ergebnisses haben. Es müssen folgende Fragen geklärt werden:

- Ist das Resultat mit den Vereinfachungen größer oder kleiner als das tatsächliche?

  1. Beispiel: Die tatsächliche Länge der Profilkontur ist größer (damit auch die Flächen) als die mit der Approximation durch Rechtecke ermittelte, da der größte Teil der Kontur konvex ist. Dadurch werden die so ermittelten Steifigkeiten des Rotorblattes (s. unten) kleiner als die tatsächlichen.

  2. Beispiel: Wird die Knicklast eines Balkens mithilfe einer Näherungsfunktion für die Knickform ermittelt, wird die so ermittelte Knicklast stets größer als die tatsächliche, da jede Näherungsfunktion den Balken „steifer" macht als er in Wirklichkeit ist.

- Liegt man mit den ermittelten Werten auf der „sicheren" oder „unsicheren" Seite?

  1. Beispiel: Da die oben beschriebenen näherungsweise ermittelten Steifigkeiten kleiner als die tatsächlichen sind, werden Spannungen und Verformungen größer als die tatsächlichen, man ist also im Hinblick auf die Festigkeit auf der „sicheren" Seite.

  2. Beispiel: Wenn die durch die Näherung berechnete Knicklast größer als die tatsächliche ist, liegt man auf der „unsicheren" Seite, da der Balken in Wirklichkeit bei einer kleineren Knicklast ausknickt als berechnet.

- Wie groß ist die Ungenauigkeit, die durch die näherungsweise Berechnung auftritt?

  Das lässt sich häufig nur durch Erfahrung abschätzen. Ist die Ungenauigkeit zu groß, muss ein genaueres Berechnungsverfahren gewählt werden.

Für die Berechnung der Spannungen aus den Schnittlasten benötigt man die folgenden Querschnittswerte, sie können wieder mithilfe der Zerlegung des Blattprofils in N kleine Rechtecke mit konstanten Dicken, E- und Schubmodulen sowie Querkontraktionszahlen ermittelt werden. Wegen der Änderungen der Profilquerschnitte sowie der Laminataufbauten usw. in Blattlängsrichtung sind sie i. A. von der x-Koordinate abhängig. Zur Berechnung eines Blattes wird dafür die Blattlänge in M Profilschnitte aufgeteilt ($m = 1,2,3,\dots,M$).

Dehnsteifigkeit für den Profilschnitt mit der Längskoordinate x_m zur Berechnung der Normalspannungen aus den Normalkräften:

$$D^{(m)}(x_m) = \sum_{i=1}^{N} A_i^{(m)} \cdot E_i^{(m)} \tag{5.7}$$

Biegesteifigkeiten für den Schnitt (m):

$$B_y^{(m)}(x_m) = \sum_{i=1}^{N} \left[E_i^{(m)} \cdot \left(A_i^{(m)} \cdot \left(z_i^{(m)} - e_{z_{EZ}}^{(m)} \right)^2 + I_{y\,\text{eigen},i}^{(m)} \right) \right] > 0 \tag{5.8a}$$

$$B_z^{(m)}(x_m) = \sum_{i=1}^{N} \left[E_i^{(m)} \cdot \left(A_i^{(m)} \cdot \left(y_i^{(m)} - e_{y_{EZ}}^{(m)} \right)^2 + I_{z\,\text{eigen},i}^{(m)} \right) \right] > 0 \tag{5.8b}$$

$$B_{yz}^{(m)} = \sum_{i=1}^{n} \left[E_i^{(m)} \cdot \left(A_i^{(m)} \cdot \left(z_i^{(m)} - e_{z_{EZ}}^{(m)} \right) \cdot \left(y_i^{(m)} - e_{y_{EZ}}^{(m)} \right) + I_{xy\,\text{eigen},i}^{(m)} \right) \right] \begin{cases} > 0 \\ = 0 \\ < 0 \end{cases} \tag{5.8c}$$

Für ein Rechteck in beliebiger Richtung ist das Eigenträgheitsmoment $I_{x,y,\text{eigen}}^{(m)}$, d. h. bezogen auf seinen Schwerpunkt, stets gleich null, da das Rechteck symmetrisch ist.

Ist der E-Modul in allen Teilrechtecken gleich, kann er in den Gl. 5.7 und 5.8 weggelassen werden und man erhält statt der Steifigkeiten die Flächen, die Flächenträgheitsmomente $I_y^{(m)}$, $I_z^{(m)}$ sowie die Deviationsmomente $I_{yz}^{(m)}$.

$$A^{(m)}(x_m) = \sum_{i=1}^{N} A_i^{(m)} \tag{5.9}$$

$$I_y^{(m)}(x_m) = \sum_{i=1}^{N} \left[A_i^{(m)} \cdot \left(z_i^{(m)} - e_{z_{EZ}}^{(m)} \right)^2 + I_{y\,\text{eigen},i}^{(m)} \right] > 0 \tag{5.10a}$$

$$I_z^{(m)}(x_m) = \sum_{i=1}^{N} \left[A_i^{(m)} \cdot \left(y_i^{(m)} - e_{y_{EZ}}^{(m)} \right)^2 + I_{z\,\text{eigen},i}^{(m)} \right] > 0 \tag{5.10b}$$

$$I_{yz}^{(m)} = \sum_{i=1}^{n} \left[A_i^{(m)} \cdot \left(z_i^{(m)} - e_{z_{EZ}}^{(m)} \right) \cdot \left(y_i^{(m)} - e_{y_{EZ}}^{(m)} + I_{xy\,\text{eigen},i}^{(m)} \right) \right] \begin{cases} > 0 \\ = 0 \\ < 0 \end{cases} \tag{5.10c}$$

Man kann auch mit einem Hauptkoordinatensystem arbeiten. Dazu müssen aus den Biegesteifigkeiten bzw. den Flächenträgheitsmomenten zunächst die Hauptträgheitsmomente bzw.

-Biegesteifigkeiten sowie die Hauptrichtungen bestimmt werden. Die Hauptrichtungen (1) und (2) sind dadurch gekennzeichnet, dass dort das Deviationsmoment bzw. die Deviationsbiegesteifigkeit in einem Querschnitt zu null wird. Sie lauten:

$$B_1 = \frac{B_y + B_z}{2} + \sqrt{\left(\frac{B_y - B_z}{2}\right)^2 + B_{yz}^2} \tag{5.11a}$$

$$B_2 = \frac{B_y + B_z}{2} - \sqrt{\left(\frac{B_y - B_z}{2}\right)^2 + B_{yz}^2} \tag{5.11b}$$

Die Achsen des Hauptträgheitssystems sind um den Winkel α in der y-z-Ebene gedreht. Man erhält den Winkel nach:

$$\alpha = 0{,}5 \cdot \arctan\left(\frac{-2 \cdot B_{yz}}{B_y - B_z}\right) \tag{5.11c}$$

Analog ergeben sich die Flächenträgheitsmomente und die Hauptrichtung bei konstanten E-Modulen im Querschnitt:

$$I_1 = \frac{I_y + I_z}{2} + \sqrt{\left(\frac{I_y - I_z}{2}\right)^2 + I_{yz}^2} \tag{5.12a}$$

$$I_2 = \frac{I_y + I_z}{2} - \sqrt{\left(\frac{I_y - I_z}{2}\right)^2 + I_{yz}^2} \tag{5.12b}$$

$$\alpha = 0{,}5 \cdot \arctan\left(\frac{-2 \cdot I_{yz}}{I_y - I_z}\right) \tag{5.12c}$$

Vorteil der Berechnungen im Hauptachsensystem ist die einfachere Spannungsermittlung (s. u.), nachteilig ist allerdings, dass für jeden Querschnitt das Hauptachsensystem bestimmt und die Biegemomente sowie die Querkräfte auf die Richtungen der Hauptachsen umgerechnet werden müssen.

5.2.4 Spannungen und Deformationen

Die Beziehungen zwischen den Spannungen (Spannungsvektor $\underline{\sigma}$) und den Deformationen (Deformationsvektor $\underline{\varepsilon}$) eines orthotropen Werkstoffes (die Materialeigenschaften sind je nach Richtung unterschiedlich, wie bei den meisten Faserverbundwerkstoffen), wird durch das lineare Elastizitätsgesetz (Hooke'sches Gesetz) beschrieben. Da es sich bei Rotorblättern um dünnwandige Querschnitte handelt, geht man von einem ebenen bzw. zweiachsigen Spannungszustand aus, d. h., die Spannungen in Dickenrichtung σ_z und $\tau_{xz} = \tau_{zx}$ und die Deformationen senkrecht zu den Wanddicken werden vernachlässigt.

Das zweidimensionale Elastizitätsgesetz des ebenen Spannungszustands für orthotrope Materialien (z. B. GFK) lautet:

$$\begin{bmatrix} \sigma_x \\ \sigma_y \\ \tau_{xy} \end{bmatrix} = \begin{bmatrix} \frac{E_x}{1 - \nu_{xy} \cdot \nu_{yx}} & \frac{\nu_{yx} \cdot E_y}{1 - \nu_{xy} \cdot \nu_{yx}} & 0 \\ \frac{E_x}{1 - \nu_{xy} \cdot \nu_{yx}} & \frac{\nu_{yx} \cdot E_y}{1 - \nu_{xy} \cdot \nu_{yx}} & 0 \\ 0 & 0 & G_{xy} = G_{yx} \end{bmatrix} \cdot \begin{bmatrix} \varepsilon_x \\ \varepsilon_y \\ \gamma_{xy} = \gamma_{yx} \end{bmatrix} \Rightarrow \underline{\sigma} = \underline{D} \cdot \underline{\varepsilon} \tag{5.13a}$$

oder in Komponentenschreibweise

$$\sigma_x = \frac{1}{1-\nu_{xy}\cdot\nu_{yx}}\cdot(E_x\cdot\varepsilon_x+\nu_{yx}\cdot E_y\cdot\varepsilon_y)$$

$$\sigma_y = \frac{1}{1-\nu_{xy}\cdot\nu_{yx}}\cdot(E_y\cdot\varepsilon_y+\nu_{xy}\cdot E_x\cdot\varepsilon_x)$$

$$\tau_{xy}=\tau_{yx}=\frac{G_{xy}}{\gamma_{xy}}=\frac{G_{yx}}{\gamma_{yx}} \tag{5.13b}$$

mit: $\nu_{xy}=\nu_{yx}\cdot E_y/E_x$; $\nu_{yx}=\nu_{xy}\cdot E_x/E_y$.

Die Umkehrung dieser Beziehungen, d. h. die Ermittlung der Deformationen aus den Spannungen, lautet:

$$\begin{bmatrix}\varepsilon_x\\ \varepsilon_y\\ \gamma_{xy}\end{bmatrix}=\begin{bmatrix}\frac{1}{E_x} & -\frac{\nu_{xy}}{E_y} & 0\\ -\frac{\nu_{yx}}{E_x} & \frac{1}{E_y} & 0\\ 0 & 0 & \frac{1}{G_{xy}}\end{bmatrix}\cdot\begin{bmatrix}\sigma_x\\ \sigma_y\\ \tau_{xy}\end{bmatrix}\quad\Rightarrow\quad\underline{\varepsilon}=\underline{\underline{N}}\cdot\underline{\sigma} \tag{5.14a}$$

oder in Komponentenschreibweise

$$\varepsilon_x=\frac{\sigma_x}{E_x}-\nu_{xy}\cdot\frac{\sigma_y}{E_y}$$

$$\varepsilon_y=\frac{\sigma_y}{E_y}-\nu_{yx}\cdot\frac{\sigma_x}{E_x}$$

$$\gamma_{xy}=\frac{\tau_{xy}}{G_{xy}}=\gamma_{yx} \tag{5.14b}$$

mit: Normalspannungen σ_x in x-Richtung und σ_y in y-Richtung; Schubspannungen τ_{xy} in der x-y-Ebene; Dehnungen ε_x in x-Richtung und ε_y in y-Richtung; Schubwinkel γ_{xy} in der x-y-Ebene; E-Modul E_x in x-Richtung und E_y in y-Richtung; Schubmodul G_{xy} in der x-y-Ebene; Querkontraktionszahlen ν_{xy} (Querkontraktion in x-Richtung durch eine Normalspannung in y-Richtung) und ν_{yx} (Querkontraktion in y-Richtung infolge einer Normalspannung in x-Richtung[2]

$\underline{\sigma}$ ist der Spannungsvektor, $\underline{\varepsilon}$ der Deformationsvektor, $\underline{\underline{S}}$ die Steifigkeitsmatrix und $\underline{\underline{N}}$ die Nachgiebigkeitsmatrix. Die Steifigkeitsmatrix ist die Inverse der Nachgiebigkeitsmatrix und umgekehrt, d. h. $\underline{\underline{D}}\cdot\underline{\underline{N}}=\underline{\underline{E}}$ ($\underline{\underline{E}}$ = Einheitsmatrix).

Man kann daraus u. a. erkennen, dass die Gleichungen für isotropes Material (in allen Richtungen gleiche Materialeigenschaften) einen Sonderfall der Beziehungen für orthotrope Materialien darstellen.

Die jeweiligen Ingenieurskonstanten E_x (Elastizitätsmodul in x-Richtung), E_y (E-Modul in y-Richtung), G_{yz} (Schubmodul), ν_{yx} (Querkontraktion in x-Richtung) und ν_{xy} (Querkontraktion in x-Richtung) können für Faserverbundwerkstoffe rechnerisch ermittelt werden (siehe unten). Sie müssen aber für Festigkeitsnachweise i. A. experimentell ermittelt werden, da die tatsächlichen Werte aufgrund von Fertigungsbedingungen, Gewebearten der Verstärkungsfasern usw. deutlich von den rechnerisch bestimmten abweichen können.

[2] In der englischsprachigen Literatur ist die Indizierung meistens umgekehrt.

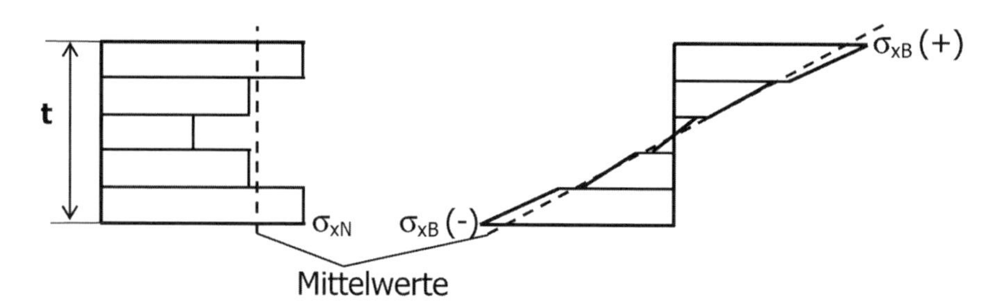

Bild 5.7 Spannungsverteilungen in einem mehrschichtigen Laminat mit unterschiedlichen Elastizitätsmodulen, links: infolge einer Normalkraft, rechts: infolge eines Biegemoments

Die Normalspannungen infolge von Normalkräften im Querschnitt x_m sind abhängig von seiner Lage und den Koordinaten y und z im Querschnitt sowie den dort vorhandenen E-Modulen.

$$\sigma_{x_N}(x_m, y, z) = \frac{N(x_m)}{D(x_m)} \cdot E(x_m, y, z) \tag{5.15a}$$

Ist der E-Modul in dem betrachteten Querschnitt konstant, ist auch die Normalspannung konstant und die Gl. (5.15a) vereinfacht sich zu:

$$\sigma_N(x_m, y, z) = \frac{N(x_m)}{A(x_m)} \tag{5.15b}$$

Bei der Bestimmung der Biegenormalspannungen muss berücksichtigt werden, dass Rotorblätter nichtsymmetrische Querschnitte haben, d. h., die Spannungen sind aus der „schiefen Biegung" zu berechnen. Die Normalspannungen infolge der Biegemomente M_y und M_z im Querschnitt x_m erhält man nach Gl. (5.16a). In diesem Fall sind die Spannungen stückweise linear verteilt und gleich null im elastischen Zentrum (siehe Bild 5.7).

$$\sigma_{x_B}(x_m, y, z) = \frac{E(x_m, y, z)}{B_y \cdot B_z - B_{yz}^2} \cdot \left[\left\{ M_y^{(m)}(x_m) \cdot B_z^{(m)} + M_z^{(m)}(x_m) \cdot B_{yz}^{(m)} \right\} \cdot z - \left\{ M_z^{(m)}(x_m) \cdot B_y^{(m)} + M_y^{(m)}(x_m) \cdot B_{yz}^{(m)} \right\} \cdot y \right] \tag{5.16a}$$

Ist der E-Modul in dem betrachteten Querschnitt konstant, wird die Gl. (5.16a) zu:

$$\sigma_{x_B}(x_m, y, z) = \frac{1}{I_y \cdot I_z - I_{yz}^2} \cdot \left[\left\{ M_y^{(m)}(x_m) \cdot I_z^{(m)} + M_z^{(m)}(x_m) \cdot I_{yz}^{(m)} \right\} \cdot z - \left\{ M_z^{(m)}(x_m) \cdot I_y^{(m)} + M_y^{(m)}(x_m) \cdot I_{yz}^{(m)} \right\} \cdot y \right] \tag{5.16b}$$

In diesem Fall sind die Biegespannungen sowohl über y als auch über z linear verteilt und im Flächenschwerpunkt gleich null.

Die Normalspannungen aus der Normalkraft und den Biegemomenten können vorzeichengerecht überlagert werden („Superpositonsprinzip" der linearen Elastizitätstheorie).

Bei der Verwendung eines Hauptkoordinatensystems vereinfacht sich die Ermittlung der Biegenormalspannungen zu:

$$\sigma_{x_B}(x_m, y, z) = \frac{M_1^{(m)}(x_m)}{I_1^{(m)}} \cdot z - \frac{M_2^{(m)}(x_m)}{I_2^{(m)}} \cdot y \tag{5.17a}$$

bzw.

$$\sigma_{x_B}(x_m, y, z) = E(x_m, y, z)\left(\frac{M_1^{(m)}(x_m)}{B_1^{(m)}} \cdot z - \frac{M_2^{(m)}(x_m)}{B_2^{(m)}} \cdot y\right) \tag{5.17b}$$

Die Schubspannungen infolge der Querkräfte und Torsionsmomente lassen sich nur über die Theorie der Wölbkrafttorsion ermitteln. Darauf soll hier, wie bereits erwähnt, nicht weiter eingegangen werden. Die Schubspannungen infolge der Querkräfte können jedoch folgendermaßen abgeschätzt werden

$$\tau_{\max xz}^{(m)} = k_z \cdot \frac{Q_z}{A}; \qquad \tau_{\max xy}^{(m)} = k_y \cdot \frac{Q_y}{A} \tag{5.18}$$

Die Faktoren der Schubspannungsüberhöhung k_x und k_y können bei dünnwandigen Hohlquerschnitten je nach deren Formen unterschiedlich sein. Sie sind beispielsweise:

$$k = \begin{cases} 3/2 & \text{beim Rechteck} \\ 4/3 & \text{beim Vollkreis} \\ \approx 2 & \text{beim dünnwandigen Rohr} \\ \approx 2{,}5\text{–}3{,}5 & \text{bei dünnwandigen Hohlquerschnitten} \end{cases}$$

In Sandwichbauteilen sind die Normalspannungen entsprechend der Gl. (5.15a) verteilt, siehe Bild 5.8 und die Schubspannungen entsprechend Gl. (5.19), siehe Bild 5.9.

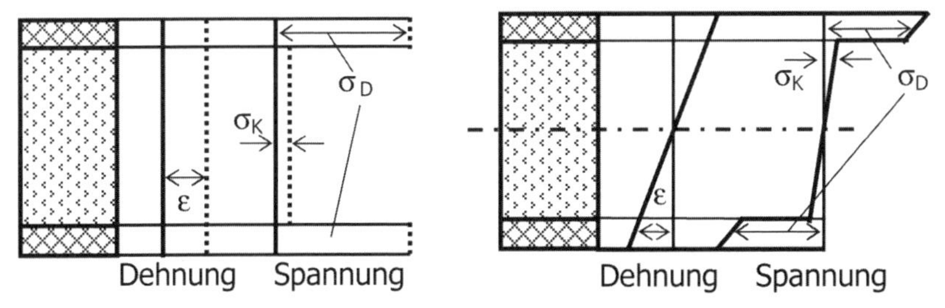

Bild 5.8 Normalspannungsverteilungen in einem Sandwichbauteil mit Kern (K) und Deckschicht (D), links infolge von Normalkräften, rechts infolge von Biegemomenten

Die Schubspannungen in einem Sandwichbauteil infolge von Querkräften erhält man nach der folgenden Beziehung (z_0 = betrachtete z-Koordinate, b = Einheitsbreite des Querschnitts = 1, h = Höhe des Sandwichquerschnitts):

$$\tau_{xy}(x, z_0) = \frac{Q_z(x)}{\int_{-\frac{h}{2}}^{\frac{h}{2}} E(x,z) \cdot z^2 \cdot \mathrm{d}z} \cdot \int_{-h/2}^{z_0} E(x,z) \cdot z \cdot \mathrm{d}z \tag{5.19a}$$

Wegen der sehr unterschiedlichen E-Module in den Deckschichten und des Kerns von Sandwichbauteilen sowie der geringen Dicke der Deckschichten gegenüber der Kerndicke liefert die Näherungsformel nach Gl. 5.19b ausreichend genaue Ergebnisse (mit $\overline{h}$ = Kerndicke plus halbe Deckschichtdicke oben plus halbe Deckschichtdicke unten):

$$\tau_{xz}(x) = \frac{Q_z(x)}{1 \cdot \overline{h}} \tag{5.19b}$$

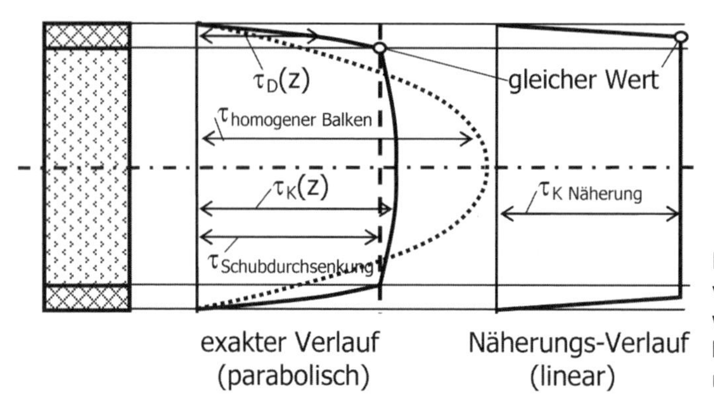

Bild 5.9 Schubspannungsverteilungen in einem Sandwichbauteil infolge von Querkräften, links: genaue, rechts: näherungsweise Verteilung

Anmerkung: Die Vorzeichen der berechneten Spannungen (positiv = Zugspannungen, negativ = Druckspannungen) sind vom gewählten Koordinatensystem unabhängig. Die Vorzeichen der Schnittlasten (Normal- und Querkräfte, Biege- und Torsionsmomente), der Lagerreaktionen (Auflagerkräfte, Einspannmomente) sowie der Durchbiegungen und Neigungen sind dagegen vom Koordinatensystem abhängig.

5.2.5 Schnittlasten im Rotorblatt

Die äußeren Kräfte, die in den Querschnitten eines Rotorblattes auftreten, erzeugen durch die räumliche Belastung 6 Schnittlasten (3 Kräfte und 3 Momente). Es sollen hier nur die Belastungen durch Wind, Gewicht und Rotation des Blattes berücksichtigt werden. Zeitlich veränderliche Kräfte, z. B. Änderung der Windgeschwindigkeit, können darin enthalten sein, solange sie als quasi-statisch behandelt werden können. Dynamische Belastungen, z. B. aus schnellen Änderungen des Betriebszustandes wie Windnachführung (Corioliskräfte) oder Abbremsung des Rotors, werden im Rahmen dieser Einführung nicht behandelt.

Bei der Ermittlung der Momente muss berücksichtigt werden, dass i. A. die Blattlängsachse nicht genau senkrecht zur Nabe steht, sondern gebogen ist. Ferner ist zu beachten, dass Gewichtsschwerpunkt, elastisches Zentrum, Schubmittelpunkt und aerodynamisches Zentrum unterschiedliche Koordinaten haben können. Dadurch werden zusätzliche Biege- und Torsionsmomente im Rotorblatt hervorgerufen.

Die berücksichtigten Kräfte sind:

- Auftriebskräfte als Streckenlast in positiver z-Richtung: $\rightarrow L(x)$; konstant während einer Umdrehung; Angriff im aerodynamischen Zentrum mit den Koordinaten $e_{y_{W(x)}}$ und $e_{z_{W(x)}}$
- Widerstandskräfte als Streckenlast in positiver y-Richtung: $\rightarrow W(x)$; konstant während einer Umdrehung; Angriff im aerodynamischen Zentrum
- Eigengewicht des Rotorblattes als Streckenlast in positiver x-Richtung: bei Umlaufposition des Blattes $\beta = 0$ (oben) $\rightarrow -m(x)\cdot g$; bei $\beta = 180°$ (unten) $\rightarrow +m(x)\cdot g$, veränderlich während einer Umdrehung, Angriff im Massenschwerpunkt mit den Koordinaten $e_{y_{M(x)}}$ und $e_{z_{M(x)}}$
- Zentrifugalkräfte als Streckenlast in positiver x-Richtung $\rightarrow m(x)\cdot x\cdot \omega^2$; konstant während einer Umdrehung; Angriff im Massenschwerpunkt

Durch diese Kräfte entstehen die folgenden Schnittlasten:

- Normalkräfte N an der Koordinate x_i des Rotorblatts und der Rotorblattstellung β

  Anteile: Eigengewicht (senkrecht wirkend), Zentrifugalkräfte (in x-Richtung), beide im Massenschwerpunkt angreifend

$$N_x(x_i,\beta) = N_Z(x_i) + N_G(x_i,\beta) = \int_{x_i}^{L_B} m(x)\cdot x\cdot \omega^2\cdot dx - \cos(\beta)\cdot \int_{x_i}^{L_B} m(x)\cdot g\cdot dz \quad (5.20)$$

  mit: $N(x_i,\beta)$ = Normalkraft an der Stelle x_i und der Rotorblattstellung β; $m(x)$ = Querschnittsmasse pro Längeneinheit; ω = Kreisfrequenz der Rotordrehzahl = UpM/(120·π); L_B = Länge des Blattes

- Querkräfte Q_z in z- bzw. Q_y in y-Richtung an der Koordinate x_i des Rotorblatts

  Anteile für Q_z: Auftriebskräfte L; Normalkräfte N_G (in Abhängigkeit vom Winkel β)

  Anteile für Q_y: Widerstandskräfte W

$$Q_z(x_i,\beta) = -\int_{x_i}^{L_B} L(x)\cdot dx + \sin(\beta)\cdot \int_{x_i}^{L_B} m(x)\cdot g\cdot dx \quad (5.21)$$

$$Q_y(x_i) = -\int_{x_i}^{L_B} W(x)\cdot dx \quad (5.22)$$

  mit: $L(x)$ = Auftriebskraft pro Längeneinheit, $W(x)$ = Widerstandskraft pro Längeneinheit

- Biegemomente M_y und M_z bei der Koordinate x_i des Rotorblattes (sie müssen auf den elastischen Schwerpunkt mit den Koordinaten $e_{y_{EZ(x)}}$ und $e_{z_{W(x)}}$ bezogen werden)
- Die Zentrifugalkräfte verursachen jeweils Biegemomente, wenn die Lage des Massenschwerpunktes von der des elastischen Schwerpunktes abweicht.

  Anteile für M_y: Querkraft Q_z, im aerodynamischen Zentrum angreifend; Normalkraft N_x, im Massenschwerpunkt angreifend

$$M_y(x_i,\beta) = \int_{x_i}^{L_B} Q_z(x,\beta)\cdot x\cdot dx - \int_{z_i}^{L_B} N_x(x,\beta)\cdot \left[y_{z_{EZ}}(x) - e_{z_M}(x_i)\right]\cdot dx \quad (5.23)$$

  Anteile für M_z: Querkraft Q_y, im aerodynamischen Zentrum angreifend; Normalkraft N_x, im Massenschwerpunkt angreifend

$$M_z(x_i,\beta) = \int_{x_i}^{L_B} Q_y(x)\cdot x\cdot dx - \int_{z_i}^{L_B} N_x(x,\beta)\cdot \left[y_{z_{EZ}}(x_i) - e_{z_M}(x)\right]\cdot dx \quad (5.24)$$

- Torsionsmoment M_x um die z-Achse, Anteile durch:

  Auftrieb L und Widerstand W, im aerodynamischen Zentrum angreifend;

  Normalkraft N_x, im Massenschwerpunkt angreifend (die Kräfte müssen auf den Schubmittelpunkt mit den Koordinaten $e_{y_{S(x)}}$ und $e_{z_{S(x)}}$ bezogen werden):

$$M_x(x_i,\beta) = \int_{x_i}^{L_B} L(x)\cdot \left[e_{z_W}(x) - e_{z_S}(x_i)\right]\cdot dz + \int_{x_i}^{L_B} W(x)\cdot \left[e_{y_W}(x) - e_{z_S}(x_i)\right]\cdot dz + \int_{x_i}^{L_B} N_x(x,\beta)(x,\beta)\cdot \sqrt{e_{y_M}^2(x) - e_{z_S}^2(x_i)}\cdot dx + M_W \quad (5.25)$$

  mit: M_W = aerodynamisches Moment

Damit sind die 6 auftretenden Schnittlasten im Rotorblatt in Abhängigkeit von der Koordinate x_i bestimmt. Die Werte der Schnittlasten beginnen alle mit null an der Rotorblattspitze ($x = L_B$). Mit den Schnittlasten lassen sich die Normal- und Schubspannungsverteilungen im Rotorblatt berechnen und damit lässt sich das Gewicht des Rotorblattes unter Ausnutzung der maximal zulässigen Spannungen minimieren.

Die Wölbmomente, die durch Torsion bei mit x veränderlichen Torsionsmomenten oder veränderlichen Querschnitten auftreten, können bei Rotorblättern vernachlässigt werden, da es sich bei den Profilen um geschlossene Querschnitte handelt und sich die Torsionsmomente und Querschnittswerte kontinuierlich ändern. Dadurch sind die Beiträge der Wölbkräfte und -momente zu den Spannungen (Wölbnormalspannungen und Wölbschubspannungen) nur sehr gering.

Da die Belastungen i. A. nur numerisch vorliegen, werden die Schnittlasten numerisch integriert, z. B. nach der Trapezregel. Die Genauigkeit der Trapezregel reicht i. A. aus, da sowohl die Verläufe der Schnittlasten als auch die der Querschnittswerte nur durch Interpolation angenähert werden.

5.2.6 Durchbiegung und Neigung

Das Rotorblatt kann in erster Näherung als an der Nabe eingespannt betrachtet werden, wie ein Kragträger mit unsymmetrischem und in Längsrichtungen veränderlichen Querschnitten und E-Modulen. Er bildet damit ein „statisch bestimmtes" System, bei dem sich die Querkraft- und Biegemomenten-Verläufe aus den gegebenen äußeren Belastungen mithilfe der Gleichgewichtsbeziehungen berechnen lassen.

Bei Berechnungen nach der Balkentheorie wird die „lineare Elastizitätstheorie" angenommen, d. h., es werden lineares Materialverhalten und kleine Verformungen vorausgesetzt. Damit lassen sich die Verformungen des Balkens durch die Belastungen in den verschiedenen Richtungen jeweils unabhängig voneinander berechnen. Dabei werden die Verschiebungen bzw. die Durchbiegungen i. A. in x-Richtung mit u, in y-Richtung mit v und in z-Richtung mit w bezeichnet.

Die Differenzialgleichungen der Biegelinien für $w(x)$ in z- und für $v(x)$ in y-Richtung lauten in der linearisierten Form (lineare, gewöhnliche Differenzialgleichungen 4. Ordnung):

$$\left[E(x)\cdot I_y(z)\cdot w(x)''\right]'' = q_z(x) \qquad \left[E(z)\cdot I_z(z)\cdot v(z)''\right]' = q_y(z) \tag{5.26}$$

$$\left[E(x)\cdot I_y(x)\cdot w(x)''\right]'' = -Q_z(x) \qquad \left[E(z)\cdot I_z(z)\cdot v(z)''\right]' = -Q_y(z) \tag{5.27}$$

$$E(x)\cdot I_y(x)\cdot w(x)'' = -M_y(x) \qquad E(z)\cdot I_z(z)\cdot v(z)'' = -M_y(z) \tag{5.28}$$

Da das Rotorblatt ein statisch bestimmtes System ist, kann von der Differenzialgleichung zweiter Ordnung nach Gl. (5.29) ausgegangen werden, um die Verformungen des Rotorblattes infolge von Biegemomenten zu berechnen.

$$w''(x) = -\frac{M_y(x)}{E(x)\cdot I_y(x)} \tag{5.29a}$$

$$v''(x) = -\frac{M_z(x)}{E(x)\cdot I_z(x)} \tag{5.29b}$$

Die Berechnung der Biegemomente M_y und M_z ist in dem vorhergehenden Abschnitt erläutert worden. Die zweimalige Integration der Gl. (5.29a) und (5.29b) mit den jeweiligen Biegemomentenverläufen und das Einsetzen der Randbedingungen (Durchbiegung und Neigung an der Einspannstelle sind null) liefern die Durchbiegungsverläufe $w(x)$ und $v(x)$.

Da bei Rotorblättern die Verläufe der Biegemomente $M(x)$, Trägheitsmomente $I(x)$ und E-Module $E(x, y, z)$ meistens nicht in analytischer Form vorliegen, muss numerisch integriert werden. Das geschieht stückweise entsprechend den vorliegenden Profilabschnitten (siehe oben).

Für die Ermittlung der Verformungen durch Querkräfte (Schubdurchbiegungen) und Torsionsmomente (Verdrehungen oder Torsion) bei dünnwandigen Hohlquerschnitten werden die Schub- und Torsionssteifigkeiten von mehrzelligen Hohlquerschnitten benötigt. Diese sind nur mithilfe der bereits erwähnten Theorie der Wölbkrafttorsion zu bestimmen. Ist das Rotorblatt nur mit Massivlaminaten gefertigt, können die Schubdurchbiegungen infolge von Querkräften vernachlässigt werden. Sind große Bereiche des Blattes aus Sandwichlaminaten gefertigt, liefern die Schubdurchbiegungen nennenswerte Beiträge zur Gesamtdurchbiegung, da Sandwichlaminate aufgrund der geringen E-Module der üblichen Kernmaterialien „schubweich" sind.

5.2.7 Ergebnisse nach der Balkentheorie

Die Berechnungen der Querschnittswerte, Schnittlasten, Spannungen und Verformungen lassen sich sehr gut in Tabellenform durchführen. Insbesondere in einem frühen Projektstadium, wenn die endgültigen Abmessungen und Materialwerte noch nicht vorliegen, kann damit eine vorläufige Optimierung der Rotorblattquerschnitte vorgenommen werden. In den Bildern 5.10 und 5.11 sind die Ergebnisse einer solchen Tabellenrechnung dargestellt. Zum Vergleich zeigt Bild 5.12 den Spannungsverlauf einer FEM-Rechnung für ein 55-m-Blatt.

5.3 Schwingungen und Beulung

5.3.1 Schwingungen

Zur Beurteilung des Schwingungsverhaltens von Rotorblättern sind die Kenntnisse der Eigenfrequenzen, des Dämpfungsverhaltens und der Frequenzen der Anregungen durch die äußeren Kräfte notwendig.

Bei den Dämpfungen unterscheidet man zwischen material-, reibungs-, konstruktiv bzw. herstellungsbedingten Dämpfungen einerseits und aerodynamischen Dämpfungen andererseits. Die material-, reibungs- und konstruktiv bedingtenen Dämpfungen sind weitgehend frequenzunabhängig (Ausnahmen: Materialdämpfung bei Gummi und Kunststoffen wie z. B. Laminierharze für FVW). Als aerodynamische Dämpfung wird der Widerstand eines bewegten Körpers in einem Medium bezeichnet, z. B. in Luft oder Wasser. Sie hängt vom Quadrat der Geschwindigkeit ab.

Lastfall: 13 DLC11a10 max*Fxs2

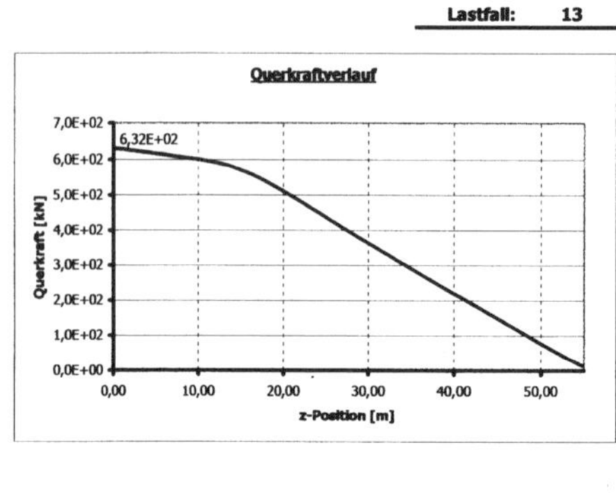

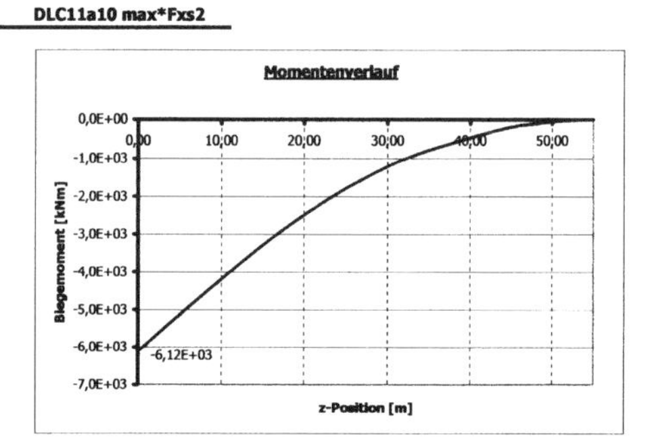

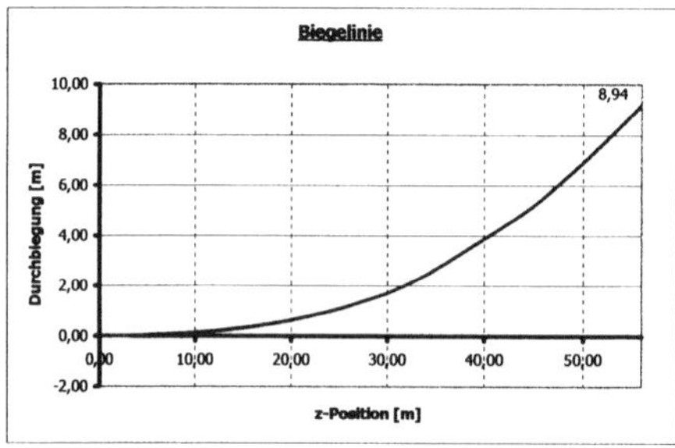

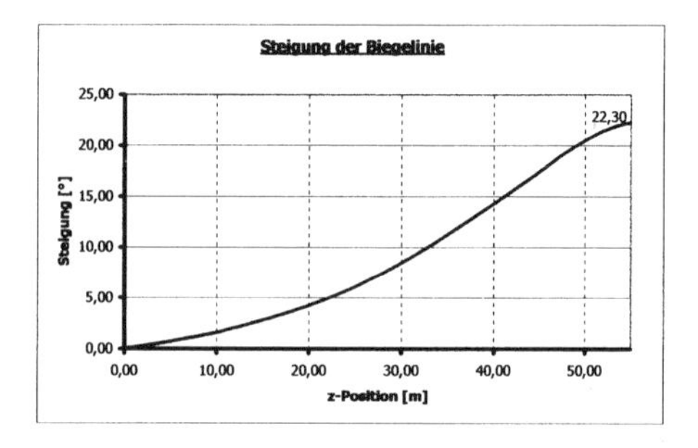

Bild 5.10 Verläufe von Querkraft, Biegemoment, Neigung und Durchbiegung eines 55-m-Blattes nach der Balkentheorie (nach [2])

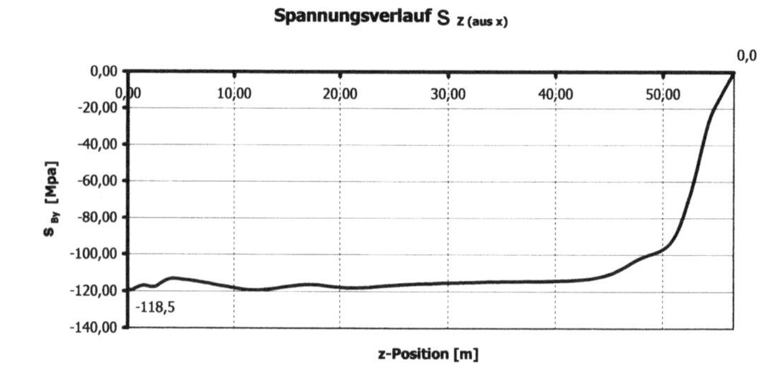

Bild 5.11 Verlauf der Normalspannungen in einem 55-m-Rotorblatt nach der Balkentheorie (nach [2])

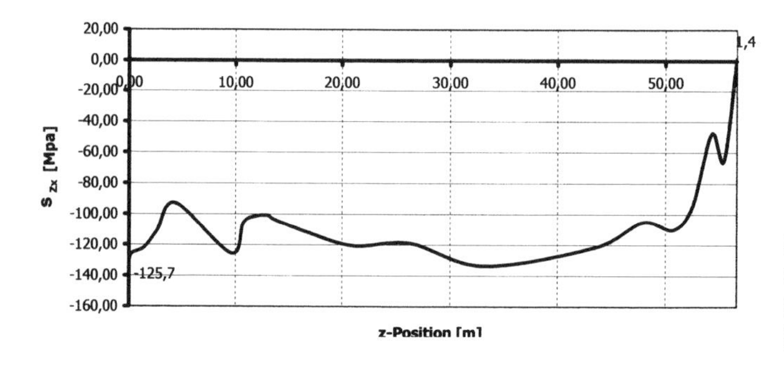

Bild 5.12 Verlauf der Normalspannungen in einem 55-m-Blatt nach FEM-Berechnungen (nach [2])

Bei der Angabe von Dämpfungswerten ist auf die Art der Angabe wie logarithmisches Dekrement, Lehr'sches Dämpfungsmaß, Verlustfaktor usw. zu achten. Sie haben unterschiedliche Werte.

Für die Materialdämpfung beträgt das logarithmische Dekrement bei Stahl 0,005–0,02, bei GFK 0,06–0,1, also das 4- bis 5-Fache, bei CFK 0,03–0,05 und bei Gummi ca. 0,2–0,5, je nach Härte des Gummis. Schweißkonstruktionen haben eine deutlich geringere Dämpfung als geschraubte oder genietete.

Der Zusammenhang zwischen den beiden hauptsächlich verwendeten Dämpfungsangaben, dem logarithmischen Dekrement Λ und dem Lehr'schen Dämpfungsmaß D lautet:

$$D = \frac{\Lambda}{\sqrt{4 \cdot \pi^2 + \Lambda^2}} \tag{5.30}$$

Liegen die Anregungsfrequenzen in der Nähe von Eigenfrequenzen, kommt es zu Resonanzen. In diesen Fällen können die Schwingungsamplituden und damit die Verformungen und Spannungen deutlich größer als zulässig werden (Vergrößerungsfunktionen), d. h., sie können zum frühzeitigen Versagen der Bauteile führen. Wenn die Unterschiede zwischen den Anregungs- und Eigenfrequenzen kleiner als ca. ±30–40 % sind, muss mit Schwingungsresonanzen gerechnet werden. Die Größe der Unterschiede ist u. a. abhängig von den Dämpfungen der Bauteile.

Sind Eigen- und Anregungsfrequenzen sowie die Dämpfungen bekannt, kann die sogenannte Strukturantwort, d. h. die Reaktion der Rotorblätter auf die Anregungen durch die sich zeitlich verändernden äußeren Kräfte ermittelt werden. Man erhält damit die tatsächlich auftretenden Schwingungsamplituden und damit die Spannungen in den Rotorblättern durch die dynamischen Belastungen. Daraus können zusammen mit den Spannungen aus den quasi-statischen Lasten die Lastkollektive (Spannungsbereiche und dazugehörige Lastzyklen) für die Lebensdauerberechnung bestimmt werden. Das soll im Rahmen dieser Einführung nicht behandelt werden, es wird auf die weiterführende Literatur verwiesen wie z. B. [9] oder [1].

Eine Abschätzung der Blatteigenfrequenzen kann mithilfe von stark vereinfachten Modellen durchgeführt werden. Das einfachste Modell ist, das Schwingungsverhalten des Rotorblattes als eingespannten Balken (Kragträger) mit konstantem Querschnitt und konstantem E-Modul zu berechnen (Bild 5.13).

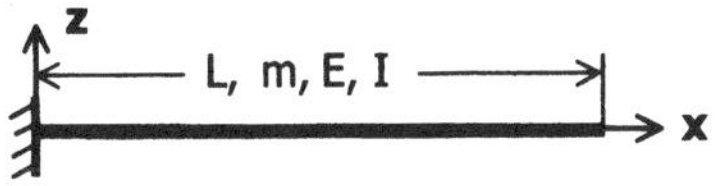

z

L, m, E, I

x

Bild 5.13 Rotorblatt als Kragträger mit konstanten Querschnittswerten

Die Eigenfrequenzen eines solchen ungedämpften Trägers sind:

$$\omega_i = \lambda^2 \cdot \sqrt{\frac{E \cdot I}{m \cdot L^4}}\,[\mathrm{s}^{-1}] \quad \text{mit } \lambda_j = 1{,}875; 4{,}694; 7{,}855; 10{,}996; 14{,}137 \quad (j = 1, \ldots, 5) \tag{5.31}$$

Schwingungsperioden:

$$T_j = \frac{2 \cdot \pi}{\omega_j}\,[\mathrm{s}] \tag{5.32}$$

Mithilfe des Rayleigh-Quotienten (R. Q.) lassen sich auch bei komplizierteren Strukturen, wie z. B. Blätter mit veränderlichen Querschnitten, die ersten Eigenfrequenzen nach den folgenden Beziehungen abschätzen.

$$E + U = \text{konstant} = E_{max} = U_{max} \tag{5.33a}$$

$$E_{max} = U_{max} = \omega^2 \cdot \overline{E} \quad (\overline{E} = \text{ bezogene kinetische Energie}) \tag{5.33b}$$

$$\text{Rayleigh-Quotient: R. Q.} = \omega^2 = \frac{U_{max}}{\overline{E}} \tag{5.34}$$

Die bezogene kinetische Energie $\overline{E}$ und die potenzielle Energie U werden mithilfe einer Näherungsfunktion $\overline{w}(x)$ für die Durchbiegung eines Balkens unter Berücksichtigung der Randbedingungen beschrieben. $\overline{E}$ und U_{max} erhält man nach:

$$\overline{E} = \frac{1}{2} \int_{(L)} m(x) \cdot \overline{w}^2(x) \cdot \mathrm{d}x \tag{5.35}$$

$$U_{max} = \frac{1}{2} \int_{(L)} E(x) \cdot I(x) \cdot (\overline{w''})^2(x) \cdot \mathrm{d}x \tag{5.36}$$

Beispiel: Kragträger mit konstantem Querschnitt ($m(x) = m$ und $I(x) = I$)

Die Randbedingungen eines bei $x = 0$ eingespannten Kragträgers lauten: Durchbiegung bei $x = 0 \rightarrow w(0) = 0$; Neigung bei $x = 0 \rightarrow w'(0) = 0$; Biegemoment bei $x = L \rightarrow w''(L) = 0$; Querkraft bei $x = L \rightarrow w'''(L) = 0$

Für die Durchbiegung kann folgende Näherung angesetzt werden (Biegelinie Kragträger):

$$\overline{w}(x) = x^2 \cdot \left[6 - 4 \cdot \frac{x}{L} + \left(\frac{x}{L}\right)^2\right]$$

Für die erste Eigenfrequenz mit I und E = konstant erhält man mit dem R. Q.:

$$\text{R. Q.} = \omega^2 = \frac{\int_{(L)} E(x) \cdot I(x) \cdot (\overline{w}'')^2 \cdot \mathrm{d}x}{\int_{(l)} m(x) \cdot \overline{w}^2(x) \cdot \mathrm{d}x} \tag{5.37}$$

$$\rightarrow \quad \omega_1 = \sqrt{\frac{162 \cdot E \cdot I}{13 \cdot m \cdot L^4}} \; [\mathrm{s}^{-1}] \tag{5.38}$$

■

Grundsätzlich gilt, dass die durch Näherungsverfahren ermittelten Frequenzen größer sind als die tatsächlichen, da Näherungsansätze die Systeme steifer machen. Die kleinste Eigenfrequenz, die sich mit unterschiedlichen Näherungsansätzen für die Schwingungsform bzw. Eigenform ergibt, liegt am nächsten zu dem tatsächlichen Wert. Wird als Näherungsansatz die exakte Eigenform gewählt, erhält man auch die exakte Eigenfrequenz.

Die absolute Größe der Schwingungsdurchbiegung bzw. -amplitude bleibt unbestimmt (Kennzeichen homogener Gleichungen), z. B. im Rayleigh-Quotienten kürzen sich die Amplituden heraus.

Durch die Material- und konstruktiven Dämpfungen in einem Rotorblatt von maximal ca. $\Lambda \approx 0{,}1$ werden die Schwingungsfrequenzen um ca. 1,5 % reduziert, dieser Effekt kann also vernachlässigt werden. Das lässt sich nach der Beziehung der Frequenzen für einen linearen Einmassenschwinger mit der Gl. (5.39) nach Hauger u. a. [10] abschätzen.

$$\omega_d = \omega_0 \cdot \sqrt{1 - D^2} \tag{5.39}$$

mit: ω_d = Frequenz der gedämpften Schwingung, ω_0 = Frequenz der ungedämpften Schwingung, D = Lehr'sches Dämpfungsmaß.

Bei Rotorblättern überwiegt die aerodynamische Dämpfung. Deren Größe ist nur mit CFD-Berechnungen (Computational Fluid Dynamics) zu ermitteln, da sie zeitlich veränderlich ist. Sie hängt von der Umströmung des Blattes während der Schwingungen und vom Quadrat der Schwingungsgeschwindigkeit ab.

Die genauen Eigenfrequenzen, insbesondere die höheren, lassen sich bei z. B. veränderlichen Querschnitten $I(x)$, Massebelegungen $m(x)$ und Streckenlasten $q(x)$, wie sie beim realen Rotorblatt auftreten, nur mithilfe von FEM-Berechnungen ermitteln.

Die Anzahl der Eigenfrequenzen ist abhängig von den Freiheitsgraden des Systems, ein Kontinuum hat unendlich viele Freiheitsgrade, also ebenso viele Eigenfrequenzen. Ein FE-Modell hat so viele Freiheitsgrade bzw. Eigenfrequenzen wie das zu lösende Gleichungssystem Unbekannte hat. Normalerweise interessieren aber nur die ca. 20 niedrigsten Eigenfrequenzen.

Zu jeder Eigenfrequenz eines schwingungsfähigen Systems (elastisches Kontinuum) gehört auch genau eine „Eigenform", das ist die Form, in der das System bei dieser Eigenfrequenz schwingt. Solange Zeitverlauf und Stärke der Schwingungsanregungen sowie das Dämpfungsverhalten nicht bekannt sind, lassen sich die tatsächlichen Schwingungsausschläge nicht ermitteln, sondern nur die Schwingungs- oder Eigenform.

Die niedrigsten Eigenfrequenzen von Rotorblättern liegen in dem Bereich von ca. 0,3–2 Hz, die Werte gelten für die relativ biegeweiche Schlagrichtung (aus der Rotorblattebene heraus). Für die wesentlich steifere Schwenkrichtung der Blätter (in der Rotorebene) sind die Eigenfrequenzen deutlich höher. Sie sind, wie man aus der Gl. (5.38) entnehmen kann, u. a. von der Biegesteifigkeit abhängig.

5.3.2 Beul-/Stabilitätsberechnungen

Treten in Bauteilen Druckspannungen auf, ist zu überprüfen, ob die betreffenden Bauteile durch Stabilitätsverlust versagen können. Das kann durch Knicken bei stabförmigen Bauteilen oder durch Beulung bei flächenhaften Bauteilen auftreten. Bei Rotorblättern sind besonders die großen und langen, wenig gekrümmten Bereiche im hinteren Teil der Profile gefährdet.

Bei den meisten Rotorblättern tritt eher ein Stabilitätsversagen (Beulung) als ein Spannungsversagen (Überschreitung der durch den Werkstoff ertragbaren Spannungen) auf. Deshalb werden insbesondere bei großen Blättern Maßnahmen ergriffen, um die Beulsicherheit zu erhöhen. Das sind einmal der Einsatz von Sandwichlaminaten (Vergrößerung der Dicke durch den Einsatz von leichten Kernmaterialien), mit denen die Biegesteifigkeit in den gefährdeten Bereichen erhöht werden kann, ohne dass das Gewicht stark zunimmt. Eine andere Möglichkeit ist der Einbau von zusätzlichen Stringern (Versteifungsrippen), mit denen die Größe der Beulfelder reduziert wird. Beide haben zur Folge, dass das Gewicht und die Fertigungskosten erhöht werden.

Bei Rotorblättern ist die analytische Ermittlung der kritischen Druckspannungen, als σ_{krit} bezeichnet, bei deren Überschreitung das Blatt versagt, sehr schwierig. Es handelt sich um dünnwandige Flächen aus orthotropem Material, wobei die Größe der „Beulfelder" (Länge und Breite) und die Lagerung ihrer Ränder nur sehr grob bestimmt werden können, ferner sind die Felder zum Teil leicht gekrümmt. Verfahren zur überschlägigen Ermittlung der kritischen Spannungen sind z. B. in [15] zu finden.

Bei Sandwichbauteilen kann es neben dem Versagen der Gesamtstruktur (Knicken als Stab oder Beulen der Platte bzw. Schale) auch zu lokalem Stabilitätsversagen der Deckschichten kommen, dem Deckschichtbeulen oder dem Deckschichtknittern sowie beim Kern (Schubbeulen) kommen. Ursachen dafür können entweder eine zu geringe Biegesteifigkeit bzw. Dicke der Deckschicht oder ein zu weicher Kern (E-Modul bzw. Schubmodul sind zu klein) sein. Die Effekte lassen sich mit den folgenden Formeln abschätzen:

Deckschichtbeulung:

$$\sigma_{\text{krit}} = 0{,}5 \cdot \sqrt[3]{E_{\text{D}} \cdot E_{\text{K}} \cdot G_{\text{K}}} \tag{5.40a}$$

Deckschichtknittern:

$$\sigma_{\text{krit}} = 0{,}82 \cdot E_{\text{D}} \cdot \sqrt{\frac{E_{\text{K}} \cdot t_{\text{D}}}{E_{\text{D}} \cdot t_{\text{k}}}} \tag{5.40b}$$

mit: σ_{krit} = maximal tragbare Druckspannung (bei Stabilitätsuntersuchungen werden i. A. die Druckspannungen als positiv verwendet); E_{D} = E-Modul der Deckschicht; E_{K} = E-Modul des Sandwichkerns; G_{K} = Schubmodul des Kerns; t_{D} = Dicke der Deckschicht; t_{K} = Dicke des Kerns

5.4 Finite-Elemente-Berechnungen

5.4.1 Spannungsberechnungen

Die Finite-Elemente-Methode (FEM) ist eine weitere Möglichkeit zur Festigkeits-, Schwingungs- und Beulberechnung von Rotorblättern. Im fortgeschrittenen Projektstadium, wenn die Abmessungen und Materialdaten des Rotorblattes schon weitgehend festliegen, ist diese Methode zur endgültigen Auslegung und als Nachweis z. B. gegenüber den Zertifizierern erforderlich, da mit analytischen Methoden wie der Balkentheorie nur Abschätzungen der auftretenden Spannungen vorgenommen werden können. Insbesondere lassen sich damit komplizierte dreidimensionale Bauteile berechnen, bei denen lokale Effekte wie Krafteinleitungen, Steifigkeitssprünge, Spannungskonzentrationen, Kraftumlenkungen usw. auftreten, die mit analytischen Methoden i. A. nicht mehr erfasst werden können.

Die gängigen FEM-Programme haben zwar Elemente implementiert, mit denen Laminate berechnet werden können, aber bei Sandwichlaminaten, bei denen Deckschichten und Kerne sehr unterschiedliche mechanische Eigenschaften haben, führen derartige Elemente zu großen Abweichungen bei den ermittelten Spannungen, speziell in den Kernen. Die ertragbaren Spannungen der Kernmaterialen sind um ca. zwei Zehnerpotenzen kleiner als die der Laminate in den Deckschichten, sodass schon geringe Ungenauigkeiten in den ermittelten Spannungen zu Schädigungen des Kerns führen können.

Eine Möglichkeit zur Umgehung dieser Probleme ist eine entsprechende feine Elementierung der Deckschichten und Kerne. Das führt aber zu einer sehr großen Anzahl von Elementen bzw. sehr großen Gleichungssystemen, für deren Lösungen entsprechende leistungsfähige Rechner notwendig sind.

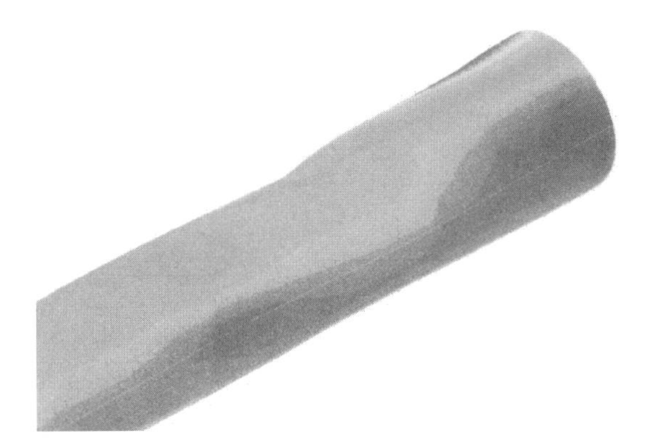

Bild 5.14 FEM-Spannungsplot eines 55-m-Blattes des Anschlussbereichs an die Nabe (nach [2])

Die FEM-Ergebnisse sind stark davon abhängig, wie gut das FE-Modell den tatsächlichen Gegebenheiten wie Lagerungen, Lastaufbringungen usw. angepasst ist. Großen Einfluss auf die Ergebnisse können auch die gewählten Elementtypen wie z. B. Dreiecks- oder Viereckselemente bei zweidimensionalen Bauteilen (Platten, Scheibe usw.), Tetraeder- oder Hexaederelemente bei dreidimensionalen Bauteilen sowie die Elementgrößen haben. Deshalb ist es stets erforderlich, die Ergebnisse einer FEM-Berechnung auf Plausibilität zu überprüfen. Das kann häufig durch Abschätzungen mit analytischen Methoden durchgeführt werden.

5.4.2 FEM-Beulberechnungen

Bei den Berechnungen des Beulverhaltens von Rotorblättern in Sandwichbauweise mit FE-Methoden wird sich meistens darauf beschränkt, das Blatt durch Schalenelemente, die über die Gesamtdicke der Schale reichen, zu elementieren. Zur Berechnung der lokalen Effekte in einem Sandwich, wie Deckschichtbeulen oder -knittern, müssten über der Dicke von Deckschicht und Sandwichkern mehrere Elemente verteilt werden. Das würde zu einer sehr großen Anzahl von Elementen führen mit entsprechend großen Rechenzeiten für die Lösungen. Deshalb werden die lokalen Stabilitätseffekte meistens getrennt untersucht. Aus der globalen Spannungsrechnung sind die Spannungen an Ober- bzw. Unterseiten der Profilflächen bekannt. Mit diesen Spannungen und den Materialwerten des Sandwiches können diese z. B. mit den nach den Gl. (5.40) erhaltenen kritischen Spannungen verglichen werden.

Die Durchführung einer Beulberechnung mit FE-Programmen erfolgt in zwei Schritten. Im ersten Schritt wird eine „normale“ Spannungsberechnung mit den zu berücksichtigenden Lasten durchgeführt, im zweiten Schritt dann die eigentliche Beulberechnung. Das Ergebnis ist ein „Beulfaktor“, der angibt, um das Wievielfache höher die für diesen Lastfall ertragbare Belastung bis zum Beulen ist.

Die Bilder 5.15 und 5.16 zeigen beulgefährdete Bereiche in einem Rotorblatt (mit stark überhöhtem Maßstab der Beulfiguren), das erste eine Ausführung mit einem reinen GFK-Laminat, die beiden folgenden mit Sandwicheinsatz in den gefährdeten Bereichen. Die Beulfaktoren in den Beispielen sind bei gleicher Belastung 1,011 (Bild 5.15) und 1,40 (Bild 5.16). Sie sind, wie es

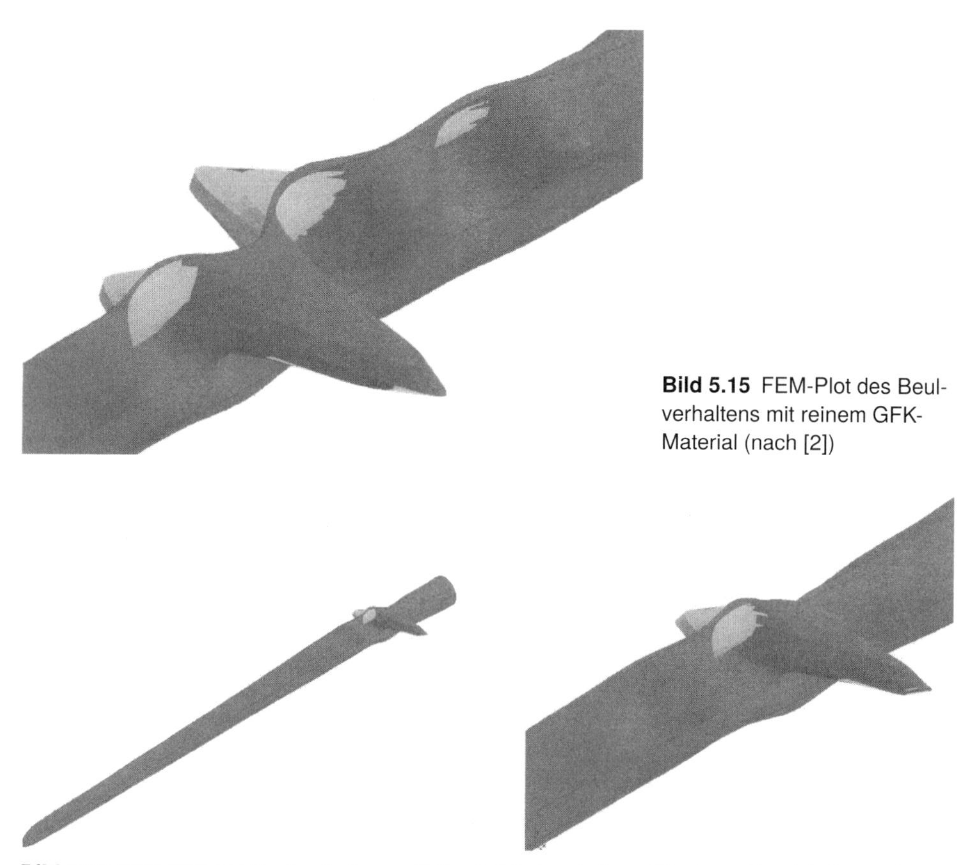

Bild 5.15 FEM-Plot des Beulverhaltens mit reinem GFK-Material (nach [2])

Bild 5.16 FEM-Plot des Beulverhaltens mit Sandwicheinsatz im gefährdeten Bereich (links: Gesamtansicht, rechts: Ausschnitt; nach [2])

bei Stabilitätsberechnungen durch Näherungsverfahren wie z. B. mit der FE-Methode der Fall ist, analog zu den Eigenfrequenzberechnungen, i. A. höher als die tatsächlichen Werte.

5.4.3 FEM-Schwingungsberechnungen

Mit analytischen Methoden lässt sich nur die erste Eigenfrequenz von Rotorblättern einigermaßen genau ermitteln. Die genaueren Berechnungen, insbesondere der höheren Frequenzen, sind mit FE-Methoden relativ leicht durchzuführen.

Bei der Ermittlung des Schwingungsverhaltens von Rotorblättern durch FEM-Berechnungen ist zu beachten, dass alle Schwingungsformen wie Biegung in Schlagrichtung, Biegung in Schwenkrichtung und Torsionsschwingungen (um die Längsachse) durch das FE-Modell zugelassen werden. Kombinationen der verschiedenen Schwingungsformen können ebenfalls auftreten. Dehnschwingungen (Longitudinalschwingungen) sind i. A. nicht von Interesse, da sie erst bei sehr viel höheren Frequenzen aufgrund der hohen Dehnsteifigkeiten auftreten (Größenordnung der Frequenzen ≈ Schallgeschwindigkeit im Blattmaterial/Blattlänge [Hz]).

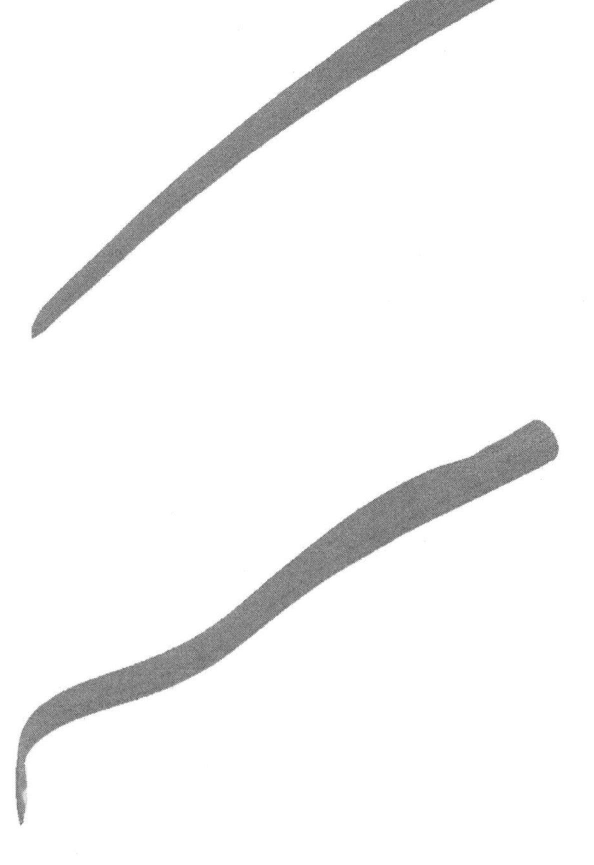

Bild 5.17 Schwingungsform eines 55-m-Rotorblatts (erste Eigenfrequenz = 0,737 Hz, in Schlagrichtung, nach [2])

Bild 5.18 Schwingungsform eines 55-m-Rotorblatts (dritte Eigenfrequenz = 7,79 Hz, in Schlagrichtung, nach [2])

Die Durchführung von FE-Eigenfrequenzberechnungen erfolgt anlog zur Durchführung von FE-Beulberechnungen (siehe Abschnitt 5.4.2), die Frequenzen sind hierbei, ebenso wie bei den Beulspannungen, i. A. höher als die tatsächlichen. In den Bildern 5.17 und 5.18 sind die zur ersten und zur dritten Eigenfrequenz zugehörigen Eigenschwingungsformen in Schlagrichtung dargestellt.

■ 5.5 Faserverbundwerkstoffe

5.5.1 Einleitung

Faserverbundwerkstoffe (FVW) sind hervorragende Leichtbaumaterialien, da sie im Vergleich zu Metallen wesentlich geringere spezifische Dichten bei hohen Festigkeiten haben (GFK-Laminat ≈ 1,8, CFK-Laminat ≈ 1,6 g/cm^3). Die Zugfestigkeit von GFK-Laminaten beträgt ≈ 250–450 MPa (1 Megapascal = 1 N/mm²), von CFK-Laminaten ≈ 800–1 750 MPa. Die Elastizitätsmodule der Laminate betragen bei GFK ≈ 20 000–35 000 MPa, bei CFK ≈ 75 000–200 000 MPa. Ein weiterer großer Vorteil gegenüber den isotropen Metallen ist, dass durch die Fasermengen (prozentualer Anteil am Laminat) und die Anordnung der Hauptanteile der Fasermengen in Richtung der größten Belastungen die erforderlichen Materialdicken deutlich reduziert werden können. Das führt zu einer besseren Materialausnutzung gegenüber den isotropen Werkstoffen. Ferner ist die Korrosionsanfälligkeit der FVW sehr gering. Die Betriebsfestigkeiten von GFK sind etwas geringer als die von Stahl, aber besser als die von Aluminium, die von CFK sind besser als die von Stahl.

Nachteilig sind die geringen Bruchdehnungen der FVW (GFK ≤≈ 2 %, CFK ≤≈ 1 %) im Vergleich zu Metallen (Stahl ≈ 15–40 %, Aluminium ≈ 5–15 %). D. h., die FVW sind wesentlich empfindlicher gegenüber Spannungsspitzen und haben nur ein sehr geringes Fließvermögen bei Überbeanspruchungen, sie sind weniger „gutmütig" als z. B. Stahl. FVW tolerieren konstruktive Fehler weniger.

Ein weiter Nachteil ist, dass beim Herstellen von FVW-Bauteilen der Werkstoff selbst erst hergestellt wird. Deshalb streuen die Werkstoffdaten deutlich stärker als bei den Metallen, die als Halbzeuge verwendet werden.

5.5.2 Materialien (Fasern, Harze, Zusatzstoffe, Sandwichmaterialien)

5.5.2.1 Fasern

Festigkeit und Steifigkeit der FVW werden hauptsächlich durch die Faserarten, ihren Anteil im Laminat und den Faserrichtungen bestimmt. Die „Matrix" (Laminierharz plus Zusatzstoffe) hat im Wesentlichen die Aufgabe, die Fasern zusammenzuhalten. Ihr Beitrag zur Festigkeit und Steifigkeit ist nur gering.

Die Fasern sollen möglichst hohe Festigkeiten und Steifigkeiten (E-Module) im Vergleich zur Matrix haben. Die Dicken betragen bei Glasfasern ≈ 5–20 μm (1 μm = 1 Mikrometer = 10^{-6} m), bei Carbonfasern ≈ 5–10 μm (das menschliche Haar ist ≈ 40–100 μm dick). Je dünner die Fasern sind, umso höher ist die Festigkeit. Beispiel Glas: Festigkeit der Glasfaser ≈ 3 000 MPa, massives Glas ≈ 55 MPa. Ferner sollen sie gut verarbeitbar sein und eine gute Haftung mit dem Harz haben. Sie werden während der Verarbeitungsprozesse (Ziehen der Fäden, Herstellung der Halbzeuge, Laminatherstellung) mit unterschiedlichen Beschichtungen versehen, den Schlichten. Als Letztes werden die Fasern mit einem Haftvermittler versehen, der für die verschiedenen Faserarten und Harze unterschiedlich ist.

Glasfasern: Sie gibt es in den verschiedenen Typen als E-, S-, R- und C-Glas. Sie sind relativ billig, elektrisch nicht leitend, isotrop und unterscheiden sich in den mechanischen Werten nur wenig, jedoch in den Anwendungsbereichen. Für Rotorblätter werden meistens E-Glas-Fasern verwendet mit den Werten für E-Modul von ≈ 76 GPa (1 Gigapascal = 10^9 Pascal = 10^3 N/mm²), Schubmodul ≈ 30 GPa, Querkontraktion ≈ 0,24, Zugfestigkeit ≈ 1 500 MPa, Dichte ≈ 2,6 g/cm³, Bruchdehnung ≃ 3,5 %.

Carbonfasern: Diese Fasern haben deutliche höhere E-Module, sind wesentlich teurer, elektrisch leitend und stark anisotrop, d. h., ihre mechanischen Eigenschaften sind stark richtungsabhängig und sind schwieriger zu verarbeiten als Glasfasern. Sie werden nur zu solchen Halbzeugen verwendet, mit denen hohe Festigkeiten und Steifigkeiten zu erreichen sind. So sind z. B. Matten aus Carbonfasern nicht sinnvoll, da mit ihnen nur geringe Festigkeiten erzielt werden. Die Fasern und die Bauteile aus ihnen sind schlag- und stoßempfindlich. Man unterscheidet bei den Carbonfasern unterschiedliche Typen wie normalfeste Fasern (E-Modul ≈ 200 GPa, Festigkeit ≈ 1 800 MPa, Bruchdehnung ≈ 1,3 %), hochfeste Fasern (E-Modul ≈ 350 GPa, Festigkeit ≈ 3 500 MPa, Bruchdehnung ≈ 1,3 %), Ultra-Hochmodul- Fasern (E-Modul ≈ 800 GPa, Festigkeit ≈ 2 000 MPa, Bruchdehnung ≈ 0,5 %) usw. Die Temperaturausdehnung bei Erwärmung ist in Längsrichtung der Fasern negativ, in Querrichtung positiv (siehe Tabelle 5.1).

Aramidfasern: Aramidfasern (z. B. Kevlar) sind Fasern für spezielle Anwendungen, z. B. bei stoß- oder schlagempfindlichen Bauteilen. Ihre mechanischen Eigenschaften liegen zwischen denen von Glas- und Carbonfasern. Sie weisen jedoch einen gravierenden Unterschied auf, so beträgt die Zugfestigkeit ≈ 2 500 MPa, die Druckfestigkeit aber nur ≈ 500 MPa, d. h., sie sind sehr druckempfindlich. Ferner haben sie ein relativ hohes Energieaufnahmevermögen (Schlagfestigkeit). Das Temperaturverhalten ist ähnlich wie bei den Carbonfasern.

Tabelle 5.1 Eigenschaften der technisch wichtigsten Fasern

Eigenschaften	Glasfasern	Carbonfasern	Aramidfasern
E-Modul in Faserrichtung [GPa]	71–85	200–800	75–130
E-Modul quer zur Faserrichtung [GPa]	71–85	6–15	5
Schubmodul [GPa]	28–34	10–15	5–10
Querkontraktionszahl längs/quer [–]	0,24/0,24	0,2/0,3	0,2/0,34
Dichte [g/cm^3]	2,5–2,6	1,7–1,8	1,4–1,45
Zugfestigkeit (gealtert) [MPa]	1 500–2 200	2 000–3 500	2 500–3 000
Bruchdehnung [%]	3,5–5,0	0,5–2,0	3–4
Temperaturausdehnung längs/quer [10^{-6}/°K]	5	−0,5/10,0	−5/55

Die einzelnen Fasern werden zu Garnen mit meistens 64 oder 128 Fasern verarbeitet. Mit den Garnen werden die unterschiedlichen Halbzeuge wie Matten (unausgerichtete Fasern), Gewebe in verschiedenen Bindungsarten wie Leinwand, Köper, Atlas usw., Gelege, Rovings (Faserstränge), Tapes (flache Faserstränge) und Gewirke hergestellt. Je nach Halbzeug werden mit den daraus hergestellten Laminaten bei gleichem Faseranteil unterschiedliche Festigkeiten erreicht. So haben Laminate aus Matten die geringste Festigkeit, aus Rovings hergestellte die höchste. Die Faseranteile in Längs- und Querrichtung können unterschiedlich sein von je 50 % in beiden Richtungen bis nahezu 100 % in einer Richtung (Rovings und Tapes). Um mit möglichst geringem Fertigungsaufwand dicke Laminate herzustellen, sind bei wenig gekrümmten Bauteilen Gelege am besten geeignet. Die maximale Dicke von multiaxialen Glasfasergelegen beträgt ca. 1 mm, entsprechend ca. 2,6 kg/m^2, von Carbonfasergelegen ca. 0,2 mm, entsprechend ca. 0,35 kg/m^2.

Für Laminate mit hohen Ansprüchen an Festigkeit, Gleichmäßigkeit der Bauteile und schneller Verarbeitung kommen auch sogenannte Prepregs (Pre- oder vorimprägnierte Fasern) infrage. Sie sind bereits konfektioniert und mit Epoxy-Harz imprägniert. Damit das Harz nicht aushärtet, werden sie tiefgekühlt gelagert und vor dem Verarbeiten aufgetaut. Sie sind dann leicht klebrig und können auch über Kopf verarbeitet werden. Anschließend werden die Bauteile in einem Wärmeofen (Autoklav) ausgehärtet.

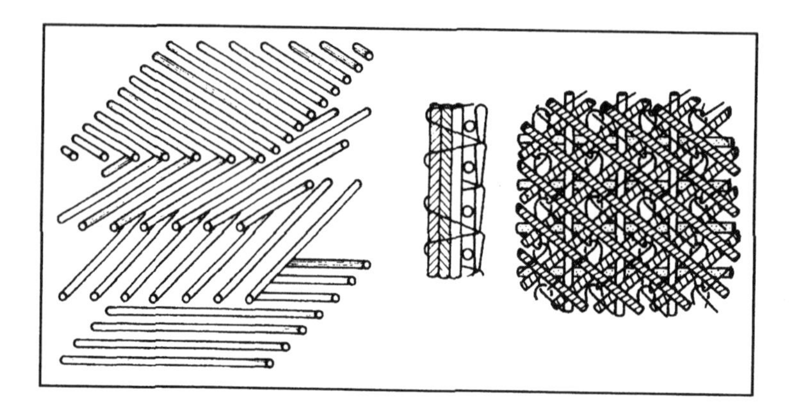

Bild 5.19 Aufbau eines Multiaxial-Geleges mit 0/90/+45/–45°-Lagen (nach [12])

Ausführliche Beschreibungen der Eigenschaften von Fasern und daraus hergestellten Halbzeugen findet man z. B. in [5]. Für Rotorblätter werden fast nur E-Glasfasern eingesetzt, da sie vergleichsweise billig sind und normalerweise eine ausreichende Festigkeit liefern. Nur bei sehr langen Blättern kommen auch Carbonfasern an besonders hochbeanspruchten Stellen zum Einsatz. Aramidfasern werden für Rotorblätter nicht verwendet.

5.5.2.2 Harze

Die Aufgaben der Harze bzw. der Matrix (Harze plus Zusatzstoffe) sind, die Fasern räumlich zu fixieren, die Kräfte auf die einzelnen Fasern zu übertragen, die Fasern bei Druckbeanspruchung zu stützen und sie vor der Einwirkung der Umgebung zu schützen. Die Matrix ist isotrop, sie soll eine deutlich höhere Bruchdehnung als die Fasern haben, da in der Matrix durch lokale Effekte in der direkten Umgebung der Fasern wesentlich höhere Dehnungen auftreten als die mittlere Dehnung des Laminats. Die Dehnungsüberhöhungen können größer als das Dreifache der mittleren Dehnung ausmachen, je größer der Faservolumenanteil, umso größer wird die Dehnungsüberhöhung.

Als Harze werden für die Herstellung von Laminaten eingesetzt:

Ungesättigte Polyester-Harze (UP-Harze): Sie sind billig, leicht zu verarbeiten und haben eine relativ niedrige Viskosität (dünnflüssig), dadurch ist eine gute Tränkung der Fasern gewährleistet. Nachteilig für die UP-Harze ist, dass damit hergestellte Laminate eine relativ geringe Festigkeit einschließlich Betriebsfestigkeit erreichen und stärker altern als andere Harze. Sie härten durch Polymerisation aus. Zur Aushärtung der UP-Harze ist Styrol notwendig, dafür ist ein Anteil von ca. 30–40 % erforderlich. Um eine gleichmäßige und vollständige Aushärtung zu erreichen, wird ein höherer Styrol-Anteil zugegeben, da z. B. an der Oberfläche eines Bauteils das Styrol schneller verdunsten kann als der Aushärtungsprozess stattfindet. Es wird auch zur Reduzierung der Matrix-Viskosität zugefügt. Der größte Anteil des überschüssigen Styrols verdunstet langsam und führt zu dem typischen Styrol-Geruch. Weiterhin ist die Umweltbelastung durch das bei der Verarbeitung und Aushärtung freiwerdende Styrol erheblich, sodass aufwendige Lüftungs- und Filteranlagen für die Fertigungsstätten erforderlich sind. Unter anderem wegen des hohen Styrol-Gehalts ist die Schrumpfung von Bauteilen während des Aushärtens groß, sie kann bis zu 6 % erreichen.

Mechanische Werte: isotrop, E-Modul 3 000–3 500 MPa; Querkontraktion 0,34–0,35; Schubmodul 1 100–1 300 MPa; Zugfestigkeit 40–80 MPa; Bruchdehnung 4–6 %; Dichte 1,2–1,4 g/cm^3; Temperaturdehnung 100–210·10^{-6}/°K

Vinylester-Harze (VE-Harze): Sie sind etwas teurer und liefern höherwertige Laminate als UP-Harze, benötigen zum Aushärten ebenfalls Styrol. Die Aushärtung erfolgt durch Polymerisation.

Mechanische Werte: geringfügig höher als bei den UP-Harzen

Epoxy-Harze (EP-Harze): Sie sind relativ teuer und besonders geeignet für hochbeanspruchte Laminate (GFK und CFK mit hohen Faseranteilen), da sie die besten mechanischen Werte und das beste Ermüdungsverhalten der damit hergestellten Laminate ergeben. Ihre Viskosität ist deutlich höher als das von UP- und VE-Harzen, deshalb muss Verdünner zugegeben werden, um ein gutes Fließverhalten zu erreichen. Die Aushärtung erfolgt durch Polyaddition, das Mischungsverhältnis von Harz und Härtern muss genau eingehalten werden, um eine vollständige Durchhärtung zu erreichen. Die Schrumpfung von Bauteilen während des Aushärtens beträgt bis zu 4 %.

Mechanische Werte: isotrop, E-Modul 3 500–4 500 MPa; Querkontraktion 0,38–0,40; Schubmodul 1 400–1 600 MPa; Zugfestigkeit 50–100 MPa; Bruchdehnung 3–6 %; Dichte 1,1–1,4 g/cm^3; Temperaturdehnung $\approx 60 \cdot 10^{-6}$/° K

Die o. g. Laminierharze sind auch als Kleber geeignet, sie werden dazu meistens nur leicht modifiziert. Die Epoxy-Kleber können auch zur Verbindung von Bauteilen verwendet werden, die mit anderen Harzen laminiert worden sind. Ausführlichere Angaben über die verschiedenen Harze sind z. B. in [4] zu finden.

Die Verarbeitungszeiten von kaltaushärtenden Harzen (Topfzeiten) lassen sich durch die Zugabe von Verzögerungs- und Beschleunigungszusätzen in einem weiten Bereich steuern, für UP- und VE-Harze zwischen ca. 5 Minuten und 4 Stunden, für EP-Harze zwischen ca. 2 Minuten und 20 Stunden.

Aufgrund der guten mechanischen Eigenschaften, dem Ermüdungsverhalten und dem weiten Bereich der Topfzeiten werden für die Herstellung von Rotorblättern fast nur Epoxy-Harze verwendet.

5.5.2.3 Zusatzstoffe

Bei den Zusatzstoffen, die dem Harz zugegeben werden und mit ihm zusammen die Matrix bilden, unterscheidet man zwischen Zuschlagstoffen und Füllstoffen.

Die Füllstoffe sollen die Matrix „strecken“, d. h. billiger machen bzw. ein dickeres Laminat bei gleichem Harzeinsatz ergeben. Dem Harz werden Materialien zugegeben, die billiger als das Harz sind wie Baumwollflocken, Quarzmehl usw., ohne die wesentlichen Eigenschaften des Harzes wie Fließfähigkeit, Haftung und Härtung negativ zu beeinflussen. Für hochbeanspruchte Laminate werden solche Stoffe nicht verwendet.

Die Aufgaben der Zuschlagstoffe sind, das Verhalten der Matrix je nach Verwendungsbereich der Laminate gezielt zu beeinflussen. Dazu gehören Fließfähigkeit (Viskosität), Laminierverfahren, Aushärtungszeit, Farbe des Laminats, Brandsicherheit, Abriebfestigkeit, Verarbeitbarkeit wie das Thixotropieverhalten (die Matrix soll an senkrechten Wänden nicht ablaufen) usw. Als Zuschlagstoffe werden z. B. Flammschutzmittel, Farbstoffe, Verdünner und Hautbildner (nur für UP- und VE-Harze), Thixotropiemittel und Lichtstabilisatoren eingesetzt. Sie müssen mit dem jeweiligen Harz verträglich sein und sich gut damit mischen lassen. Ferner sollen sie die mechanischen Eigenschaften des Harzes nicht negativ beeinflussen.

5.5.2.4 Sandwichmaterialien

Sind hohe Biegesteifigkeiten bei relativ geringem Gewicht erforderlich, sind Sandwichlaminate besonders geeignet. Sie bestehen aus zwei Deckschichten mit hohen E-Modulen und Festigkeiten, z. B. Glasfaser- oder Carbonfaser-Laminaten und einem Kern aus leichtem Material als „Abstandshalter" für die Deckschichten. Die Festigkeitsanforderungen an den Kern sind gering, er muss allerdings die im Laminat auftretenden Schubspannungen ertragen können. Als Kernmaterialien kommen Balsaholz, Schaumstoffe und Wabenstrukturen infrage, bei Rotorblättern werden fast nur Balsaholz und Schaumstoffe eingesetzt.

Balsaholz: Balsaholz besteht aus zusammengeklebten Blöcken, hat eine relativ hohe Schubfestigkeit und -steifigkeit im Vergleich zum Gewicht und lässt sich leicht verarbeiten. Allerdings nehmen die offenen Zellen an den Stirnseiten viel Harz auf, dadurch wird das Gewicht größer. Es muss gegen Verrotten und Pilzbefall geschützt sein.

Dichte ≈ 0,11–0,2 g/cm^3; Schubfestigkeit ≈ 2–3 MPa, Schubmodul ≈ 120–160 MPa, Zug-/Druckfestigkeit ≈ 8–12 MPa, die kleineren Werte gelten für das leichte Balsaholz

Schaumstoffe: Bei den Schaumstoffen unterscheidet man zwischen Polyvinylchlorid- (PVC-), Polymethacrylimid- (PMI-) und syntaktischen Schäumen. Die PMI-Schäume haben deutlich bessere Festigkeitseigenschaften, sind aber deutlich teurer als die PVC-Schäume. Deshalb werden bei Rotorblättern fast nur PVC-Schäume eingesetzt. Syntaktische Schäume (Harz mit Mikro-Hohlkugeln gemischt) kommen wegen ihrer wesentlich höheren Dichten für Rotorblätter nicht infrage.

Dichten der PVC-Schäume für Rotorblätter: 0,08–0,15 g/cm^3; E-Modul ≈ 50–120 MPa; Schubfestigkeiten ≈ 1–1,5 MPa; Schubmodul ≈ 12–50 MPa; Zug-/Druckfestigkeit ≈ 1–3,5 MPa, die kleineren Werte gelten für die Schaumstoffe mit den geringeren Dichten

Wabenkern: Wabenkerne werden wegen ihrer geringen Druckfestigkeit und der relativ hohen Preise bei Rotorblättern nicht verwendet.

Ausführlichere Angaben über die Schaumstoffe sind z. B. in [5] zu finden.

Tabelle 5.2 Vergleich der Biegeeigenschaften von Massiv- und Sandwichlaminaten

	Massivlaminat	Sandwichlaminat	Sandwichlaminat
Dicke der Deckschichten	t	t	t
Dicke des Kerns	0	t	3 · t
Dicke des Laminats	t	2 · t	4 · t
Relative Biegesteifigkeit	1,0	7,0	37,0
Relative Biegefestigkeit	1,0	3,5	9,25
Relatives Gewicht	1,0	ca. 1,05#	ca. 1,10#

abhängig von der Dichte des Kernmaterials

5.5.3 Laminate, Laminateigenschaften

Die Elastizitäts- und Schubmodule sowie die Querkontraktionszahlen sind hauptsächlich von dem Laminataufbau, d. h. von Faserart, Fasergehalt und Orientierung der Fasern abhängig. Für die Berechnung dieser Werte gibt es unterschiedliche Ansätze wie die sogenannte „Mischungsregel", die „Chamis-" oder die „modifizierte Puck-Regel". Die Puck-Regel liefert die am besten mit Versuchen übereinstimmenden Werte.

Für eine einzelne UD-Schicht (unidirektional, alle Fasern haben die gleiche Richtung) lauten die Beziehungen nach Puck:

$$E_1 = E_{F1} \cdot \varphi + E_M \cdot (1-\varphi) \tag{5.41a}$$

$$E_2 = \frac{E_M^* \cdot (1+0{,}85 \cdot \varphi^2)}{1{,}85 \cdot \varphi \cdot E_M^* / E_{F2} + (1-\varphi)^{1{,}25}} \tag{5.41b}$$

$$G_{12} = G_{21} = \frac{G_M \cdot (1+0{,}6 \cdot \varphi^{0{,}5})}{1{,}6 \cdot \varphi \cdot G_M / G_F + (1-\varphi)^{1{,}25}} \tag{5.41c}$$

$$\text{mit } E_M^* = \frac{E_M}{(1-\nu_M^2)} \tag{5.41d}$$

mit: E_1 = E-Modul des Laminats in Richtung der Fasern; E_2 = E-Modul quer dazu; G_{12} = Schubmodul des Laminats; φ = Faservolumengehalt, E_{F1} = E-Modul der Fasern in Faserlängsrichtung; E_{F2} = E-Modul der Faser quer dazu; G_F = Schubmodul der Fasern; E_M = E-Modul der Matrix (isotrop); G_M = Schubmodul der Matrix; ν_M = Querkontraktionszahl der Matrix

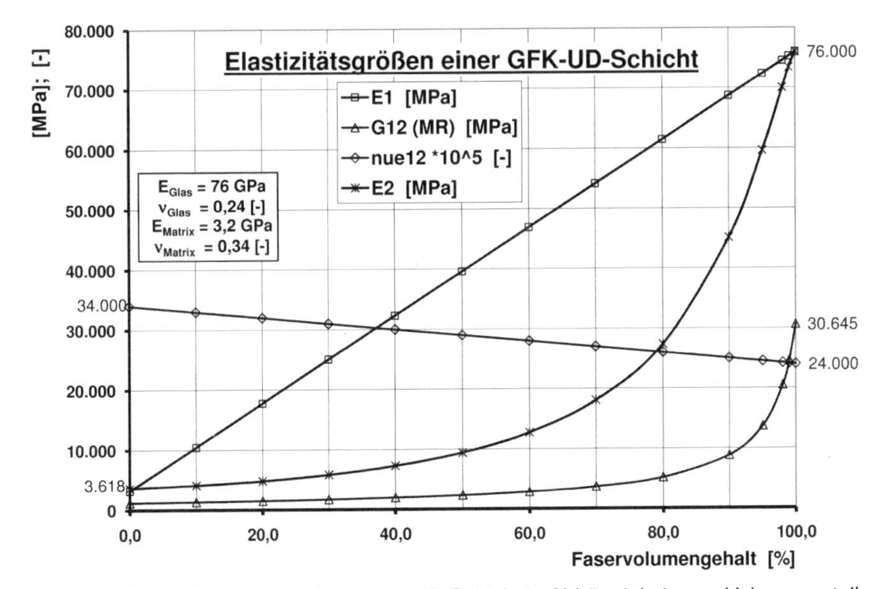

Bild 5.20 Elastizitätsgrößen einer GFK-UD-Schicht in Abhängigkeit vom Volumenanteil

Für die mechanischen Daten des Laminats sind, wie man aus den Gl. (5.41) entnehmen kann, die E-Module der Fasern, der Faservolumengehalt im Laminat und die Orientierungen der Fasern entscheidend. Der Faservolumenanteil reicht von ca. 15 % bei der Verwendung von Mat-

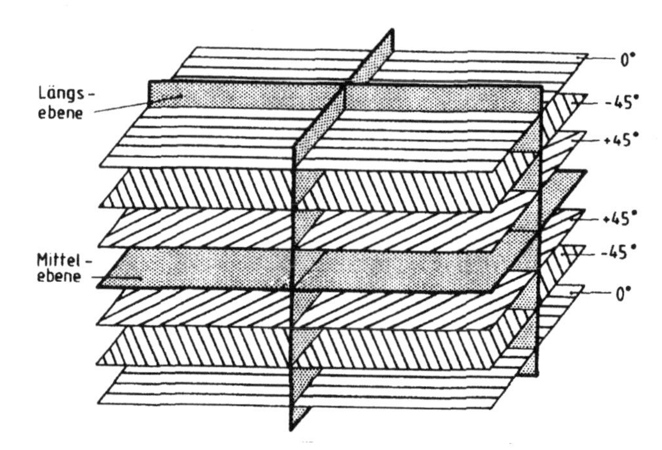

Bild 5.21 Symmetrischer Aufbau eines Laminats aus Einzelschichten (nach [12])

ten bis zu 70 % bei stranggepressten Profilen. Zur Herstellung von Rotorblättern werden Volumenanteile von ca. 40–60 % verwendet.

Der größte Anteil der Fasern wird normalerweise in die Hauptbelastungsrichtung (1-Richtung, unter 0°) gelegt, ein kleinerer Anteil senkrecht dazu (2-Richtung, 90° dazu). Sind größere Schubspannungen von dem Bauteil zu übertragen, müssen auch Fasern abweichend von den 0°- oder 90°-Richtungen angeordnet werden, optimal unter ±45°, da Fasern in den beiden vorgenannten Richtungen keinen Schub übertragen können, diese Schichten sind schubweich.

Wird ein Laminat durch mehrere Einzelschichten aufgebaut, ist darauf zu achten, dass die Schichtanordnung symmetrisch zur Mittelebene des Laminats ist, d. h., die oberste und die unterste Schicht sind identisch auszuführen (Dicke, Faserart, Faserrichtung, Volumenanteil), die darunter bzw. darüber liegenden Schichten können zwar anders ausgeführt, aber müssen wieder symmetrisch ausgeführt werden usw. Ist das Laminat nicht symmetrisch aufgebaut, wird das Bauteil bei einer ebenen Belastung zusätzlich gekrümmt (Koppeleffekte zwischen Normalkräften und Biegemomenten). Bei dominierenden Biegebelastungen des Laminats sollten die äußersten Schichten die größte Festigkeit haben, da dort die Biegespannungen am höchsten sind.

Bei der rechnerischen Abschätzung der Materialdaten wie E-Module, Festigkeit usw. wird der Faservolumengehalt verwendet. Für die Fertigung ist dagegen der Gewichtsanteil maßgebend, da die Gewichte der Fasern einfacher zu bestimmen sind als deren Volumen. Die Unterschiede ergeben sich aus den unterschiedlichen Dichten von Fasern und Harzen. Die Umrechnung von Volumenanteil zu Gewichtsanteil und umgekehrt ergibt sich nach:

$$\varphi = \frac{\psi}{\psi + \frac{\rho_F}{\rho_M} \cdot (1 - \psi)} \tag{5.42a}$$

$$\psi = \frac{\varphi}{\varphi + \frac{\rho_M}{\rho_F} \cdot (1 - \varphi)} \tag{5.42b}$$

mit: φ = Volumenanteil; ψ = Gewichtsanteil; ρ_F = Dichte der Faser; ρ_M = Dichte der Matrix

Für die Berechnung der ertragbaren Kräfte eines Laminats sind zwei Verfahren üblich. Für die schnelle Vorauslegung eines Laminats ist die sogenannte Netztheorie geeignet, für die genauere Rechnung wird die „klassische Laminattheorie" (CLT) verwendet.

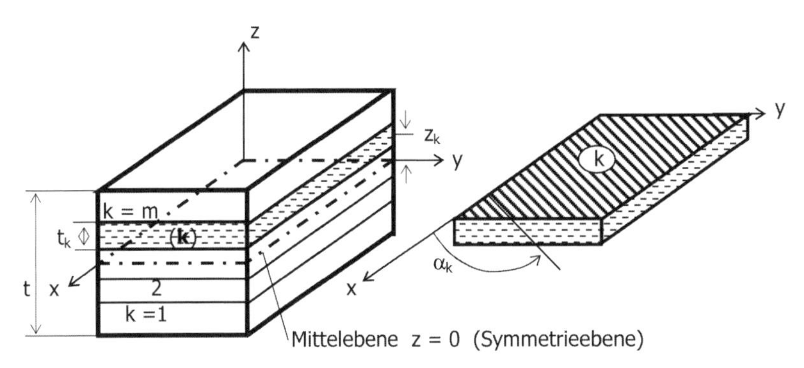

Bild 5.22 Schichtenverbund eines Laminats

Bei der Netztheorie geht man, wie der Name sagt, davon aus, dass nur die Fasern tragen, sie bilden ein tragfähiges „Netz". Die Matrix wird vernachlässigt, da E-Modul und Festigkeit wesentlich geringer als die der Fasern sind. Die Eigenschaften (E-Modul und Festigkeit in Faserlängsrichtung) der einzelnen unterschiedlich ausgerichteten Faserschichten werden unter Berücksichtigung der Faserfestigkeit, des Faservolumengehalts und der Dicke der Einzelschichten ermittelt und dann auf ein gemeinsames Laminat-Koordinatensystem transformiert. Damit erhält man die Tragfähigkeit des Laminats.

Bei der CLT werden die Gewebe oder Gelege in einzelne Faserschichten aufgelöst (z. B. das Multiaxialgelege nach Bild 5.19 in 4 Schichten) und ihre mechanischen Werte z. B. nach der Puck-Regel berechnet. Nach dem Hooke'schen Elastizitätsgesetz Gl. (5.13) können die Dehnsteifigkeitsmatrizen für die einzelnen Schichten berechnet werden. Die Matrizen müssen alle auf ein einheitliches Laminat-Koordinatensystem transformiert und unter Berücksichtigung der Schichtdicken aufsummiert werden. Durch Invertierung der so ermittelten Matrix erhält man die Nachgiebigkeitsmatrix nach Gl. (5.14). Daraus ergeben sich die E- und Schubmodule sowie die Querkontraktionszahlen des Laminats.

Die Berechnungsverfahren nach der Netztheorie und der CLT sind ausführlicher in [12] beschrieben. Die Berechnung der Grenztragfähigkeit bzw. des Versagens von Bauteilen aus Faserverbundwerkstoffen kann nach verschiedenen Ansätzen erfolgen. Am weitesten verbreitet sind die sogenannten Bruchhypothesen nach Puck, Hashin, Tsai-Hill oder Tsai-Wu. Im Rahmen dieser Einführung soll darauf nicht weiter eingegangen werden, siehe weiterführende Literatur wie [6] oder [12].

Die Langzeit- oder Betriebsfestigkeit von Rotorblättern aus FVW erfolgt am häufigsten nach dem Palmgren-Miner-Verfahren. Danach werden die zeitlich veränderlichen Belastungen der Rotorblätter in sogenannte Lastkollektive aufgeteilt. Ein Lastkollektiv (i) wird durch eine Mittelspannung σ_{m_i}, eine Spannungsschwingbreite $\Delta\sigma_i$ und die Anzahl der Lastzyklen n_i mit diesen Spannungen beschrieben. Jedes Lastkollektiv (i) verursacht eine Teilschädigung d_i. Die Summe aller Teilschädigungen durch die Lastkollektive darf den Wert 1 nicht überschreiten. Da die Palmgren-Miner-Regel insbesondere für Faserverbundwerkstoffe nicht unumstritten ist, da sie gewisse Schwächen aufweist, sollten bei Verwendung dieser Grenze entsprechend hohe Sicherheitsfaktoren angesetzt werden. Ausführliches zur Berechnung der Schadensumme ist z. B. in den GL-Richtlinien [7] zu finden.

5.6 Fertigung von Rotorblättern

5.6.1 Strukturteile des Rotorblattes

Die Rotorblätter für große Windenergieanlagen erreichen Abmessungen von über 80 m Länge, 5 m Breite und 4 m Höhe. Der Bau derart großer Teile aus Faserverbundwerkstoffen stellt eine große Herausforderung an die Fertigungstechnik dar. Bei einem Gewicht von ca. 20 t und einem Faservolumengehalt von ca. 55 % bzw. einem Fasergewichtsanteil von ca. 73 % bedeutet das, dass für ein Rotorblatt 14,5 t Glasfasern und 5,5 t Harz verarbeitet werden müssen. Hinzu kommt, dass die Fasern mit dieser Harzmenge innerhalb von wenigen Stunden zu tränken sind. Es ist zwar möglich, den Tränkungsprozess zu unterbrechen, aber das bedeutet meistens eine Einbuße der Festigkeit des Laminats in dem Unterbrechungsbereich und einen zusätzlichen Fertigungsaufwand bei der Fortsetzung der Tränkung.

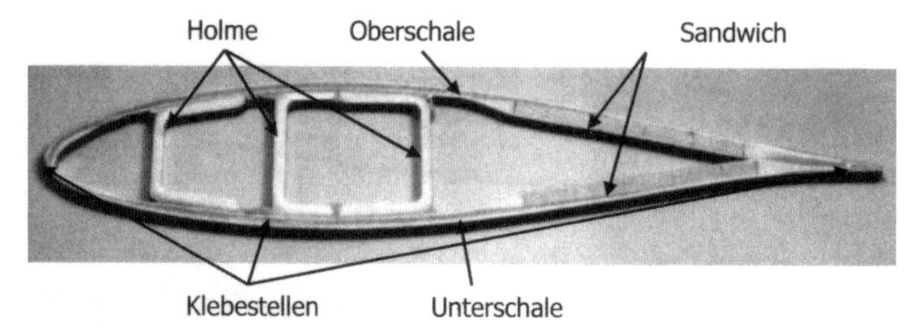

Bild 5.23 Typischer Querschnitt eines Rotorblattes mit 3 Holmen

Der Aufbau von großen Rotorblättern besteht meistens aus den folgenden Teilen:

Holme oder Holm-Gurt-Kombinationen: Die Holme sollen hauptsächlich die Querkräfte aus der Biegung aufnehmen. Sie werden entweder als Massivlaminate oder zur Erhöhung der Schubbeulsteifigkeit wegen der hohen Querkräfte in Sandwichbauweise ausgeführt. Um die Schubspannungen aufnehmen zu können, wird der Hauptanteil der Fasern in den ±45°-Richtungen angeordnet. Bei einer Holm-Gurt-Kombination werden Anteile der Gesamtdicke von Ober- und Unterschale mit dem Holm ausgeführt, da im Bereich der Holme in den beiden Schalen auch die Biegespannungen sehr hoch sind und die Laminatdicken dort sehr groß sein müssen. Dadurch wird das spätere Zusammenfügen der Holme mit Ober- und Unterschale einfacher. Die Holme werden separat in einem Stück gefertigt. Sie reichen entsprechend den Festigkeitsanforderungen über einen großen Anteil der Blattlänge, ausgenommen werden die Blattspitzen und der Anschlussbereich an die Nabe. Dort ist der Querschnitt kreisförmig und hat wegen des großen Durchmessers und der großen Dicke eine ausreichende Festigkeit.

Anschlussteil zur Verbindung mit der Nabe: Das Anschlussteil dient der Verbindung des Rotorblatts mit der Nabe. Die Verbindung erfolgt wegen der zu übertragenden großen Kräfte mit einer entsprechenden Anzahl von großen Schrauben oder Gewindebolzen. Die Krafteinleitungen in Bauteile aus FVW müssen sehr sorgfältig ausgeführt und über eine größere Fläche als bei Metallen verteilt werden, da lokale Spannungsüberhöhungen wegen der geringen Bruchdehnungen der FVW nur in geringem Maße von diesen ertragen werden. Bei kleinen Rotorblättern können ringförmige Einsätze aus Aluminium zur Aufnahme der

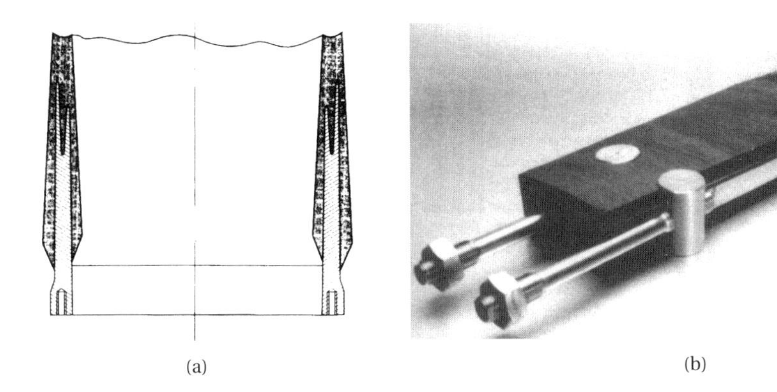

(a) (b)

Bild 5.24 Bolzenverbindungen Rotorblatt mit Nabe, (a) eingeklebt, (b) T-Bolzen (nach Hang)

Verbindungsschrauben in das Blatt eingeklebt werden. Die Enden solcher Einsätze an den Übergängen Metall/FVW sollen sehr weich, d. h. dünn ausgeführt werden (siehe Bild 5.24a).

Dadurch sind die Unterschiede der Dehnungen von Metall und FVW nur gering und es kommt nicht zu größeren Spannungsspitzen. Bei großen Rotorblättern werden die Kräfte entweder durch einlaminierte Quer- oder T-Bolzen („IKEA-Prinzip") oder eingeklebte Gewindebolzen übertragen. Anzahl und Größe bzw. Länge der Bolzen richten sich nach den zu übertragenden Kräften und den Dicken der Blattschalen im Anschlussbereich. Auch hier muss darauf geachtet werden, dass es durch die großen zu übertragenden Kräfte nicht zu hohen Spannungsspitzen im Laminat kommt. Die Querbolzenverbindungen mit dem Laminat können durch Rovingstränge verstärkt werden, indem man diese schalförmig um sie herum schlingt und flach im Laminat auslaufen lässt. Sind Gewindebolzen vorgesehen, werden die Aufnahmelöcher nachträglich in das Laminat gebohrt und die Bolzen eingeklebt.

Stringer zur Beulaussteifung: Stringer werden hauptsächlich zur Erhöhung der Beulsteifigkeit in Längsrichtung des Blattes angeordnet. Die Queranordnung als Rippen würde die Beulsteifigkeit nur wenig erhöhen, da lange schmale Felder ausgesteift werden müssen. Ist das Längen-/Breitenverhältnis eines Beulfeldes größer als $\approx 3{,}5$, hat ein noch größeres Verhältnis keinen zusätzlichen Einfluss mehr auf die Beulsteifigkeit. Halbiert man dagegen die

Bild 5.25 Portal zur automatischen Auslegung der Fasergelege (CAD-Modell, Quelle: MAG Renewable Energy)

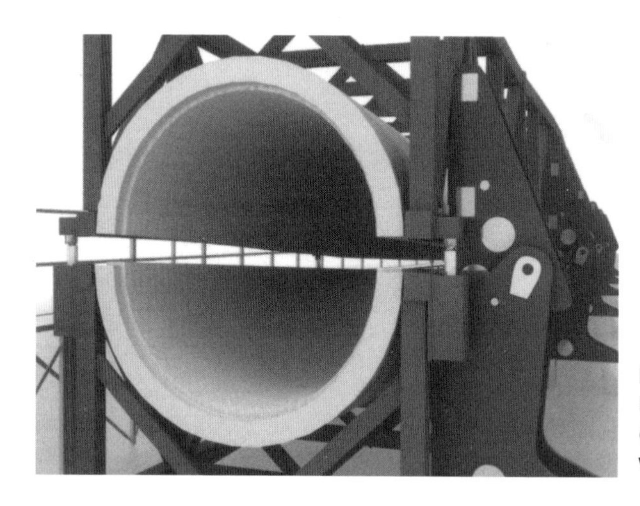

Bild 5.26 Schließbare Form zur Fertigung einteiliger Rotorblätter (CAD-Modell, Quelle: MAG Renewable Energy)

Breite b eines Beulfeldes, wird die kritische Beulspannung um das Vierfache erhöht, da sie mit $1/b^2$ in die Beulsteifigkeit eingeht. Der Beitrag der Stringer zur Biegesteifigkeit ist wegen ihrer Lage relativ gering. Die Stringer können als Träger in GFK oder als Träger mit einem Sandwichkern vorgefertigt und in Oberschale und bzw. oder Unterschale (je nach der Beulgefährdung dieser) in die Schalen mit einlaminiert werden. Alternativ können sie auch nach Fertigstellung der Schalen in diese eingeklebt werden.

Oberschale: Die Oberschale bildet die Saugseite des Profils. Sie ist normalerweise das größte Element des Rotorblattes. Zur Herstellung wird zunächst eine Negativform hergestellt und davon die Positivform abgenommen. In diese Form werden dann die Glasfasergelege oder Gewebe eingelegt und mit Harz getränkt. Wenn aus Festigkeitsanforderungen Carbonfasern vorgesehen sind, werden diese im Bereich der Holme angeordnet. Die Carbonfasern sollten an der Außenseite der Schale vorgesehen werden, da sie höhere E-Module als die Glasfasern haben. Eine Anordnung der Carbonfasern weiter innen macht aus Festigkeitsgründen keinen Sinn.

Unterschale: Die Unterschale bildet die Druckseite des Profils. Ihre Herstellung erfolgt in der gleichen Weise wie die der Oberschale.

Alternativ können Ober- und Unterschale auch in einem Stück hergestellt werden. Dazu werden für die beiden Schalen gelenkig miteinander verbundene Formen benötigt, die nach dem Einlegen der Fasern zusammengeklappt werden, siehe Bild 5.26. Durch einen oder mehrere flexible aufblasbare Schläuche werden die Fasern gegen die Formen gedrückt und das Harz injiziert. Anschließend können die Schläuche entnommen werden. Der Vorteil dieser Herstellungstechnik liegt darin, dass die spätere Verklebung der beiden Schalen vermieden wird. Damit entfällt eine der Schwachstellen von Rotorblättern (siehe unten). Nachteilig ist, dass der Einbau von Holmen zur Verstärkung nur sehr schwierig bis unmöglich wird. Stringer können dagegen vorgesehen werden.

5.6.2 Laminierverfahren für Rotorblätter

Als Laminierverfahren (Tränken der Fasern mit Harz) kommen zwei Verfahren infrage, das Handlaminieren und die Injektionstechnik in unterschiedlichen Anwendungsarten.

Handlaminieren: Beim Handlaminieren wird die gereinigte und polierte Form zunächst mit einem Trennmittel versehen, damit das Bauteil nicht mit ihr verklebt und leicht aus der Form genommen werden kann. Dann folgt eine sogenannte Gelcoat-Schicht aus reinem Harz als Oberflächenschutz für das Bauteil. Eine erste Lage von Fasern (Gelege, Gewebe) wird dann in die noch nicht voll ausgehärtete und damit noch klebrige Gelcoat-Schicht eingelegt und mit Harz getränkt. Die Faserlage wird von Hand mit großen Rollen verdichtet, um einen möglichst großen Faservolumengehalt zu erreichen und Luftblasen weitgehend zu entfernen. Wenn in dieser Lage das Harz noch nicht voll ausgehärtet ist, wird die nächste Faserlage eingelegt, getränkt, verdichtet usw. bis die erforderliche Laminatdicke erreicht worden ist. Dieser Prozess kann je nach Aushärtungsgeschwindigkeit des Harzes bei größeren Rotorblättern mehrere Stunden dauern. Anschließend lässt man das Laminat vollständig aushärten. Erst danach darf das Bauteil entformt werden, da es sich sonst bei nicht vollständig ausgehärtetem Harz verziehen könnte. Mit dem Handlaminieren lassen sich keine hohen Faservolumengehalte erzielen. Dadurch muss die Dicke des Bauteils bei einer festgelegten Fasermenge größer werden, d. h., es wird dafür mehr Harz benötigt und das Blatt dadurch schwerer und teurer.

Einfaches Injektionsverfahren: Das einfache Injektionsverfahren bietet Vorteile gegenüber dem Handlamieren nur bei der Verwendung von UP- oder VE-Harzen, da dabei die Freisetzung von Styrol drastisch reduziert wird. Es werden nach der Vorbereitung der Form und dem Aufbringen der Gelcoat-Schicht alle Faserlagen trocken in die Form gelegt, danach wird die Form von oben mit einem Deckel oder elastischen Folien verschlossen. Anschließend wird das Harz mit geringem Überdruck in den Zwischenraum von Form und Folie injiziert. Die durch das Harz verdrängte Luft kann an einer gegenüberliegenden Öffnung entweichen. Je nach Größe und Form des Bauteils sind mehrere Injektions- und Entlüftungsstellen vorzusehen, um eine vollständige Entlüftung und Tränkung zu erzielen.

Vakuum-Injektionsverfahren: Die Vorbereitungen sind ähnlich wie beim einfachen Injektionsverfahren, aber statt die Luft durch das Harz nur zu verdrängen, wird an der gegenüberliegenden Stelle ein Vakuum angelegt. Damit erreicht man die folgenden Vorteile. 1. Durch den äußeren Überdruck werden die Fasern zusammengedrückt, man benötigt für die gleiche Fasermenge weniger Harz, der Faservolumengehalt wird also höher. 2. Durch die Regelung von Injektionsdruck und Vakuum können Laminatdicke und Fließgeschwindigkeit beeinflusst werden. 3. Anzahl und Größe der Luftblasen im Laminat werden deutlich reduziert und damit die Qualität erhöht.

Bei dieser Technik muss das Harz eine geringere Viskosität haben als bei den o. g. Verfahren, da die Fasern durch den äußeren Überdruck zusammengepresst werden und geringer harzdurchlässig sind. Zur Verbesserung der Tränkung der Fasern werden Fließhilfen und Folien verwendet, die luftdurchlässig, aber harzundurchlässig sind. Um sicher zu gehen, dass ein so großes Bauteil wie das Rotorblatt vollständig innerhalb der Topfzeit mit Harz getränkt wird, werden mehrere Injektions- und Vakuumanschlüsse vorgesehen.

Das Tränkungsverhalten kann mit speziellen Programmen am Rechner simuliert werden, experimentelle Untersuchungen an einem großen Rotorblatt sind zu kostspielig. Insgesamt ist das Verfahren anspruchsvoll in der Durchführung, liefert aber gute Laminatqualitäten.

Direkt nach dem Aushärten sollte das Laminat getempert werden, um eine höhere Festigkeit und Qualität des Laminats zu erreichen. Mit einer späteren Temperung können nicht mehr die gleichen Resultate erreicht werden. Beim Tempern wird das Bauteil möglichst noch in der Form langsam und gleichmäßig erwärmt (in ca. 8–10 Stunden), dann etwa die gleiche Zeit bei konstanter Temperatur gehalten und anschließend langsam wieder abgekühlt. Je höher die Tempertemperatur ist, umso besser sind die Resultate. Die Höhe der Temperatur richtet sich nach dem Harz, eventuell dem Sandwichmaterial und der Form. Sie sollte zwischen 60 und 90 °C liegen. Für UP- und VE-Laminate ist das Tempern besonders wichtig, da dadurch der Aushärtungsgrad und damit die Festigkeit erhöht werden, sowie das noch im Laminat befindliche Styrol schnell verdunstet.

5.6.3 Zusammenbau des Rotorblattes

Sind Ober- und Unterschale sowie die Holme getrennt gefertigt worden, müssen sie zusammengefügt werden. Zunächst werden in die Ober- oder Unterschale die Holme eingeklebt. Dann werden die Vor- und Hinterkanten der beiden Schalen sowie die obere Seite der Holme mit Kleber versehen und die zweite Schale aufgelegt. Da dann das Rotorblatt geschlossen und je nach Größe nicht mehr zugänglich ist, können die Klebestellen auch nicht mehr kontrolliert werden.

Die Fertigungstoleranzen bei großen Bauteilen aus FVW sind relativ groß. Das liegt daran, dass beim Aushärten der Harze diese schrumpfen, Epoxy-Laminate bis zu 3 %, je nach Anordnung der Fasern, UP- und VE-Laminate bis 5 %. Ferner erwärmen sich die Laminate während des Aushärtungsvorgangs bis über 100 °C und dehnen sich entsprechend aus. Die Formen dehnen sich nicht im gleichen Maße mit, da sie meistens nicht aus Materialien mit den gleichen Wärmeausdehnungskoeffizienten hergestellt sind und nicht die gleichen Temperaturen haben wie das Laminat. Wegen der dadurch auftretenden großen Toleranzen wird beim Zusammenfügen mit einem großen Kleberüberschuss gearbeitet, um die Toleranzen zu überbrücken, siehe Bild 5.27. Eine dicke Klebenaht hat aber eine deutlich geringere Festigkeit als eine dünne. Ferner kann die Festigkeit der Klebenähte erhöht werden, wenn die Bauteile zusammengedrückt werden, was bei Rotorblättern kaum möglich ist. Deshalb sind die Klebestellen ein Schwachpunkt bei Rotorblättern und führen bei Rotorblättern häufig zum Versagen.

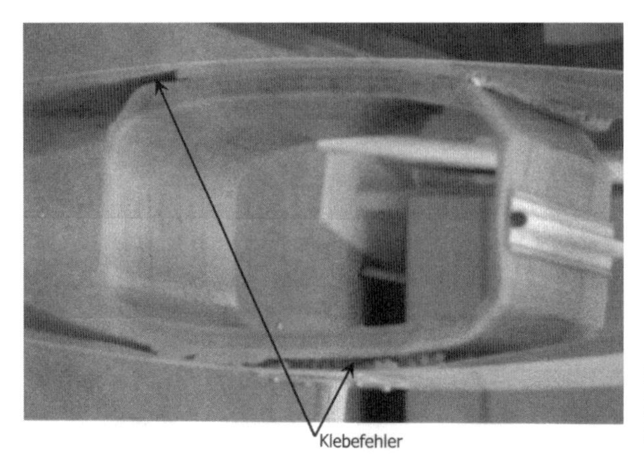

Bild 5.27 Klebefehler an der Verbindung; Holme mit der Außenschale an einem Rotorblatt (Foto: Autor)

Literatur

[1] Clauss, G. u.a.: Meerestechnische Konstruktionen, Springer-Verlag, Berlin, 1988

[2] Dannenberg, L. u.a.: Abschlussbericht CEWind-Forschungsvorhaben „Festigkeit von Rotorblättern", FH Kiel, 2008, unveröffentlicht

[3] Dannenberg, L.: Vorlesungsskript zu Festigkeit der Schiffe II, FH Kiel, 2008

[4] Ehrenstein, G. W.: Polymer-Werkstoffe, Carl Hanser Verlag, München, 1999

[5] Fleming, M. u. a.: Faserverbundbauweisen: Halbzeuge und Bauweisen, Springer-Verlag, Berlin, 1996

[6] Fleming, M.: Faserverbundbauweisen: Eigenschaften, Springer-Verlag, Berlin, 2003

[7] GL (Germanischer Lloyd): Richtlinie für die Zertifizierung von Windenergieanlagen, Hamburg, 2004

[8] Göldner, H.: Lehrbuch Höhere Festigkeitslehre, Bd. 1, Fachbuchverlag Leipzig, 1991

[9] Hapel, K.-H.: Festigkeitsanalyse dynamisch beanspruchter Offshore-Konstruktionen, Vieweg Verlag, Stuttgart, 1990

[10] Hauger, W. u. a.; Technische Mechanik, Bd. 3, Kinetik, Springer-Verlag, Berlin, 1999

[11] Holzmann, G. u. a.: Technische Mechanik 3: Festigkeitslehre, B. G. Teubner, Wiesbaden, 2002

[12] Michaeli, W.: Dimensionieren mit Faserverbundwerkstoffen, Carl Hanser Verlag, München, 1994

[13] Szabó, I.: Höhere Technische Mechanik, Springer-Verlag, Berlin, 1964

[14] Szabó, I.: Einführung in die Technische Mechanik, Springer-Verlag, Berlin, 1966

[15] Wiedemann, J.: Leichtbau 1: Elemente, Springer-Verlag, Berlin, 1996

6 Der Triebstrang

6.1 Einleitung

Die in diesem Kapitel als Windkraftanlagen bezeichneten Maschinen dienen zur Erzeugung von elektrischer Energie. Als Antrieb dieser Maschinen kommt ein Rotor zum Einsatz, der als Repeller dem Wind kinetische Energie entzieht und diese als mechanische Leistung in das Kraftwerk einleitet. Diese mechanische Leistung setzt sich wie bei jedem konventionellen Kraftwerk aus einer rotatorischen Bewegung und der Kraft dieser Bewegung, dem Drehmoment, zusammen.

$$P_{\text{mech}} = M \cdot \omega = M \cdot 2 \cdot \pi \cdot n$$

Übertragen wir den o. g. Begriff Kraftwerk jetzt auf die Windenergie, dann könnte man ihn durch die Gondel ersetzen. Diese Gondel, auch als Maschinenhaus bekannt, beherbergt die zur Energieerzeugung benötigte Technik. Die drehenden Teile, also die Drehmoment übertragenden, werden dabei als Triebstrangkomponenten bezeichnet. Betrachtet man diese Komponenten als ein Ganzes, spricht man von dem Triebstrang. Er beginnt beim Rotor und endet zumeist beim Generator. Da diverse Anordnungen und Variationen der Komponenten möglich sind, gibt es viele unterschiedliche Triebstrangkonzepte und das Innovationspotenzial ist sehr hoch. Das gewählte Konzept hat großen Einfluss auf die Kopfmasse und die Kosten (ca. 30 % Anteil an den Gesamtkosten) einer Windkraftanlage und beeinflusst die Entwicklung direkt in der Dimensionierung von Komponenten. Je nach Konzept können in einem Triebstrang mehr oder weniger Standardmaschinenbaukomponenten eingesetzt werden. Allerdings ist bei der Auslegung dieser Komponenten auf die spezielle Charakteristik des Antriebsorgans und die daraus resultierenden Anforderungen zu achten.

Der Rotor überträgt nicht nur Drehmoment auf die Gondel, sondern auch Nick- und Giermomente (siehe Abschnitt 6.7). Diese Lasten müssen bei einer Auswahl und Auslegung berücksichtigt werden. Aufgrund der schlechten Zugänglichkeit, die aus der Anordnung auf einem Turm resultiert, stellen Schäden aus mangelhafter Auslegung eine enorme wirtschaftliche Belastung dar.

Der Wind als spezielles Antriebsmedium ist aufgrund seiner nicht konstanten Richtung und Verfügbarkeit für die Technik eine besondere Herausforderung. Auch wenn sie nicht direkt dem Thema Triebstrang zugeordnet werden können, sollen die Windrichtungsnachführung und die Blattwinkelverstellung in den folgenden Abschnitten kurz erläutert werden.

Da, wie schon in vorangegangenen Kapiteln beschrieben, prinzipiell verschiedene Rotortypen zur Drehmomenterzeugung möglich sind, möchte ich an dieser Stelle darauf verweisen, dass hier nur Windkraftanlagen mit horizontaler Achse behandelt werden.

6.2 Blattwinkelverstellsysteme

In Windkraftanlagen mit Horizontalrotor neuerer Generationen, insbesondere der Multimegawattklasse, wird zur Leistungsregulierung zumeist die Rotorblattverstellung nach Pitch-Prinzip eingesetzt. Im Vergleich zur festen Anbindung der Rotorblätter und der Leistungsbegrenzung über den Stall-Effekt bietet das technisch aufwendigere Pitch-System verschiedene Vorteile, die mit zunehmender Anlagengröße insgesamt kostenreduzierenden Einfluss haben. Abgesehen von einem an unterschiedliche Windbedingungen angepassten Anlagenbetrieb mit je Generatortyp und Netzanforderung optimierter Leistungs- und Drehzahlregulierung lassen sich über geeignete Regelalgorithmen, insbesondere in Extremwindsituationen, auftretende Lastspitzen deutlich geringer halten. Dies wiederum beeinflusst die Dimensionierung verschiedener kostenrelevanter Komponenten wie Rotorlagerung, Hauptgetriebe, Turm und Gründungsstrukturen.

Im Netzbetrieb wird der Pitch-Winkel bei Leistungsregulierung zwischen 0° und etwa 30° variiert (Bild 6.1, links). Ferner kann über einen Pitch-Winkel um 70° das für Lagerung und Schmierung günstige langsame Trudeln des netzentkoppelten Triebstrangs erwirkt werden (Bild 6.1, rechts). Außerdem ist ein sekundenschnelles Stoppen des Rotors samt Triebstrang durch Verstellung auf einen Pitch-Winkel um 90° in die sogenannte Fahnenstellung (aerodynamische Bremse) möglich.

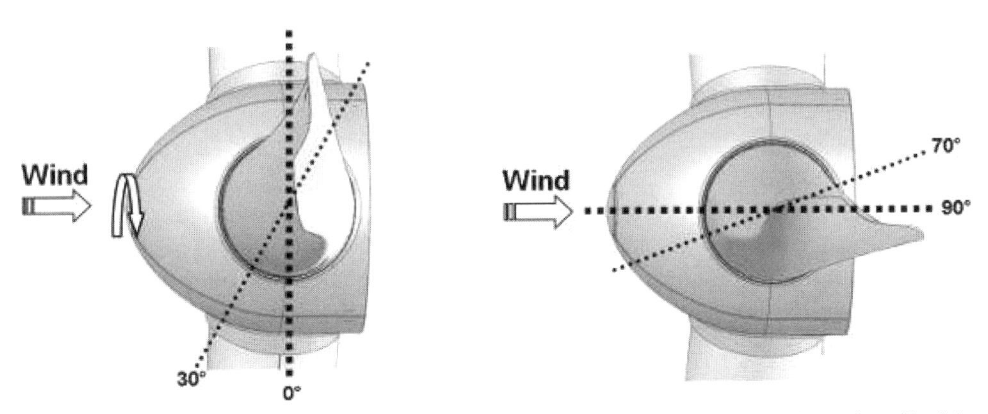

Bild 6.1 Pitch-Winkel im Bereich von 0° bis 30° bei Netzbetrieb, 70° bei netzentkoppeltem Trudeln und 90° als Fahnenstellung bei Komplettstopp [aerodyn]

Der nachfolgende Abschnitt befasst sich ausschließlich mit dem grundlegenden Aufbau des Pitch-Systems zur Verstellung des gesamten Rotorblatts um seine Pitch-Achse und den unterschiedlichen technischen Ausprägungen des erforderlichen Antriebs. Dabei werden weder die Auslegung des Pitch-Systems noch dessen Betrieb und Regelung näher betrachtet.

Eine von Aufbau und Art des Antriebs unabhängige Anforderung an jedes Pitch-System ist die drehbar gelagerte Anbindung des Rotorblatts an die Rotornabe. Als Blattlager wird dabei üblicherweise ein zweireihiges Vierpunktkugellager (Bild 6.2) eingesetzt, das durch seine Bauart sowohl die radialen als auch die in hohem Maße eingebrachten axialen Lastkomponenten übertragen kann. Ob dabei der Innen- oder Außenring fest mit der Rotornabe verbunden wird, während der jeweils andere drehbar das Rotorblatt aufnimmt, ist u. a. von der bevorzugten Bauart und Positionierung des Antriebs abhängig (Bild 6.5). Gewichtiger bei der Ent-

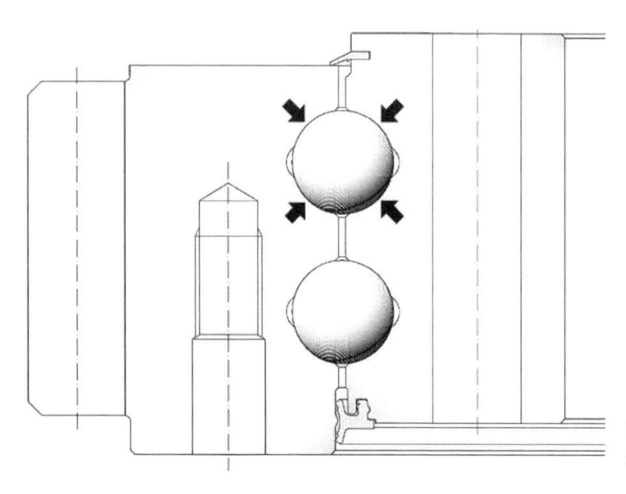

Bild 6.2 Zweireihiges Vierpunktkugellager im Schnitt [aerodyn]

scheidung ist jedoch eher die Auswahl einer Blattanschlussgröße, die für Rotorblätter passend zu Anlagengröße (Leistungsklasse) und Windverhältnissen (Typenklasse) im Markt bereits etabliert ist. So lässt sich entweder ein mitentwickeltes, eigenes Rotorblatt auch für Fremdanlagen verkaufen oder eine größere Auswahl fremdentwickelter Rotorblätter für die eigene Anlagenentwicklung einsetzen. Abhängig von den Lasten ergibt sich die konstruktive Festlegung mit dem erforderlichen Lagerlaufbahndurchmesser und einer möglichst leichten Gusskörpergestaltung der Rotornabe.

Für die Verstellung bzw. gezielte Einstellung eines Pitch-Winkels haben sich historisch nacheinander drei Konzepte für Drei- und Zweiblattrotoren ausgebildet.

Im einfachsten Konzept verstellt ein Aktuator, über ein mechanisches Koppelgetriebe synchronisiert, alle Blätter gleichzeitig. Um den Rotor bei Ausfall dieses Aktuators anhalten zu können, ist in diesem Konzept eine separate, mechanische Rotorbremse erforderlich, die den Triebstrang gegen das maximale Rotormoment aus maximaler Drehzahl zum Stillstand bringt. Die hierbei im Triebstrang auftretenden Lasten und die kurzfristig hohe Verlustwärme an der Bremse würden für Anlagen der Multimegawattklasse eine wirtschaftlich nicht vertretbare Dimensionierung der betroffenen Komponenten erfordern.

Daher hat sich hier ein Konzept etabliert, in dem jedes Rotorblatt mit einem eigenen Aktuator inklusive aller, zur einmaligen Verstellung des Blatts in Fahnenstellung, erforderlichen Systemkomponenten ausgestattet ist. Im leistungsregulierten Netzbetrieb werden alle Rotorblätter, allein über die Regelung synchronisiert, auf denselben Pitch-Winkel gestellt. Fällt ein Aktuator aus, können die verbliebenen die mit ihnen verbundenen Rotorblätter davon unabhängig in Fahnenstellung bringen. Hierüber lässt sich die Last auf den Triebstrang und die mechanische Rotorbremse ausreichend begrenzen und eine wirtschaftlich sinnvolle Dimensionierung erreichen. Auch ohne Eingriff der mechanischen Bremse kann die Rotordrehzahl in jedem erdenklichen Fall unterkritisch gehalten werden.

Seit einigen Jahren werden nun Anstrengungen unternommen, dieses Konzept weiterzuentwickeln. Die Windverhältnisse an der vom drehenden Rotor gebildeten Kreisfläche sind nicht homogen. Mit zunehmenden Anlagengrößen und Rotordurchmessern wird der Unterschied der Windgeschwindigkeiten und Turbulenzen im Bereich der Rotorfläche immer größer. D. h., jedes Rotorblatt am Rotor erfährt zu einem bestimmten Betrachtungszeitpunkt eine andere

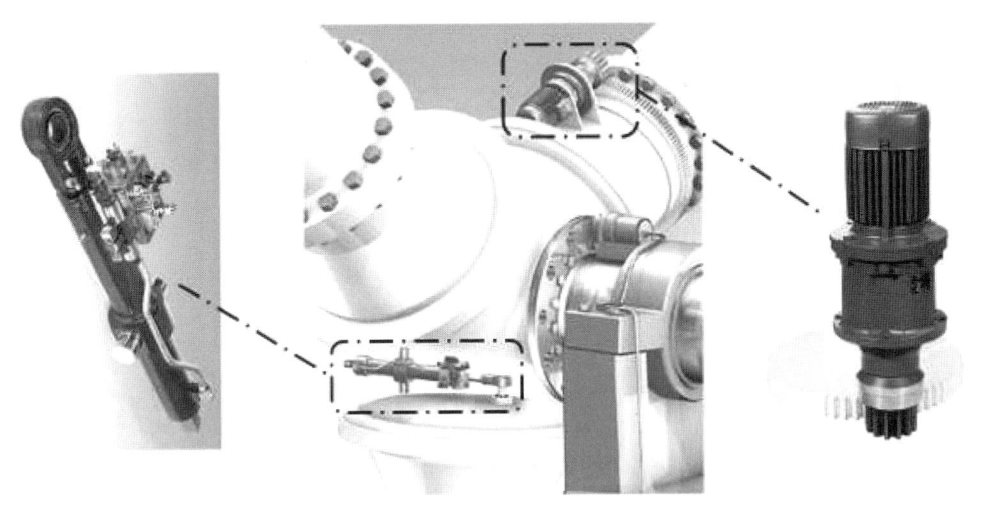

Bild 6.3 Pitch-System mit hydraulischen (links) oder elektrischen (rechts) Aktuatoren [Bosch Rexroth]

Belastung. Die Idee ist nun einfach: Der Pitch-Winkel jedes Rotorblatts wird individuell so geregelt (Individual Pitch Control – IPC), dass die Last auf jedes Rotorblatt gleich ist und in Summe der Rotor auf Nennleistung bzw. maximaler Teilleistung gehalten wird. Das bisher nur unzureichend gelöste Problem besteht zum einen in der messtechnischen Erfassung der Belastungen und zum anderen in der Entwicklung von Regelalgorithmen, die eine hinreichend schnelle Pitch-Winkeländerung ermöglichen. Insbesondere die schnelle Verdrehung des Rotorblatts über seine gesamte Länge von heute bis zu etwa 70 m ohne nennenswerte Verdrillung und die daraus resultierende Verfehlung des aerodynamischen Effekts bei gleichzeitigem Eintrag parasitärer Schwingungen ist eine antriebs- und regelungstechnische Herausforderung.

Für Systeme mit nur einem Aktuator findet vorrangig die Anordnung eines Hydraulikzylinders in der stehenden Gondel Anwendung. Der Hub des Kolbens wird über eine Stange durch die Rotor- und ggf. Getriebehohlwelle in die drehende Rotornabe übertragen und dort über Koppelstangen an allen angebundenen Rotorblättern in die gleiche Schwenkbewegung umgesetzt.

In heutigen Multimegawattanlagen eingesetzte Systeme lassen sich in solche mit elektrischen und solche mit hydraulischen Aktuatoren unterscheiden (Bild 6.3). Die Übertragung der Versorgungsleistung und der Signale zwischen der stationären Gondel und der sich drehenden Rotornabe erfolgt über eine Schleifringeinheit bzw. deren Kombination mit einer hydraulischen Drehdurchführung (Bild 6.4). Abhängig vom Aufbau des Antriebsstrangs sitzt diese Schnittstelle am vorderen oder hinteren Ende der Rotorhohlwelle bzw. dem freien Ende der Getriebeeingangswelle.

Um im Versagensfall dieser einfach ausgeführten Schnittstelle die eingangs erwähnte aerodynamische Bremse zu gewährleisten und die Anlage sicher zu stoppen, muss das Pitch-System die komplette, für mindestens eine volle Schwenkbewegung von 90° erforderliche Technik in der Rotornabe vorhalten. Dies beinhaltet neben der Regelungstechnik für den Aktuator auch entsprechende Energiespeicher.

Als Energiespeicher elektrischer Systeme werden elektro-chemische Blei-Gel-Akkumulatoren und in neueren Konzepten auch vermehrt Ultrakondensatoren eingesetzt. Letztere sind in ihrer Eigenschaft mit den Blasen- oder Kolbenspeichern hydraulischer Systeme vergleichbar:

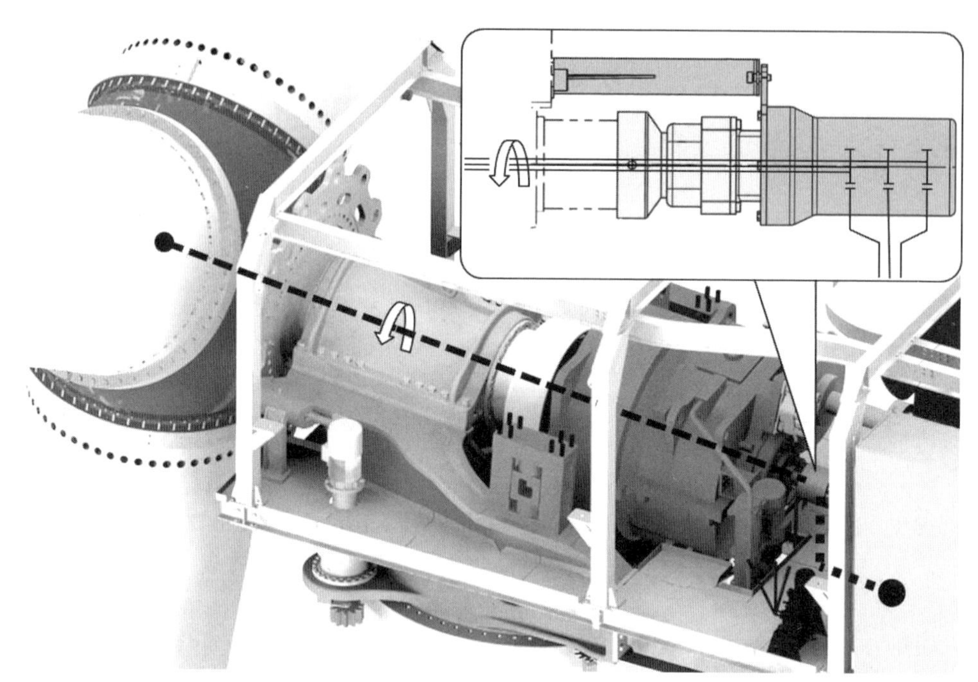

Bild 6.4 Übertragung von Versorgungsleistung und Kommunikation zwischen stationärer Gondel und drehendem Rotor [aerodyn]

- Ladekapazität für eine sichere volle Schwenkbewegung
- kurzfristige Aufladung und Betriebsbereitschaft
- hinreichende Lebensdauer auch bei häufigen Entladungen

Elektrische Systeme beinhalten in ihrer am meisten verbreiteten Grundbauform eine Motor-Getriebe-Kombination mit meist 3-stufigem Planetengetriebe.

Das abtriebsseitige Getrieberitzel kämmt dann entweder direkt in der Verzahnung am Innen- oder Außenring des Blattlagers (Bild 6.5) oder ist mit diesem über einen Zahnriemen gekoppelt. Dabei ist der Antrieb meist fest an die Rotornabe montiert und dreht den mit dem Rotorblatt verbundenen Blattlagerring. Es gibt auch Konstruktionen, bei denen der Antrieb fest mit dem drehbaren Blattlagerring verbunden ist und am verzahnten, feststehenden Blattlagerring umläuft.

Neben nachteilig erhöhtem Aufwand bei Montage, Wartung und Energiezuleitung kann diese Anordnung jedoch mit der für den Antrieb erforderlichen Trägerplatte im Blattanschlussbereich die Steifigkeit gegen Ovalisieren deutlich begünstigen.

Einen Innovationsschritt stellt demgegenüber die noch recht junge Entwicklung eines ringförmig am Blattlager angebundenen Direktantriebs dar. Das elektromagnetisch, entlang des Blattanschlussumfangs homogen erzeugte Drehmoment wird direkt in die Blattdrehbewegung umgesetzt.

Ohne das Verzahnungsspiel zwischengeschalteter Getriebe ermöglicht diese Bauform eine erheblich höhere Dynamik, was bei individueller Blattverstellung von Vorteil ist. Diese mit deutlich höheren Initialkosten verbundene Technik wurde aber bisher an keiner Anlage umgesetzt.

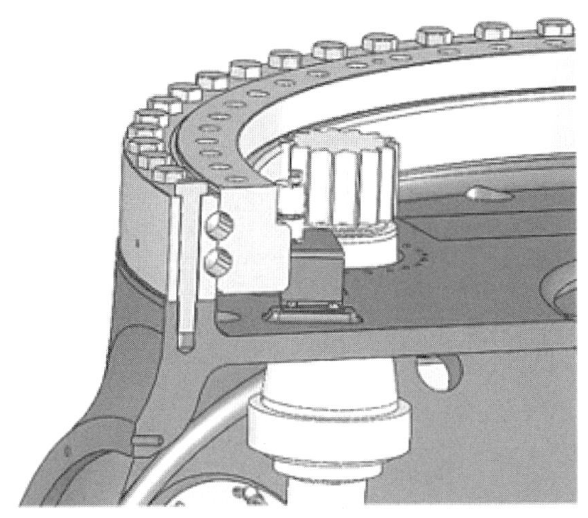

Bild 6.5 An Rotornabe angebundene Motor-Getriebe-Kombination dreht Innen- bzw. Außenring des Blattlagers [REpower Systems]

Die hydraulischen Systeme beinhalten i. d. R. doppelt wirkende Zylinder, die an Rotornabe und dem drehbaren Blattlagerring angelenkt sind. Der Hub des Kolbens wird in eine Schwenkbewegung des Blattlagerrings mit angeschlossenem Rotorblatt umgesetzt. Der für eine 90°-Schwenkbewegung erforderliche Hub macht bei Anwendung eines einzelnen Zylinders eine Zylinderbaulänge notwendig, die innerhalb der Grenzen des Rotorblattanschlusses nicht unterzubringen ist. In den meisten bekannten Konstruktionen ragt daher der Zylinder nach vorn aus der Rotornabe heraus (Bild 6.6).

In einer alternativen Konstruktion wird die Schwenkbewegung über zwei kleine und über einen Zwischenschwenkhebel hintereinander gereiht angeordnete Zylinder vollführt. Diese Anordnung findet komplett innerhalb des Blattanschlussdurchmessers Platz.

Beide Bauformen haben gemein, dass die Grundversorgung für den Betrieb der Zylinder durch Hydraulikaggregate in der stehenden Gondel und damit über eine hydraulische Drehverbindung erfolgen muss. Die technisch bewährten Aggregate mit Tank sind für eine Unterbringung in der drehenden Rotornabe nicht geeignet.

Ein Innovationsschritt kann der in der Luftfahrttechnik seit zwei Jahrzehnten eingesetzte elektro-hydrostatische Aktuator (EHA) werden, ein Hybridantrieb, der elektrische Servomotorik mit hydraulischer Getriebe- und Regelventiltechnik verbindet. Der Aktuator hat nach außen nur elektrische Schnittstellen; die Hydraulik ist komplett autonom integriert.

Das beste Pitch-Systemkonzept ...

... gibt es nicht. Die Fragen, ob z. B. elektrische oder hydraulische Aktuatoren, chemische oder statische Energiespeicher, Blattlager mit verzahnten Innen- oder Außenringen eingesetzt werden, müssen individuell für das Gesamtkonzept einer Anlage immer aufs Neue beantwortet werden. Für den Betreiber einer Anlage zählt schlussendlich die Rendite seiner Investition. Vorrangig ist daher, dass der Einspeisebetrieb anlagenseitig ohne Störungen funktioniert, solange der Wind am Standort günstig weht.

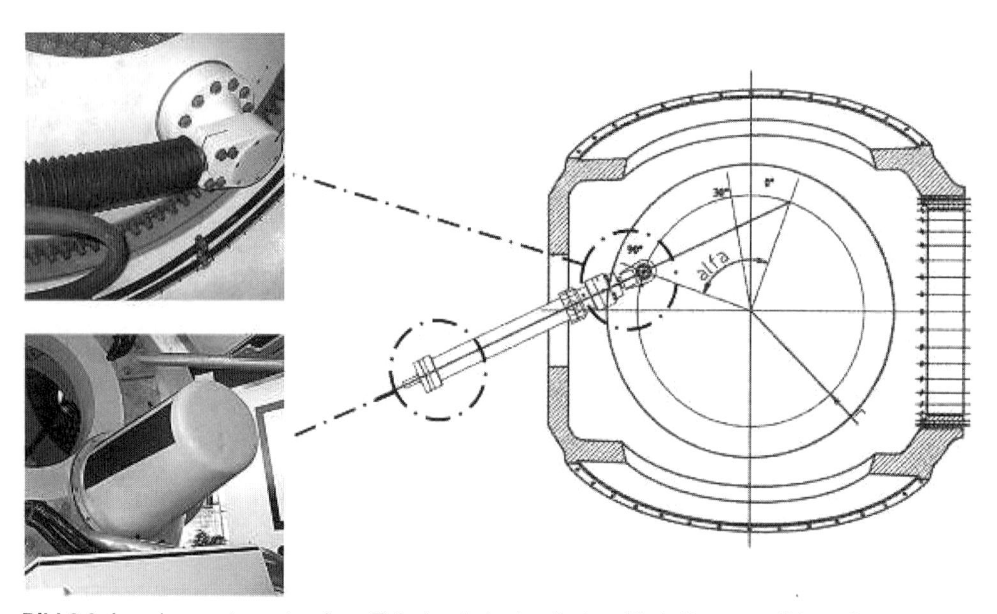

Bild 6.6 Anordnung eines einzelnen Zylinders in hydraulischen Pitch-Systemen [Vestas]

In Aufstellgebieten mit hoher Netzschwankungs- und Ausfallhäufigkeit werden die Energiespeicher stark beansprucht. Hier sind statische Speichermethoden wie Ultrakondensator oder Druckölspeicher gegenüber elektro-chemischen Blei-Gel-Akkumulatoren technisch im Vorteil. Wegen der erst jetzt aufkommenden Attraktivität von Ultrakondensatoren in elektrischen Systemen kamen in Anlagen für solche Gebiete bisher meist hydraulische Systeme zum Einsatz.

In Aufstellgebieten mit häufig auftretenden, sehr niedrigen Außentemperaturen ist die notwendige Beheizung der Systemkomponenten beim rein elektrischen System deutlich einfacher zu realisieren. Insbesondere Ölleitungen, Ventile und Druckölspeicher sind hier stark problembehaftet.

In Aufstellgebieten mit häufig auftretenden, sehr hohen Außentemperaturen gestaltet sich die Kühlung für hydraulische Systeme über Ölrückkühlung in der stehenden Gondel einfacher. Die Kühlung von Umrichtern und Motoren elektrischer Systeme in der drehenden Rotornabe ist bisher nur mit Außenluftdurchzug zu erreichen.

Letzteres kann, sofern die Abschottung des Innenraums der Rotornabe gegen kontaminierte Außenluft (Offshore, Wüste, Steppe etc.) angestrebt ist, konstruktionsabhängig erhebliche Zusatzaufwände erfordern. Zu einem alternativen Fluidkühlkreislauf sind die gleichen Umstände wie für die Versorgung eines hydraulischen Pitch-Systems zu berücksichtigen.

Eine Hydraulikinstallation dauerhaft ohne Leckage ist aus verschiedenen Gründen in einer Windkraftanlage schwer zu realisieren. Branchenweit sind unzählige Bilder von komplett ölbenetzten Rotornaben samt Einbauten sowie deutlich verschmierten Rotorblättern und Spinnern von Anlagen mit hydraulischen Pitch-Systemen bekannt. Neben der erhöhten Gefahr von Bränden und Serviceunfällen ergibt sich ein scheinbarer Gegensatz zum Verständnis von „grüner Energie".

Schlussendlich ist die (Weiter-)Entwicklung der Blattwinkelverstellsysteme immer auch abhängig von der Kooperationsbereitschaft der Geräte- und Komponentenhersteller.

6.3 Windrichtungsnachführung

6.3.1 Allgemein

Die Windrichtungsnachführung, im Fachjargon auch Azimutantrieb oder Yaw-System genannt, sorgt dafür, dass die Gondel in Richtung der vorherrschenden Windrichtung gehalten wird. Die Gondel ist dafür drehbar am Turmkopf gelagert. Große moderne Anlagen verfügen über einen elektrischen oder hydraulischen Antrieb, der für das Nachführen sorgt. Kleine WKA haben eine Windfahne, die automatisch die Gondel im Wind hält (Bild 6.7).

Bild 6.7 WKA mit Windfahne [Leading Edge Turbines Ltd]

Eine Windfahne kann entfallen, wenn es sich um eine kleine Leeläuferanlage handelt (Rotor in Windrichtung hinter dem Turm). Alte Konstruktionen kleiner oder mittelgroßer Anlagen und historische Windmühlen verfügen über ein Seitenrad zum automatischen Antrieb der Windnachführung (Bild 6.8). In diesem Abschnitt werden die verschiedenen Möglichkeiten der Anordnung von Windrichtungsnachführungskomponenten und deren Funktion beschrieben.

6.3.2 Funktionsbeschreibung

Die Hauptaufgabe ist, die Gondel im Wind zu halten. Die Antriebe führen nicht sofort bei jeder Windrichtungsänderung nach. Die Steuerung führt dann nach, wenn sich über eine gewisse Zeit gemittelt eine bestimmte Schräganströmung eingestellt hat. Andernfalls würde das Windrichtungsnachführungssystem zu häufig kleine Bewegungen ausführen. Die Abweichung der Windrichtung zur Turbinenlängsachse wird über eine Windfahne auf der Gondel gemessen. Der Antrieb erfolgt in der Regel über mehrere Zahnräder (Ritzel) die auf eine Verzahnung

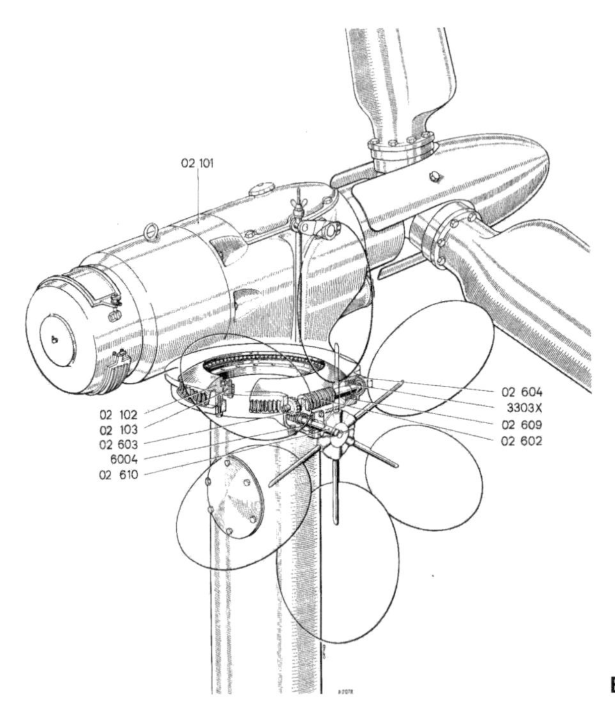

Bild 6.8 WKA mit Seitenrad [Allgaier]

am Turmkopflager wirken. Die Anzahl und Größe der Antriebe hängt von der Anlagengöße ab. Während der Nachführung muss der Nachführvorgang über Bremsbeläge oder vorgespannte Gleitlager gedämpft werden, da es sonst zum Hin- und Herschlagen der Gondel innerhalb der Verzahnung kommen kann und somit die Lebensdauer der Komponenten erheblich reduziert werden würde. Die Yaw-Bremsen sorgen auch dafür, dass die Gondel bei Stillstand der Antriebe im Wind gehalten wird. Die Antriebe selbst verfügen normalerweise auch über Bremsen, die das Halten der Gondel unterstützen. Eine weitere Funktion der Antriebe ist die Kabelentwindung. Im oberen Turmbereich befindet sich ein Kabelloop, der nicht mehr als zwei oder drei komplette Umdrehungen verwindet werden darf. Über die Steuerung und entsprechende Sensoren, die die Anzahl der Umdrehungen überwachen, wird im geeigneten Moment eine Kabelentwindung durch die Yaw-Antriebe eingeleitet.

6.3.3 Komponenten

Turmkopflager

Das Turmkopflager ist in den meisten Fällen ein Großwälzlager mit Außen- oder Innenverzahnung, ausgeführt als Vierpunktlager (Bild 6.9), ein- oder zweireihig. Eine Sonderform des Turmkopflagers ist ein Gleitlager (Bild 6.10), das die Dämpfungsfunktion integriert hat. Nachteilig ist hier, dass man eine größere Antriebsleistung wegen der erhöhten Reibung benötigt.

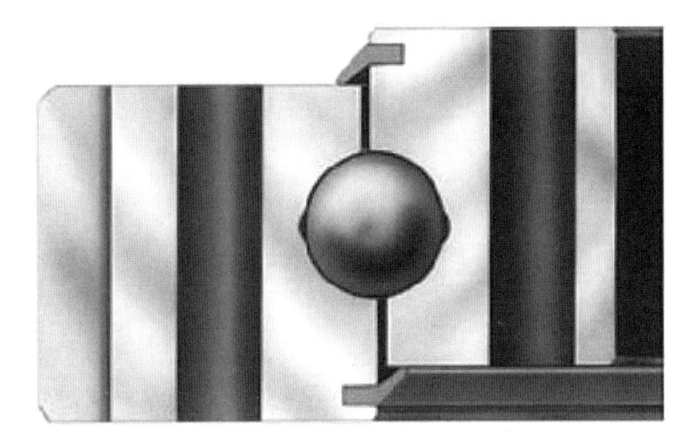

Bild 6.9 Einreihiges Vierpunktlager [Roth Erde]

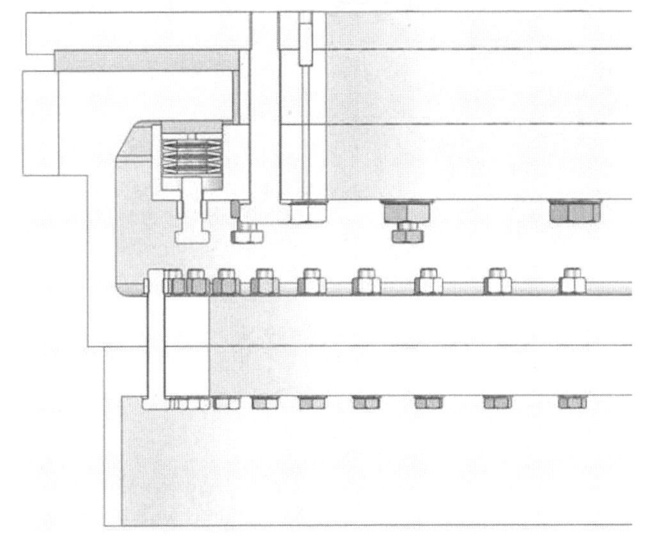

Bild 6.10 Gleitlager [aerodyn]

Antriebe

Als Antrieb wird in den meisten Fällen ein Getriebemotor mit einem abtriebsseitigen Ritzel, mehreren koaxialen Planetengetriebestufen und einem angeflanschten AC-Motor verwendet (Bild 6.11). Im AC-Motor ist meist auch eine Stillstandsbremse integriert. Andere Antriebsarten, z. B. mit Schneckengetriebe oder mit hydrostatischen Motoren, werden eher selten eingesetzt. Die Charakteristik des AC-Motors mit einem bestimmten Kippmoment wird als Überlastschutz für die Verzahnung genutzt.

Bremsen

Die Azimutbremse besteht normalerweise aus einer Bremsscheibe und mehreren hydraulischen Festsattelbremsen, die über ein entsprechendes Aggregat gesteuert werden (Bild 6.12, rechts). Normalerweise finden zwei Druckniveaus Verwendung: zum Dämpfen ein kleiner Druck und zum Bremsen ein großer Druck. Andere Systeme arbeiten mit elektrischen Brems-

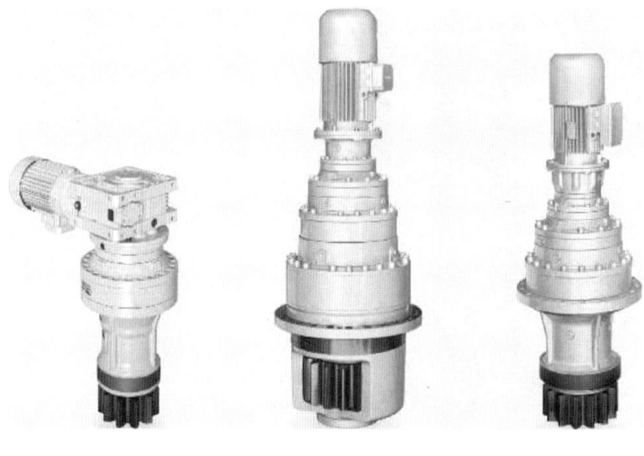

Bild 6.11 Antriebe für Windrichtungsnachführung [Bonfiglioli]

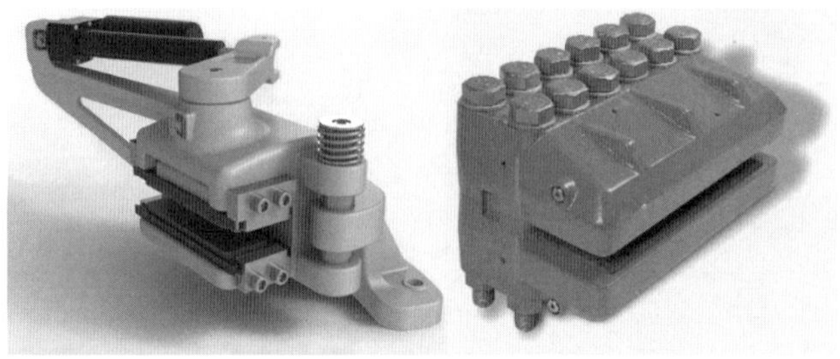

Bild 6.12 Bremszangen: elektrisch [EMB Systems], hydraulisch [Svendborg Brakes]

systemen (Bild 6.12, links) oder können ganz auf die Scheibenbremse verzichten, wenn z. B. ein Gleitlager eingesetzt wird und die Bremsen im Antrieb integriert sind.

Sensoren

Um die Position der Gondel zu erfassen und rechtzeitig eine Entwindung der Kabel einzuleiten, werden unterschiedliche Sensoren eingesetzt. In den meisten Fällen wird ein Nockenschalter eingesetzt, der die Position zur Kabelentwindung detektiert. Zusätzlich wird mit einem Absolutwertgeber (Bild 6.13) die absolute Position der Gondel erfasst. Die Sensoren werden meist über ein Ritzel auf die Lagerverzahnung gesetzt.

Bild 6.13 Absolutwertgeber [aerodyn]

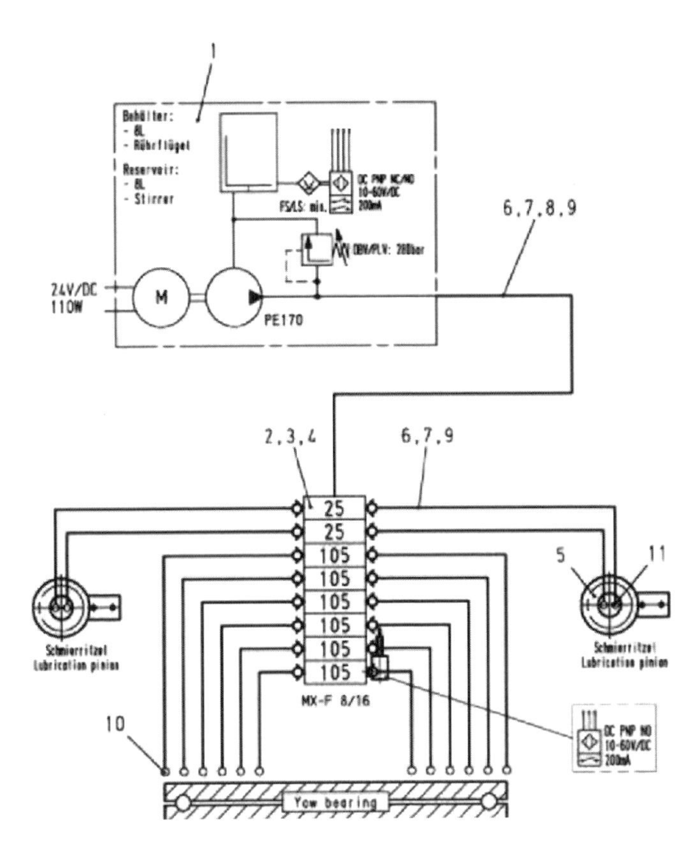

Bild 6.14 Zentralschmierung [aerodyn]

Zentralschmierung

Für das Yaw-System wird meist auch eine Zentralschmieranlage eingesetzt, um die Lagerlaufbahnen und die Verzahnung im Betrieb mit Fett zu versorgen. Hier wurden von den entsprechenden Zulieferern Systeme speziell für die Windindustrie entwickelt.

6.3.4 Anordnungsvarianten von Windrichtungsnachführungen

Es gibt vier verschiedene Anordnungsvarianten von Windnachführungen:

1. Innen liegende Verzahnung des Azimutlagers mit innen liegender Azimutbremse
2. Innen liegende Verzahnung des Azimutlagers mit außen liegender Azimutbremse
3. Außen liegende Verzahnung des Azimutlagers mit innen liegender Azimutbremse
4. Außen liegende Verzahnung des Azimutlagers mit außen liegender Azimutbremse

Bei der ersten Anordnungsvariante wird die Gondel über ein Azimutlager mit innerer Verzahnung gedreht (Bild 6.15). Dabei befindet sich die Azimutscheibenbremse und der Azimutantrieb im Inneren des Turms. Der Vorteil dieser Anordnung besteht darin, dass diese Variante gegen äußere Einflüsse (Verschmutzung, Feuchtigkeit, Transportbeschädigung) gut geschützt werden kann und zudem der Kraftfluss durch das Lager sehr günstig ist. Die Nachteile liegen

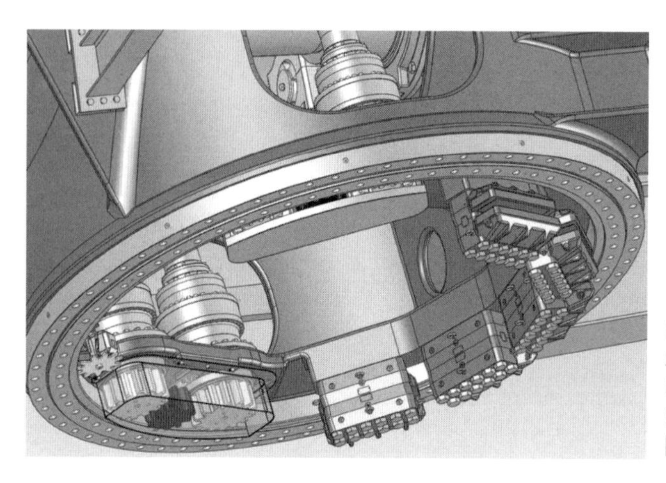

Bild 6.15 Innen liegende Verzahnung des Azimutlagers mit innen liegender Azimutbremse (Bremsscheibe nicht dargestellt) [aerodyn]

darin, dass nur wenig Platz für die ganzen Komponenten vorhanden ist, sich die Bolzen des Azimutlageraußenrings außerhalb des Turms befinden und sich Schmierfett auf der Azimutbremsscheibe ablegen kann.

Die zweite Variante verfügt ebenfalls über ein Azimutlager mit innerer Verzahnung. Allerdings ist hierbei die Azimutscheibenbremse außerhalb des Turms (Bild 6.16). Der Azimutantrieb befindet sich jedoch weiterhin im Inneren des Turms. Der Kraftfluss durch das Lager ist bei dieser Anordnung ebenfalls sehr günstig, somit ein Vorteil dieser Variante. Weitere Vorteile ergeben sich durch den größeren Durchmesser der Bremsscheibe, wodurch weniger Scheibenbremsen benötigt werden. Zudem kann sich das Schmierfett der Verzahnung nicht mehr auf der Azimutbremsscheibe ablegen. Die Bolzen des Azimutlageraußenrings befinden sich bei dieser Variante ebenfalls außerhalb des Turms und sind somit ein Nachteil. Die Gesamtbreite des Hauptrahmens ist außerdem noch größer, als bei innen liegender Bremse.

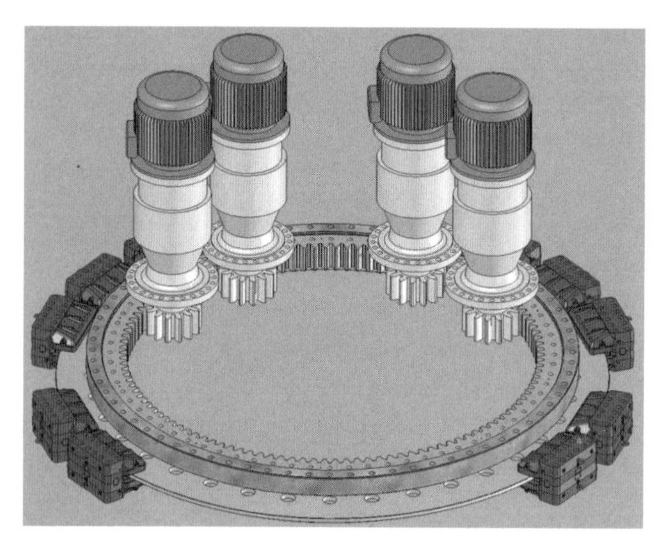

Bild 6.16 Innen liegende Verzahnung des Azimutlagers mit außen liegender Azimutbremse [aerodyn]

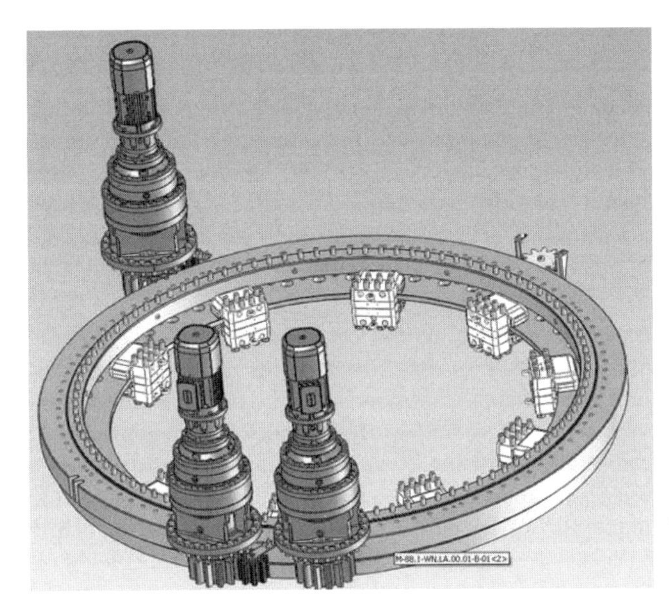

Bild 6.17 Außen liegende Verzahnung des Azimutlagers mit innen liegender Azimutbremse [aerodyn]

Die dritte Variante besteht aus einer außen liegenden Verzahnung des Azimutlagers mit innen liegender Azimutbremse. Dabei befindet sich der Azimutantrieb außerhalb und die Azimutscheibenbremse im Inneren des Turms (Bild 6.17). Diese Anordnung hat viele Vorteile:

- mehr Platz für den Gondelzugang
- bessere Möglichkeiten für das Platzieren des Azimutantriebs
- besserer Zugang bei der Instandhaltung zu dem Azimutantrieb
- Das Schmierfett der Verzahnung gelangt nicht auf die Azimutbremsscheiben.
- größere Zähnezahl am Lager, was zu kleinerem Drehmoment an den Antrieben führt

Die Gesamtbreite des Hauptrahmens ist sehr groß und dadurch ein Nachteil dieser Variante. Zudem ist der Kraftfluss durch das Lager eher unvorteilhaft, wodurch der Turmflansch eine größere Dicke aufweisen muss.

Die vierte Anordnung mit außen liegender Verzahnung und außen liegender Bremse wurde noch nicht realisiert. Auf jeden Fall gibt es dafür noch keine Beispiele.

6.4 Triebstrangkomponenten

Im Folgenden werden die verschiedenen Komponenten eines Triebstrangs beschrieben. Dabei werden diese unabhängig von verschiedenen Triebstrangkonzepten betrachtet.

6.4.1 Rotorarretierungen und Rotordrehvorrichtungen

Die Rotorarretierung hat im Betrieb einer Windkraftanlage keine direkte Funktion und kommt lediglich im Falle einer Wartung oder von Reparaturen am Triebstrang zum Einsatz. Zum Arbeiten an den rotierenden Komponenten muss die Anlage zunächst gestoppt werden. Dabei kann zum einen der Rotor mithilfe eines aerodynamischen Bremsvorgangs gestoppt werden (siehe Abschnitt 6.2), zum anderen kann eine mechanische Bremse (siehe Abschnitt 6.4.4) zum Einsatz kommen. Letztere ist allerdings eher für den Notfall und als Festhaltebremse konzipiert.

Bei Wartungsarbeiten am Triebstrang oder in der Nabe des Rotors muss das Servicepersonal vor jeglichen Drehbewegungen des Triebstrangs geschützt werden. Da auch bei der mechanischen Bremse aufgrund ihres Funktionsprinzips (Kraftschluss) ein gewisses Durchrutschen (Schlupf) nicht ausgeschlossen werden kann und die Rotorblätter auch in „Fahnenstellung“ Drehmomente erzeugen können, wird die sogenannte Rotorarretierung im Triebstrang integriert. Diese stellt eine formschlüssige Verbindung zwischen einer rotierenden Komponente und einer nicht rotierenden Komponente, zumeist dem Maschinenträger, her. Das einfachste und in der Praxis oft angewandte Prinzip sieht vor, einen Bolzen, hydraulisch oder elektrisch angetrieben, in eine in den Triebstrang integrierte Lochscheibe einzuführen (Bild 6.18). Bei kleineren Anlagen wird das Einlegen des Bolzens oft auch von Hand direkt oder mithilfe eines Gewindes vorgenommen.

Die Lochscheibe wird dabei oft in direkter Nähe zur Rotornabe platziert. Dies maximiert die Anzahl der fixierten Komponenten und bietet den Vorteil, im Notfall auch einen Getriebeaustausch bei entsprechender Lagerung sicher vornehmen zu können. Allerdings ist die Vorrichtung in diesem Fall extremen Belastungen durch den Rotor ausgesetzt und muss dementsprechend dimensioniert werden.

Neben der Arretierung unmittelbar am Rotor gibt es außerdem Überlegungen, die Arretierung hinter dem Übersetzungsgetriebe vorzunehmen. Ein Beispiel ist hier der Eingriff in eine verzahnte Bremsscheibe in Kombination mit einer dort platzierten Rotordrehvorrichtung. Dies hat den Vorteil, dass die Belastungen durch Drehmomente durch die Übersetzung entsprechend reduziert werden würden. Es ist aber zu beachten, dass sämtliche Lasten auch auf das Getriebe wirken. Zudem wäre im Falle eines Getriebeschadens keine Arretierung mehr möglich.

Da ein manuelles Anfahren der Arretierposition über eine Zielbremsung schwierig ist und das Drehen per Hand (nur möglich bei Anlagen mit Übersetzungsgetrieben kleinerer Leistungsklassen) ein Verletzungsrisiko birgt, sollte eine Möglichkeit zur Drehwinkelverstellung, eine Rotordrehvorrichtung oder auch Turn-Antrieb, eingebunden werden. Zur Realisierung dieses Antriebs gibt es verschiedene Ansätze. Neben zusätzlichen Antrieben, die mittels Ritzel in besagter verzahnter Bremsscheibe kämmen (Bild 6.18), können auch getriebeintegrierte Lösungen von Zulieferern bezogen werden oder hydraulische Linearstellglieder zum Einsatz kommen. Auch die Verwendung des Generators als Motor oder eine automatische Zielbremsung mithilfe der aerodynamischen und mechanischen Bremse wird in der Praxis umgesetzt.

Rotordrehvorrichtungen werden aber nicht ausschließlich für die Drehwinkeleinstellung bei der Arretierung, sondern auch bei der Einzelblattmontage verwendet. Hier sind die Vorrichtungen aber aufgrund der großen statischen Lasten, resultierend aus der Schwerpunktexzentrizität des Rotors, deutlich leistungsstärker ausgeführt und kommen in der Regel als mobile Einheiten nur bei der Montage zum Einsatz.

Bild 6.18 GE-2,5-MW-Triebstrang [GE]

6.4.2 Rotorwelle und Lagerung

Die Verbindung des rotierenden Rotors mit dem restlichen Triebstrang, aber auch der stehenden Grundstruktur der Windkraftanlage, ist Aufgabe der Rotorwelle und ihrer Lagerung. Die Rotorwelle, an der zumeist die Nabe angeflanscht ist, überträgt das erzeugte Drehmoment in den nachfolgenden Triebstrang. Über die Lager, die ja bekanntlich eine Verbindung zwischen rotierenden und stehenden Komponenten herstellen, werden die Rotorlasten in die Grundstruktur der Gondel geleitet.

Bei der Auswahl einer geeigneten Lösung ist somit der Kraftfluss ein entscheidendes Kriterium. Aber auch die Kompaktheit ist ein für die konstruktive Gestaltung entscheidender Faktor und hängt von der Philosophie des Entwicklers ab. Das gewählte Lagerungskonzept hat Einfluss auf die gesamte Triebstrang- und Gondellänge. Hinzu kommt, dass die Grundstruktur, auch Maschinenträger genannt, wesentlich durch das Lagerungskonzept bestimmt wird. Diese Punkte haben direkten Einfluss auf die Turmkopfmasse und die damit verbundenen Kosten.

Die Rotorlager sind hoch beanspruchte Maschinenelemente. Um die Lebensdauer dieser Lager zu erhöhen und sprichwörtlich einen „reibungsfreien“ Betrieb zu gewährleisten, wird für die Rotorlager, aber auch für die Blattlager, das Azimutlager und die Lager im Generator meist eine Zentralschmieranlage vorgesehen. Die Art der Schmierung hängt dabei von dem Lagerungskonzept und der verwendeten Dichtungstechnik ab. Während bei einer getriebeintegrierten Rotorlagerung oft die Ölschmierung des Getriebes mit genutzt wird, kommt bei separaten Lagergehäusen der Rotorlagerung in der Regel eine Fettschmierung zum Einsatz. Heute setzt man dabei auf automatisch gesteuerte Fettschmierpumpen, die in festgelegten Abständen das Lager mit frischem Schmierfett versorgen. Das alte Fett wird dann durch die Dichtung, oft Labyrinthdichtungen, aus dem Lager gedrückt und in einem Auffangbehälter gesammelt. Die Schmierung mit Öl in der beschriebenen, kompakten Bauweise ist grundsätzlich als Kreislauf aufgebaut. Allerdings entsteht ein höherer Aufwand für das Dichtungssystem des Lagers. Neben einem Öltank und einem Ölfilter ist dort auch ein Kühler zu finden, der das aufgeheizte Öl herunterkühlt.

Doppelte Lagerung

Die doppelte Lagerung steht für ein Konzept, bei dem auf der Rotorwelle zwei Wälzlager angeordnet sind. Diese übertragen sämtliche Rotorlasten durch den Maschinenträger in den Turm. Hinter der Rotorwelle wirkt das zur Energiegewinnung notwendige Drehmoment auf die nächste Triebstrangkomponente. Je nach Triebstrangkonzept kann es sich dabei um ein Getriebe (siehe Bild 6.19) oder einen Generator handeln. Das Getriebe oder der Generator bei getriebelosen Anlagen werden bei doppelter Wellenlagerung nicht mit Kräften oder Biegemoment aus dem Rotor belastet, sondern nur mit dem Drehmoment. Das gilt auch für die später beschriebene Momentenlagerlösung. Der Getriebetausch auf der Anlage ist möglich, ohne den Rotor zu demontieren, was bei der Dreipunktlagerung normalerweise nicht der Fall ist.

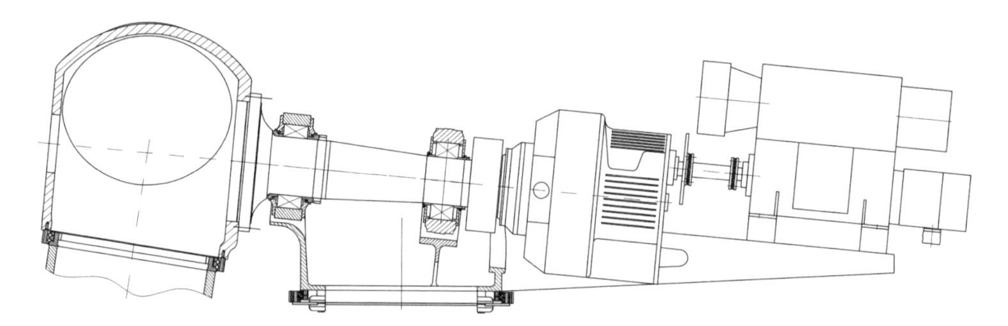

Bild 6.19 Rotorwelle mit zwei Einzellagern [aerodyn]

Resultierend aus den zwei Lagern und ihrem Abstand zueinander fällt die Rotorwelle bei dieser Lösung sehr lang und somit schwer aus. Sie ist aufgrund ihrer Festigkeitsvorteile in vielen Entwicklungen als Schmiedewelle ausgeführt. Für die Energieversorgungsleitungen des Pitch-Systems werden die Rotorwellen zentral mit einer großen Bohrung versehen. Bei großen Anlagen kommen auch Hohlwellen aus Guss zum Einsatz.

Unterschieden wird bei dieser Lagerungsvariante zwischen einer doppelten Lagerung mit getrenntem Gehäuse (Bild 6.19) und einer doppelten Lagerung mit einem gemeinsamen Gehäuse (Bild 6.20). Dabei ist letztere Lösung der deutlich kompaktere Aufbau. Bei zwei einzelnen Lagergehäusen werden normalerweise Pendelrollenlager (Bild 6.21, rechts) verwendet, um die Fehlausrichtung der Gehäuse zueinander und die Verformungen der Welle ausgleichen zu können. Dieselbe Lagerart kommt auch bei der nachfolgend beschriebenen Dreipunktlagerung zum Einsatz. Bei doppelter Wellenlagerung und einteiligem Gehäuse können auch andere Lagerungsarten eingesetzt werden, die ein geringeres Spiel als Pendelrollenlager haben, was als vorteilhaft in Bezug auf die Zuverlässigkeit angesehen wird.

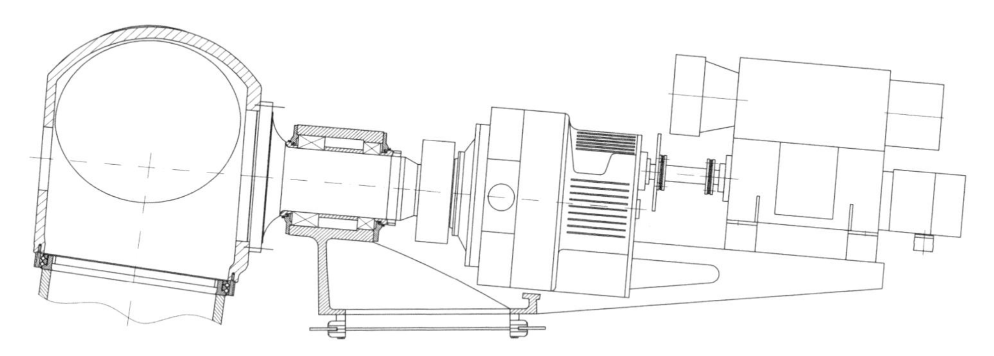

Bild 6.20 Lagerung in einem geschlossenen Gehäuse [aerodyn]

Bild 6.21 Lagerarten: Zweireihiges Kegelrollenlager (links), Pendelrollenlager (rechts) [FAG]

Als eine Art Sonderlösung der Doppellagerung ist die Lagerung des Rotors auf einem vorstehenden Achszapfen anzusehen. Hierbei sind die beiden Lager direkt auf dem Zapfen in der Nabe angeordnet und übertragen die Lasten direkt aus dem Rotor in den Achszapfen des Maschinenträgers (Bild 6.46). Die Rotorwelle hat bei dieser Lösung lediglich die Aufgabe, die Drehmomente zum Getriebe beziehungsweise Generator zu übertragen.

Dreipunktlagerung

Bei der Dreipunktlagerung ist das hintere Rotorwellenlager im Getriebe integriert (Bild 6.22). Es zeichnet sich dadurch aus, dass das hintere Lagergehäuse entfällt und die Welle deutlich kürzer ausfällt. Ihren Namen erhält die Dreipunktlagerung aufgrund der Verbindungspunkte zum Maschinenträger. Neben dem vorderen Rotorwellenlager, das direkt am Maschinenträger angeordnet ist, zählt man die seitlichen Getriebeauflager hinzu. Die gesamte Baugruppe weist dadurch ein hohes Maß an Kompaktheit auf. Die Komponenten sind dennoch gut zugänglich. Diese Lösung birgt aber auch Nachteile: Neben der Lasteinwirkung auf das Getriebe kann selbiges im Schadensfall nicht ohne größeren Aufwand ausgetauscht werden. Dennoch ist die Dreipunktlagerung ein weitverbreitetes Konzept mit vielen Umsetzungen.

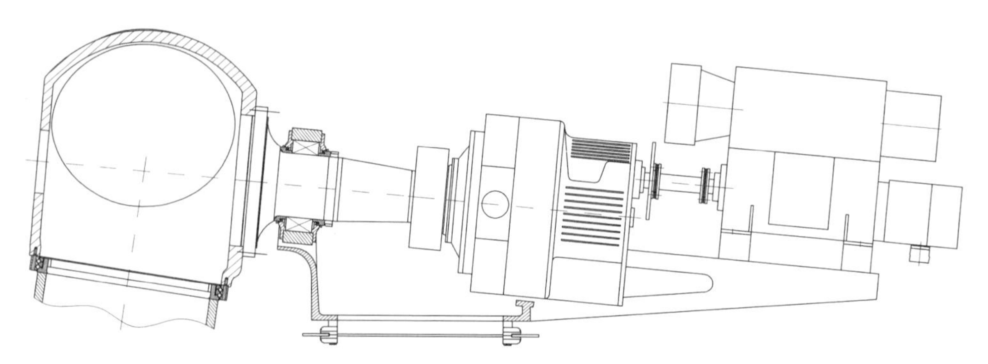

Bild 6.22 Triebstrang mit Dreipunktlagerung [aerodyn]

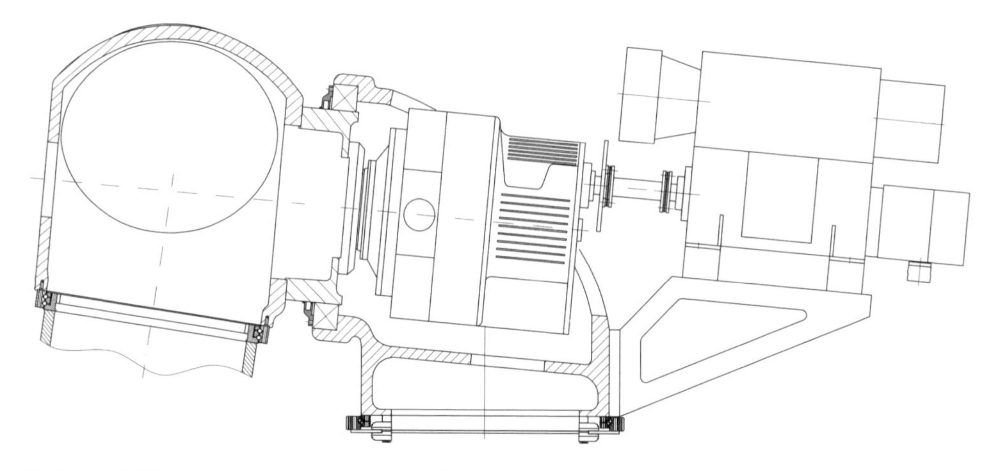

Bild 6.23 Triebstrangkonzept mit Momentenlagerung [aerodyn]

Momentenlagerung

Das Momentenlager, heute in der Regel ein zweireihiges Kegelrollenlager (Bild 6.21, links), wird zur alleinigen Lagerung der Rotorwelle eingesetzt. Dabei muss das Lager neben den wirkenden Kräften vor allem auch die Nick- und Giermomente des Rotors aufnehmen. Diese Eigenschaft brachte dieser Lagerungsart ihren Namen und ist zurzeit die kompakteste Lagerkonzeption. Das liegt vor allem an der sehr kurzen Rotorwelle. Zudem eignet sich dieses Konzept zur weiteren Funktionsintegration im Triebstrangaufbau (siehe Abschnitt 6.5.4).

Hohe Ansprüche werden bei einer Lösung mit Momentenlager an den Maschinenträger gestellt. Diese heute in der Regel als Gusskörper ausgeführte Grundstruktur muss lagerumschließend gestaltet werden, um die großen Lasten in den Turm leiten zu können.

6.4.3 Getriebe

Getriebe stellen das Herzstück von Windkraftanlagen mit konventionell aufgelöstem Triebstrang dar. Da es sich bei den Getrieben um Bauteile handelt, deren Schäden sehr hohe Ausfallzeiten der Anlage verursachen und sie finanziell einen großen Anteil am Gesamtanlagenpreis ausmachen, hat es in diesem Bereich viele Innovationen und Entwicklungen gegeben. Dabei war in erster Linie das Ziel, die Zuverlässigkeit und Wartungsfreundlichkeit der Getriebe zu verbessern.

Dies hat zu vielen Konzepten geführt, die sich unterschiedlich erfolgreich am Markt etabliert haben. Dieser Teil des Kapitels soll einen Überblick über gängige Getriebe verschaffen und die Grundüberlegungen zu einigen Getriebevarianten vermitteln.

Getriebe in Windkraftanlagen sind zumeist mehrstufig und dienen dem Zweck, das große Drehmoment, welches vom Rotor kommt, in eine hohe Drehzahl zu übersetzen, mit der der Generator betrieben wird.

Während kleinere Windkraftanlagen im Bereich bis 100 kW größtenteils mit reinen Stirnradgetrieben ausgestattet sind, wird bei Getrieben im höheren Leistungsbereich die erste Getriebestufe als Planetenstufe ausgeführt. Ab einer Leistung von ca. 2,5 MW wird ebenfalls die zweite Stufe als Planetenstufe ausgeführt (Bild 6.24).

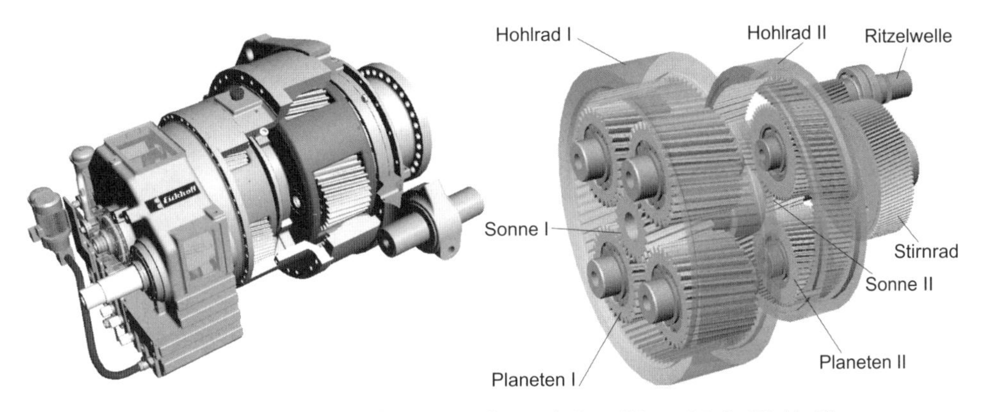

Bild 6.24 3,6-MW-Getriebe mit zwei Planetenstufen und einer Stirnradstufe [Eickhoff]

Während Stirnradstufen lediglich einen Eingriff haben, über welchen das komplette Drehmoment übertragen wird, haben Planetenstufen entsprechend der Anzahl an verwendeten Planeten mehrere Eingriffspunkte, auf die sich das eingehende Moment aufteilt. Dies entlastet die Komponenten und führt zu wesentlich kompakteren Bauweisen.

Die Anzahl der verwendeten Planeten variiert in gängigen Getrieben zwischen drei und fünf Planeten. Bei den Planetenstufen werden in konventionellen Getrieben die Planeten angetrieben und die Sonne stellt den Abtrieb dar, während das Hohlrad steht. Die einzelnen Planeten haben somit neben dem Eingriff auf der Sonne auch immer einen Eingriff auf dem Hohlrad, was zur Abstützung des Drehmoments dient.

Viele Hersteller verfolgen darüber hinaus das Konzept der Leistungsverzweigung mit Getriebevarianten, die das eingehende Drehmoment direkt auf mehrere Stufen gleichzeitig verteilen und somit den Leistungsstrang verzweigen (Bild 6.25). Dieses Konzept hat unter anderem den Vorteil, dass die einzelnen Stufen einer geringeren und gleichmäßigeren Belastung ausgesetzt sind und eine kompaktere Bauweise erzielt werden kann. Hierbei werden auch Bauweisen realisiert, bei denen die Planeten fest stehen und das Hohlrad antreiben.

Als letzte Stufe wird eine Stirnradstufe eingesetzt, um einen Achsversatz zwischen Eingangs- und Ausgangswelle zu realisieren. Der Versatz ist notwendig, da Getriebe mit einer Hohlwelle

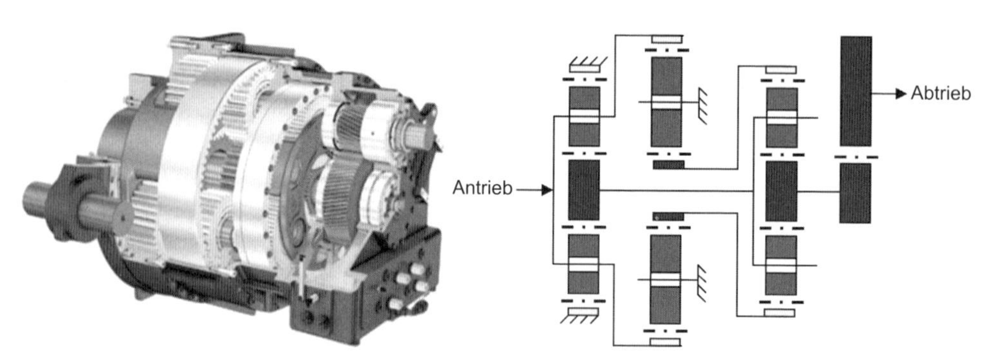

Bild 6.25 Getriebe mit Leistungsverzweigung [Bosch Rexroth]

ausgestattet sind, die als Durchführung für die Kabel in die Nabe dient. Am Gehäuse des Getriebes ist eine sogenannte Schleifringdurchführung angebracht, welche über Schleifkontakte die Stromversorgung und elektrische Signale überträgt, von wo sie dann durch die Hohlwelle in die Gondel geleitet werden. Bei hydraulischen Pitch-Systemen sitzt an der Hohlwelle eine hydraulische Drehdurchführung.

Bei Getrieben, die ausschließlich über Planetenstufen verfügen (sogenannte Koaxialgetriebe), ergibt sich hier ein Problem. Da direkt hinter dem Getriebeausgang der Generator steht und somit kein Raum für die Anbringung einer entsprechenden Durchführung vorhanden ist, müssen hier andere, aufwendigere Lösungen gefunden werden.

Koaxialgetriebe kommen zum Beispiel bei sogenannten Hybridantrieben zum Einsatz, bei denen das Getriebe lediglich zwei Planetenstufen hat und direkt mit einem Generator verbunden ist. Dieser wird langsamer betrieben und fällt dementsprechend größer aus (siehe Abschnitt 6.5.3 und 6.5.4). Hier kann die Durchführung beispielsweise ebenfalls durch den Generator geführt werden, was jedoch zu einem aufwendigeren Generatorkonzept führen würde.

Die Verzahnungen bei Stirnrad- und Planetenstufen werden sowohl geradverzahnt als auch schrägverzahnt ausgeführt. Die Vorteile der Schrägverzahnung liegen in der gleichmäßigeren Kraftübertragung und der höheren Laufruhe. Diesen Vorteilen stehen der erhöhte Aufwand der Fertigung und Montage und die daraus resultierenden Kosten gegenüber.

Moderne Getriebe werden mit dem Ziel einer hohen Stückzahl entwickelt und in Serienproduktionen hergestellt, weshalb es sich lohnt, viele Gussteile zu verwenden. So sind beispielsweise die Planetenträger und Gehäuse der Getriebe heutzutage fast ausschließlich Gusskomponenten. Diese sind hoch beansprucht, da in Abhängigkeit vom Triebstrangkonzept zusätzliche Lasten aus der Deformation des Triebstrangs oder den Rotorlasten wirken. Ein Beispiel wäre hier die Dreipunktlagerung. Die maximale Belastung für das Getriebe stellt zwar das Antriebsmoment dar, aber auch Biegemomente können zu überaus hohen Belastungen und Deformationen des Gehäuses führen. Da das Hohlrad der Planetenstufen gleichzeitig Teil des Gehäuses ist, kann dies zu ungleichmäßigen Eingriffen und Belastungen der Verzahnung und Lager führen, welche hierdurch Schaden nehmen können.

Eine Lösung kann hier die Flexpin-Lagerung darstellen. Bei dem Flexpin handelt es sich um eine alternative Lagerung der Planeten, die seit einigen Jahren bei diversen Herstellern Verwendung findet. Hierbei steckt der Planet auf einem flexiblen Bolzen und ist in der Lage, seine Achse leicht zu schwenken, während er sich gleichzeitig auf der Verzahnung abstützt. Dieses

Konzept gewährleistet somit den korrekten Verzahnungseingriff auch unter Deformation der Peripherie.

Die angesprochenen großen Verformungen haben dazu geführt, dass die Verwendung der Finiten-Elemente-Methode (FEM) bei der Getriebeentwicklung zum unverzichtbaren Werkzeug geworden ist. Darüber hinaus haben mit der Zeit auch zunehmend dynamische Aspekte Berücksichtigung gefunden. Mit der Vielzahl von Verzahnungen und Überrollfrequenzen der Lager stellt das Getriebe das größte Potenzial von resonanten Anregungen im Triebstrang dar. Für die Ermittlung dieser Anregungen wird spezielle Software verwendet und eingehende Untersuchungen sind Bestandteil des Getriebenachweises.

Die Anbindung des Getriebes an die WKA-Struktur erfolgt zumeist über zwei seitliche Stützen des Gehäuses, welche die Kräfte über elastische Elemente in die Anlagenstruktur übertragen. Diese haben die Eigenschaft, lediglich Drehmomente aufzunehmen, das Eigengewicht des Getriebes selbst wird von der Verbindung zur Rotorwelle getragen.

Neben den konventionellen, bereits genannten Getriebevarianten gibt es diverse Konzepte, deren Entwicklungen von Anlagenherstellern und Getriebeherstellern vorangetrieben werden und zum Teil eine völlig andere Konzeption aufweisen. Zu nennen wären hier zum Beispiel Getriebevarianten mit variabler Übersetzung, die eine konstante Drehzahl an den Generator abgeben. Der Voith-WinDrive stellt eine derartige Lösung dar. Es handelt sich hierbei um eine Kombination aus Planetengetriebe und hydrodynamischem Wandler, welche zwischen dem Hauptgetriebe und dem Generator sitzt.

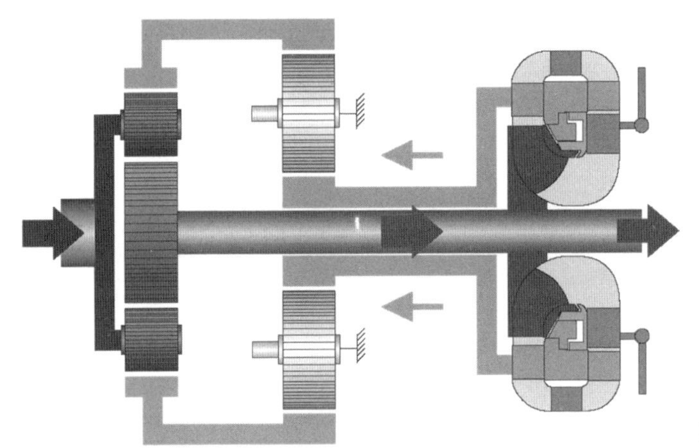

Bild 6.26 WinDrive [Voith]

Das Planetengetriebe des Voith-WinDrives ist ein Überlagerungsgetriebe, bei dem lediglich ein Teil der Eingangsleistung direkt an den Generator weitergeleitet wird und die restliche Energie über den Wandler und über die zweite Planetenstufe auf das drehbar gelagerte Hohlrad der ersten Stufe mit variabler Drehzahl wirkt. Die Regelung der Übersetzung erfolgt hierbei über verstellbare Leitschaufeln im hydrodynamischen Wandler.

Der Vorteil bei diesem Konzept besteht darin, dass Lastspitzen durch die dynamische Koppelung abgedämpft werden und auf den Frequenzumrichter verzichtet werden kann.

Das Konzept der variablen Übersetzung ist auch von anderen Herstellern aufgegriffen worden. Neben der hydrodynamischen Variante von Voith gibt es ebenfalls Ansätze, mit elektromagnetischen Wandlern, hydrostatischen Getrieben oder CVT-Zugmittelgetrieben zu arbeiten.

6.4.4 Bremse und Kupplung

Die Kupplung stellt das Verbindungsglied zwischen Getriebe und Generator dar und erfüllt neben der reinen Übertragung des Drehmoments mehrere Funktionen. Die Anbindung zum Getriebe und Generator erfolgt gewöhnlich über Spannsätze.

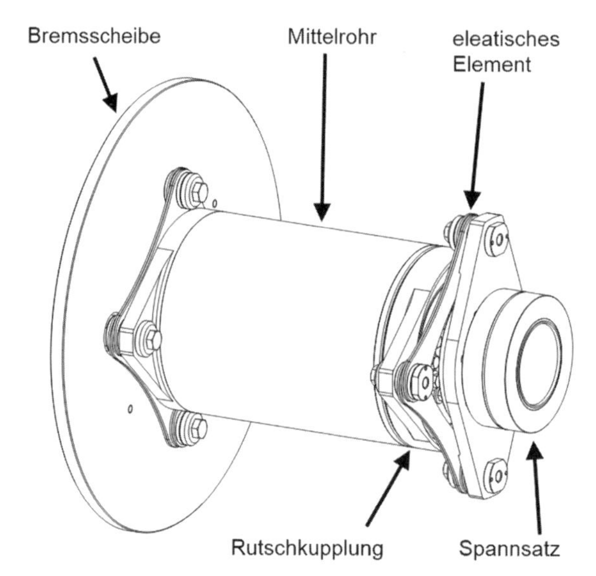

Bild 6.27 Kupplung [KTR]

Aufgrund der flexiblen Lagerung von Generator und Getriebe muss die Kupplung in der Lage sein, die Bewegungen der beiden Komponenten zu kompensieren. Außerdem muss sie in der Lage sein, eine gewisse Montagefehlausrichtung zwischen Getriebewelle und Generatorwelle auszugleichen zu können. Meist werden zweigelenkige drehsteife Kupplungen verwendet.

Zudem verfügen Kupplungen über einen Überlastschutz, welcher das Getriebe vor hohen Momenten schützen soll, die generatorseitig entstehen können. Diese entstehen in erster Linie im Falle des Generatorkurzschlusses, bei dem der Generator blockiert, während vom Rotor weiterhin das Antriebsmoment eingeleitet wird. Ohne den Überlastschutz würden hierbei sehr hohe Kräfte auf die Lager und Verzahnung im Getriebe wirken, was zu einem Versagen der Bauteile führen würde. Der Überlastschutz wird üblicherweise in Form einer Rutschkupplung realisiert, welche auf ein maximales Moment eingestellt wird und bei überhöhten Momenten durchrutscht. Die Übertragung der Momente im normalen Betrieb erfolgt durch Reibschluss.

Eine weitere Eigenschaft von Kupplungen ist ihre elektrische Isolation. Im Falle eines Blitzeinschlags würde der Blitz, vom Blatt kommend, durch den gesamten Triebstrang schlagen, wodurch besonders der Generator Schaden nehmen würde. Daher sind die meisten Kupplungen mit einer Zwischenwelle versehen, welche üblicherweise aus glasfaserverstärktem Kunststoff besteht. Alternativ gibt es auch Varianten, die ein Mittelrohr aus Carbon oder Stahl haben, wobei bei der Stahlvariante die flexiblen Elemente die Aufgabe der elektrischen Isolation übernehmen.

Die Kupplung hat ebenfalls die Funktion, die Bremskraft über eine Bremsscheibe auf den Triebstrang zu übertragen. Üblicherweise befindet sich die Bremse direkt am Getriebeausgang und ist an das Getriebegehäuse angeschraubt. Die Bremsscheibe wird gewöhnlich aus Stahl hergestellt.

Die Bremse wird bei großen Anlagen mit drei unabhängig voneinander arbeitenden Pitch-Aktuatoren nicht genutzt, um die Anlage aus voller Fahrt abzubremsen. Sie kommt erst zum Einsatz, um den kompletten Stillstand des Triebstrangs zu erzielen, nachdem die Anlage durch das Pitchen der Blätter größtenteils abgebremst wurde. Um bei Stallanlagen oder Anlagen mit zentralem Pitch-Zylinder eine Redundanz des Bremssystems zu erzeugen, muss die mechanische Rotorbremse in der Lage sein, den Rotor abzubremsen (Notstopp). Dementsprechend fallen die Bremsen größer aus bzw. es werden mehr Bremsen benötigt.

Aufgrund der fehlenden Übersetzung fallen Rotorbremsen bei direkt getriebenen Anlagen ebenfalls größer aus. Durch den Aufbau der direkt getriebenen Anlagen, welche aufgrund der Generatordimensionen einen größeren Gondeldurchmesser haben, können die Bremsen hier zwar zumeist auf einem größeren Durchmesser angebracht werden, grundsätzlich werden bei diesen Anlagen aber wesentlich mehr Bremszangen benötigt.

Zumeist werden bei Anlagen mit Getriebe und einer Leistung von > 2 MW zwei Bremszangen verwendet, wohingegen kleinere Anlagen noch mit einer einzelnen Bremse auskommen.

Bremsen lassen sich in zwei Arten unterscheiden: in Festsattel- und Schwimmsattelbremsen. Bei Schwimmsattelbremsen wird von einer der beiden Reibbeläge der Bremsendruck aufgebracht. Der andere Reibbelag ist direkt mit dem Sattel verbunden, welcher schwimmend gelagert ist und sich auf einem Führungsstift frei bewegen kann. Bei der Festsattelbremse sind die Zangenhälften fest miteinander verbunden und sie verfügen über zwei Hydraulikkolben.

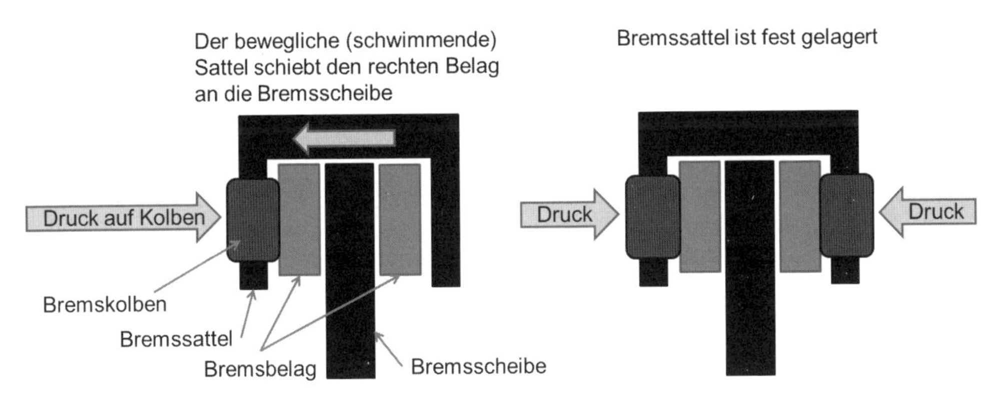

Bild 6.28 Prinzip der Schwimmsattelbremse (links) und Festsattelbremse (rechts) [aerodyn]

Der Vorteil der Schwimmsattelbremse besteht darin, dass sich diese selbst ausrichten kann und somit keinerlei axiale Kräfte in die Kupplung und auf diesem Wege in Getriebe und Generator einbringt. Aus diesem Grund stellt sie geringere Anforderungen an die Montagegenauigkeit. Festsattelbremsen müssen entsprechend ihrer Konzipierung wesentlich genauer montiert werden, um zu gewährleisten, dass die Bremsscheibe tatsächlich genau zentrisch zwischen den Reibbelägen liegt. Der Vorteil der Festsattelbremse ist, dass mit ihr wesentlich höhere Kräfte aufgebracht werden können, wodurch in einigen Fällen mit weniger Bremsen gearbeitet werden kann. Die Festsattellbremse ist kostengünstiger, kann aber nicht eingesetzt werden, wenn eine axiale Bewegung der Getriebewelle zu erwarten ist.

Rotorbremsen werden entweder hydraulisch oder elektrisch betätigt. Die eklektischen Bremsen sind erst seit wenigen Jahren auf dem Markt und sind bislang noch nicht so stark verbreitet. Das liegt auch an dem deutlich höheren Preis gegenüber dem der hydraulischen Bremszange. Es macht jedoch dann Sinn, diese einzusetzen, wenn man komplett auf ein Hydraulikaggregat verzichten möchte und somit das Problem von möglichen Ölleckagen umgeht. Außerdem sind bei dem Einsatz elektrisch betätigter Bremsen geringere Wartungskosten zu erwarten.

Die hohen Temperaturen, die bei Anlagen mit Getriebe während des Bremsvorgangs entstehen, stellen besondere Anforderungen an den Bremsbelag. Hier werden üblicherweise organische Bremsbeläge oder Sintermetallbeläge verwendet. Die organischen Bremsbeläge bestehen aus einem Bindemittel und verschiedenen Materialien wie Metall, Glas, Gummi, Harz und unterschiedlichen Verstärkungsfasern. Sie zeigen im Vergleich zu den Sintermetallbelägen eine bessere Funktion als Haltebremse (sogenannte statische Bremse), haben hierbei also einen höheren Reibwert. Die Sintermetallbeläge haben eine bessere Temperaturbeständigkeit. Die Entscheidung für den Belag muss auf Grundlage einer eingehenden Betrachtung der Anlagenkonzeption, der Lastfälle und der Anlagensteuerung getroffen werden. Zu beachten wären hierbei u. a. die festgelegte Wartungswindgeschwindigkeit, welche das maximale Haltemoment der Bremsen dimensioniert, und die maximale Bremsgeschwindigkeit, welche sich aus der festgelegten maximalen Drehzahl für den Bremseneinfall ergibt.

Für direkt getriebene Anlagen liegt es nahe, einen organischen Bremsbelag zu wählen, da die thermische Belastung gering ist.

6.4.5 Generator

Der Generator ist ebenfalls ein wichtiger Teil des Triebstrangs. Ausführlich wird er im Kapitel 8 behandelt. Es gibt zahlreiche Bauformen für direktgetriebene Anlagen mit hoher Polzahl oder für Getriebeanlagen mit geringer Polzahl. Bei den direktgetriebenen Triebstrangkonzepten wird der Generator meist über die schon vorhandene Rotorlagerung gelagert, wobei es auch hier separat gelagerte Systeme gibt. Bei den schnelllaufenden Systemen kommt meist eine konventionelle Elektromaschine mit zwei Lagern zum Einsatz. Die mechanische Anbindung der verschiedenen Generatoren in den jeweiligen Triebstrang ist in Abschnitt 6.5 ersichtlich. Bei den schnelllaufenden Generatoren ist die doppelt gespeiste Asynchronmaschine am weitesten verbreitet. Bei aktuellen Konstruktionen werden jetzt häufig permanenterregte Synchrongeneratoren oder auch Asynchronkurzschlussläufer verwendet, die den Vorteil haben, dass sie keine Schleifringe benötigen und über den damit verbundenen Vollumrichter die Netzanschlussbedingungen einfacher eingehalten werden können. Nachteilig dabei ist allerdings, dass die Kosten deutlich höher sind, da bei den doppeltgespeisten Maschinen nur etwa ein Drittel des Stroms durch den Umrichter muss und somit der Umrichter weniger Kosten verursacht. Schnelllaufende Generatoren werden meist 4-polig ausgeführt. Die Nenndrehzahl dieser Generatoren liegt bei 1 500 1/min (synchron) oder etwa 1 650 1/min (asynchron). Bei großen Generatoren (> 3 MW) oder bei 60 Hz Netzfrequenz geht man meist auf 6 polige Maschinen (1 000 1/min synchron bei 50 Hz). Die Lagerung stellt bei den schnelllaufenden Maschinen eine Schwachstelle dar. Die Wälzlager werden zwar für 20 Jahre Lebensdauer ausgelegt, in der Praxis zeigt sich jedoch, dass die wirkliche Lebensdauer deutlich geringer ist. Die Ursachen dafür sind nicht eindeutig identifiziert. Die Hersteller schließen mittlerweile Lagerströme als Ursache aus, da man mit entsprechenden Erdungsbürsten dem entgegenwirkt. Die Schmierung wird meist über ein an der Maschine angebautes automatisches Nachschmiersystem gewährleistet. Dennoch wird oft die Schmierung als Ursache für Schäden genannt. Bei vielen Maschinen wurden in der letzten Zeit Keramiklager (Wälzkörper aus Keramikwerkstoff) nachgerüstet, um eine höhere Standzeit der Lager zu gewährleisten. Diese haben bessere Eigenschaften bei Mangelschmierung und bessere Isolationseigenschaften, sind aber sehr teuer. Die Kühlung der schnelllaufenden Systeme ist häufig über Luft-Luft-Wärmetauscher realisiert. Dort wird ein innerer Luftstrom in der Maschine über Gebläse erzeugt, der wiederum über einen Wärmetauscher die Wärme an einen äußeren Luftstrom abgibt.

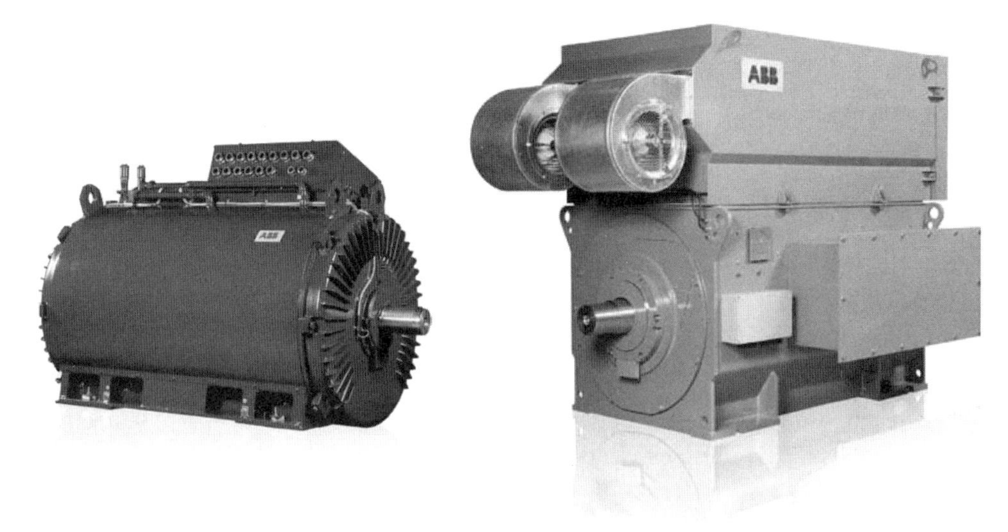

Bild 6.29 Permanenterregter Generator mit Wassermantelkühlung (links) und Generator mit Lüfter oben (rechts) [ABB]

Zudem kann bei geschlossener, abgedichteter Gondel auch eine Maschine mit Luft-Wasser-Wärmetauscher infrage kommen.

Während bei Wassermantelkühlung das Innere der Maschine oft nicht so gleichmäßig gekühlt werden kann, ist der Nachteil bei Lösungen mit Luft-Wasser-Wärmetauschern das geringere Temperaturgefälle gegenüber Luft-Luft-Tauschern. Dies liegt an dem zusätzlichen Wärmeübergang, den dieses Konzept mit sich bringt.

Die langsam laufenden oder auch die mittelschnelllaufenden Maschinen mit hoher Polzahl haben weniger Probleme mit Standzeiten der Lager. Die direktgetriebenen Turbinen verwenden häufig die Rotorlagerung gleichzeitig als Generatorlager. Bei diesen Maschinen kommen permanenterregte oder fremderregte Maschinen zum Einsatz. Die Schleifringe können bei fremderregten wegfallen, wenn man eine mitlaufende Erregermaschine verwendet. Durch die hohen Magnetpreise werden auch fremderregte Systeme wieder interessant, obwohl diese nicht so kompakt gebaut werden können. Der Rotor der Maschine kann auch als Außenläufer gestaltet werden, was sich vorteilhaft auf den Außendurchmesser auswirkt.

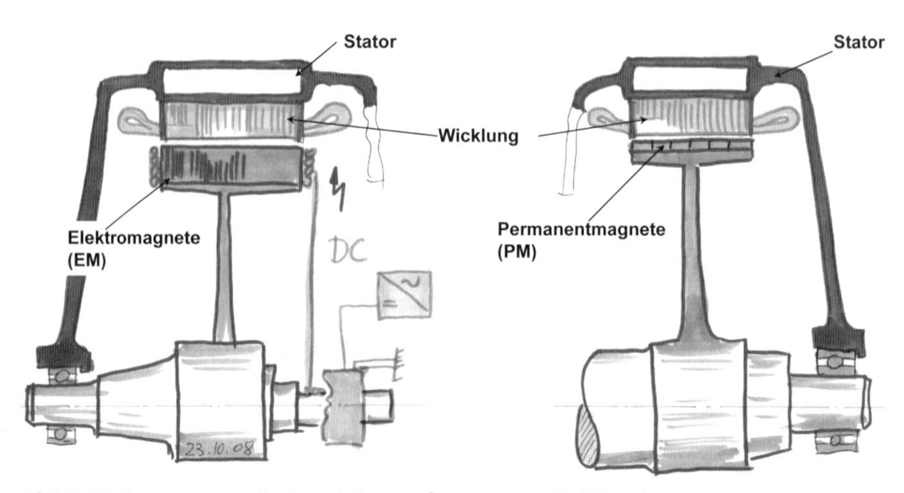

Bild 6.30 Erregung von direktgetriebenen Generatoren [F. Klinger]

Die Kühlung und die Luftspaltstabilität ist bei den langsam laufenden Maschinen die konstruktive Herausforderung. Der Einfluss des Triebstrangkonzepts und der Lagerung auf den Luftspalt ist in Abschnitt 6.5 beschrieben. Bei der Kühlung gibt es vielfältige Möglichkeiten der Kühlmittelführung, die oft auch schon durch Patente geschützt sind (Wasserkühlung, Luftkühlung etc.). Die Effizienz der Kühlung entscheidet neben der Kraftflussdichte im Luftspalt durch das Erregersystem über die Kompaktheit der Maschine. Da aus Kostengründen die direktgetriebenen Maschinen einen schlechteren Wirkungsgrad als die schnelllaufenden haben, muss das Kühlsystem entsprechend größer dimensioniert sein. Als Beispiel wird in Bild 6.31 ein Prinzipbild für das Kühlsystem einer Vensys-Anlage gezeigt

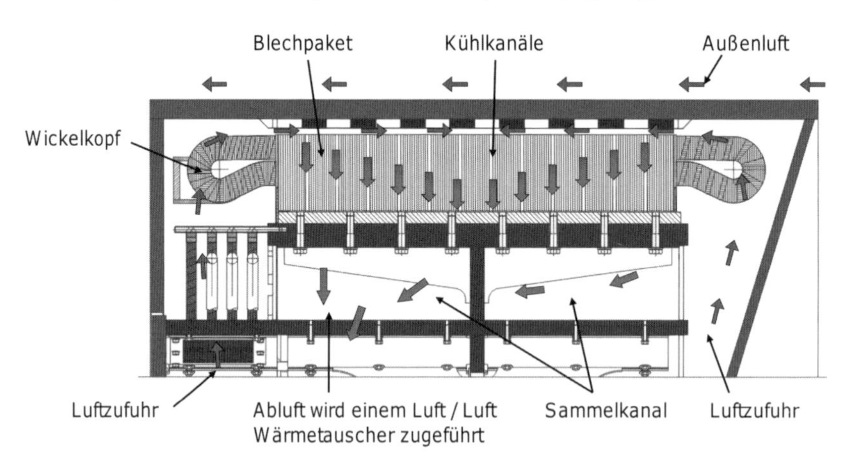

Bild 6.31 Kühlsystem einer Vensys-Anlage [Vensys]

In Kapitel 8 wird ausführlich auf die elektrische Auslegung der Generatoren und Umrichter eingegangen.

6.5 Triebstrangkonzepte

In diesem Abschnitt werden unterschiedliche Triebstrangkonzepte in Abhängigkeit ihrer Rotorlagerung und des Getriebe-/Generatorkonzepts vorgestellt und betrachtet. Da die Kombinationsmöglichkeiten sehr vielfältig sind, beschränkt sich dieses Buch auf tatsächlich realisierte Projekte. Eine grundlegende Orientierung der Möglichkeiten zeigt Tabelle 6.1 in einer zusammengefassten Triebstrangkonzeptmatrix.

Tabelle 6.1 Triebstrangkonzeptmatrix

Lagerungskonzept	Getriebeart: direkt	Getriebeart: 1-2 Stufen	Getriebeart: 3-4 Stufen
Doppelte Lagerung	6.5.1	6.5.3	6.5.5
Dreipunktlagerung			6.5.1
Momentenlagerung	6.5.2	6.5.4	6.5.7

Betrachtet man diese Matrix, ist zu erkennen, dass zwei mögliche Kombinationen mit der Dreipunktlagerung (direktgetriebenes Konzept und Triebstrang mit 1-2-Stufengetriebe) ausgelassen werden. Diese Varianten sind in der Theorie zwar möglich, allerdings gibt es hierzu keine praktischen Umsetzungen, die dem Autor zum aktuellen Zeitpunkt bekannt wären. Dem hinzuzufügen ist, dass ein direktgetriebener Triebstrang basierend auf einer Dreipunktlagerung aufgrund der starken Beanspruchungen des Generatorgehäuses wirtschaftlich nicht konkurrenzfähig umzusetzen ist.

6.5.1 Direktgetrieben – Doppelte Lagerung

Getriebelose Windkraftanlagen zeichnen sich durch eine höhere Zuverlässigkeit und einen geringeren Wartungsaufwand aus. Nachteilig sind die großen Abmessungen und die vergleichsweise hohen Kosten für den Bau dieser Anlagen. Der bekannteste Hersteller mit einem vergleichsweise großen Marktanteil ist die deutsche Firma Enercon. Bei Enercon werden fremderregte Generatoren eingesetzt, die ein sehr hohes Gewicht haben und ein großes Bauvolumen benötigen. Modernere Varianten, z. B. von Vensys oder Siemens, arbeiten mit Permanentmagneten und sind nicht schwerer als die Getriebeanlagen. Jedoch sind auch bei diesen Herstellern die Kosten sehr hoch, da in jüngster Zeit die Preise für Permanentmagnete stark in die Höhe gegangen sind.

Das Lagerungskonzept des Rotors für die Enercon-Windkraftanlagen basiert auf zwei Lagern, die auf einem vorstehenden Achszapfen angeordnet sind (siehe Bild 6.32). Die Nabe ist direkt mit dem innen liegenden Rotor des Generators verbunden. Der Stator ist im Gehäuse angeordnet, welches wiederum am Maschinenträger angeflanscht ist. Auch die neue Offshore-Windkraftanlage der Firma ALSTOM, eine 6-MW-Turbine mit einem Rotordurchmesser von 150 Metern, lehnt sich an das beschriebene Konzept an.

Den in Abschnitt 6.4.2 beschriebenen Vorteilen für die doppelte Lagerung stehen aber auch Nachteile gegenüber. Zum einen beeinflusst die Biegung des Achszapfens den Luftspalt des Generators, sodass der Maschinenträger und die Achse entsprechend steif und somit schwer ausgelegt werden müssen. Zum anderen ist ein Nabenzugang nicht möglich und auch der Generator ist schwer zu erreichen.

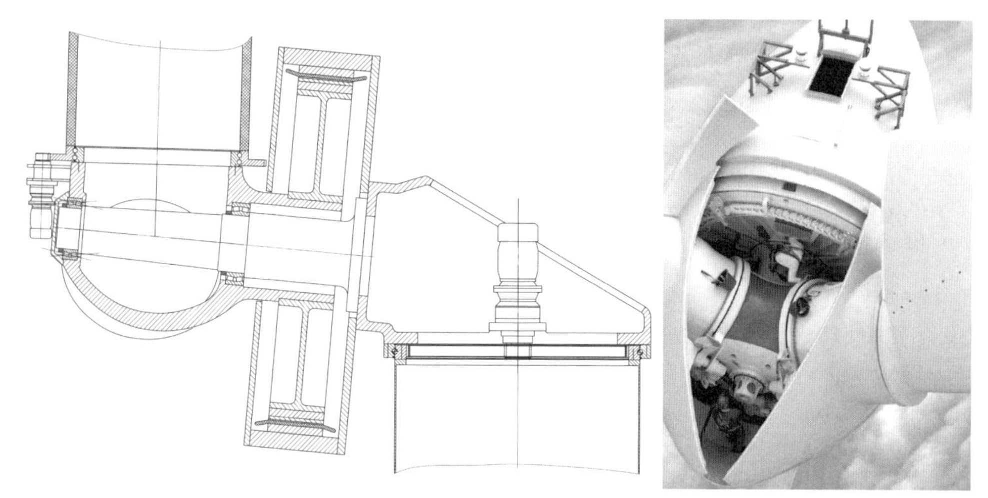

Bild 6.32 Triebstrangkonzept [links, aerodyn]) und die Nabe einer Enercon-WKA [rechts, Enercon]

Ähnlich dem Enercon-Konzept kann man den in Bild 6.33 dargestellten Aufbau bezeichnen. Dieser von der Firma Vensys realisierte Triebstrang hat allerding einen außen liegenden Generatorrotor. Der Stator ist innen liegend und mit dem Maschinenträger verbunden.

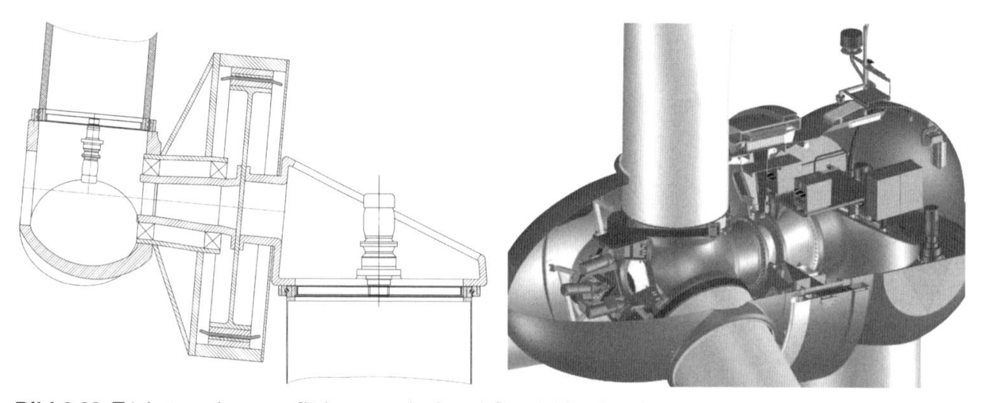

Bild 6.33 Triebstrangkonzept [links; aerodyn] und Gondel [rechts, Vensys] der Vensys 1,5-MW-WKA

Da sich die Achse mit den zwei Lagern nicht wie beim Enercon-Konzept durch die gesamte Nabe zieht, ist die Nabe bei diesem Aufbau zugänglich. Außerdem wird das rotierende Generatorgehäuse durch die Rotorlasten nicht beansprucht.

Allerdings wird auch bei diesem Konzept der Luftspalt durch die Biegeverformungen des Achszapfens beeinflusst. Die resultierende schwere Konstruktion ist auch hier gegeben.

Ein weiteres Beispiel für das Lagerungskonzept mit zwei separaten Lagern in Verbindung mit einer direktgetriebenen Windkraftanlage ist in Bild 6.34 dargestellt. Das Konzept der mTorres TWT 1500 und TWT 1.65 basiert auf einem längeren, starkintegrierten Generator, der direkt über dem Turm angeordnet ist.

Diese Variante bringt den Vorteil eines kleineren Generatordurchmessers und des tragenden Maschinenträgers mit sich, hat aber den Nachteil, dass die Rotorlasten mit bis zu 90 % auf

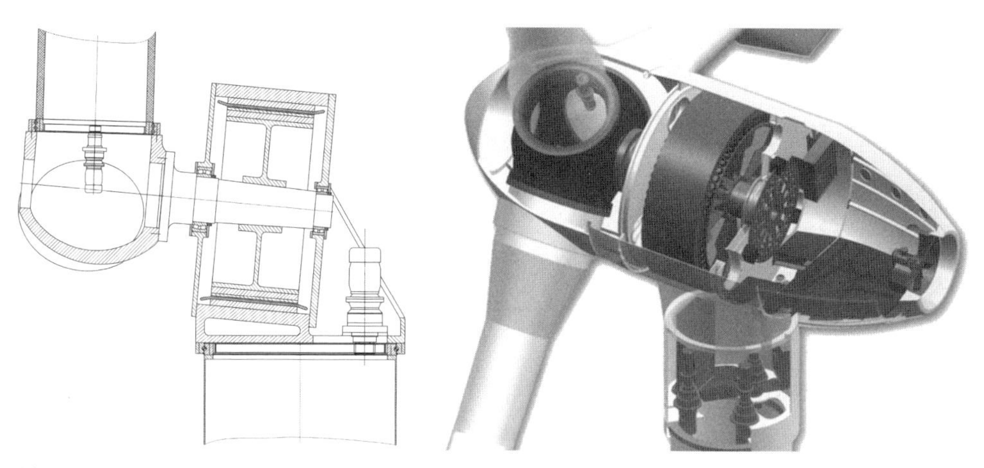

Bild 6.34 Triebstrangkonzept [links, aerodyn] und Gondel der mTorres TWT 1500 [rechts, mTorres]

das Generatorgehäuse wirken. Auch bei diesem Konzept wird der Generatorluftspalt dadurch beeinflusst.

Die von der Firma Scan Wind (jetzt GE) realisierte Lösung basiert auf einer sehr langen Rotorwelle, die mit zwei separaten Lagern mit kleinen Durchmessern gelagert ist. Neben dem Rotor ist außerdem der Generator mit Stator und Rotor auf der Welle gelagert.

Dieses Lagerkonzept hat den großen Vorteil, dass der Generator nur durch Drehmoment belastet wird. Das Resultat sind geringe Verformungen des Generators und seines Gehäuses, wodurch auch der Luftspalt des Generators nicht beeinträchtigt wird.

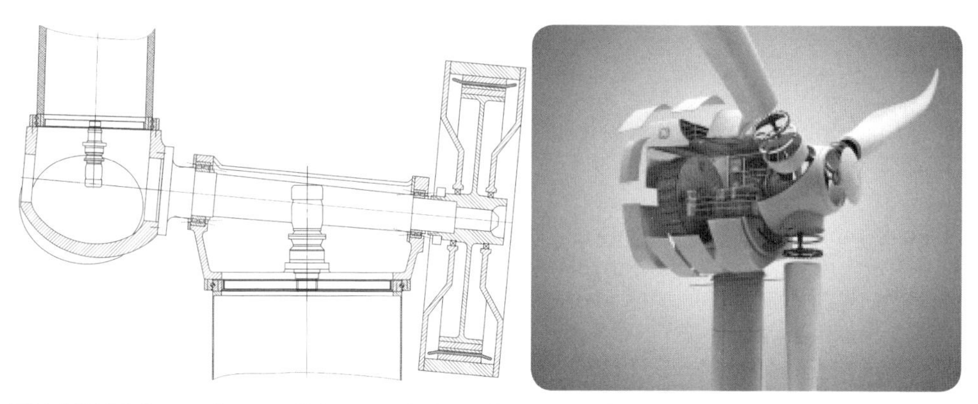

Bild 6.35 Triebstrangkonzept [links, aerodyn] und Gondel der GE 4.1-113 [rechts, GE]

Da die Rotorwelle und der Maschinenträger bei der links in Bild 6.35 gezeigten Anordnung von Rotor und Generator abhängig ist vom oberen Turmdurchmesser, kann es zu sehr großen und schweren Trägerkonstruktionen kommen. Außerdem hat diese Lösung den Nachteil, dass der Generator eine eigene Lagerung benötigt.

Eine Variation dieses Konzepts ist in Bild 6.36 zu sehen. Die doppelte Lagerung der extrem langen Rotorwelle ist dabei gleich geblieben. Allerdings ist das Generatorgehäuse mit dem Stator bei der Heidelberg Motor HM 600 nicht auf der Rotorwelle gelagert, sondern direkt an den Maschinenträger geflanscht.

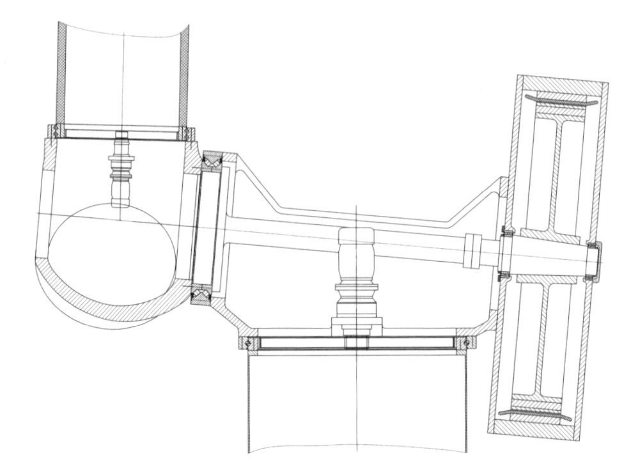

Bild 6.36 Triebstrangkonzept der Heidelberg Motor HM 600 [aerodyn]

Diese Ausführung hat den Vorteil, dass das Generatorgehäuse sehr geringen Belastungen ausgesetzt ist. Auch müssen keine Lager für das Generatorgehäuse vorgesehen werden.

Man muss allerdings zur Kenntnis nehmen, dass aufgrund der Biegung der Rotorwelle der Luftspalt des Generators beeinflusst wird. Eine entsprechend steife Auslegung der Rotorwelle ist also notwendig: In Verbindung mit der Länge der Welle eine nicht zu unterschätzende Herausforderung.

6.5.2 Direktgetrieben – Momentenlager

Wie in Abschnitt 6.5.1 wird auch hier ein getriebeloses Triebstrangkonzept betrachtet, wobei auf die Vor- und Nachteile des Direktantriebs hier nicht noch einmal eingegangen werden soll.

Im Folgenden konzentrieren wir uns also auf direktgetriebene Triebstrangkonzepte mit Momentenlagerung. Beginnen wollen wir mit einem Triebstrangkonzept, das von der Firma Lagerwey in verschiedenen Windkraftanlagen umgesetzt wird. Die Rotornabe ist mit einem Momentenlager, welches zumeist als zweireihiges Kegelrollenlager ausgeführt ist, am Maschinenträger gelagert. Sie überträgt das Drehmoment auf den innen liegenden Rotor des Generators. Der Stator ist im Generatorgehäuse am Maschinenträger befestigt (siehe Bild 6.37).

Der Aufbau dieser Variante ermöglicht zwar einen direkten Zugang zur Nabe, hat aber aufgrund des großen Lagerdurchmessers und der Wirkung der Verformung auf den Luftspalt des Generators Nachteile bezogen auf die Abmessungen und das Gewicht der Trägerkonstruktion.

Anders als bei der 1,5-MW-Anlage setzt die Firma Vensys bei dem 2,5-MW-Produkt auf einen Triebstrang mit nur einem Hauptlager. Allerdings zeigt Bild 6.38, dass sich das Generatorkonzept nicht geändert hat. Auch bei dieser Windkraftanlage ist der Generatorrotor als Außenläufer ausgeführt und der Stator innen liegend mit dem Maschinenträger verbunden.

Da sich der Aufbau nur in der Rotor-Stator-Anordnung zum Lagerwey-Konzept unterscheidet, können hier die gleichen Vor- und Nachteile als zutreffend erachtet werden.

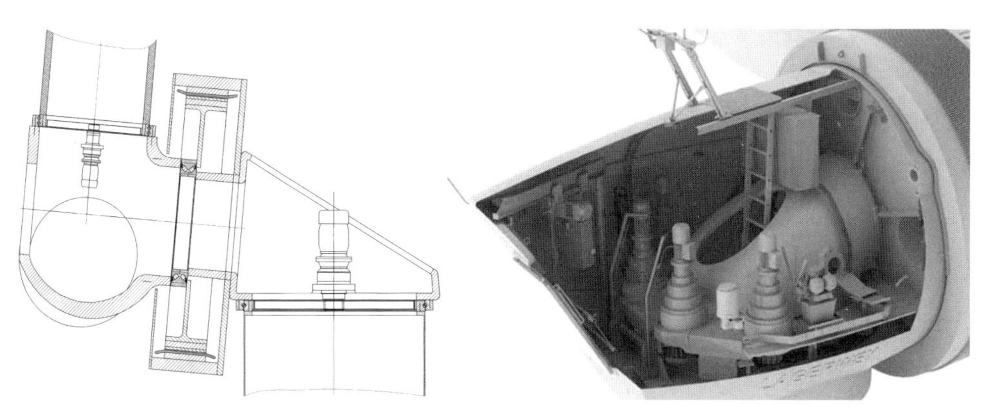

Bild 6.37 Triebstrangkonzept [links, aerodyn] und Gondel [rechts, Lagerwey] der Lagerwey L93 2,5 MW

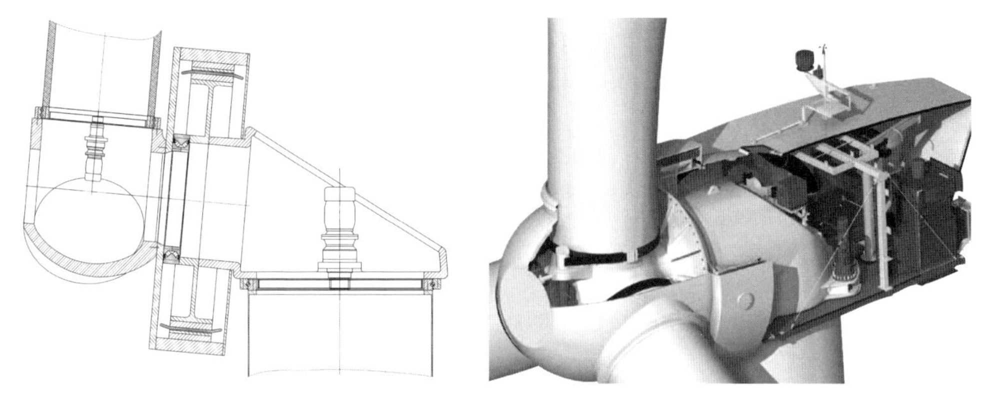

Bild 6.38 Triebstrangkonzept [links, aerodyn] und Gondel der Vensys 2,5-MW-Windkraftanlage [rechts, Vensys]

Die Firma LEITWIND verfolgt bei ihren Produkten das in Bild 6.39 dargestellte Triebstrangkonzept. Die Anlagen mit Nennleistungen von 1–3 MW setzen dabei auf eine Momentenlagerung und einen Generator mit relativ kleinem Durchmesser. Der resultierende Maschinenträger ist daher von den Abmessungen kleiner ausgeführt, als bei den vorangegangenen Lösungsansätzen. Dieser Vorteil relativiert sich aber, da aufgrund des großen Lagerdurchmessers die Nabe entsprechend größer ausfällt. Auch die anderen Nachteile des „Direct-Drives" mit Momentenlagerung müssen hier beachtet werden.

6.5.3 1-2-Stufengetriebe – Doppelte Lagerung

Das in diesem und den folgenden Absätzen vorgestellte Triebstrangkonzept basiert auf einem 1–2-stufigen Getriebe und einem immer noch langsam laufenden Generator. Diese auch als Hybridlösung bekannte Variante versucht die Vorteile des „Direct-Drives" (siehe Abschnitt 6.5.1–6.5.2) und des klassischen Triebstrangkonzepts mit mehrstufigem Überset-

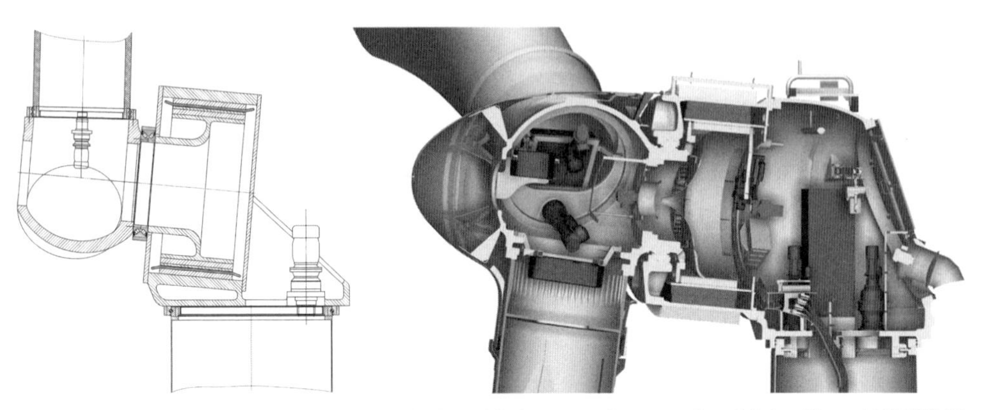

Bild 6.39 Triebstrangkonzept [links, aerodyn] und Schnittansicht einer Gondel der Firma LEITWIND [rechts, LEITWIND]

zungsgetriebe (siehe Abschnitt 6.5.5–6.5.7) zu verbinden. Aufgrund des kompakten Getriebes und des kompakten Generators sollen vor allem günstige Turmkopfgewichte erzielt werden.

Die oft einhergehende komplette Integration der Triebstrangkomponenten in den Maschinenträger (siehe Multibrid M5000 oder aerodyns SCD) unterstützt die erfolgreiche Umsetzung dieses Ziels. Zu beachten ist wiederum, dass die Reparaturmöglichkeiten dieser Konzepte ohne Demontage des Turmkopfs äußerst begrenzt sind.

Im Folgenden betrachten wir wieder die realisierten Lösungen. Es ist allerding anzumerken, dass diese recht junge Triebstrangbauart noch nicht den Verbreitungsgrad der beiden aufgelösten Triebstrangvarianten erreicht und diverse Konfigurationsmöglichkeiten in diesem Buch nicht betrachtet werden.

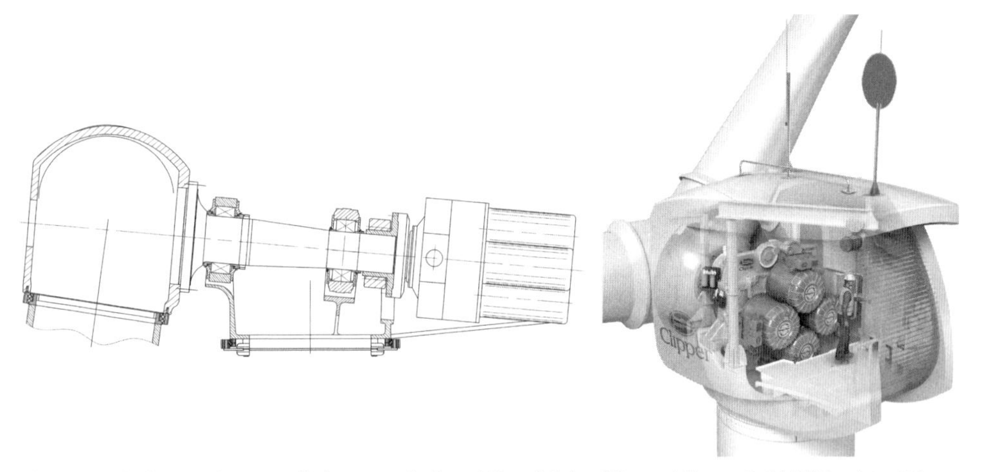

Bild 6.40 Triebstrangkonzept [links, aerodyn] und Gondel der Clipper Liberty 2,5 MW [rechts, Clipper Windpower]

In diesem Abschnitt wenden wir uns zunächst den Hybridbauweisen mit einer doppelten Lagerung zu. Als umgesetzte Lösung ist hier die Clipper Liberty 2,5-MW-Windkraftanlage zu nennen (Bild 6.40). Bei dieser Anlage wird die vom Rotor generierte Leistung von der Rotorwelle auf die erste Getriebestufe übertragen und dort aufgesplittet. Die folgenden Komponenten im Triebstrang sind wie die zweite Getriebestufe vierfach ausgeführt. Sehr gut zu erkennen ist dies in Bild 6.40 (rechts), das die vier Generatoren in der Gondel zeigt.

Als Vorteile können hier die gute Abkapselung der Komponenten von den Rotorlasten und die daraus resultierende einfachere Auslegung angesehen werden. Auch der einfache Generatoraustausch bei Ausfall kann aufgrund der geringen Größen der einzelnen Generatoren als Vorteil genannt werden. Im Hinblick auf das Lagerkonzept (gilt für alle doppeltgelagerten Triebstrangkonzepte) ist die Zulieferersituation günstig.

Aber auch Nachteile sind mit dieser Lösung verbunden. Neben der langen und schweren Rotorwelle ist auch die konstruktive Umsetzung der mechanischen Rotorbremse mit Problemen behaftet. Hinzu kommt die Spezialentwicklung des Getriebes, die eine Abhängigkeit vom Zulieferer zur Folge hat.

Auch mit einer doppelten Lagerung in Verbindung mit einem 2-stufigen Getriebe arbeitet Gamesa bei der eigenen 4,5-MW-Anlage. Besonderheit ist hier die Verkettung der Komponenten (siehe Bild 6.41). Das Gehäuse der Rotorlagerung ist an der Vorderseite direkt mit dem Maschinenträger verbunden. An der Rückseite wird das Getriebe angeflanscht, an dessen Rückseite wiederum der Generator befestigt wird. Hier kommt ein rohrähnliches Distanzstück zum Einsatz, welches außerdem die Kupplung beherbergt. Kompliziert gestaltet sich bei dieser Lösung die Realisierung der Signal- und Stromanbindung der in der Nabe angeordneten Komponenten.

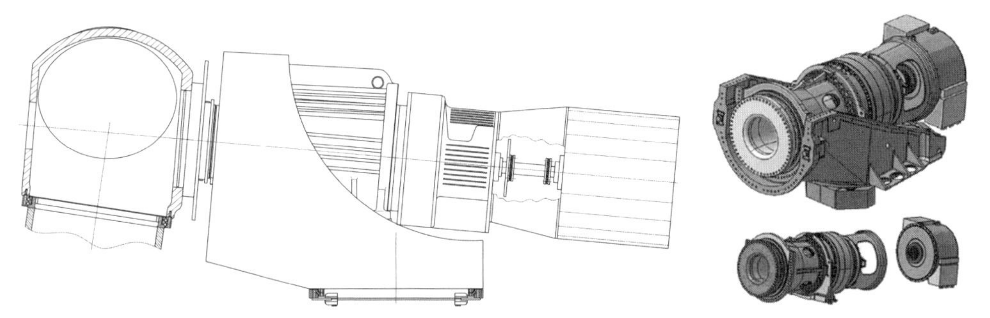

Bild 6.41 Triebstrangkonzept [links, aerodyn] und Lagerungskonzept mit Triebstrang der Gamesa 4,5 MW [rechts, Gamesa]

6.5.4 1-2-Stufengetriebe – Momentenlagerung

Einen Hybridtriebstrang oder besser den Hybridtriebstrang weist die Windkraftanlage AREVA M5000, ehemals Multibrid, auf. Er ähnelt dem Triebstrangkonzept in Bild 6.42, das ein in das Hauptlager integriertes Getriebe und einen Generator mit kleinem Durchmesser zeigt.

Die Lagerung des extrem kompakten Triebstrangs der AREVA M5000 besteht aus einem zweireihigen Kegelrollenlager, in das zudem eine spezielle Form eines Planetengetriebes integriert wurde (siehe Bild 6.42, rechts).

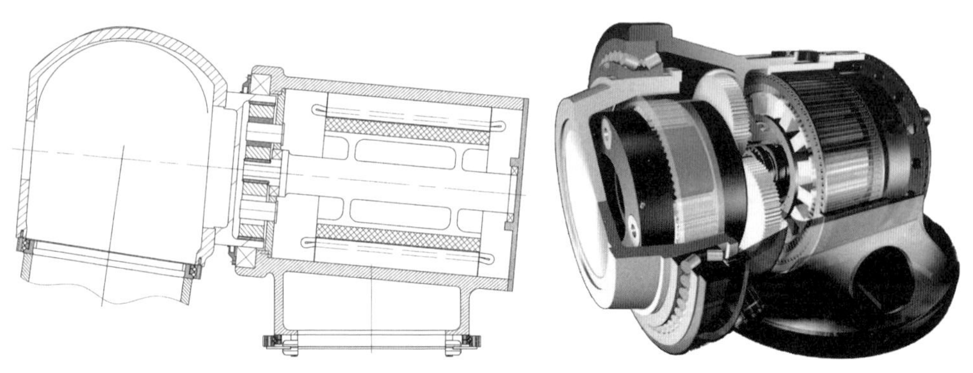

Bild 6.42 Triebstrangkonzept [links, aerodyn] und Kopfträger der Multibrid M5000 [rechts, aerodyn]

Neben dem Lager und dem Getriebe ist ebenfalls der Generator in den Maschinenträger integriert. Der Triebstrang dieser Windkraftanlage hat aufgrund seiner absoluten Funktionsintegration und der kurzen Rotorwelle sehr geringe Abmessungen und ist somit sehr leicht.

Allerdings stellt diese Bauform auch erhebliche Ansprüche bezüglich der konstruktiven Umsetzung. Aufgrund der angesprochenen Funktionsintegration werden sowohl das Getriebe als auch der Generator durch die Rotorlasten beansprucht. Während im Falle des Generators vor allem der Luftspalt beeinflusst wird, kann beim Getriebe der Zahneingriff beeinträchtigt werden. Weiter muss für den Zugang der Gondel eine konstruktive Lösung gefunden werden. Da es sich bei den meisten Komponenten um Sonderentwicklungen handelt, kann es auch hier zu Problemen mit Zulieferern kommen.

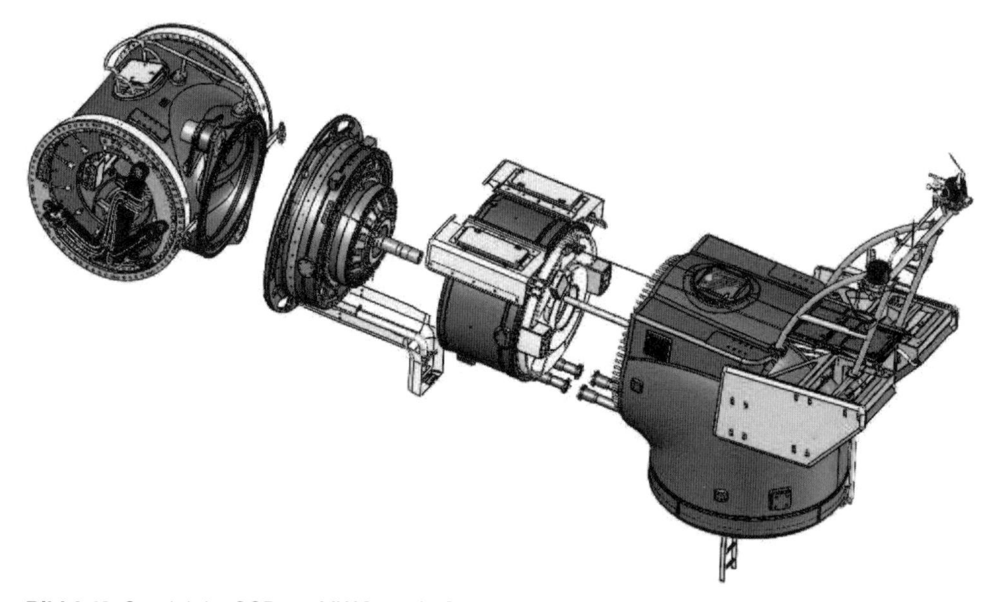

Bild 6.43 Gondel der SCD 3,0 MW [aerodyn]

Neben der Firma AREVA, die die M5000 baut, und dem SCD-Konzept der Firma aerodyn, gibt es ähnliche Konzepte mit einer Teilintegration des Getriebes in den Maschinenträger, z. B. von der Firma WinWind.

Das SCD-Konzept (Super Compact Drive) ist eine Konstruktion der Firma aerodyn mit einem Zweiblattrotor, die als 3- und 6-Megawattanlage derzeit von einem chinesischen Hersteller gebaut wird. Das Konzept setzt auf einen modularen Aufbau, bei dem das Getriebe und der Generator rohrförmig in Reihe vor den Kopfträger geschraubt werden. Alle genannten Komponenten haben nahezu den gleichen Durchmesser und werden am Außenring verschraubt. Der Kraftfluss der Rotorlasten verläuft also durch die Gehäuse der Triebstrangkomponenten über den Kopfträger in den Turm.

Der Kopfträger sieht im Grunde genommen aus wie ein Rohrwinkelstück. Nur dass an der Seite mit horizontaler Achse der Triebstrang angebunden wird, auf der anderen Seite mit vertikaler Achse der Kopf der Windkraftanlage auf dem Turm gelagert ist. Eine Gondel mit Verkleidung im herkömmlichen Sinne ist somit nicht mehr vorhanden. Sämtliche Peripherie wird in zwei Stockwerken im Kopfträger und Turm angeordnet.

Solche vollintegrierten Systeme machen nur Sinn, wenn die Hersteller eine große Fertigungstiefe haben und eine große Stückzahl gebaut wird.

6.5.5 3-4-Stufengetriebe – Doppelte Lagerung

Die doppelte Lagerung mit mehrstufigem Getriebe stellt die klassische Bauart eines Triebstrangs dar. Im Abschnitt Rotorwelle und Lagerung ist der grundsätzliche Aufbau beschrieben.

Betrachten wir dieses Triebstrangkonzept in Verbindung mit einer doppelten Rotorlagerung, muss man auch hier sagen, dass es etliche konstruktive Möglichkeiten gibt. Die als Standardbauweisen bekannten und in der Praxis am häufigsten umgesetzten Lösungen sind bereits in Bild 6.19 und Bild 6.20 aufgeführt und in Abschnitt 6.4.2 beschrieben.

Beide Varianten leiten den größten Teil der Rotorlasten über die Lagerung direkt in den Maschinenträger, sodass das Getriebe und der Generator lediglich dem Drehmoment ausgesetzt sind. Wegen der Vielzahl der entwickelten Anlagen, die auf diesen Konzepten basieren, ist die Zulieferersituation entsprechend gut.

Um nur einige Beispiele für diese Art von Windkraftanlagen zu geben, sind für die Variante mit separaten Lagern die Vestas V80, Siemens SWT 3.6-107 oder die REpower 5M als prominente Vertreter zu nennen.

Die Variante mit einem geschlossenen Lagergehäuse ist vor allem durch Windkraftanlagen von GE (z. B. GE 2.5xl), Vestas 2 MW Grid Streamer oder die aeroMaster-Familie (1,5 MW [siehe Bild 6.44], 2,5 MW, 3,0 MW, 5,0 MW) der Firma aerodyn Energiesysteme GmbH vertreten. Wie auch schon in Abschnitt 6.4.2 beschrieben, ist der Vorteil der Anordnung die Verwendung von spielfreien Lagern. Dies führt zu einer Erhöhung der Zuverlässigkeit der selbigen. Wichtig dabei ist vor allem, dass die axiale Beweglichkeit des Triebstrangs unterbunden wird, was letztlich auch dem Getriebe zugutekommt.

Auch auf einer doppelten Lagerung basierend, aber dennoch abweichend, sind die folgenden Konzepte. Das Konzept in Bild 6.45 (links) wird dominiert von einem Lagergehäuse, das neben den zwei Wälzlagern außerdem noch den Anschluss für das Getriebe aufweist. Die Drehmo-

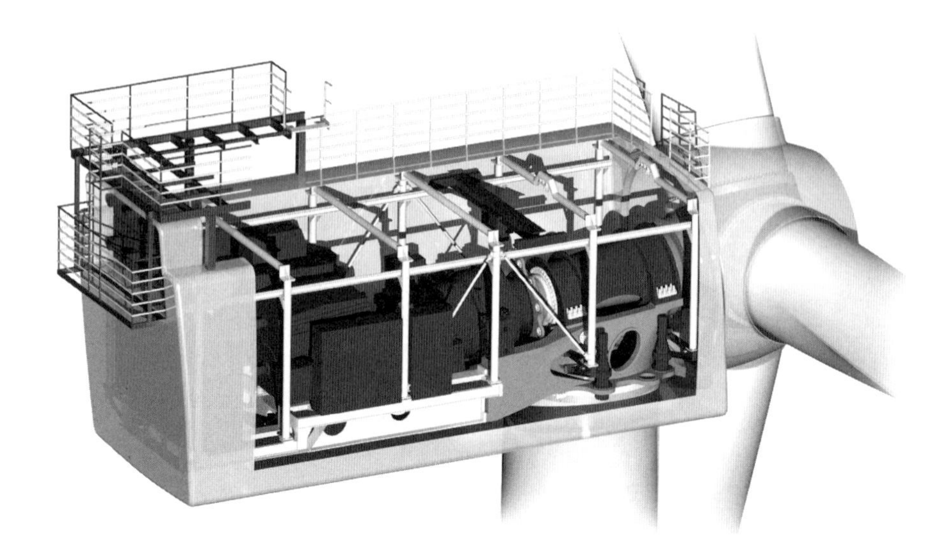

Bild 6.44 Gondel des aeroMaster 5 MW der Firma aerodyn Energiesysteme GmbH [aerodyn]

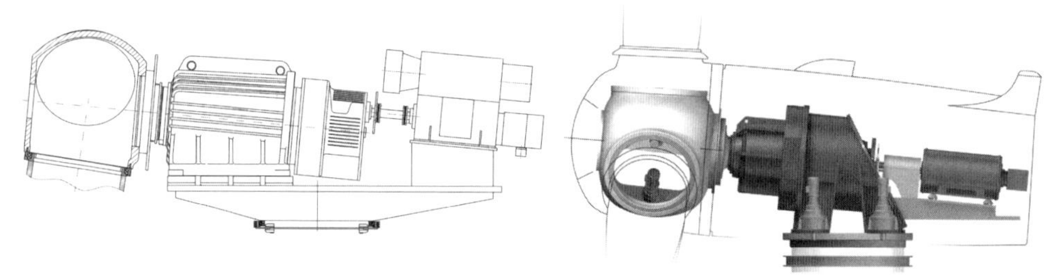

Bild 6.45 Triebstrangkonzept [rechts, aerodyn] und Umsetzung bei der FL 1500 von Fuhrländer [links, Fuhrländer]

mentstützen auf dem Maschinenträger, üblich bei den vorangegangenen Lösungen, entfallen somit. Bild 6.45 (rechts) zeigt die Umsetzung der Firma Fuhrländer.

Wie schon in Abschnitt 6.5.1 erwähnt, setzt die Firma ALSTOM auf eine Rotorlagerung, bei der die Wälzlager auf einem Achszapfen angeordnet sind. Das Ziel, die Biegemomente des Rotors direkt in den Turm zu leiten und nur Drehmoment auf den Triebstrang zu übertragen (Bild 6.46), ist dabei das gleiche, wie im Falle der direktgetriebenen Offshore-Anlage. Einzige Besonderheit des ansonsten konventionellen Triebstrangs ist die im Achszapfen laufende Rotorwelle. Sie tritt am vorderen Ende aus dem Achszapfen und wird dort an die Nabe geflanscht.

Zwei weitere auf einer doppelten Lagerung basierende Triebstrangkonfigurationen sind in Bild 6.47 und Bild 6.48 aufgeführt und vornehmlich in älteren Windkraftanlagen zu finden.

Bild 6.47 zeigt ein Konzept, bei dem der Generator auf dem Gehäuse der Rotorlagerung angeordnet ist und das Getriebe zur Realisierung des Achsversatzes genutzt wird. Da der Triebstrang in einer Art U-Form verläuft, ist der Triebstrang relativ kurz und hoch, sodass auf einen zusätzlichen Generatorträger verzichtet werden kann.

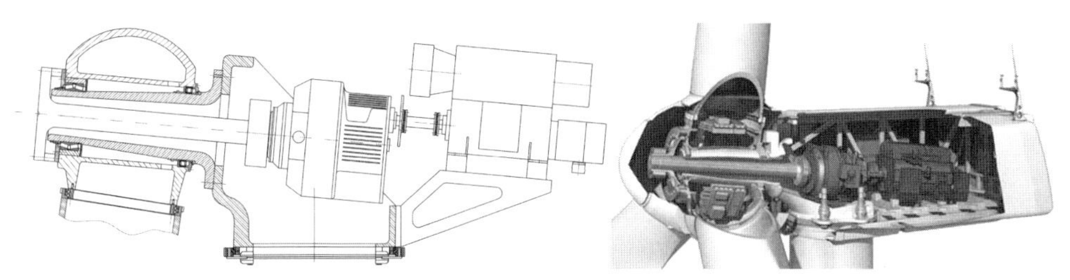

Bild 6.46 Triebstrangkonzept [links, aerodyn] und Gondel der ALSTOM ECO 100 mit Pure-Torque-Technologie [rechts, ALSTOM]

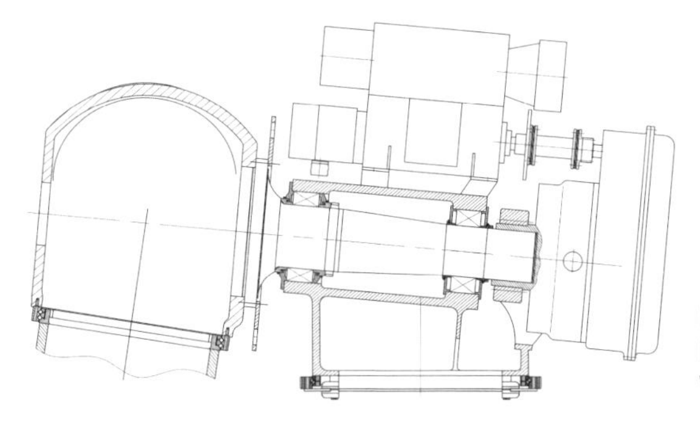

Bild 6.47 Triebstrangkonzept der Komai KWT 300, der HSW 1000 und der DanWin27

Bild 6.48 zeigt einen teilweise funktionsintegrierten Triebstrang. Bei dieser Bauweise ist die Rotorlagerung direkt im Getriebe implementiert. Das Resultat ist ein relativ kurzer und leichter Triebstrang. Allerdings ist das Getriebe starken Belastungen ausgesetzt, wodurch vor allem der Zahneingriff beeinträchtigt wird. In der Vergangenheit wurden eher kleinere Anlagen wie z. B. die Tacke TW600 oder die DeWind D4 mit dieser Triebstrangart gebaut.

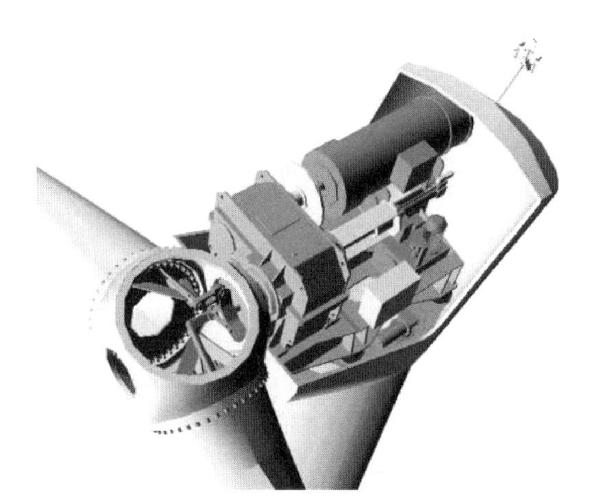

Bild 6.48 Triebstrangkonzept der DeWind D4 [DeWind]

6.5.6 3-4-Stufengetriebe – Dreipunktlagerung

Das Konzept der Dreipunktlagerung wurde bereits ausführlich in Abschnitt 6.4.2 beschrieben. Aufgrund der Vielzahl von Umsetzungen des aufgelösten Triebstrangs mit diesem Lagerungskonzept sind nur einige aufgeführt. Neben REpower (MD 70/77, MM 82/92, 3.3M) sind vor allem Vestas (V82, V112), Fuhrländer (MD 70/77), Nordex (S70/77), GE (1.5, 3.6) und Siemens (vorher AN Bonus 1.3MW, 2.3MW) zu nennen.

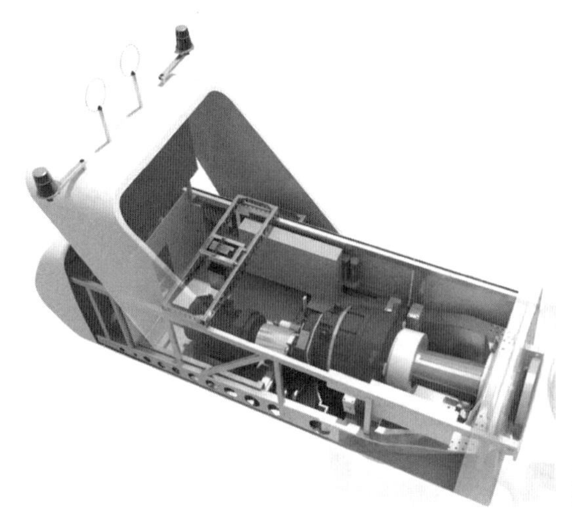

Bild 6.49 Gondel der Vestas V112-Windkraftanlage [Vestas]

Wie bei jeder Standardbauweise sind auch bei dieser Variante günstige Zulieferersituationen in Bezug auf die Komponenten zu erwarten.

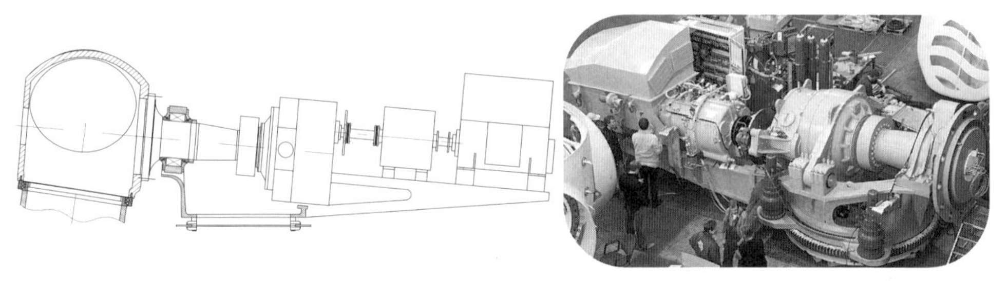

Bild 6.50 Triebstrangkonzept [links, aerodyn] und Gondel der DeWind D8.2 [rechts, DeWind]

Ein Triebstrangkonzept mit einem ganz ähnlichen Aufbau zeigt Bild 6.50 (links). Hier ist zwischen Getriebe und Generator lediglich ein variabler Drehmomentwandler in den Triebstrang eingebracht. Dieser hat die Aufgabe, die Drehzahl auf der Ausgangswelle zum Generator konstant zu halten und somit den Netzanschluss der Windkraftanalage zu vereinfachen. Ziel ist es, den Frequenzumrichter, der bei Anlagen mit festen Übersetzungsverhältnissen und variabler Generatordrehzahl notwendig ist, einzusparen. Da der Aufbau des eigentlichen Triebstrangs aber unverändert bleibt, also auch ein Getriebe mit hoher Übersetzung benötigt wird, können für diese Lösung die Vor- und Nachteile des vorangegangenen Aufbaus herangezogen werden.

Im Beispiel DeWind (Bild 6.50, rechts) kommt ein hydrodynamischer Wandler zum Einsatz, wie er im Abschnitt 6.4.3 beschrieben ist.

6.5.7 3-4-Stufengetriebe – Momentenlagerung

Im letzten Feld der Triebstrangmatrix beschäftigen wir uns auch mit Triebsträngen, die ein Getriebe mit großer Übersetzung und schnelllaufenden Generatoren einsetzen. Als Lagerungskonzept wird hier die in Abschnitt 6.4.2 beschriebene Momentenlagerung eingesetzt (Bild 6.23).

Zunächst betrachten wir eine Lösung, bei der der aufgelöste Triebstrang mit der besagten Momentenlagerung kombiniert wird. Diese hat vor allem einen kurzen Triebstrang zur Folge. Trotzdem sind grundsätzlich Standardkomponenten einsetzbar. Lediglich das Momentenlager kann wegen der Sonderentwicklung zu Verfügbarkeitsproblemen führen.

Prominenteste Umsetzung dieses Triebstrangs ist wohl die 5-MW-Offshore-Windkraftanlage der Firma Bard. Aber auch Mitsubishi (MWT 92/95), Fuhrländer (FL 2500/3000) und Unison (U 88/93) können hier genannt werden.

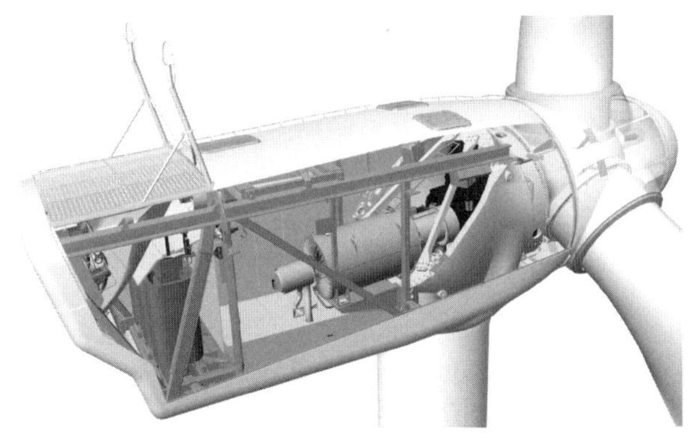

Bild 6.51 Triebstrang mit Momentenlager und integriertem mehrstufigen Getriebe der Vestas V90 [Vestas]

Auch eine Momentenlagerung setzt Vestas bei der V90-3,0 MW ein. Um den Triebstrang aber noch weiter zu minimieren, wird, entsprechend dem Multibridkonzept (siehe Abschnitt 6.5.4), auf Funktionsintegration gesetzt und die Rotorlagerung in dem Getriebe angeordnet. Allerdings ist der Generator im Gegensatz zu Multibrid separat angeordnet und die Anlage hat ein dreistufiges Getriebe, welches nur zum Teil vom Maschinenträger umschlossen ist.

6.6 Schäden und Schadensursachen

Schäden an Windkraftanlagen sind immer wieder ein wichtiges Thema auf Kongressen und Diskussionsforen. Die Schäden und die damit verbundenen Reparaturkosten können einen erheblichen Anteil an den Stromgestehungskosten ausmachen. Die Versicherungsunternehmen decken nicht mehr alle Schäden, die entstehen können ab, sodass der Betreiber oft ein erhebliches Risiko hat. In den Anfangsjahren der Windindustrie Ende der 80er-, Anfang der 90er-Jahre

Bild 6.52 Zerstörte Planetenstufe [Gothaer Versicherung]

waren die Auslegungsmethoden noch unzulänglich, sodass viele Schäden aufgrund von Auslegungsfehlern entstanden sind. In den letzten Jahren hat sich das verbessert, aber es besteht immer noch Verbesserungsbedarf bei der Zuverlässigkeit der Anlagen. Die kurzen Entwicklungszeiten von immer größeren Anlagen mit teilweise sehr kurzen Erprobungszeiten stellen eins der Hauptprobleme dar. Die Serienproduktion von einigen neuen Anlagentypen beginnt bereits, bevor man alle technischen Mängel erkannt und durch ein Redesign beseitigt hat.

Hauptursachen für Schäden:

- Konstruktionsfehler
- Qualitätsmängel bei der Fertigung
- Windereignisse am Standort, für die die Anlage nicht ausgelegt ist
- unzulängliche Wartung

Leider gibt es unter den Veröffentlichungen der verschiedenen Institute und Firmen über Schäden kaum verlässliche Statistiken. Einige Statistiken machen z. B. das Getriebe als Hauptfehlerquelle aus (siehe Bild 6.53), andere haben die elektrischen Systeme wie Umrichter und Pitch-System als Hauptschadensursache für Stillstandszeiten ausgemacht (siehe Bild 6.53 und Bild 6.54). Es scheint sich aber herauszukristallisieren, dass die Getriebeschäden immer noch einen erheblichen Anteil an den Reparaturkosten einnehmen, sodass es eine Welle von Neuentwicklungen für direktgetriebene Anlagen in den letzten Jahren gegeben hat.

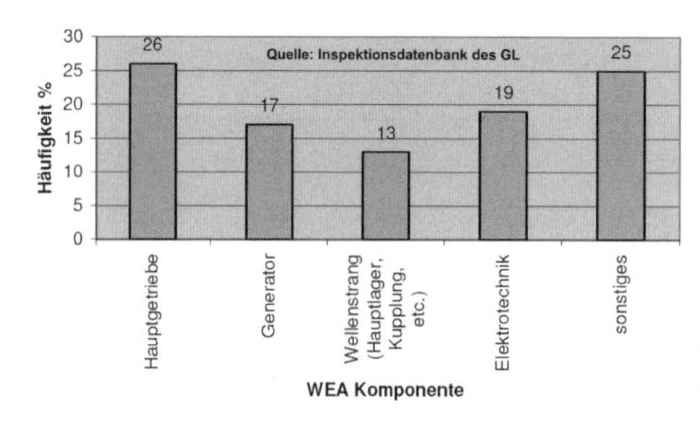

Bild 6.53 Festgestellte Mängel an WKA gemäß statistischer Daten [Gothaer Versicherung]

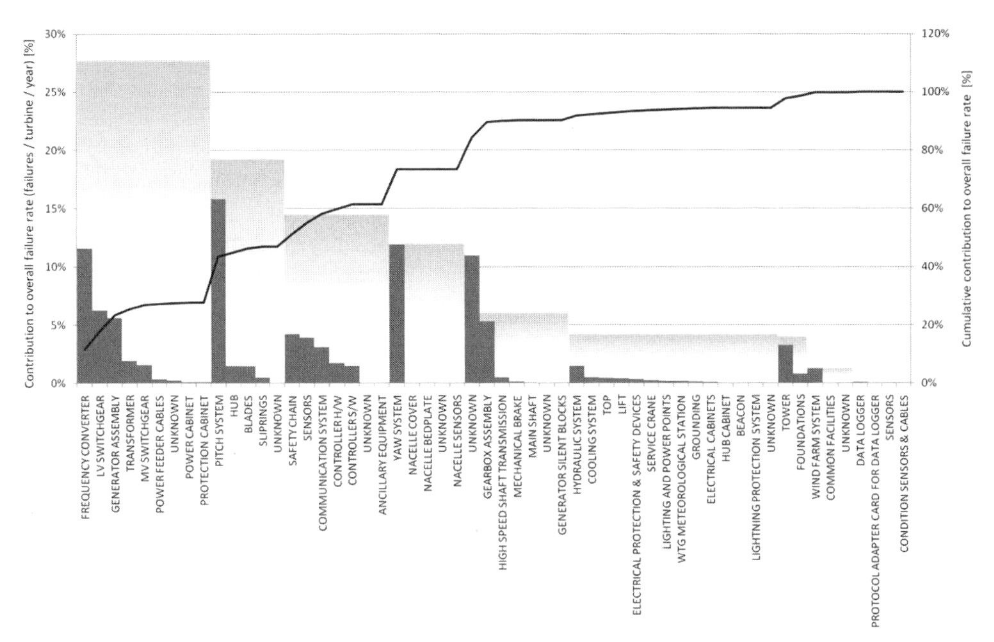

Bild 6.54 Ausfallrate gemäß der Reliawind-Studie der Europäischen Union [Garrad Hassan]

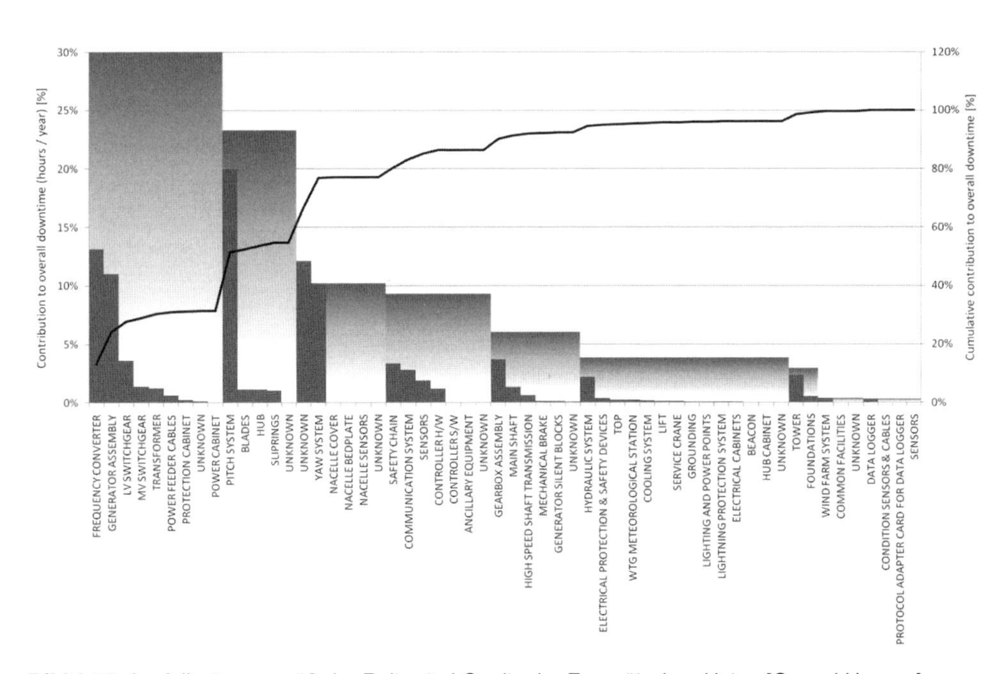

Bild 6.55 Ausfallzeiten gemäß der Reliawind-Studie der Europäischen Union [Garrad Hassan]

6.7 Auslegung von Triebstrangkomponenten

Die Auslegung von Triebstrangkomponenten in Windkraftanlagen zeichnet sich stark durch die Tatsache aus, dass es sich bei der Windenergiebranche um eine junge Branche handelt, wodurch auch die Nachweisführung der Auslegung sehr moderne Ansätze verfolgt. Werkzeuge wie die Finite-Elemente-Methode (FEM) und Simulationen dynamischer Vorgänge gehören längst zum Standardrepertoire der Entwickler von Windkraftanlagen.

Auch die Strukturen der Windenergiebranche sind durch moderne Ansätze geprägt, was sich unter anderem dadurch zeigt, dass die meisten Anlagenhersteller lediglich eine sehr geringe Fertigungstiefe haben, also wenige Komponenten von ihnen selbst gefertigt werden. Dies führt dazu, dass eine Vielzahl von unabhängigen, externen Unternehmen mit mehr oder weniger großem Anteil an der Auslegung einer Windkraftanlage eingebunden ist.

Die Anlagenhersteller selbst koordinieren und betreuen die Entwicklungen, führen eigene Nachweise für die Strukturbauteile und übernehmen die abschließende Montage. Derartige Strukturen erfordern eine intensive Verknüpfung zwischen den eingebundenen Unternehmen, was einen Widerspruch dazu darstellt, dass es sich bei der Windenergiebranche um eine ausgeprägt restriktive Branche handelt, da Patente und Know-how Unternehmen entscheidende Vorteile verschaffen können (siehe Abschnitt 6.8).

Üblicherweise werden zur Koordination zwischen Anlagenhersteller und Lieferant Lastenhefte und Spezifikationen verwendet, in denen Anlagenentwickler genauestens die Anforderungen an die jeweilige Komponente festlegen.

Bei der Auslegung der Windkraftanlage und ihrer Komponenten spielen Richtlinien eine große Rolle, auf deren Basis eine Zertifizierung erfolgt. In ihnen ist festgelegt, welche Nachweise zu erbringen sind und mit welchen Sicherheiten die Entwicklungen zu beaufschlagen sind. Die *Richtlinie für die Zertifizierung von Windkraftanlegen* vom Germanischen Lloyd und die IEC 61400 sind international anerkannte Richtlinien, nach denen häufig Windkraftanlagen ausgelegt werden. Die Richtlinien selbst stellen an die Komponenten spezielle Forderungen hinsichtlich der Sicherheitsfaktoren, der Restsicherheiten und der Nachweisführung, wobei starker Bezug auf bestehende bauteilspezifische Normen aus der DIN, EN, ISO und IEC genommen wird.

Am Anfang einer jeden Anlagenentwicklung steht eine Lastenrechnung, welche eine statistische Auswertung von Winddaten zur Grundlage hat. Diese Daten werden genutzt, um die Lasten, die auf die Anlage wirken, zu simulieren. Entscheidend ist hierbei die Blattkonstruktion. Neben der Blattlänge und der Fläche des Blatts können die Blätter noch viele weitere Charakteristiken zeigen, die die auftretenden Lasten entscheidend beeinflussen (Steifigkeit, Massenträgheit etc.). Daher sind die Entwicklung des Blatts und die Lastenrechnung zwei Prozesse, die am Anfang der Anlagenentwicklung zumeist parallel stattfinden und starken Einfluss aufeinander nehmen.

In der Lastensimulation sind bereits die groben Dimensionen der Anlage festgelegt und es werden mehrere Schnitte gesetzt, an denen Koordinatensysteme gelegt werden, für die die resultierenden Lasten jeweils ermittelt werden. Jede Komponentenauslegung bezieht sich hierbei auf ein bestimmtes Koordinatensystem. Es wird unterschieden zwischen Koordinatensystemen wie Blattwurzel, Turmkopf oder Rotorwelle. Für die Auslegung des Triebstrangs ist in ers-

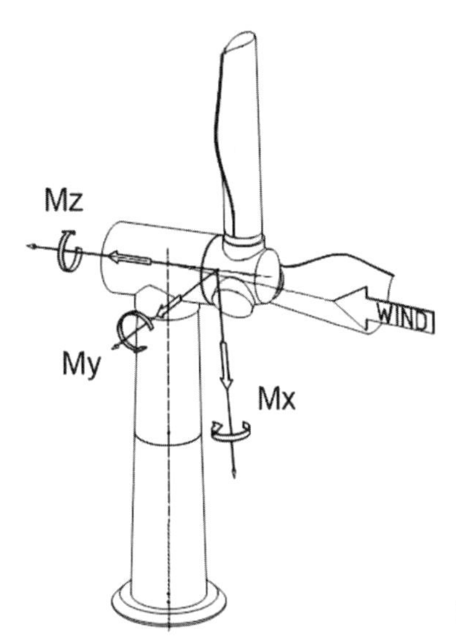

Bild 6.56 Koordinatensystem Nabe-Rotorwelle [aerodyn]

ter Linie das Koordinatensystem Nabe-Rotorwelle relevant. Ein mögliches Koordinatensystem ist in Bild 6.56 abgebildet. Für das weitere Verständnis beziehen sich alle genannten Lasten in diesem Abschnitt auf dieses Koordinatensystem.

Windkraftanlagen werden für eine Lebensdauer von 20 Jahren ausgelegt, wobei sich die Lastenrechnung auf statistische und stochastische Auswertungen bezieht, um die Lasten für einen derartigen Zeitraum zu ermitteln. In den oben genannten Richtlinien sind genaue Lastfälle definiert, aus denen Zeitreihen generiert werden, die wiederum Informationen über Dauer und Merkmale der äußeren Anlagenbedingung bei bestimmten Betriebsbedingungen enthalten. Darüber hinaus ist die Information gegeben, wie oft die Zeitreihen in der gesamten Anlagenlebensdauer auftreten.

Bei der Auswertung der Lasten muss unterschieden werden zwischen Betriebslasten, welche im normalen Anlagenbetrieb auftreten, und Extremlasten, die unter besonderen Bedingungen wie beispielsweise dem Ausfall einer Komponente entstehen und nicht in den Betriebsfestigkeitsnachweis eingehen.

Für die Auswertung und Verwendung bei den Nachweisen werden die Betriebslastzeitreihen zu Lastkollektiven mit dem Rain-Flow-Count-Verfahren zu LDDs (Load Duration Distribution) zusammengefasst.

LDD

Bei den LDDs werden die Lasten in mehrere Stufen unterteilt und ausgewertet, wie lange die jeweilige Laststufe während der Zeitreihe vorkommt (Lastverweildauer). Multipliziert mit der Häufigkeit des Auftretens der jeweiligen Zeitreihe während der kompletten Anlagenlebensdauer, ergibt sich eine gewisse Stundenzahl für die jeweilige Laststufe, aufgrund derer die Schädigung für ein Bauteil ermittelt werden kann. Die Häufigkeit des Auftretens ergibt sich aus der statistischen Verteilung der einzelnen Lastfälle, die bestimmten Windgeschwindigkeiten zugeordnet sind.

Bei den Triebstrangauslegungen werden die LDDs des Drehmoments zur Auslegung der Getriebeverzahnung herangezogen. Bild 6.57 zeigt exemplarisch, wie die LDD einer Lastkomponente aus einer Zeitreihe abgeleitet wird.

RFC

Bei den Lastkollektiven handelt es sich um eine Auszählung der Lastwechselspiele, die ein Bauteil in seiner Lebenszeit erfährt. Da dies nicht so einfach aufaddiert werden kann wie die LDDs, muss eine spezielle Zählweise verwendet werden, der sogenannte Rain-Flow-Count.

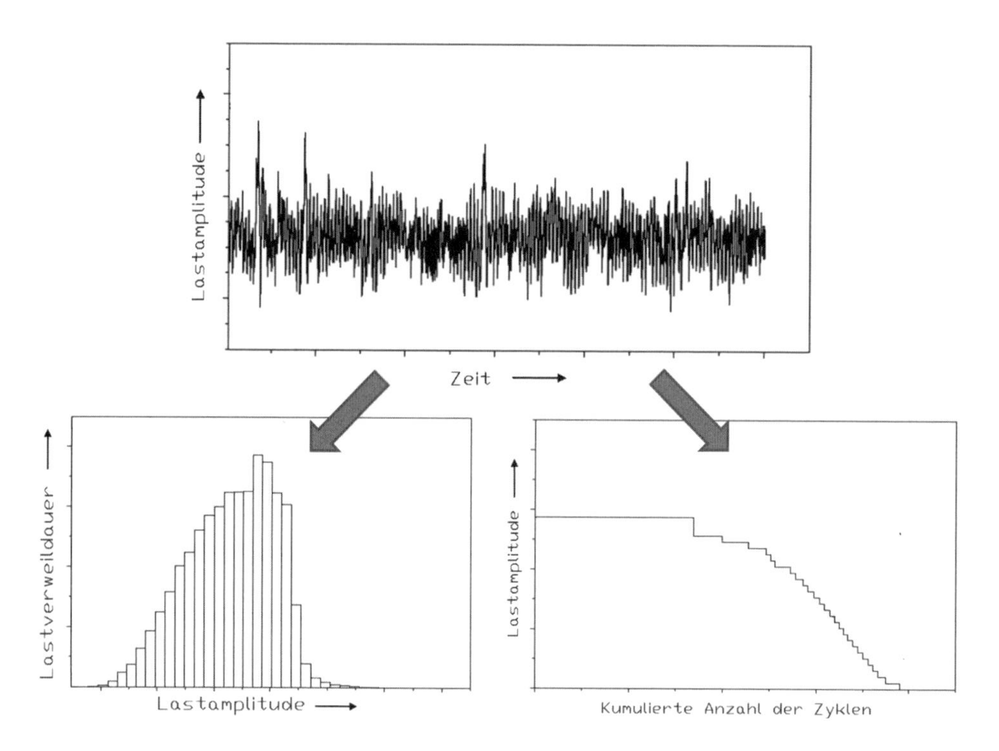

Bild 6.57 Zeitreihe in LDD- und RFC-Darstellung

Hierbei werden die Lastfälle auf den Verlauf der Lastzyklen untersucht und ausgewertet, welche Lastwechsel pro Lastfall auftreten. Multipliziert mit der Häufigkeit, mit der die Lastfälle in der gesamten Lebenszeit der Anlage auftreten, kann somit auch festgelegt werden, wie häufig die Komponenten die Lastwechsel ertragen müssen. Die RFCs enthalten keinerlei Information mehr darüber, wie hoch die eigentlichen Lasten sind, sondern lediglich wie hoch der Wechsel der Last ist. Wenn bei den Nachweisen auch der Mittelspannungseinfluss wichtig ist, werden auch sogenannte Markov-Matrizen verwendet, bei denen die Kollektive zusätzlich nach einem Mittelspannungseinfluss klassiert sind. Die gewählte Anzahl der Lastwechselniveaus beeinflusst die Genauigkeit der Rechenergebnisse. Die Verwendung von Lastkollektiven bei der Nachweisführung ist letztlich nur eine Vereinfachung, um die Rechenprozesse zu verkürzen. Genauere Ergebnisse werden mit der direkten Verwendung der Zeitreihen erzielt. Dies wird heutzutage bei den Betriebsfestigkeitsberechnungen von großen Strukturbauteilen angewandt. Zum Einsatz kommt dabei entsprechend spezialisierte Software. Bild 6.57 zeigt exemplarisch wie ein RFC einer Lastkomponente aus einer Zeitreihe abgeleitet wird.

Neben dem reinen Antriebsmoment (Mz) wirken Kräfte und Biegemomente auf den Triebstrang, wobei für den Triebstrang in erster Linie die Biegemomente dimensionierend sind. Man unterscheidet hierbei zwischen Nickmomenten (My) und Giermomenten (Mx), die um die horizontale bzw. vertikale Achse schwenken (siehe Bild 6.56). Aus diesen Momenten resultieren die größten Verformungen des Triebstrangs, welche mittels FEM ermittelt werden. Bei der Auslegung der Triebstrangkomponenten müssen sowohl die Extremlasten als auch die Betriebslasten berücksichtigt werden. Windkraftanlagen haben vergleichsweise hohe Lastwechselzahlen. Sie werden gemäß den Anforderungen der Richtlinien für eine Lebensdauer von 20 Jahren berechnet. Die Betriebsfestigkeitsberechnung erfolgt nach moderneren Berechnungsmethoden, bei denen eine Schädigungsrechnung (Zeitfestigkeit) mit unterschiedlichen Wöhlerkurven verwendet wird. Auf die Details dieser Berechnungen wird in diesem Kapitel nicht eingegangen.

Für die Detailauslegung der funktionalen Komponenten wie dem Pitch-System oder dem Yaw-System werden die Lasten mit speziellen Programmen ausgewertet. Die Ergebnisse erlauben eine Dimensionierung der Antriebe.

Da die Entwicklung von Windkraftanlagen starke Tendenzen zum Leichtbau zeigt, spielen Verformungen bei der Entwicklung und Konstruktion eine große Rolle, was durch die verwendeten Materialien begründet ist. Um die Verformungen und die Entstehung großer Rückstellkräfte zu minimieren, werden Komponenten im Triebstrang vielfach weich gelagert. Dies führt dazu, dass die Triebstränge ein erhöhtes Potenzial zu Schwingungsanregungen zeigen. Dabei können sich die Komponenten gegenseitig anregen, was eine erhöhte Schädigungswirkung bis hin zum Bauteilversagen zur Folge haben kann. Um derartigen Effekten vorzubeugen, haben sich in den letzten Jahren zunehmend Untersuchungen der Triebstrangdynamik durchgesetzt, die mittlerweile auch Bestandteil der Zertifizierung geworden sind. Hierbei wird mittels spezieller Software der Triebstrang der Anlage simuliert. Dieser enthält alle relevanten Komponenten und Informationen über ihre Anregungspotenziale wie z. B. Steifigkeiten und Massenträgheiten, Drehzahlen, Überrollfrequenzen von Lagern und Frequenzen von Verzahnungseingriffen. In der eigentlichen Simulation wird dann der komplette Betriebsbereich der Anlage abgefahren und ausgewertet. Die Software ist in der Lage zu ermitteln, welche Frequenzen der gesamte Triebstrang hat und bei welchen Betriebszuständen Energien aufgrund von Wechselwirkungen entstehen. Diese können dann einzelnen Bauteilen zugeordnet werden. Es ist also möglich, das Verhalten jeder Komponente im Kontext der Anlage zu betrachten und potenziellen Anregungen durch Variation der Steifigkeit oder der Konstruktion vorzubeugen.

Die ersten Softwarelösungen zur eingehenden Dynamikuntersuchung von Triebsträngen konnten lediglich das torsionale Verhalten der Triebstränge abbilden. Die bekannteste Software stellt hier das Drehschwingungssimulationsprogramm DRESP dar, welches noch immer eine breite Anwendung findet. Modernere Simulationssoftware ist mittlerweile in der Lage, mehrere Freiheitsgrade der Komponenten zu berücksichtigen, man spricht hierbei von Mehr-Körper-Simulations-Software (MKS-Software). Bild 6.58 zeigt das mittels einer solchen Software abgeleitete Modell eines Triebstrangs.

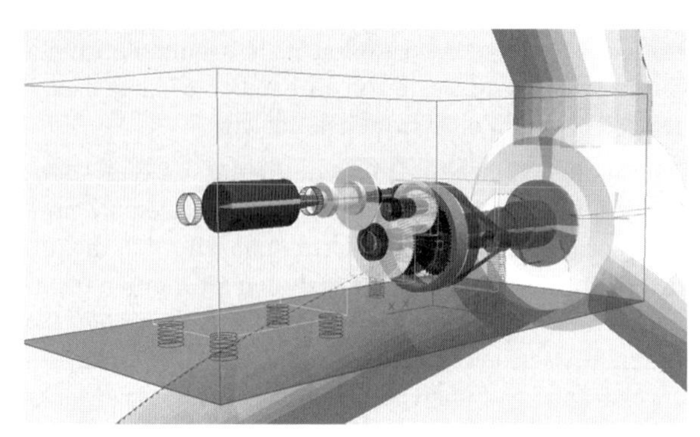

Bild 6.58 MKS-Modell mit SIMPACK-Software

6.8 Schutzrechte in der Windenergie

Die Bedeutung von Schutzrechten in der Windenergietechnik hat in den letzten zehn Jahren erheblich zugenommen. Die Anmeldezahlen in der Patentgruppe Windenergieanlagen F03D haben sich in den letzten zehn Jahren ca. verzehnfacht. Derzeit sind in der gesamten Gruppe ca. 25 000 Erfindungen erfasst.

Wer Windenergieanlagen entwickelt, baut, verkauft oder betreiben will, muss sich mit dieser Vielzahl von erteilten oder angemeldeten Patenten auseinandersetzen. Dabei sind die Schutzrechte hinsichtlich möglicher Konflikte mit eigenen Konstruktionslösungen oder Verfahren zu analysieren und zu bewerten. Besonders schwierig ist dieses bei noch nicht erteilten Schutzrechten, da zu diesem Zeitpunkt noch nicht klar ist, wie groß der Schutzbereich bei einer Erteilung sein wird. Das Ganze wird auch noch dadurch erschwert, dass eine Neuanmeldung erst nach 18 Monaten veröffentlicht wird. Falls es Schutzrechte gibt, die für das eigene Vorhaben besonders störend sind, oder gar eine Verletzung vorliegt, ist zu untersuchen, inwieweit das Schutzrecht durch andere technische Lösungen umgangen werden kann oder auch vernichtet werden kann. Dazu ist es erforderlich, den Stand der Technik vor dem Anmeldedatum zu ermitteln, der den Patentansprüchen entgegensteht und dem Prüfer beim Patentamt nicht zur Verfügung stand.

Einen Überblick über alle veröffentlichten Schutzrechte kann man sich in verschiedenen Internetdatenbanken verschaffen, die teilweise über gute Recherchemöglichkeiten verfügen. Patentdatenbanken sind ferner ein hervorragendes Werkzeug, eigene Ideen oder Weiterentwicklungen zu generieren. Um eigene gute Ideen auf die Schutzrechtsfähigkeit hin zu prüfen, ist ebenfalls eine umfangreiche Recherche auf den Neuheitsgrad und die Erfindungshöhe durchzuführen.

Ca. 90 % des technischen Wissens von Schutzrechten sind nur in Patentschriften veröffentlicht und nicht in anderen Publikationen. Patentschriften können mit ihrem Volltext vom Internetportal des Europäischen Patentamts heruntergeladen werden (*www.espacenet.com*).

Bild 6.59 zeigt den Verlauf der weltweiten Patentanmeldungen über die vergangenen vier Jahrzehnte. Vor dem Beginn der 70er-Jahre hat es nahezu keine Aktivitäten bei der Anmeldung von Windenergiepatenten gegeben. Erst mit der ersten Ölkrise 1972 begann man verstärkt über die Windenergienutzung nachzudenken. Das ging auch einher mit den ersten Patenanmeldungen. In den darauf folgenden ca. 25 Jahren sind im Schnitt ca. 200 Anmeldungen pro Jahr dazugekommen. Zur Jahrhundertwende lag der weltweite Bestand an Schriften bei ca. 5 000.

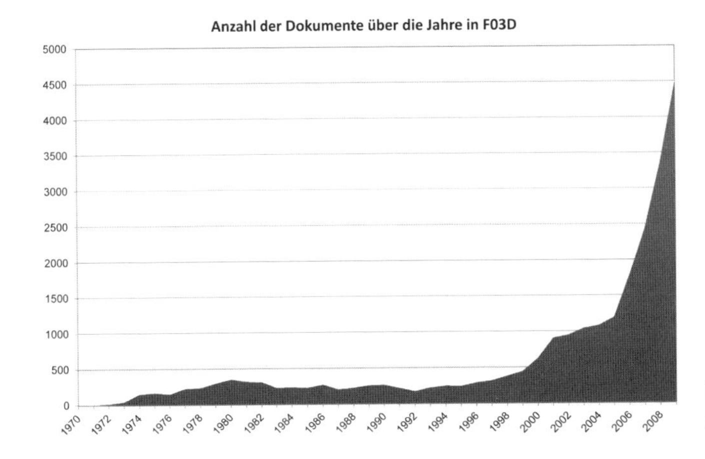

Bild 6.59 Jährliche Neuanmeldungen

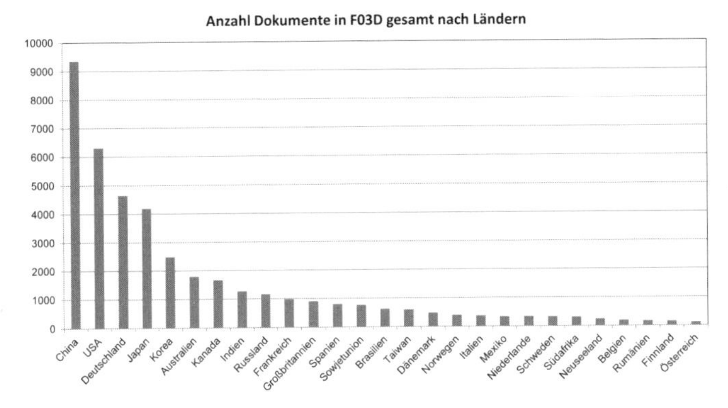

Bild 6.60 Verteilung der Dokumente nach Ländern

Danach stiegen die Patenanmeldezahlen drastisch an, sodass heute ca. 5 000 Schriften jedes Jahr dazukommen.

Bild 6.60 zeigt die Verteilung der gesamten Patente in den einzelnen Ländern, wobei hier die Erstanmeldung und ggf. entstandene Nationalisierungen in anderen Ländern zusammengezählt werden. Zu erkennen ist, dass die größten Aktivitäten bei Patentanmeldungen auch in den Ländern mit großer Bedeutung für die Windenergienutzung stattfinden. Zu den führenden Ländern zählen China, die USA und Deutschland. Trotz einer geringen Nutzung der Windenergie haben solche Länder wie Japan, Korea und Australien hohe Anmeldezahlen.

Bild 6.61 zeigt die Verteilung der Schutzrechtsanmeldungen nach den Anmeldern. Sortiert wird dabei in der Grafik nach den WO-Anmeldungen und nicht nach den nationalen Erstanmeldungen, weil einer WO-Anmeldung durch die Vielzahl der daraus möglichen Nationalisierungen eine wesentlich höhere Bedeutung zukommt. Die Firma General Electric führt bei den nationalen Erstanmeldungen mit ca. 660, aber nur weniger als 10 % wurden in Weltanmeldungen überführt. Bei Vestas, dem Weltmarktführer, wurden von ca. 450 Erstanmeldungen ca. 370 in das internationale Verfahren überführt. Zu den weiteren Topanmeldern gehören Firmen wie Mitsubishi, Enercon, Siemens, LM Glasfiber und Gamesa.

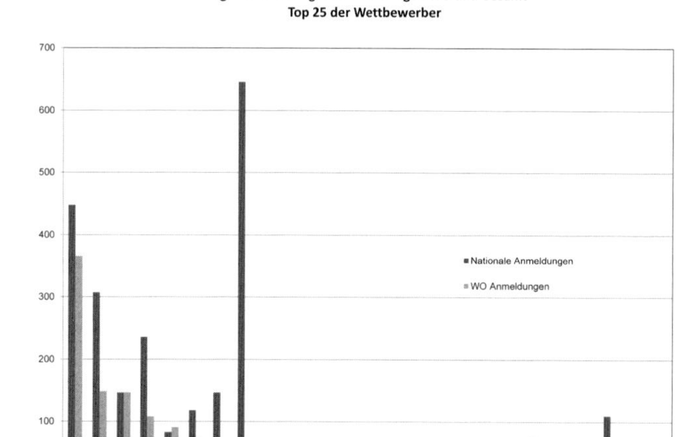

Bild 6.61 Top-25-Anmelder

6.8.1 Beispielpatente von Antriebssträngen

Im Folgenden werden drei Patentanmeldungen für unterschiedliche Triebstrangausführungen dargestellt. Die Auswahl einer Getriebeanlage mit hoher Übersetzung, einer direktgetriebenen Anlage ohne Getriebe und einer Zwischenlösung mit nur zwei Getriebestufen geschahen willkürlich. Über die unterschiedlichsten Triebstränge gibt es weltweit mehr als 1 000 Patentschriften, dabei haben alle Lösungen ihre spezifischen Vor- und auch Nachteile.

Drehzahlvariabel angetriebene elektrische Energieerzeugungsanlage mit konstanter Ausgangsfrequenz, insbesondere Windkraftanlage PCT/RP2010/002408

Die Erfindung betrifft eine Energiegewinnungsanlage, insbesondere Windkraftanlage, mit einer mit einem Rotor verbundenen Antriebswelle, einem Generator und mit einem Differenzialgetriebe mit drei An- bzw. Abtrieben, wobei ein erster Antrieb mit der Antriebswelle, ein Abtrieb mit einem Generator und ein zweiter Antrieb mit einem elektrischen Differenzialantrieb verbunden ist, und wobei der Differenzialantrieb über einen Frequenzumrichter mit einem Netz verbunden ist. Aufgabe der Erfindung ist die Reduzierung der harmonischen Oberwellen.

Gelöst wird diese Aufgabe erfindungsgemäß dadurch, dass der Frequenzumrichter zum aktiven Filtern von Harmonischen der Energiegewinnungsanlage, insbesondere des Generators, regelbar ist. Dadurch muss bei der Auslegung des Generators nicht oder nur in geringerem Ausmaß auf die Verringerung der Harmonischen Rücksicht genommen werden.

Patentanspruch 1

Energiegewinnungsanlage, insbesondere Windkraftanlage, mit einer mit einem Rotor (1) verbundenen Antriebswelle, einem Generator (8) und mit einem Differenzialgetriebe (11 bis 13) mit drei An- bzw. Abtrieben, wobei ein erster Antrieb mit der Antriebswelle, ein Abtrieb mit einem Generator (8) und ein zweiter Antrieb mit einem elektrischen Differenzialantrieb (6, 4) verbunden ist, und wobei der Differenzialantrieb (6, 4) über einen Frequenzumrichter (7, 5) mit einem Netz (10) verbunden ist, dadurch gekennzeichnet, dass der Frequenzumrichter (7, 5) zum aktiven Filtern von Harmonischen der Energiegewinnungsanlage, insbesondere des Generators (8), regelbar ist.

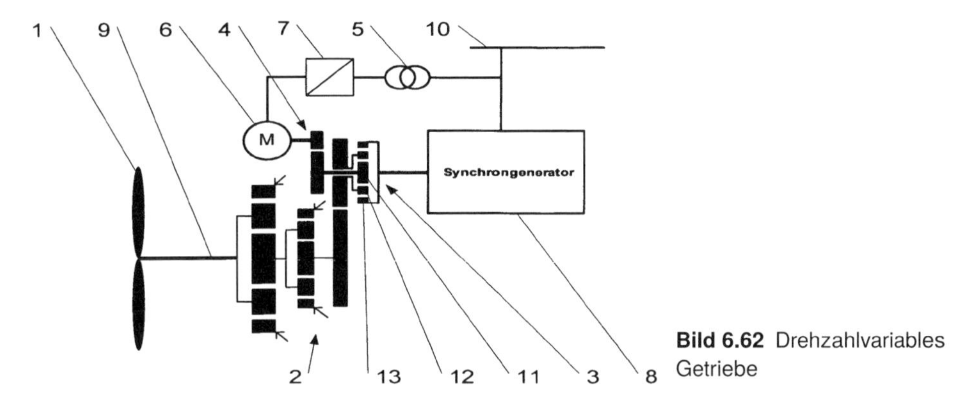

Bild 6.62 Drehzahlvariables Getriebe

Windenergieanlage DE 102 39 366

Der vorliegenden Erfindung liegt die Aufgabe zugrunde, eine neue Windenergieanlage zu schaffen, die bei konstruktiver Vereinfachung und Reduzierung der Masse eine Verringerung der Baulänge der vom Trägerturm seitlich vorstehenden Rotor-/Generatorbaueinheit zulässt. Die diese Aufgabe lösende Windenergieanlage nach der Erfindung ist dadurch gekennzeichnet, dass die Flügel des Windrotors auf dem Läuferring oder/und einer axialen Verlängerung des Läuferrings angeordnet sind.

Vorteilhaft erlaubt es diese Erfindungslösung, den Rotor in Richtung zum Trägerturm zurückzusetzen, sodass ein zentrales, die Flügel haltendes Mittelstück des Rotors im Extremfall, in welchem der Läuferring allein eine Nabe des Windrotors bildet, in Richtung der Rotordrehachse nicht weiter als der Generator vom Trägerturm vorsteht. In einer besonders bevorzugten Ausführungsform der Erfindung ist der Rotor bzw. Läuferring, ggf. mit der Verlängerung, auf einer rohrförmigen, die Ständerwicklungen haltenden Tragstruktur gelagert, wobei gegenüber herkömmlichen Windenergieanlagen eine besonders große Material- und Gewichtsreduzierung erreicht wird, wenn der Radius der Trägerstruktur bzw. der Lager nahe an den Luftspaltradius des Generators heranreicht. In diesem Fall ist selbst bei schwacher, materialsparender Ausbildung der Generatorteile die Luftspaltgeometrie des Generators ausreichend konstant. Der ggf. verlängerte Läuferring kann auf mehreren zueinander axial im Abstand angeordneten Lagern oder einem einzigen, vorzugsweise am Übergang zu der Verlängerung angeordneten, Lager drehbar sein. Bildet der Läuferring allein die Nabe des Rotors oder einen Teil davon, so ist dieser zweckmäßig zweifach gelagert, wobei zwischen den beiden Lagern die Ständerwicklungen angeordnet sind.

Patentanspruch 1

Windenergieanlage, insbesondere für Nennleistungen im Megawattbereich, deren Windrotor (4) direkt mit einem Magnete (22) tragenden Läuferring(21) eines Generators (5) verbunden ist, dadurch gekennzeichnet, dass die Flügel (26) des Windrotors (4) auf dem Läuferring (21) oder/und einer axialen Verlängerung (31) des Läuferrings (21) angeordnet sind.

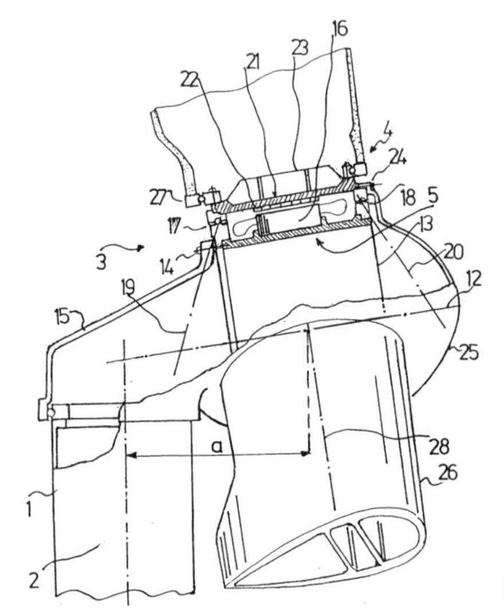

Bild 6.63 Direktgetriebene Windenergieanlage

Windenergieanlagen mit lastübertragenden Bauteilen DE 10 2007 012 408

Aufgabe der Erfindung ist es, einen Triebstrang zu schaffen, der eine sehr kompakte, leichte und damit kostengünstige Gesamtbauweise ermöglicht und die Hauptkomponenten wie Rotorlager, Getriebe, Generator und Windrichtungsnachführung in den Kraftfluss vom Rotor in den Turm mit einbindet. Dabei soll gewährleistet sein, dass die einzelnen Komponenten, insbesondere Getriebe und Generator, separat montiert und auch für Reparaturarbeiten einzeln gehandhabt werden können.

Die Komponenten Getriebe, Generator und Windrichtungsnachführung sind bei der Erfindung in separaten Gehäusen angeordnet, die miteinander verschraubt werden. Die jeweiligen Gehäuse sind als tragende Struktur zur Übertragung der maximalen statischen und dynamischen Rotorlasten ausgelegt. Das Rotorlager ist ebenfalls mit dem Getriebegehäuse verschraubt und überträgt die Rotorlasten in das Getriebegehäuse. Dieses Gehäuse überträgt die Lasten in das Generatorgehäuse. Das Generatorgehäuse wiederum überträgt die Lasten in den Kopfträger, der wiederum die Lasten über das Azimutlager in den Turm einleitet. Durch diesen Aufbau übernehmen die Gehäuse der Komponenten die doppelte Funktion als Lastübertragungselement und als Montageelement für die einzelnen Bauteile der Komponenten. Diese Auslegung ermöglicht es, dass die Maschine sehr leicht und damit kostengünstig wird und zusätzlich auf eine Gondelverkleidung verzichtet werden kann, da alle Komponenten so ausgeführt sind, dass sie der Bewitterung ausgesetzt werden können. Aus Montagegründen ist es sinnvoll, das Getriebegehäuse und das Generatorgehäuse als zwei separate Gehäuse auszuführen, es kann aber auch in einem Stück ausgeführt werden.

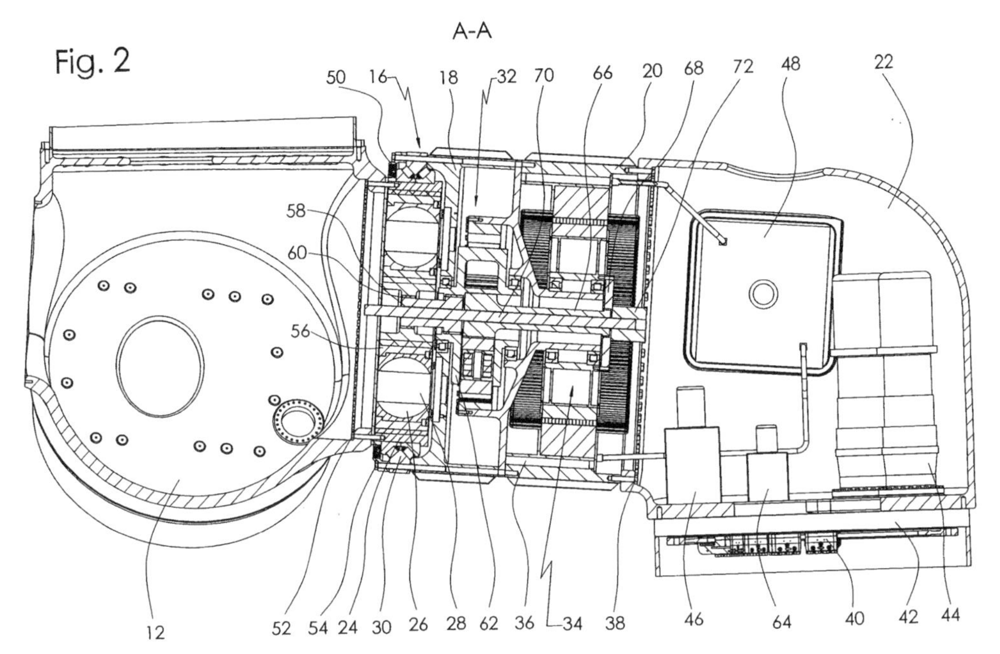

Bild 6.64 Windenergieanlage mit lastübertragenden Bauteilen

Patentanspruch 1

Windenergieanlagen mit mindestens einem Rotorblatt (10), einer Nabe (12), einem ein Getriebe (32) aufnehmenden Getriebegehäuse (18), einem einen Generator (34) aufnehmenden Generatorgehäuse (20), einem Kopfträger (32), einem Turm (14) und einem den Kopfträger drehbar auf dem Turm (14) lagernden Azimutlager (42), dadurch gekennzeichnet, dass das Rotorlager (16), das Getriebegehäuse (18) und das Generatorgehäuse (20) zwischen der Nabe (12) und dem Kopfträger (22) angeordnet und als lastübertragende Bauteile ausgelegt und miteinander über Schraubverbindungen (54, 38) zusammengefügt sind.

Literatur

[1] aerodyn Energiesysteme GmbH, Präsentation: „Up-to-date and innovative turbine concepts“ von Dipl.-Ing T. Weßel und Dipl.-Ing P. Krämer auf der „1. IQPC International Conference Drive train Concepts for Wind Turbines“ im Oktober 2010

[2] Allgaier-Werke GmbH, Betriebsanleitung für die Allgaier Windkraftanalage System Dr. Hütter Type WE 10/G6, Uhingen 1954

[3] Burton, T.; Sharpe, D.; Jenkins, N.; Bossanyi, E.: Wind Energy Handbook, 2. Auflage, John Wiley & Sons, 2011

[4] ChapDrive AS, Präsentation: „ChapDrive hydraulic transmission for lightweight multimegawatt wind turbines“ von K.-E. Thomsen & P. Chang auf der „2. IQPC International Conference Drive train Concepts for Wind Turbines“ am 17. Oktober 2011 in Bremen

[5] ESS Gear, Präsentation: „Gearbox Concepts“ von H. P. Dinner auf der „2. IQPC International Conference Drive train Concepts for Wind Turbines“ am 17. Oktober 2011 in Bremen

[6] Gasch, R.; Twele, J. (Hrsg.): Windkraftanlagen, 5. Auflage, Vieweg + Teubner, Stuttgart, 2007

[7] GL Garrad Hassan, Präsentation: „Failure rates and the impact of failures on cost of energy“ von B. Hendriks auf der „2. IQPC International Conference Drive train Concepts for Wind Turbines“ am 17. Oktober 2011 in Bremen

[8] Hau, E.: Windkraftanlagen, 4. Auflage, J. Springer, Berlin 2008

[9] Hochschule für Technik und Wirtschaft des Saarlandes, Präsentation: „Getriebelose Windenergieanlagen: Anlagentechnik und Entwicklungstendenzen“ von Dr.-Ing. F. Klinger auf der „2. VDI-Fachkonferenz: Getriebelose Windenergieanlagen“ am 7. u. 8. Dezember 2011 in Bremen

[10] Magnomatics, Präsentation: „Magnomatics“ von S. Calverley auf der „2. IQPC International Conference Drive train Concepts for Wind Turbines“ am 17. Oktober 2011 in Bremen

[11] Manwell, J. F.; McGowan, J. G.: Wind Energy Explained, 2nd Ed., John Wiley & Sons Ltd., 2011

[12] Orbital 2, Präsentation: „Variable Ratio Drivetrains for Direct Online Genration“ von Dr. F. Cunliffe auf der „2. IQPC International Conference Drive train Concepts for Wind Turbines“ am 17. Oktober 2011 in Bremen

[13] Sørensen, J. D. ; Sørensen, J. N.: Wind energy systems, Woodhead Publishing Ltd, Oxford, 2011

[14] Spera, D. A. (Ed.): Wind Turbine Technology, 2nd Ed., ASME Press, New York, 2009

[15] Voith Turbo Wind GmbH & Co. KG, Präsentation: „WinDrive – Large Wind Turbines without Frequency Converter“ von Dr. A. Basteck auf der World Wind Energy Conference 2009 in Korea

[16] Winergy AG, Präsentation: „Drive train Concepts for Wind Turbines“ von M. Deike auf der „2. IQPC International Conference Drive train Concepts for Wind Turbines“ am 17. Oktober 2011 in Bremen

[17] Deutsches Patent- und Markenamt, Patent: DE 10 2007 012 408 A1, 2008

[18] Europäisches Patentamt, Patent: EP 1 394 406 A2, 2004

[19] Weltorganisation für geistiges Eigentum, Patent: WO 2010/121784 A1, 2010

7 Turm und Gründung

7.1 Einleitung

Heutige Windenergieanlagen ragen in schwindelerregende Höhen. Eine Windenergieanlage (WEA) mit einem 100-Meter-Turm und einer Gesamthöhe, inklusive der Rotorblätter, von 150 Metern macht dem Kölner Dom Konkurrenz. Die aktuell größten Anlagen mit über 5 Megawatt Leistung erreichen sogar Nabenhöhen von 140 Metern und überragen mit einer Gesamthöhe von 200 Metern den Kölner Dom bei weitem.

Diese beeindruckend großen Bauwerke sind i. d. R. für eine Lebensdauer von 20 Jahren ausgelegt. Die Anlagenhersteller garantieren Verfügbarkeiten von 98 % inklusive Wartung. Die Volllaststunden liegen onshore, also an üblichen Landstandorten, bei etwa 2 000 Stunden pro Jahr mit Lastwechselzahl bis 10^9. Offshore, also auf hoher See, werden fast doppelt so viele Volllaststunden erwartet.

Der Standardturm ist heute ein Stahlrohrturm und besteht aus einzelnen Turmsektionen, die über Ringflanschverbindungen mit vorgespannten Schrauben aneinander befestigt werden (siehe Bild 7.1). Mit dem Fundament wird der Turm durch bis zu 160 vorgespannte Bolzen verbunden.

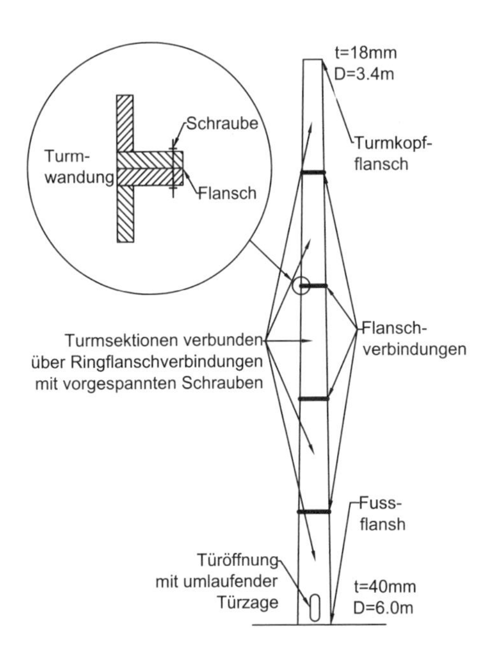

Bild 7.1 Aufbau des Turms einer Windenergieanlage

Durch den Wind, der auf den Rotor trifft, entsteht als Last am Turmkopf beispielsweise bei einer 2-MW-Anlage (Turmhöhe 80 m) eine horizontale Kraft von 1 500 kN. Dies entspricht der Gewichtskraft von fast 100 Autos à 1,5 Tonnen ($100 \times 1500\,\text{kg} \times 9{,}81\,\text{m/s}^2 = 1472\,\text{kN}$). Diese Kraft zieht den Turmkopf in Windrichtung und erzeugt über den Turm als Hebel am Lager (Fundament) ein aufzunehmendes Moment von 110 000 kNm.

Die Ermüdungsbeanspruchung, der der Turm standhalten muss, beträgt bis zu einer Milliarde Lastwechseln mit einer Biegemomentenamplitude von 15 000 kNm, vereinfacht gerechnet mit einem schadensäquivalenten 1-Stufenkollektiv. Dieses Moment am Turmfuss wird verursacht durch eine Last vergleichbar mit der Gewichtskraft von 11 Autos, die den Turmkopf ca. 500 Millionen Mal vor und zurück ziehen (siehe Bild 7.2).

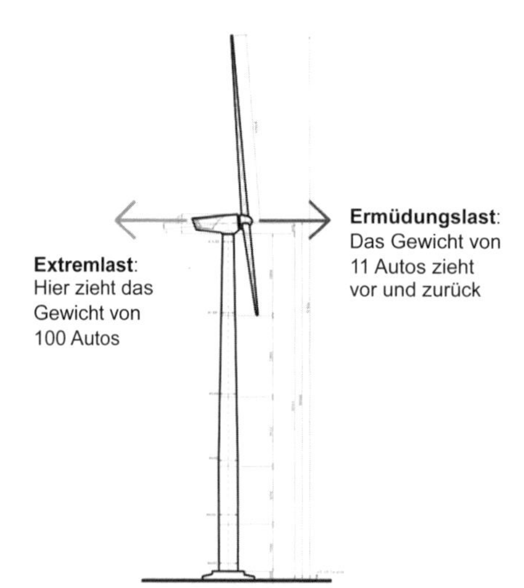

Bild 7.2 Lasten am Turmkopf einer Windenergieanlage

Bei den Herstellungskosten einer Standardanlage macht der Turm mit einem Drittel der Gesamtkosten einen wesentlichen Anteil aus. Gefolgt wird dies durch die Rotorblätter mit einem Anteil von ca. 20 %. Gründung und Schrauben spielen in Bezug auf die Kosten mit nur 2,5–5 % und 1 % eine untergeordnete Rolle.

Die WEA ist als Bauwerk gemäß der Richtlinie des Deutschen Instituts für Bautechnik [1] vom Turmkopfflansch ohne Bolzen abwärts definiert. Der Turm macht dabei den oberen Teil bis zum Fußflansch ohne Ankerbolzen aus. Die Turmkopfbolzen gehören zu den Maschinenträgern und werden daher nach maschinenbaulicher Norm nachgewiesen. Die Fußankerbolzen werden in der Regel in der Fundamentstatik nachgewiesen.

Aufgaben

- Wie hoch sind die höchsten Windenergieanlagen inklusive der nach oben ragenden Rotorblätter?
- Wie groß ist die Last, die durch den Wind auf den Turmkopf wirkt?
- Wie viel Prozent der Kosten einer Windenergieanlage macht der Turm aus?

7.2 Richtlinien und Normen

Zu den relevanten Standards für die Zertifizierung gehört die *Richtlinie für Windenergieanlagen* vom Deutschen Institut für Bautechnik (DIBt) [1]. Diese Richtlinie wurde in der Projektgruppe „Windenergieanlagen" von Ingenieuren aus Forschung und Wirtschaft erarbeitet. Sie befasst sich mit dem Standsicherheitsnachweis für das Bauwerk WEA, dem Turm und der Gründung, und den besonderen Einwirkungen auf selbiges.

Weiterhin zählt die *Richtlinie für die Zertifizierung von Windenergieanlagen* vom Germanischen Lloyd (GL) [3] zu den wichtigen Standards der Windenergie. Diese Richtlinie befasst sich mit der gesamten WEA und versteht sich als roter Faden, der zunächst Eurocodes (EC) und DIN-Normen empfiehlt. Internationale Standards können genutzt werden, wenn sie äquivalent zu den genannten Normen sind. Eine wichtige Norm für den Stahlbau einer Windenergieanlage ist der Eurocode 3 [2]. Hier werden Themen wie die Ermüdung, Materialbelastbarkeit und Rissfortschritt von Stahlstrukturen abgedeckt.

Als weitere Richtlinie soll hier die *Wind Turbine Generator Systems – Part 1: Safety Requirements* der International Electrotechnical Commission (IEC) genannt werden [4]. Berechnungen, die hier nicht beschrieben sind, können dann z. B. gemäß der Richtlinie vom Germanischen Lloyd durchgeführt werden.

Die Richtlinie vom Det Norske Veritas (DNV) steht als alternativ zur GL-Richtlinie. Der DNV entwickelt Standards für Tragstrukturen und Komponenten von Windenergieanlagen seit 2001. Neben der Spezialisierung auf die Typenzertifizierung für große Megawattturbinen bietet der DNV wie auch der GL jährlich zahlreiche Veröffentlichungen für Offshore, Zertifizierung, Klassifikation und Praxisempfehlungen.

Aufgabe

Nennen Sie drei wichtige Richtlinien für Windenergieanlagen.

7.3 Beanspruchung von Türmen

7.3.1 Ermüdungslasten

Bei einer WEA ist, anders als bei üblichen Bauwerken, der statische Eigengewichtsanteil bei der Berechnung der Spannung verhältnismäßig gering. Im Gegensatz dazu ist der durch den Wind verursachte Biegemomentenanteil bei einer WEA der maßgebende Spannungsanteil. Diesen dynamischen Ermüdungslasten muss eine WEA in der Regel 20 Jahre lang widerstehen. Um sicherzugehen, dass eine WEA diesen Lasten standhält, ist eine genaue dynamische Simulation der Extremlasten und Ermüdungslasten am Gesamtsystem erforderlich.

Grundvoraussetzung für die Verfügbarkeit ist, dass die Anlagen bzw. ihre Komponenten den äußeren Beanspruchungen, denen sie im Rahmen ihrer geplanten Nutzungsdauer ausgesetzt sind, standhalten.

In der heutigen Praxis werden die Schnittgrößen zur Bemessung der einzelnen Komponenten einer Windenergieanlage mithilfe computergestützter Simulationen ermittelt, bei denen sowohl stochastische Lastereignisse variabler Intensität sowie Windgeschwindigkeit und -richtung auf eine idealisierte Windenergieanlagenstruktur einwirken (siehe Bild 7.3).

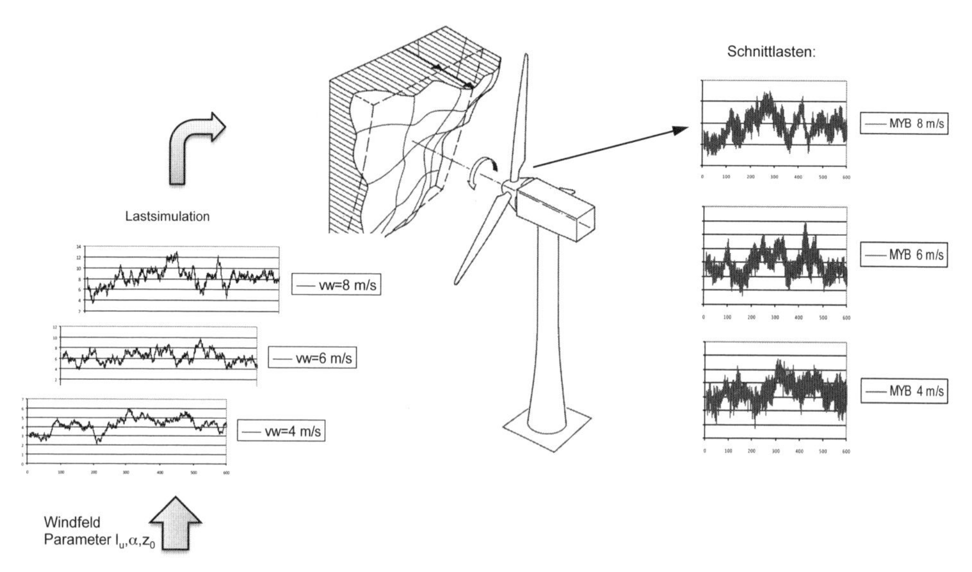

Bild 7.3 Beispielhafte schematische Lastsimulation für eine Onshore-WEA, Quelle: GL Wind abgewandelt von Hauk

Dabei wird u. a. auch die für die betrachtete Anlage spezifische Betriebsführung berücksichtigt. Bei einem stochastischen Lastergebnis werden die Schnittgrößen infolge turbulenten Windes und ggf. offshore unregelmäßigen Seegangs ermittelt. Bei einem deterministischen Lastereignis werden die Schnittgrößen infolge einer diskreten Böe und ggf. einer diskreten regelmäßigen Welle bestimmt.

Aufgrund des enormen Rechenaufwands kann dabei nicht die gesamte angestrebte Nutzungsdauer der Anlage von i. d. R. 20 Jahren simuliert werden. Vielmehr werden kleine Zeitfenster betrachtet, die jeweils einzelne Ereignisse der nach zugrunde gelegter Richtlinie zu betrachtenden Lastfälle widerspiegeln (siehe Bild 7.4).

Dies sind unter anderem Start- und Stoppvorgänge, Netzausfall, Böen, Schräganströmung, normaler Betrieb sowie Kombinationen hieraus. Die in diesen Zeitfenstern gewonnenen Belastungszeitreihen werden mittels statischer Methoden unter Berücksichtigung der Auftretenswahrscheinlichkeiten der Einzelereignisse zusammengeführt, sodass sich für jede betrachte Schnittgrößenkomponente eine Zeitreihe für die angestrebte Nutzungsdauer ergibt. Dies geschieht für verschiedene (bis zu mehrere hundert) Bemessungsschnitte. Die für die statische Bemessung maßgebenden Extrem- und Gebrauchslasten der verschiedenen Lastfälle können ebenfalls aus den generierten extrahiert werden. Sowohl bei der Bemessung als auch bei der Restlebensdauerbetrachtung ist stets im Auge zu behalten, dass die tatsächlich auftretenden Lasten von den simulierten Lasten je nach Standort deutlich abweichen können.

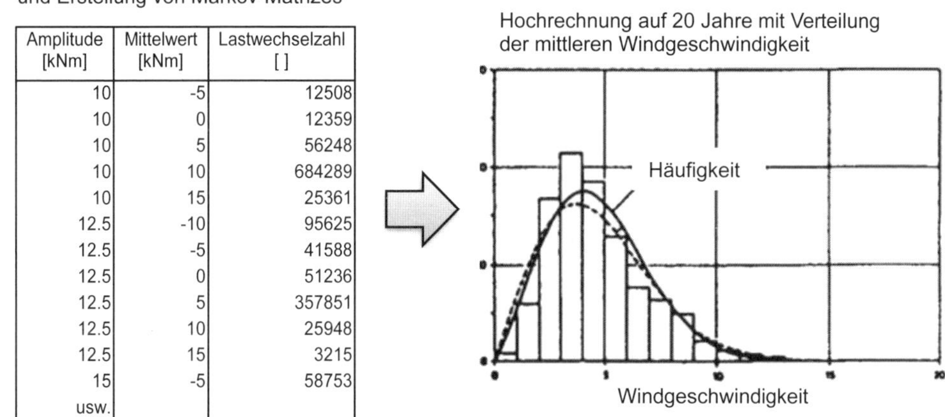

Amplitude [kNm]	Mittelwert [kNm]	Lastwechselzahl [ ]
10	-5	12508
10	0	12359
10	5	56248
10	10	684289
10	15	25361
12.5	-10	95625
12.5	-5	41588
12.5	0	51236
12.5	5	357851
12.5	10	25948
12.5	15	3215
15	-5	58753
usw.		

Bild 7.4 Klassierung und Hochrechnung der Lastzeitverläufe auf 20 Jahre, Quelle: GL Wind

Da die Weiterrechnung mit Zeitreihen aufgrund des hohen Aufwands nur in Ausnahmefällen realisiert wird, werden die Belastungsschwingbreiten für die einzelnen Bemessungsschnitte in der Regel über ein geeignetes Zählverfahren (Rainflow-Count) klassiert, woraus sich die sogenannten Markov-Matrizen ergeben. Diese lassen sich i. d. R. mit ausreichendem Informationsgehalt besser handhaben.

Für die Ermüdungsbetrachtung von z. B. Stahlbauteilen mit linearem Bezug zwischen äußeren Lasten und inneren Schnittgrößen bzw. Spannungen können die Markov-Matrizen in einem weiteren Schritt direkt auf Schwingbreitenkollektive mit je Schwingbreite zugeordneter Schwingspielzahl reduziert werden (siehe Bild 7.5).

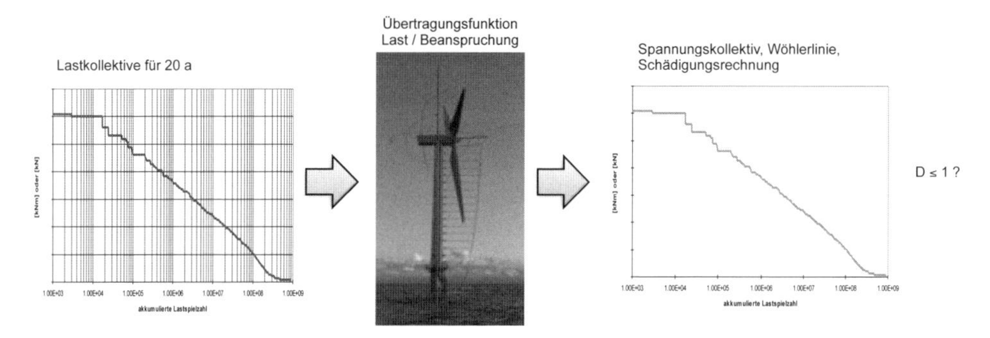

Bild 7.5 Lebensdauerabschätzung, Quelle: GL Wind

Andernfalls muss für Bauteile wie z. B. dem Turmkopfflansch zunächst mittels FE-Berechnungen die nicht lineare Übertragungsfunktion ermittelt und bei der Auswertung berücksichtigt werden. Eine weitere Schwierigkeit kommt hinzu, wenn auch der Werkstoffwiderstand mittelwertabhängig ist, wie dies beim Stahlbeton der Fall ist.

7.3.2 Extremlasten

Neben den Ermüdungslasten muss eine Windenergieanlage über kurze Zeiträume auch Extremlasten standhalten. Hierbei nimmt das Biegemoment in der Regel zunächst mit der Windgeschwindigkeit zu. Ab einer bestimmten Windgeschwindigkeit jedoch kann es wieder abnehmen, da die Rotorblätter durch die Pitch-Regelung immer stärker aus dem Wind gedreht werden. Wird die Windgeschwindigkeit zu groß, schaltet die Windenergieanlage ab, die Rotorblätter werden aus dem Wind gedreht und das Biegemoment sinkt fast auf null.

Das Ereignis einer 50-Jahres-Windböe ist selten bemessungsrelevant. Viel kritischer ist eine Kombination von verschiedenen extremen Windereignissen. Hierfür werden extreme Windereignisse bezüglich ihrer Wahrscheinlichkeit kombiniert und die daraus resultierende Last wird berechnet. Diese Berechnung ist sehr komplex und kann aufgrund der anfangs simulierten Windfelder im Ergebnis variieren.

Die Kunst der Lastrechnung besteht vor allem darin, mit der Simulation den tatsächlichen Lasten einer Windenergieanlage zu entsprechen. Viel Erfahrung und Verständnis für das Gesamtsystem WEA sind dafür erforderlich.

7.4 Nachweis des Bauwerks

Die Nachweiskonzepte der Bautechnik wenden i. d. R. die Balken- bzw. Schalentheorie an. Diese Theorien berücksichtigen zunächst nicht die lokalen Konstruktionsdetails oder Verschweißungen.

Wie zuvor beschrieben hat sich die Lastenberechnung in den letzten zehn Jahren zu immer genaueren Verfahren entwickelt. War vor zehn Jahren noch die Berechnung der Schnittlasten am Turm über die Lasten am Turmkopf Stand der Technik, wurde wenige Jahre später zunächst linear zwischen Turmkopf und Turmfuß interpoliert, und heute werden die Schnittgrößen an allen relevanten Stellen individuell berechnet. Wie in Bild 7.6 bestehen vereinfacht die auf den Turm wirkenden Lasten aus der Maschine am Turmkopf, dem Eigengewicht des Turms sowie der Windlast auf den Turm.

7.4.1 Tragfähigkeitsnachweise

Für den Nachweis der Tragfähigkeit gegen Materialversagen wird statisch die maximale Extremspannung ermittelt, hierbei deckt diese größte Spannung alle Lasten ab. Diese Seite wird die Belastungsseite σ_{Fd} genannt. Auf der anderen Seite befindet sich die Widerstandsseite σ_{Rd}. Hier wird der Nachweis der Widerstandsfähigkeit des Materials unter Berücksichtigung der Geometrie (Struktur und Querschnitt) erbracht. Es muss gelten $\sigma_{\text{Fd}} \ll \sigma_{\text{Rd}}$, das heißt, um Schäden auszuschließen, muss die Widerstandsseite immer mindestens gleich der oder größer als die Belastungsseite sein.

Im Bauwesen gibt es das Nachweiskonzept mit Teilsicherheitsbeiwerten auf der Belastungsseite und auf der Widerstandsseite. Auf der Widerstandsseite sind die Teilsicherheitsbeiwerte abhängig vom Material γ_{m}. Bei Ermüdungsbelastung sind die Teilsicherheitsbeiwerte dar-

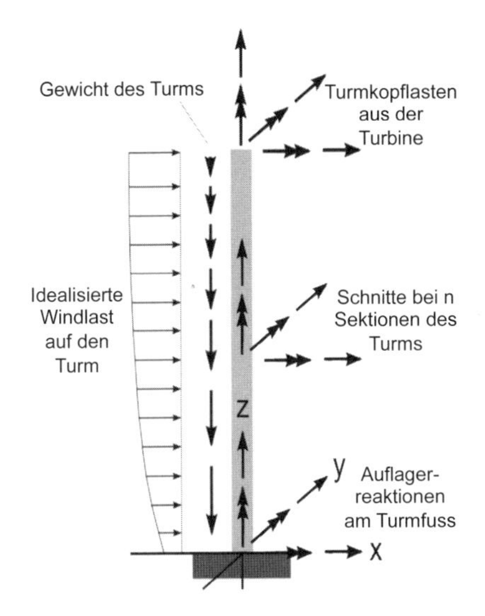

Bild 7.6 Lasten am Turm einer Windenergieanlage

über hinaus abhängig von Inspizierbarkeit und Schadensfolge. Für die Ermüdungslast liegt γ_m z. B. im Bereich von 0,9–1,25 abhängig von guter bzw. schlechter Erreichbarkeit und den beim Schaden folgenden Konsequenzen. Führt der Schaden lediglich zu einer Unterbrechung des Betriebs liegt γ_m im Bereich von 0,9–1,0, führt er zum Schaden an der Windturbine liegt γ_m höher. Bei einem Totalschaden der Windenergieanlage oder Gefährdung von Menschen wird γ_m am höchsten angesetzt.

Beim Stabilitätsnachweis spielt neben Material und Querschnitt auch die Schlankheit eine große Rolle. Der Spannungsnachweis beruht nur auf dem Gesetz: Spannung = Last bzgl. Querschnittswiderstand. So wird je nach Belastung das Material zusammengedrückt oder auseinandergezogen. Unter Stabilitätsversagen versteht man Beulen bzw. Knicken, das heißt, das System weicht aus der Systemebene bzw. -achse aus.

Bild 7.7 Stabilitätsversagen des Turms im Bereich der Türöffnung, Quelle: AXA Versicherung AG

Für die Bemessung des Turms im Grenzzustand der Tragfähigkeit müssen sämtliche Spannungsnachweise (Bruch), die Stabilitätsnachweise gegen Beulen und Knicken und die Betriebsfestigkeitsnachweise für Ermüdung geführt werden. Darüber hinaus gesondert zu untersuchende Stellen sind z. B. am Rohrturm die Flansche und die Türöffnung (siehe Bild 7.7).

Beim Turmkopfflansch ist die exzentrische Lasteinleitung und das damit verbundene Krempelmoment i. d. R. mit FEM-Detailberechnungen nachzuweisen und bei der Türöffnung sind lokale Spannungsüberhöhungen zu untersuchen. Bei Gittertürmen ist ein besonderes Augenmerk auf die Torsionsweichheit und die Verbindungsmittel der einzelnen Stäbe zu legen, die häufig als gleitfeste vorgespannte Schraubverbindung hergestellt werden. Sehr kurze Klemmlängen sind dabei zu vermeiden.

7.4.2 Gebrauchstauglichkeitsnachweise

Neben dem Grenzzustand der Tragfähigkeit ist auch der Nachweis der Gebrauchstauglichkeit zu erbringen. Hier wird die Verformung untersucht und ob der Freigang zwischen Rotorblatt und Turm unter Berücksichtigung der Imperfektionen und Verformungen ausreichend ist. Der Teilsicherheitsbeiwert beträgt dann für die Widerstandsseite $\gamma_m = 1{,}0$.

7.4.3 Gründungsnachweise

Für die Bemessung eines Fundaments wird zwischen der inneren und der äußeren Tragfähigkeit unterschieden. Im Grenzzustand der inneren Tragfähigkeit sind die einschlägigen Spannungsnachweise und der Nachweis gegen Ermüdung zu erbringen. Handelt es sich um ein gängiges Stahlbetonflachfundament, stößt man schnell an die Grenzen der im Bauwesen üblichen Nachweisverfahren. Bei der Berechnung der Ermüdungsfestigkeit ist z. B. die Kraftflussermittlung mit einem analogen Fachwerkmodell, bei dem der Beton aufreißen darf, unter einer Zug- und Druckwechselbelastung nicht mehr zulässig. Und bei zyklisch dynamisch belasteten Pfählen sind die Zugkräfte besonders kritisch zu untersuchen, da nur wenige Erfahrungen in diesem Bereich vorliegen.

Bild 7.8 Umgekipptes Fundament, Quelle: Beton Kontrollsysteme GmbH

Neben dem Grenzzustand der inneren Tragfähigkeit sind auch Nachweise im Grenzzustand der äußeren Tragfähigkeit zu führen. Dazu gehören die Nachweise gegen Kippen (siehe Bild 7.8), Grundbruch, Gleiten, Auftrieb und Setzung.

Für alle konstruktiven Änderungen gilt, dass der Einfluss auf die Steifigkeit der jeweiligen WEA zu überprüfen ist, da sich das Anlagenverhalten, ggf. die Steuerung und auch die Belastungen verändern.

7.4.4 Schwingungsberechnungen (Eigenfrequenzen)

Für das Gesamtbauwerk und jede einzelne Komponente sind die Eigenfrequenzen zu ermitteln. Zum Beispiel mithilfe des Campbell-Diagramms ist zu untersuchen, ob die Eigenfrequenzen außerhalb des Betriebsbereichs der Erregerfrequenz liegen. Dämpfer können hier gegebenenfalls zum Einsatz kommen.

Beim Turm einer Windenergieanlage spielen die Eigenfrequenzen eine große Rolle. Denn wird das System in seiner Eigenfrequenz angeregt, kommt es zur Resonanz. Der Turm schaukelt sich auf und es kann zu Schäden bis hin zum völligen Versagen des Turms kommen.

Die erste und die zweite Eigenfrequenz des Turms sind in der Regel relevant, bei Gittermasten auch die Torsionseigenfrequenz. Die anregenden Frequenzen ergeben sich aus der Rotordrehzahl der WEA mit ihrem Vielfachen je nach Rotorblattanzahl, in der Regel 3P.

Um einer Resonanz vorzubeugen, müssen die Erregerfrequenzen mindestens einen Abstand von plus/minus fünf Prozent zu den Eigenfrequenzen des Turmes haben. Ein Betrieb in der Nähe des Resonanzbereichs ist nur in Ausnahmefällen bei Verwendung eines Betriebsvibrationsmonitorings erlaubt.

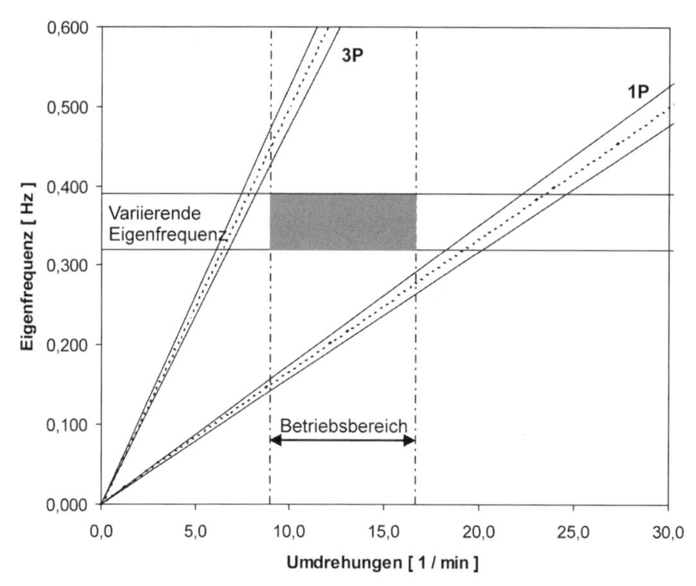

Bild 7.9 Drehzahl und Eigenfrequenz im Campbell-Diagramm

In Bild 7.9 ist das Campbell-Diagramm dargestellt. Dieses Diagramm ist eine Methode um eine Überlappung der stimulierenden Frequenz mit den Eigenfrequenzen der einzelnen Bauteile auszuschließen. Auf der x-Achse wird die Drehzahl des Betriebsbereichs in Umdrehungen pro Minute abgebildet. Die y-Achse bildet die Eigenfrequenz der Bauteile in Hertz ab. Hier wird die Eigenfrequenz des Bauteils mit einer Abweichung von $\pm 5\,\%$ eingezeichnet. Um die Drehzahl mit der Eigenfrequenz zu vergleichen, muss diese in Hertz umgerechnet werden. Dies geschieht durch die lineare Gleichung: $y = 1/60 \times (1\,\mathrm{P})$. Dieser Graph wird in das Diagramm eingezeichnet inklusive zweier Graphen mit ±5 % Abweichung, um die Anforderungen zu erfüllen. Da insgesamt drei Rotorblätter das System anregen, wird das gleiche für den dreifachen Wert durchgeführt, sodass ein Graph mit der folgenden Gleichung entsteht: $y = 3/60 \times (3\,\mathrm{P})$.

Nun dürfen der im Diagramm grau gekennzeichnete Bereich und die beiden linearen Graphen (1 P und 3 P) sich nicht schneiden, so wie es hier der Fall ist.

Bei Türmen mit einer geringen Steifigkeit liegt die erste Eigenfrequenz unter dem 1-P-Graphen. Dies sind vorwiegend große schlanke Türme. Am meisten verbreitet sind Türme mit einer mittleren Steifigkeit, sodass die erste Eigenfrequenz zwischen dem 1-P- und dem 3-P-Graphen liegt. Unüblich sind sehr steife Türme, sie liegen im Diagramm über dem 3-P-Graphen.

So durchläuft in den meisten Fällen die Erregerfrequenz der sich drehenden Rotorblätter (3 P) die erste Eigenfrequenz bei Anfahren der WEA. Die zweite Eigenfrequenz ist in der Regel größer als die 3-P-Frequenz.

Dynamische Dämpfer sind relevant für das dynamische Verhalten und deshalb für die Sicherheit der Windenergieanlage. Ihr Einfluss muss bei der Auslegung des Turms mit einbezogen werden. Im Gegensatz zu Spannungsnachweisen gibt es für die dynamischen Nachweise keine *sichere Seite*.

Aufgaben

Folgende Windenergieanlage ist gegeben:

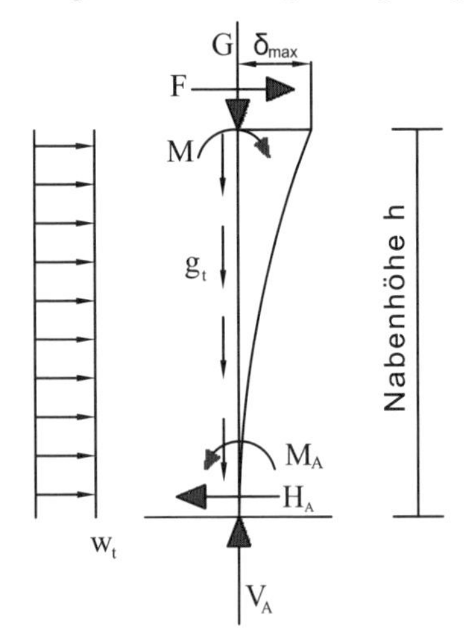

Stahlrohrturm:

Dicke: $t = 8\,\mathrm{cm}$

Durchmesser: $D = 4\,\mathrm{m}$

Nabenhöhe: $h = 80\,\mathrm{m}$

$E_{\mathrm{St}} = 210\,000\,\mathrm{N/mm^2}$

$g_{\mathrm{St}} = 7\,750\,\mathrm{g/m^3}$

$w = 2\,\mathrm{kN/m^2}$

Schwerkraft: $G = 1\,000\,\mathrm{kN}$

Horizontalkraft $F = 2\,000\,\mathrm{kN}$

Moment $M = 40\,000\,\mathrm{kNm}$

Bild 7.10 Kräfte, die auf eine Windenergieanlage wirken

- Berechnen Sie die resultierenden Kräfte H_A, V_A und M_A sowie das Trägheitsmoment und die maximale Auslenkung des Turms δ_{max}.
- Was passiert wenn ein System in der Eigenfrequenz angeregt wird und was bedeutet das für die Windenergieanlage?
- Zeichnen Sie das Campbell-Diagramm für die folgenden Werte. Energieproduktion im Bereich der Drehzahl $n = 7{,}5 - 17{,}5\ 1/\mathrm{min}$

1. Eigenfrequenz Turm $f_{ET1} = 0{,}4\,\text{Hz}$
2. Eigenfrequenz Turm $f_{ET2} = 0{,}9\,\text{Hz}$

- Welche Parameter können variiert werden, falls die Bereiche sich überschneiden? Wie müssten die Parameter in diesem Falle verändert werden?

7.5 Konstruktionsdetails

Relevante Konstruktionsdetails müssen über passende vereinfachte Methoden, z. B. der Finite-Elemente-Methode (FEM), gesondert berechnet werden. Relevante Konstruktionsdetails einer Windenergieanlage sind ggf. Öffnungen der Turmhülle, Flanschverbindungen mit exzentrisch vorgespannten Bolzen sowie Schweißverbindungen.

7.5.1 Öffnungen in der Wand von Stahlrohrtürmen

Öffnungen in der Turmhülle führen zu lokalen Belastungskonzentrationen, sodass komplexe Geometrien von Öffnungen nur mit der Finite-Elemente-Methode berechnet werden können. Der Belastungskonzentrationsfaktor liegt bei Nominalbelastung und ungestörter Turmhülle bei einem Wert von 1, bei einer runden unversteiften Öffnung liegt er bei 3.

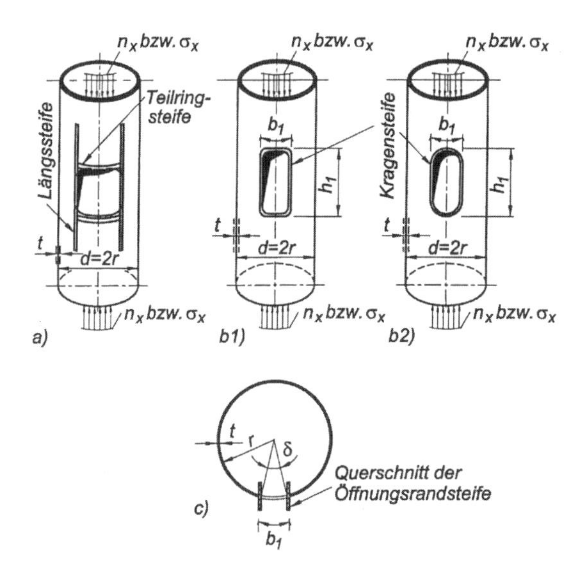

Bild 7.11 Beispiele der verschiedenen Türöffnungen [1]

In Bild 7.11 sind die verschiedenen Öffnungen in der Wand von Stahlrohrtürmen dargestellt.

7.5.2 Ringflanschverbindungen

Der Standardflansch wird über exzentrisch vorgespannte Bolzen verbunden. Der nicht-lineare Kraftfluss der Bolzen erfordert spezielle Berechnungsmethoden. Der Nachweis gegen Extremlasten kann ohne Einbeziehung der Vorspannung durchgeführt werden. Der Nachweis gegen Ermüdungslasten hingegen muss durch komplexe Berechnung aufgrund des nicht-linearen Kraftflusses der Bolzen durchgeführt werden.

Abweichungen der Ringflansche führen zu einer signifikanten Erhöhung der Bolzenkraft und können dadurch zu Schäden führen. Ein perfekter Flansch hat keine Abweichung, die maximale Abweichung darf drei Millimeter nicht überschreiten. Für die FEM-Berechnungen müssen die Abweichungen mit einbezogen werden. Beispiele für verschiedene Fehlerstellen einer Flanschverbindung sind in Bild 7.12 dargestellt.

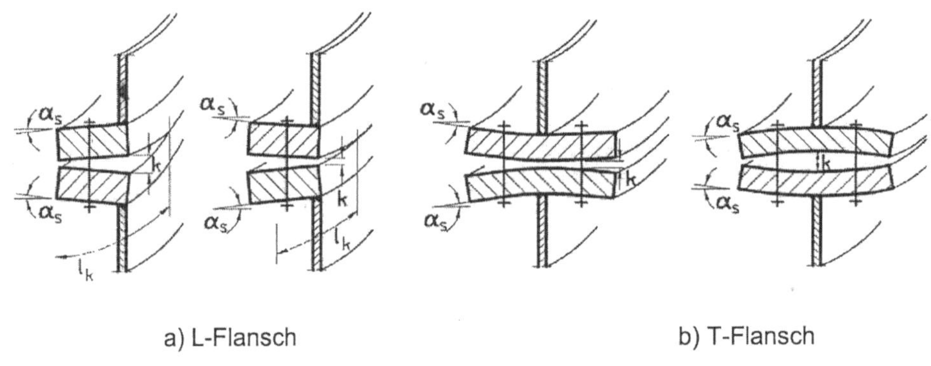

Bild 7.12 Fehlerhafte Flanschverbindungen [1]

7.5.3 Schweißverbindungen

Bei Schweißverbindungen verringert sich die zulässige Spannung des Grundwerkstoffs. Für Ermüdungslasten wird die Nominallast vereinfacht über Detailkategorien berechnet. Das Verhalten von Schweißnähten gegenüber Ermüdungslasten ist aufgrund der Kerbe, die bei einer Schweißnaht entsteht, schlecht. Das heißt, Schweißverbindungen werden ungünstigen Kerbfallklassen zugeordnet.

Bei der Berechnung der baulichen Belastung muss die Geometrie der Verbindungen, jedoch nicht die der Schweißgeometrie berücksichtigt werden (z. B. Finite-Elemente-Berechnung).

7.6 Werkstoffe für Türme

Türme für WEA können aus unterschiedlichen Materialien hergestellt werden. Die Werkstoffe müssen besonders Ermüdungsbelastungen widerstehen. Dabei weisen sie sehr unterschiedliche Eigenschaften auf (siehe Bild 7.13 und Tabelle 7.1). Im Folgenden werden die gängigen Werkstoffe genannt.

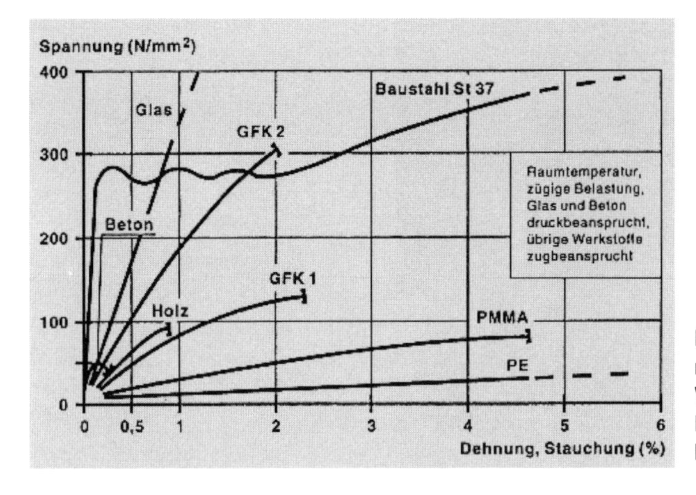

Bild 7.13 Spannung-Dehnungs-Linien verschiedener Werkstoffe nach Wesche: Baustoffe für tragende Bauteile, Bauverlag 1996

Tabelle 7.1 Elastizitätsmodul und Temperaturdehnzahl für verschiedene Baustoffe

Werkstoff	Elastizitätsmodul E [MPa]	Temperaturdehnungskoeff. α_T [1/K]
Glas	70 000	$9 \cdot 10^{-6}$
Stahl	210 000	$12 \cdot 10^{-6}$
Edelstahl	170 000	$10 \dots 16 \cdot 10^{-6}$
Aluminium	70 000	$24 \cdot 10^{-6}$
Beton	20 000...40 000	$10 \cdot 10^{-6}$
Holz parallel zur Faser	10 000...17 000	$4 \dots 6 \cdot 10^{-6}$
Holz senkrecht zur Faser	200...1 200	$25 \dots 60 \cdot 10^{-6}$

7.6.1 Stahl

Der Stahlrohrturm ist die Standardturmstruktur und gehört zu den meist gebauten Türmen in der Windenergiebranche. Dies liegt unter anderem daran, dass das Ermüdungsverhalten von Stahl homogen, isotrop und gut erforscht ist. Stahl hat den höchsten Grad der Automatisierung und Vorfabrikation und ist relativ günstig in der Herstellung. Die Aufstellung vor Ort ist einfach und schnell zu realisieren. Durch Schweißen von Stahlsegmenten und Flanschen verschlechtert sich die Ermüdungstragfähigkeit.

Der Rohrturm besteht aus mehreren Turmsektionen, die über Flansche durch vorgespannte Bolzen am Konstruktionsort verbunden werden. Die einzelnen Turmsektionen werden aus einzelnen flachen Stahlplatten zusammengeschweißt. Daraufhin werden die Stahlplatten durch drei Walzen zum Rohr gebogen (siehe Bild 7.14) und bestimmte Eigenspannungen eingeprägt. Der entstehende Radius der Rohrwandung hängt vom aufgebrachten Druck ab.

Die Flansche werden in der Regel aus einem Stahlblock geformt. Die eingesetzte Stahlgüte und Qualität hängt von der Dicke und den Einsatzerfordernissen wie Bauteilkategorie, Stahlfestigkeitsklasse sowie Onshore- oder Offshore-Nutzung ab.

Bild 7.14 Entstehung einer Turmsektion: Stahlplatten werden durch drei Walzen nach innen gebogen, Quelle: Vestas

7.6.2 Beton

Betontürme haben im Gegensatz zu Stahltürmen keine Transportbegrenzung im Durchmesser und weniger Korrosions- oder Stabilitätsprobleme. Sie werden als Stahlbetonfertigteile auf der Baustelle i. d. R. durch Vorspannung verbunden. Selten werden schlaff bewehrte Stahlbetontürme mit Ortbeton gefertigt. Die Rissbildung und damit das Ermüdungsverhalten sind bei dieser Konstruktionsform ungünstig.

7.6.3 Holz

In der Geschichte der Windenergie war Holz der vorherrschende Werkstoff. Erst ab Beginn des 20. Jahrhunderts wurde Holz mehr und mehr durch Stahl ersetzt und mittlerweile spielt es als Werkstoff für die Windenergie kaum eine Rolle. Das Unternehmen TimberTower jedoch hat sich auf den Bau von Holztürmen spezialisiert und nutzt hier die Vorteile des natürlichen Werkstoffs Holz.

Dieser Holzturm besteht aus einem Verbundsystem aus Brettsperrholzplatten. Die einzelnen Bauteile werden am Anlagenstandort zu einem Hohlkörper mit einem Durchmesser von 7 Metern am Turmfuß und 2,40 Metern am Turmkopf verbaut. Die Turmstruktur besteht aus einem Sechs-, Acht- oder Zwölfeck.

Holz als reines Naturprodukt ist CO_2-neutral und nach Ablauf der Lebensdauer einer Windenergieanlage problemlos zu recyceln.

Technische Vorteile bietet der problemlose Transport in 40-Fuß-Containern, ohne dass ein Schwertransporter nötig ist. Bisher sind Nabenhöhen von bis zu 200 Metern geplant.

Die Verwendung von Holz für den Turm einer Windenergieanlage ist noch nicht sehr weit erforscht. Dadurch besteht ein Mangel an Erfahrung, besonderes Augenmerkt wird dabei auf die Verbindungsmittel gelegt.

7.6.4 Glasfaserverstärkter Kunststoff

Glasfaserverstärkter Kunststoff (GFK) wird standardmäßig für Rotorblätter von WEA verwendet. Es gibt noch keine Erfahrungen mit der Verwendung von GFK für den Turm einer Windenergieanlage.

GFK ist ein vielseitiger Werkstoff mit sehr guten Tragfähigkeitseigenschaften. Er weist eine hohe Festigkeit bei relativ niedrigem Gewicht auf. Nachteilig sind die hohen Kosten und die aufwendige Herstellung.

Aufgabe

Welche Vorteile bzw. Nachteile bieten die verschiedenen Werkstoffe Stahl, Beton, Holz und GFK bei Verwendung für den Turm einer Windenergieanlage?

7.7 Ausführungsformen

Es gibt eine Vielzahl von Türmen für WEA. Sie unterscheiden sich in Querschnitt, Material und Tragkonzept. Im Folgenden werden die gängigsten Türme vorgestellt.

7.7.1 Rohrtürme

Der Standardturm für Windenergieanlagen und somit der am weitesten verbreitete Turm ist der Rohrturm. Den größten Vorteil bringt hierbei der punktsymmetrische Querschnitt. Daher ist der Widerstand gegen Belastung in allen Richtungen gleich groß. Des Weiteren ist der Kreisquerschnitt der torsionssteifste Querschnitt.

Der Rohrturm hat einen hohen Grad der Vorfabrikation. Der Turm besteht i. d. R. aus mehreren Stahlturmsektionen die über Flansche durch vorgespannte Schrauben am Konstruktionsort verbunden werden. Die Aufstellung vor Ort ist einfach und schnell zu realisieren. Als Nachteil ist die Begrenzung des Durchmessers aufgrund des Transports unter Brücken (max. D = 4,20 m) zu nennen.

Bild 7.15 Herstellung der Flansche und Schweißen der Turmsektionen, Quelle: Vestas

7.7.2 Gittermasten

Gittermasten sind nicht so verbreitet, dennoch bietet auch diese Konstruktionsform eine Reihe von Vorteilen. Auch hier ist ein hoher Grad an Vorfabrikation möglich. Durch die Leichtbauweise und die Endstruktur, die aus kleinen Teilen zusammengesetzt werden kann, gibt es keine Transportgrenzen aufgrund der Größe. Nachteil hierbei ist der relativ große Aufwand beim Errichten der Konstruktion vor Ort aufgrund der vielen Bauteile, die hier zusammengesetzt werden müssen. Dazu kommt ein hoher Grad an Instandhaltungsarbeiten durch die hohe Anzahl an Bauteilen sowie Bolzenverbindungen. Kritisch kann auch der Widerstand des Turms in Bezug auf das Torsionsmoment sein.

7.7.3 Abgespannte Türme

Der Turm der ersten großen Windenergieanlage (3 MW) in Deutschland Anfang der 80er-Jahre, genannt GroWian (**Gro**ße **Wi**ndenergie**an**lage), war ein abgespannter Turm. Leider konnte die Anlage wegen zahlreicher Materialprobleme und damals fehlender Erfahrungen nur wenige Stunden betrieben werden. Dennoch konnten entscheidende Forschungsergebnisse durch sie gewonnen werden.

Der größte Vorteil eines abgespannten Turms liegt wie bei Masten von Segelbooten in der Kräfteentlastung durch die Wanten, die einen kleineren Durchmesser des Turmquerschnitts im unteren Bereich zulassen. Hierdurch kann Material eingespart werden und der Transport wird erleichtert. Problematisch ist jedoch die Verankerung der Spannseile im Boden, unter anderem dadurch, dass eine genaue Analyse des Bodens häufig aufwendig und nicht immer eindeutig ist. Das Ermüdungsverhalten vieler Böden ist darüber hinaus bis heute weitestgehend unerforscht.

Aufgaben

Welche strukturellen Ausführungsformen kennen Sie? Welche Vorteile bzw. Nachteile bieten die verschiedenen Ausführungsformen?

7.8 Fundamente von Onshore-WEA

In diesem Kapitel werden die drei gängigsten Formen der Fundamente für Windenergieanlagen beschrieben.

7.8.1 Schwerkraft

Das Schwerkraftfundament ist die Standardlösung für die Gründung einer Windenergieanlage. Das Konzept hierbei ist, das Moment der Windenergieanlage durch ein möglichst schweres großflächiges Fundament aufzunehmen. Es gibt runde, sechs- oder achteckige Fundamente, das heißt, jeder beliebige punktsymmetrische Grundriss ist sinnvoll möglich.

7.8.2 Pfähle

Ein reines Schwerkraftfundament ist nur bei guten Bodenverhältnissen möglich. Ist der Boden zu weich, sackt das Fundament ab. Daher wird das Schwerkraftfundament bei weichem Untergrund mit zusätzlichen Pfählen im Boden verankert. Am meisten gebaut wird hier eine sternförmige Variante.

7.8.3 Seile

Bei einem abgespannten System werden durch vorgespannte Seile die Lasten in den Boden geleitet. Dies geschieht über Bodenanker die über Pfähle im Boden befestigt sind. Hierdurch wird der Turm entlastet und kommt so mit einem geringeren Durchmesser sowie einer geringeren Rohrdicke aus. Dies spart Material und somit Kosten. Allerdings müssen die Bodenbedingungen zwischen Fundament und Bodenankern genau untersucht werden, da das Kräftespiel im Boden sehr komplex ist (siehe Bild 7.16). Diese Bodenuntersuchungen sind sehr aufwendig. Führt man diese allerdings nicht durch, kann es bei nicht geeignetem, z. B. zu weichem Untergrund, zu Komplikationen bis hin zum Umkippen der WEA führen.

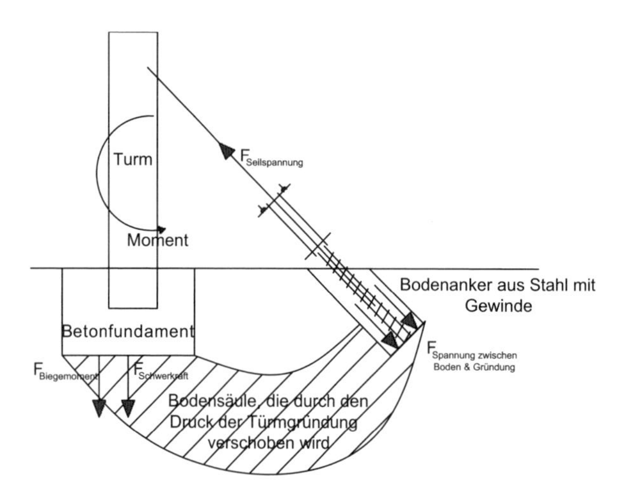

Bild 7.16 Kräftefluss: Abgespannter Turm

Lösungen

Abschnitt 7.1: 200 Meter, 33 Prozent, 140 Millionen Newtonmeter (gleich dem Gewicht von 100 Autos)

Abschnitt 7.2: Deutsches Institut für Bautechnik (DIBt)

- Germanischer Lloyd (GL)
- International Electrotechnical Commission (IEC)
- Det Norske Veritas (DNV)

Abschnitt 7.4:

$$A = \pi \frac{D^2 - (D-2t)^2}{4} = 0{,}9852\,\mathrm{m}^2$$

$$g_{\mathrm{St}} = \frac{7750\,\mathrm{kg/m^3} \cdot 9{,}81\,\mathrm{m/s^2}}{1000} = 76{,}03\,\mathrm{kN/m^3}$$

$$g_{\mathrm{t}} = g_{\mathrm{St}} \cdot A = 74{,}90\,\mathrm{kN/m}$$

$$w_{\mathrm{T}} = w \cdot D = 8\,\mathrm{kN/m}$$

$$H_{\mathrm{A}} = w_{\mathrm{T}} \cdot h + F = 2640\,\mathrm{kN}$$

$$V_{\mathrm{A}} = G + g_{\mathrm{t}} \cdot h = 6992\,\mathrm{kN}$$

$$M_{\mathrm{A}} = w_{\mathrm{T}} \cdot \frac{h^2}{2} + F \cdot h + M = 225600\,\mathrm{kNm}$$

$$y_1 = \frac{w_{\mathrm{T}} \cdot h^4}{8 \cdot E \cdot I} = 0{,}103\,\mathrm{m}$$

$$y_2 = \frac{f \cdot h^3}{3 \cdot E \cdot I} = 0{,}859\,\mathrm{m}$$

$$y_3 = \frac{M \cdot h^2}{2 \cdot E \cdot I} = 0{,}322\,\mathrm{m}$$

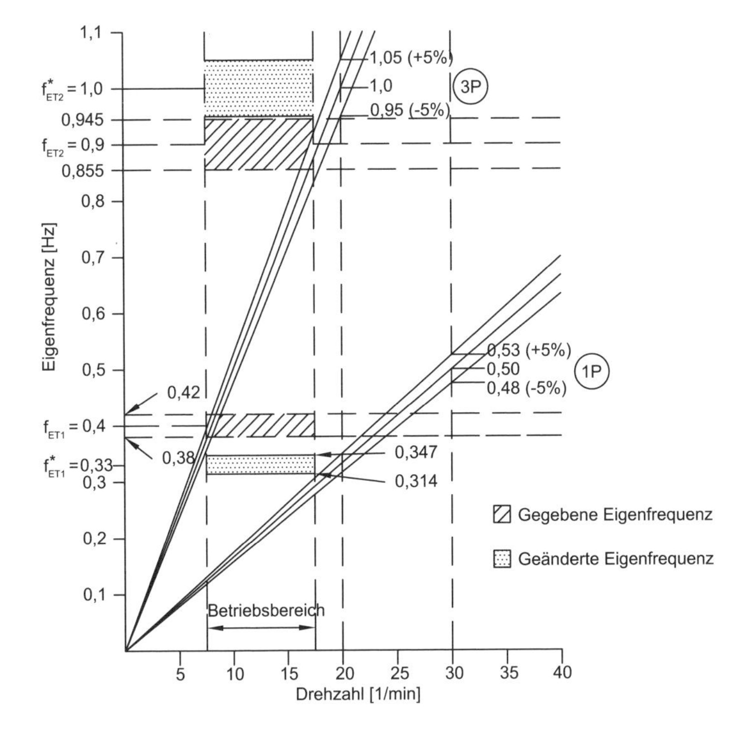

Bild 7.17 Campbell-Diagramm-Lösung

$$\delta_{\max} = 1{,}28\,\text{m}$$

$$\frac{\pi}{64}(D^4 - (D-2t)^4)$$

$$M^{II} = G \cdot \delta_{\max} = 1284\,\text{kNm}$$

Das System reagiert mit starken Schwingungen, d. h., es schaukelt sich auf und führt zur Resonanz. Die Anregung durch die Drehung der Rotorblätter darf nicht im Bereich der Eigenfrequenzen des Rotorblatts und des Turms liegen.

Die Eigenfrequenzen der Bauteile oder der Drehzahlbereich können variiert werden. Die Eigenfrequenz des Rotorblatts müsste erhöht werden, durch härteres Material, steiferen Querschnitt, oder der Drehzahlbereich abgesenkt werden. Die Eigenfrequenz des Turms müsste abgesenkt werden, durch weicheres Material, steiferen Querschnitt, oder der Drehzahlbereich erhöht werden (siehe auch Tabelle 7.1).

Abschnitt 7.6:

Stahl

Vorteile:

- hoher Grad an Vorfabrikation
- relativ günstig
- Aufstellung vor Ort einfach und schnell

Nachteile:

- Begrenzung des Durchmessers aufgrund des Transports

- Verschweißen vom Turmrohbau am Konstruktionsort nicht möglich

Beton

Vorteile:

- keine Begrenzung in der Größe
- keine Korrosions- oder Stabilitätsprobleme
- kleinerer Durchmesser möglich

Nachteile:

- Kosten für die Baustelleneinrichtungen für die vor Ort fabrizierten Betontürme sehr hoch
- ansonsten wiederum Begrenzung der Größe des Durchmessers

Holz

Vorteile:

- Holz als reines Naturprodukt ist CO_2-neutral
- nach Ablauf der Lebensdauer einer Windenergieanlage zu 100 % recycelbar
- Transport in 40-Fuß-Containern ohne Schwertransporter möglich

Nachteile:

- wenig erforscht

GFK:

Vorteile:

- hohe Festigkeit
- niedriges Gewicht

Nachteile:

- hohe Kosten
- aufwendige Herstellung
- keine Erfahrung

Abschnitt 7.7:

Rohrturm

Vorteile:

- punktsymmetrischer Querschnitt
- Widerstand gegen Belastung in allen Richtungen gleich groß
- Kreisquerschnitt der torsionssteifste Querschnitt
- hoher Grad der Vorfabrikation
- Aufstellung vor Ort einfach und schnell

Nachteile:

- Begrenzung des Durchmessers aufgrund des Transports

Gittermast

Vorteile:

- Durch Leichtbauweise und Endstruktur, die aus kleinen Teilen zusammengesetzt werden kann, gibt es keine Transportgrenzen aufgrund der Größe.

- hoher Grad der Vorfabrikation

Nachteile:

- hoher Grad an Instandhaltungsarbeiten durch die hohe Anzahl an Bolzenverbindungen sowie Bauteilen
- großer Aufwand der Konstruktion vor Ort aufgrund der vielen Bauteile
- Kritisch kann auch die Elastizität des Turms in Bezug auf das Drehmoment sein.

Abgespannter Turm

Vorteile:

- Kräfteentlastung, die einen kleineren Durchmesser des Turms zulässt
- Materialeinsparung und erleichterter Transport

Nachteile:

- problematische Verankerung der Spannseile im Boden
- genaue Analyse der Bodenstruktur aufwendig und teuer

Literatur

[1] DIBt: Richtlinie für Windenergieanlagen, Einwirkungen und Standsicherheitsnachweise für Turm und Gründung, Schriften des Deutschen Instituts für Bautechnik, Reihe B, Heft 8, Fassung März 2004, Deutsches Institut für Bautechnik (DIBt), Berlin

[2] Eurocode 3: Bemessung und Konstruktion von Stahlbauten; Deutsche Fassung EN 1993-1-1:2005

[3] Germanischer Lloyd: Richtlinie für die Zertifizierung von Windenergieanlagen, Fassung 2010

[4] International Electrotechnical Commission (IEC): Wind Turbine Generator Systems. Part 1: Safety Requirements, 3. Fassung, 2005

8 Leistungselektronik-Generatorsysteme für Windenergieanlagen

8.1 Einführung

Die mechanische Leistung, die mithilfe des Rotors der Windenergieanlage aus dem Wind gewonnen wird, wird über den Generator in elektrische Energie umgeformt und in das elektrische Netz eingespeist.

Dafür stehen verschiedene geeignete Konzepte zur Verfügung [17, 18]. Häufig wird zur Drehzahl-Drehmoment-Wandlung auch ein Getriebe zwischengeschaltet, um die Drehzahl von Rotor und Generator optimal und unabhängig wählen zu können. Auf der elektrischen Seite ist der Generator auf die Bemessungsfrequenz des Netzes und, oft über einen Transformator, auf die Bemessungsspannung des Netzes auszulegen.

Die vom Rotor der Windenergieanlage an die Welle abgegebene Leistung ist abhängig von der Windgeschwindigkeit und der Rotordrehzahl, wie es Bild 8.1 zeigt. Die bei kleinen Rotordrehzahlen ansteigenden und bei größeren abfallenden Kurven weisen ein deutliches Maximum auf. Die Kurven gelten für konstanten Blatteinstellwinkel.

Der Rotor des Drehstromgenerators läuft bei Betrieb direkt am elektrischen Netz mit fester Frequenz mit einer festen Drehzahl proportional zu dieser Netzfrequenz um. Im Fall der Synchronmaschine ist die Drehzahl exakt fest, im Fall der Asynchronmaschine entstehen lastabhängig kleine Abweichungen zur Synchrondrehzahl.

Eine Erweiterung des Konzepts des Generators mit fester Drehzahl wird „dänisches Konzept" genannt und war in den 80er-Jahren weitverbreitet [2]. Dabei wird zusätzlich ein zweiter Generator oder eine zweite Wicklung im ersten Generator verwendet, um eine zweite Drehzahl durch Umschalten zu erreichen.

Wegen der nicht optimalen Energieausbeute, den hohen Belastungen im Antriebsstrang und dem Blindleistungsbedarf bei Netzeinspeisung mit direkt gekoppelten Asynchrongeneratoren wird dieses Konzept heute kaum noch verwendet [2], mit Ausnahme von Anlagen mit kleinster Leistung. Die nicht optimale Energieausbeute ist im Leistungs-Drehzahl-Diagramm (Bild 8.1) durch die vertikale Linie verdeutlicht. Bei fester Drehzahl kann nur bei Windgeschwindigkeiten von 7 bis 8 m/s die optimale Leistung, im Maximum der Leistungskurve, gewonnen werden.

Bei dem heute verwendeten Konzept der Anlagen mit variabler Drehzahl wird die Drehzahl abhängig vom Wind so geregelt, dass das Optimum der Leistung aus dem Wind entnommen wird. Im Leistungs-Drehzahl-Diagramm (Bild 8.1) ist dies durch die Linie dargestellt, die die Maxima der Leistungskurven schneidet. Es bedeutet, die Drehzahl immer auf den Wert zu fahren,

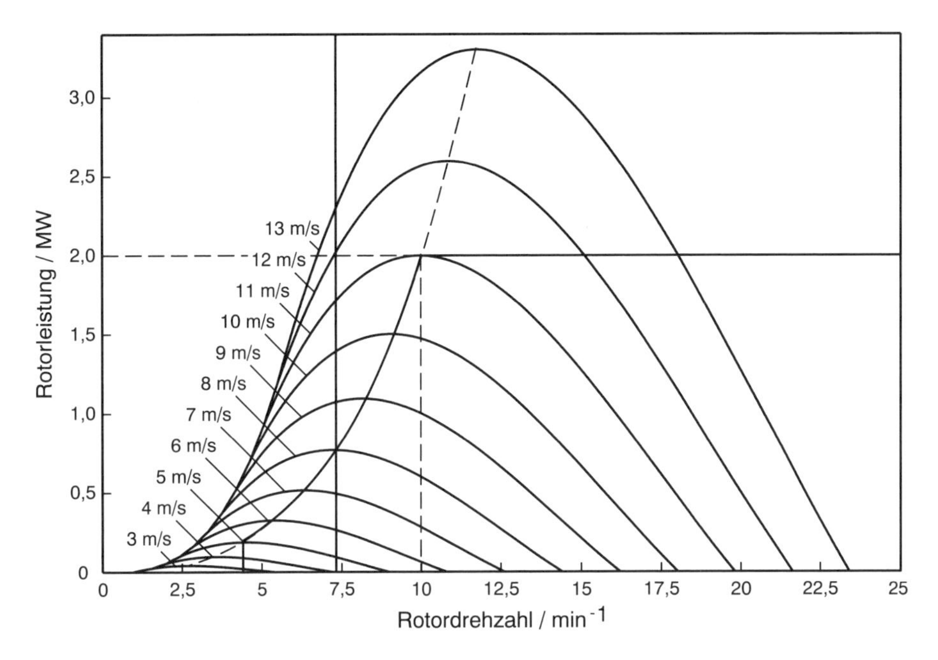

Bild 8.1 Leistungs-Drehzahl-Diagramm einer Rotoranordnung einer Windenergieanlage und Kennlinie eines Generators an fester und variabler, optimaler Frequenz; Beispiel einer 2-MW-Anlage; Parametrierung: Windgeschwindigkeit; Pitch-Winkel konstant, ab 10 m/s Leistung konstant 2 MW

bei dem bei der jeweiligen Windgeschwindigkeit das Maximum der Leistung liegt. Die Rotor- und damit die Generatordrehzahl müssen also abhängig von der Windgeschwindigkeit verändert werden. Dabei wird der Pitch-Winkel (Anstellwinkel der Rotorblätter) konstant gehalten, solange die Nennleistung nicht erreicht ist. Dieser Bereich unterhalb der Nennleistung wird Leistungsoptimierungsbereich genannt. Lediglich wenn der Wind zu stark ist und damit die Nennleistung überschritten wird, wird das Rotorblatt über Veränderung des Pitch-Winkels aus dem Wind gedreht (Leistungsbegrenzungsbereich, waagerechte Linie in Bild 8.1 bei 2 MW).

Die Steuerbarkeit der Drehzahl wird dadurch erreicht, dass zwischen Generator und Netz ein Frequenzumrichter geschaltet wird. Er wird netzseitig mit Netzspannung fester Amplitude und Frequenz betrieben und kann am Generator, wie gefordert, Spannung variabler Amplitude und Frequenz erzeugen, wie es für den Betrieb mit variabler Drehzahl erforderlich ist.

Die Struktur und die Komponenten des Antriebsstrangs sowie der Netzeinspeisung einer Windenergieanlage mit umrichtergespeistem Generator sind in Bild 8.2 dargestellt. Hier ist eine Anlage dargestellt, die mit einem Vollumrichter ausgestattet ist. Der Umrichter wandelt die volle Leistung des Generators.

Der Rotor der Windenergieanlage wandelt die Leistung des Windes in mechanische Leistung. Häufig wird ein Getriebe verwendet, sodass die niedrige Drehzahl des Rotors an eine dann höhere des Generators angepasst werden kann. Der Generator wandelt die mechanische in elektrische Leistung. Ein Frequenzumrichter wandelt die Frequenz des drehzahlvariablen Generators in die feste Netzfrequenz und speist die Leistung über Transformator, Netzfilter, Schütze und Sicherungen ins Netz ein. Neben den Anlagen mit Vollumrichter, die für Asynchronkurzschlussläufer und Synchronmaschinen verwendet werden, sind Anlagen mit Teilleistungsum-

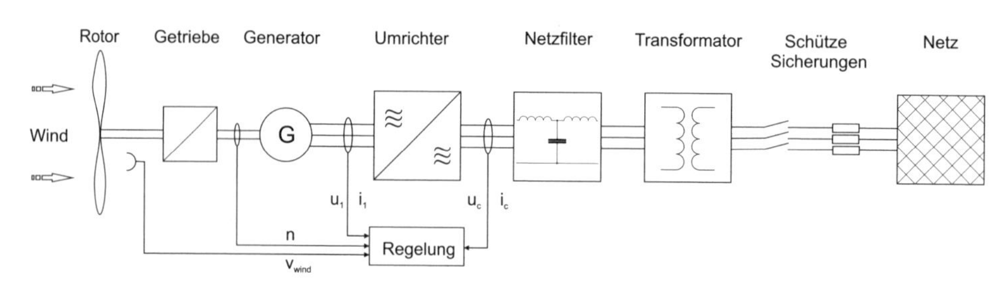

Bild 8.2 Struktur und Komponenten des Antriebsstrangs und der Netzeinspeisung einer Windenergieanlage mit Vollumrichter

richter in der Anwendung, bei denen der Ständer des Generators am Netz liegt und der Rotor über Umrichter verbunden ist. Dabei wird die Asynchronmaschine mit Schleifringläufer verwendet.

Die elektrischen Komponenten der drehzahlvariablen Windenergieanlage werden in diesem Kapitel behandelt. Dies sind der Generator, der Frequenzumrichter, die Regelung für Generator und Umrichter, der Transformator, das Netzfilter und weitere elektrische Komponenten. Dabei werden die bei derzeit neu installierten Windenergieanlagen zum Einsatz kommenden verschiedenen Leistungselektronik-Generatorkonzepte betrachtet.

8.2 Wechselspannungs- und Drehspannungssystem

Einführend sollen einige Grundlagen aus der Elektrotechnik aufgeführt werden, um das Verständnis dieses Kapitels für Fachfremde zu verbessern.

Es werden hier stationäre Verhältnisse und sinus- bzw. cosinusförmige Größen einer Frequenz vorausgesetzt.

Die elektrische Leistung wird über Wechselstrom transportiert, umgeformt und verteilt. Leistung wird durch die elektrischen Größen Strom und Spannung erzeugt. Diese Größen, z. B. die Spannung, $U(t)$ oder $u(t)$ geschrieben, weisen eine feste Amplitude $\hat{U}$ auf und ändern sich cosinusförmig mit der Zeit t proportional zur Kreisfrequenz $\omega = 2\pi f$ der Spannung:

$$u(t) = \sqrt{2}\tilde{U} \cdot \cos(\omega t + \varphi_U) = \hat{U} \cdot \cos(\omega t + \varphi_U) \tag{8.1}$$

$\hat{U}$: Scheitelwert, $\tilde{U}$: Effektivwert, ω: Kreisfrequenz, φ_U: Phasenwinkel, jeweils der Spannung

Dabei wird für den allgemeinen Fall eine Phasenverschiebung φ_U der Spannung angenommen. Bei höheren Leistungen, in Deutschland oberhalb 3,7 kW (16 A) in 230-V/400-V-Netzen, wird ein dreiphasiges Netz verwendet, wobei im Allgemeinen auch ein Nullleiter vorhanden ist. Windenergieanlagen werden an solche Drehstromnetze angeschlossen. Ein solches Netz weist Drehspannungen auf, dies sind sinusförmige, symmetrische Spannungen. Die Spannungen in den drei Phasen weisen in diesem Fall die gleiche Amplitude $\hat{U} = \sqrt{2} \cdot \tilde{U}$ und Kreisfrequenz ω auf und haben einen Phasenversatz von 120° zwischen den Phasen. Die aufgeführten

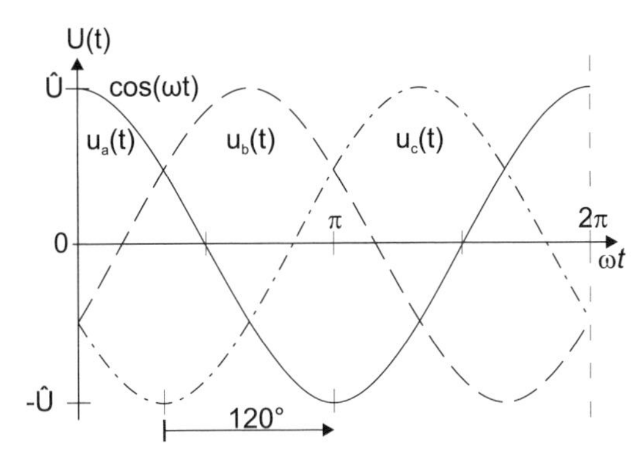

Bild 8.3 Zeitverlauf der Spannungen eines sinusförmig symmetrischen Drehstromsystems mit $\varphi_U = 0°$

Gleichungen für die Phasen R, S, T bzw. a, b, c oder L1, L2, L3 beschreiben derartige Spannungen, hier als Sternspannungen. Bild 8.3 stellt den Zeitverlauf der Spannungen dar.

$$\begin{aligned} u_\mathrm{a}(t) &= \sqrt{2}\tilde{U}_\mathrm{Stern}\cos(\omega t) \\ u_\mathrm{b}(t) &= \sqrt{2}\tilde{U}_\mathrm{Stern}\cos\left(\omega t - \frac{2\pi}{3}\right) \\ u_\mathrm{c}(t) &= \sqrt{2}\tilde{U}_\mathrm{Stern}\cos\left(\omega t - \frac{4\pi}{3}\right) \end{aligned} \tag{8.2}$$

Sind diese Netze mit ihren Erzeugern und Verbrauchern wirklich symmetrisch, genügt die Berechnung in einer Phase, da damit die Werte der anderen Phasen bekannt sind.

Diese Wechsel- und Drehstromnetze berechnen sich mithilfe der komplexen Wechselstromrechnung, auch Phasorenrechnung genannt. Die komplexen Wechselstromgrößen oder Phasoren werden mit einem Unterstrich gekennzeichnet, also $\underline{U}$:

$$\underline{U} = \frac{1}{\sqrt{2}}\hat{U}\cdot \mathrm{e}^{j\varphi_U} = \frac{1}{\sqrt{2}}\hat{U}\left(\cos(\varphi_U) + j\sin(\varphi_U)\right) \tag{8.3}$$

Die komplexen Werte können in Diagrammen in der komplexen Ebene dargestellt werden. Hier werden die Diagramme derart ausgerichtet, dass die reelle Achse immer nach oben und die imaginäre nach links zeigen (Vorgehen in der Energietechnik, siehe Bild 8.4). Zudem wird in diesem Kapitel im Allgemeinen das Verbraucherzählpfeilsystem verwendet, das heißt, bei Leistungsaufnahme ergibt sich positive Wirkleistung.

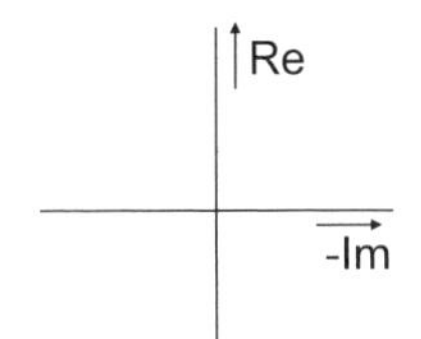

Bild 8.4 Gewählte Lage der Achsen der komplexen Größen

Der Zeitverlauf lässt sich bei Kenntnis der Kreisfrequenz ω aus dem komplexen Wert gewinnen:

$$\begin{aligned} U(t) = U_\mathrm{Stern}(t) &= \mathrm{Re}\left\{\sqrt{2}\underline{U}\cdot \mathrm{e}^{j\omega t}\right\} = \mathrm{Re}\left\{\sqrt{2}\frac{1}{\sqrt{2}}\hat{U}\cdot \mathrm{e}^{j\varphi_U}\cdot \mathrm{e}^{j\omega t}\right\} \\ &= \mathrm{Re}\left\{\hat{U}\cdot\left(\cos(\omega t+\varphi_U) + j\sin(\omega t + \varphi_U)\right)\right\} = \hat{U}\cdot\cos\left(\omega t + \varphi_U\right) \end{aligned} \tag{8.4}$$

Für den Einsatz der Windenergieanlagen ist der Leistungsbegriff wichtig. Die Leistung in solchen dreiphasigen symmetrischen Systemen und Netzen berechnet sich für die Wirkleistung P, die Arbeit verrichten kann, die Blindleistung Q und die Scheinleistung S nach den folgenden Gleichungen. Dabei wird die Sternspannung verwendet und es wird angenommen, dass sowohl Spannung als auch Strom eine Phasenverschiebung aufweisen (φ_U und φ_I). Effektivwerte von Spannung und Strom werden im Folgenden auch durch den jeweiligen Buchstaben (U, I) ohne weitere Kennzeichnung dargestellt.

$$\underline{U}_{\text{Stern}} = U_{\text{Stern}} \cdot \mathrm{e}^{j\varphi_U} \tag{8.5a}$$

$$\underline{I} = I \cdot \mathrm{e}^{j\varphi_i} = I_{\text{Re}} + j\,I_{\text{Im}} \tag{8.5b}$$

$$\underline{I}^* = I \cdot \mathrm{e}^{-j\varphi_i} = I_{\text{Re}} - j\,I_{\text{Im}} \tag{8.5c}$$

$$P = 3 \cdot U_{\text{Stern}} \cdot I \cdot \cos(\varphi_U - \varphi_I) = 3 \cdot \text{Re}\left\{\underline{U}_{\text{Stern}} \cdot \underline{I}^*\right\} \tag{8.5d}$$

$$Q = 3 \cdot U_{\text{Stern}} \cdot I \cdot \sin(\varphi_U - \varphi_I) = 3 \cdot \text{Im}\left\{\underline{U}_{\text{Stern}} \cdot \underline{I}^*\right\} \tag{8.5e}$$

$$\underline{S} = P + jQ = 3 \cdot \underline{U}_{\text{Stern}} \cdot \underline{I}^* \tag{8.5f}$$

$$S = |\underline{S}| = 3 \cdot U_{\text{Stern}} \cdot I \tag{8.5g}$$

Zur Berechnung der Leistungen wird der konjugiert komplexe Wert $\underline{I}^*$ des Stroms $\underline{I}$ benötigt.

8.3 Transformator

Der Transformator dient dazu, Spannungen auf eine höhere oder niedrigere Amplitude zu transformieren und/oder eine Potenzialtrennung durchzuführen. Bei den folgenden Betrachtungen wird von den Voraussetzungen ausgegangen:

- vernachlässigte Sättigung,
- konstante, ohmsche Widerstände und
- symmetrischer Aufbau bei Dreiphasentransformatoren.

8.3.1 Prinzip, Gleichungen

Im einfachsten Fall besteht der Transformator aus einem magnetisch gut leitenden Eisenkern, auf dem zwei Wicklungen aufgebracht sind, die Primärwicklung 1 und die Sekundärwicklung 2, wie in Bild 8.5 dargestellt. Zur Vereinfachung der Darstellung ist hier eine Wicklung mit nur zwei Windungen auf beiden Seiten dargestellt. Primär- und Sekundärwicklung sind durch die Hauptbündelflüsse im Eisenkern (Φ_{12} durch Wicklung 1 in Wicklung 2, Φ_{21} entsprechend) gut miteinander verkoppelt. Geringe Flussanteile erreichen nicht die gegenüberliegende Wicklung, sie werden als Streubündelflüsse ($\Phi_{1\sigma}, \Phi_{2\sigma}$) bezeichnet.

Beide Wicklungen werden vom gleichen Hauptbündelfluss durchsetzt. Die Wicklungen weisen primär w_1 und sekundär w_2 Windungen auf. Damit ergeben sich die durch den gemeinsamen Hauptbündelfluss erzeugten primären und sekundären inneren Spannungen $U_{1\text{i}}$ und $U_{2\text{i}}$:

$$\tilde{U}_{1i}(t) = w_1\left(\frac{\mathrm{d}\phi_{1h}}{\mathrm{d}t}\right); \quad \tilde{U}_{2i}(t) = w_2\left(\frac{\mathrm{d}\phi_{2h}}{\mathrm{d}t}\right); \quad \phi_{1h} = \phi_{2h} \tag{8.6}$$

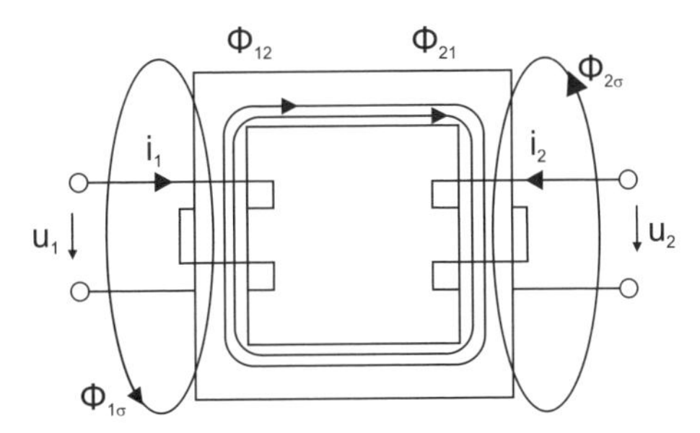

Bild 8.5 Einphasiger Transformator, Aufbauprinzip und Flüsse

Es ist zu erkennen, dass über das Windungszahlverhältnis w_1 / w_2 die Spannungsübersetzung der inneren Spannungen von der Sekundär- auf die Primärseite eingestellt werden kann:

$$\frac{\tilde{U}_{1i}}{\tilde{U}_{2i}} = \frac{w_1}{w_2} \tag{8.7}$$

Die Spannungen werden jetzt als Produkt aus Induktivität und Strom geschrieben. Sie werden in komplexe Darstellung gebracht:

$$w_1 \left(\frac{\mathrm{d}\phi_{1h}}{\mathrm{d}t} \right) = L_{1h} \cdot \frac{\mathrm{d}i_1}{\mathrm{d}t}; \quad \text{komplex: } j\omega L_{1h} \underline{I}_1 \tag{8.8a}$$

$$w_2 \left(\frac{\mathrm{d}\phi_{2h}}{\mathrm{d}t} \right) = L_{2h} \cdot \frac{\mathrm{d}i_2}{\mathrm{d}t}; \quad \text{komplex: } j\omega L_{2h} \underline{I}_2 \tag{8.8b}$$

Zur Vervollständigung der auftretenden Effekte werden die Spannungsabfälle an den primären und sekundären ohmschen Widerständen (R_1, R_2) und die Spannungsabfälle auf den magnetischen Streuwegen an den dazugehörigen Streuinduktivitäten ($L_{1\sigma}$ und $L_{2\sigma}$) zusätzlich einbezogen. Damit ergeben sich die Spannungsgleichungen, jetzt in der üblichen Form als komplexe Gleichung dargestellt:

$$\underline{U}_1 = R_1 \underline{I}_1 + j\omega L_{1\sigma} \underline{I}_1 + j\omega L_{1h} \left(\underline{I}_1 + \underline{I}'_2 \right) \tag{8.9a}$$

$$\underline{U}'_2 = R'_2 \underline{I}'_2 + j\omega L'_{2\sigma} \underline{I}'_2 + j\omega L_{1h} \left(\underline{I}_1 + \underline{I}'_2 \right) \tag{8.9b}$$

Dabei sind die Sekundärspannnung und der Sekundärstrom zusätzlich mit dem Windungszahlverhältnis $ü = w_1 / w_2$ bzw. dessen Kehrwert auf die Primärseite bezogen (multipliziert) worden, was mit einem Hochstrich gekennzeichnet ist. Dies führt dazu, dass die letzten Terme in beiden Gleichungen übereinstimmen. Dabei liegen die folgenden Verhältnisse zugrunde:

$I'_2 = \frac{1}{ü} \cdot I_2$	Sekundärer Strom bezogen auf Primärseite
$U'_2 = ü \cdot U_2$	Sekundäre Spannung bezogen auf Primärseite
$\underline{I}_\mu = \underline{I}_1 + \underline{I}'_2$	Magnetisierungsstrom
$L_{1\sigma}$	Primäre Streuinduktivität
$L_{1h} = L'_{2h} = ü^2 \cdot L_{2h}$	Primäre Hauptinduktivität gleich sekundärer Hauptinduktivität bezogen auf die Primärseite
$R'_2 = ü^2 \cdot R_2$	Sekundärer Widerstand bezogen auf die Primärseite
$L'_{2\sigma} = ü^2 L_{2\sigma}$	Sekundäre Streuinduktivität bezogen auf die Primärseite
R_1	Primärseitiger Widerstand

8.3.2 Ersatzschaltbild, Zeigerdiagramm

Durch das Beziehen der Sekundärwerte auf die Primärseite ergeben sich gleich große induzierte Spannungen in den Gleichungen für Primär- und Sekundärseite. Deshalb kann jetzt aus Primär- und Sekundärseite ein verbundenes Ersatzschaltbild der Primär- und Sekundärseite des Transformators für die energietechnische Verwendung erstellt werden, wie in Bild 8.6 dargestellt. Es ermöglicht eine zeichnerische Analyse beider Spannungen, die im Allgemeinen sehr unterschiedliche Größen haben, in einem Ersatzschaltbild.

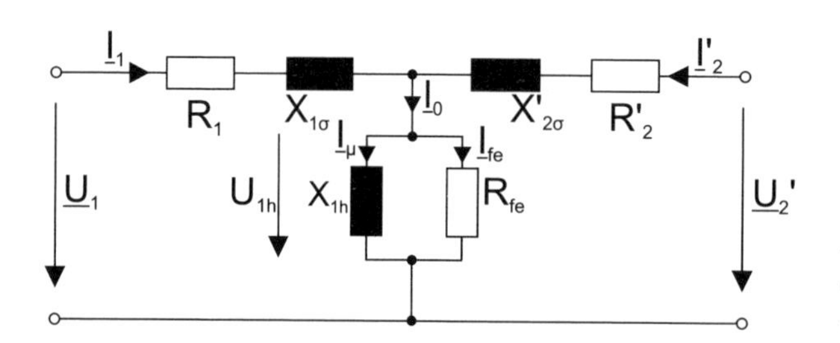

Bild 8.6 Einphasiger Transformator; vollständiges Ersatzschaltbild für die energietechnische Verwendung

Neben den ohmschen Verlusten im Primär- und Sekundärkreis treten bei umfassender Betrachtung noch Verluste im Eisen auf. Sie können durch einen Parallelwiderstand zur Hauptinduktivität gut angenähert dargestellt werden. Dieses Ersatzschaltbild enthält nicht die Potenzialtrennung zwischen Primär- und Sekundärseite. Dies kann durch Zufügen eines idealen Transformators in Reihe eingefügt werden, der nur die Spannungsübersetzung realisiert.

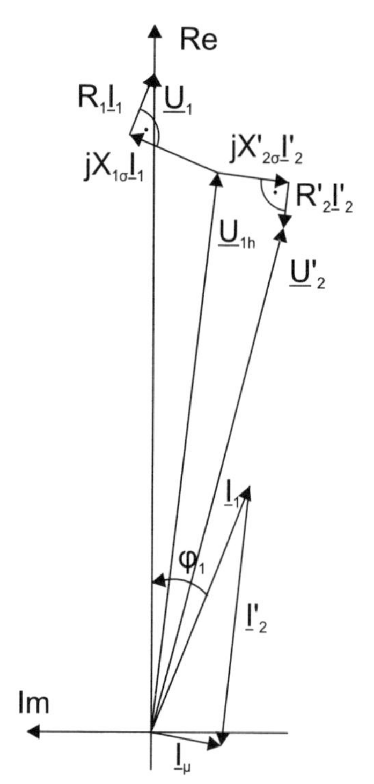

Bild 8.7 Einphasiger Transformator; Zeigerdiagramm, R_{fe} vernachlässigt, ohmsche und Streuspannungsabfälle stark vergrößert

Aus den Spannungsgleichungen kann ebenfalls ein gemeinsames Zeigerdiagramm der Primär- und Sekundärseite des Transformators in der komplexen Ebene gezeichnet werden. Ein Beispiel ist in Bild 8.7 dargestellt. Zu beachten ist, dass die ohmschen und Streuspannungsabfälle hier relativ groß dargestellt sind, um sie im Bild deutlich zu machen.

8.3.3 Vereinfachtes Ersatzschaltbild

Für vereinfachte Betrachtungen, insbesondere für das Kurzschlussverhalten des Transformators oder bei der Betrachtung des Transformators als Komponente im Netz, wird ein vereinfachtes Ersatzschaltbild verwendet, das auch Kurzschlussersatzschaltbild genannt wird. Dabei wird ausgenutzt, dass die Querimpedanzen sehr viel größer als die Längsimpedanzen sind, die Querimpedanzen werden vernachlässigt:

$$R_1, R_2', X_{1\sigma}, X_{2\sigma}' \gg R_{\mathrm{Fe}}, X_{1h} \tag{8.10}$$

Damit ergibt sich das Ersatzschaltbild wie in Bild 8.8 dargestellt. Es handelt sich um ein einfaches Reihen-R-X-Netzwerk. Es gilt dabei:

$$\underline{I}_1 = -\underline{I}_2' = \underline{I} \tag{8.11a}$$

$$\underline{Z}_{\mathrm{K}} = R_{\mathrm{K}} + j X_{\mathrm{K}}; \quad R_{\mathrm{K}} = R_1 + R_2'; \quad X_{\mathrm{K}} = X_{1\sigma} + X_{2\sigma}' \tag{8.11b}$$

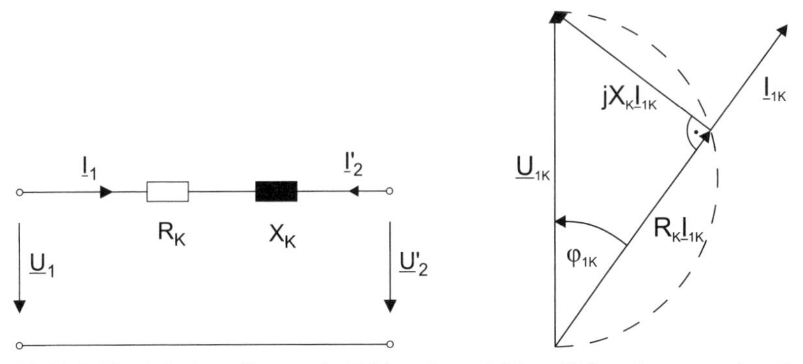

Bild 8.8 Vereinfachtes Ersatzschaltbild und zugehöriges Zeigerdiagramm des einphasigen Transformators ($I_1 = I_{1\mathrm{K}}, U_1 = U_{1\mathrm{K}}$)

Für die Charakterisierung des Transformators wird die Kurzschlussspannung U_{K} verwendet. Der Transformator wird sekundär kurzgeschlossen. Die primäre Spannung wird soweit erhöht, dass primär Nennstrom fließt. Für die Ermittlung wird das vereinfachte Ersatzschaltbild verwendet. Die sich ergebende primäre Nennkurzschlussspannung bestimmt sich nach:

$$\underline{U}_{1\mathrm{KN}} = \underline{Z}_{\mathrm{K}} \cdot \underline{I}_{1\mathrm{N}} \tag{8.12}$$

Diese Spannung repräsentiert den Spannungsabfall an den Transformatorimpedanzen bei Nennstrom. Sie ist erheblich kleiner als die primäre Nennspannung. Setzt man die Nennkurzschlussspannung ins Verhältnis zur Nennspannung ergibt dies unabhängig von der Spannungsklasse des Transformators eine relative Größe, die aussagekräftig die Längsimpedanzen beschreibt. Sie wird relative Kurzschlussspannung genannt. Die Angabe erfolgt üblicherweise in Prozent:

$$u_{\text{K}} = \frac{U_{1\text{KN}}}{U_{1\text{N}}} \cdot 100\,\% \tag{8.13a}$$

$$\underline{u}_{\text{K}} = \frac{\underline{U}_{1\text{KN}}}{U_{1\text{N}}} = \frac{R_{\text{K}} I_{1\text{N}}}{U_{1\text{N}}} + j\,\frac{X_{\text{K}} I_{1\text{N}}}{U_{1\text{N}}} = u_{1\text{KR}} + j\,u_{1\text{KX}} \tag{8.13b}$$

Der Wert der Kurzschlussspannung von Leistungstransformatoren liegt bei etwa 4 % bis 12 %, je nach Leistung und Ausführung. Leistungsabhängig sind bestimmte Werte wirtschaftlich, höhere oder niedrigere Werte können durch geeigneten Entwurf und Fertigung erreicht werden, führen im Allgemeinen aber zu erhöhten Kosten.

8.3.4 Drehstromtransformatoren

Zur Transformation von dreiphasigen elektrischen Systemen werden Drehstromtransformatoren verwendet. Der Einsatz von drei Einphasentransformatoren wäre möglich, ist aber unwirtschaftlich und hat zum Teil auch technische Nachteile. Man führt die drei Einzeltransformatoren zu einem Transformator zusammen. Einen typischen Aufbau von Drehstromtransformatoren, wie sie auch in Windenergieanlagen eingesetzt werden, zeigt Bild 8.9.

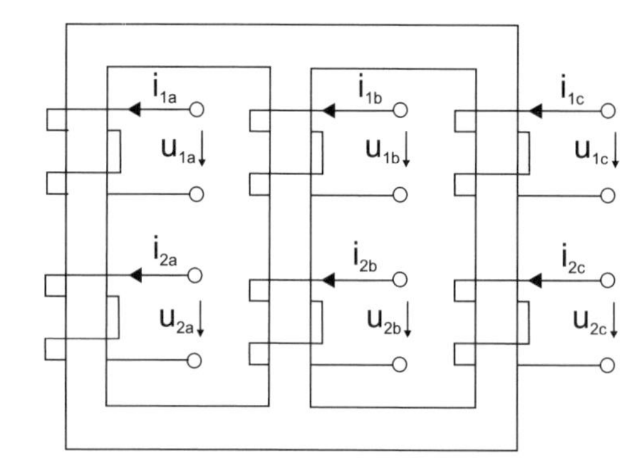

Bild 8.9 Drehstromtransformator, Kernbauform, Aufbau mit Wicklungen, beispielhafte Darstellung

Der Kern besteht aus einer rechteckigen Grundform mit zwei rechteckigen Ausschnitten. Die vertikalen Teile werden Stege, die horizontalen Joche genannt. Auf jedem der drei Stege ist für eine Phase des dreiphasigen Systems die Primär- und die Sekundärwicklung aufgebracht. Diese Wicklungen sind je nach Ausführung sowohl primär wie sekundär zum Beispiel im Stern oder im Dreieck verschaltet. (Stern: ein Endenteil verbunden, andere Enden ergeben Phasenanschluss; Dreieck: Anfang der einen und Ende der anderen Wicklungen sind miteinander verbunden und gleichzeitig Phasenabgriff). Aufgrund der guten ungleichmäßigen Belastbarkeit und des Auslöschens bestimmter Oberschwingungen sind Verschaltungen der Wicklungen als Kombination von Stern und Dreieck üblich.

Die Bezeichnung der Verschaltung der Wicklungen erfolgt über die Kürzel D für Dreieckschaltung, Y für Sternschaltung, Z für Zickzackschaltung, wobei ein Großbuchstabe die primäre, ein Kleinbuchstabe die sekundäre Verschaltung angibt. Die Phasenverschiebung der Spannungen zwischen Primär- und Sekundärwicklung wird als Zahl angegeben: 12 entspricht 360 Grad. Eine übliche Transformatorausführung ist diejenige in Dreiecksternschaltung mit Nullleiter, die einen Phasenversatz primär zu sekundär von 150 Grad aufweist. Sie erhält die Kurzbezeichnung: Dyn5. Die Bezeichnung n gibt an, dass es sich um einen belastbaren Nullleiter sekundärseitig handelt.

Tabelle 8.1 Schaltungsarten von Drehstromtransformatoren

Schaltgruppe	Übersetzung	Kennzahl (Winkel)
Yy0	w_1 / w_2	0
Dy5	$w_1 / \sqrt{3}\, w_2$	5
Yd5	$\sqrt{3}\, w_1 / w_2 s$	5
Yz5	$2 w_1 / \sqrt{3} w_2$	5

In Bezug auf eine unsymmetrische Belastung, die bei Windenergieanlagen mit Drehstromschaltung allerdings kaum vorkommen sollte, weisen die unterschiedlichen Schaltungsarten unterschiedliche Eignung auf [9]. Stern-Stern-Schaltungen mit sekundärseitigem Nullleiter (Yyn) ohne Ausgleichswicklung in den üblichen Bauformen (Dreischenkel, Mantel, Fünfschenkel) sind nur für geringe einphasige Belastung oder Einspeisung von bis zu 10 % der Nennleistung geeignet. Die übrigen Schaltungsarten sind für einphasige Belastung oder Einspeisung voll geeignet. Häufig angewandt werden die Schaltungsarten Dyn5 und Yzn5.

Auch in Bezug auf die Übertragung beziehungsweise Auslöschung von Oberschwingungen gibt es charakteristische Unterschiede zwischen den Schaltungsarten. Da es sich hier aber um die Auslöschung niederfrequenter Oberschwingungen (fünfte, siebente usw.) handelt [22], ist dies für Windenergieanlagen mit Pulsumrichtern nicht von besonderer Bedeutung.

Transformatoren, die wie bei Windenergieanlagen nicht zu kleiner Leistung direkt an die Stromrichter angeschlossen werden, werden als Stromrichtertransformatoren bezeichnet. Durch den Betrieb an den Stromrichtern werden diese Transformatoren durch Strom- und Spannungsoberschwingungen belastet. Diese führen sowohl im Eisenkern durch erhöhte Hysterese- und Wirbelstromverluste wie auch im Kupfer durch die Stromverdrängung bei höheren Frequenzen zu erhöhten Verlusten. Die Transformatoren müssen für diesen Betrieb ausgelegt sein.

Drehstromtransformatoren verhalten sich in der Regel relativ symmetrisch in den einzelnen Phasen. Aus diesem Grund ist es für normale Betrachtungen zulässig, den Transformator elektrisch auf sein einphasiges Ersatzschaltbild zu reduzieren und ihn in der Einphasendarstellung zu betrachten. Die Spannungsgleichungen sind hier nochmals angegeben:

$$\underline{U}_1 = R_1 \underline{I}_1 + j\omega L_{1\sigma} \underline{I}_1 + j\omega L_{1h} \left(\underline{I}_1 + \underline{I}_2'\right) \tag{8.14a}$$

$$\underline{U}_2' = R_2' \underline{I}_2' + j\omega L_{2\sigma}' \underline{I}_2' + j\omega L_{1h} \left(\underline{I}_1 + \underline{I}_2'\right) \tag{8.14b}$$

8.4 Generatoren für Windenergieanlagen

Generatoren in Windenergieanlagen haben die Aufgabe, die mechanische Leistung in elektrische zu wandeln. Zur Optimierung der Energieausbeute werden sie bei aktuellen Installationen heute drehzahlvariabel gebaut und speisen deshalb über Frequenzumrichter in das elektrische Netz ein. Der Frequenzumrichter weist neben der Funktion der Drehzahlregelung des Generators zudem die Funktion einer erhöhten Steuer- und Regelbarkeit auf, sowohl hinsichtlich des Generators wie auch in Hinsicht auf die Netzeinspeisung.

Bei derzeitigen Neuinstallationen von Windenergieanlagen kommen verschiedene Generatortypen zum Einsatz [5, 9, 22, 24]:

- doppeltgespeiste Asynchronmaschine, Umrichter am Läufer
- permanenterregte Synchronmaschine, Umrichter am Ständer
- fremderregte Synchronmaschine, Umrichter am Ständer
- Asynchronmaschine mit Kurzschlussläufer, Umrichter am Ständer

Die verschiedenen Generatortypen werden in diesem Abschnitt behandelt.

Voraussetzungen für die folgenden Analysen der Generatoren sind dabei:

- stationärer Betrieb
- Vernachlässigung der Sättigung
- symmetrischer Aufbau
- konstante ohmsche Widerstände

8.4.1 Asynchronmaschine mit Kurzschlussläufer

Die Asynchronmaschine mit Kurzschlussläufer ist die in der Industrie am weitesten verbreitete Maschine. Ihr Leistungsbereich geht von einigen Watt für Kleinantriebe bis in den 10-MW-Bereich für zum Beispiel Kesselspeisepumpen. Sie gilt als sehr robust und ist zum Teil auch in der Windindustrie anzutreffen. Drehstromasynchronmaschinen werden üblicherweise für Leistungen von einigen kW bis etwa 30 MW gebaut. In Windenergieanlagen sind Anschlussspannungen von 690 V im unteren MW-Bereich und von mehreren kV im Bereich ab 5 MW üblich.

8.4.1.1 Aufbau

Die Asynchronmaschine, wie in Bild 8.10 dargestellt, besteht aus einem Ständer, auch Stator genannt, mit zylindrischer Bohrung, in der sich der Läufer, auch Rotor genannt, mit zylindrischem Volumen dreht. Zwischen Stator und Rotor befindet sich ein Luftspalt mit der Größe im Bereich von Millimetern. Der Stator weist Nuten auf, in die die stromführenden Wicklungen mit ihren Windungen eingelegt sind. Es werden hier Maschinen mit Drehstromspeisung betrachtet, das heißt sinusförmige Spannungen gleicher Amplitude mit einem Phasenversatz von elektrisch 120° zwischen den Phasen. Die Wicklungssysteme sind je Phase jeweils um 120° pro Polpaar mechanisch versetzt angeordnet. Es kommen am Umfang Hin- und Rückleiter des Stroms vor ($U - U'$, $V - V'$, $W - W'$). Je Phase sind in realen Maschinen mehrere Nuten vorhanden, in jeder Nut im Allgemeinen mehrere Windungen. Im Bild ist für eine bessere Übersichtlichkeit je Phase nur eine Nut gezeichnet. Diese Anordnung ($U - U'$, $V - V'$, $W - W'$) kann je Umfang der Maschine mehrfach angeordnet sein. Die magnetischen Pole, austretende und eintretende magnetische Flüsse, treten dann mehrfach am Umfang auf. Dies entspricht dann

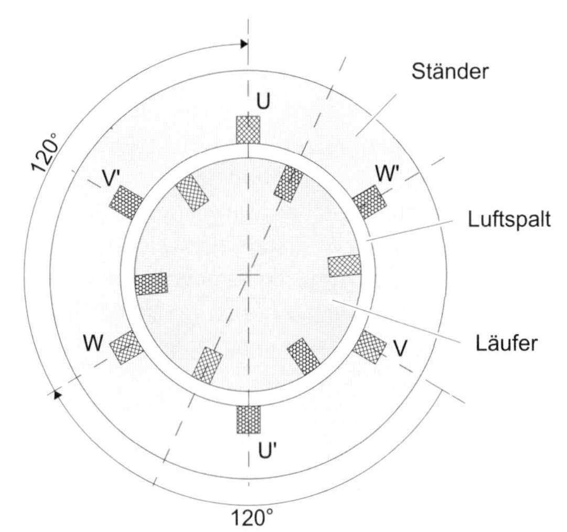

Bild 8.10 Aufbau einer zweipoligen Asynchronmaschine mit Drehstromwicklung in Stator und Rotor; Polpaarzahl $p = 1$, Anzahl der Nuten $N = 6$ in Rotor und Stator

Polpaarzahlen größer 1 (Polpaarzahl 2: gleiche Wicklungsanordnung zweimal am Umfang angeordnet, jede einzelne auf 180°-Teilbereich).

Der Rotor kann wie der Stator mit einer Drehstromwicklung ausgeführt werden, wie im Bild 8.10 dargestellt. Bei der Asynchronmaschine mit Kurzschlussläufer ist die Wicklung als Kurzschlusswicklung ausgeführt, die im Rotor kurzgeschlossen ist. Die Wicklung muss im Fall der Kurzschlusswicklung nicht als Drehstromwicklung ausgeführt sein. Üblich sind dann am Rotorumfang gleichverteilte Stäbe, die an den Enden über Kurzschlussringe kurzgeschlossen sind. Dies wird als Rotorkäfig bezeichnet.

8.4.1.2 Grundlegende Funktion

Es wird eine Maschine mit Drehstromwicklung in Stator und Rotor betrachtet. Die Rotorwicklung ist kurzgeschlossen. Der Stator wird mit einem sinusförmig symmetrischen Drehspannungssystem der Frequenz f_1 gespeist. Es entsteht dadurch ein umlaufendes magnetisches Feld in der Maschine. Das Feld läuft mit der Synchrondrehzahl N_{Syn} um, je Periodendauer der Netzfrequenz um ein Polpaar. Dies bedeutet bei der Polpaarzahl 1 den ganzen Umfang je Periodendauer der Ständerfrequenz, bei der Polpaarzahl p nur den p-ten Teil des Umfangs:

$$N_{\mathrm{Syn}} = \frac{f_1}{p} \tag{8.15}$$

Der Ständer sei ortsfest positioniert, der Läufer laufe mit der Drehzahl N um, die ungleich der Synchrondrehzahl und damit ungleich der Umlaufgeschwindigkeit des Ständerfelds ist. Durch das gegenüber dem Rotor umlaufende Feld wird in diesen Rotor eine Spannung induziert und es bilden sich Ströme im Kurzschlussläufer aus. Diese Spannung ist proportional zur Rotorfrequenz. Die Rotorfrequenz f_2 ist proportional zur Differenz der Geschwindigkeit des Ständerfelds N_{Syn} und der Läuferdrehzahl N:

$$f_2 = p \cdot \left(N_{\mathrm{Syn}} - N\right) = s \cdot f_1 \tag{8.16}$$

Die Rotorfrequenz wird auch als Produkt von Statorfrequenz f_1 und Schlupf s angegeben. Der Schlupf gibt an, wie stark die Geschwindigkeiten von Rotor und Ständerdrehfeld relativ voneinander abweichen.

Durch das magnetische Drehfeld, das mit der Synchrongeschwindigkeit rotiert, und den in den Rotor induzierten Strom entstehen Kräfte auf die Rotorwicklung und damit ein Drehmoment. Dieses treibt den Rotor an, im motorischen Betrieb, in Drehrichtung des Drehfelds. Es versucht die Differenzdrehzahl zu verringern, die Wirkung der Induktion (Lenzsche Regel) zu schwächen. Die Maschine ist also bemüht, in den Synchronismus zu gelangen. Dort würde allerdings keine Spannung in den Rotor induziert, es gäbe keinen Rotorstrom und es würde auch kein Moment erzeugt. Das Verhalten der Maschine ist also dadurch charakterisiert, dass zur Erzeugung eines Moments ein asynchroner Betrieb erforderlich ist:

$$\text{für } N \neq N_{\text{Syn}} \quad \text{folgt} \quad M \neq 0$$

Im praktischen Betrieb ist eine Rotordrehzahl nahe der synchronen Drehzahl erforderlich, um die Verluste klein zu halten, das heißt, es gilt:

$$N_{\text{Syn}} - N \ll N_{\text{Syn}}\,;\; s = \frac{N_{\text{Syn}} - N}{N_{\text{Syn}}} = \frac{f_2}{f_1} \ll 1\text{, das heißt: } f_2 \ll f_1 \tag{8.17}$$

8.4.1.3 Spannungsgleichungen

Die Gleichungen für die Spannungen der Maschine werden ausgehend von denjenigen für einen stehenden Ständer und für einen drehenden Läufer in der Darstellung, wie sie im Läufer gemessen würden, aufgestellt und umgeformt. Danach wird die Rotorgleichung auf den Ständer bezogen (Multiplikation mit w_1 / w_2, gekennzeichnet durch einen Hochstrich) und durch den Schlupf $s = f_2 / f_1$ dividiert. Nach der Umformung ergeben sich die Gleichungen für die Ständerspannung $\underline{U}_1$ und die Rotorspannung $\underline{U}_2'$ in der üblicherweise verwendeten Form und in komplexer Schreibweise zu:

$$\underline{U}_1 = R_1 \underline{I}_1 + j\omega_1 L_{1\sigma} \underline{I}_1 + j\omega_1 L_{1h} \left(\underline{I}_1 + \underline{I}_2'\right) \tag{8.18a}$$

$$\frac{\underline{U}_2'}{\frac{f_2}{f_1}} = \frac{f_1}{f_2} R_2' \underline{I}_2' + j\omega_1 L_{2\sigma}' \underline{I}_2' + j\omega_1 L_{2h}' \left(\underline{I}_1 + \underline{I}_2'\right) \tag{8.18b}$$

$$L_{1h} = L_{2h}' = \ddot{u}^2 \cdot L_{2h} \tag{8.18c}$$

R_1: Ständerwiderstand; R_2: Läuferwiderstand; $L_{1\sigma}$, $L_{2\sigma}$: Ständer- und Rotorstreuinduktivität; $L_{1\text{h}}$: ständerbezogene Hauptinduktivität

Die Ständerspannungsgleichung entspricht exakt derjenigen für die Primärseite des Transformators, die Verhältnisse entsprechen sich ebenso. Die Gleichung des Rotors ist sehr ähnlich derjenigen für die Sekundärseite des Transformators. Es treten in beiden Gleichungen induzierte Spannungsanteile an Haupt- und Streuinduktivitäten und ohmsche Spannungsabfälle auf. Auffällig ist der frequenzvariable rotorseitige Widerstand $(f_1 / f_2) R_2'$ in der Rotorgleichung, der den wesentlichen Unterschied in diesen Gleichungen zum Transformator darstellt und neben dem speziellen Ausdruck für die Rotorspannung $(f_1 / f_2) \underline{U}_2'$ Charakteristikum für die Eigenart der Asynchronmaschine ist.

Die Ableitung der Gleichungen sei noch kurz skizziert. Die ursprüngliche Läuferspannung ist für die obige Darstellung mit dem Windungszahlverhältnis w_1 / w_2 auf den Ständer umgerechnet, bezeichnet als „auf den Ständer bezogen" und als gestrichene Größe mit Hochkomma gekennzeichnet. Die Umrechnung auf den Stator erfolgt mit den folgenden Gleichungen:

$$\underline{U}_2' = \frac{w_1}{w_2}\underline{U}_2; \quad \underline{I}_2' = \frac{w_2}{w_1}\underline{I}_2; \quad R_2' = \left(\frac{w_1}{w_2}\right)^2 R_2; \quad L_{2\sigma}' = \left(\frac{w_1}{w_2}\right)^2 L_{2\sigma} \tag{8.19}$$

Um die sich danach ergebenden induzierten Spannungen des Ständers

$$\underline{U}_{i1} = j\omega_1 L_{1\mathrm{h}}\left(\underline{I}_1 + \underline{I}_2'\right); \quad \underline{U}_{i2} = j\omega_2 L_{2\mathrm{h}}\left(\underline{I}_1 + \underline{I}_2'\right) \tag{8.20}$$

auf gleiche Werte zu bringen, ist zusätzlich noch mit dem Frequenzverhältnis f_1 / f_2 umgerechnet worden.

8.4.1.4 Ersatzschaltbild

Mithilfe dieser Gleichungen kann das Ersatzschaltbild der Asynchronmaschine aufgestellt werden (Bild 8.11). Es entspricht in der Struktur demjenigen des Transformators, wobei es wertmäßig in dem variablen rotorseitigen Widerstand $(f_1 / f_2) R_2'$ und der Rotorspannung abweicht. Beispielhaft für einen Kurzschlussläufer ist hier die Rotorspannung zu null gesetzt, was aber nicht für alle Maschinentypen gilt. Zur Berücksichtigung der Eisenverluste könnte wie beim Transformator parallel zur Hauptinduktivität der Eisenwiderstand R_{fe} eingefügt werden.

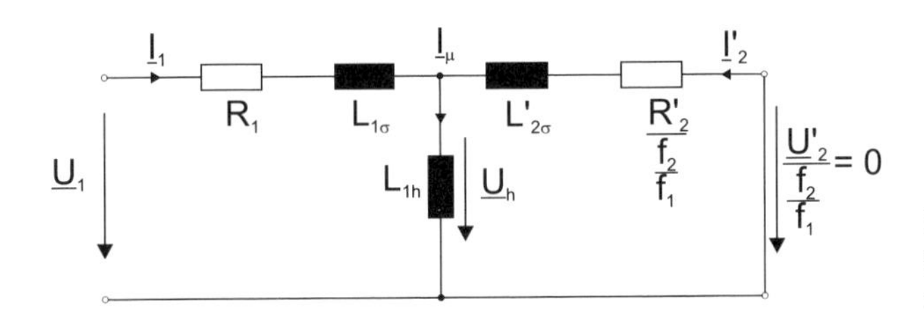

Bild 8.11 Einphasiges Ersatzschaltbild der Asynchronmaschine mit Kurzschlussläufer

8.4.1.5 Zeigerdiagramm

Aus den Gleichungen der Asynchronmaschine in komplexer Schreibweise kann in der komplexen Ebene ein Zeigerdiagramm der Asynchronmaschine für die Spannungen und Ströme erstellt werden, ein Beispiel zeigt Bild 8.12. Ein Zeigerdiagramm ist für nur einen Betriebspunkt (Drehmoment, Drehzahl) gültig.

Die Ständerspannung ist in die reelle Achse gelegt worden. Die Asynchronmaschine verhält sich vorwiegend induktiv, sodass der Ständerstrom bei dieser Darstellung in der rechten Halbebene liegt. Von der Ständerspannung zur induzierten Spannung ergibt sich ein Spannungsabfall am ohmschen Ständerwiderstand und an der Ständerstreuinduktivität. Bei der hier betrachteten Asynchronmaschine mit Kurzschlussläufer wird die läuferseitige Spannung allein durch den Spannungsabfall des Rotorstroms am Rotorwiderstand und der rotorseitigen Streuinduktivität erzeugt.

8.4.1.6 Heylandkreis

Für die Betrachtung und Analyse der Betriebspunkte der Asynchronmaschine mit Kurzschlussläufer wird die Ortskurve des Ständerstroms verwendet. Sie wird Heylandkreis genannt.

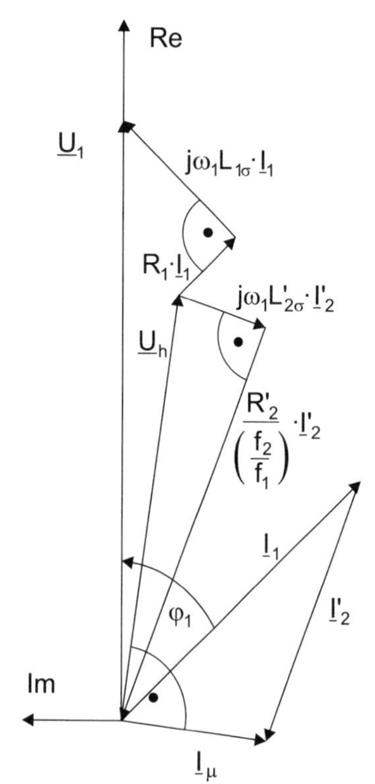

Bild 8.12 Zeigerdiagramm der Asynchronmaschine mit Kurzschlussläufer ($\underline{U}_h = \underline{U}_i$)

Dieser Kreis lässt sich aus den Spannungsgleichungen ableiten. Für die erstellte Ersatzschaltung kann die vollständige Spannungsgleichung ständerseitig aufgestellt werden:

$$\underline{U}_1 = \underline{Z}_1 \underline{I}_1 = \left[R_1 + j\omega_1 L_{1\sigma} + \frac{j\omega_1 L_{1\mathrm{h}} \left(\frac{R_2'}{\left(\frac{f_2}{f_1}\right)} + j\omega_1 L_{2\sigma}' \right)}{j\omega_1 L_{1\mathrm{h}} + \frac{R_2'}{\left(\frac{f_2}{f_1}\right)} + j\omega_1 L_{2\sigma}'} \right] \underline{I}_1 \tag{8.21}$$

und daraus der Ständerstrom freigestellt werden. Mit der Vereinfachung $R_1 = 0$ sowie $L_1 = (L_{1\sigma} + L_{1\mathrm{h}})$; $L_2' = (L_{2\sigma}' + L_{1\mathrm{h}})$ ergibt sich für diesen:

$$\underline{I}_1 = \frac{\left[R_2' + j\frac{f_2}{f_1}\omega_1 L_2' \right] \underline{U}_1}{jR_2'\omega_1 L_1 + \frac{f_2}{f_1}\left((\omega_1 L_{1\mathrm{h}})^2 - \omega_1^2 L_1 L_2' \right)} \tag{8.22}$$

Aus dieser Gleichung kann die Stromortskurve der Asynchronmaschine entwickelt werden, wie sie das Bild 8.13 zeigt. Die Gleichung stellt einen mathematischen Ausdruck der Form dar, der einen Kreis in der komplexen Ebene beschreibt. Die Konstruktion der Stromortskurve wurde im Bild beispielhaft durchgeführt. Der Heylandkreis liegt unter der Annahme von $R_1 = 0$ mit dem Mittelpunkt auf der negativ imaginären Achse. Mit Kenntnis des kleinsten Ständerstroms

$\underline{I}_{10}$ bei Leerlauf ($s = 0$, Index 0) sowie des größten Ständerstroms $\underline{I}_{1\infty}$ ($s \rightarrow \infty$, Index ∞), der einem rein theoretischen Betriebspunkt entspricht, oder des Kurzschlussstroms $\underline{I}_{1K}$ ($s = 1$, Index K) kann der Kreis gezeichnet werden.

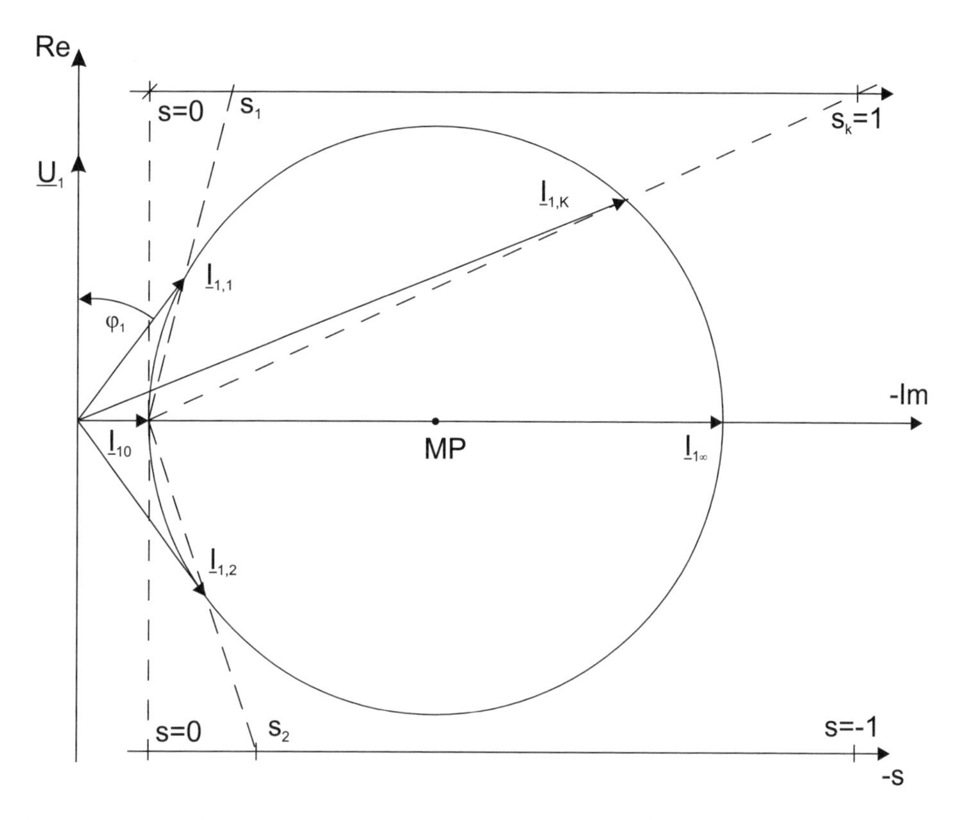

Bild 8.13 Heylandkreis der Asynchronmaschine mit Kurzschlussläufer für $R_1 = 0$

Aus der Gleichung für den Ständerstrom können die Werte für spezielle charakteristische Ströme, die auch im Bild Heylandkreis eingezeichnet sind, leicht bestimmt werden. Für den Leerlaufstrom $\underline{I}_{1,0}$ bei $s = 0$ folgt:

$$\underline{I}_{1,0} = \frac{1}{j\omega_1 L_1} \cdot \underline{U}_1; \quad \left(\sphericalangle\left(\underline{U}_1, \underline{I}_{1,0}\right) = 90^\circ\right) \tag{8.23}$$

Für den ideellen Kurzschlussstrom $\underline{I}_{1,\infty}$ gilt bei $s \rightarrow \infty$:

$$\underline{I}_{1,\infty} = -\frac{j}{\sigma\omega_1 L_1} \cdot \underline{U}_1; \quad \left(\sphericalangle\left(\underline{U}_1, \underline{I}_{100}\right) = 90^\circ\right) \tag{8.24a}$$

$$\sigma = \frac{L_1 L_2' - L_{1h} L_{2h}'}{L_1 L_2'} = 1 - \frac{1}{(1+\sigma_1)(1+\sigma_2)} \quad \text{(Streuziffer)} \tag{8.24b}$$

Für den Anlaufstrom bzw. Kurzschlussstrom mit $n = 0$ und $s = 1$ gilt:

$$\underline{I}_{1,k}(s=1) = \frac{R_2' + j\omega_1 L_2'}{R_2' + j\sigma\omega_1 L_2'} \cdot \frac{1}{j\omega_1 L_1} \underline{U}_1 \tag{8.25}$$

Angegeben sind außerdem im Bild des Heylandkreises zwei weitere, frei gewählte Betriebspunkte (1, 2). Eine Parametrierung der Betriebspunkte mit dem Schlupf kann linear wie dargestellt über die Schlupfgerade ($s = 0$, $s = 1$) durchgeführt werden. Der Schnittpunkt der Geraden durch den Endpunkt des Zeigers $\underline{I}_{1,0}$, nicht durch den Nullpunkt, und durch den Endpunkt des jeweiligen Stromzeigers mit der Schlupfgeraden ergibt den Schlupfwert (z. B. s_1, gestrichelt).

Ein besonderer Punkt im Betrieb ist der Optimalpunkt, der Punkt mit dem besten, das heißt größten Verschiebungsfaktor $\cos\varphi_{\text{opt}}$ und kleinsten Verschiebungswinkel des Ständerstroms zur Ständerspannung hin. Der Nennbetriebspunkt der Maschine liegt häufig in der Nähe dieses Punkts. Hierfür kann abgeleitet werden:

$$I_{1,\text{opt}} = \frac{1}{\omega_1 L_1 \sqrt{\sigma}} \cdot U_1 \qquad \cos\varphi_{\text{opt}} = \frac{1-\sigma}{1+\sigma} \tag{8.26}$$

Dieser Betriebspunkt ist ebenfalls sehr charakteristisch im Heylandkreis, da der Ständerstrom hier eine Tangente an den Heylandkreis bildet.

8.4.1.7 Leistung

Die Leistung in der Maschine bestimmt sich aus der Drehfeldleistung P_{D}, der über das Drehfeld auf den Rotor übertragenen Leistung. Sie ist für die hier getroffene Annahme $R_1 = 0$ gleich der Ständerleistung P_1 und berechnet sich für eine dreiphasige Maschine mithilfe der Sternspannung $U_{1,\text{St}}$ oder der verketteten Spannung $U_{1,\Delta}$ zu:

$$P_{\text{D}} = 3 \cdot U_{1,\text{St}} \cdot I_1 \cdot \cos\varphi_1 = 3 \cdot U_{1,\text{St}} \cdot \text{Re}\{\underline{I}_1\} = \sqrt{3} \cdot U_{1,\Delta} \cdot I_1 \cdot \cos\varphi_1 \tag{8.27}$$

Hierbei ist anzumerken, dass Typenschilddaten normalerweise den Wert der verketteten Spannung darstellen. Der waagerechte Anteil des Ständerstromzeigers, der Realteil des komplexen Ständerstroms, stellt im Heylandkreis den Wirkanteil des Stroms dar (siehe Bild 8.14):

$$\underline{I}_{1\text{W}} = \text{Re}\{\underline{I}_1\} \tag{8.28}$$

Die Maschine verhält sich immer induktiv, der Ständerstrom hat einen negativ imaginären Anteil.

Die Drehfeldleistung kann aufgeteilt werden. Werden die Eisenverluste vernachlässigt, wird die volle Leistung auf den Rotor übertragen. Sie wird dort insgesamt im Widerstand $(f_1 / f_2) R_2'$ auf der Rotorseite umgesetzt. Dabei entstehen ohmsche Verluste als Verlustleistung $P_{2\text{V}}$ nur im natürlichen Widerstand R_2', während die verbleibende Leistung $P_{\text{D}} - P_{\text{V}}$ gleich der mechanischen Leistung P_{mech} ist. Sie kann durch das Produkt von Moment und Drehzahl ausgedrückt

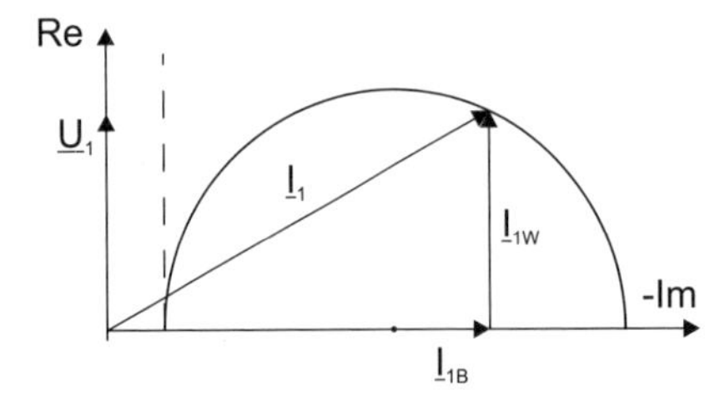

Bild 8.14 Heylandkreis, herausgehoben: Wirkstromanteil $\underline{I}_{1\text{W}}$ und Blindstromanteil $\underline{I}_{1\text{B}}$ des Ständerstroms

werden.

$$P_D = 3 \cdot \frac{R_2'}{s} \cdot I_2'^2 \tag{8.29a}$$

$$P_{2V} = 3 \cdot R_2' \cdot I_2'^2 = s \cdot P_D \tag{8.29b}$$

$$P_{mech} = P_D - P_{2V} \tag{8.29c}$$

$$P_{mech} = (1 - s) \cdot P_D = 2\pi \cdot n \cdot M \tag{8.29d}$$

8.4.1.8 Moment

Aus der Drehfeldleistung kann das Moment berechnet werden.

$$P_D = \frac{\omega_1}{p} \cdot M = 2\pi \cdot n_{syn} \cdot M = 3 \cdot \frac{R_2'}{s} \cdot I_2'^2 \tag{8.30}$$

Dazu wird aus den Gleichungen der Rotorstrom in Abhängigkeit von der Ständerspannung bestimmt. Es ergibt sich die Kloss'sche Formel:

$$\frac{M}{M_{Kipp}} = \frac{2}{\dfrac{s_{Kipp}}{s} + \dfrac{s}{s_{Kipp}}} \tag{8.31a}$$

$$M_{Kipp} = \frac{3}{\frac{\omega_1}{p}} \cdot \frac{1-\sigma}{(1+\sigma_1)\cdot\sigma\cdot 2\cdot\omega_1 L_{1h}} U_1^2; \quad s_{Kipp} = \frac{R_2'}{\sigma X_2'} \tag{8.31b}$$

Hierbei sind σ_1 und σ_2 die primäre und sekundäre Streuziffer. Sie geben an, wie groß die Streuinduktivität, die den nicht Stator- und Rotorseite verbindenden Streufluss erzeugt, im Verhältnis zur Hauptinduktivität ist. Die Hauptinduktivität erzeugt den Fluss, der beide Seiten verbindet.

$$\sigma_1 = \frac{L_{1\sigma}}{L_{1h}}; \quad \sigma_2 = \frac{L_{2\sigma}'}{L_{1h}} \tag{8.32}$$

Das Kippmoment M_{Kipp} gibt den höchsten Wert des Moments an, dieses tritt beim Kippschlupf s_{Kipp} auf. Der Verlauf des Drehmoments über der Drehzahl ist die typische Kennlinie einer Maschine. Sie ist in Bild 8.15 dargestellt. Im rechten Teil des Diagramms erfolgt motorischer Betrieb, im linken Teil generatorischer Betrieb.

Bei Leerlauf befindet sich die Maschine im Synchronbetrieb bei der Synchrondrehzahl n_{syn}. Bei motorischem Betrieb ergibt sich eine Drehzahl unterhalb der Synchrondrehzahl, der Schlupf und das Moment sind positiv. Bei generatorischem Betrieb ergibt sich eine Drehzahl oberhalb der Synchrondrehzahl, der Schlupf und das Moment sind negativ. Im Lastbetrieb weicht die Drehzahl entsprechend dem geforderten Moment von der Synchrondrehzahl ab. Dauerbetrieb ist mit der Maschine bis zum Nennschlupf möglich, wobei dann je nach Auslegung etwa 30 % bis 50 % des Kippmoments erreicht werden.

Im Bereich bei Drehzahlen oberhalb des positiven bzw. unterhalb des negativen Kippschlupfs ist die Maschine statisch instabil. Für motorischen Betrieb zum Beispiel hätte ein steigendes Lastmoment einen Drehzahlabfall zur Folge, die Maschine käme zum Stillstand.

Bei Anlauf startet die Maschine mit dem Schlupf eins und läuft auf der dargestellten Kennlinie in den Punkt mit gefordertem Moment. Für Windenergieanlagen nach dem „dänischen Prinzip" wäre die Kennlinie aus Bild 8.15 die Betriebskennlinie des Generators.

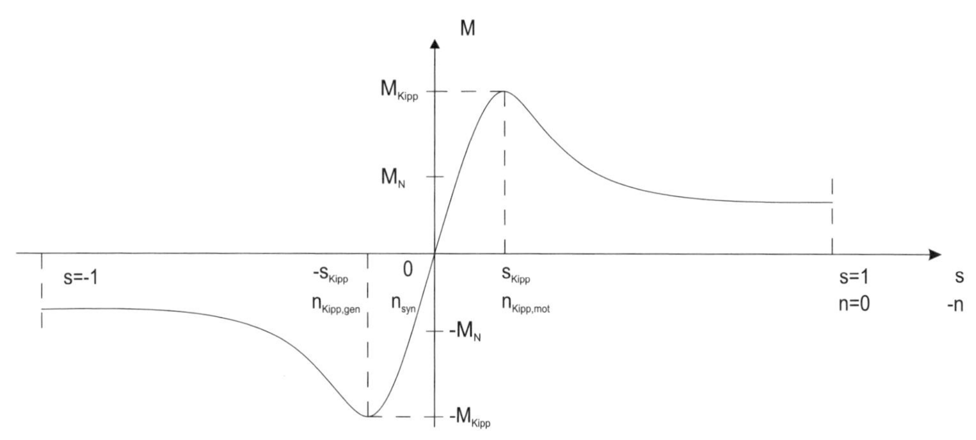

Bild 8.15 Drehmoment-Drehzahl-Diagramm der Asynchronmaschine mit Kurzschlussläufer bei fester Ständerfrequenz

8.4.1.9 Drehzahlregelung der Asynchronmaschine mit Kurzschlussläufer

Bei Vernachlässigung des Ständerwiderstands ist die Ständerspannung gleich der Ableitung der Ständerflussverkettung. Bei sinusförmiger Spannung ergibt sich:

$$U_1(R_1 = 0) = \widehat{U}_1 \cos\omega_1 t = -\frac{\mathrm{d}\Psi_1}{\mathrm{d}t} = \omega_1 \widehat{\Psi}_1 \cos\omega_1 t \tag{8.33}$$

Das Moment der Maschine bildet sich aus dem Fluss in der Maschine und dem Strombelag (Durchflutung) – zusätzlich noch eine entsprechende gegenseitige Winkellage vorausgesetzt. Der Fluss wird im Allgemeinen konstant gehalten (Steuerung auf konstanten Fluss) und das Moment wird über den Ständerstrom gestellt. Für diese konstante Ständerflussverkettung $\Psi_{1\mathrm{N}}$ in der Maschine ergibt sich bei Vernachlässigung des Ständerwiderstands bei cosinusförmigen Größen:

$$\Psi_1 := \Psi_{1\mathrm{N}} = \frac{U_1}{\omega_1} = \frac{U_{1\mathrm{N}}}{\omega_{1\mathrm{N}}} = \text{const.} \tag{8.34}$$

Es gilt also ein vereinfachtes Steuergesetz für drehzahlvariablen Betrieb. Es besagt, dass die Ständerspannung proportional zur Ständerfrequenz eingestellt werden muss. Dies zeigt das Bild 8.16. Im Bereich kleiner Ständerfrequenz ($\omega_1 < \omega_{1\min}$) nimmt der ohmsche Anteil allerdings relativ gesehen stark zu. Für diesen Bereich wäre er einzubeziehen und es ergäbe sich die gestrichelt eingezeichnete Kennlinie.

Im Folgenden soll die Auswirkung dieser Steuerung auf das Momentverhalten dargestellt werden. In der Gleichung für das Kippmoment (Kloss'sche Formel) findet man den Term $(U_1/\omega_1)^2 = \Psi_1^2$, also die Ständerflussverkettung, als einzige Abhängigkeit von betriebspunktabhängigen Größen. Durch Steuerung auf konstanten Ständerfluss wird dieser Term wie beschrieben konstant gesteuert. Damit bleibt das Kippmoment in seinem Wert und damit auch die Momentengleichung bei Drehzahlsteuerung erhalten, unabhängig von der Höhe der gewählten Ständerfrequenz. Dies hat zur Folge, dass für jede beliebige Ständerfrequenz die

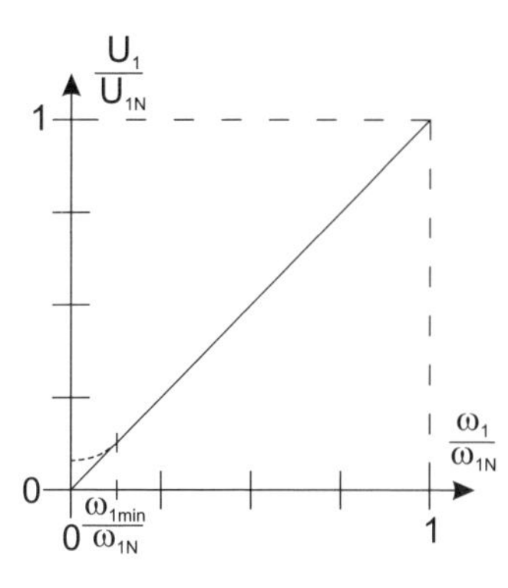

Bild 8.16 Steuerung der Ständerspannung der Asynchronmaschine mit Kurzschlussläufer bei drehzahlvariablem Betrieb mit konstanter Ständerflussverkettung und Vernachlässigung des Ständerwiderstands bei $\omega_1 > \omega_{1\min}$ (Einbeziehung R_1: gestrichelte Linie)

Kloss'sche Formel in gleicher Weise gilt, hier in Abhängigkeit von der Rotorfrequenz an Stelle des Schlupfes geschrieben.

$$M = M_{\text{Kipp}} \cdot \frac{2}{\dfrac{\omega_2}{\omega_{2\text{Kipp}}} + \dfrac{\omega_{2\text{Kipp}}}{\omega_2}}; \quad \omega_{2\text{Kipp}} = \frac{R_2'}{\sigma L_2'} \tag{8.35}$$

Damit ergeben sich die Drehzahl-Moment-Kennlinien nach Bild 8.17. Hier sind die Kennlinien über der Drehzahl aufgetragen, also umgekehrt gerichtet wie im ursprünglichen Drehmoment-Schlupf-Diagramm. Die Maschine kann also im Bereich von der Drehzahl Null bis zu der Nenndrehzahl maximal mit einem Moment im Wert des Nennmoments betrieben werden, motorisch ($M > 0$) oder generatorisch ($M < 0$). Es ist eine kontinuierliche Drehzahlsteuerung möglich.

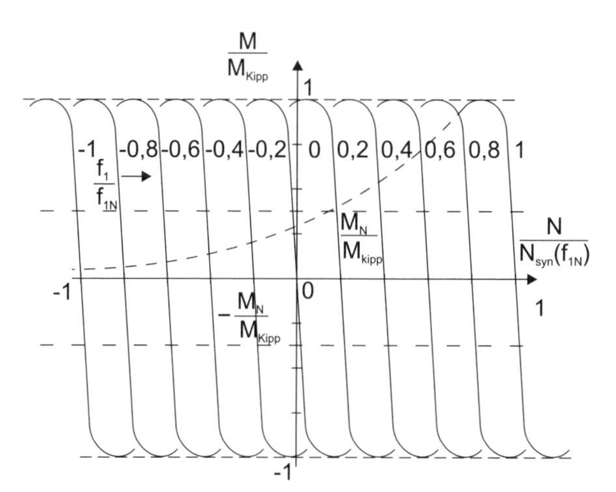

Bild 8.17 Drehmoment-Drehzahl-Kurven der Asynchronmaschine mit Kurzschlussläufer für Steuerung auf konstante Ständerflussverkettung

Für die Leistung bei Bemessungsständerstrom I_{1N} gilt bei dieser Steuerung unter der Voraussetzung $R_1 = 0$, hier unter Verwendung der verketteten Spannungen:

$$P_D(I_{1N}) = \sqrt{3} \cdot U_{1,\Delta} \cdot I_{1N} \cdot \cos\varphi_{1N} = \sqrt{3}\,\frac{\omega_1}{\omega_{1N}}\,U_{1,\Delta N}\,I_1 \cos\varphi_{1N} = \frac{\omega_1}{\omega_{1N}} \cdot P_{DN} \tag{8.36}$$

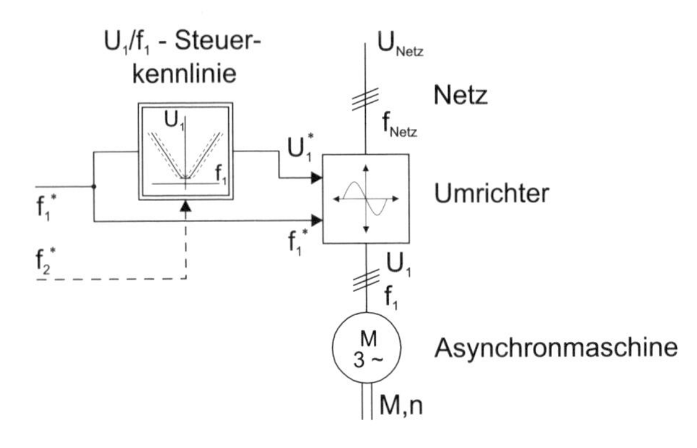

Bild 8.18 Übersichtsschaltbild zur Speisung einer Asynchronmaschine mit Kurzschlussläufer über einen Frequenzumrichter mit Kennliniensteuerung

Die Leistung steigt also proportional zur Ständerfrequenz. Entsprechend den Ergebnissen der Ableitungen wird dieser Betriebsbereich auch wie folgt genannt: Bereich konstanten Moments, Bereich vollen Flusses, Bereich Wirkleistung proportional Ständerfrequenz.

Eine prinzipielle Implementierung einer derartigen Steuerung in ihrer einfachsten Form zeigt Bild 8.18. Die Asynchronmaschine mit Kurzschlussläufer wird über einen Frequenzumrichter gespeist. Dieser liegt eingangsseitig am Netz mit fester Spannungsamplitude und Frequenz. Zur Maschine hin kann er Amplitude und Frequenz der Spannung beliebig einstellen. Der Umrichter wird über eine Steuerung in der Art betrieben, dass die Vorgaben nach obiger Ableitung eingehalten werden, und zwar U_1/ω_1 = konst. Dies erfolgt dadurch, dass dem Frequenzumrichter die Sollständerfrequenz, in etwa proportional zu Solldrehzahl, vorgegeben wird. Die Ständersollspannung U_1^* muss mit entsprechendem Faktor proportional zur Ständerfrequenz vorgegeben werden. Dies erfolgt in einem Kennlinienglied. Sollte der Ständerwiderstand mit einbezogen werden, so ist als weitere Eingangsgröße die Rotorfrequenz f_2 erforderlich, die stellvertretend für das Moment und den Ständerstrom steht. Abhängig von ihr sind die Kennlinien leicht nach oben oder unten zu verschieben.

Das Strukturbild der Drehzahlsteuerung dient der Verdeutlichung des Konzepts. Heutige Steuerungen werden üblicherweise anders durchgeführt, im Allgemeinen als feldorientierte Regelung.

8.4.2 Asynchronmaschine mit Schleifringläufer

Asynchronmaschinen mit Schleifringläufer werden vorwiegend bei größten Leistungen eingesetzt, wo Asynchronmaschinen mit Kurzschlussläufer nicht mehr gebaut werden können. Dies ist zum Beispiel der Motor/Generator in Pumpspeicherkraftwerken bei Leistungen bis über 100 MW. Ab den 1990er-Jahren wurden sie vermehrt auch bei kleineren Leistungen unterhalb und oberhalb 1 MW eingesetzt, und zwar in drehzahlregelbaren Windenergieanlagen. Heute sind sie derzeit die wohl am häufigsten verwendete Generatorvariante.

Die Asynchronmaschine mit Schleifringläufer weist beim Einsatz an der Windenergieanlage einen speziellen Vorteil auf. Beim Einsatz als drehzahlsteuerbarer Generator wird, im Gegensatz zu den anderen Varianten mit Umrichter am Ständer, wie in der Einleitung gezeigt, hier der Ständer direkt und der Rotor über einen Frequenzumrichter ans Netz angeschlossen, wie

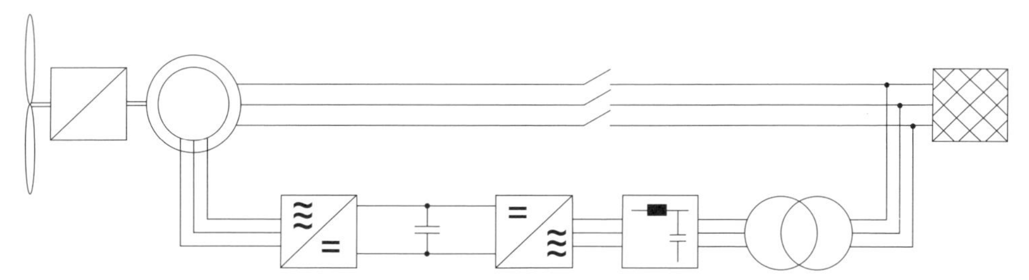

Bild 8.19 Blockschaltbild der Asynchronmaschine mit Schleifringläufer und Umrichter in der Windenergieanlage

das Bild 8.19 zeigt. Dafür wird die Bezeichnung doppeltgespeiste Asynchronmaschine verwendet.

Der Frequenzumrichter ist dabei nur für den geforderten Drehzahlbereich, der dem Leistungsbereich entspricht, auszulegen. Bei Windenergieanlagen ist der Umrichter dementsprechend für etwa 30 % der Nennleistung auszulegen (Teilleistungsumrichter), was sich in geringen Kosten bemerkbar macht. Umrichter, die bei den anderen Systemen ständerseitig an die Generatoren angeschlossen werden, müssen für die volle Leistung ausgelegt werden (Vollleistungsumrichter). Nachteilig ist bei Asynchronmaschinen mit Schleifringläufer allerdings, dass sie wartungsintensive Schleifringe aufweisen und dass die Maschine mit dem Ständer direkt am Netz liegt. Durch die direkte Ständerkopplung mit dem Netz wird das Verhalten beim Durchfahren von Netzkurzschlüssen nicht durch einen leicht beherrschbaren, ständerseitigen Umrichter, sondern durch den Ständer der Maschine geprägt, und kann nur indirekt über den Rotorumrichter geregelt werden.

8.4.2.1 Aufbau

Der Ständer der Asynchronmaschine mit Schleifringläufer ist wie bei allen hier betrachteten Drehstrommaschinen als Drehstromwicklung aufgebaut. Drei Phasen ($U-U'$, $V-V'$, $W-W'$) sind um je 120° gegeneinander versetzt und je Polpaar am Umfang des Stators angeordnet. Die Wicklungen sind in der erforderlichen Anzahl von Nuten untergebracht (siehe Bild 8.20).

Der Rotor ist mit einer Drehstromwicklung gleicher Art ausgestattet. Im Bild ist wegen der Einfachheit der Darstellung nur eine Nut je Phase und Pol dargestellt. Die rotorseitige Wicklung ist vom Ständer her über Schleifringe zugänglich. Schleifringe bestehen aus rotierenden Kupferringen, mindestens einer je Phase, die elektrisch isoliert auf dem Rotor befestigt sind. Sie rotieren mit dem Rotor und sind mit den Rotorwicklungen verbunden. Ständerseitig dienen Kohlebürsten zum Abgriff des Stroms. Diese sind am Ständer befestigt und werden mit Federn auf die Schleifringe gedrückt.

8.4.2.2 Grundlegende Funktion

Der Ständer und der Rotor der Asynchronmaschine mit Schleifringläufer sind mit einer Drehstromwicklung ausgestattet. Der Ständer liegt an einem cosinusförmigen, symmetrischen Drehspannungssystem der Frequenz f_1, der Rotor an einem mit der Frequenz f_2. Von beiden Wicklungssystemen wird ein Drehfeld erzeugt. Es ergibt sich ein cosinusförmig über ein Polpaar verteiltes magnetisches Feld, das proportional zur jeweiligen Speisefrequenz umläuft.

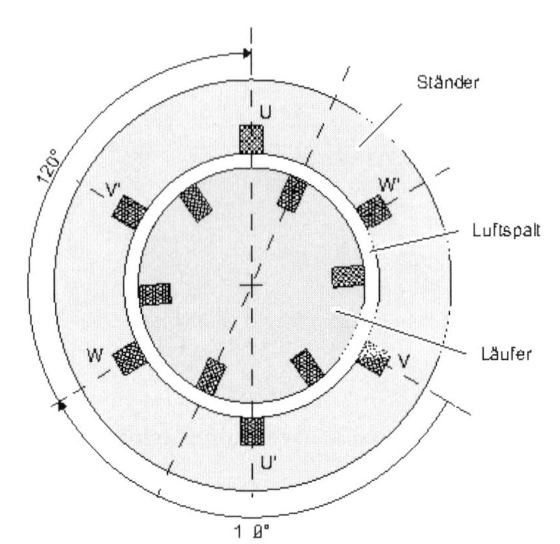

Bild 8.20 Aufbau einer Asynchronmaschine mit Schleifringläufer (Polpaarzahl $p = 1$; Anzahl der Nuten $N = 6$ in Rotor und Stator); Zugang zum Rotor über Schleifringe

Das Ständerfeld läuft mit der Drehzahl $n_{1,\mathrm{syn}}$ um, während einer Periode der Ständerfrequenz um ein Polpaar weiter.

$$n_{1,\mathrm{syn}} = \frac{f_1}{p} \tag{8.37}$$

Der Rotor läuft mit der Drehzahl n um. Das Rotorfeld wird durch die Läuferfrequenz f_2 erzeugt und läuft deshalb bezogen auf den Läufer mit der Drehzahl f_2 / p um. Ein konstantes Moment wird nur erzeugt, wenn das Feld vom Rotor und das vom Ständer gleich schnell umlaufen. Dies ist der Fall, wenn gilt:

$$n_{1,\mathrm{syn}} = \frac{f_1}{p} = n + \frac{f_2}{p} \tag{8.38a}$$

$$n = n_{1,\mathrm{syn}} - \frac{f_2}{p} \tag{8.38b}$$

Diese Gleichung stellt damit die Betriebsbedingung der Asynchronmaschine mit Schleifringläufer dar. Bei gegebener, fester Ständerfrequenz f_1 ergibt sich die Drehzahl n durch Subtraktion der über den rotorseitigen Umrichter vorgegebenen, steuerbaren Rotorfrequenz f_2 / p von der Synchrondrehzahl $n_{1,\mathrm{syn}}$. Wird die Rotorfrequenz zu null gewählt, ist die Drehzahl gleich der Umlaufgeschwindigkeit des Ständerdrehfelds, der Synchrondrehzahl. Dies entspricht einer Gleichstromspeisung. Das Verhalten ist dann das einer fremderregten, im Rotor mit Gleichstrom gespeisten Synchronmaschine. Wird die Rotorfrequenz von null abweichend gewählt, kann die Drehzahl auf andere Werte gesteuert werden, oberhalb oder unterhalb der Synchrondrehzahl. Dieses Verhalten kann auch als drehstromerregte Synchronmaschine bezeichnet werden.

8.4.2.3 Spannungsgleichungen

Als Spannungsgleichungen ergeben sich die Gleichungen der Asynchronmaschine mit Spannung am Rotor, deren Ableitung bei der Asynchronmaschine mit Kurzschlussläufer skizziert wurde:

$$\underline{U}_1 = R_1 \underline{I}_1 + j\omega_1 L_{1\sigma} \underline{I}_1 + j\omega_1 L_{1h} \left(\underline{I}_1 + \underline{I}_2'\right) \tag{8.39a}$$

$$\frac{\underline{U}_2'}{\frac{f_2}{f_1}} = \frac{R_2'}{\frac{f_2}{f_1}} \underline{I}_2' + j\omega_1 L_{2\sigma}' \underline{I}_2' + j\omega_1 L_{2h}' \left(\underline{I}_1 + \underline{I}_2'\right) \text{ mit } L_{2h}' = L_{1h} \tag{8.39b}$$

U_1: Ständerspannung; U_2: Rotorspannung; I_1: Ständerstrom; I_2: Rotorstrom; ω_1: Ständerkreisfrequenz; R_1: Ständerwiderstand; R_2: Läuferwiderstand; $L_{1\sigma}$, $L_{2\sigma}$: Ständer- und Rotorstreuinduktivität; L_{1h}: ständerbezogene Hauptinduktivität

Die Umrechnung der Läufergrößen auf den Ständer, Kennzeichnung durch einen Hochstrich, erfolgt wie bei der Asynchronmaschine mit Kurzschlussläufer mit folgenden Gleichungen:

$$\underline{U}_2' = \frac{w_1}{w_2} \underline{U}_2; \quad \underline{I}_2' = \frac{w_2}{w_1} \underline{I}_2; \quad R_2' = \frac{w_1^2}{w_2^2} R_2; \quad L_{2x}' = \frac{w_1^2}{w_2^2} L_{2x} \tag{8.40}$$

Die Ähnlichkeit mit den Gleichungen des Transformators ist deutlich. Es treten wiederum in beiden Gleichungen induzierte Spannungsanteile an Haupt- und Streuinduktivität und ohmsche Spannungsabfälle auf. Auffällig ist der frequenzvariable, rotorseitige Widerstand $(f_1/f_2)R_2'$ und die Rotorspannung multipliziert mit dem Frequenzverhältnis $(f_1/f_2)U_2'$. Bei der Speisung mit variabler Rotorspannung wird der letztgenannte Ausdruck zur charakteristischen Größe. Die Gleichungen weichen damit stark von denjenigen der Asynchronmaschine mit Kurzschlussläufer ab.

8.4.2.4 Ersatzschaltbild

Mithilfe dieser Gleichungen kann das einphasige Ersatzschaltbild der Asynchronmaschine mit Schleifringläufer nach Bild 8.21 erstellt werden. Es entspricht dem der Asynchronmaschine mit Kurzschlussläufer bis auf die Eigenart, dass hier die Rotorspannung von null verschieden ist. Zur Berücksichtigung der Eisenverluste könnte wie beim Transformator parallel zur Hauptinduktivität der Eisenwiderstand R_{fe} eingefügt werden.

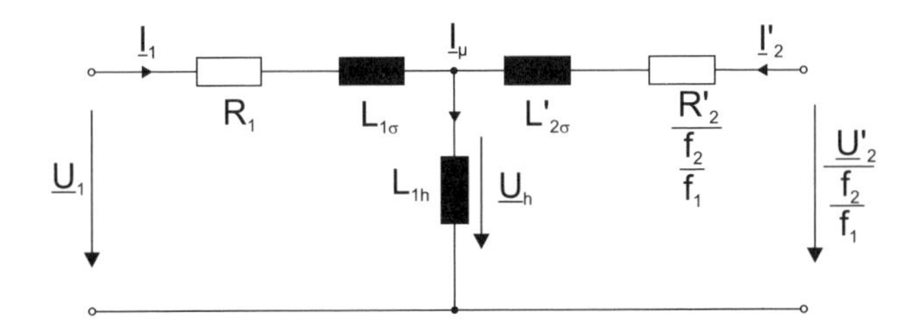

Bild 8.21 Ersatzschaltbild der Asynchronmaschine mit Schleifringläufer

8.4.2.5 Zeigerdiagramm und Stromortskurve

Das Verhalten der Asynchronmaschine mit Schleifringläufer bei Rotorspeisung über einen Umrichter wird hier schrittweise abgeleitet. Die Ableitung erfolgt an einem stark vereinfachten Ersatzschaltbild ohne den Ständerwiderstand R_1 und ohne die Ständerstreuinduktivität $L_{1\sigma}$ (siehe Bild 8.22). Durch Umrechnung kann diese Struktur bei Vernachlässigung nur des

Ständerwiderstands auch aus dem Ersatzschaltbild mit ständerseitiger Streuinduktivität entwickelt werden [22]. Damit kann eine noch überschaubare Ableitung erreicht werden bei allerdings reduzierter Genauigkeit. Rechts im Bild ist der Rotorwiderstand zerlegt in den Anteil R'_2, der Verluste erzeugt, und einen Anteil, der zur mechanischen Leistung beiträgt.

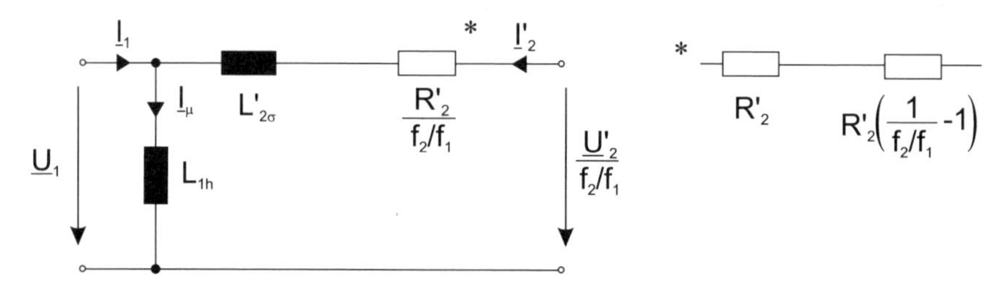

Bild 8.22 Vereinfachtes Ersatzschaltbild der Asynchronmaschine mit Schleifringläufer

Der Rotorstrom bestimmt sich aus dem Ersatzschaltbild mithilfe des Spannungsabfalls über der Längsimpedanz:

$$\underline{I}'_2 = \frac{\dfrac{\underline{U}'_2}{\frac{f_2}{f_1}} - \underline{U}_1}{j\omega L'_{2\sigma} + \dfrac{R'_2}{\frac{f_2}{f_1}}} \tag{8.41}$$

Wird die Ständerspannung in die reelle Achse gelegt und die Rotorspannung in einen Wirkanteil in reeller und einen Blindanteil in imaginärer Richtung zerlegt, so gilt:

$$\underline{U}_1 = U_1\,; \quad \underline{U}'_2 = U'_{2W} + jU'_{2B} \tag{8.42}$$

und für den Rotorstrom folgt:

$$\underline{I}'_2 = \frac{\left(\dfrac{U'_{2W}}{\frac{f_2}{f_1}} + \dfrac{jU'_{2B}}{\frac{f_2}{f_1}}\right) - U_1}{j\omega_1 L'_{2\sigma} + \dfrac{R'_2}{\frac{f_2}{f_1}}} \tag{8.43}$$

Erweitert man den Nenner konjugiert komplex, um einen reellen Wert zu erhalten, multipliziert den Zähler mit dem gleichen Wert und gliedert danach den Zähler auf, so erhält man folgende Gleichung für den Rotorstrom:

$$\underline{I}'_2 = \frac{-U_1\dfrac{R'_2}{(f_2/f_1)} + U'_{2W}\dfrac{R'_2}{(f_2/f_1)^2} + \omega_1 L'_{2\sigma}\dfrac{U'_{2B}}{(f_2/f_1)} + j\omega_1 L'_{2\sigma}U_1 - j\omega_1 L'_{2\sigma}\dfrac{U'_{2W}}{(f_2/f_1)} + jU'_{2B}\dfrac{R'_2}{(f_2/f_1)^2}}{R'^2_2/(f_2/f_1)^2 + \omega_1^2 L'^2_{2\sigma}} \tag{8.44}$$

Die Gleichung enthält sechs Terme im Zähler, von denen zwei nur von der Ständerspannung, die anderen vier nur von der Rotorspannung abhängen. Damit können die Zeigerdiagramme für verschiedene Betriebspunkte gezeichnet werden.

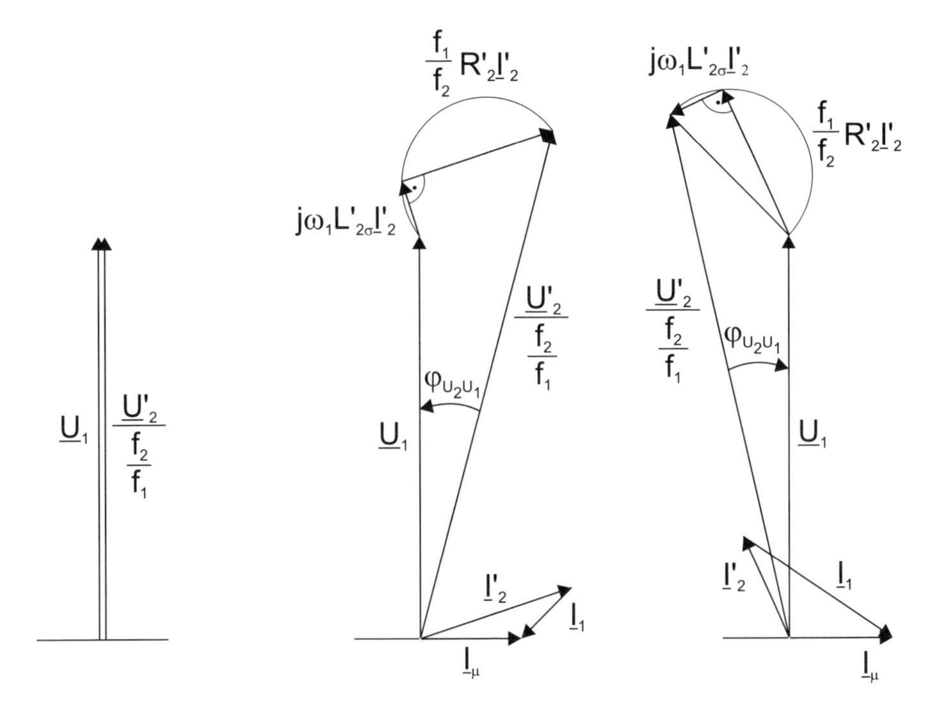

Bild 8.23 Zeigerdiagramme der Asynchronmaschine mit Schleifringläufer und Rotorspeisung: a) $U_1 = U_2$, $P = 0$; b) $U_2' \frac{f_1}{f_2} > U_1$, Winkel > 0; c) $U_2' \frac{f_1}{f_2} > U_1$ Winkel< 0

Das Zeigerdiagramm der Asynchronmaschine mit Schleifringläufer in Bild 8.23 für verschiedene Betriebspunkte charakterisiert ihr Verhalten. In Teil a) ist der Zustand des Rotorstroms null verdeutlicht. Aus den Teilen b) und c) ist deutlich zu erkennen, wie über die Amplitude und die Phasenlage der Rotorspannung der Rotorstrom gestellt werden kann. Bei Vernachlässigung des Magnetisierungsstroms wäre der Läuferstrom gleich dem Ständerstrom. Mit Einbeziehung des Magnetisierungsstroms ergibt sich der Ständerstrom $\underline{I}_1$ wie dargestellt.

Bei Vernachlässigung des Ständerwiderstands gilt für die Drehfeldleistung P_{D}, dass sie gleich der Ständerleistung P_1 ist:

$$P_{\mathrm{D}} = P_1 = 3U_{1\mathrm{Stern}} I_1 \cos\varphi_1 \tag{8.45}$$

Die wirkliche Verlustleistung im Rotor beträgt:

$$P_{2\mathrm{V}} = 3R_2' I_2'^2 = 3R_2 I_2^2 \tag{8.46}$$

und die vom Umrichter in den Rotor eingespeiste Leistung:

$$P_{\mathrm{SR}} = 3\,U_2' I_2' \cos\varphi_2 \tag{8.47}$$

Damit ergibt sich die mechanische Leistung als Summe bzw. Differenz der Drehfeldleistung, der Rotorverlustleistung und der über den Stromrichter eingespeisten Leistung.

$$P_{\text{mech}} = P_{\text{D}} - P_{2\text{V}} + P_{\text{SR}} = \left(1 - \frac{f_2}{f_1}\right) P_{\text{D}} \tag{8.48a}$$

$$P_{2\text{V}} - P_{\text{SR}} = \frac{f_2}{f_1} P_{\text{D}} \tag{8.48b}$$

Mit den vorigen Gleichungen lassen sich Wirk- und Blindleistung in der Drehfeldleistung und das Drehmoment bestimmen. Es werden jeweils Sternspannungen vorausgesetzt.

$$P_{\text{D}} = \text{Re}\left\{3\underline{U}_1 \underline{I}_2'^{\,*}\right\} = 3U_1 \frac{-U_1 \dfrac{R_2'}{(f_2/f_1)} + U_{2\text{W}}' \dfrac{R_2'}{(f_2/f_1)^2} + \omega_1 L_{2\sigma}' U_{2\text{B}}' \dfrac{1}{(f_2/f_1)}}{\dfrac{R_2'^{\,2}}{(f_2/f_1)^2} + \omega_1^2 L_{2\sigma}'^{\,2}} \tag{8.49a}$$

$$M = \frac{P_{\text{D}}}{\omega_1} = 3\frac{U_1}{\omega_1} \frac{-U_1 \dfrac{R_2'}{(f_2/f_1)} + U_{2\text{W}}' \dfrac{R_2'}{(f_2/f_1)^2} + \omega_1 L_{2\sigma}' U_{2\text{B}}' \dfrac{1}{(f_2/f_1)}}{\dfrac{R_2'^{\,2}}{(f_2/f_1)^2} + \omega_1^2 L_{2\sigma}'^{\,2}} \tag{8.49b}$$

$$P_{\text{mech}} = 2\pi N \cdot M \tag{8.49c}$$

$$Q_{\text{D}} = \text{Im}\left\{3\underline{U}_1 \underline{I}_2'^{\,*}\right\} = 3U_1 \frac{-\omega_1 L_{2\sigma}' U_1 + \omega_1 L_{2\sigma}' \dfrac{U_{2\text{W}}'}{(f_2/f_1)} - \dfrac{R_2'}{(f_2/f_1)^2}}{\dfrac{R_2'^{\,2}}{(f_2/f_1)^2} + \omega_1^2 L_{2\sigma}'^{\,2}} \tag{8.49d}$$

Bei fester Rotorfrequenz, also fester Drehzahl, kann aus diesen Gleichungen ersehen werden, dass durch Variation der Komponenten der Rotorspannung ($U_{2\text{W}}$, $U_{2\text{B}}$) die Leistungen und das Moment gesteuert werden können.

Die gesamte aus dem Netz über Rotor und Stator aufgenommene Leistung P_{ges}, die sich aus der ständerseitigen Drehfeldleistung P_{D} und der rotorseitigen Klemmenleistung bzw. Stromrichterleistung P_{SR} zusammensetzt, unter der Annahme, dass der Umrichter am Rotor verlustlos arbeite, beträgt:

$$P_{\text{ges}} = P_{\text{Netz}} = P_{\text{D}} + P_{\text{SR}} = \begin{cases} \eta \cdot P_{\text{mech}} & \text{für generatorischen Betrieb} \\ \dfrac{1}{\eta} \cdot P_{\text{mech}} & \text{für motorischen Betrieb} \end{cases} \tag{8.50}$$

Je nachdem ob Generatorbetrieb (η) oder Motorbetrieb ($1/\eta$) vorliegt, ist der Wirkungsgrad unterschiedlich einzubringen.

Aufgrund der vielen Komponenten in den Gleichungen ist es nicht leicht, hieraus eine Übersicht zum Leistungsfluss zu erhalten. Dies kann für verschiedene Betriebspunkte gut durch ein Leistungsflussdiagramm verdeutlicht werden.

In Bild 8.24 sind die für die Windenergieanlagen üblichen Betriebsbereiche des unter- und übersynchronen Generatorbetriebs dargestellt. Die Leistung wird im generatorischen Betrieb von der Welle aufgenommen und ins Netz gespeist. Untersynchron wäre zum Beispiel der

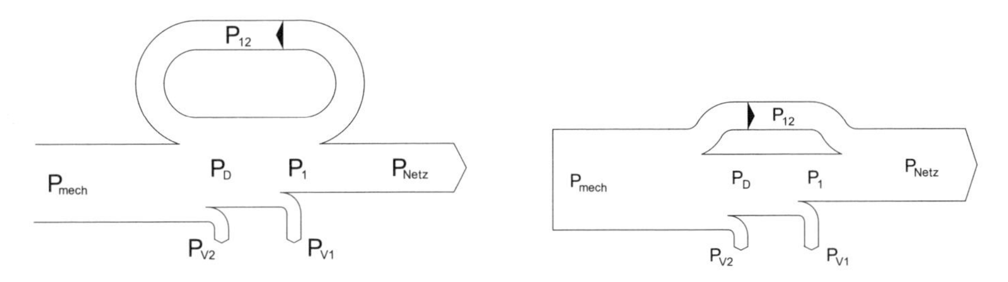

Bild 8.24 Leistungsfluss bei der Asynchronmaschine mit Schleifringläufer im Generatorbetrieb (doppeltgespeiste Asynchronmaschine; links untersynchroner Betrieb, rechts übersynchroner Betrieb) (P_{12}: Stromrichterleistung; P_{V1}, P_{V2}: Ständer- und Rotorverlustleistung)

Drehzahlbereich von $n_{min} = 1150\,\text{min}^{-1}$ bis $n_{nenn} = 1500\,\text{min}^{-1}$ bei einer 2-polpaarigen Maschine am 50-Hz-Netz. Im übersynchronen Betrieb wird Leistung P_D aus dem ständerseitigen Drehfeld und P_{12} aus dem Rotor über den Umrichter ins Netz gespeist. Die Netzleistung ist um den Wert der Rotorleistung größer als die Ständerleistung. Bei untersynchronem Betrieb erfolgt dies analog, aber mit Subtraktion der Rotorleistung von der Ständerleistung zur Netzleistung. Im Bild sind zusätzlich noch die Ständer- und Läuferverluste (P_{V1}, P_{V2}) einbezogen.

8.4.2.6 Drehzahlregelung

Die Drehzahlregelung der doppeltgespeisten Asynchronmaschine erfolgt über die Speisung des Rotors mithilfe eines Frequenzumrichters. Darüber wird die Rotorspannung in der Amplitude U_2 und die Rotorfrequenz f_2 eingestellt. Für den Betrieb mit dem Moment null ergibt sich die Leerlaufrotorfrequenz zu:

$$\frac{f_{20}}{f_1} = \frac{U'_{2W}/U_1}{1 - \dfrac{U'_{2B}/U_1}{f_{2k}/\omega_1}}; \quad f_{2k} = \frac{R'_2}{L'_{2\sigma}} \tag{8.51}$$

Für den Fall, dass die Rotorblindspannung gleich null ist, folgt für die Leerlaufrotorfrequenz dann:

$$\frac{f_{20}}{f_1} = \frac{U'_{20}}{U_1} \tag{8.52}$$

Es ist zu erkennen, dass für diesen Fall bei fester Ständerfrequenz, die gleich der Netzfrequenz ist, die Rotorspannung abhängig von der Rotorfrequenz f_2 zu steuern ist. Die Rotorfrequenz gibt die Abweichung von der Synchrondrehzahl an. Bei Synchronismus, der Läufer läuft mit Geschwindigkeit des Ständerdrehfelds um, sind die Rotorfrequenz und damit die Rotorleerlaufspannung gleich null. Entsprechend dem Betriebsbereich bei Anwendung in Windenergieanlagen, der sich typisch von −30 % bis +30 % um die mittlere Drehzahl erstreckt, ergibt sich ein gleicher Spannungsbereich für die Rotorleerlaufspannung. Bei Belastung kommen dann zusätzliche Spannungsanteile hinzu, um den Stromfluss über den Rotor zu ermöglichen.

Damit ergibt sich eine Spannungssteuerungskennlinie am Rotor bei diesem Betrieb der Asynchronmaschine mit Schleifringläufer (doppeltgespeiste Asynchronmaschine), welche

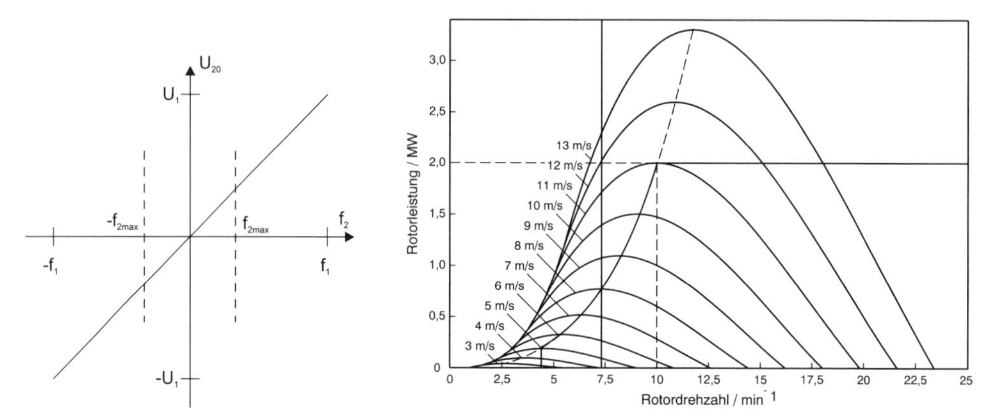

Bild 8.25 Drehzahlvariabler Betrieb der Asynchronmaschine mit Schleifringläufer (doppeltgespeiste Asynchronmaschine); links: Steuerkennlinie für die Rotorspannung im Leerlauf mit $U_{RB} = 0$, rechts: Betriebsbereich im Leistungs-Drehzahl-Diagramm; typischer Bereich für Windenergieanlagen: $-0{,}3f_1 < f_2 < +0{,}3f_1$; 4 m/s < n_{rot} < 10 m/s

in Bild 8.25 dargestellt ist. Der Verlauf ist linear. Typisch für Windenergieanlagen ist ein Betriebsbereich der Rotorfrequenz von $-0{,}3f_1$ bis $+0{,}3f_1$.

Es ergeben sich Drehmoment-Drehzahl-Kennlinien wie bei der Synchronmaschine. Für eine feste Rotorspeisefrequenz ergibt sich eine feste Drehzahl. Bei dieser frei wählbaren Drehzahl kann ein beliebiges Moment im zulässigen Bereich aufgebracht werden.

8.5 Synchronmaschinen

Synchronmaschinen kommen auf verschiedenen Gebieten zum Einsatz. Sie können bis zu größten Leistungen im GW-Bereich gebaut werden und weisen die Eigenschaft auf, Blindleistung gesteuert einspeisen zu können. Aus diesen Gründen werden sie generell in Kraftwerken eingesetzt. Andererseits ist dieser Maschinentyp aber auch im Bereich kleiner Leistung im Einsatz, so bei Werkzeugmaschinen oder bei Geräten der Unterhaltungsindustrie oder Druckern.

In Windenergieanlagen wird die Synchronmaschine schon seit langem verwendet, früher nur die fremdgespeiste Variante, heute zunehmend auch mit Permanentmagneterregung.

8.5.1 Generelle Funktion

Für die Einführung der Maschine wird die Variante mit Fremderregung zugrundegelegt. Der Rotor dieser Variante der Synchronmaschine ist mit einer Gleichstromwicklung ausgestattet und wird mit Gleichstrom gespeist. Dies geschieht über einen Stromrichter, der den Feldstrom regelt. Der Strom wird über Schleifringe auf den Läufer gegeben. Es ergibt sich im Rotor ein Gleichfeld, das fest zum Rotor liegt. Dieses Feld kann stattdessen auch durch Permanentmagnete erzeugt werden.

Der Ständer ist mit einer Drehstromwicklung ausgestattet, wie sie auch in der Asynchronmaschine verwendet wird. Diese wird mit einem cosinusförmigen, symmetrischen Drehspannungssystem gespeist. Die Wicklungssysteme der drei Phasen sind 120° gegeneinander versetzt. Es wird vom Strom in der Ständerwicklung ein sinusförmig sich ausbildendes magnetisches Drehfeld erzeugt, das proportional zur Speisefrequenz umläuft. Je Periode der Ständerfrequenz läuft das Feld um ein Polpaar weiter.

$$n_{1,\mathrm{syn}} = \frac{f_1}{p} \tag{8.53}$$

Ein konstantes Moment wird erzeugt, wenn das Feld von Rotor und von Ständer gleich schnell umlaufen. Der Schlupf ist dann gleich null.

$$n = n_{1,\mathrm{syn}} \leftrightarrow s = \frac{\omega_2}{\omega_1} = 0 \quad \rightarrow M \neq 0 \tag{8.54}$$

Dies ist in Bild 8.26 dargestellt. Für die Maschine am Netz mit fester Frequenz gibt es nur einen Drehzahlbetriebspunkt.

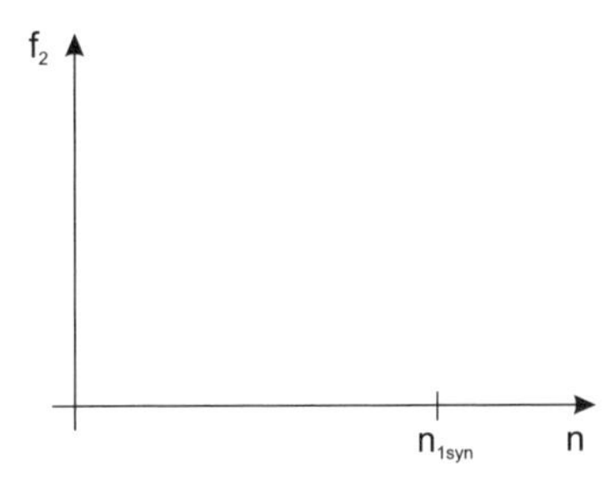

Bild 8.26 Rotorfrequenz-Drehzahl-Verhalten der Synchronmaschine am Netz fester Frequenz $f_1 (f_2 = 0)$

Eine weitere Voraussetzung für die Erzeugung eines Moments ist, dass die Feldrichtungen von Rotor und Stator einen Winkelversatz zueinander haben. Dies ist vergleichbar mit zwei auf einer Achse drehbar gelagerten Stabmagneten, die bei Verdrehung gegeneinander Kräfte aufeinander ausüben. Die Maschine am Netz erzeugt also ein Moment nur bei fester Drehzahl, der Synchrondrehzahl, und bei Phasenversatz der Felder bzw. des Rotors relativ zum Ständerfeld.

8.5.2 Spannungsgleichungen und Ersatzschaltbild

Der Ständer mit seiner Drehstromwicklung stellt elektrisch von der Einspeiseseite her gesehen die gleichen Verhältnisse dar wie die Primärseite des Transformators. Die Spannungsgleichung kann von dort übernommen werden. Die Rotorgleichung ist eine Gleichung für einen Gleichstromkreis, die nur zur Bestimmung des Stroms im Rotor dient, des Gleichstroms I_f. Sie ist hier angegeben, wird im Weiteren aber nicht mehr aufgeführt.

$$\underline{U}_1 = R_1 \cdot \underline{I}_1 + j \cdot X_{1\sigma} \cdot \underline{I}_1 + j \cdot X_{1\mathrm{h}} \left(\underline{I}_1 + \underline{I}'_\mathrm{f}\right) \tag{8.55a}$$

$$U_2 = R_2 \cdot I_\mathrm{f} \tag{8.55b}$$

Wesentliche Bestimmungsgleichung ist also die Ständerspannungsgleichung . Der Strom $\underline{I}'_\mathrm{f}$ der Ständerspannungsgleichung ist der auf die Ständerseite und die Ständerwicklung umgerechnete Rotorstrom I_f. Er hat die gleichen Wirkungen wie der Gleichstrom im Rotor. Seine Lage ergibt sich durch die Lage des Rotors zum Drehfeld des Ständers.

Der Anteil der Ständerspannung, der vom Rotorstrom hervorgerufen wird, wird auch separat als Polradspannung U_P bezeichnet.

$$\underline{U}_P = j \cdot X_{1h} \cdot \underline{I}'_f \tag{8.56}$$

Damit schreibt sich die Ständerspannung in anderer Form und mit $X_1 = X_{1\sigma} + X_{1h}$:

$$\underline{U}_1 = R_1 \cdot \underline{I}_1 + j \cdot X_1 \cdot \underline{I}_1 + \underline{U}_P \tag{8.57}$$

Daraus bestimmt sich das Ersatzschaltbild der Synchronmaschine entsprechend Bild 8.27. Es besteht aus drei Elementen, von denen häufig mit guter Näherung der Ständerwiderstand vernachlässigt werden kann.

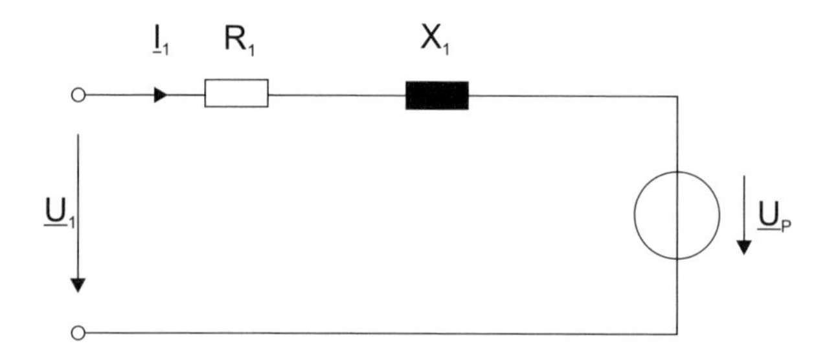

Bild 8.27 Ersatzschaltbild der Synchronmaschine

Aus der Spannungsgleichung und aus der Knotenregel für den Strom in der Maschine ergibt sich das Zeigerdiagramm für die Synchronmaschine in Bild 8.28. Die Ständerspannung setzt sich aus der Polradspannung und aus Spannungsabfällen an den Induktivitäten und dem ohmschen Widerstand zusammen. Die Summe von Ständerstrom $\underline{I}_1$ und auf den Ständer bezogenen Rotorstrom $\underline{I}'_2$ ergibt den Magnetisierungsstrom $\underline{I}_\mu$. Aufgrund der Bildung der Spannungen an Induktivitäten ergeben sich dort einige rechte Winkel: zwischen $\underline{I}_\mu$ und $\underline{U}_i$, zwischen $\underline{U}_P$ und $\underline{I}'_f$, zwischen $j\omega L_{1\sigma}/I_1$ und R_1/I_1. Der Winkel zwischen Polrad- und Ständerspannung wird Polradwinkel ϑ genannt. Der Strom bildet sich aufgrund unterschiedlicher Amplituden als auch unterschiedlicher Phasenwinkel der Ständer- und Polradspannung aus.

In Bild 8.28 ist der Betrieb als Generator dargestellt. Dabei ist zum einen übererregter Betrieb aufgeführt, der dadurch charakterisiert ist, dass die Projektion der Polradspannung auf die Ständerspannung größer als diese ist. Dies führt zu einem kapazitiven Anteil im Ständerstrom. Zum anderen ist der untererregte Betrieb dargestellt. Hierbei ist die Projektion der Polradspannung auf die Ständerspannung kleiner als diese und der Ständerstrom weist einen induktiven Anteil auf. Die Darstellung erfolgt im Verbraucherzählpfeilsystem (motorischer Betrieb, $P > 0$).

8.5.3 Leistung und Moment

Die Maschine nehme ständerseitig Leistung auf, die Ständerleistung P_1. Bei Vernachlässigung des Ständerwiderstands ist diese gleich der Drehfeldleistung P_D, die im Luftspalt auf den Rotor übertragen und die bei der Synchronmaschine in mechanische Leistung umgesetzt wird.

$$P_1 = P_D = 3 \cdot U_{1,\text{Stern}} \cdot I_1 \cdot \cos\varphi_1 \quad \text{für} \quad R_1 = 0 \tag{8.58}$$

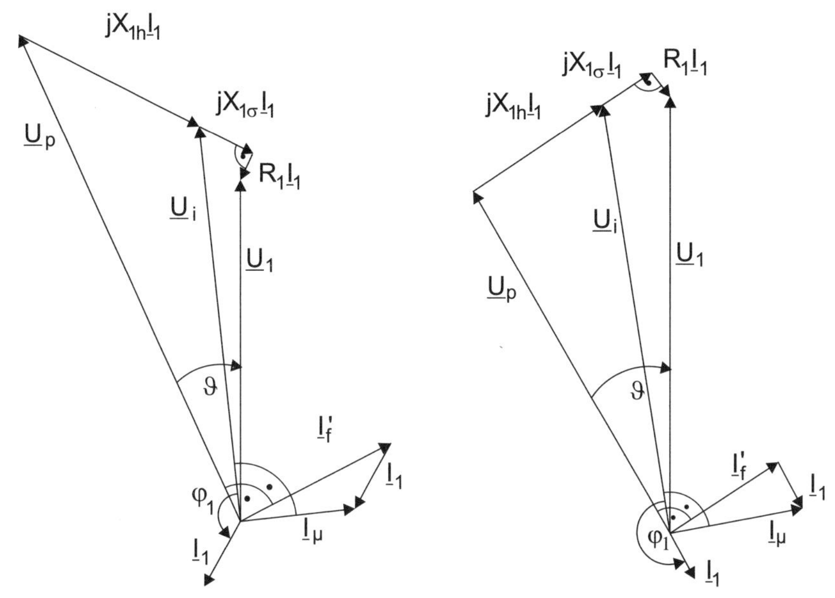

Bild 8.28 Zeigerdiagramm der fremderregten Synchronmaschine, links: Generatorbetrieb, übererregt ($\vartheta > 0$, $P < 0$, $\cos\varphi < 0$, $Q > 0$, $\sin\varphi > 0$, kapazitiv), rechts: Generatorbetrieb, untererregt ($\vartheta > 0$, $P < 0$, $\cos\varphi < 0$, $Q < 0$, $\sin\varphi < 0$, induktiv)

Durch Umformung der Gleichung über Beziehungen, die am Zeigerdiagramm abgeleitet werden können, erhält man eine andere, für die Synchronmaschine typische Schreibweise der Ständerwirkleistung P_1. Gleiches kann man mit der Blindleistung Q_1 durchführen. Die folgenden Gleichungen gelten jeweils für Sternspannungen.

$$P_1 = -3 \cdot U_{1,\text{Stern}} \cdot \frac{U_{\text{P,Stern}}}{X_1} \cdot \sin\vartheta \tag{8.59a}$$

$$Q_1 = 3 \cdot U_{1,\text{Stern}} \cdot I_1 \cdot \sin\varphi_1 = -3 \cdot U_{1,\text{Stern}} \left(\frac{U_{\text{P,Stern}}}{X_1} \cos\vartheta - \frac{U_{1,\text{Stern}}}{X_1} \right) \tag{8.59b}$$

Die Leistungen bestimmen sich aus der Ständer- und der Polradspannung und dem Polradwinkel. Aus der Wirkleistung wird das Moment bestimmt zu:

$$M = -M_{\text{kipp}} \cdot \sin\vartheta \tag{8.60a}$$

$$M_{\text{kipp}} = \frac{3 \cdot U_{1,\text{Stern}} U_{\text{P,Stern}}}{2\pi n_1 X_1} \tag{8.60b}$$

Wie aus der Formel zu sehen ist, ist auch das Moment abhängig von der Ständer- und der Polradspannung und dem dazwischen liegenden Winkel, dem Polradwinkel. Sind beide Spannungen fest gegeben, hängt das Moment sinusförmig allein vom Polradwinkel ab (siehe Bild 8.29). Das Moment weist einen maximalen Wert auf, der Kippmoment M_{Kipp} genannt wird. Aus Gründen der statischen Stabilität können nur Winkelbereiche des Polradwinkels bis 90° gefahren werden, in der Praxis ist der Bereich aufgrund der Maschinenauslegung noch erheblich stärker eingeschränkt.

Die Synchronmaschine an fester Ständerfrequenz, wie zum Beispiel am Netz, kann nur bei einer Drehzahl n_{syn} sinnvoll betrieben werden, da nur dort ein gleichmäßiges Moment erzeugt

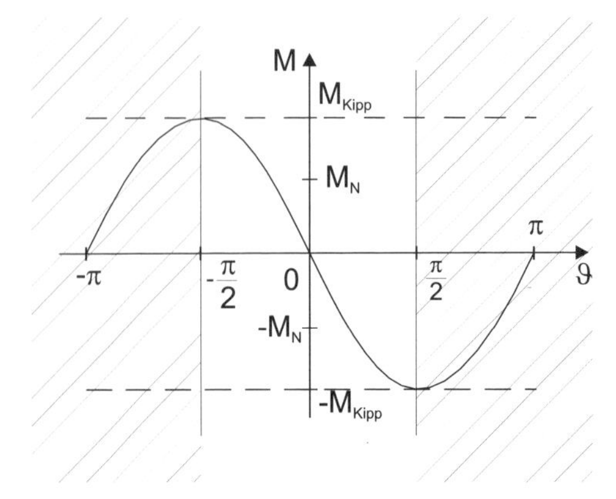

Bild 8.29 Drehmoment-Polradwinkel-Diagramm der Synchronmaschine; nicht erlaubter Betriebsbereich des Polradwinkels schraffiert

werden kann. Bei dieser Drehzahl kann die Maschine aber ein beliebiges Moment im erlaubten Bereich erzeugen. Dementsprechend ergibt sich ein Drehmoment-Drehzahl-Diagramm der netzgespeisten Maschine nach Bild 8.30.

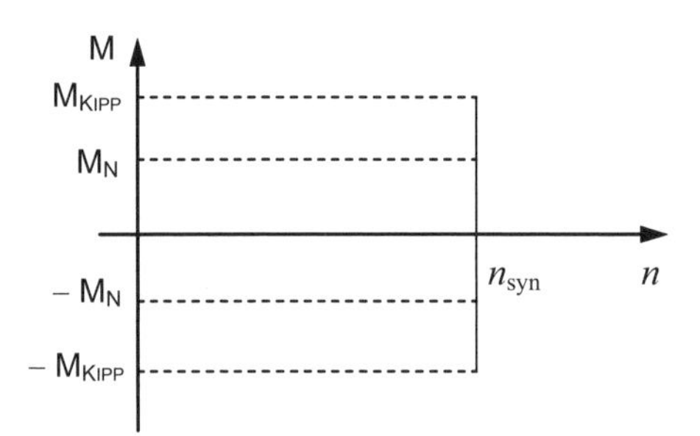

Bild 8.30 Drehmoment-Drehzahl-Diagramm der Synchronmaschine bei fester Ständerfrequenz

8.5.4 Ausführungsformen fremderregter Synchronmaschinen

Die Betriebsweise der Synchronmaschine ist im vorigen Teil für die Variante mit Fremderregung vorgestellt. Fremderregung bedeutet Erregung mit Gleichstrom im Rotor, der über Schleifringe zugeführt wird. Auch hier gibt es noch Untervarianten.

Die bisher betrachtete Maschine wurde als symmetrisch am Umfang von Rotor und Stator angenommen. Der Läufer weise eine Zylinderform auf, der Luftspalt sei am Umfang gleich groß. Diese Form der Läufer wird Trommelläufer oder Vollpolläufer genannt, die Maschine wird Vollpolmaschine oder Turbomaschine genannt. Sie wird für kleinere Polpaarzahlen gebaut und für Windenergieanlagen bei Betrieb mit höheren Drehzahlen in dieser Bauform eingesetzt, also bei Verwendung eines Getriebes.

Für Windenergieanlagen sind aber auch Varianten ohne Getriebe interessant, die Bezeichnung des Antriebssystems lautet auch Direktantrieb. Die Maschine weist hohe Polpaarzahlen auf, von 50 oder mehr, und ist dann langsamlaufend, mit Maschinendrehzahlen für Nennbetrieb von zum Beispiel unter 100 min^{-1}. Diese Maschinen werden im Allgemeinen als Schenkelpolmaschinen gebaut. Die Pole werden einzeln gefertigt und auf dem Läuferkern montiert. Der Luftspalt unter den Polen, im Bereich der Flusswege, wird mit gewohnt kleinem Wert ausgelegt. Außerhalb der Pole kann der Luftspalt größer werden. Die Maschine weist deshalb eine magnetische Schenkligkeit auf, in Polrichtung und in Pollücke ergeben sich unterschiedliche Induktivitäten aufgrund der unterschiedlichen Luftspalte. Der Verlauf des Moments über dem Polradwinkel ändert sich dadurch etwas gegenüber demjenigen für die Vollpolmaschine.

8.5.5 Permanenterregte Synchronmaschinen

Permanenterregte Synchronmaschinen werden zunehmend für Windenergieanlagen eingesetzt. Ihr Einsatzfeld war bisher vorwiegend der Bereich der Servomotoren mit Leistungen unterhalb 100 kW. Mittlerweile sind derartige Maschinenvarianten aber auch bei Windenergieanlagen im Megawattbereich erfolgreich im Einsatz.

Permanenterregte Synchronmaschinen unterscheiden sich von fremderregten dadurch, dass die magnetische Erregung durch Permanentmagnete erzeugt wird. Es werden Permanentmagnete mit großer Koerzitivfeldstärke benötigt, um die Maschinen mit begrenztem Magnetmaterial ausführen zu können. Es werden Feldstärken von bis zu $H_C = 1\,000\,\text{kA/m}$ und Remanenzinduktionen von bis zu $B_R = 1{,}5\,\text{T}$ erreicht. Als Materialien werden seltene Erden wie Samarium-Kobalt und Neobdym-Eisen-Bor verwendet. Eine wichtige Forderung für den Einsatz ist, dass die Magnete durch Erwärmung und durch eventuelle Gegenfelder, zum Beispiel bei Fehler in der Stromspeisung wie Kurzschluss, ihre Magneteigenschaften behalten. Die Fertigung der Maschinen und insbesondere auch der Einbau der Rotoren in die Ständer muss wegen der starken Magnetfelder und Anziehungskräfte mit besonderer Sorgfalt durchgeführt werden.

Für die Bestimmung des elektrischen und mechanischen Betriebsverhaltens kann auf die Ableitungen für die fremderregte Synchronmaschine zurückgegriffen werden. Es gelten die dort aufgeführten Gleichungen. Es ist lediglich zu berücksichtigen, dass die vom Läufer herrührende Magnetisierung konstant ist, wenn man die Sättigung, wie hier vorausgesetzt, außer Acht lässt. Die Polradspannung $U_{\text{P,PM}}$ in der Spannungsgleichung für die permanenterregte Maschine entsteht durch die Permanentmagnetmagnetisierung.

$$\underline{U}_1 = R_1 \cdot \underline{I}_1 + j \cdot X_1 \cdot \underline{I}_1 + \underline{U}_{\text{P,PM}} \tag{8.61}$$

Für die Momentgleichung gilt das Entsprechende.

$$M = -M_{\text{kipp}} \cdot \sin\vartheta \quad \text{mit } M_{\text{kipp}} = \frac{3U_{1,\text{Stern}}U_{\text{P,PM,Stern}}}{2\pi n_1 X_1} \tag{8.62}$$

Zu beachten ist hierbei, dass im Gegensatz zur fremderregten Synchronmaschine die Größe des Polradflusses fest ist und bei fester Drehzahl damit auch die Amplitude der Polradspannung, entsprechend der Auslegung der Maschine. Dementsprechend liegt durch die Auslegung auch fest, ob die Maschine in ihren Betriebspunkten eher über- oder untererregt betrieben wird. Die Zeigerdiagramme und Drehzahl-Drehmoment-Kennlinien der fremderregten Synchronmaschine gelten entsprechend auch hier.

8.5.6 Drehzahlvariabler Betrieb der Synchronmaschine

Drehzahlvariabler Betrieb wird dadurch realisiert, dass die Maschine über Umrichter mit Ständerspannung variabler Amplitude und Frequenz gespeist wird. Für den drehzahlvariablen Betrieb gilt, dass der Fluss in der Maschine konstant gehalten werden soll und über den Ständerstrom das Moment eingestellt werden soll. Soll die Ständerflussverkettung auf ihrem Nennwert gehalten werden, so folgt:

$$\Psi_1 := \Psi_{1N} = \frac{U_1}{\omega_1} = \frac{U_{1N}}{\omega_{1N}} = \text{const.} \tag{8.63}$$

Es gilt also ein vereinfachtes Steuergesetz für die drehzahlvariable, permanenterregte Synchronmaschine. Es besagt, dass die Ständerspannung proportional zur Ständerfrequenz eingestellt werden muss. Dies zeigt Bild 8.31. Im Bereich kleiner Speisefrequenzen wirkt sich der ohmsche Anteil des Ständerwiderstands stärker aus und muss durch Spannungsanhebung (für motorischen Betrieb, Absenkung im generatorischen Betrieb) berücksichtigt werden.

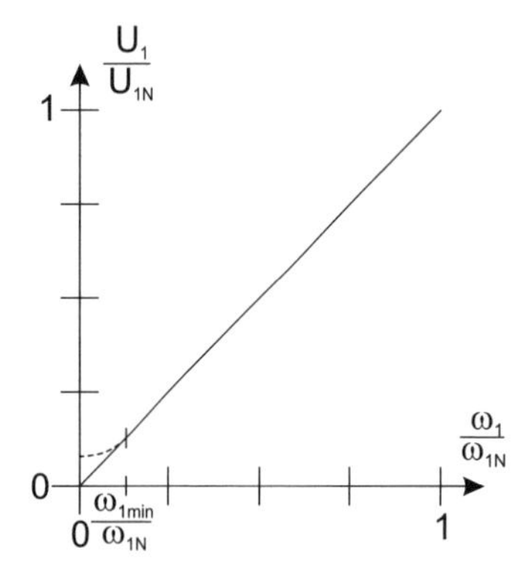

Bild 8.31 Steuerung der Ständerspannung der Synchronmaschine auf konstante Ständerflussverkettung bei drehzahlvariablem Betrieb (gestrichelt: erforderliche Spannungsanhebung für motorischen Betrieb)

In der Momentengleichung tritt im Kippmoment als Abhängigkeit von der Ständerspannung und Ständerfrequenz und von der Polradspannung der Term U_1 / f_1 und U_P / n auf. Da der erste Term konstant gesteuert werden soll, bleibt er konstant. Die Polradspannung U_P ändert sich mit der Ständerfrequenz, da sie vom Rotor mit der Drehzahl $n_1 = n_{1syn} = f_1 / p$ induziert wird. Dementsprechend bleibt der Quotient ebenfalls konstant. Damit ist die Momentengleichung bei dieser Art der Drehzahlsteuerung unabhängig von der Drehzahl.

$$M = \frac{3U_1 \dfrac{U_P}{\omega_1 L_1}}{2\pi n_1} \sin\vartheta \tag{8.64}$$

Es ergeben sich Drehmoment-Drehzahl-Kurven der drehzahlvariablen Synchronmaschine als vertikale Linien im Bild 8.32. Es ist eine kontinuierliche Drehzahlregelung möglich.

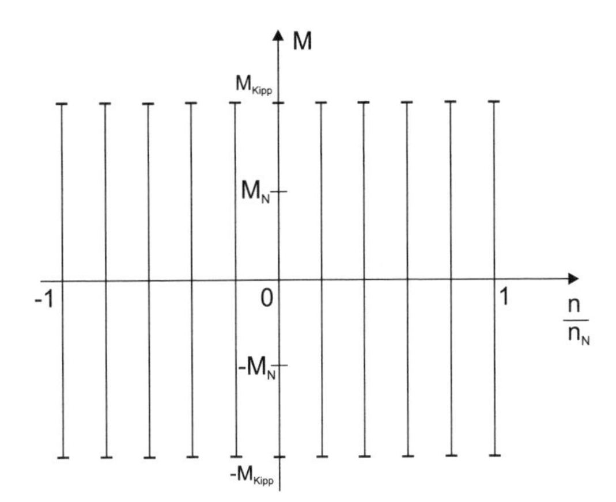

Bild 8.32 Drehmoment-Drehzahl-Kennlinien der Synchronmaschine bei Drehzahlsteuerung

8.6 Umrichtersysteme für Windenergieanlagen

Windenergieanlagen nach heutigem Stand der Technik werden im Allgemeinen mit drehzahlvariablen Generatoren ausgerüstet. Die Fähigkeit der Drehzahlsteuerung erlangt das System dadurch, dass die elektrische Leistung des Generators über einen zwischengeschalteten Frequenzumrichter in das elektrische Netz eingespeist wird. Der Frequenzumrichter wird generatorseitig mit variabler Frequenz des Generators, netzseitig mit der Netzfrequenz von 50 Hz oder 60 Hz betrieben. Aufgabe des Frequenzumrichters ist es, Frequenz und Amplitude der Spannung geeignet zwischen den beiden Systemen zu wandeln [6, 17, 18]. Gleichzeitig ist er mit einer Regelung ausgestattet, die den Leistungsfluss regelt und spezielle netz- und generatorseitige Regelanforderungen, wie zum Beispiel Regelung der Blindleistung, realisiert.

8.6.1 Generelle Funktion

Die Amplituden- und Frequenzumformung werden in den Frequenzumrichtern dadurch realisiert, dass Strom oder Spannung innerhalb kurzer Zeitintervalle im Bereich von Millisekunden zu- und abgeschaltet werden [8, 11, 20, 23]. Über das Verhältnis der Zuschaltzeit zur Gesamtintervallzeit werden die Amplitude und die Frequenz der Ausgangsgröße gesteuert. Das Schalten wird durch geeignete Leistungshalbleiter realisiert. In heutigen Umrichtern sind vorwiegend IGBT (Isolated Gate Bipolar Transistors) und auch IGCT (Integrated Gate Commutated Thyristors) im Einsatz. Sie können Spannungen bis in den Bereich von Kilovolt sperren und Ströme bis in den Bereich von Kiloampere leiten.

Aufgrund der Fähigkeit dieser Leistungshalbleiter, den Strom selbst ein- und auszuschalten, wird diese Art von Umrichter als selbstgelöscht oder selbstgeführt bezeichnet. Diese Stromrichter werden wegen der Bildung der Ausgangsgrößen durch Spannungspulse auch als Pulsumrichter bezeichnet.

Für diese Umrichter gibt es eine Vielzahl von Schaltungen. Im Bereich der Windenergieanlagen mit Leistungen unterhalb von etwa 5 MW wird derzeit die Variante des Zweistufenumrichters vorwiegend verwendet. Diese Schaltung und ihre Funktion werden hier vorgestellt. Bei Anlagen ab etwa 5 MW Leistung werden Schaltungen der Variante Dreistufenumrichter oder andere verwendet. Auf diese wird kurz eingegangen.

Die Schaltkreise der Leistungselektronik enthalten bestimmte Komponenten, für die hier für eine übersichtliche Betrachtung, wie im Allgemeinen üblich, ideale Bedingungen vorausgesetzt werden. Das bedeutet:

- ideale Leistungshalbleiter, d. h. Durchlassspannung und Sperrstrom null, keine Schaltverzögerung, Schaltzeit null,
- ideale induktive und kapazitive Elemente, d. h. keine Verluste, Drosselspulen mit konstanter Induktivität, Kondensatoren mit konstanter Kapazität

8.6.2 Frequenzumrichter in Zweistufenschaltung

8.6.2.1 Schaltung

Bild 8.33 zeigt einen Frequenzumrichter zur Wandlung der Leistung aus einem Drehstromsystem in ein anderes Drehstromsystem, im Fall der Windenergieanlage zur Wandlung der Leistung des Generators mit variabler Frequenz zur Einspeisung in das elektrische Netz mit fester Frequenz.

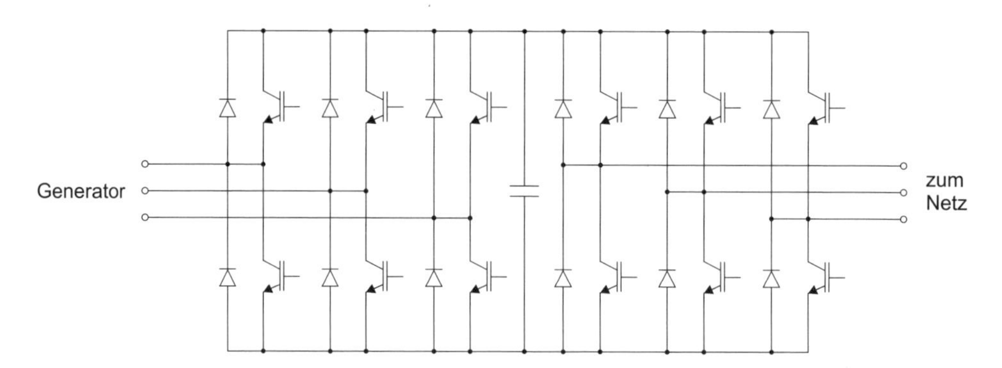

Bild 8.33 Frequenzumrichter in Zweistufenschaltung zur Wandlung der Leistung vom Generator ins Netz für Windenergieanlagen

Der Frequenzumrichter zur Einspeisung der elektrischen Leistung des drehzahlvariablen Generators ins elektrische Netz konstanter Frequenz besteht aus zwei Teilen. Der linke, generatorseitige Teilumrichter, als Drehstrom/Gleichstrom-Umrichter, ist an die Generatorklemmen dreiphasig angeschlossen. Er besteht, wie der andere Teilumrichter, je Phase aus zwei ein- und ausschaltbaren Leistungshalbleitern, hier durch das Symbol des IGBT gekennzeichnet, und jeweils antiparallelen Dioden für den Freilauf. Er erzeugt aus den frequenzvariablen Drehspannungen des Generators ausgangsseitig eine Gleichspannung. Diese wird kapazitiv mit Kondensatoren geglättet. Dieser Verbindungs- und Entkopplungsteil zwischen den beiden Teilumrichtern wird Zwischenkreis genannt. An diese Gleichspannung ist ein Gleichstrom/Drehstrom-Umrichter angeschlossen, der netzseitige Teilumrichter, der aus der

Gleichspannung eine Drehspannung mit Netzfrequenz und geeigneter Amplitude erzeugt, um Leistung ins Netz einspeisen zu können.

Beide Komponenten sind in der gleichen Schaltung ausgeführt, der Zweistufenschaltung. Die Dimensionierung in Hinsicht auf Spannung und Strom ist leicht unterschiedlich. Mit dem Ziel der Vereinheitlichung können aber auch Umrichter gleicher Dimensionierung auf beiden Seiten eingesetzt werden.

Der Betrieb erfolgt über eine geeignete Steuerung des Schaltens der Leistungshalbleiter, die Pulsweitenmodulation genannt wird, sowie eine geeignete Regelung der Ströme und übergeordneter Größen.

8.6.2.2 Pulsweitenmodulation

Die Pulsweitenmodulation für die Basisschaltung eines Gleichspannungs-/Drehspannungsfrequenzumrichters in Zweistufenschaltung soll hier genauer betrachtet werden. Dessen Schaltung ist in Bild 8.34 nochmals detaillierter wiedergegeben. Diese Ableitung gilt sowohl für den maschinenseitigen wie auch für den netzseitigen Teilumrichter.

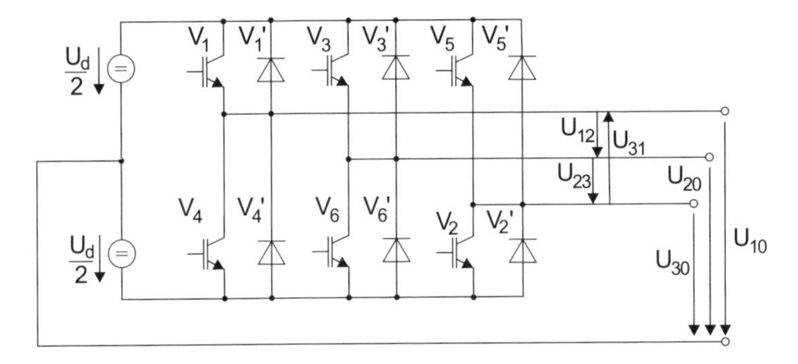

Bild 8.34 Gleichspannungs-/Drehspannungsfrequenzumrichter in Zweistufenschaltung

Die Schaltung besteht aus sechs ein-/ausschaltbaren Leistungshalbleitern, die hier mit dem Symbol des IGBT-Leistungshalbleiters dargestellt sind. Antiparallel zu jedem steuerbaren Leistungshalbleiter liegen Dioden, die zum Betrieb der Schaltung, zum Führen induktiver Stromanteile, erforderlich sind. Die Schaltung erzeugt aus der Gleichspannung eine amplituden- und frequenzvariable Drehspannung. Dazu sind die Leistungshalbleiter erforderlich, so zum Beispiel die Leistungshalbleiter V_1, V_1', V_4, V_4' für die Phase 1. Am Eingang liegt die Gleichspannung U_d, die durch Glättung einer Spannung über Kondensatoren bereitgestellt wird. Sie ist aus Gründen der verständlichen Darstellung für diese Ableitung in zwei Teilen je mit der Höhe der halben Spannung ($U_d/2$) dargestellt. Drehstromseitig sind zusätzlich Drosselspulen erforderlich, hier nicht eingezeichnet, die dazu dienen, die Pulsationen des Drehstroms zu reduzieren.

Die Frequenzwandlung erfolgt durch Pulsweitenmodulation. Die Funktion der Wandlung von Gleichspannung zu Drehspannung verdeutlicht Bild 8.35 am Beispiel einer Sinus-Dreieck-Modulation für eine Phase. Der sinusförmige Spannungssollwert einstellbarer Amplitude und Frequenz, hier bezogen als Modulationsfunktion $m(t)$ dargestellt, wird mit einem höherfrequenten Dreieckssignal $d(t)$ verglichen, das die Schaltfrequenz bestimmt.

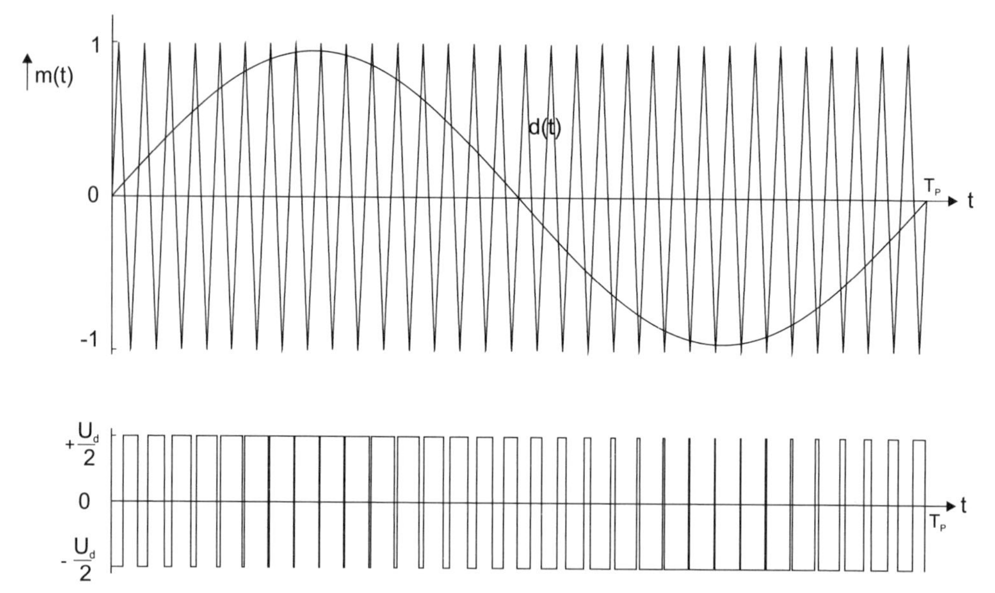

Bild 8.35 Pulsweitenmodulation durch Sinus-Dreieck-Vergleich für eine Phase des Gleichstrom-/Drehstrom-Umrichters; oben: sinusförmiger Spannungssollwert und Dreiecksfunktion; unten: resultierende Pulsreihe, Spannung U_{10}, sinusförmig moduliert

Aus dem Vergleich beider Funktionen wird die Information Sinuswert größer Dreieckswert bzw. Sinuswert kleiner Dreieckswert verwendet. Im Fall, dass der Sinuswert größer als der Dreieckswert ist, wird der obere Schalter der jeweiligen Phase eingeschaltet, z. B. V_1 für Phase 1, der untere, V_4, ausgeschaltet. Damit liegt die Spannung $U_{10} = +U_d/2$ zwischen Ausgangspunkt der Phase und Mittelpunkt des Zwischenkreises (0), unabhängig vom Stromfluss. Ist dieser positiv, fließt er über den steuerbaren Leistungshalbleiter V_1, im anderen Fall über die antiparallele Diode V_1'. Ist der Sinuswert kleiner als das Dreieck, so wird der untere steuerbare Leistungshalbleiter V_4 eingeschaltet, der obere ausgeschaltet, die Ausgangsspannung ist negativ $U_{10} = -U_d/2$, ebenfalls unabhängig von der Stromflussrichtung. Die Phase kann also zwei Spannungswerte erzeugen, daher rührt die Bezeichnung Zweistufenschaltung.

Es dürfen nicht gleichzeitig beide Leistungshalbleiter einer Phase eingeschaltet werden, da dies zum Kurzschluss der Zwischenkreisspannung führt. Zur Sicherstellung, dass kein Kurzschluss auftritt, ist zwischen dem Einschalten des oberen und dem Einschalten des unteren Leistungshalbleiters eine Sperrzeit einzublenden. Diese liegt üblicherweise für Umrichter im Leistungsbereich um ein Megawatt und darüber in der Größe von Mikrosekunden.

Die resultierende Ausgangsspannung einer Phase zeigt das untere Diagramm in Bild 8.35. Deutlich sind die sinusförmig modulierten Pulsweiten zu erkennen. Der gleitende Mittelwert bildet den geforderten Sinusverlauf. Die anderen beiden Phasen werden ebenso gesteuert, wobei der Sinussollwert um je 120° bzw. 240° verschoben ist.

Um höhere Spannungswerte zu erzielen, kann die Sinusfunktion auch größer als die Dreiecksfunktion gewählt werden. Dies wird als Übermodulation bezeichnet. Hierbei ergibt sich eine stärker verzerrte Spannung, sodass dies im Allgemeinen vermieden wird. Die verketteten Drehspannungen ergeben sich aus der Differenz der Spannungen gegen den Punkt 0, hier als

Beispiel für den Schaltzustand 1 (SZ1, im Folgenden erläutert) mit den Ventilen V_1, V_6 und V_2 eingeschaltet:

$$
\begin{aligned}
&U_{L12} = U_{10} - U_{20}\,; \quad \text{für Schaltzustand 1:} \quad U_{L12} = \frac{U_d}{2} - \left(-\frac{U_d}{2}\right) = U_d \\
&U_{L23} = U_{20} - U_{30}\,; \quad \text{für Schaltzustand 1:} \quad U_{L23} = -\frac{U_d}{2} - \left(-\frac{U_d}{2}\right) = 0 \\
&U_{L31} = U_{30} - U_{10}\,; \quad \text{für Schaltzustand 1:} \quad U_{L31} = -\frac{U_d}{2} - \left(+\frac{U_d}{2}\right) = -U_d
\end{aligned} \tag{8.65}
$$

Es ergeben sich für die verkettete Spannung also drei Spannungsniveaus.

Das Verhältnis der Amplitude des sinusförmigen Sollwerts zur Amplitude der dreiecksförmigen Trägerfunktion wird als Modulationsgrad m bezeichnet. Die Drehspannung u_{Lnm} ist bei der Pulsweitenmodulation proportional zum Modulationsgrad bis zu dessen Wert 1,0 und umgekehrt proportional zur Gleichspannung.

$$
m = \frac{\hat{U}_{Stern}}{U_d/2}\,; m = 0\ldots 1{,}0\ (\ldots 1{,}15) \tag{8.66}
$$

für lineare Modulation, ohne Übermodulation. Der Wert $m = 1{,}15$ gilt, wenn für den GS/DS-Umrichter statt der reinen Sinussollfunktion eine solche mit zusätzlicher Komponente sechsfacher Frequenz verwendet wird ($\sin\omega t + (1/6)\sin 3\omega t$). Bei Systemen ohne Nullleiter haben die damit eingespeisten, gleichphasigen Komponenten keine negativen Auswirkungen.

Anhand der Sinus-Dreieck-Pulsweitenmodulation wurde das Verfahren der Steuerung der Spannung verdeutlicht. Eine andere, weitverbreitete Methode der Spannungssteuerung ist heute allerdings die Raumzeigermodulation, die sich auch gut als Basis für die Realisierung auf einer Steuerungshardware mit Mikrocontrollern oder programmierbaren Schaltkreisen eignet. Raumzeiger, zum Beispiel $\underline{U}(t)$ von der Spannung, stellen als komplexe, zeitabhängige Größen die Eigenschaften eines Drehspannungs- oder Drehstromsystems oder anderer Größen dar. Sie enthalten Informationen über Amplitude, Phasenlage und Frequenz auch unter dynamisch sich ändernden Bedingungen. Die reelle Komponente U_α und die imaginäre Komponente U_β des Raumzeigers bestimmen sich nach:

$$
U_\alpha = \frac{2}{3}U_{L12} + \frac{1}{3}U_{L23}\,; \quad \text{für Schaltzustand 1:} \ U_\alpha = \frac{2}{3}U_d \tag{8.67a}
$$

$$
U_\beta = \frac{\sqrt{3}}{3}U_{L23} + \frac{1}{3}U_{L23}\,; \quad \text{für Schaltzustand 1:} \ U_\beta = 0 \tag{8.67b}
$$

Der Raumzeiger setzt sich aus reeller und imaginärer Komponente zusammen:

$$
\underline{U}(t) = U(t)\cdot e^{j(\omega(t)t)} = U_\alpha(t) + jU_\beta(t) = U(t)\left(\cos\omega(t)t + j\sin\omega(t)t\right) \tag{8.68}
$$

Der Raumzeiger eines sinusförmig symmetrischen Drehstromsystems ist ein mit konstanter Amplitude und Frequenz umlaufender Zeiger in der komplexen Ebene, der einen Kreis beschreibt. Dies gibt ein Verständnis für die Eigenschaft des Raumzeigers.

Bei der Pulsweitenmodulation werden durch die verschiedenen Schaltzustände des Umrichters diskrete Raumzeiger geschaltet. Tabelle 8.2 zeigt die Schaltzustände für alle möglichen Schaltkombinationen der Leistungshalbleiter der Schaltung auf. Die Spalten vier bis sechs geben an, welche Ventile eingeschaltet sind (1: ein, 0: aus). Die Spalten eins bis drei geben den

Tabelle 8.2 Schaltzustände beim zweistufigen Gleichstrom/Drehstrom-Umrichter

U_{L10}	U_{L20}	U_{L30}	V_1 V_4	V_3 V_6	V_5V_2	Nr.	$\frac{U_\alpha}{U_d}$	$\frac{U_\alpha}{U_d}$	$\lvert\underline{U}\rvert$	Arc (U)
$+U_d/2$	$-U_d/2$	$-U_d/2$	10	01	01	1	2/3	0	2/3	0°
$+U_d/2$	$+U_d/2$	$-U_d/2$	10	10	01	2	1/3	$\sqrt{3}/3$	2/3	60°
$+U_d/2$	$-U_d/2$	$+U_d/2$	10	01	10	6	1/3	$\sqrt{3}/3$	2/3	−60°
$+U_d/2$	$+U_d/2$	$+U_d/2$	10	10	10	7	0	0	0	0°
$-U_d/2$	$-U_d/2$	$-U_d/2$	01	01	01	0	0	0	0	0°
$-U_d/2$	$-U_d/2$	$+U_d/2$	01	01	10	5	−1/3	$\sqrt{3}/3$	2/3	−120°
$-U_d/2$	$+U_d/2$	$+U_d/2$	01	10	10	4	−2/3	0	2/3	−180°
$-U_d/2$	$+U_d/2$	$-U_d/2$	01	10	01	3	−1/3	$\sqrt{3}/3$	2/3	120°

jeweiligen Wert der Spannung Phase gegen Mittelpunkt des Zwischenkreises an. In Spalte sieben sind die Schaltzustände nummeriert und in den Spalten acht bis elf sind die Werte des Raumzeigers angegeben.

Es gibt sechs aktive Raumzeiger und zwei Null-Raumzeiger. Null-Raumzeiger, mit der Amplitude null, entstehen, wenn alle oberen oder alle unteren Ventile eingeschaltet sind. Zwei eingeschaltete Ventile in einer Phase sind nicht erlaubt, da dies einen Kurzschluss bedeutet. Die Schaltzustände können am Schaltbild nachvollzogen werden.

Die Schaltzustände lassen sich in einem Diagramm in der komplexen α, β-Ebene als Raumzeiger verdeutlichen, siehe Bild 8.36. Die Umrechnungsgleichung zum Raumzeiger ist weiter vorn angegeben. Die sechs aktiven Raumzeiger (1...6), die zu den Außenecken des Sechsecks führen, und die beiden Null-Raumzeiger (0,7), im Mittelpunkt des Sechsecks, sind deutlich unterscheidbar.

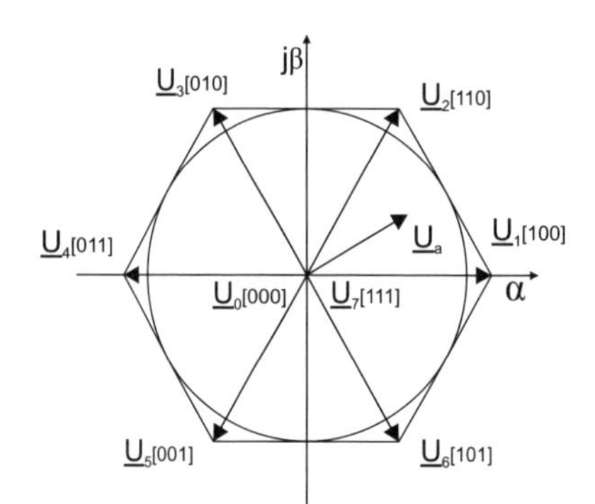

Bild 8.36 Basisraumzeiger und beispielhafter Sollraumzeiger eines zweistufigen Wechselrichters in der komplexen Ebene

Der Raumzeiger, zum Beispiel für sinusförmig symmetrische Drehspannungen mit konstanter Amplitude und Frequenz oder für die pulsartige Ausgangsspannung des Pulsumrichters, kann durch schnell aufeinanderfolgendes Einschalten der jeweilig naheliegenden Basisraumzeiger erzeugt werden. Es sind im jeweiligen Sektor, in dem der Sollraumzeiger liegt, der rechte, der linke und der Null-Raumzeiger geeignet lang einzuschalten. Für den ersten Sektor zwischen Basisraumzeiger 1 und 2 ist dies in Bild 8.37 beispielhaft dargestellt, und es sind die sich dafür ergebenden Gleichungen zusammengestellt. Für die anderen Sektoren gilt dies entsprechend.

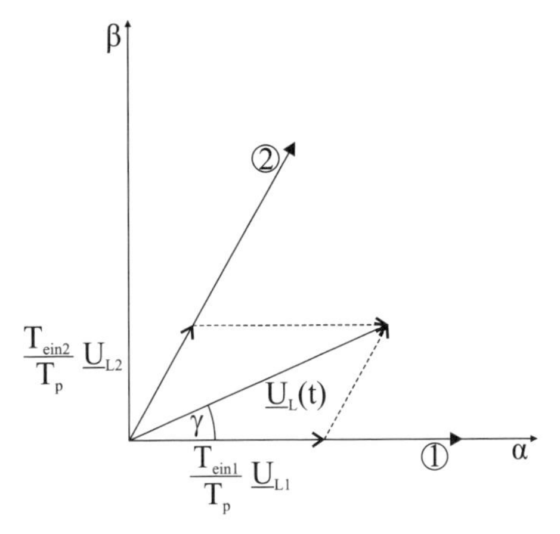

Bild 8.37 Bildung des Sollraumzeigers $U_L(t)$ aus den Basisraumzeigern (Beispiel)

Es wird jeweils eine Pulsperiode T_P mit der Zeit eines Bruchteils der Periode T der Sollsinusfunktion der Spannung betrachtet. Die Basisraumzeiger 1, 2 und 7 oder 0 sollen eine bestimmte Zeitdauer T_{ein1}, T_{ein2}, T_{ein7} oder T_{ein0} eingeschaltet werden und zusammen die Sollspannung $\underline{U}$ ergeben:

$$\underline{U}_L = \frac{T_{ein1}}{T_P} \cdot \underline{U}_1 + \frac{T_{ein2}}{T_P} \cdot \underline{U}_2 + \frac{T_{ein0,7}}{T_P} \cdot \underline{U}_{0,7} \quad (8.69)$$

Für die Berechnung wird die Phasenlage γ des Raumzeigers zur reellen α-Achse verwendet. Die Einschaltzeiten der Raumzeiger 1, 2 und 7 oder 0 ergeben sich dann zu:

$$\frac{T_{ein1}}{T_P} = \sqrt{3} \cdot \frac{U_L(n)}{U_d} \cdot \sin(60^\circ - \gamma) \quad (8.70a)$$

$$\frac{T_{ein2}}{T_P} = \sqrt{3} \cdot \frac{U_L(n)}{U_d} \cdot \sin(\gamma) \quad (8.70b)$$

$$\frac{T_{ein0,7}}{T_P} = \frac{T_P - T_{ein1} - T_{ein2}}{T_P} \quad (8.70c)$$

Diese Gleichungen werden auch bei der Umsetzung auf Mikrocontrollern verwendet. In der Regelung werden die Sollwerte von Amplitude $U_L(n)$ und Phasenlage γ der Spannung bestimmt und vorgegeben. Mit der Häufigkeit der Pulsfrequenz f_P und dem Kehrwert der Pulsperiodendauer T_P werden aus dem Spannungssollwert die Einschaltzeiten bestimmt. Für die Realisierung in Mikrocontrollern werden Zähler verwendet, die die Einschaltzeiten abzählen, und die Schaltsignale werden dann an die Ventile gegeben. Die Schaltfrequenzen bei Umrichtern in Windenergieanlagen liegen im kHz-Bereich (z. B. 2,5 kHz) oder bei großen Leistungen darunter.

Als Leistungshalbleiter in Umrichtern für Windenergieanlagen nicht zu großer Leistung, bis in den mittleren Megawattbereich, kommen heute vorwiegend IGBT (Insulated Gate Bipolar Transistor) und Dioden auf Basis von Silizium zum Einsatz. Der IGBT ist eine Kombination aus MOSFET-Eingangs- und Bipolar-Ausgangsstufe.

8.6.3 Frequenzumrichter in Mehrstufenschaltung

Für Windenergieanlagen mit größeren Umrichterleistungen im höheren Megawattbereich werden Umrichter mit Leistungshalbleitern in Reihen- oder Parallelschaltung eingesetzt. Für diesen Fall hat sich die Variante des Umrichters in Mehrstufenschaltung als günstig erwiesen. Dabei handelt es sich um eine Reihenschaltung von mehreren Leistungshalbleitern. Diese werden aber nicht gleichzeitig geschaltet, sondern können versetzt geschaltet werden. Über dieses Verfahren ist es möglich, feinere Spannungsstufen an den Ausgang zu schalten und damit den erforderlichen Filteraufwand zu reduzieren.

Für Windenergieanlagen im Bereich hoher Leistung sind vorwiegend Dreistufenumrichter in der Neutral-Point-Clamped-Schaltung (NPC) [23] im Einsatz. Das Schaltbild ist in Bild 8.38 dargestellt. Der Umrichter besteht wieder aus drei identischen Phasen. In jeder Phase sind der obere und untere Zweig nahezu identisch aufgebaut. Zwei Leistungshalbleiter, hier als IGBT dargestellt, mit antiparalleler Freilaufdiode sind in jedem Zweig in Reihe geschaltet. Der Phasenabgriff ist zwischen den beiden Zweigen angeschlossen.

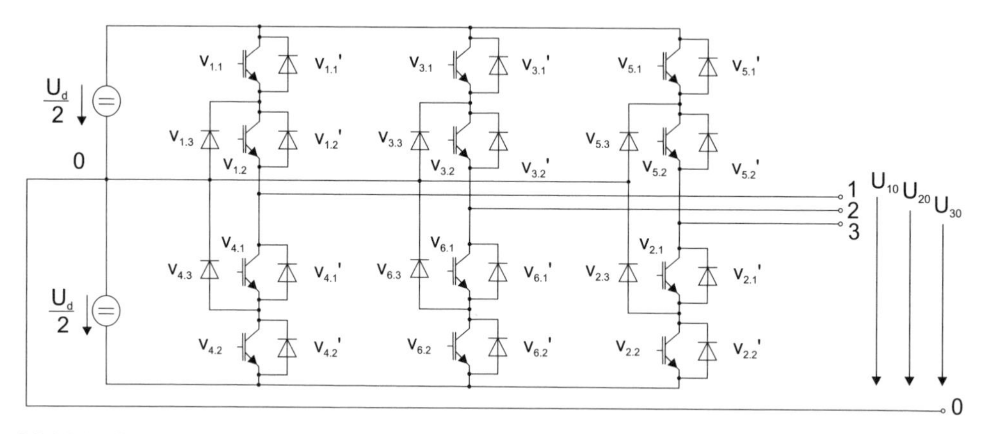

Bild 8.38 Dreistufiger Frequenzumrichter; Schaltung der verketteten Spannung

Dadurch, dass innerhalb der Reihenschaltung der Leistungshalbleiter eines Zweigs eine Anknüpfung an den Mittelpunkt des Zwischenkreises über zusätzliche Dioden gegeben ist, kann jede einzelne Phase gegen Mittelpunkt 0 die Ausgangsspannung $U_d/2$, 0 und $-U_d/2$ erzeugen. Zur Erzeugung der Ausgangsspannung $+U_d/2$ sind z. B. für Phase 1 die Leistungshalbleiter $V_{1.1}$ und $V_{1.2}$ einzuschalten, für die Ausgangsspannung 0 die Leistungshalbleiter $V_{1.2}$ und $V_{4.1}$. Es können von jeder Phase also drei Spannungsstufen erzeugt werden, was zur Bezeichnung Dreistufenwechselrichter geführt hat. In Bild 8.39 ist die verkettete Ausgangsspannung eines Dreistufenumrichters dargestellt. Aus der Kombination der jeweils drei Spannungswerte der beiden die verkettete Spannung bildenden Phasen ergibt sich eine fünfstufige verkettete Spannung.

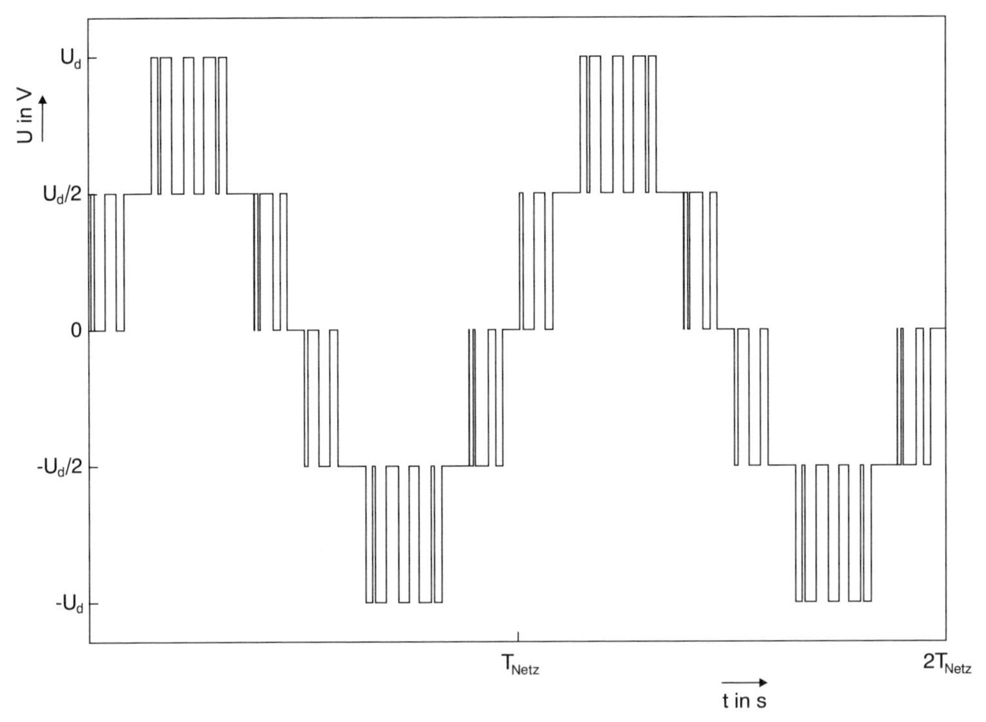

Bild 8.39 Dreistufiger Frequenzumrichter; Spannungsverläufe der verketteten Spannung

8.7 Regelung von drehzahlvariablen Umrichter-Generatorsystemen

Derzeit sind vier verschiedene Varianten von drehzahlvariablen Generatoren für Windenergieanlagen bei Neuinstallationen zu finden. Es handelt sich dabei zum einen um die Varianten mit Kurzschlussläufer-Asynchronmaschine, mit permanenterregter und fremderregter Synchronmaschine, jeweils mit Vollumrichter, deren Struktur im oberen Teil von Bild 8.40 dargestellt ist. Zum anderen ist es die Variante mit doppeltgespeister Asynchronmaschine, also mit Asynchronmaschine mit Schleifringläufer, hier mit Teilumrichter im Läuferkreis, wie in Bild 8.40 unten dargestellt.

Mithilfe von Regelungen [14, 24, 26], dezidiert gestaltet für jede der verschiedenen Generatorvarianten, wird der Generator in der Drehzahl entsprechend den Vorgaben aus der Betriebsführung geregelt und speist Leistung in den Zwischenkreis und in das Netz ein. Die erste Funktion übernimmt üblicherweise der generatorseitige Teilumrichter, die zweite Funktion der netzseitige Teilumrichter.

Die Regelung am generatorseitigen Umrichter regelt die Drehzahl des Generators, dies geschieht indirekt über das Moment und damit die Leistungsentnahme aus dem Wind. Die Regelung für den netzseitigen Umrichter regelt die an das elektrische Netz abzugebende Leistung. Letzteres geschieht indirekt dadurch, dass die Spannung im Zwischenkreis auf einen konstanten Wert geregelt wird. Sie würde ohne Regelung steigen oder sinken, je nach höherer oder ge-

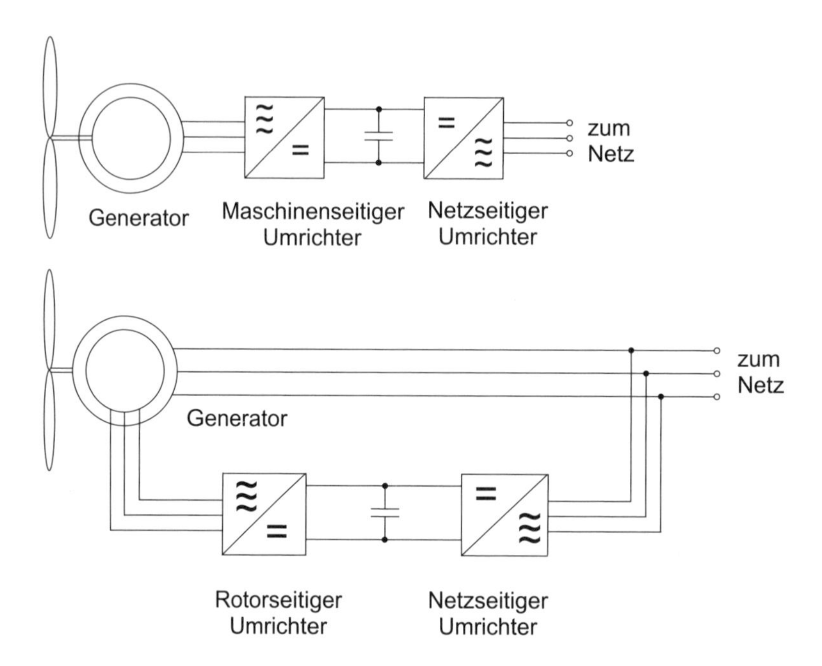

Bild 8.40 Struktur der aktuellen elektrischen Antriebsstränge in Windenergieanlagen; oben: Generator mit Vollumrichter, unten: Generator mit Schleifringläufer und Umrichter am Läufer, mit Teilumrichter

ringerer Einspeisung vom Generator her. Diese beiden Regelaufgaben werden separat durchgeführt, die Kopplung erfolgt über das System, den Leistungsfluss an der Verbindungsstelle beider Umrichter, im Zwischenkreis, realisiert über die Kondensatoren.

Es werden auch Ausführungen der Regelungssysteme verwendet, bei denen der netzseitige Stromrichter die Drehzahl regelt und der maschinenseitige die Zwischenkreisspannung, also die Funktionen umgekehrt verteilt sind.

Bei den Vollumrichtervarianten wird der gesamte Leistungsfluss über den Umrichter gestellt und geregelt [15]. Bei der Variante mit Teilumrichter läuft nur ein Teil der gesamten Leistung über den rotorseitigen Umrichter, dieser regelt darüber aber die Gesamtleistung von Rotor und Ständer [21].

Im Folgenden wird beispielhaft die Regelung des Asynchrongenerators, stellvertretend für eine Generatorregelung, sowie die Regelung des netzseitigen Stromrichters vorgestellt. Die Regelungen der anderen Generatorvarianten werden kurz angerissen.

8.7.1 Regelung des umrichtergespeisten Asynchrongenerators mit Kurzschlussläufer

Beispielhaft wird die üblicherweise verwendete feldorientierte Regelung für einen Asynchrongenerator mit Kurzschlussläufer vorgestellt. In Bild 8.41 ist ein Strukturbild der Regelung dargestellt. Die Regelung ist zweikanalig aufgebaut. Ein Kanal, mit dem der Fluss in der Maschine,

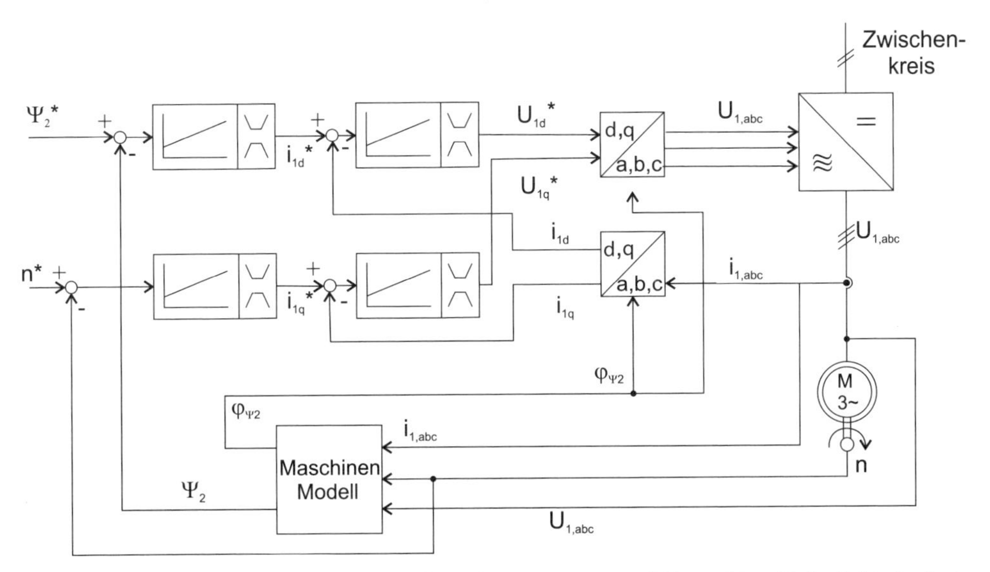

Bild 8.41 Strukturbild der Regelung eines Asynchrongenerators mit Kurzschlussläufer (feldorientierte Regelung von Rotorflussverkettung und Drehzahl, mit Drehzahlgeber)

zum Beispiel die Rotorflussverkettung Ψ_2, geregelt wird, und ein Kanal, mit dem die Drehzahl N bzw. alternativ das Moment M geregelt werden. Zudem ist die Regelung kaskadiert gestaltet, indem eine untergeordnete Stromregelung verwendet wird. Dies hat Vorteile, dadurch dass die jeweiligen Regler auf die jeweiligen Streckenteile eingestellt werden können und zudem eine Begrenzung des Stromsollwerts möglich ist, um die Umrichter zu schützen.

Der Istwert der Rotorflussverkettung Ψ_2 und deren Sollwert Ψ_2^* werden verglichen und die Differenz auf den PI-Flussregler gegeben. Dieser hat die Aufgabe, über seinen Ausgang das System so zu beeinflussen, dass Soll- und Istwert sich angleichen. Der Ausgang des Flussreglers ist der Sollwert für den flussbildenden Strom i_{1d}^*. Dieser kann begrenzt werden. Er wird mit dem ermittelten Istwert verglichen und die Differenz auf den PI-Regler für den flussbildenden Strom gegeben und geregelt. Dessen Ausgangswert ist die flussbildende Sollgröße U_{1d} der Ständerspannung. Der Kanal für die Drehzahlregelung ist entsprechend aufgebaut. Eingangsgrößen sind die Signale Drehzahlsollwert und -istwert n, Zwischenstufe ist der momentenbildende Strom i_{1q} mit Sollwert und Istwert sowie Ausgangsgröße der momentenbildende Anteil U_{1q} der Ständerspannung. Die beiden Spannungsanteile werden zur Gesamtspannung zusammengefügt und geben den Spannungssollwert in Betrag und Winkel für die Pulsweitenmodulation des generatorseitigen Umrichters vor. Im Pulsweitenmodulator, der hier als Bestandteil des Umrichters gesehen wird und nicht einzeln im Bild aufgeführt ist, werden die Schaltmuster für den Umrichter berechnet, um den geforderten Ausgangsspannungswert zu stellen.

Für die Regelung benötigte Istwerte sind der Ständerstrom, die Ständerspannung und die Drehzahl. Interne Größen der Maschine, die für die Regelung benötigt werden, wie die Rotorflussverkettung im Betrag Ψ_2 und deren Winkel φ_{Ψ_2} sowie das Moment M, falls benötigt, werden mithilfe eines Maschinenmodells berechnet. Dies enthält die Gleichungen der Maschine. Damit wird eine problematische Flussmessung und Momentenmessung vermieden.

In der Antriebstechnik werden üblicherweise proportional-integrale Regler (PI-Regler) eingesetzt, die in der Lage sind, die Regelabweichung, die Differenz von Soll- und Istwert, zu null zu regeln. Ihre Gleichung lautet:

$$y = K_{\mathrm{P}} \cdot x + \frac{1}{T_{\mathrm{I}}} \int x \, \mathrm{d}t \tag{8.71a}$$

$$G(s) = \frac{y(s)}{x(s)} = K_{\mathrm{P}} \frac{sT_{\mathrm{I}} + 1}{sT_{\mathrm{I}}} \tag{8.71b}$$

In dieser Gleichung ist x die Eingangsgröße des Reglers, also die Differenz von Soll- und Istwert, und y die Ausgangsgröße, also die Stellgröße. $G(j\omega)$ stellt den Frequenzgang des Reglers dar, das Verhältnis von Ausgangs- zu Eingangsgröße über der Frequenz. K_{P} ist die Proportionalverstärkung, T_{I} die Integrationszeitkonstante des Reglers. Diese beiden Parameter sind jeweils auf die Strecke hin und auf die sonstigen Bedingungen für den Regler auszulegen [24]. Die Regler werden in der Antriebstechnik nach zwei Standardstrategien ausgelegt und zwar nach dem Betragsoptimum und dem Symmetrischen Optimum. Damit lassen sich im Allgemeinen gute Ergebnisse bezüglich Dynamik, Überschwingen und Robustheit erzielen. Die Einstellregeln sind zum Beispiel in [24] zu finden.

Um die Parameter für die Regler zu bestimmen, ist das zu regelnde System, der Generator, für den dynamischen Betrieb zu modellieren. Häufig, wie auch in Bild 8.41 dargestellt, werden die Größen in Raumzeigern dargestellt und in einem speziellen, mit dem Rotorfluss umlaufenden dq-Koordinatensystem geregelt. Deshalb werden für die Eingangsgrößen Wandlungseinheiten vom dreiphasigen abc-System in das zweiphasige dq-System verwendet und für die Ausgangsgrößen in umgekehrter Richtung. Die Modellierung wird deshalb in der Raumzeigerdarstellung durchgeführt, wie sie bereits bei den Umrichtern eingeführt wurde. Ein Raumzeiger ist eine komplexe Größe, die ein beliebiges Drehstromsystem, dessen Größen linear abhängig sind, äquivalent darstellt. Die reelle α-Komponente und die imaginäre β-Komponente des Raumzeigers, hier für die Spannung geschrieben, bestimmen sich aus den Drehstromgrößen nach folgenden Gleichungen:

$$\underline{U}^{\alpha\beta}(t) = \frac{2}{3}\left(U_{\mathrm{a}}(t) + U_{\mathrm{b}}(t) \cdot \mathrm{e}^{j2\pi/3} + U_{\mathrm{c}}(t) \cdot \mathrm{e}^{j4\pi/3}\right) \tag{8.72a}$$

$$U_{\alpha}(t) = \frac{2}{3}\left(U_{\mathrm{a}}(t) - \frac{1}{2}U_{\mathrm{b}}(t) - \frac{1}{2}U_{\mathrm{c}}(t)\right) \tag{8.72b}$$

$$U_{\beta}(t) = \frac{2}{3}\left(0 + \frac{\sqrt{3}}{2}U_{\mathrm{b}}(t) - \frac{\sqrt{3}}{2}U_{\mathrm{c}}(t)\right) \tag{8.72c}$$

Dabei bezeichnet das hochgestellte $\alpha\beta$, dass die Spannung in diesem Koordinatensystem dargestellt ist. Die Rücktransformation von der Raumzeigerdarstellung in festen Koordinaten in die a b c-Drehstromgrößen verläuft nach folgender Gleichung:

$$\begin{pmatrix} U_{\mathrm{a}}(t) \\ U_{\mathrm{b}}(t) \\ U_{\mathrm{c}}(t) \end{pmatrix} = \begin{pmatrix} 1 & 0 \\ -\frac{1}{2} & +\frac{\sqrt{3}}{2} \\ -\frac{1}{2} & -\frac{\sqrt{3}}{2} \end{pmatrix} \cdot \begin{pmatrix} U_{\alpha} \\ U_{\beta} \end{pmatrix} \tag{8.73}$$

Die genannte Regelung elektrischer Maschinen in einem mit elektrischen Größen, zum Beispiel dem Fluss, rotierenden Koordinatensystem kann die Analyse vereinfachen. Die Gleichungen werden hier in ein rotierendes dq-Koordinatensystem, das z. B. am Rotorfluss orientiert ist und zum feststehenden $\alpha\beta$-System den zeitabhängigen Winkel $\theta = \theta(t)$ aufweist, transformiert.

$$\underline{U}^{\mathrm{dq}}(t) = \underline{U}^{\alpha\beta}(t) \cdot e^{j\theta(\underline{U}_{\mathrm{dq}};\underline{U}_{\alpha\beta})} = U_{\mathrm{d}}(t) + jU_{\mathrm{q}}(t) = \underline{U}^{\alpha\beta}(t)(\cos\theta + j\sin\theta) \tag{8.74a}$$

$$U_{\mathrm{d}}(t) = U_{\alpha}(t)\cos\theta + U_{\beta}(t)\sin\theta \tag{8.74b}$$

$$U_{\mathrm{q}}(t) = -U_{\alpha}(t)\cos\theta + U_{\beta}(t)\sin\theta \tag{8.74c}$$

Die Rücktransformation lautet:

$$U_{\alpha}(t) = U_{\mathrm{d}}(t)\cos\theta - U_{\mathrm{q}}\sin\theta \tag{8.75a}$$

$$U_{\beta}(t) = U_{\mathrm{d}}(t)\sin\theta + U_{\mathrm{q}}\cos\theta \tag{8.75b}$$

Die Transformation erfolgt mit dem Drehoperator $\mathrm{e}^{j\theta(\underline{U}_{\mathrm{dq}};\underline{U}_{\alpha\beta})}$. Die Besonderheit der Darstellung in einem rotierenden Koordinatensystem wird an Bild 8.42 deutlich.

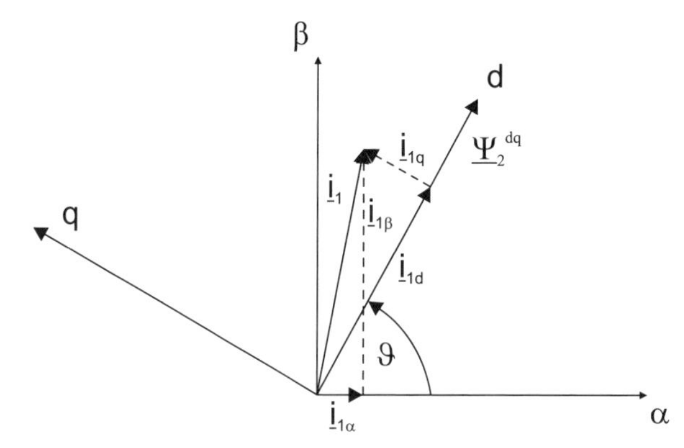

Bild 8.42 Rotorflussverkettung und Statorstrom im statorfesten $\alpha\beta$- sowie im rotorflussorientierten dq-Koordinatensystem und Aufteilung des Ständerstroms in diese Komponenten

Die dreiphasigen Gleichungen für den Ständerstrom $\underline{I}_1$ werden als erstes für diese Darstellung in die komplexe Raumzeigergleichung für das statorfeste $\alpha\beta$-Koordinatensystem transformiert. Als nächstes wird das rotorflussorientierte Koordinatensystem ausgewählt, in dem die Regelung ausgeführt werden soll. In diesem Fall wird die d-Komponente auf den Rotorfluss $\underline{\Psi}_2$ gelegt. Der Rotorfluss liegt, wie in Bild 8.42 dargestellt, in der d-Achse. Der Ständerstrom wird in dieses Koordinatensystem transformiert. Er kann dementsprechend in die Komponenten $i_{1\mathrm{d}}$, $i_{1\mathrm{q}}$ in beiden Achsen, also Längskomponente in Richtung des Rotorflusses und die Querkomponente senkrecht dazu, aufgeteilt werden. Dies ist eine für die Regelung sehr günstige Darstellung, da der Längsanteil des Ständerstroms den Fluss und der Queranteil das Moment bildet, was die später folgende Momentengleichung 8.79a zeigt. Diese Werte können direkt in der Regelung verwendet werden und bilden die bereits dargestellten zwei Kanäle.

Es ist von großem Vorteil, dass bei Regelung in rotierenden Koordinatensystemen die Größen bei stationärem Betrieb Gleichgrößen sind und die Regelung damit leicht realisierbar ist. Ein Beispiel dafür sind Flüsse und Ströme in Bild 8.42 für das rotorflussorientierte Koordinatensystem. Regelungen für Drehstrommaschinen können aber auch in anders orientierten Koordinatensystemen realisiert werden, zum Beispiel bezogen auf die Statorflussverkettung. Auch eine Darstellung im statorbezogenen System, also im $\alpha\beta$-System, kann verwendet werden.

Die Gleichungen für die Ständer- und Rotorspannung und die entsprechenden Flüsse bei Modellierung für dynamisches Verhalten des Asynchrongenerators können aus den bekannten

Gleichungen der Asynchronmaschine abgeleitet werden. Sie werden direkt in das rotierende Koordinatensystem übertragen und lauten dann:

$$\underline{U}_1^{\mathrm{dq}}(t) = R_1 \cdot \underline{i}_1^{\mathrm{dq}}(t) + \frac{\mathrm{d}}{\mathrm{d}t}\underline{\Psi}_1^{\mathrm{dq}}(t) + j\omega_{\mathrm{dq}} \cdot \underline{\Psi}_1^{\mathrm{dq}}(t) \tag{8.76a}$$

$$\underline{U}_2^{\mathrm{dq}}(t) = R_2 \cdot \underline{i}_1^{\mathrm{dq}}(t) + \frac{\mathrm{d}}{\mathrm{d}t}\underline{\Psi}_2^{\mathrm{dq}}(t) + j(\omega_{\mathrm{dq}} - p\omega_{\mathrm{m}}) \cdot \underline{\Psi}_2^{\mathrm{dq}}(t) \tag{8.76b}$$

$$\underline{\Psi}_1^{\mathrm{dq}}(t) = L_1 \cdot \underline{i}_1^{\mathrm{dq}}(t) + L_{\mathrm{h}} \cdot \underline{i}_2^{\mathrm{dq}}(t) \tag{8.76c}$$

$$\underline{\Psi}_2^{\mathrm{dq}}(t) = L_2 \cdot \underline{i}_2^{\mathrm{dq}}(t) + L_{\mathrm{h}} \cdot \underline{i}_1^{\mathrm{dq}}(t) \tag{8.76d}$$

Es sind im Wesentlichen Gleichungen, wie sie von der quasistationären Betrachtung her bekannt sind. In den Spannungsgleichungen sind ein Anteil für den ohmschen Spannungsabfall und ein Anteil für den durch die Flussänderung erzeugten Spannungsanteil enthalten. Die jeweiligen Terme mit dem Faktor j ergeben sich bei der mathematischen Transformation in das rotierende Koordinatensystem, im Detail durch die partielle Ableitung des jeweiligen Flussterms. Werden die Gleichungen in die Komponenten aufgelöst, hier für die Ständerspannung, ergeben sich die Charakteristika dieser Terme.

$$U_{1\mathrm{d}}(t) = R_1 \cdot i_{1\mathrm{d}}(t) + \frac{\mathrm{d}}{\mathrm{d}t}\Psi_{1\mathrm{d}}(t) - \omega_{\mathrm{dq}} \cdot \Psi_{1\mathrm{q}}(t) \tag{8.77a}$$

$$U_{1\mathrm{q}}(t) = R_1 \cdot i_{1\mathrm{q}}(t) + \frac{\mathrm{d}}{\mathrm{d}t}\Psi_{1\mathrm{q}}(t) + \omega_{\mathrm{dq}} \cdot \Psi_{1\mathrm{d}}(t) \tag{8.77b}$$

Sie stellen den rotatorischen Anteil der induzierten Spannung dar (z. B. $\omega_{\mathrm{dq}} \cdot \Psi_{1\mathrm{q}}(t)$), einen fiktiven Anteil der durch die mathematische Transformation entsteht. Der Anteil mit der Ableitung des Flusses wird transformatorischer Anteil genannt. Es handelt sich bei dem rotatorischen Anteil jeweils um eine Verkopplung, das heißt, der Anteil der Querachse (q) wirkt auf die Spannung der Längsachse (d) und umgekehrt.

Die Komponenten $i_{1\mathrm{d}}$, $i_{1\mathrm{q}}$ des Ständerstroms, die in den Spannungsgleichungen auftreten, werden im Stromregler geregelt. Das System Maschine kann für die Auslegung dieser Regler als Verzögerungsglied erster Ordnung mit der Rotorstreuzeitkonstante ausgelegt werden. Es wird im Allgemeinen die Auslegung nach dem Betragsoptimum verwendet [24].

Zusätzlich ist das Verhalten des Stromrichters einzubeziehen. Stromrichter sind dynamisch durch eine Totzeit gekennzeichnet, die vereinfacht als Verzögerungsglied erster Ordnung berücksichtigt wird [24].

$$G_{\mathrm{Umr}}(j\omega) = \frac{1}{1 + sT_{\mathrm{Umr}}} \tag{8.78}$$

Als Zeitkonstante T_{Umr} ist je nach Art der Pulsmustergenerierung (single oder double update, unverzügliche Umsetzung der Sollwerte) ein Wert vom etwa Ein- bis Zweifachen des Kehrwerts der Pulsfrequenz anzusetzen ($T_{\mathrm{Umr}} = (1\ldots2)/f_{\mathrm{Puls}}$) [24].

Zu diesen dynamischen Gleichungen ergibt sich das dynamische Ersatzschaltbild der Asynchronmaschine wie in Bild 8.43 dargestellt. Es gleicht in großen Teilen dem stationären Ersatzschaltbild, ist allerdings um die rotatorischen Spannungen erweitert.

Das Moment der Maschine in Darstellung mit Rotorflussorientierung ergibt sich aufgrund der vereinfachten Darstellung des Rotorflusses aufgrund der Orientierung des Koordinatensys-

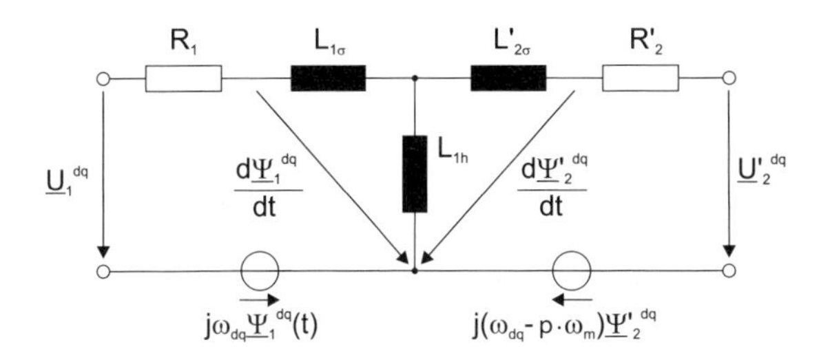

Bild 8.43 Dynamisches Ersatzschaltbild der Asynchronmaschine

tems am Rotorfluss ($\Psi_{2q} = 0$) zu:

$$m_{\mathrm{Gen}}(t) = \frac{3pL_{\mathrm{h}}}{2L_2} \cdot \left(\Psi_{2\mathrm{d}} \cdot i_{1\mathrm{q}} - \Psi_{2\mathrm{q}} \cdot i_{1\mathrm{d}}\right) = \frac{3pL_{\mathrm{h}}}{2L_2} \cdot \Psi_{2\mathrm{d}} \cdot i_{1\mathrm{q}} \tag{8.79a}$$

$$\underline{\Psi}_2 = \Psi_{2\mathrm{d}} + j \cdot 0 \tag{8.79b}$$

Die zeitliche Änderung der Drehzahl bzw. der Kreisfrequenz der mechanischen Rotation des Generators ω_{m} bildet sich aus dem Generatormoment m_{Gen} und dem des Rotors der Windenergieanlage m_{Rot}, welche auf das Trägheitsmoment Θ des Antriebsstrangs wirken.

$$\frac{\mathrm{d}}{\mathrm{d}t}\omega_{\mathrm{m}} = \frac{1}{\Theta}\left(m_{\mathrm{Rot}}(t) - m_{\mathrm{Gen}}(t)\right) \tag{8.80}$$

Auf diese Regelstrecke wirkt der Drehzahlregler. Die Regelstrecke hat integrales Verhalten, sodass im Allgemeinen eine Auslegung der Reglerparameter nach dem Symmetrischen Optimum ausgewählt wird [24].

Da Leistungselektronik-Generatorsysteme in Windenergieanlagen nicht im Feldschwächbereich gefahren werden, wird dieser hier nicht betrachtet.

8.7.2 Regelung der doppeltgespeisten Asynchronmaschine

Zu den weiteren Generatortypen sollen hier die Strukturbilder vorgestellt und erläutert werden, um eine Vorstellung von deren Regelmethodik zu vermitteln. Bild 8.44 zeigt die Regelungsstruktur für die doppeltgespeiste Asynchronmaschine. Sie entspricht in der Grundstruktur derjenigen der Asynchronmaschine mit Kurzschlussläufer. Es sind eine Drehzahl- und eine Blindleistungsregelung in parallelen Kanälen enthalten sowie eine unterlagerte Stromregelung. Im Gegensatz zur Asynchronmaschine mit Kurzschlussläufer wird hier nicht direkt der Fluss geregelt, sondern über den Fluss die Statorspannung in Betrag und Phase und damit die Ständerblindleistung. Auch die Momentregelung ist indirekt ausgeführt, da ja nicht die Ständerspannung, sondern nur die Rotorspannung direkt beeinflusst werden kann.

Der d-Kanal und der q-Kanal sind hier gemeinsam in einem Kanal dargestellt. Eingangsgrößen der Regelung sind die Ständerspannungen und -ströme sowie die Drehzahl, dazu der Rotorstrom, der zur entsprechenden Stromregelung des rotorseitigen Umrichters benötigt wird. Da in dq-Koordinaten geregelt wird, sind auch hier die entsprechenden abc/dq- und dq/abc-Transformationsblöcke vorhanden. Zusätzlich ist noch eine Blindleistungsberechnung für die Statorseite, die dynamisch erfolgen muss [1], und eine Berechnung des Winkels γ_2 der Rotorflusslage für die Transformationsblöcke erforderlich. Der Phasenwinkel γ_1 der Ständerspannung wird über eine Phased Lock Loop (PLL) ermittelt.

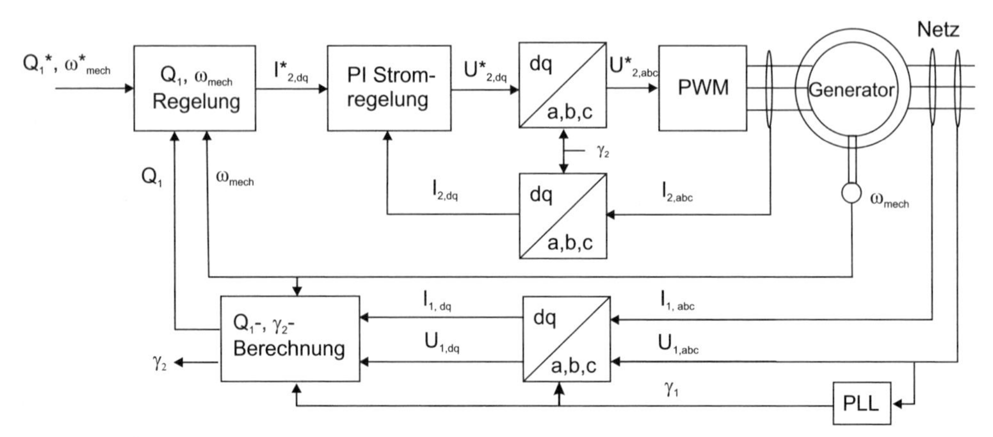

Bild 8.44 Strukturbild der feldorientierten Regelung der doppeltgespeisten Asynchronmaschine (Drehzahl- und Blindleistungsregelung, rotorspannungsorientierte Regelung)

8.7.3 Regelung der Synchronmaschine

Die Regelungsstruktur der Synchronmaschine sowohl in der fremderregten wie der permanenterregten Ausführung gleicht strukturell stark derjenigen der Asynchronmaschine mit Kurzschlussläufer. Drehzahlregelung und Flussregelung, hier als Blindstromregelung ausgeführt, sowie die unterlagerte Stromregelung und Spannungsvorgabe an den Umrichter kennzeichnen die Struktur. In Bild 8.45 ist die Regelungsstruktur für eine permanenterregte Synchronmaschine dargestellt.

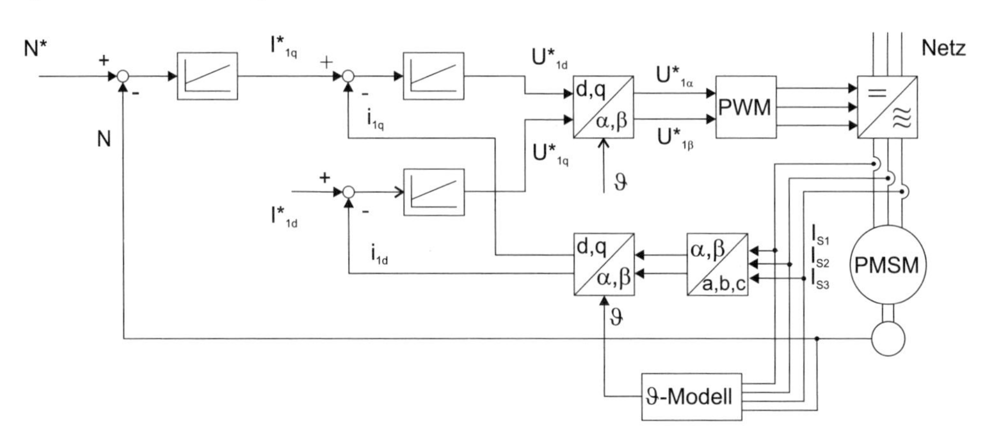

Bild 8.45 Strukturbild der feldorientierten Regelung der Synchronmaschine (Moment- oder Drehzahl- und Fluss- bzw. Blindstromregelung, rotororientiert)

Die Regelung erfolgt üblicherweise im mit dem Rotor umlaufenden dq-Koordinatensystem, das in Richtung des Rotorflusses orientiert ist. Bei der permanenterregten Synchronmaschine ist der im Rotor erzeugte Rotorfluss durch die Erregung mit den Permanentmagneten in der Amplitude fest vorgegeben. Allerdings können auch hier, in diesem Fall durch Ströme in der Ständerwicklung, Flussanteile in Richtung oder entgegen dem Permanentmagnetfluss erzeugt werden (Feldschwächung oder -stärkung). Der Winkel des Rotors zur Transformation der Größen wird durch ein Modell oder einen Beobachter ermittelt. Bei der fremderregten Maschine ist, zusätzlich zur im Bild dargestellten Struktur, noch die Erregerwicklung vorhanden und der Stromrichter für ihre Speisung, wodurch ein weiterer Freiheitsgrad für die Regelung besteht. Auch hier ist ein Kanal für den Wirk- und einer für den Blindanteil vorhanden.

8.7.4 Regelung des netzseitigen Umrichters

Der netzseitige Umrichter ist über den Zwischenkreis, bestehend aus Kondensatoren zur Entkopplung, mit dem generatorseitigen Umrichter verbunden, wie in Bild 8.46 dargestellt. Ein variierender Leistungsfluss des generatorseitigen Umrichters, zum Beispiel durch Fluktuationen der Windgeschwindigkeit und aufgenommenen Leistung, würde die Kondensatoren mehr oder weniger stark laden und führt zu einer Spannungserhöhung oder -reduzierung im Zwischenkreis.

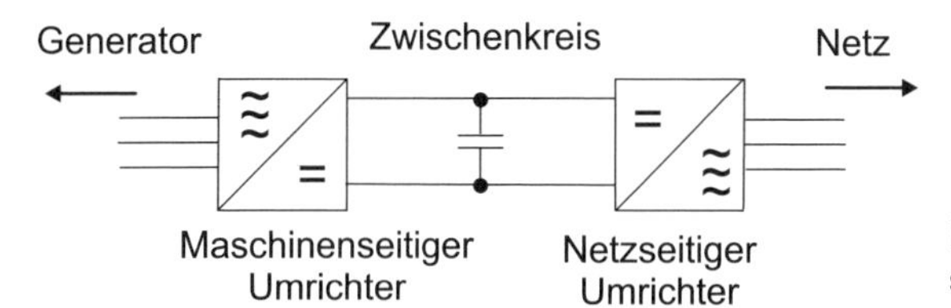

Bild 8.46 Maschinenseitiger und netzseitiger Umrichter mit Zwischenkreis

Der netzseitige Umrichter hat die Aufgabe, die vom Generator erzeugte Leistung in das Netz zu speisen. Dies erfolgt indirekt dadurch, dass es die Aufgabe der Regelung ist, die Zwischenkreisspannung konstant zu halten. Darüber wird erreicht, dass die vom Generator abgegebene Leistung direkt und richtig ins Netz gespeist wird.

Die Regelungsstruktur entspricht wieder den Grundstrukturen der anderen Systeme, wie Bild 8.47 zeigt. Überlagert ist die Regelung der Zwischenkreisspannung, welche die d-Komponente des Umrichterstroms vorgibt. Darüber wird eine Einspeisung der vom Generator in den Zwischenkreis gespeisten Leistung sichergestellt. Im zweiten Kanal erfolgt die Blindleistungsregelung. Soll keine Blindleistung mit dem Netz ausgetauscht werden, ist der Sollwert zu null zu setzen.

Unterlagert ist eine zweikanalige Netzstromregelung, deren Ausgänge die Sollwerte der Umrichterspannungen bilden. Die Regelung des Netzpulsstromrichters wird i. A. in rotierenden dq-Koordinaten durchgeführt, orientiert an der Netzspannung. Der Winkel der Netzspannung wird über einen Phasenregelkreis (PLL, phase locked loop) bestimmt [24]. Die Istwerte der Netzströme werden aus dem dreiphasigen System in das entsprechende dq-System transformiert, die Sollspannungen für die Pulsweitenmodulation vom dq- in das abc-System. Der Block PWM enthält die Pulsweitenmodulation und den Leistungsteil des Umrichters.

Über ein Netzfilter, das zur Einhaltung der Grenzwerte aus den Normen [26] für die Harmonischen erforderlich ist, wird in das elektrische Versorgungsnetz eingespeist. Netzfilter können auch als LCL-Filter statt des hier gezeigten L-Filters ausgeführt werden. Es ergibt sich dann ein reduzierter Filteraufwand bei allerdings durch das schwingungsfähige Filter erhöhten Anforderungen an die Regelung.

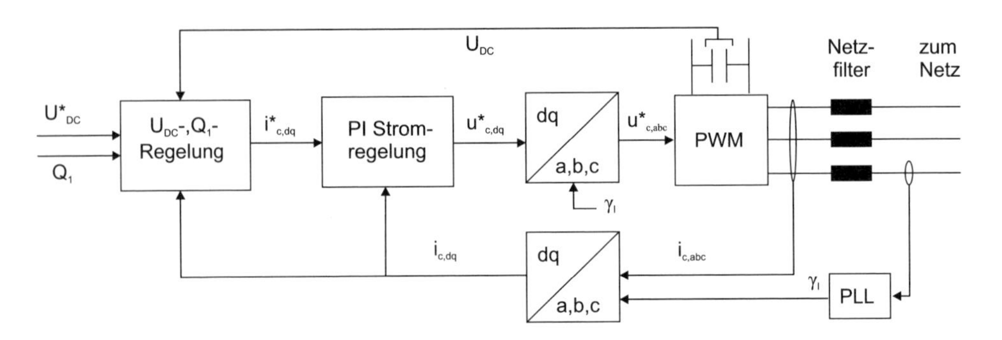

Bild 8.47 Strukturbild der netzspannungsorientierten Regelung des netzseitigen Umrichters (Regelung der Zwischenkreisspannung und der Blindleistung; orientiert an der Netzspannung)

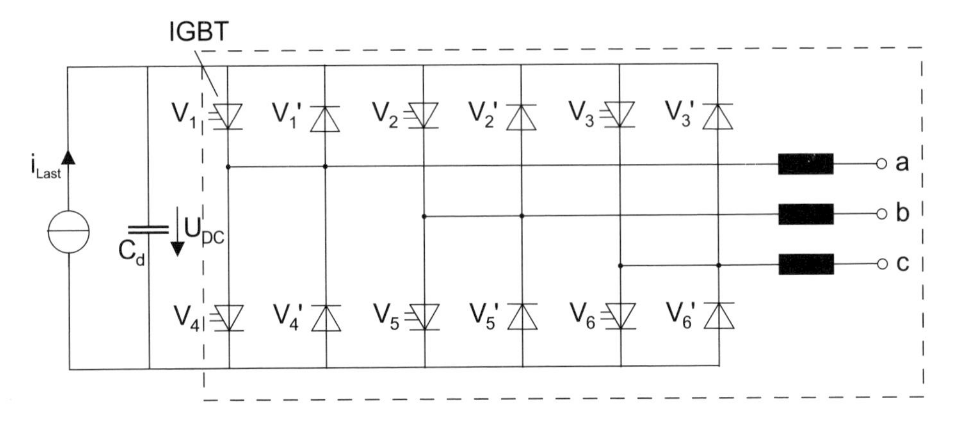

Bild 8.48 Gleichstrom-/Drehstromwechselrichter; Schaltung und Blockschaltbild

Das dynamische Verhalten der Regelstrecke des Netzpulsstromrichters soll beispielhaft dargestellt werden. Es wird die dynamische Modellierung der Regelstrecke des Netzpulsstromrichters für den Fall eines L-Filters auf der Netzseite durchgeführt. Dabei wird die gesamte Induktivität von Filter und Netz als L_{Netz} bezeichnet. In jeder Phase des Drehstromsystems fällt die Differenz der Netz- und der Umrichterspannung an dieser Induktivität ab. Es ergibt sich die Spannungsgleichung in der Phase a zu:

$$U_{\mathrm{Netz,a}} = L_{\mathrm{Netz}} \frac{\mathrm{d}i_{\mathrm{Umr,a}}}{\mathrm{d}t} + U_{\mathrm{Umr,a}} \tag{8.81}$$

und analog diejenigen in den Phasen b und c. Nach der Transformation in die Raumzeigerdarstellung und der Transformation dieser Gleichungen in ein mit der Netzspannung rotierendes Koordinatensystem sowie Auflösung nach den Differenzialquotienten ergibt sich:

$$\frac{\mathrm{d}i_{\mathrm{Umr,d}}}{\mathrm{d}t} = \frac{1}{L_{\mathrm{Netz}}} \left(U_{\mathrm{Netz,d}} + \omega_{\mathrm{Netz}} \cdot L_{\mathrm{Netz}} \cdot i_{\mathrm{Umr,q}} - U_{\mathrm{Umr,d}}\right) \tag{8.82a}$$

$$\frac{\mathrm{d}i_{\mathrm{Umr,q}}}{\mathrm{d}t} = \frac{1}{L_{\mathrm{Netz}}} \left(U_{\mathrm{Netz,q}} + \omega_{\mathrm{Netz}} \cdot L_{\mathrm{Netz}} \cdot i_{\mathrm{Umr,d}} - U_{\mathrm{Umr,q}}\right) \tag{8.82b}$$

Damit ist das dynamische System Netzpulsstromrichter in Bezug auf die Stromdynamik, notwendig für die Auslegung der Parameter der Regelung, beschrieben. Auch hier tritt wieder eine Verkoppelung auf, die Wirkung von zum Beispiel der q-Komponente des Umrichterstroms auf dessen d-Komponente. In Bezug auf das Führungsverhalten, die Auswirkung der Umrichterspannung U_{Umr} auf den Umrichterstrom i_{Umr}, ergibt sich das Verhalten eines Integrators. Die Reglerparameter sind nach dem Symmetrischen Optimum zu bestimmen [24, 26].

Die überlagerte Regelung der Zwischenkreisspannung U_{DC}, die gleich der Spannung U_{Cd} am Zwischenkreiskondensator ist, arbeitet auf eine Strecke, die im Wesentlichen aus diesem Zwischenkreiskondensator C_{d} besteht. Dieser Kondensator wird durch den Strom i_{cd}, den aktiven Generatorstrom $i_{\mathrm{Gen,d}}$ abzüglich des durch den Netzpulsstromrichter abgeführten aktiven Stroms $i_{\mathrm{Umr,d}}$ geladen.

$$U_{\mathrm{Cd}} = \frac{1}{C}\int i_{\mathrm{Cd}}\mathrm{d}t + U_{\mathrm{Cd0}} \tag{8.83a}$$

$$\frac{\mathrm{d}U_{\mathrm{Cd}}}{\mathrm{d}t} = \frac{1}{C} i_{\mathrm{Cd}} = \frac{1}{C}\left(i_{\mathrm{Gen,d}} - i_{\mathrm{Umr,d}}\right) \tag{8.83b}$$

Hier ist wiederum ein integrales Streckenverhalten festzustellen. Eine Reglerauslegung nach dem Symmetrischen Optimum ist sinnvoll.

8.7.5 Auslegung der Regelung

An die Regelung sind die generellen Anforderungen wie Dynamik, Stabilität und Robustheit zu stellen und viele Anforderungen, die typisch für Windenergieanlagen sind, wie zum Beispiel:

- gleichmäßiges Generatormoment
- geringe Spannungspulsationen im Zwischenkreis
- gleichmäßige Netzleistung
- geeignete, regelungstechnische Reaktion auf Oberschwingungen in der Netzspannung

und dies sowohl im stationären wie im dynamischen Betrieb. Die Auslegung der Regler erfolgt im Allgemeinen mit den in der Antriebstechnik üblichen Regeln des Betragsoptimums und des Symmetrischen Optimums [24], wie bei den einzelnen Regelungen kurz beschrieben.

Darüber hinaus müssen die Windenergieanlagen und hier insbesondere auch ihr Leistungselektronik-Generatorsystem die hohen Anforderungen zur Netzstützung im stationären Betrieb wie auch dynamisch bei Spannungseinbrüchen und -ausfällen (low voltage ride through, LVRT) sicherstellen. Dies wird mit spezieller Reglerauslegung oder mit regelungstechnischen Zusatzmaßnahmen erreicht.

8.8 Einhaltung der Netzanschlussbedingungen

Für den regulären Betrieb der Windenergieanlage ist zum einen ein ordnungsgemäßer Betrieb für das gesamte elektrische und mechanische System sicherzustellen. Dies erfolgt durch ein geeignetes Umrichter-Generatorsystem und durch eine geeignete Regelung für den stationären Betrieb.

Zum anderen sind die jeweils geltenden stationären Netzanschlussbedingungen bezüglich der niederfrequenten, elektromagnetischen Aussendung einzuhalten, also der zulässigen Oberschwingungen in Strom und/oder Spannung. Dies erfolgt über eine entsprechende Auswahl der Pulsweiten- bzw. Raumzeigermodulation in Verbindung mit geeigneten L- oder LCL-Filtern auf der Netzseite und eventuell speziellen Stromrichterschaltungen. Gegebenenfalls können auch zusätzliche Saugkreise eingesetzt werden, um einzelne Harmonische im Strom zu reduzieren.

Weitere wichtige Anforderungen kommen von den Netzanschlussbedingungen [3, 13, 25, 27]. Eine darin enthaltene wichtige Anforderung ist die Netzstützung im stationären Betrieb. Die Netzanschlussbedingungen fordern Wirkleistungsbeeinflussung und Blindleistungseinspeisung, abhängig vom Zustand des Netzes. Dies ist in der Regelung zu implementieren und die Leistungsteile müssen entsprechende Reserven – für den Fall einer additiven Blindleistungseinspeisung – aufweisen.

Eine weitere Anforderung aus den Netzanschlussbedingungen ist die Netzstützung im dynamischen Betrieb. Die Netzanschlussregeln fordern zum Beispiel einen unterbrechungsfreien Betrieb bei Netzspannungsfehlern. Bricht die Netzspannung ein, so kann der netzseitige Umrichter keine Leistung mehr ins Netz einspeisen, er muss aber in Betrieb bleiben. Das ist steuerungs- und regelungstechnisch sicherzustellen. Der Generator erzeugt weiterhin Leistung, die über den generatorseitigen Umrichter in den Zwischenkreis gespeist wird. Dies führt zu einer Erhöhung der Zwischenkreisspannung. Es müssen Schutzmaßnahmen eingreifen, um den Umrichter vor Beschädigung durch Überspannung zu bewahren [7, 18]. Dies wird im Allgemeinen über einen geschalteten Widerstand im Zwischenkreis realisiert, wenn regelungstechnische Maßnahmen nicht ausreichen.

Die Leistungselektronik-Generatorsysteme sind auch für diese Anforderungen aus den Netzanschlussbedingungen hardwaremäßig und regelungstechnisch auszulegen. Dabei ist festzustellen, dass die Anforderungen bezüglich der Netzeinspeisung mit stetig sich erweiternden Kenntnissen und Erfahrungen aus dem Betrieb mit dezentraler erneuerbarer Energieeinspeisung stetig verfeinert und z. T. verschärft werden.

Um diese Eigenschaften zu verdeutlichen, soll beispielhaft das Durchfahren einer Netzunterspannung dargestellt werden. Dazu dienen Messungen an einem 22-kW-System im Labor. Das dabei verwendete System ist in Bild 8.49 dargestellt. Es entspricht den in den vorhergehenden Kapiteln entwickelten Konzepten.

Die Messungen wurden an einem System mit permanenterregter Synchronmaschine durchgeführt. Diese speist über einen zweistufigen Pulsumrichter und eine Filterinduktivität ins Netz ein. Im Zwischenkreis des Umrichters ist ein Widerstand mit Gleichstromsteller installiert, der oberhalb einer bestimmten Spannung aktiv wird und Leistung aufnimmt. Mit dem Netz ist ein Spannungseinbruchsgenerator verbunden der die Netzspannungseinbrüche ausführt. Die Rotorleistung wird über eine Gleichstrommaschine eingebracht, die ein Windprofil nachbilden kann. Messergebnisse für einen dreiphasigen Fehler mit Spannungseinbruch auf 12 % mit einer Dauer von 300 ms werden in Bild 8.50 gezeigt. Dabei wurden die Messgrößen mit der Hardware eines Regelungssystems aufgezeichnet (Netzspannung, Netzströme, Zwischenkreisspannung, Leistung, Statorströme, Drehzahl) und mit Matlab visualisiert.

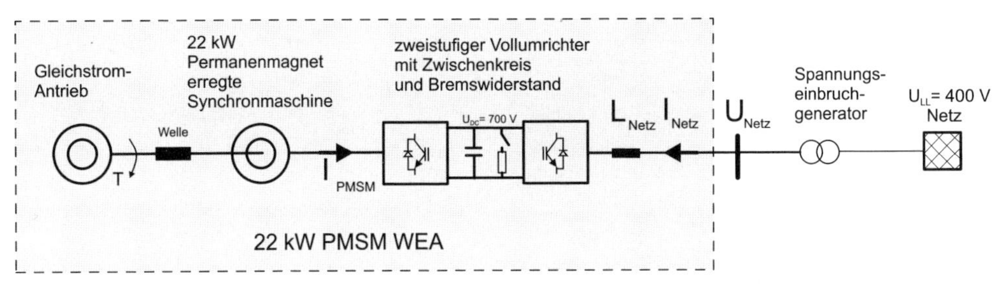

Bild 8.49 Struktur des Laboraufbaus für das Durchfahren des Netzspannungseinbruchs für eine Windenergieanlage mit Frequenzumrichter, permanentmagneterregter Synchronmaschine und Spannungseinbruchsgenerator

Im stationären Betrieb mit voller Netzspannung im Zeitbereich von 0 s bis etwa 0,08 s speist der Netzpulsstromrichter einen Strom von $I_{\text{Netz}} = 6\,\text{A}$ ins Netz ein. Zum Zeitpunkt 0,08 s bricht die Netzspannung ein. Es entstehen transiente Überströme auf der Netzseite von bis zu 30 A. Um die Leistung im Zwischenkreis abzuführen, werden die Netzströme bis an die Systembegrenzung geregelt (hier $I_{\text{Netz,max}} = 10\,\text{A}$). Die Generatorströme der Maschine und damit die erzeugte Leistung bleiben konstant. Aufgrund des Leistungsungleichgewichts steigt die Zwischenkreisspannung U_{DC} an. Der Widerstand im Zwischenkreis wird aktiviert und begrenzt die Spannung dort auf $U_{\text{DC}} = 790\,\text{V}$. Der Netzspannungseinbruch wird gut beherrscht. Zum Zeitpunkt 0,38 s wird die volle Spannung wieder zugeschaltet. Die Netzströme brechen kurzzeitig ein. Im Zeitbereich von 0,39 s bis etwa 0,46 s bleibt der Netzstrom beim Grenzwert von 10 A und entlädt den Zwischenkreiskondensator auf seine Sollspannung von 700 V. Danach erfolgt wieder regulärer stationärer Betrieb.

8.9 Weitere elektrotechnische Komponenten

Auf der Netzseite sind die zulässigen Spannungs- bzw. Stromoberschwingungen in Normen oder Richtlinien der Netzbetreiber festgelegt. Die durch den Umrichter erzeugten Oberschwingungen, abhängig im Wesentlichen von Stromrichterschaltung, Pulsweitenmodulation und Betriebspunkt müssen durch eine geeignete Pulsweitenmodulation möglichst gering gehalten werden und die dort verbliebenen Anteile durch Netzfilter auf das zulässige Maß reduziert werden. Als Netzfilter kommen L-Filter (Netzdrosselspulen), LCL-Filter in T-Schaltung (Netzdrosselspulen und Kondensatoren) und gegebenenfalls zusätzlich Saugkreise (parallele LC-Anordnungen) zum Einsatz. Die zulässigen Grenzwerte für die Stromharmonischen, hier für das Mittelspannungsnetz, an das Windenergieanalgen ab 1 MW i. A. angeschlossen sind, sind in den einzelnen Ländern festgelegt, für Deutschland zum Beispiel in [2].

Windenergieanlagen kleiner Leistung könnten direkt an das Niederspannungsnetz angeschlossen werden. Im Netz vorhandene Transformatoren für Niederspannungsnetze haben eine Bemessungsleistung von etwa 300 kVA bis 1 000 kVA, woraus sich die zulässige Anschluss-

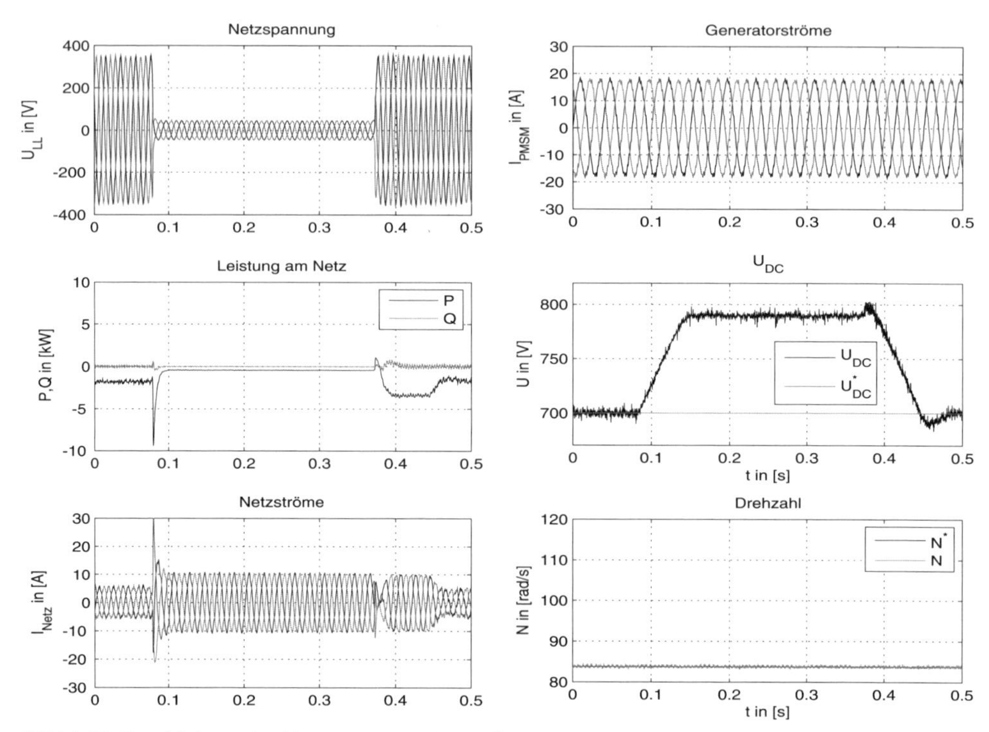

Bild 8.50 Durchfahren der Unterspannung beim System mit permanenterregter Synchronmaschine und Vollumrichter im Labor (22 kW); Bremswiderstand mit Steller im Zwischenkreis; Netzeinbruch auf 12 % der Nennspannung

leistung einer Windenergieanlage abschätzen lässt. Die Windenergieanlage darf nur einen Teil der Leistung des vorhandenen Netztransformators ausnutzen.

Im Fall größerer Leistungen der Windenergieanlagen werden diese über eigene Anlagentransformatoren mit dem elektrischen Netz verbunden. Anlagen im nicht zu hohen Megawattbereich werden vorwiegend mit einer Systemspannung von 690 V gebaut. Über Transformatoren werden diese an die Mittelspannungsebene angeschlossen. Mittelspannungsnetze weisen in Deutschland eine Spannung von 10 kV, 20 kV oder 30 kV auf. Sie müssen für die Belastung bei Einspeisung aus den Windenergieanlagen geeignet sein, insbesondere auch für die Oberschwingungen, die durch den Umrichter erzeugt werden.

Das Leistungselektronik-Generatorsystem wird wie alle anderen elektrischen und elektronischen Komponenten der Windenergieanlage für den Betrieb über ein- und ausschaltbare Schütze an das elektrische Versorgungsnetz geschaltet. Diese Schütze sind mit elektronischen oder thermischen Überstromerkennungen ausgerüstet, deren Signal ausgewertet wird, um das Schütz bei Überstrom zu öffnen und die Anlage zu schützen. Je nach Schutzkonzept können zusätzlich elektrische Sicherungen in Reihe zum Netzanschluss verwendet werden.

Bei modernen Windenergieanlagen sind die Rotorblätter im Anstellwinkel zum Wind, dem Pitch-Winkel, verstellbar. Diese Verstellung wird teilweise hydraulisch ausgeführt, teilweise auch elektrisch. Im letzteren Fall ist also für jedes der im Allgemeinen drei Rotorblätter ein elektrischer Pitch-Antrieb vorhanden. Hier können Systeme wie bei Getriebemotoren zum

Einsatz kommen. Um bei Stromausfall die Rotorblätter aus dem Wind in eine ungefährliche Position drehen zu können, ist hier eine Notstromversorgung erforderlich.

Zum Betrieb der Windenergieanlage sind auch zusätzliche Messeinrichtungen erforderlich. Dies ist zum einen eine Windgeschwindigkeitsmessung, um aus dem Istwert der Windgeschwindigkeit die Betriebsart auszuwählen und den Sollwert der Drehzahl oder Leistung vorzugeben. Zum anderen ist eine Einrichtung zur Windrichtungsmesssung erforderlich, um basierend auf deren Messwert die Anlage dem Wind nachzuführen.

8.10 Eigenschaften der Leistungselektronik-Generatorsysteme in der Übersicht

Die Leistungselektronik-Generatorsysteme der Windenergieanlagen in Betrieb und in Produktion basieren auf verschiedenen Grundkonzepten, wie sie hier behandelt werden. Darüber hinaus gibt es immer wieder herstellerspezifische Besonderheiten. In Tabelle 8.3 sind die wesentlichen, grundlegenden Eigenschaften der verschiedenen Konzepte zusammengestellt, was selbsterläuternd sein sollte.

Tabelle 8.3 Eigenschaften von Leistungselektronik-Generatorsystemen in Windenergieanlagen

Eigenschaft	System ASM-Kurzschlussläufer	System ASM-Schleifringläufer	System SYM-Fremderregung	System SYM-Permanenterregung
Maschinenausführung, Besonderheiten	Ständer Standard; Rotor Kurzschlusskäfig	Ständer Standard; Rotor mit Wicklung; Schleifringe für Rotorstrom	Ständer Standard; Rotor mit Wicklung; Schleifringe für Erregerstrom	Ständer Standard; Rotor mit Permanentmagneten; Beschaffung, Kosten Permanentmagnete
Verschiebungsfaktor Ständerstrom im Nennbetrieb	ca. 0,85	ca. 0,95	ca. 0,95	ca. 0,95
Wirkungsgrad Maschine	mittel	hoch	hoch	hoch / sehr hoch
Umrichterausführung, Bauleistung S_{Bau}	Standard, Vollumrichter, ca. 118 % P_N	Standard, Teilumrichter, ca. 30 % P_N	Standard, Vollumrichter, ca. 105 % P_N	Standard, Vollumrichter, ca. 105 % P_N
Wirkungsgrad Umrichter	weniger hoch, wegen hohem Blindstrom	hoch und nur Teilleistung über Umrichter (geringste Verluste)	hoch	hoch

Bisher nicht tiefer eingegangen wurde auf die Verwendung des Getriebes. Generell sind bezüglich des Getriebes derzeit bei grober Einteilung drei Varianten für Windenergieanlagen im oberen Megawattbereich, mit entsprechenden Konsequenzen für die Drehzahl des Generators, zu finden:

- Anlagen mit Getriebe, Übersetzung von etwa 1:100 und Generatoren mit Drehzahlen um 1 500 1/min,
- Anlagen mit Getriebe, Übersetzung von etwa 1:10 und Generatoren mit Drehzahlen um 150 1/min sowie
- getriebelose Anlagen, Übersetzung also 1:1 und Generatoren mit extrem niedrigen Drehzahlen um 15 1/min.

Der Wegfall des Getriebes bei der letztgenannten Variante verringert den Aufwand für die Mechanik beträchtlich und führt dort zu Kosten-, Volumen- und Gewichtseinsparungen. Allerdings ist das Gegenteil für die Elektrotechnik der Fall: Elektrische Maschinen mit kleineren Bemessungsdrehzahlen werden schwerer, voluminöser und teurer. Offensichtlich wegen der Vermeidung des Getriebes, das eines guten Entwurfs und guter Fertigung bedarf, ist in den letzten Jahren ein gewisser Trend hin zu getriebelosen Anlagen festzustellen.

8.11 Übungsaufgaben

Drehstromsysteme: Eine Windenergieanlage speist Leistung in ein Drehstromnetz ein. Die Netzspannung beträgt 690 V (Effektivwert der verketteten Spannung). Es wird ein Netzstrom von 1 500 A bei einem Verschiebungsfaktor $\cos\varphi = 0{,}8$ kapazitiv eingespeist.

1. Wirk-, Blind- und Scheinleistung sind zu bestimmen.
2. Welche Blindleistung, z. B. von einem parallel einspeisenden Blindleistungsstromrichter, ist erforderlich, um die eingespeiste Blindleistung zu kompensieren (auszulöschen).
3. Auf welchen Wert könnte der Netzstrom reduziert werden, wenn die Wirkleistung aus Teil (a) mit optimalem $\cos\varphi = 1$ eingespeist würde?

Transformator: Eine Windenergieanlage in Niederspannungsausführung speist über einen Drehstromtransformator in das Mittelspannungsnetz ein. Daten des Transformators: S_N = 3 MVA, U_{1N} = 10 kV, $U_{2N} \approx$ 690 V, Schaltungsart Dyn5; $u_R = 0{,}03$, $u_X = 0{,}05$; (u_R ohmscher, u_X induktiver Anteil der relativen Kurzschlussspannung); $w_1 / w_2 = 14{,}925$. Der Transformator wird primärseitig am 10-kV-Netz betrieben. Es wird das vereinfachte Kurzschlussersatzschaltbild vorausgesetzt.

1. Der Transformator wird sekundärseitig im Leerlauf betrieben. Zeichnen Sie das Ersatzschaltbild. Der Spannungsabfall an den primärseitigen Reaktanzen soll wegen des kleinen Magnetisierungsstroms vernachlässigt werden. Bestimmen Sie die Sekundärspannung für diesen Leerlaufpunkt.
2. Oberspannungsseitig am Transformator werde jetzt eine reine Wirkleistung von 2 MW bei 10 kV ins Netz eingespeist. Wie groß ist der erforderliche Wirkstrom?
3. Der Wirkstrom aus Teil 2 wird über den Transformator in das 10-kV-Netz mit fester Spannung von 10 kV eingespeist. Welcher Spannungsabfall ergibt sich an den Transformatorreaktanzen in Betrag und Phase, bezogen auf die Oberspannungsseite und auf die Unterspannungsseite. Welche Spannung ergibt sich an der Unterspannungsseite?
4. Es werde zusätzlich ein Blindstrom von 30 % des Wirkstroms eingespeist, einmal kapazitiv, einmal induktiv. Welche Spannung ergibt sich in diesen Fällen auf der Niederspannungsseite des Transformators?

Für die folgenden Punkte gilt: Es wird das vollständige Ersatzschaltbild ohne Eisenwiderstand vorausgesetzt. Aus der primärseitigen Leerlaufmessung ist bekannt, dass ein Strom von 2 % des Nennstroms (bei U_{1N}) fließt.

5. Das Ersatzschaltbild ist zu zeichnen. Die Daten der fünf Impedanzen sind aus den obigen Angaben zu bestimmen. Es gelte als Randbedingung, dass die primär- und die sekundärseitige Reaktanz, Real- und Imaginärteil, gleich groß sind.
6. Es sollen wieder primärseitig 2 MW Wirkleistung in das elektrische Netz gespeist werden. Mit den berechneten Impedanzwerten sind die Spannungen und Ströme im Transformator zu bestimmen. Das Zeigerdiagramm ist zu zeichnen. Die Verluste sind zu bestimmen.

Asynchrongenerator und Umrichter: In Bild 8.51 ist der gemessene Heylandkreis einer Asynchronmaschine mit Kurzschlussläufer gezeigt. Die Maschine wird von einem dreiphasigen Netz mit 400 V/50 Hz (verkettet) gespeist. Der Stator der Maschine ist in Stern geschaltet. Die Maschine ist vierpolig ($p = 2$).

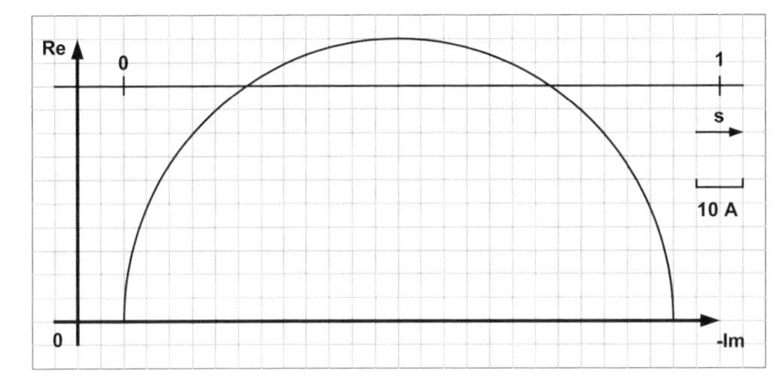

Bild 8.51 Gemessener Heylandkreis der Asynchronmaschine mit Kurzschlussläufer

Im Folgenden wird angenommen, dass die primäre und sekundäre Streuziffer der Maschine identisch sind ($\sigma_1 = \sigma_2$). Ferner können die ohmschen Verluste des Stators und die Eisenverluste vernachlässigt werden. *Hinweis:* Die Aufgabenteile (1), (2) und der erste Teil von (3) können unabhängig voneinander gelöst werden.

1. Berechnen Sie die folgenden Elemente des einphasigen Ersatzschaltbilds der in Stern geschalteten Maschine unter Zuhilfenahme des gemessenen Heylandkreises: Primäre Streuinduktivität $L_{1\sigma}$, primäre Hauptinduktivität L_{1h} und bezogene sekundäre Streuinduktivität $L'_{2\sigma}$. Zeichnen Sie die für die Berechnung zugrundegelegten Statorströme in Bild 8.52 ein.
2. Zeichnen Sie für den optimalen Betriebspunkt den Statorstrom $\underline{I}_{1,\text{opt}}$, den Phasenwinkel φ_{opt} und den Schlupf s_{opt} in Bild 8.51 ein und bestimmen Sie die Werte der drei Größen. Berechnen Sie dann den Leistungsfaktor $\cos\varphi_{\text{opt}}$, die elektrische Wirkleistung $P_{1,\text{opt}}$, den Wirkungsgrad η_{opt}, die mechanische Drehzahl n_{opt}, die mechanische Leistung $P_{\text{mech,opt}}$ und das Drehmoment der Maschine M_{opt} in diesem Betriebspunkt.
3. Bestimmen Sie den Kippschlupf s_{kipp} unter Zuhilfenahme von Bild 8.51 und berechnen Sie die Kippdrehzahl n_{kipp} sowie den bezogenen Rotorwiderstand R'_2 des einphasigen Ersatzschaltbilds der Maschine.
4. Berechnen Sie das Kippmoment M_{kipp} der gegebenen Maschine.

Umrichter mit Raumzeigermodulation: Mithilfe eines Pulswechselrichters soll an einer Last ein sinusförmiges symmetrisches Drehspannungssystem möglichst gut nachgebildet werden. Es wird das Raumzeiger-Modulationsverfahren angewandt.

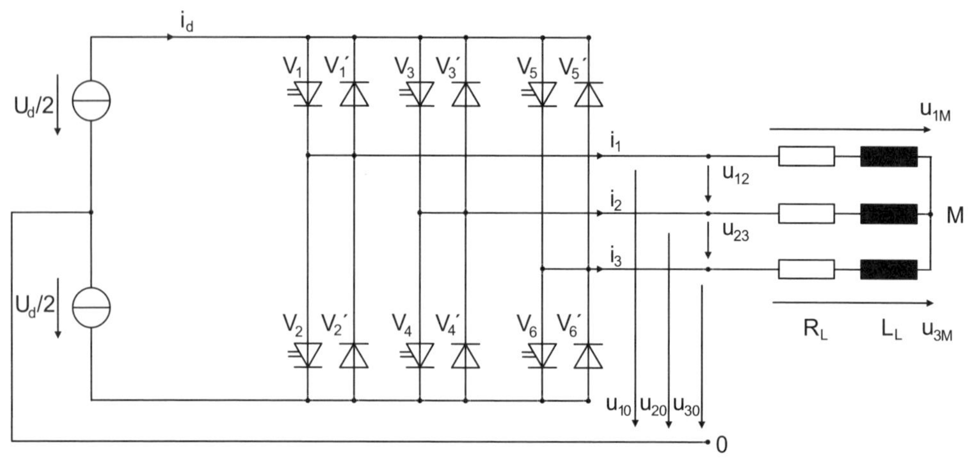

Bild 8.52 Dreiphasiger Wechselrichter

Zwischenkreisspannung	$U_\text{d} = \frac{3}{2} \cdot 400\,\text{V} \cdot \sqrt{2}$
Lastspannung	$\hat{u}_\text{LM} = 150\,\text{V}$
Netzfrequenz	$f_\text{N} = 50\,\text{Hz}$
Pulsfrequenz	$f_\text{P} = 10\,\text{kHz}$

1. Stellen Sie in einer Zeichnung dar, welche Basis-Ausgangsspannungsraumzeiger $\underline{u}_\text{i}$ mit dem Umrichter erzeugt werden können und bezeichnen Sie diese.
2. Wie hoch ist der maximale Momentanwert der Wechselrichterausgangsspannung? Berechnen Sie hierzu exemplarisch die Raumzeigerkomponenten u_α und u_β für den Schaltzustand [01 10 01] und den Betrag des entsprechenden Raumzeigers.
3. In wie viele diskrete Winkelbereiche wird in diesem Fall ein Umlauf des Raumzeigers geteilt und wie groß ist der Winkelbereich für ein solches Segment?
4. Bestimmen Sie nun für das 45. Winkelsegment die Raumzeigerkomponenten u_α und u_β des Lastspannungsraumzeigers.
5. Ermitteln Sie die zur Nachbildung des Raumzeigers des 45. Winkelsegments benötigten Spannungsraumzeiger des Wechselrichters und die Einschaltzeit des rechten, linken und Null-Raumzeigers des entsprechenden Sektors.

Windenergieanlage mit Asynchronmaschine mit Kurzschlussläufer: Eine Windenergieanlage mit Kurzschlussläufer-Asynchronmaschine ist über einen Umrichter mit dem elektrischen Versorgungsnetz verbunden.

Systemparameter:

$P_N = 2\,\text{MW}$	(mechanische Nennleistung)
$c_P = 0{,}5$	(Leistungswert)
$\rho = 1{,}2$	(Dichte der Luft)
$r = 50\,\text{m}$	(Rotorblattlänge)
$N_N = 1\,800\ 1/\text{min}$	(Nenndrehzahl)
$p = 2$	(Polpaarzahl)
$ü = 100$	(Übersetzung des Getriebes)
$U_{\text{Netz}} = 690V$	(verkettete Netzspannung)

1. Handelt es sich um ein drehzahlstarres oder ein drehzahlvariables System? Begründung!
2. Welche Windgeschwindigkeit muss gegeben sein, um mit den Rotorblättern die Nennleistung P_N der Anlage erzeugen zu können? ($P = 0{,}5 c_P \rho A_v v_{\text{wind}}^3$; A_v: vom Rotor überstrichene Fläche)
3. Mit welcher Umlaufgeschwindigkeit N_{rotor} drehen die Rotorblätter im Wind, wenn der Generator mit Nenndrehzahl betrieben wird?
4. Wie hoch ist das Drehmoment M_N am Rotor der Maschine, wenn die Anlage Nennleistung erzeugt?
5. Berechnen Sie die Netzströme, die Wirk- und die Blindleistung die ins Netz gespeist werden für den Fall, dass die Windenergieanlage Nennleistung erzeugt.
6. Zeichnen Sie das Drehzahl-Drehmoment-Diagramm der Maschine am Netz und markieren Sie den Nennbetriebspunkt. Wie ändert sich das Diagramm, wenn die Ständerspannung der Maschine proportional zur Drehzahl geändert wird.
7. Zeichnen Sie das Blockschaltbild des Leistungselektronik-Generatorsystems mit Generator, Umrichter, Getriebe und Netz. Warum wird ein Getriebe benötigt?
8. Zeichen Sie die vereinfachte UI-Kennlinie des Umrichters und der Maschine. Kennzeichnen und benennen Sie die Grenzen des Betriebs.

Antriebsstrang mit doppeltgespeister Asynchronmaschine: Eine kleine Windenergieanlage ist mit einer doppeltgespeisten, vierpolpaarigen Asynchronmaschine und mit einem Umrichter in Zweistufenschaltung ausgestattet. Daten der doppeltgespeisten Asynchronmaschine $P_{1N} = 25\,\text{kW}$, $U_{1N} = 400\,\text{V}$, $R_1 = 0{,}15\,\Omega$, $R_2' = 0{,}12\,\Omega$, $L_1 = L_2' = 50\,\text{mH}$, $L_{1h} = 49$ mH, $f_{1N} = 50\,\text{Hz}$, $2p = 4$. Die Asynchronmaschine wird ständerseitig am Netz und sekundärseitig am Umrichter sowie mit konstanter Ständerflussverkettung betrieben.

1. Das Zeigerdiagramm für Leerlaufbetrieb mit Synchrondrehzahl und mit 1,3-facher Synchrondrehzahl ist zu erstellen. In beiden Fällen ist zusätzlich das Zeigerdiagramm zu erstellen, wenn zusätzlich im ersten Fall nur die Rotorwirkspannung und im zweiten Fall nur die Rotorblindspannung um 5 % erhöht werden.
2. Die Ständerblindleistung soll zu null gesteuert werden. Die Maschine gibt als höchste Wirkleistung 22 kW bei einer Drehzahl von 1 950 1/min an den Umrichter ab. Bestimmen Sie das Moment, den Schlupf, die Drehzahl, den Ständerstrom, den Verschiebungsfaktor, den Wirkstrom, den Blindstrom und die Ständerspannung, den Rotorstrom und die Rotorspannung.

   Für die folgenden Unterpunkte gelten die Daten des Umrichters: $U_{DC} = 1{,}35 \cdot \sqrt{2} \cdot 400\,\text{V}$.

3. Für welchen Bemessungsstrom, für welche Bemessungsspannung, für welche Bemessungsscheinleistung und für welchen Verschiebungsfaktor ist der Umrichter auszulegen.
4. Mit welchem maximalen Modulationsgrad ist der Umrichter zu betreiben. Kann Übermodulation vermieden werden?

Regelung des Umrichters: Der netzseitige Umrichter einer Windenergieanlage mit Drehfeldmaschine und Vollumrichter speist in das Netz ein. Die Stromregelung ist auszulegen. Die Gleichungen für das dynamische Verhalten des Netzes sind im entsprechenden Kapitel enthalten. Die Netzdaten sind:

$$U_{\mathrm{Netz}} = 690\,\mathrm{V},\, u_{\mathrm{KNetz}} = 12\,\%, \quad \text{netzseitige Induktivität}$$

Es soll ein proportional-integraler Regler eingesetzt werden:

$$y = K_{\mathrm{P}} \cdot x + \frac{1}{T_{\mathrm{I}}} \int x\,\mathrm{d}t; \quad G(s) = \frac{y}{x} = K_{\mathrm{P}} \frac{sT_{\mathrm{I}} + 1}{sT_{\mathrm{I}}}$$

Auslegungsgleichung für das Betragsoptimum:

$$T_{\mathrm{I}} = T_{\max}; \quad K_{\mathrm{P}} = \frac{T_{\mathrm{I}}}{2\sigma_{\mathrm{I}} V_{\mathrm{S}}}$$

$T_{\max}$: größte Zeitkonstante; σ_{I}: Summe kleiner Zeitkonstanten; V_{S}: Verstärkung der Strecke

Der Umrichter arbeitet mit einer Pulsfrequenz von 2,5 kHz. Als Verzögerung durch den Umrichter sind zwei Pulsperioden anzunehmen.

1. Die Differenzialgleichung für den d-Anteil des Umrichterstroms ist dem entsprechenden Kapitel zu entnehmen und um die Störanteile zu reduzieren (U_{Netz}, i_{q}). Aus der verbleibenden Gleichung sind die Zeitkonstante T_{Netz}, Streckenvertärkung V_{S} und kleinste Zeitkonstanten σ_i zu ermitteln.
2. Mithilfe der Gleichungen zur Parameterbestimmung für das Betragsoptimum sind die Verstärkung k_{P} und die Nachstellzeit T_{I} als Reglerparameter des proportional-integralen Reglers zu bestimmen.

Regelung und Netzeinspeisung:

1. Zeichnen Sie das Zeigerdiagramm einer an das Netz angeschlossenen Synchronmaschine, welche im Phasenschieberbetrieb arbeitet (ständerseitig nur kapazitiver Blindstrom).
2. Skizzieren Sie das Blockdiagramm des allgemeinen Regelkreises und bezeichnen Sie alle Teilsysteme. Nennen Sie drei Typen von Reglern.
3. Zeichnen Sie den vollständigen Regelkreis zur feldorientierten Drehzahlregelung der Asynchronmaschine. Beschreiben Sie die wesentlichen Vorteile der feldorientierten Regelung.
4. Welches Koordinatensystem wird häufig als Bezugssystem für die feldorientierte Regelung verwendet? Nennen Sie den Grund und erläutern Sie, was der Wert ist, die Regelung zu synchronisieren.
5. Zeichnen Sie das Ersatzschaltbild des netzseitigen und des generatorseitigen Umrichters in der häufig verwendeten Schaltung.
6. Nennen und beschreiben Sie die Schritte der Reglersynthese. Beschreiben Sie das Ziel der Reglerauslegung „Betragsoptimum“.

7. Eine Windenergieanlage mit über Vollleistungswechselrichter gespeistem permanentmagneterregtem Synchrongenerator arbeitet im Leistungsbegrenzungsbetrieb. Skizzieren Sie die Regelungsstruktur. Benennen Sie alle beteiligten Regelkreise des Leistungsstrangs der Windenergieanlage und ordnen Sie den Regelkreisen Aufgaben zu.

Literatur

[1] Akagi, Hirofumi; Watanabe, Edson Hirokazu; Aredes, Maurício: Instantaneous power theory and applications to power conditioning; John Wiley and Sons, 2007

[2] BDEW: Bundesverband Windenergie, Informationen im Internet unter *www.wind-energie.de*

[3] BDEW: Technische Richtlinien für Erzeugungsanlagen am Mittelspannungsnetz; Bundesverband der Energie- und Wasserwirtschaft e.V., 2008

[4] Blaabjerg, F.; Liserre, M.; Ma, K.: Power electronics converters for wind turbine systems; Energy Conversion Congress and Exposition (ECCE), 2011 IEEE

[5] Camm, E.H.; Behnke, M.R.; Bolado, O.; Bollen, M.; Bradt, M.; Brooks, C.; Dilling, W.; Edds, M.; Hejdak, W.J.; Houseman, D.; Klein, S.; Li, F.; Li, J.; Maibach, P.; Nicolai, T.; Patino, J.; Pasupulati, S.V.; Samaan, N.; Saylors, S.; Siebert, T.; Smith, T.; Starke, M.; Walling, R..: Characteristics of wind turbine generators for wind power plants; Power & Energy Society General Meeting, 2009. PES '09. IEEE

[6] Zhe Chen; Guerrero, J. M.; Blaabjerg, F.: A Review of the State of the Art of Power Electronics for Wind Turbines, Power Electronics, IEEE Transactions on, vol. 24, no. 8, pp. 1859–1875, Aug. 2009

[7] Fujin Deng; Zhe Chen: Low-voltage ride-through of variable speed wind turbines with permanent magnet synchronous generator, Industrial Electronics, 2009. IECON '09. 35th Annual Conference of IEEE, pp. 621–626, 3–5 Nov. 2009

[8] Felderhoff, Rainer; Busch, Udo: Leistungselektronik, Hanser, München, Wien, 2006

[9] Fischer, Rolf: Elektrische Maschinen, Hanser, München, Wien, 2011

[10] Gasch, Robert; Twele, Jochen: Windkraftanlagen, Vieweg+Teubner, Wiesbaden, 2011

[11] Hagmann, Gert: Leistungselektronik – Grundlagen und Anwendungen in der elektrischen Antriebstechnik, Aula, Wiesbaden, 2009

[12] Heier, Siegfried: Windkraftanlagen, Vieweg+Teubner, Stuttgart, Leipzig, Wiesbaden, 2009

[13] IEC, International Electrotechnical Commission: IEC 61400-21: Wind turbines, Part 21: Measurement and assessment of power quality characteristics of grid connected wind turbines. Aug. 2008

[14] Kazmierkowski , Marian P.; Krishnan, Ramu; Blaabjerg, Frede: Control in Power Electronics: Selected Problems; Academic Press, Amsterdam, 2002

[15] Khan, M.A.; Pillay, P.: Design of a PM wind generator, optimized for energy capture over a wide operating range, 2005, IEEE International Conference on Electrical Machines and Drives, 2005, pp. 1501-1506

[16] Lappe, R.; Conrad, H.; Kronberg, M.: Leistungselektronik; Verlag Technik GmbH, Berlin, 1994

[17] Liserre, M.; Cárdenas, R.; Molinas, M.; Rodriguez, J.: Overview of Multi-MW Wind Turbines and Wind Parks, Industrial Electronics, IEEE Transactions on, vol. 58, no. 4, pp. 1081–1095, April 2011

[18] Lohde, R.; Wessels, C.; Fuchs, F. W.: Leistungselektronik Generatorsysteme in Windenergieanlagen und ihr Betriebsverhalten, ETG Kongress Oktober 2009, Düsseldorf, Fachtagung 3: Direktantriebe und Generatoren, Düsseldorf, Deutschland

[19] Lohde, R.; Jensen, S.; Knop, A.; Fuchs, F. W.: Analysis of Three Phase Grid Failure and Doubly Fed Induction Generator Ride-through using Crowbars; EPE 07 European Conference on Power, Electronics and Adjustable Speed Drives, Birmingham, 2011

[20] Mohan, Ned; Undeland, Tore M.; Robbins, William P.: Power Electronics: Converters, Applications, and Design, Wiley, 2003

[21] Mueller, S.; Deicke, M.; De Doncker, R. W.: Doubly fed induction generator systems for wind turbines, Industry Applications Magazine, IEEE , vol. 8, no. 3, pp. 26–33, May/Jun 2002

[22] Müller, Germar; Ponick, Bernd: Grundlagen elektrischer Maschinen; Wiley-VCH, Weinheim, 2006

[23] Schröder, Dierk: Elektrische Antriebe: Grundlagen; Springer, Berlin, New York, 2007

[24] Schröder Dierk: Elektrische Antriebe: Regelung von Antriebssystemen; Springer, Berlin, New York, 2009

[25] SDLWindV: Verordnung zu Systemdienstleistungen durch Windenergieanlagen (Systemdienstleistungsverordnung – SDLWindV, Teil I Nr. 39, ausgegeben zu Bonn am 10. Juli 2009

[26] Teodorescu, Remus; Liserre, Marco; Rodriguez, Pedro: Grid Converters for Photovoltaic and Wind Power Systems, Wiley, 2010

[27] Tsili, M. und Papathanassiou, S.: A review of grid code technical requirements for wind farms. Renewable Power Generation, IET, 3(3):308-332, Sept. 2009, ISSN 1752-1416

[28] Vithayathil, J.: Power Electronics; Tata Mcgraw Hill Education Private Limited (2010)

[29] Yu Zou; Elbuluk, M.; Sozer, Y.: A Complete Modeling and Simulation of Induction Generator Wind Power Systems, Industry Applications Society Annual Meeting (IAS), 2010 IEEE, pp. 1–8, 3-7 Oct. 2010

9 Steuerung und Regelung von Windenergiesystemen

Windenergieanlagen (WEA) oder mehrere in einem Windpark (WP) zusammengefasste WEA sind komplexe Systeme, deren Betrieb eine weitgehende Automatisierung sowohl des Gesamtsystems als auch der Teilsysteme erfordert. Dabei wird erwartet, dass Windenergiesysteme (WES) hinsichtlich der Zuverlässigkeit, der Effizienz und der Betriebsführung mindestens die Anforderung an konventionelle Kraftwerke erfüllen. Im Unterschied zu konventionellen Kraftwerken kann dabei die Energiezufuhr, die sich aufgrund der Windgeschwindigkeit sehr stark und sehr schnell ändert, nicht beeinflusst werden. Für den selbsttätigen und sicheren Betrieb und die weitgehend selbsttätige Anpassung des Betriebs von WES an unterschiedliche Einsatzbedingungen ist daher eine komplexe Automatisierungstechnik erforderlich, die die Aufgaben auf unterschiedliche Teilsysteme verteilt.

Moderne WES speisen über Transformatoren in die Mittel- oder Hochspannungsebene des elektrischen Netzes ein. Um die eingespeiste Leistung zu optimieren und auf die Nennleistung zu begrenzen, werden WEA mit und ohne Getriebe mit Voll- oder Teilumrichter mit variabler Drehzahl und variablen Blattwinkeln eingesetzt. Die Automation von WES umfasst sowohl die Messung, Steuerung, Regelung und Überwachung der wesentlichen Kenngrößen innerhalb der WEA als auch die WEA- und WP-Betriebsführung. Sie schließt die Fernüberwachung und -visualisierung und die informationstechnische und kommunikationstechnische Einbindung in andere Systeme und hier insbesondere die Einbindung in die übergeordneten Netzleitsysteme ein. Dabei besteht die Automation aus den technischen Einrichtungen (Hardware), den zugehörigen Programmen (Software) und den erforderlichen Kommunikationssystemen. Trotz der unterschiedlichen WEA-Typen weist deren Automation zunehmend Gemeinsamkeiten auf, insbesondere weil in Zukunft die WEA herstellerunabhängig und in gleicher Weise in übergeordnete Leitsysteme eingebunden werden müssen.

Das Kapitel behandelt moderne WES und die grundlegenden Steuer- und Regelkreise innerhalb der WEA, die WEA- und WP-Betriebsführung, die Anbindung der WES an übergeordnete Systeme und die sogenannten SCADA-Systeme. Der Inhalt gibt einen Überblick über die wesentlichen Aspekte zur Automation von WES, vergleichbare Darstellungen finden sich in [15], [7], [6] und [4].

9.1 Grundlegende Zusammenhänge

Ziel der WES-Automation ist der sichere, effiziente und vom Menschen weitgehend unabhängige Betrieb der WEA. Dafür sind unterschiedliche Funktionen zu erfüllen, die wesentlich das Messen, Steuern, Regeln, Überwachen, Führen und Visualisieren umfassen. Im Englischen werden diese Einzelfunktionen durch den Oberbegriff „control“ zusammengefasst, im Deutschen wird der Begriff „Automatisieren“ verwendet.

9.1.1 Einordnung der WES-Automation

Zum Betrieb einer WEA sind mehrere Hundert physikalische Ein- und Ausgänge zu verarbeiten. Einzelne WP können aus mehr als hundert Einzel-WEA bestehen, und im Netzleitsystem müssen neben den WP auch weitere Erzeuger, Verbraucher und Netzbetriebsmittel überwacht und koordiniert werden. Die große Anzahl von Automatisierungsfunktionen, die Anforderungen an Reaktionsgeschwindigkeiten und zu verarbeitende Datenmengen lassen sich nur beherrschen, wenn die Aufgaben verteilt und in eine Hierarchie eingeordnet werden. In der Anlagenautomatisierung wird diese Hierarchie in Form einer Automatisierungspyramide dargestellt.

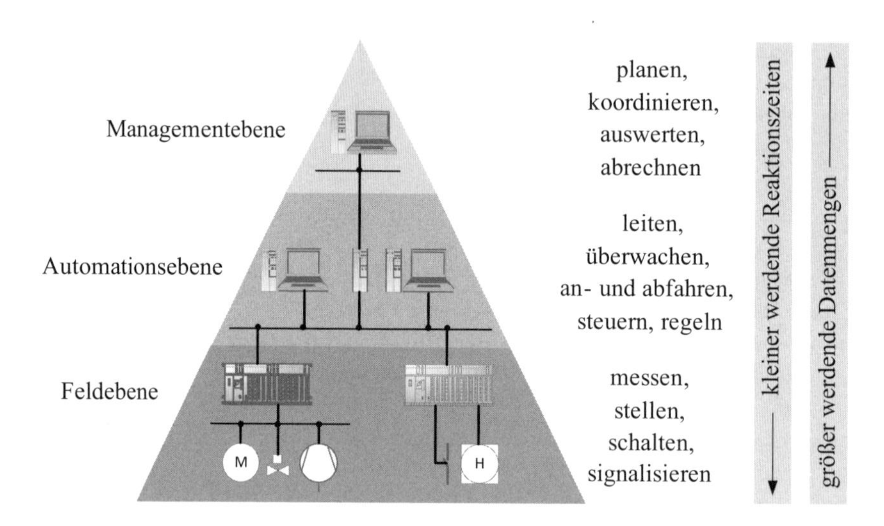

Bild 9.1 Drei-Ebenen-Modell der Anlagenautomatisierung mit wesentlichen Funktionen

Bild 9.1 zeigt eine häufig verwendete Automatisierungspyramide mit drei Hauptebenen, wobei sich für die mittlere Ebene die Begriffe Automations- oder auch Leitebene durchgesetzt hat. Die im Bild angegebenen Aufgaben und Anforderungen an Reaktionszeit und Datenmengen lassen sich auch auf die Automatisierung von WES übertragen. So bewegen sich die Schaltzeiten der Umrichter in der Feldebene im µs-Bereich, die Reaktionszeiten der speicherprogrammierbaren Steuerungen in der Automationsebene im ms-Bereich und die erforderlichen Reaktionszeiten der WEA auf die Anforderungen nach Leistungsreduzierung aus dem Netzleitsystem im s-Bereich. Werden in der Feldebene nur einige wenige analoge und digitale Ein- und Ausgänge durch ein Gerät verarbeitet, so werden in der Managementebene die über mehrere Jahre erfassten Datenreihen aller an ein Versorgungsgebiet angeschlossener Einheiten gespeichert und ausgewertet.

Zur Aufteilung der Funktionen werden die drei Hauptebenen häufig unterteilt. Typisch ist die Einteilung in vier bis sechs Ebenen. Eine einheitliche Bezeichnung der Ebenen hat sich nicht durchgesetzt. In Bild 9.2 sind die wesentlichen Teilsysteme der WES-Automation in sechs Ebenen eingeordnet. Die im Folgenden gewählten Bezeichnungen entsprechen den Hauptfunktionen der jeweiligen Ebene.

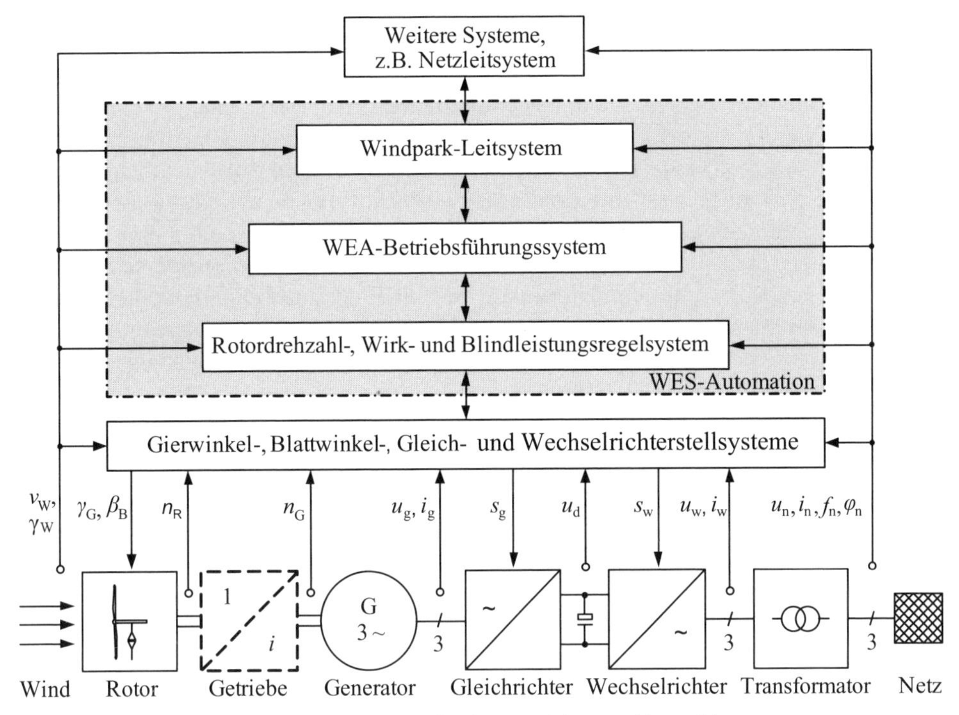

Bild 9.2 Anordnung der WES-Automation in der Automatisierungshierarchie

Sensor-Aktor-Ebene: In der untersten Ebene ist der Antriebsstrang der WEA mit den Eingangsgrößen Windgeschwindigkeit v_W und Windrichtung γ_W dargestellt. Die kennzeichnenden Ausgangsgrößen sind die dreiphasigen Netzspannungen u_n und Netzströme i_n, die Netzfrequenz f_n und der Phasenwinkel φ_n zwischen Strom und Spannung des Dreiphasensystems. Durch den variablen Gierwinkel γ_G und die variablen Blattwinkel β_B wird die Rotordrehzahl n_R beeinflusst.

Als Generatoren werden in WEA unterschiedliche Systeme eingesetzt, im Wesentlichen sind dies die doppeltgespeisten Asynchronmaschinen (DASM), die fremderregten Synchronmaschinen (FSM), die permanenterregten Synchronmaschinen (PSM) und die Asynchronmaschinen mit Kurzschlussläufer (ASM). Sie werden teilweise mit und teilweise ohne Getriebe betrieben und speisen die Generatorleistung entweder vollständig oder teilweise über einen Umrichter in das Netz ein. Im Bild ist der Antriebsstrang einer WEA mit vollumrichtergespeister PSM mit und ohne Getriebe dargestellt.

Die mechanische Leistung des Rotors P_R wird über den Antriebsstrang auf den Generator mit der Generatordrehzahl n_G übertragen. Die Generatorleistung P_G wird mithilfe eines Vollumrichters über einen Transformator in das elektrische Netz eingespeist. Der Vollumrichter besteht aus dem generatorseitigen Gleichrichter mit den generatorseitigen dreiphasigen Strömen i_g und Spannungen u_g, dem Gleichspannungszwischenkreis mit der Gleichspannung u_d sowie dem netzseitigen Wechselrichter mit den netzseitigen dreiphasigen Strömen i_W und Spannungen u_W. Die Gleich- und Wechselrichter werden als sechspulsige Brückenschaltungen mit IGBT ausgeführt, die jeweils über sechs Steuersignale s_g auf der Gleichrichterseite und s_W auf der Wechselrichterseite angesteuert werden. Mithilfe eines Transformators wird die Spannung auf der Wechselrichterausgangsseite auf die Netzspannung des Mittel- oder Hochspannungsnetzes angepasst.

Stellebene: Oberhalb der Sensor-Aktor-Ebene befinden sich die Stellglieder der einzelnen Antriebssysteme. Die Gierwinkelstelleinrichtung, häufig auch Azimutsystem genannt, führt die Ausrichtung der Gondel der Windrichtung nach. Die Blattwinkelstelleinrichtungen, oft auch Pitch-Systeme genannt, stellen die Blattwinkel entsprechend den gewünschten Sollwerten ein. Die generatorseitige, elektrische Leistung P_g wird über die pulsweitenmodulierten Steuersignale s_g des Pulsgleichrichters beeinflusst. Die wechselrichterseitige elektrische Wirkleistung P_W und Blindleistung Q_W wird über die pulsweitenmodulierten Steuersignale s_W des Pulswechselrichters beeinflusst. Die Zwischenkreisgleichspannung u_d bleibt konstant, wenn die gleichrichter- und die wechselrichterseitigen Wirkleistungen identisch sind.

Regelebene: Die eigentliche Regelung auf die Sollwerte der Netzwirkleistung P_n und Netzblindleistung Q_n sowie die Begrenzung der Rotordrehzahl erfolgt in der oberhalb der Stellebene angeordneten Regelebene. In Abhängigkeit vom Betriebsmodus der WEA berechnen verschiedene Regler die Sollwerte für den Gier- und die Blattwinkel sowie für den Gleichrichter und den Wechselrichter.

Steuerebene: Die Regelungen erhalten ihre Sollwerte von der übergeordneten Betriebsführung, die in der Steuerebene angeordnet ist. In Abhängigkeit von der Windgeschwindigkeit, den Sollwerten aus einem Netzleitsystem oder einem Windparkleitsystem und externen Vorgaben steuert die Betriebsführung die WEA in den erforderlichen Betriebszustand. Neben der Vorgabe der Sollwerte für die Regelungen steuert die Betriebsführung auch die weiteren Aktoren in der WEA wie Bremsen, Schütze, Heizungen und Belüftungen oder die Befeuerungsanlagen und verarbeitet zusätzliche Sensorsignale wie Temperatur, Luftfeuchtigkeit oder Öldruck. Die Betriebsführung tauscht die Informationen entweder direkt oder über ein Leitsystem mit der Fernüberwachung und -steuerung des Herstellers oder Betreibers sowie mit dem Leitsystem des Netzbetreibers aus.

Leitebene: Werden mehrere WEA in einem Windpark betrieben, so wird der einzelnen WEA-Betriebsführung eine Windparksteuerung und -regelung übergeordnet. Das in der Leitebene angeordnete System teilt die erforderliche Leistungsreduzierung und Blindleistungseinspeisung gemäß den vom Netzbetreiber geforderten Sollwerten auf die einzelnen WEA auf und sorgt für die erforderliche Beteiligung am Kurzschlussstrom im Netz. Ebenfalls sorgt das Windparkleitsystem für einen geordneten und stetigen Anfahr- und Abfahrvorgang des Windparks, sodass sich keine Leistungssprünge ergeben.

Management- oder Planungsebene: WEA-Betriebsführung oder WP-Leitsystem erhalten ihre Sollwerte aus der Managementebene, auch Planungsebene genannt, und geben die interessierenden Istwerte an diese zurück. Sowohl das Netzleitsystem als auch die Abrechnungssysteme oder die übergeordneten meist betriebswirtschaftlich orientierten Managementsysteme der Anlagenbetreiber können der obersten Ebene zugeordnet werden.

9.1.2 Systemeigenschaften der Energiewandlung in WEA

Die Leit-, Betriebsführungs- und Regelsysteme der WEA haben das Ziel, die Energiewandlung von der kinetischen Energie des Windes in die elektrische Energie des Netzes zu optimieren und die Anlage unter Einhaltung vorgegebener Grenzwerte sicher zu betreiben.

Unterhalb der Nennwindgeschwindigkeit einer WEA v_{WN} wird dafür die ins Netz eingespeiste Leistung maximiert und oberhalb dieser Windgeschwindigkeit auf die Nennleistung P_N, die elektrische Nennleistung P_{nN} am Netzübergabepunkt, begrenzt. Zur Einhaltung der Netzanschlussbedingungen müssen WES die Wirkleistung auf Anforderung und bei ansteigender Netzfrequenz begrenzen. Die Blindleistung muss auf Anforderung und bei Netzspannungsschwankungen verändert werden. Bei zeitlich begrenzten Spannungseinbrüchen müssen WES das Netz durch Einspeisung eines vorgegebenen Blindstroms stützen.

Um die grundlegenden Steuer- und Regelfunktionen einer WEA zu entwickeln, werden zunächst die wesentlichen zur Beschreibung erforderlichen Systemeigenschaften der Energiewandlung in WEA zusammengefasst. Trotz der Unterschiede in den Antriebssträngen (mit und ohne Getriebe, hochübersetzend, geringübersetzend), den Generatorsystemen (ASM, DASM, FSM, PSM) und den Pitch- und Azimutantrieben (hydraulisch, elektrisch) weist die Regelung grundlegende Gemeinsamkeiten auf.

Bild 9.3 zeigt das Blockschaltbild der Energiewandlung, in dem die Teilsysteme entsprechend ihrer den Leistungsfluss beschreibenden Größen verbunden sind. Der Gleichspannungszwischenkreis, der netzseitige Wechselrichter und der Transformator werden in einem Block zusammengefasst. Anhand dieses Bilds werden die Möglichkeiten zur Beeinflussung des Leistungsflusses beschrieben.

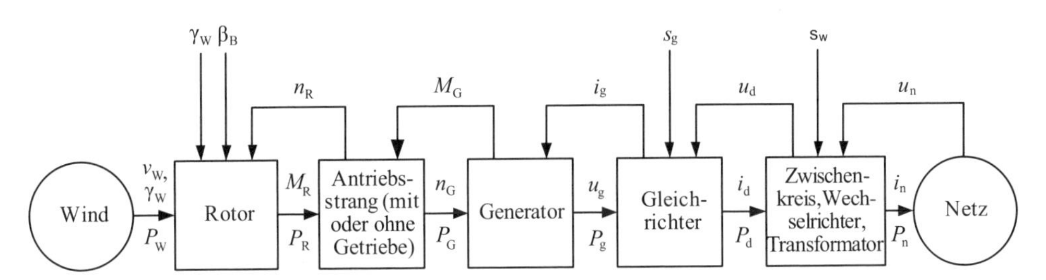

Bild 9.3 Schematisierte Darstellung des Leistungsflusses in WEA

9.1.3 Energiewandlung des Rotors

Bild 9.4 zeigt mithilfe der Ansicht einer WEA (a), dem Schnittbild eines Blattes (b) und der Draufsicht (c) die Orientierung der die Energiewandlung kennzeichnenden Größen v_W, n_R, dem Rotordurchmesser D, γ_G und β_B. Eine gute Zusammenfassung der Abhängigkeit der Rotorleistung von diesen Größen findet sich in [15]. An dieser Stelle werden die für die Steuerung und Regelung entscheidenden Zusammenhänge zusammengefasst.

Im Schnittbild ist die Umfangsgeschwindigkeit des Blatts u_B und die am Blattquerschnitt wirkende Geschwindigkeit v_u dargestellt. Mit u wird dabei die Umfangsgeschwindigkeit der Blatt-

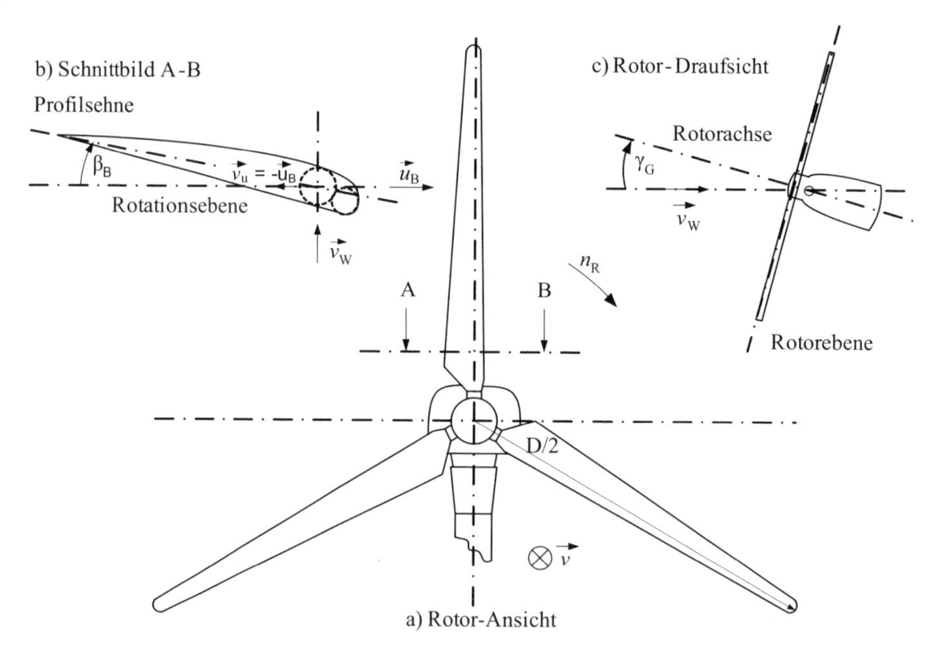

Bild 9.4 Kennzeichnende Größen des Rotors zur Berechnung der Rotorleistung

spitze bezeichnet:

$$u = 2 \cdot \pi \cdot n_{\mathrm{R}} \cdot D/2 \tag{9.1}$$

Die kinetische Energie der ungestörten Luftströmung wird teilweise durch den Rotor in die mechanische Energie des Rotors umgewandelt. Das Verhältnis der mechanischen Leistung P_{R} zur Leistung des Windes P_{W} wird Rotorleistungsbeiwert oder kurz Leistungsbeiwert c_{pR} genannt.

$$c_{\mathrm{pR}} = \frac{P_{\mathrm{R}}}{P_{\mathrm{W}}} = \frac{2 \cdot \pi \cdot n_{\mathrm{R}} \cdot M_{\mathrm{R}}}{\frac{1}{2} \cdot \rho \cdot \left(\pi \cdot D^2/4\right) \cdot v_{\mathrm{W}}^3} \tag{9.2}$$

Dabei ist ρ die Luftdichte und D der Durchmesser des Rotors. Der Leistungsbeiwert wird durch die Blattanzahl N, die Blattgeometrie, die Blattwinkel β_{B}, den Gierwinkel γ_{G}, die Windgeschwindigkeit v_W und die Rotordrehzahl n_R bestimmt.

$$c_{\mathrm{pR}} = f(N, \text{Blattgeometrie}, \alpha_{\mathrm{G}}, \beta_{\mathrm{B}}, v_{\mathrm{W}}, n_{\mathrm{R}}) \tag{9.3}$$

Die Rotorleistung wird maximal, wenn der Gierwinkel, der die Abweichung der Windrichtung von der Ausrichtung der Rotorachse angibt, null ist. Mit zunehmendem Gierwinkel wird die in Bezug zur Windrichtung stehende Normalkomponente der Rotorfläche kleiner, sodass die Leistung in erster Näherung proportional zum Kosinus des Gierwinkels sinkt. WEA führen die Gondel der Windrichtung nach, die Beeinflussung der Rotorleistung durch den Gierwinkel wird daher in den folgenden Ausführungen nicht berücksichtigt.

Das Verhältnis der Blattspitzengeschwindigkeit u zur Windgeschwindigkeit v_W wird Schnelllaufzahl λ oder englisch TSR (Tip Speed Ratio) genannt und ist ein wesentlicher Parameter zur

Leistungssteuerung.

$$\lambda = u / v_W = (\pi \cdot D \cdot n_R) / v_W \tag{9.4}$$

Für eine gegebene Blattzahl und Blattgeometrie und mit konstantem Gierwinkel ermöglicht die Einführung der Schnelllaufzahl die zweidimensionale Darstellung des Leistungsbeiwerts, der Rotorleistung oder des Rotormoments. Es zeigt sich, dass bei konstantem Blattwinkel der Verlauf des Leistungsbeiwerts in Abhängigkeit von der Schnelllaufzahl ein Maximum aufweist. Für vorgegebene Blattgeometrien lassen sich die Kennfelder $c_{pR} = f(\beta, \lambda)$ berechnen oder für realisierte WEA messen.

Zur Nachbildung werden die Kennfelder durch analytische Funktionen nachgebildet, die durch Parameteranpassungen zu einer zufriedenstellenden Übereinstimmung mit gemessenen Werten führen. Aufbauend auf den Vorschlag in [1] wird für Bild 9.5 und Bild 9.6 folgende Form gewählt:

$$c_{pR} = c_1 \cdot \left(c_2 / \lambda_i - c_3 \cdot \beta - c_4 \cdot \beta^x - c_5\right) \cdot e^{-c_6/\lambda_i} \text{ mit } \frac{1}{\lambda_i} = \frac{1}{\lambda + 0{,}08 \cdot \beta} + \frac{0{,}035}{\beta^3 + 1} \tag{9.5}$$

Die Konstanten für die Darstellungen lauten: $c_1 = 0{,}6, c_2 = 116, c_3 = 0{,}4, c_4 = 0{,}001, c_5 = 5, c_6 = 20, x = 2$.

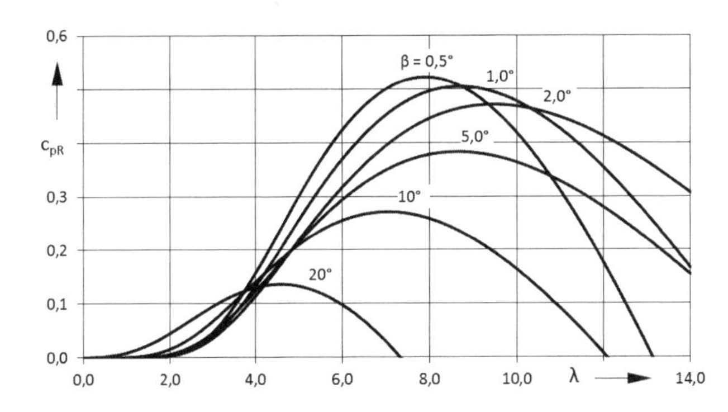

Bild 9.5 Verlauf des Rotorleistungsbeiwerts bei konstantem Blattwinkel

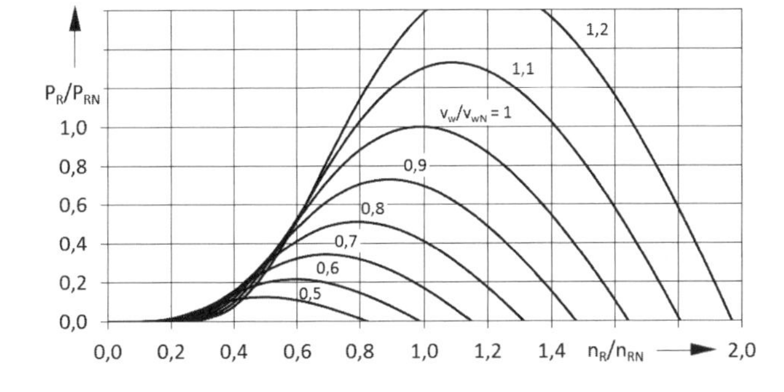

Bild 9.6 Verlauf der Rotorleistung bei konstanter Windgeschwindigkeit

Der maximale Rotorleistungsbeiwert tritt für sehr kleine Blattwinkel auf und liegt für die gezeigten Verläufe bei einer optimalen Schnelllaufzahl von 8. Unterhalb der Nennwindgeschwindigkeit wird die Drehzahl der sich ändernden Windgeschwindigkeit angepasst, um die maximale Leistung des Windes in Rotorleistung umzusetzen.

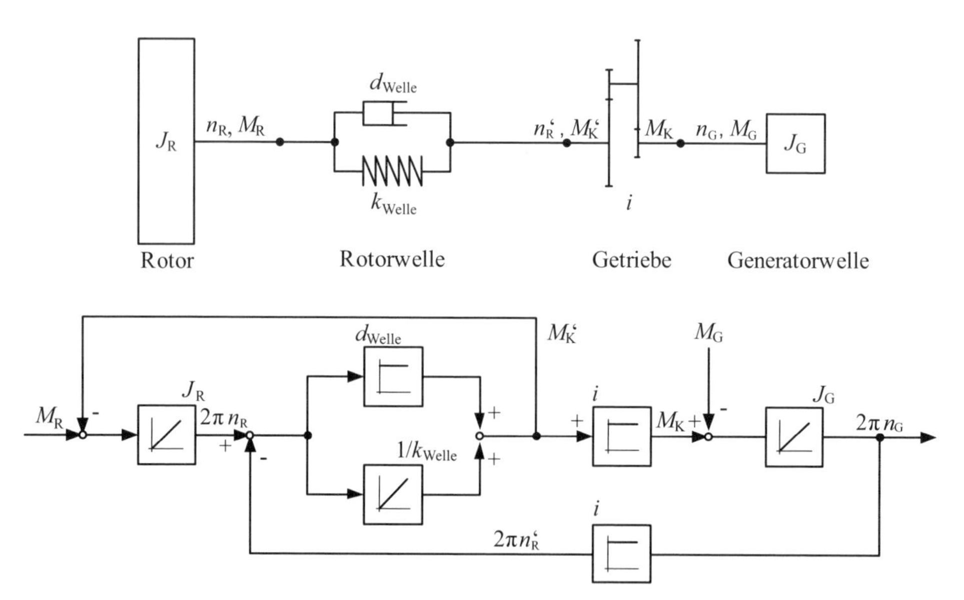

Bild 9.7 Zwei-Massen-Modell des Antriebsstrangs und zugehöriges Blockschaltbild

Für die Leistungsregelung und -begrenzung ist von Interesse, wie die Rotorleistung für den optimalen Blattwinkel in Abhängigkeit von der Rotordrehzahl verläuft. Die auf die Rotornennleistung P_{RN} bezogene Rotorleistung ergibt sich unter Verwendung des Leistungsbeiwerts im Nennbetrieb c_{pRN} wie folgt:

$$\frac{P_R}{P_{RN}} = \frac{c_{pR}}{c_{pRN}} \cdot \left(\frac{v_W}{v_{WN}}\right)^3 = \frac{c_{pR}}{c_{pRN}} \cdot \left(\frac{n_R}{n_{RN}} \cdot \frac{\lambda_N}{\lambda}\right)^3 \tag{9.6}$$

Mit der Leistungsgleichung und den mit dem Index N gekennzeichneten Nennwerten ergeben sich die in Bild 9.6 dargestellten Verläufe für $\beta = 0{,}5°$ und $\lambda_N = 8$ für unterschiedliche Windgeschwindigkeiten.

Die Kurvenverläufe zeigen, dass mit zunehmender Windgeschwindigkeit die optimale Rotordrehzahl proportional ansteigt. Soll die Leistung oberhalb der Nennwindgeschwindigkeit bei konstanter Rotordrehzahl auf Nennleistung begrenzt werden, so muss der Blattwinkel vergrößert werden.

9.1.4 Energiewandlung des Antriebsstrangs

Für die Regelung der WEA ist entscheidend, wie die Rotorleistung P_R in die Generatorleistung P_G gewandelt wird. Der Antriebsstrang ist ein komplexes schwingungsfähiges System und kann vereinfacht durch das in Bild 9.7 dargestellte Zwei-Massen-Modell beschrieben werden. Die kennzeichnenden Eigenschaften sind das Massenträgheitsmoment des Rotors J_R, die Steifigkeit der Welle k_{Welle}, die Dämpfungskonstante d_{Welle}, die Getriebeübersetzung i, die bei getriebelosen Anlagen gleich eins ist, und das Massenträgheitsmoment des Generators J_G. Das Getriebe wird in dieser Darstellung als reibungs- und massefrei angenommen. Das Rotormoment lässt sich mit Gleichung 9.2 aus der Rotorleistung bestimmen.

$$M_{\mathrm{R}} = c_{\mathrm{pR}} \cdot \frac{\frac{1}{2} \cdot \rho \cdot \left(\pi \cdot D^2/4\right) \cdot v_{\mathrm{W}}^3}{2 \cdot \pi \cdot n_{\mathrm{R}}} \tag{9.7}$$

Mit der Einführung des an der Generatorkupplung anliegenden Drehmoments M_{K} und des rotorseitig anliegenden Kupplungsmomentes M'_{K} sowie unter Verwendung der Übersetzung des idealen Getriebes $i = n'_{\mathrm{R}}/n_{\mathrm{G}} = M_{\mathrm{K}}/M'_{\mathrm{K}}$ ergeben sich folgende Gleichungen für Rotor- und Generatormoment:

$$M_{\mathrm{R}} = J_{\mathrm{R}} \cdot 2 \cdot \pi \cdot \frac{\mathrm{d}n_{\mathrm{R}}}{\mathrm{d}t} + M'_{\mathrm{K}} \tag{9.8}$$

$$\text{mit} \quad M'_{\mathrm{K}} = d_{\mathrm{Welle}} \cdot 2 \cdot \pi \cdot (n_{\mathrm{R}} - n_{\mathrm{G}} \cdot i) + k_{\mathrm{Welle}} \cdot 2 \cdot \pi \cdot \int (r_{\mathrm{R}} - n_{\mathrm{G}} \cdot i)\,\mathrm{d}t$$

$$M_{\mathrm{G}} = M_{\mathrm{K}} - J_{\mathrm{G}} \cdot 2 \cdot \pi \frac{\mathrm{d}n_{\mathrm{G}}}{\mathrm{d}t} \quad \text{mit} \quad M_{\mathrm{K}} = i \cdot M'_{\mathrm{K}} \tag{9.9}$$

Demnach ergibt für das Zwei-Massen-Modell das in Bild 9.7 dargestellte Blockschaltbild eines schwingungsfähigen Systems. Durch große Hochlaufzeiten der WEA im Sekundenbereich und nicht sprungförmiges Verändern des Generatormoments wird erreicht, dass die Abweichung zwischen An- und Antriebsdrehzahl gering bleibt. Dann kann vereinfachend von einer starren Welle ausgegangen werden, bei der nur eine Drehzahl berücksichtigt werden muss. Für eine ideal starre Welle mit $i = n_{\mathrm{R}}/n_{\mathrm{G}}$ ergibt sich die bekannte Beschleunigungsgleichung:

$$\frac{\mathrm{d}n_{\mathrm{G}}}{\mathrm{d}t} = \frac{1}{i}\frac{\mathrm{d}n_{\mathrm{R}}}{\mathrm{d}t} = \frac{(M_{\mathrm{R}}/i - M_{\mathrm{G}})}{2 \cdot \pi \cdot \left(J_{\mathrm{G}} + J_{\mathrm{R}}/i^2\right)} \tag{9.10}$$

Zur Schwingungsdämpfung werden sogenannte Differenzdrehzahlregler unter Verwendung von Rotor- und Generatordrehzahl eingesetzt, wie sie aus der allgemeinen Antriebstechnik bekannt sind (siehe [18]).

9.1.5 Energiewandlung des Generator-Umrichtersystems

Das Generator-Umrichtersystem wandelt die mechanische Leistung an der Generatorwelle über mehrere Teilsysteme in die elektrische Leistung des Netzes. Zur dynamischen Beeinflussung des Generatormoments und der Generatorblindleistung sowie der Netzwirkleistung und Netzblindleistung ist es üblich, die dreiphasigen, elektrischen Größen durch komplexe zeitlich veränderliche Raumzeiger zu beschreiben. Eine verständliche Einführung findet sich in [17].

Ausführliche Beschreibungen für die einzelnen Generatorsysteme finden sich unter anderem in [14] und [16]. Der Einfachheit halber beziehen sich die folgenden Ausführungen auf die symmetrische Vollpolläufer-SM mit Beschränkung auf das Grundwellenverhalten und die Kupferverluste.

Bild 9.8 zeigt das vereinfachte Ersatzschaltbild einer PSM und die zugehörigen Raumzeiger im Generatorbetrieb. Bei bekannter Rotorlage und eingeprägtem Raumzeiger der Statorspannung $\underline{u}_{\mathrm{g}}$ kann der Winkel δ_{g} zum Raumzeiger des Rotorflusses bestimmt werden. Die drei Statorstrangströme des Generators werden erfasst und durch den Raumzeiger $\underline{i}_{\mathrm{S}} = \underline{i}_{\mathrm{g}}$ beschrieben. Der Raumzeiger kann auf die ortsfesten $\alpha\beta$-Komponenten $\underline{i}_{\mathrm{g}\alpha\beta} = i_{\mathrm{g}\alpha} + j\,i_{\mathrm{g}\beta}$ transformiert

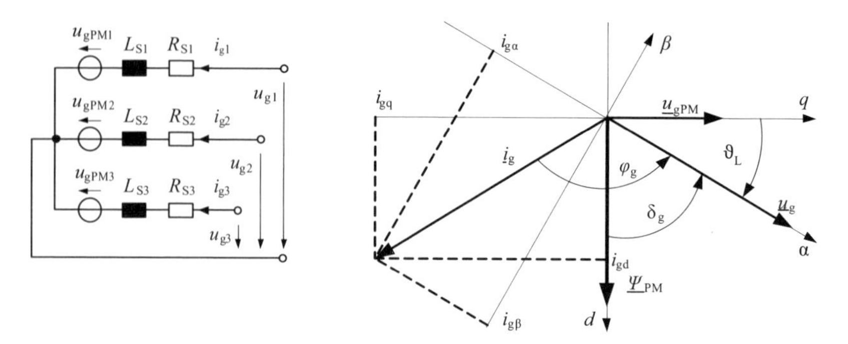

Bild 9.8 Vereinfachtes Ersatzschaltbild der PSM und Raumzeiger im Generatorbetrieb

und mithilfe des Winkels δ_g in die rotorflussorientierten dq-Komponenten $\underline{i}_{gdq} = i_{gd} + j\,i_{gq}$ gewandelt werden. Die Komponente i_{gd} zeigt in Richtung des permanenten magnetischen Flusses $\underline{\Psi}_{PM}$ und die Komponente i_{gq} steht senkrecht dazu.

Der Betrag des Raumzeigers der induzierten Spannung ergibt sich für einen Generator mit der Polpaarzahl p aus dem Induktionsgesetz zu:

$$u_{gPM} = 2 \cdot \pi \cdot n_G \cdot p \cdot \Psi_{PM} \tag{9.11}$$

Der Betrag der Raumzeiger ist so festgelegt, dass er im stationären Fall dem komplexen Zeiger der Amplitude der geometrischen Summe der Stranggrößen entspricht, er daher 2/3 der geometrischen Summe der Einzelströme beträgt. Damit ergeben sich Wirk- und Blindleistung sowie Generatorleistung und Generatordrehmoment wie folgt:

$$P_g = \frac{3}{2}\left(u_{gd} \cdot i_{gd} + u_{gq} \cdot i_{gq}\right) \quad \text{und} \quad Q_g = \frac{3}{2}\left(u_{gq} \cdot i_{gd} - u_{gd} \cdot i_{gq}\right) \tag{9.12}$$

$$P_G = 2 \cdot \pi \cdot n_G \cdot M_G = \frac{3}{2} \cdot u_{gPM} \cdot i_{gq} \quad \text{und} \quad M_G = \frac{3}{2} \cdot p \cdot \Psi_{PM} \cdot i_{gq} \tag{9.13}$$

Bild 9.8 macht deutlich, dass für die PSM die maximale Leistung bei minimalem Strom für $i_{gd} = 0$ auftritt. Der Raumzeiger der Spannung u_g kann bei konstantem Moment durch einen veränderlichen Strom i_{gd} beeinflusst werden.

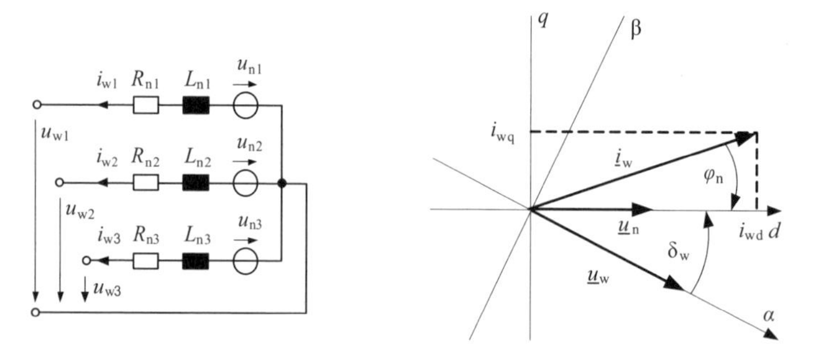

Bild 9.9 Vereinfachtes Netzersatzschaltbild und Raumzeiger im Generatorbetrieb

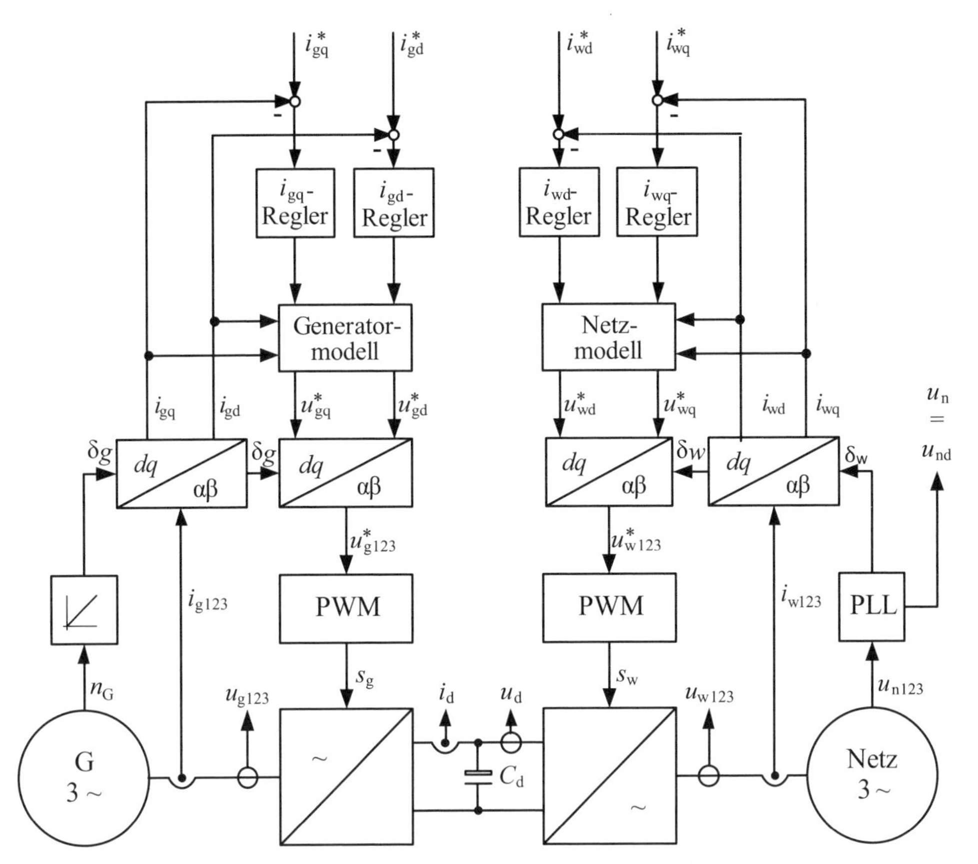

Bild 9.10 Vereinfachte Struktur des Generator-Umrichtersystems für PSM

In ähnlicher Weise kann der netzseitige Wechselrichter behandelt werden. Dazu werden die netzseitigen Spannungen auf die Wechselrichterseite transformiert. Bild 9.9 zeigt das vereinfachte Ersatzschaltbild des auf die Wechselrichterseite bezogenen Netzes und die zugehörigen Raumzeiger im Generatorbetrieb. Mithilfe einer Phasenregelschleife (PLL) werden Frequenz und Phasenlage der Netzspannung erfasst und so der Raumzeiger des Netzstroms in die netzspannungsorientierte d-Komponente und die senkrecht stehende q-Komponente aufgeteilt.

Zeigt die Netzstromkomponente $i_{nd} = i_{wd}$ in Richtung des Raumzeigers $\underline{u}_n$, dann können Wirk- und Blindleistung in einfacher Weise mithilfe der Stromkomponenten beeinflusst werden:

$$P_n = \frac{3}{2}(u_n \cdot i_{wd}) \quad \text{und} \quad Q_n = \frac{3}{2}(u_n \cdot i_{wq}) \tag{9.14}$$

Bild 9.10 zeigt die vereinfachte Struktur des Generator-Umrichtersystems für eine PSM mit Vollumrichter und auf die Wechselrichterseite transformierte Netzgrößen. Die von der Regelung übergebenen Sollwerte sind mit einem Stern gekennzeichnet. Die hochdynamische Regelung von Generatormoment und -spannung ist möglich, wenn die Stromkomponenten mithilfe eines Reglers auf die Sollwerte i^*_{gq} und i^*_{gd} geregelt werden.

Der Ausgang der Stromregler bestimmt die einzustellenden Spannungskomponenten unter Verwendung von Vorsteuerwerten, die mithilfe eines einfachen Generatormodells berechnet werden. Die Spannungskomponenten werden mithilfe der Pulsweitenmodulierten (PWM) in die erforderlichen Steuersignale des sechspulsigen Gleichrichters gewandelt.

Auch beim netzseitigen Wechselrichter können die Sollwerte von P und Q mithilfe der Stromsollwerte i^*_{wd} und i^*_{wq}, der Stromregler und der PWM des sechspulsigen Wechselrichters hochdynamisch eingeprägt werden. Hier werden die Vorsteuerwerte durch das Netzmodell bestimmt.

Gleich- und Wechselrichter sind durch den Gleichspannungszwischenkreis verbunden. Die Spannung an C_{d} wird bei verlustlos angenommenem Gleich- und Wechselrichter durch die Integration über die Differenz der Augenblicksleistungen $p_{\mathrm{g}} - p_{\mathrm{w}}$ mit $p_{\mathrm{w}} = p_{\mathrm{n}}$ bestimmt:

$$C_{\mathrm{d}} \cdot \frac{\mathrm{d}u_{\mathrm{d}}}{\mathrm{d}t} = \frac{p_{\mathrm{g}}}{u_{\mathrm{d}}} - \frac{p_{\mathrm{w}}}{u_{\mathrm{d}}} \quad \text{mit } u_{\mathrm{d}}(t) = \sqrt{u_{\mathrm{d}}(t=0)^2 + \frac{2}{C_{\mathrm{d}}} \cdot \int_0^t \left(p_{\mathrm{g}}(t^*) - p_{\mathrm{w}}(t^*)\right) \mathrm{d}t^*} \tag{9.15}$$

Sind im stationären Fall Generatorwirk- und Netzwirkleistung gleich, so ändert sich die Zwischenkreisspannung nicht.

9.1.6 Idealisierte Betriebskennlinien von WEA

Aufgrund der Systemeigenschaften bei der Energiewandlung des Rotors lassen sich vier unterschiedliche Betriebsbereiche einer WEA unterscheiden. Diese werden anhand der in Bild 9.11 dargestellten idealisierten Verläufe der kennzeichnenden Größen beschrieben.

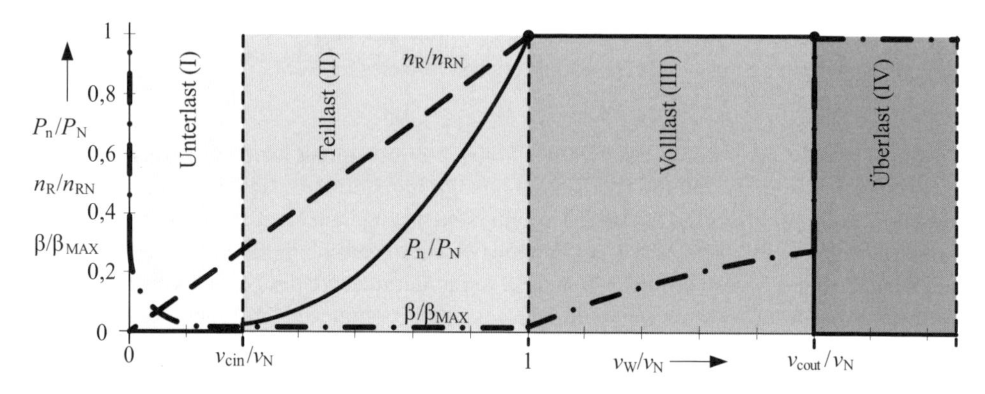

Bild 9.11 Idealisierte Betriebskennlinien von WEA

Die Betriebsbereiche weisen folgende Eigenschaften auf:

Unterlast (I): Unterhalb der Einschaltwindgeschwindigkeit (Cut-in-Windgeschwindigkeit v_{cin}) wird der Blatteinstellwinkel mit zunehmender Windgeschwindigkeit so reduziert, dass die WEA anläuft. Die WEA speist noch nicht ins Netz und die Rotordrehzahl steigt an.

Teillast (II): Im Bereich von v_{cin} bis v_{wN} wird die WEA mit optimaler Schnelllaufzahl betrieben, indem die Rotordrehzahl bei konstantem Blatteinstellwinkel linear ansteigt. Die ins Netz gespeiste Leistung steigt damit kubisch an.

Volllast (III): Oberhalb der Nennwindgeschwindigkeit bis zur Abschaltwindgeschwindigkeit (Cut-out-Windgeschwindigkeit v_{cout}) wird die Netzleistung auf Nennleistung begrenzt, indem der Blatteinstellwinkel zunimmt und damit die Rotordrehzahl mit ansteigender Windgeschwindigkeit konstant gehalten wird.

Überlast (IV): Oberhalb der Abschaltwindgeschwindigkeit wird der Blattwinkel so vergrößert, dass die WEA auf die Drehzahl Null abbremst. Die WEA speist keine Leistung mehr ins Netz ein.

Im gesamten Betriebsbereich wird die Gondel der sich ändernden Windrichtung nachgeführt, sodass der Gierwinkel immer null ist.

Tatsächlich weichen die auftretenden Kenngrößen der WEA von den idealisierten Verläufen ab. Kurzzeitige Windgeschwindigkeitsänderungen, wie sie insbesondere bei Windböen auftreten, führen zu einer Leistungsänderung, die sich in Abhängigkeit von den Eigenschaften des Antriebssystems und der Regeleinrichtungen auf die Kenngrößen auswirken.

Bild 9.12 zeigt beispielhaft den gemessenen Blatteinstellwinkel einer WEA mit einer Einschaltwindgeschwindigkeit von 4 m/s, einer Nennwindgeschwindigkeit von 12,5 m/s und einer Abschaltwindgeschwindigkeit von 25 m/s. Deutlich zu erkennen sind die Abweichungen von der idealisierten Kennlinie beim Übergang vom Teillast- in den Volllastbereich. Gezeigt ist der Kurzzeitmittelwert über jeweils eine Minute.

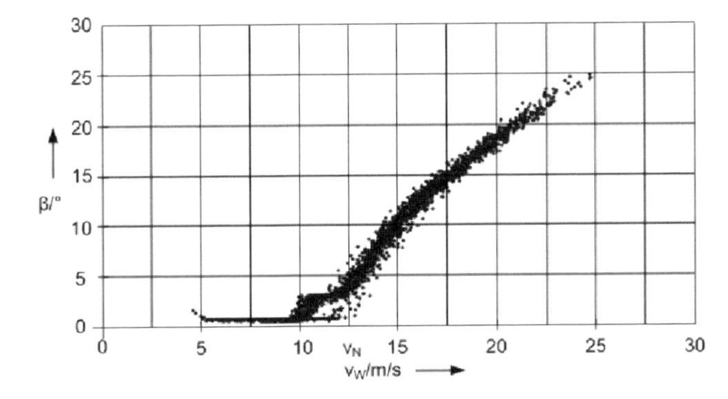

Bild 9.12 Gemessener Blatteinstellwinkel einer WEA

Die tatsächlich sich einstellenden Betriebskennlinien, die Abweichungen von den idealisierten Kennlinien und die Schwankungsbreite hängen wesentlich von den eingesetzten Regelsystemen und der Reglerparametrierung ab.

9.2 Regelsysteme der WEA

Die eingesetzten Regeleinrichtungen haben das Ziel, sowohl die dynamischen als auch die statischen Abweichungen der kennzeichnenden Größen gegenüber den idealisierten Verläufen unter Einhaltung der vorgegebenen Grenzwerte der WEA zu minimieren. Dazu verändern die Regeleinrichtungen der WEA den Gierwinkel, die Blattwinkel, die Generatorleistung oder das Generatormoment sowie die ins Netz gespeiste Wirk- und Blindleistung.

9.2.1 Gierwinkelregelung

Die Ausrichtung der Rotornabe wird aktiv der Windrichtung nachgeführt. Dafür wird die gesamte Gondel über mehrere frequenzumrichtergesteuerte Getriebemotoren (Azimutantriebe) und einen am Turm befestigten Zahnkranz verstellt. Bremsen am Turmkranz bewirken, dass die Gondel fixiert ist, wenn die Motoren die Gondel nicht antreiben. Die Einschaltzeiten, Drehzahlen und Drehrichtung der Azimutantriebe werden gesteuert und geregelt, sodass auf der einen Seite der Gierwinkel bei schwankenden Windrichtungen gering bleibt und auf der anderen Seite die Anzahl der Verstellvorgänge nicht zu groß wird.

Bild 9.13 zeigt das Blockschaltbild einer Gierwinkelregelung, die das Verhalten mithilfe der Parameteranpassung für unterschiedliche Windgeschwindigkeitsbereiche optimiert. Zur Nachführung wird die Windrichtung γ_W erfasst und mit der Ausrichtung der Rotornabe γ_R verglichen.

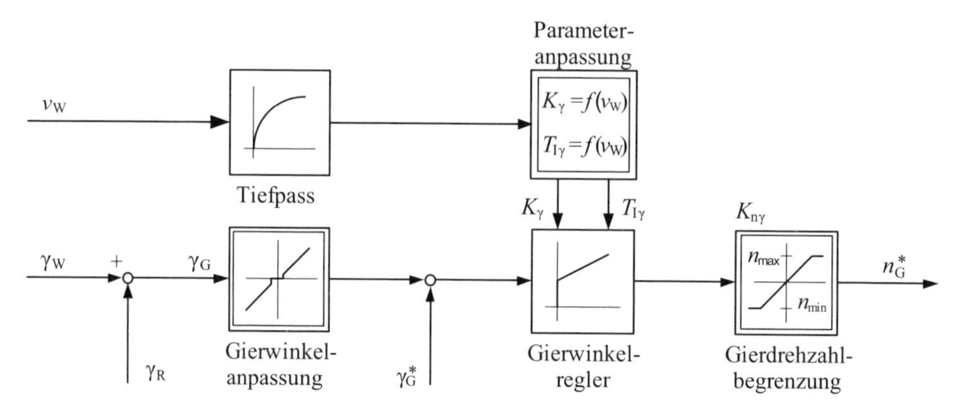

Bild 9.13 Blockschaltbild der Gierwinkelregelung

Überschreitet der Gierwinkel $\gamma_G = \gamma_W - \gamma_R$ über eine längere Zeit einen minimalen Grenzwert (einige Grad), so werden die Bremsen geöffnet und die Gondelausrichtung wird geregelt. Dabei nimmt die Zeit, über die die Abweichung vorliegen muss, mit zunehmender Windgeschwindigkeit und mit zunehmendem Gierwinkel ab. Verstärkung und Integrationszeitkonstante des PI-Gierwinkelreglers werden in Abhängigkeit von der Windgeschwindigkeit angepasst.

Bei sehr kleinen Windgeschwindigkeiten ($v_W \ll v_{cin}$) wird die Gondel nicht nachgeführt. Mit zunehmender Windgeschwindigkeit nimmt die Drehzahl der Azimutantriebe mit größer werdendem Gierwinkel zu. Die Drehzahl wird begrenzt, sodass die Gondel nur langsam rotiert. Typische maximale Drehzahlen liegen weit unter einer Umdrehung pro Minute.

Eine Möglichkeit der Parameteranpassung durch Festlegen verschiedener Betriebsbereiche in Abhängigkeit von der Windgeschwindigkeit und dem Gierwinkel wird in [6] beschrieben. Aufgrund der unscharfen Formulierung des Regelungsverhaltens wird auch der Einsatz von Fuzzy-Reglern vorgeschlagen.

9.2.2 Blattwinkelregelung

Die Leistungs- und Drehzahlbegrenzung im Volllastbereich erfolgt durch die Blattwinkelregelung mithilfe von elektrischen oder hydraulischen Stellantrieben. Die drei unabhängigen in der Nabe angebrachten Stellantriebe vergrößern oberhalb der Nennwindgeschwindigkeit den Blattwinkel, um die Rotorleistung bei zunehmender Leistung im Wind konstant zu halten.

Um nicht auf die schnellen und nur ungenau zu bestimmenden Windgeschwindigkeiten reagieren zu müssen, wird als Eingang der Blattwinkelregelung die Abweichung der Rotordrehzahl von der Rotornenndrehzahl verwendet. Bei positiven Abweichungen wird der Blattwinkel durch den PI-Regler vergrößert.

Das Verhalten der Strecke ist nichtlinear. Für kleine Abweichungen der Windgeschwindigkeit von der Nennwindgeschwindigkeit ist eine große Blattwinkeländerung erforderlich, um die Leistung und damit die Drehzahl konstant zu halten. Für große Windgeschwindigkeiten reicht eine kleine Blattwinkeländerung aus, um Leistung und Drehzahl zu begrenzen. Bekannte Regelungen verwenden daher einen PI-Blattwinkelregler mit Anpassung des Verstärkungsfaktors (Gain-Scheduling). Dabei sinkt der Verstärkungsfaktor mit zunehmendem Blattwinkel, sodass auch bei großen Windgeschwindigkeiten die Regelabweichungen der Drehzahl nicht zu groß werden oder der geschlossene Regelkreis gegebenenfalls sogar instabil wird.

Bild 9.14 zeigt eine mögliche Struktur der Blattwinkelregelung, bei der sowohl der Blattwinkelsollwert als auch die Blattwinkeldrehzahl an die Pitch-Antriebe übergeben werden. Üblich eingesetzte elektrische Servoantriebe verwenden dann intern eine Kaskadenregelung aus einer überlagerter Winkelregelung, einer Drehzahlregelung und einer unterlagerten Momenten- oder Stromregelung. Detaillierte Beschreibungen zur Auslegung finden sich unter anderem in [9] und [5].

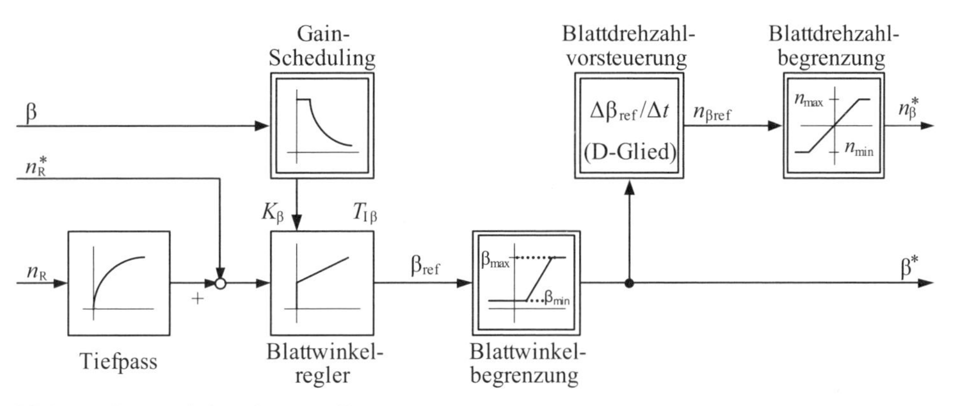

Bild 9.14 Blattwinkelregelung mit Parameteranpassung

Die Drehzahlbegrenzung ist so ausgelegt, dass auch für einen Nothalt der maximale Blattwinkel von nahezu 90° in weniger als 10 s erreicht wird, dies bedeutet Winkelgeschwindigkeiten von einigen Grad pro Sekunde. Damit ist der Blattwinkelregler im Vergleich zur Momenten- oder Leistungsregelung wesentlich langsamer, sodass sich bei dynamischen Windgeschwindigkeitsänderungen merkliche Änderungen in der Drehzahl ergeben.

Um einen kontinuierlichen Übergang vom drehzahlvariablen in den drehzahlkonstanten Betrieb zu erreichen, beginnt die Blattwinkelregelung schon vor Erreichen der Nennwindgeschwindigkeit und der Rotornenndrehzahl. Eine Vergrößerung der Verstärkungen und eine Verringerung der Integrationszeit kann die maximale Drehzahlabweichung verringern. Eine solche Reglereinstellung führt aber insbesondere beim Übergang vom drehzahlvariablen in den drehzahlkonstanten Bereich der WEA zu großer Stellaktivität der Blattwinkelregelung, was sich insbesondere in einem erhöhten Schallpegel in diesem Windgeschwindigkeitsbereich auswirken kann. Die Auslegung wird daher häufig beim Testbetrieb angepasst. Auch hier wird aufgrund der unscharfen Formulierung des Regelungsverhaltens der Einsatz von Fuzzy-Reglern vorgeschlagen.

9.2.3 Wirkleistungsregelung

Auch die Wirkleistungsregelung und -begrenzung erfolgt ohne direkte Auswertung der Windgeschwindigkeitsmessung. Da das Leistungsoptimum im Teillastbereich bei optimaler Schnelllaufzahl erreicht wird, wird auch für die Wirkleistungsregelung die Rotordrehzahl verwendet. Im Teillastmodus stellt sie sich entsprechend der Differenz von Antriebs- und Generatorleistung frei ein.

Die Regelung auf die maximal erreichbare Leistung wird dadurch erreicht, dass über eine Kennlinie die Sollleistung P_n^* in Abhängigkeit der Rotordrehzahl vorgegeben und über den Umrichter eingestellt wird. Ist die aus der Wirkleistungskennlinie vorgegebene Leistung kleiner als die im Wind enthaltene Leistung, dann wird der Rotor schneller. Ist die aus der Wirkleistungskennlinie vorgegebene Leistung größer als die für die aktuelle Windgeschwindigkeit im Wind enthaltene Leistung, dann wird der Rotor langsamer. Im stationären Fall ergeben sich für jede Windgeschwindigkeit im Teillastbereich der maximale Leistungsbeiwert und die optimale Rotordrehzahl.

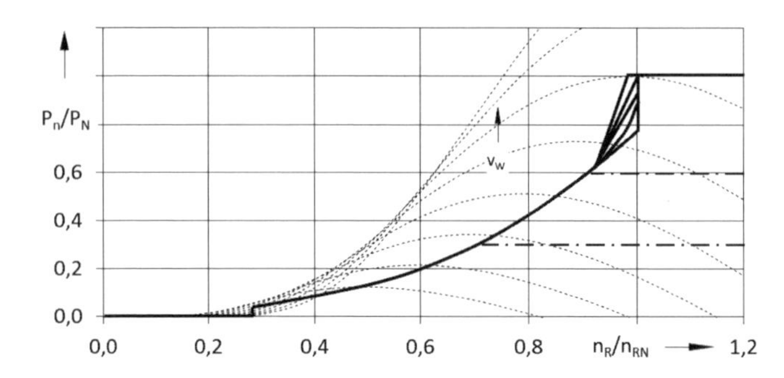

Bild 9.15 Schematisierte Sollwertkurve der Leistung

In Bild 9.15 ist die schematisierte Sollkurve der Leistungskennlinie in das Kennlinienfeld des Rotorleistungsbeiwerts eingetragen. Zu erkennen ist der kubische Verlauf für kleine Drehzahlen und die konstante Leistung für große Leistungen. Strichpunktiert eingetragen sind die Kennlinien bei Vorgabe von Leistungsgrenzen durch den Energieversorger, hier die typisch verwendeten 60 %- und 30 %-Grenzen.

Steigt die im Wind enthaltene Leistung über die Grenzkennlinien, so bewirkt das Ansteigen der Drehzahl das Einsetzen der Blattwinkelregelung und damit die Begrenzung der Leistung. Zur Optimierung des Übergangs zwischen variabler und konstanter Drehzahl werden Modifikationen des Kennlinienverlaufs verwendet, eine ausführliche Beschreibung findet sich in [3].

Im stationären Fall und unter Vernachlässigung der Verluste im Generator-Umrichtersystem ist die Zwischenkreisspannung konstant, Generatorleistung und Netzwirkleistung sind gleich. Die Regelung der Generatorleistung oder des Generatormoments kann daher sowohl direkt als auch über die Netzwirkleistung erfolgen, wenn ein Regler für die Zwischenkreisspannung dafür sorgt, dass diese nahezu konstant bleibt. Somit gibt es zwei Möglichkeiten zur Wirkleistungsregelung:

a) Regelung des netzseitigen Wechselrichters auf die maximal erreichbare Leistung und Regelung der Wirkleistung des rotorseitigen Gleichrichters so, dass die Zwischenkreisspannung nahezu konstant bleibt.

b) Regelung des rotorseitigen Gleichrichters auf die maximal erreichbare Leistung und Regelung der Netzwirkleistung so, dass die Zwischenkreisspannung nahezu konstant bleibt.

Bild 9.16 zeigt die Lösung für die Variante a). Aufgrund der Rotordrehzahl wird der Sollwert der Wirkleistung vorgegeben. Entsprechend der Abweichung zwischen Soll- und Istwert der Netzleistung P_n wird der wirkleistungsbildende Stromsollwert i^*_{wd} des Wechselrichters mithilfe eines PI-Reglers verändert.

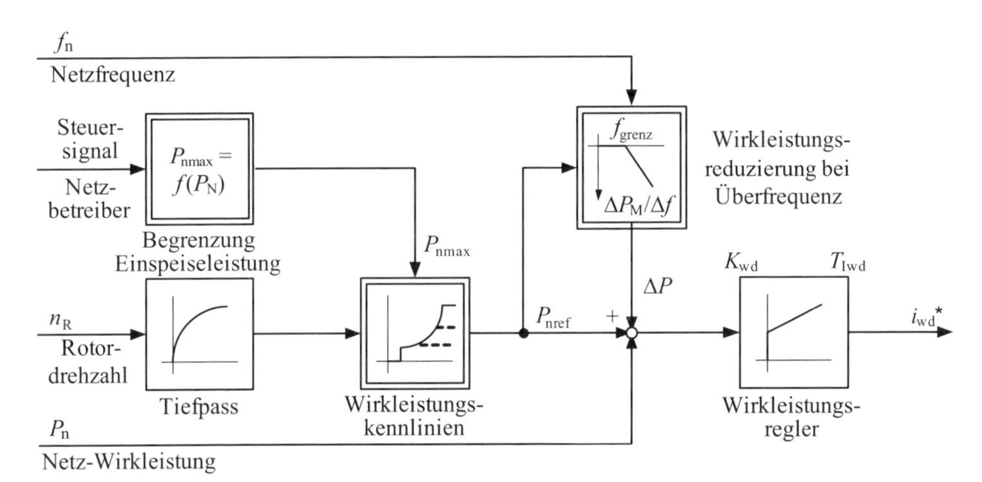

Bild 9.16 Wirkleistungsregelung durch den netzseitigen Wechselrichter

Zusätzlich sind in dem Bild die Wirkleistungsreduzierungen aufgrund der Vorgaben des Netzbetreibers ergänzt [21], [2], [19]. Zum einen ist dies die stufenweise Reduzierung der auf die Nennleistung bezogenen Wirkleistung auf Anforderung durch ein Steuersignal zum Schutz vor Überlastung von einzelnen Netzabschnitten des Übertragungsnetzes. Zum anderen ist es die kontinuierliche Reduzierung der zum Zeitpunkt der Anforderung verfügbaren Leistung, wenn die Netzfrequenz zu groß ist.

Die Regelung der generatorseitigen Ströme ist in Bild 9.17 dargestellt. Der momentbildende Stromsollwert i^*_{gq} des generatorseitigen Gleichrichters wird so vorgegeben, dass die Zwischenkreisspannung konstant bleibt. Überschreitet die Zwischenkreisspannung einen oberen Grenzwert, dann wird der momentenbildende Strom verringert. Unterschreitet die Zwischenkreisspannung einen unteren Grenzwert, dann wird er erhöht. Der rotorflussorientierte Strom i^*_{gd} wird entweder auf null geregelt oder zur Regelung der optimalen Statorspannung $u_s = u_g$ genutzt. Ist die Spannung zu klein, wird der rotorflussorientierte Strom entsprechend erhöht.

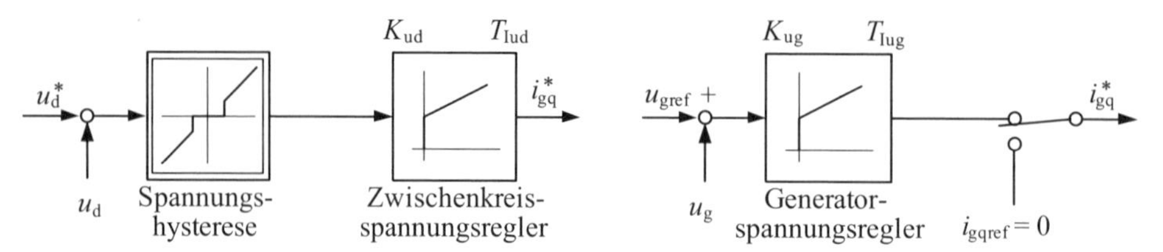

Bild 9.17 Regelung der generatorseitigen Ströme

In Abschnitt 9.1.4 wird dargestellt, dass die Rotordrehzahl aufgrund der elastischen Antriebswelle um einen Mittelwert herum schwanken kann. In [16] wird vorgeschlagen, die Schwingungen der Rotordrehzahl dadurch zu dämpfen, dass der Sollwert der Zwischenkreisspannung in Abhängigkeit von der Rotordrehzahlabweichung vorgegeben wird, um so einen momentbildenden Strom einzuprägen, der die Schwingungen aktiv bedämpft. Die Spannungshysterese muss dann entfallen.

9.2.4 Blindleistungsregelung

Die Netzeinspeisung der WEA wird herkömmlich so betrieben, dass die Blindleistung am Anschlussknoten null ist. Damit wird die Wirkleistung beim minimal erforderlichen Netzstrom ins Netz eingespeist. Zum effizienten und sicheren Netzbetrieb müssen WEA sowohl im quasistationären Betrieb als auch dynamisch zur Spannungsregelung beitragen, indem sie eine induktive oder kapazitive Blindleistung ins Netz speisen. Zur Spannungsanhebung im Anschlussknoten wird in der Regel ein kapazitiver Blindstrom eingeprägt, die entsprechenden Netzanschlussrichtlinien sprechen vom übererregten Betrieb. Zur Spannungsabsenkung wird im sogenannten untererregten Betrieb ein induktiver Blindstrom eingeprägt.

In Bild 9.18 ist ein Blockschaltbild gezeigt, das die Blindleistungsregelung durch das Einprägen der blindleistungsbildenden Stromkomponente $i_{wd}^* = i_{nd}^*$ ermöglicht. Um mögliche Vorgaben des Netzbetreibers zu berücksichtigen, zeigt das Blockschaltbild eine quasistationäre und eine dynamische Blindleistungseinspeisung entsprechend den Regelungen in [2] und [21]. Die Vorgabe für die quasistationäre Blindleistungseinspeisung kann auf unterschiedliche Weise erfolgen: Der Netzbetreiber kann über ein Steuersignal direkt die einzuspeisende Blindleistung oder den Leistungsfaktor $\cos\varphi$ vorgeben. Alternativ kann die Blindleistungseinspeisung kontinuierlich in Abhängigkeit von der Abweichung zwischen Spannungsistwert und -sollwert erfolgen. Zur Begrenzung der erforderlichen Überdimensionierung des netzseitigen Wechselrichters gibt der Netzbetreiber erforderliche Grenzkurven für die Blindleistung vor.

Bei Auftreten von dynamischen signifikanten Spannungsabweichungen insbesondere bei Spannungsabsenkungen aufgrund von Netzfehlern müssen WEA selbsttätig einen Blindstrom zur Spannungsstützung einprägen. Dafür wird die Spannung vor dem Fehlerfall als Referenzwert genommen und mit der momentanen Netzspannung verglichen. In Abhängigkeit von der Abweichung und einem variablen Verstärkungsfaktor wird der Blindstrom entsprechend korrigiert.

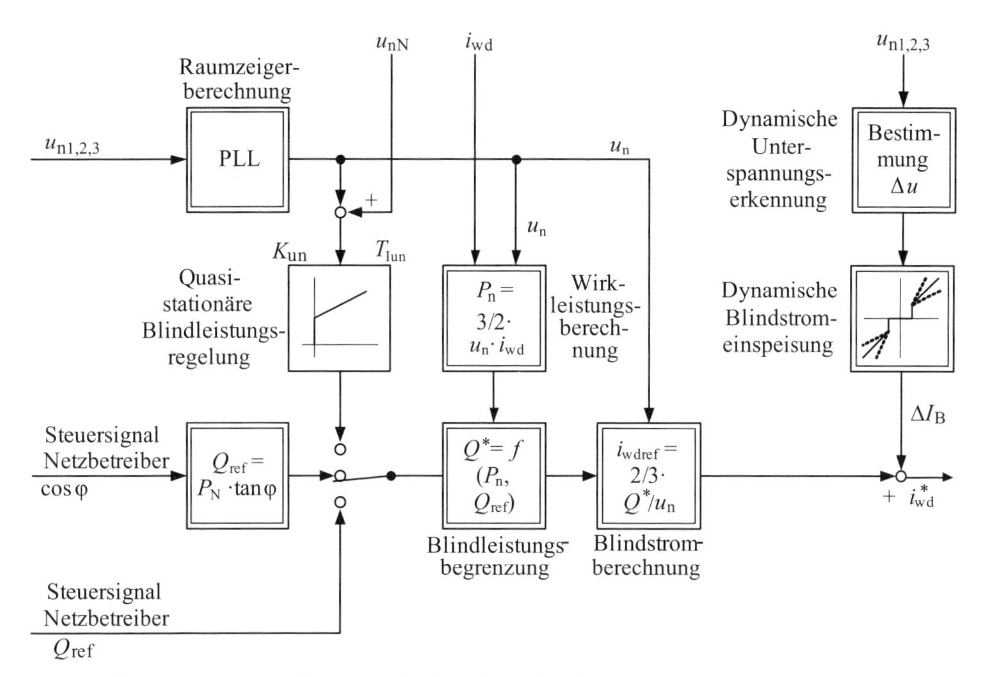

Bild 9.18 Quasistationäre und dynamische Regelung der Netzblindleistung

9.2.5 Zusammenfassung des Regelverhaltens und erweiterte Betriebsbereiche der WEA

Das Verhalten der Regelsysteme innerhalb der WEA lässt sich für den eigenständigen Betrieb ohne Vorgaben durch einen Netzbetreiber wie folgt zusammenfassen:

- Im gesamten Windgeschwindigkeitsbereich wird die Gondel durch die Azimutantriebe der Windrichtung nachgeführt.
- Im gesamten Leistungsbereich wird der Generator mit optimalem Fluss betrieben und der netzseitige Wechselrichter so betrieben, dass keine Blindleistung ins Netz gespeist wird.
- Durch die Zwischenkreisspannungsregelung wird erreicht, dass die Wirkleistung des generatorseitigen Gleichrichters im stationären Fall identisch mit der des netzseitigen Wechselrichters ist.
- Unterhalb der Nennwindgeschwindigkeit wird die Leistung maximiert, in dem die Wirkleistung in Abhängigkeit von der Rotordrehzahl vorgegeben wird. Der Blatteinstellwinkel bleibt konstant auf seinem optimalen Wert.
- Oberhalb der Nennwindgeschwindigkeit werden Drehzahl und Leistung durch die Blattwinkelregelung konstant gehalten.

Drehzahl, Blatteinstellwinkel und Leistung beeinflussen sich gegenseitig. Moderne WEA weisen neben den vier in Bild 9.11 gekennzeichneten Betriebsbereichen weitere signifikante Übergangsbereiche auf. Bild 9.19 zeigt die typischen Verläufe in Abhängigkeit von der Windgeschwindigkeit.

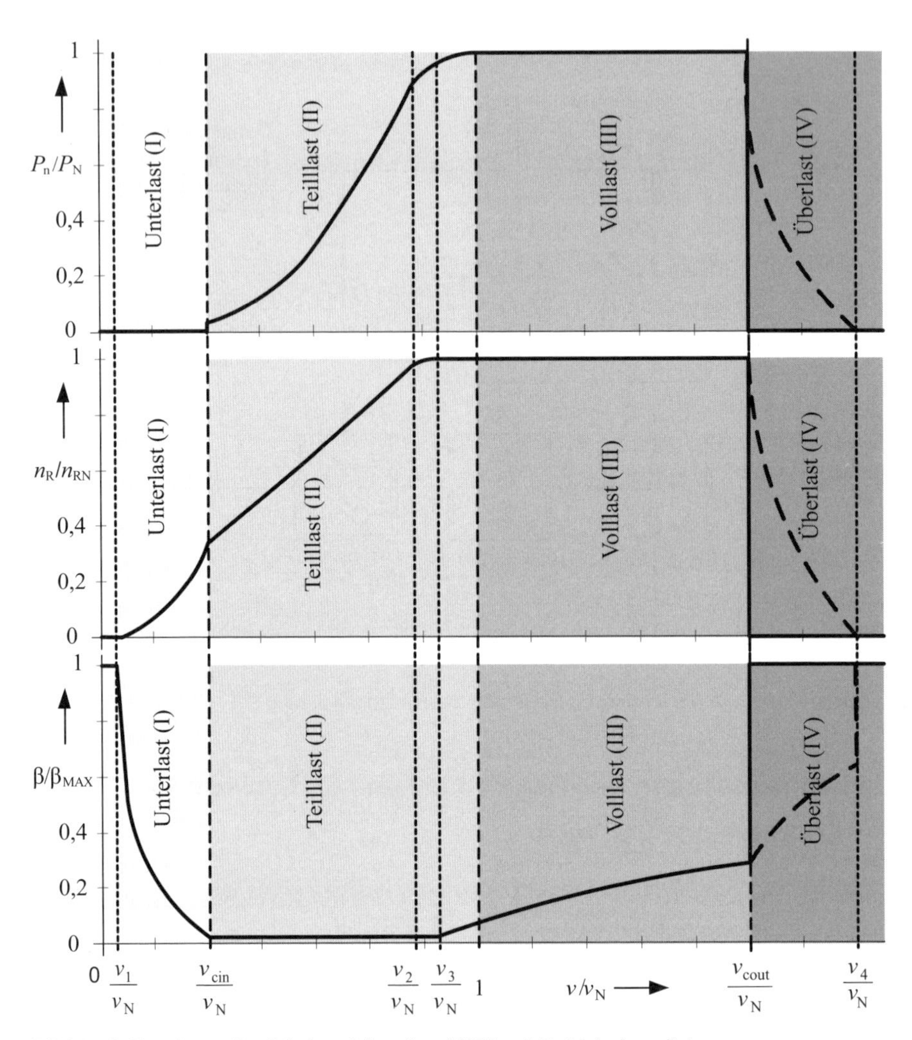

Bild 9.19 Erweiterte Betriebsbereiche einer WEA mit Betriebskennlinien

Für einen stetigen Übergang der Systemgrößen von Teil- in Volllast bewirkt die Steuerkennlinie der Leistung, dass die Rotordrehzahl schon unterhalb der Nennwindgeschwindigkeit nicht mehr windgeschwindigkeitsproportional ansteigt. Ab v_2 wird daher die WEA nicht mehr mit der optimalen Schnelllaufzahl betrieben. Die Blattwinkelregelung setzt bei v_3 ein, auch wenn die Nennleistung noch nicht ganz erreicht ist. Damit sinkt der Rotorleistungsbeiwert zusätzlich ab. Den optimalen Leistungsbeiwert erreicht eine WEA daher unterhalb v_N, bei Erreichen der Nennwindgeschwindigkeit ist der Leistungsbeiwert schon merklich abgesunken.

9.3 Betriebsführungssysteme für WEA

Das technische Betriebsführungssystem wird eingesetzt, um den automatischen, effizienten und sicheren Betrieb der WEA zu ermöglichen. Es verarbeitet sowohl die Eingangssignale der WEA als auch die Signale der Bedieneinrichtungen und weiterer übergeordneter Systeme wie dem Leitsystem. Die Betriebsführung bestimmt aus diesen Eingangssignalen die Ausgangssignale für die WEA, für die Anzeigeeinrichtungen und die übergeordneten Systeme. Zu den wesentlichen Aufgaben der Betriebsführung gehören

- die Steuerung des Betriebsablaufs und die Vorgabe der Sollwerte für die WEA-Regelungssysteme,
- die Überwachung kritischer Größen und Aktivierung entsprechender Sicherheitsmaßnahmen und
- die Erfassung, die Speicherung und der Austausch relevanter Informationen mit den übergeordneten Systemen.

Gemäß diesen Hauptaufgaben kann das technische Betriebsführungssystem in drei Teilsysteme gegliedert werden.

9.3.1 Steuerung des Betriebsablaufs von WEA

Mithilfe der Steuerung des Betriebsablaufs wird der Betriebszustand ermittelt und der Übergang zwischen den Betriebszuständen koordiniert. Sie hängt von der gewählten Betriebsart (Automatik, manuell) und dem Ort der Bedienung (fern, lokal) ab.

Im Automatikbetrieb lässt sich die WEA nur ein- und ausschalten, alle weiteren Funktionen werden von der Steuerung vorgegeben. Im Handbetrieb, der für die Inbetriebnahme, den Test, die Wartung oder den Service erforderlich ist, kann der Wechsel von Betriebszuständen sowie die Aktivierung von Ausgangssignalen für die WEA auch manuell beeinflusst werden. In der Regel werden WEA über Leitsysteme ferngesteuert und überwacht (Remote Control). Nur im Handbetrieb kann die WEA mithilfe von Bedieneinrichtungen vor Ort (Local Control) gesteuert werden. Dabei hat die Vor-Ort-Steuerung Vorrang vor der Fernsteuerung.

Der automatische Betriebsablauf kann mithilfe einer Ablaufkette abgebildet werden, wobei vereinfachend folgende wesentliche Betriebszustände der WEA unterschieden werden:

- Initialisieren und Prüfen der Anlage,
- Hochfahren der Anlage ohne Netzeinspeisung,
- Betreiben der Anlage im Teil- und Volllastbetrieb,
- Abfahren der Anlage im Normalfall und
- Schnellhalten der Anlage im Fehlerfall.

Der Ablauf wird aus der in Bild 9.20 dargestellten Grundstruktur der Steuerung deutlich. Der Wechsel von einem Zustand in den anderen erfolgt in Abhängigkeit von der Transitionsbedingung, die am Querstrich auf der Verbindung angegeben ist.

Die fünf gezeigten Betriebszustände und die Übergänge werden in Bild 9.21 unter Berücksichtigung der erweiterten Betriebsbereiche aus Bild 9.19 detailliert. Im Einzelnen sind in den Schritten folgende Aufgaben zu erfüllen:

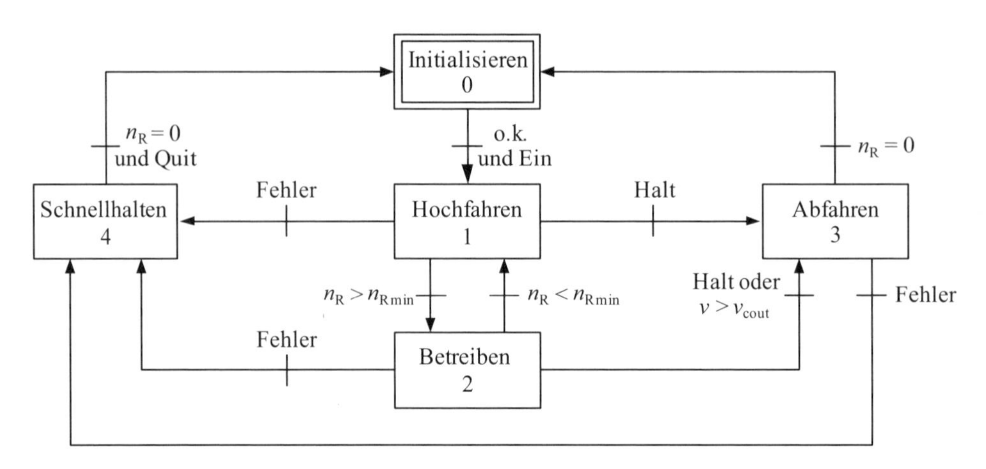

Bild 9.20 Vereinfachte Grundstruktur der Ablaufsteuerung für eine WEA

Initialisieren: Nach dem Einschalten der Anlage initialisieren sich sämtliche Teilsteuerungen, und die Kommunikation zwischen den Teilsystemen und zu den übergeordneten Steuerungen wird aufgenommen. Nach der Initialisierungsphase werden sämtliche Statussignale und Messwerte protokolliert und gespeichert.

Prüfen der Anlage: Nach der Initialisierung werden die wesentlichen Aktoren und Sensoren geprüft. Bremsen werden gelüftet und wieder geschlossen, Pitch- und Gierantriebe sowie deren Drehgeber sowie die Rotor- und Generatordrehzahlgeber werden durch einen kurzen Testbetrieb geprüft. Die Umgebungsbedingungen wie Temperatur und Luftfeuchtigkeit, Windgeschwindigkeit und -richtung sowie die zahlreich angebrachten Schwingungs- und Kraftsensoren sowie die Strom- und Spannungssensoren werden auf Einhaltung ihrer Grenzwerte überprüft, bevor die Anlage in den betriebsbereiten wartenden Zustand mit stillstehendem Rotor übergeht.

Stillstehen: Solange die Windgeschwindigkeit kleiner bleibt als der minimale Grenzwert v_1, wartet die WEA bei feststehendem Rotor und nicht aktivierten Pitch- und Azimutantrieben. Erst wenn die Windgeschwindigkeit diesen Wert überschreitet, wechselt die WEA in den Zustand zum Hochfahren der Anlage.

Betreiben in Unterlast: Zum Hochfahren wird die Anlage bei gelüfteten Bremsen entsprechend der Windrichtung ausgerichtet. Die Blatteinstellwinkel werden langsam so reduziert, dass der Rotor anfängt sich zu drehen. Nach Überschreiten einer minimal erforderlichen Rotordrehzahl baut der generatorseitige Gleichrichter ein Drehmoment auf und die WEA beginnt, über den Umrichter Leistung ins Netz einzuspeisen.

Betreiben in Teillast: Im Teillastbereich wird bei optimalem Blatteinstellwinkel die Wirkleistung durch die Anpassung der Drehzahl maximiert. Steigt die Windgeschwindigkeit derart an, dass der Rotor den Kennwert n_{R2} überschreitet, wechselt die WEA in den Übergangsbereich zwischen Teil- und Volllast.

Übergehen von Teil- in Volllast: In diesem Bereich werden Rotordrehzahl und Blatteinstellwinkel verändert. Die Rotordrehzahl steigt aufgrund der vorgegebenen Leistungskennlinie noch leicht an, die ins Netz gespeiste Leistung hat noch nicht die Nennleistung erreicht.

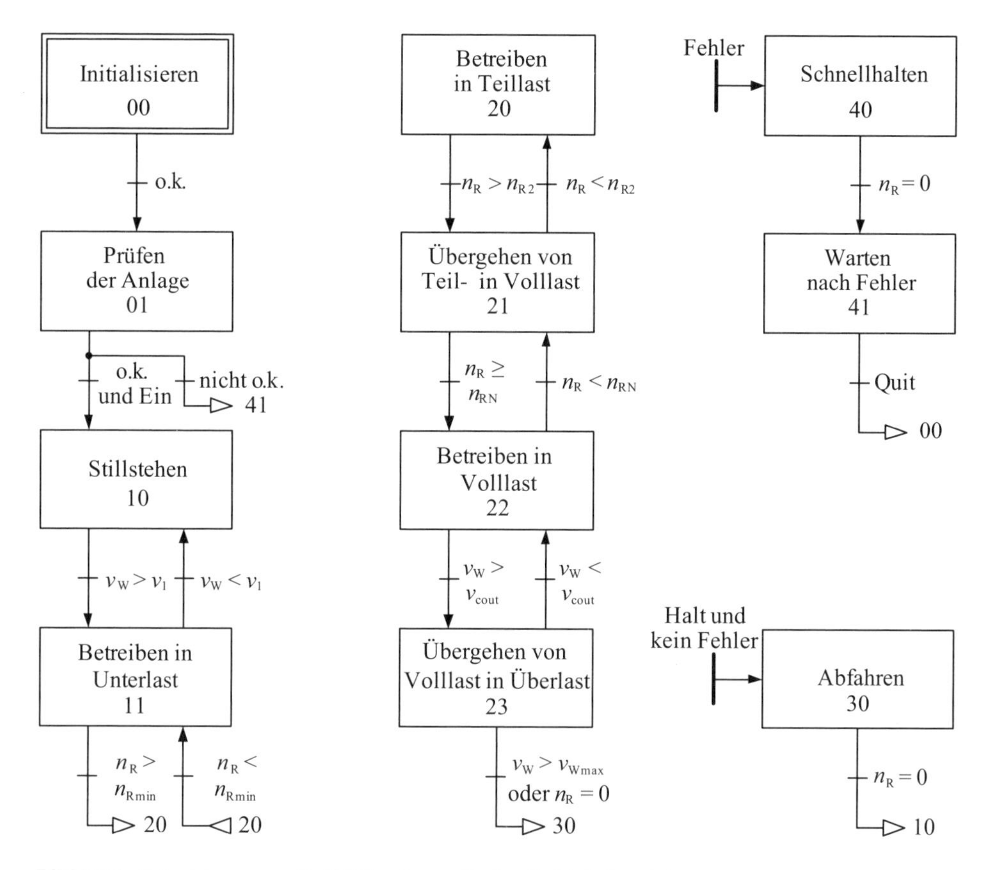

Bild 9.21 Ablaufsteuerung für WEA mit erweiterten Betriebsbereichen

Betreiben in Volllast: Oberhalb der Nennwindgeschwindigkeit speist die WEA die Nennleistung ins Netz ein. Durch die Regelung des Blatteinstellwinkels werden die Leistung und die Drehzahl konstant gehalten.

Übergehen von Volllast in Überlast: Nach Überschreiten der Grenzwindgeschwindigkeit v_{cout} wird die Leistung der Anlage kontinuierlich bis auf null reduziert (Sturmregelung). Dazu wird sowohl die Referenzleistung als auch die Referenzrotordrehzahl in Abhängigkeit von der Windgeschwindigkeit kleiner, sodass der Blatteinstellwinkel zunehmend vergrößert wird.

Übergehen von Volllast in Überlast: Für Anlagen mit sogenannter Sturmregelung wird die Drehzahl und das Drehmoment mit zunehmender Windgeschwindigkeit kontinuierlich reduziert. Referenzdrehzahl und Referenzleistung sinken kontinuierlich, sodass der Blatteinstellwinkel mit einem wesentlich größeren Gradienten als im Volllastbetrieb ansteigt. Sollte auch bei Überschreiten einer maximal zulässigen Betriebswindgeschwindigkeit v_{Wmax} die Anlage noch nicht stillstehen, geht die WEA automatisch in den Abfahrbetrieb über.

Abfahren: Nach Überschreiten der maximalen Betriebswindgeschwindigkeit oder auf Anforderung durch ein Haltsignal fährt die Anlage gesteuert durch eine rampenförmige, langsame Vergrößerung des Blatteinstellwinkels auf Drehzahl Null. Danach fallen die Bremsen wieder ein. Bei Anforderung über das Haltsignal wird aus den üblichen Betriebszuständen immer in den Abfahren-Betrieb gewechselt.

Schnellhalten: Bei Auftreten eines Fehlers wie Netzspannungsausfall oder sehr großen Böenwindgeschwindigkeiten fährt die Anlage gesteuert durch eine sehr schnelle Vergrößerung des Blatteinstellwinkels auf Drehzahl Null. Die Rotorbremse fällt aus Sicherheitsgründen auch dann ein, wenn die Drehzahl nach einer bestimmten Zeit noch nicht null ist. Aus anderen Betriebszuständen wird immer in den Schnellhalten-Betrieb gewechselt, wenn ein Fehler auftritt.

Warten nach Fehler: Der automatische Wiederanlauf nach einem sicherheitskritischen Fehler ist nicht möglich. Eine aufgrund eines Fehlers durch einen Schnellhalt abgebremste WEA kann erst wieder in Betrieb genommen werden, wenn die Fehlerursache geklärt ist, diese nicht mehr vorliegt und damit der Fehler quittiert werden kann.

Aus den hier aufgeführten Aufgaben lassen sich für jeden Schritt die Ausgangssignale für die Stelleinrichtungen und die Anzeigeeinrichtungen ableiten.

9.3.2 Sicherheitssysteme

Neben der Steuerung des normalen Betriebsablaufs muss der sichere Betrieb der WEA gewährleistet werden. Die technische Betriebsführung muss den Betrieb der Anlage überwachen und Störungen vermeiden, Fehler und Veränderungen in der Anlage frühzeitig erkennen und Sicherheitsmaßnahmen und Wartungsarbeiten automatisch einleiten.

Wie andere Anlagen auch muss die WEA grundsätzliche Anforderungen an die Sicherheit erfüllen. Ein guter Überblick über allgemeine Vorgaben für die Vermeidung und Beherrschung von Ausfällen sowie technische und organisatorische Anforderungen an den Betrieb von Anlagen mit programmierbaren Steuerungssystemen findet sich in [12]. In [10] werden die grundlegenden Eigenschaften der Sicherheitssysteme für WEA beschrieben.

Zum sicheren Betrieb wird der technischen Betriebsführung ein Sicherheitssystem überlagert. Es werden sogenannte ausfallsichere Steuerungs- und Schaltkomponenten eingesetzt und zusätzlich Sicherheitssysteme installiert, die unabhängig von der Steuerung die Signale erfassen und sofortige Sicherheitsmaßnahmen ergreifen.

Die Steuerung des Betriebsablaufs greift bei Überschreiten von Grenzwerten, Fehlern oder Störungen frühzeitig ein, um einen sicheren Betrieb der Anlage zu ermöglichen. Auch bei außerordentlichen Windgeschwindigkeiten, Umgebungsbedingungen wie die Außentemperatur, Bedingungen der Netzversorgung oder unvorhergesehenem Ausfall von einzelnen Komponenten zum Beispiel aufgrund von Blitzschlag, wird die WEA in einen sicheren Zustand überführt werden.

Folgende Ereignisse führen zunächst zu einer Leistungsreduzierung, bevor das Überschreiten des Grenzwerts einen Schnellhalt auslöst:

- Überschreiten von Schwellwerten für Rotordrehzahl, für Kräfte, Momente und Schwingungsamplituden von Turm, Blatt oder Antriebsstrang,
- Überschreiten von Schwellwerten für den Generatorstrom, für die Zwischenkreisspannung und den Netzstrom und
- Überschreiten der thermischen Grenzwerte in der Gondel, im Generator oder im Umrichter oder der Grenzwerte anderer klimatischer Größen wie der Feuchtigkeit.

Folgende Ereignisse führen zum sofortigen Schnellhalt durch die Blattverstellung und zum anschließenden Einfallen der Rotorbremse:

- Ausfall der Messsysteme für Drehzahl, Windgeschwindigkeit, Strom und Spannung,
- Ausfall einzelner Stelleinrichtungen wie Gier- oder Azimutantriebe,
- Ausfall der Kommunikationssysteme innerhalb der WEA zwischen Steuerung und Stelleinrichtungen,
- Überschreiten von Netzspannungsgrenzwerten oder Unterschreiten der Grenzkurven für die zulässige Netzunterspannung und
- Überschreiten des maximalen oder Unterschreiten des minimalen Netzfrequenzgrenzwerts.

Daneben wird der Betriebszustand entscheidender technischer Betriebsmittel der WEA durch sogenannte Betriebszustandsüberwachungssysteme (Condition Monitoring System = CMS) erfasst. Diese Systeme leiten frühzeitig vor dem Eintreten eines Schadens automatisch die erforderlichen Maßnahmen, Wartungsarbeiten oder den Austausch des Betriebsmittels ein.

9.4 Windparksteuer- und -regelsysteme

Windparks sind dadurch gekennzeichnet, dass eine große Anzahl von WEA, die in einer weit ausgedehnten Fläche verteilt stehen, über einen Netzanschlusspunkt (NAP) an das öffentliche Netz angeschlossen werden. Die Anschlussleistung solcher Windparks geht über 100 MW hinaus, sie werden häufig direkt an das Übertragungsnetz angeschlossen.

Die WEA in einem solchen WP weisen häufig unterschiedliche Leistungen auf. So stehen in großen Windparks ausgewählte WEA aufgrund von routinemäßigen Wartungsarbeiten komplett still, bei den anderen ist die eingespeiste Leistung aufgrund der unterschiedlichen Windgeschwindigkeitsverteilung im Windpark nicht identisch. Die Windgeschwindigkeit der WEA, auf die der Wind zuerst trifft, ist wesentlich größer als bei der WEA, die auf der windabgewandten Seite des Windparks steht. In neueren großen Windparks ist die installierte Leistung des Windparks größer als die Nennanschlussleistung, sodass auch bei wartungsbedingtem Stillstand einzelner WEA und bei ausreichender Windgeschwindigkeit die Nennanschlussleistung ins Netz eingespeist werden kann.

Die Einzelregelung einer WEA zur Einhaltung der Netzanschlussrichtlinien ist jetzt nicht mehr sinnvoll. Es werden daher Windparksteuer- und -regelsysteme eingesetzt, die den WEA-Steuer- und -Regelsystemen übergeordnet werden und einzelne Sollwerte vorgeben. Im Einzelnen haben diese WP-Steuer- und -Regelsysteme folgende Aufgaben:

- gesteuertes Erhöhen der Leistung beim Einschalten mit begrenztem dP/dt (Einschaltsteuerung mit Vorgabe der Anstiegszeit),
- gesteuertes Verringern der Leistung beim Ausschalten mit begrenztem dP/dt (Ausschaltsteuerung mit Vorgabe der Abfallzeit),
- Vorgabe von Reserveleistungen,
- Einhalten der vom Netzbetreiber vorgegebenen Wirkleistungsgrenze und quasistationäre Frequenzstützung am NAP sowie

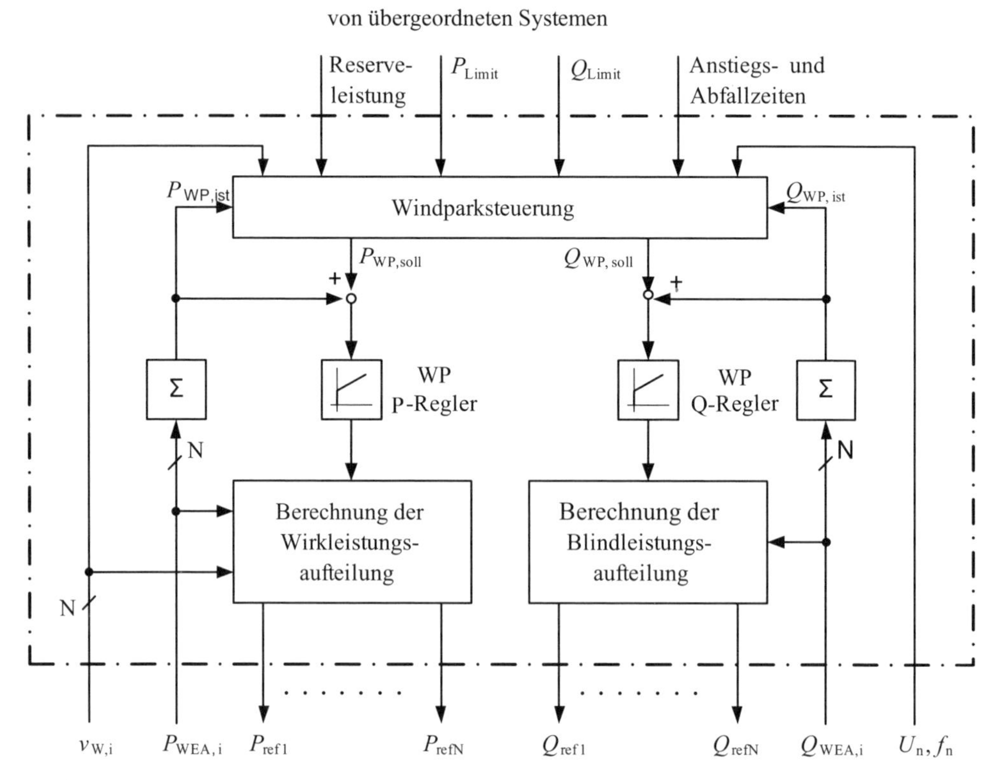

Bild 9.22 Windparksteuer- und -regelsystem

- Einhalten der vom Netzbetreiber vorgegebenen Blindleistung, quasistationäre Spannungsstabilisierung und dynamische Spannungsstabilisierung bei Spannungseinbruch durch Blindstromeinspeisung am NAP.

In Abschnitt 9.2 sind die Regelsysteme für die einzelne WEA beschrieben. Beim Einsatz in großen WP werden die Aufgaben zur Einhaltung der Netzanschlussbedingungen durch eine Parkregelung realisiert. Schon in [8] und [20] wurden Vorschläge dafür gemacht, die nun schrittweise in neuen Parkregelungen eingeführt werden. Bild 9.22 zeigt ein Windparksteuer- und -regelsystem, das die Aufgaben zur Wirk- und Blindleistungseinspeisung gemäß den Anforderungen des Netzbetreibers koordiniert.

Zu erkennen sind die Blöcke für die Aufteilung der Wirk- und Blindleistung auf die einzelnen WEA. Durch die Berücksichtigung der WEA-Betriebszustände, der Windgeschwindigkeiten und der aktuellen Istwerte von Wirk- und Blindleistung wird die Aufteilung optimiert.

Die dynamische Spannungsstabilisierung bei Spannungseinbruch durch Blindstromeinspeisung ist nur möglich, wenn die Sollwerte schnell übergeben werden und die WEA entsprechend schnell reagieren. Es kann erforderlich sein, dass zusätzliche Einheiten allein zur Blindstromeinspeisung in WP ergänzt werden.

9.5 Fernbedienung und -überwachung

Sowohl die Daten der technischen Betriebsführung als auch die Daten der Betriebszustandsüberwachung werden in modernen Fernbedienungs-, -wartungs- und -überwachungssystemen von WEA erfasst, verarbeitet, angezeigt, ausgewertet und gespeichert. Diese Systeme zur Fernsteuerung werden mit dem Begriff SCADA für Supervisory Control and Data Acquisition abgekürzt. Im Unterschied zur Betriebsführung, Steuerung und Regelung greift das SCADA-System nicht direkt und nicht in Echtzeit in den Prozess der Energiewandlung der WEA ein.

SCADA-Systeme steuern nicht nur die einzelne WEA, sondern häufig alle von einem Hersteller gelieferten WEA bei unterschiedlichen Betreibern oder alle von einem Betreiber überwachten Anlagen von unterschiedlichen Herstellern. Zusätzlich stellt das SCADA-System ausgewählte Daten auch für andere Anwendungen zur Verfügung. So werden den Anteilseignern ausgewählte Daten zu Informationszwecken zur Verfügung gestellt oder die Betreibergesellschaften können ausgewählte Daten in ihre betriebswirtschaftlichen Datenverarbeitungssysteme (Abrechnungssysteme) einbinden.

Die technischen Aufgaben der SCADA-Systeme für WEA und WP lassen sich wie folgt klassifizieren:

Steuerungsaufgaben

Kommunikation und Identifizierung der WEA: Das SCADA-System nimmt die Verbindung zu den WP und WEA auf und identifiziert die Lage, den Typ und weitere erforderliche Anlageninformationen.

Zugriffs- und Betriebsartensteuerung: Das SCADA-System steuert den Zugriff auf die Anlage und die Daten in Abhängigkeit von Nutzungsrechten und Zugangskontrollen. Es koordiniert die Umschaltung von Vor-Ort- und Fernsteuerung, die Umschaltung von Handbetrieb in den Automatikbetrieb und die erforderlichen Verriegelungen.

Funktionsprüfung und Parametrierung: Mithilfe des SCADA-Systems können im Handbetrieb verschiedene Aktoren auf ihre Funktion hin überprüft werden. Wesentliche Anlageneigenschaften können über das SCADA-System nachparametriert werden.

Alarmierung: Das SCADA-System löst automatisch Warnungen, Alarme und gegebenenfalls Serviceeinsätze und Ersatzteilbeschaffungen über unterschiedliche Wege wie Email, Fax oder SMS aus.

Aufgaben zur Datenerfassung, -analyse und -archivierung

Datenerfassung: Das SCADA-System liest in festgelegten Zyklen die relevanten Messwerte der WEA wie Windgeschwindigkeit, Windrichtung, Drehzahl, Leistung, Strom, Spannung, Frequenz, Leistungsfaktor, Temperatur, Feuchtigkeit, Druck ein und speichert sie ab. Betriebszustände, Systemeingriffe, Wartungsaktivitäten werden so ebenfalls erfasst.

Datenanalyse: Das SCADA-System wertet die Daten aus und ermittelt daraus charakteristische Kenngrößen wie Mittelwert, Minimal- und Maximalwert, Standardabweichung, Windgeschwindigkeitsverteilung, Leistungsverteilung, Produktions- und Verfügbarkeitsstatistiken und stellt die Informationen für Melde- oder Ereignisprotokolle zusammen.

Archivierung: Das SCADA-System speichert und sichert die Daten.

Anzeige- und Bedienaufgaben

Anzeige: Das SCADA-System stellt Ort, Zeit, Betriebszustände und Alarme übersichtlich dar. Es zeigt Windgeschwindigkeit und -richtung, Rotordrehzahl und weitere WEA-Kenngrößen wie Leistung und Energie an.

Visualisierung: Das SCADA-System stellt Übersichtsbilder von Windparks, WEA und WEA-Komponenten in einer hierarchischen Anordnung zur Verfügung. Es kann wesentliche Zeitverläufe als Zeitreihen darstellen.

Bedienung: Das SCADA-System bietet Standardbedienmöglichkeiten wie Start, Stop, Reset und die Betriebsartenwahl. Über passwortgeschützte Login/Logout-Funktionen ermöglicht es die Benutzerverwaltung und die Zugriffssteuerung.

Zur Erfüllung der Aufgaben besteht das Fernbedienungs- und Überwachungssystem mindestens aus der Mensch-Maschine-Schnittstelle im Leitstand (Arbeitsplatzterminal), dem eigentlichen Rechner zum Verarbeiten, Senden und Empfangen der Daten, dem Datenspeicher, der Kommunikationsinfrastruktur und den lokal in der WEA und im WP angeordneten Systemen zur Interaktion mit dem Leitstand. Unterschiedliche Lösungen zur Einbindung in die Kommunikations- und Automationsinfrastruktur mit unterschiedlichen Kommunikationsprotokollen und Datenformaten werden eingesetzt.

9.6 Kommunikationssysteme für WES

In WES und zum Austausch der Informationen mit den übergeordneten Systemen werden unterschiedliche Kommunikationssysteme eingesetzt, die wesentlich durch die Übertragungsrate, die Anzahl der Ein- und Ausgänge, die erforderlichen Reaktionszeiten, die Entfernungen zwischen den Systemen und den Anforderungen an die Sicherheit der Übertragung bestimmt sind. Mit der Durchdringung der internationalen Standards zur „Kommunikation für die Überwachung und Steuerung von Windenergieanlagen“ [11] und für „Kommunikationsnetze und -systeme für die Automatisierung in der elektrischen Energieversorgung“ [13] vereinheitlichen sich die Kommunikationsstrukturen und -protokolle für WES.

Bild 9.23 zeigt eine typische WEA- und WP-Kommunikationsstruktur und die Einbindung in ein Netzleitsystem, in die WES-Fernüberwachung und -bedienung sowie weitere Überwachungs- und Diagnosesysteme.

Innerhalb der WEA tauschen die Sensoren, Aktoren, die WEA-Steuerung und WEA-Regelung die erforderlichen Informationen über unterschiedliche dezentrale Kommunikationssysteme aus. Die verschiedenen WEA in einem WP werden über ein lokales WES-Bussystem mit dem WP-Leitsystem verbunden, das die Echtzeiteigenschaften für die zeitkritischen Prozesse erfüllen muss. Zur Erreichung hoher Übertragungsgeschwindigkeiten bei großen Übertragungswegen werden Glasfaserkabel eingesetzt. Die Kommunikation nach außen findet dann über das TCP-IP-Netz unter Verwendung der genormten Protokolle und Datenformate statt.

Um die spezifischen Informationen der Windenergieanlagen unterschiedlicher Hersteller in die übergeordneten Systeme einbinden zu können und die WEA herstellerunabhängig steuern zu können, wird sowohl der Ablauf des Informationsaustauschs als auch die Darstellung der WEA-Informationen vereinheitlicht. Bild 9.24 zeigt das WEA-Kommunikationsmodell (a) und das Informationsmodell einer WEA (b) in Anlehnung an [11].

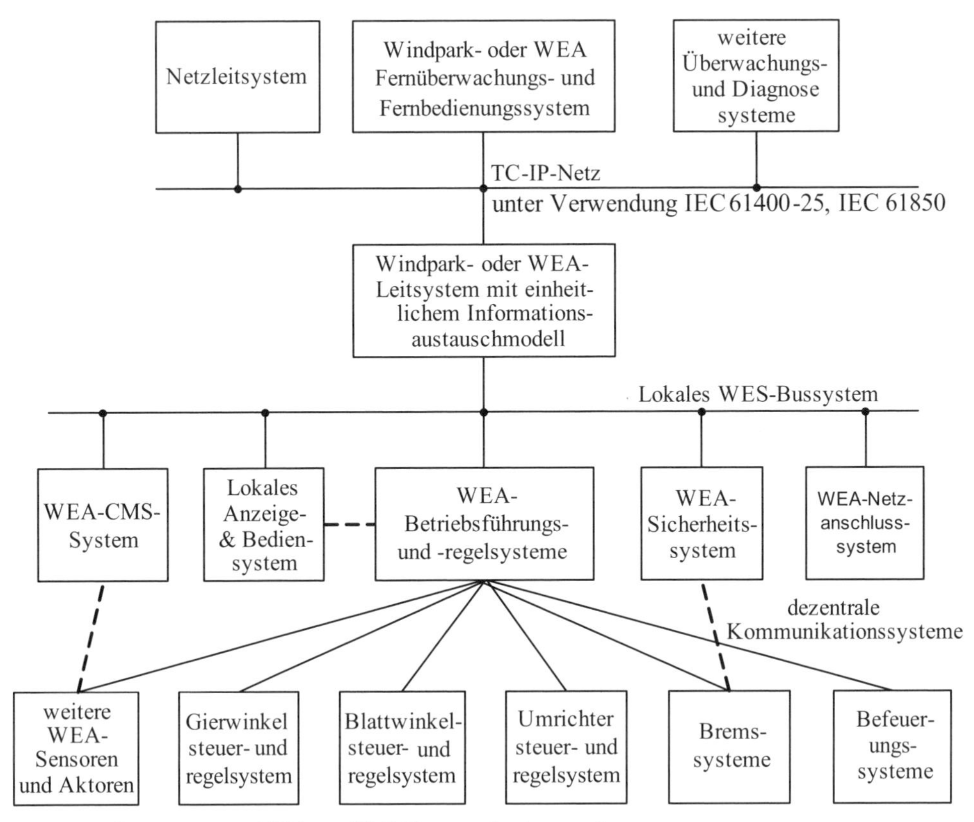

Bild 9.23 Schematisierte WEA- und WP-Kommunikationsstruktur

Die Kommunikation basiert auf der allgemein anerkannten Client-Server-Beziehung. Die WEA-Komponenten tauschen die Informationen mit dem WEA-Informationsmodell eines Servers aus, der diese für unterschiedliche Clients bereitstellt. Verschiedene Anwendungen wie ein SCADA-System können diese Daten nutzen, wenn der Client entsprechende Rechte besitzt. Der eigentliche Datenaustausch zwischen Client und Server geschieht über einheitliche Informationsaustauschmodelle zum Laden, Einstellen, Melden, Steuern oder Protokollieren und durch den Datentransfer mithilfe einheitlicher Kommunikationsprofile zum Lesen und Schreiben.

Das WEA-Informationsmodell stellt die Inhalte zur Verfügung, die für den Informationsaustausch zwischen Client und Server erforderlich sind. Dafür schreiben die Komponenten der realen WEA in das einheitliche Modell einer virtuellen WEA mit einheitlichen Zuordnungen, Bezeichnungen, Datentypen, Auflösungen und Funktionalitäten der Informationen. Bild 9.24b zeigt die wesentlichen Komponenten der virtuellen WEA. Das Modell ist hierarchisch organisiert und umfasst die Informationen für den Antriebsstrang mit Rotor, die Kraftübertragung (Antriebswelle), den Generator, den Umrichter und Transformator sowie die Informationen der Gondel, des Turms und des Azimutsystems. Daneben werden auch die Information zur WEA- und WP-Steuerung sowie Daten der zugeordneten meteorologischen Messsysteme beschrieben. In Bild 9.24b sind die Namen der logischen Knoten für die Komponenten in Anleh-

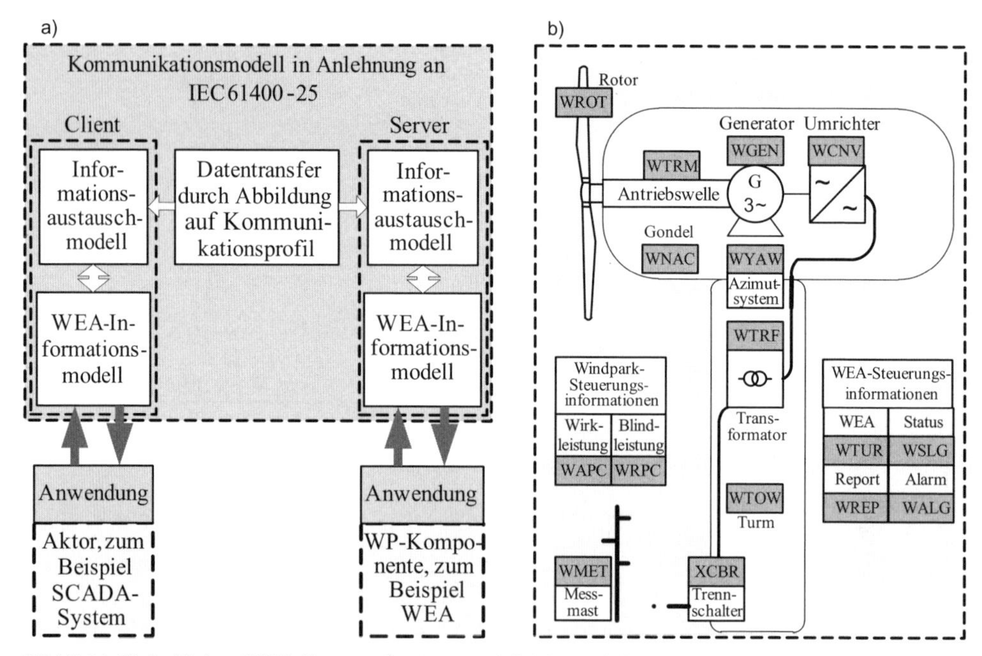

Bild 9.24 Einheitliches WEA-Kommunikationsmodell (a) und Informationsmodell (b)

nung an [11] eingetragen. Zu erkennen ist, das die Informationen des Trennschalters schon zur Gruppe der Schaltanlagen gehört und daher anders kodiert ist.

Mithilfe dieses einheitlichen Kommunikations- und Informationsmodells ist es nun möglich, unterschiedliche Dienste wie die Steuerung mithilfe eines Netzleitsystems, die Auswertung der Daten mithilfe eines Condition-Monitoring-Systems oder die Abrechnung für betriebswirtschaftliche Aufgaben zu erfüllen.

Literatur

[1] Amlang, Bernd, et al.: Elektrische Energieversorgung mit Windkraftanlagen. Technische Universität Braunschweig: s.n., 1992. BMFT Forschungsvorhaben 032-8265-B Abschlussbericht 1992.

[2] BDEW-Richtlinie. Technische Richtlinie Erzeugungsanlagen am Mittelspannungsnetz Juni 2008. s.l.: Bundesverband der Energie- und Wasserwirtschaft e. V., 2008.

[3] Bianchi, Fernando D, Battista, Hernan de und Mantz, Ricardo J.: Wind Tubine Control Systems – Principles, Modelling and Gain Scheduling Design. London: Springer Verlag, 2007.

[4] Gasch, Robert und Twele, Jochen: Windkraftanlagen. Wiesbaden: Vieweg und Teubner – GWV Fachverlage GmbH, 2010.

[5] Hansen, Morten H., et al.: Control design for a pitch regulated, variable speed wind turbine. Roskilde: Risø National Laboratory, 2005. Risø-R-1500(EN).

[6] Hau, Erich: Windkraftanlagen. Berlin Heidelberg, 3. Auflage: Springer-Verlag, 2003.

[7] Heier, Siegfried: Windkraftanlagen – Systemauslegung, Netzintegration und Regelung. Wiesbaden, 5. Auflage: Vieweg und Teubner, GWV Fachverlage GmbH, 2009.

[8] Holst, A., Prillwitz, F. und Weber, H.: Netzregelverhalten von Windkraftanlagen. München: VDI/VDE: 6. GM/ETG Fachtagung „Sichere und zuverlässige Systemführung von Kraftwerk und Netz im Zeichen der Deregulierung", 2003.

[9] van der Hooft, E. L.: DOWEC Blade pitch control algorithms for blade optimisation purposes. Petten, NL: ECN Wind Energy Report ECN-CX-00-083, 2001.

[10] IEC DIN EN 61400 61400-1 und -3: Windenergieanlagen: Auslegungsanforderungen, Auslegungsanforderung für Offshore-Windturbinen. Berlin: VDE Verlag GmbH, 2010.

[11] DIN EN IEC 61400-25: Kommunikation für die Überwachung und Steuerung von Windenergieanlagen. Berlin: Beuth-Verlag, 2007.

[12] Funktionale Sicherheit sicherheitsbezogener elektrischer/elektronischer/programmierbarer elektronischer Systeme. Berlin: VDE VERLAG GMBH, 2010.

[13] DIN EN 61850: Kommunikationsnetze und -systeme für die Automatisierung in der elektrischen Energieversorgung. Berlin: Beuth-Verlag, 2006.

[14] Lubosny, Zbigniew: Wind Turbine Operation in Electric Power Systems. Berlin-Heidelberg: Springer-Verlag, 2003.

[15] Manwell, J. F., McGowan, J. G. und Rogers, A. L. 2008. Wind Energy Explained – Theory, Design and Application. Chichester: John Wiley & Sons Ltd., 2008.

[16] Michalke, Gabriele: Variable Speed Wind Turbines – Modelling, Control and Impact on Power Systems. Fachbereich Elektrotechnik und Informationstechnik, Technische Universität Darmstadt. 2008. Dissertation.

[17] Nuß, Uwe: Hochdynamische Regelung elektrischer Antriebe. Offenbach: vde-Verlag, 2010.

[18] Riefenstahl, Ulrich: Elektrische Antriebssysteme. Wiesbaden: Teubner Verlag, 2008.

[19] Verordnung zu Systemdienstleistungen durch Windenergieanlagen. Bonn: Veröffentlicht im Bundesgesetzblatt Jahrgang 2009 Teil I Nr. 39, 2009.

[20] Soerensen, Poul, et al.: Wind farm models and control strategies. Roskilde: Risoe National Laboratory Risoe-R-1464(EN), 2005.

[21] TransmissionCode 2007 – Netz- und Systemregeln der deutschen Übertragungsnetzbetreiber. Berlin : Verband der Netzbetreiber VDN e.V. beim VDEW, 2007.

10 Netzintegration

Moderne Windenergieanlagen (WEA) werden meistens an die Mittelspannungs- oder Hochspannungsnetze eines Netzbetreibers angeschlossen. Die Netzintegration muss dabei wesentliche Eigenschaften erfüllen, um einen sicheren Betrieb des Netzes zu ermöglichen und die Spannungsqualität des öffentlichen Netzes zu erhalten. Das Kapitel Netzintegration behandelt die wesentlichen Eigenschaften öffentlicher elektrischer Netze, die Möglichkeiten, durch Betriebsmittel wie WEA das elektrische Verhalten des Netzes zu beeinflussen, und die Bedingungen, unter denen WEA überhaupt an ein öffentliches elektrisches Netz angeschlossen werden können. Das Kapitel behandelt am Ende Netzintegrationseigenschaften von WEA, die auf zukünftige Entwicklungen wie Super Grid und Smart Grid Einfluss nehmen.

10.1 Energieversorgungsnetze im Überblick

In diesem Abschnitt wird auf die Grundlagen der Energieübertragung eingegangen. Es werden die Vor- und Nachteile der unterschiedlichen Netzstrukturen und die Verwendung von unterschiedlichen Spannungsebenen beschrieben.

10.1.1 Allgemeines

Bedingt durch die Stromwärmeverluste, die quadratisch vom fließenden Strom abhängig sind und durch die linear vom Strom abhängigen Spannungsänderungen (Spannungsfall oder Spannungsanhebung), steigt auch die erforderliche Netzspannung generell mit der Entfernung der zu übertragender Leistung. Mit zunehmender Entfernung bzw. Länge des Netzes erhöht sich die Netzimpedanz, bei gleichbleibender zu übertragender Leistung verringert sich der Strom bei Wahl einer höheren Spannungsebene. Der sich in den elektrischen Energieversorgungsnetzen einstellende Lastfluss, bestehend aus Wirk- und Blindleistung, ist abhängig von den Netzimpedanzen (ohmscher, induktiver und kapazitiver Anteil) und dem Lastverhalten der angeschlossenen Verbraucher oder Erzeugungsanlagen. Die kapazitiven Reaktanzen der Versorgungsnetze haben in Niederspannungsnetzen und in kürzeren Mittelspannungsnetzen (Längen kleiner 50 km) keinen relevanten Einfluss auf die Lastflussrechnungen, anders sieht es dagegen in Hoch- und Höchstspannungsnetzen aus. Als Faustformel gilt bislang für die elektrische Energieversorgung der Ansatz, dass für die Übertragung von elektrischen Leistungen über Drehstromsysteme 1 kV Spannung pro 1 km Entfernung erforderlich ist.

10.1.2 Spannungsebenen der elektrischen Versorgungsnetze

Elektrische Energieversorgungsnetze werden im Allgemeinen in unterschiedliche Nennspannungen unterteilt. Die Abgrenzung der einzelnen Spannungsebenen ist nach IEC [8] wie folgt festgelegt:

Niederspannung: $U \leq 1\,\text{kV}$
Mittelspannung: $U > 1\,\text{kV} \leq 52\,\text{kV}$
Hochspannung: $U > 52\,\text{kV}$

In Deutschland wird als Hochspannungsnetz i. d. R. ein Netz mit einer Nennspannung von 60 kV bis 110 kV bezeichnet.

Höchstspannungsnetze werden Netze mit einer Nennspannung von mindestens 220 kV genannt und dienen als Übertragungsnetze. Im Allgemeinen beschränken sie sich auf die Spannungsebenen 220 kV und 380 kV und haben die Aufgabe, elektrische Energie an die nachgeordneten Verteilungsnetze zu übertragen. In besonderen Fällen kann aber auch ein 110-kV-Netz die Funktion eines Übertragungsnetzes übernehmen (Ausnahme).

Verteilungsnetze hingegen dienen innerhalb einer begrenzten Region der Verteilung elektrischer Energie zur Speisung von Ortsnetzstationen und Kundenanlagen. In Verteilungsnetzen ist der Leistungsfluss im Wesentlichen durch den Energiebedarf der Kunden bestimmt. In Deutschland werden Nieder,- Mittel- und Hochspannungsnetze (≤ 110 kV) von mehr als 900 Netzbetreibern als Verteilungsnetze genutzt. Hierzu zählen kleine Stadt- und Gemeindewerke bis hin zu großen Regionalversorgern. Vor dem Boom der dezentralen Erzeugungsanlagen (DEA) auf Basis erneuerbarer Energien und speziell der Windenergieanlagen war der elektrische Energiefluss von der höchsten bis zur niedrigsten Spannungsebene (top down) eindeutig vorgegeben, die tageszeitlich abhängigen Leistungsflüsse waren sehr gut prognostizierbar. Mit der rasanten Zunahme insbesondere der Windenergie haben sich die eindeutigen Leistungsflüsse grundlegend verändert. So gibt es heute Einspeisungen in alle Spannungsebenen und Rückspeisungen in die jeweils höhere Spannungsebene über die dazwischen geschalteten Transformatoren. Das Bild 10.1 soll dazu einen Überblick auf die einzelnen Spannungsebenen und die dort angeschlossenen WEA geben.

10.1.3 Netzstrukturen

Elektrische Versorgungsnetze müssen in ihrer Planung und in der Realisierung auf die jeweilige Aufnahme, die sie übernehmen sollen, abgestimmt werden. Hierbei müssen neben den technischen Anforderungen insbesondere auch die wirtschaftlichen Belange wie die einmaligen Baukosten und die laufenden Betriebskosten betrachtet werden. Zu den Betriebskosten zählen ganz entscheidend z. B. die jährlichen Verlustkosten, die sich aus der Verlustenergie bei der Leistungsübertragung über die Netze ergeben. Die technischen Anforderungen hängen zum einen davon ab, welche Leistungsdichten (MW/km^2) abgedeckt werden müssen, wie groß der Versorgungsradius um den speisenden Transformator ist und welche Spannungsänderungen (Spannungsfall oder Spannungsanhebung) sich im Netz ergeben. In der klassischen Energieversorgung ohne Integration von WEA war ein zentrales Thema der Versorgungsnetze der Spannungsfall vom Speisepunkt bis zur Last. Heutzutage spricht man durch die Vielzahl der angeschlossenen Windenergieanlagen (aber auch Photovoltaik- und Biogasanlagen) auch gerne von sogenannten Entsorgungsnetzen. Durch die Umkehr der Lastflussrichtung kommt

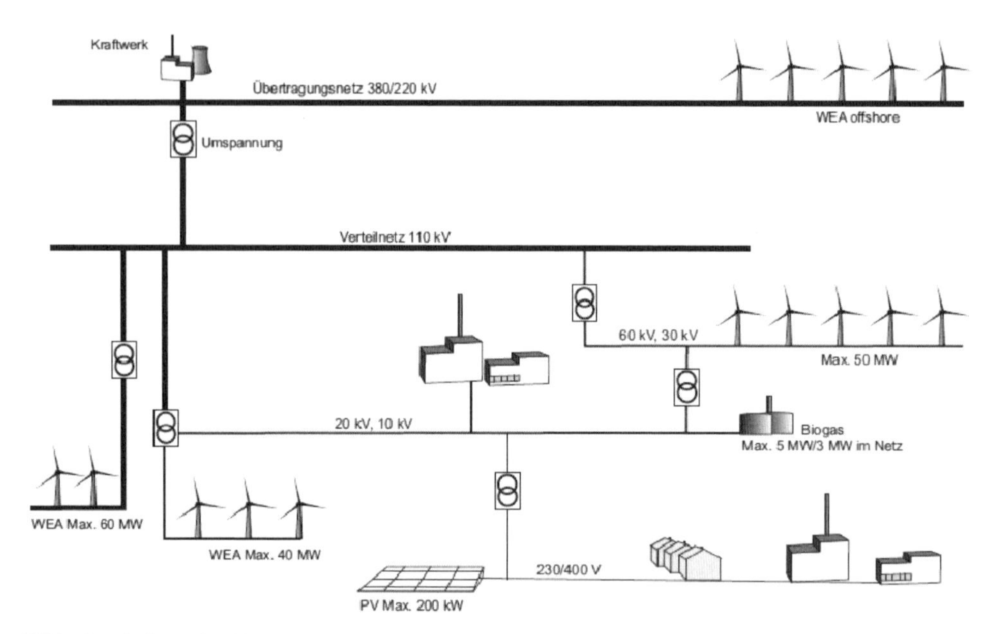

Bild 10.1 Aufbau des Energienetzes

es in diesen Netzen zu Spannungsanhebungen. Die zulässige Spannungsänderung ist als ein Qualitätsmerkmal der Netzspannung in der Norm DIN EN 50160 [9] mit ihrem Toleranzbereich beschrieben und ein entscheidendes Planungskriterium. Ein weiteres Planungskriterium ist die Versorgungszuverlässigkeit. Hierunter versteht man die Fähigkeit eines elektrischen Systems, seine Versorgungsaufgaben unter vorgegebenen Bedingungen innerhalb einer bestimmten Zeitspanne zu erfüllen. Die Versorgungszuverlässigkeit ist zudem ein Maß dafür, inwieweit ein abgegrenztes Energieversorgungssystem in der Lage ist, die gestellten Versorgungsaufgaben zu erfüllen, d. h. die Deckung der Last oder Abführung erzeugter Energie räumlich und in ihrer zeitlichen Entwicklung auch unter ungünstigen Betriebszuständen zu gewährleisten. Die Versorgungszuverlässigkeit eines einzelnen Netzanschlussnehmers ist bestimmt durch die Häufigkeit und Dauer von Unterbrechungen. Je nach Anschlusspunkt des Netzanschlussnehmers (Spannungsebene und Lage) sowie Anforderungen an die Verfügbarkeit der erforderlichen Energie ist deren Versorgungszuverlässigkeit unterschiedlich, sodass sich unterschiedliche Netzstrukturen mit einem oder mehreren Speisepunkten ergeben. Als Speisepunkte werden die Stellen im Netz bezeichnet an denen die zu- oder abgeführte Energie transformiert, umgeformt oder unverändert auf eine oder mehrere Leitungen verzweigt wird. Generell werden elektrische Netze in zwei Grundstrukturen unterschieden: Unvermaschte und vermaschte Netze.

Strahlennetze: Bei einem Strahlennetz (Bild 10.2a) werden die Abnehmer oder Einspeiser durch Stichleitungen (strahlenförmig) an eine Umspannstation oder an einen Knotenpunkt angeschlossen. Strahlennetze werden häufig für kleinere Leistungen und/oder Anschlussnehmer mit geringen Anforderungen an die Versorgungszuverlässigkeit in der Nieder- und Mittelspannungsebene realisiert. Zur Aufnahme der Windenergieleistung haben sich in erster Linie aus Kostengründen Strahlennetze in der Mittelspannung und teilweise sogar in der

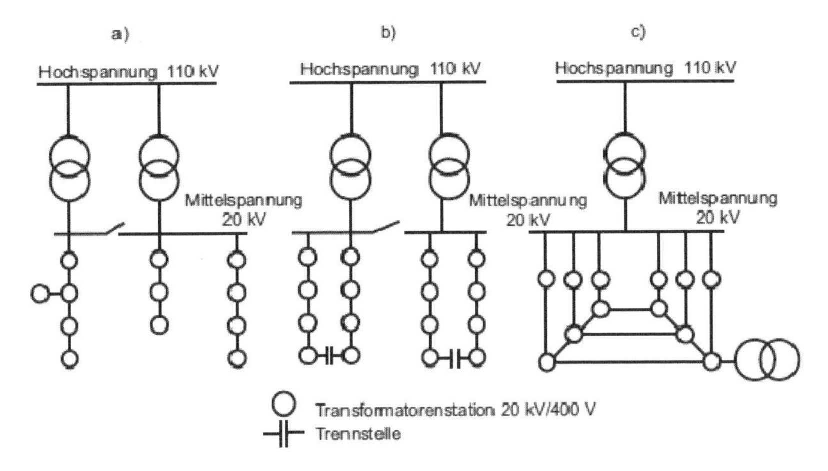

Bild 10.2 a) Strahlennetz; b) Ringnetz; c) Maschennetz

Hochspannung – bei sogenannten Stichanschlüssen von Umspannanlagen – durchgesetzt. Die in der Errichtung kostengünstigen Strahlennetze führen bei Netzfehlern allerdings zum Ausfall der gesamten am Strahl angeschlossenen Leistung oder einer Teilleistung. Bei sogenannten reinen „Windnetzen" ohne direkte Versorgungsaufgaben fällt „lediglich" die Einspeiseleistung aus. Nachteilig bei Strahlennetzen ist insbesondere für die Netzanschlussnehmer am Leitungsende der relativ hohe Spannungsfall bei Versorgung oder die große Spannungsanhebung bei Einspeisung.

Ringnetze: Ringnetze (Bild 10.2b) sind ein Sonderfall der zweiseitig gespeisten Leitungen, da die Leitungen an den Enden wieder an die jeweiligen Einspeisepunkte zurückgeführt werden. In dieser Netzart wird von zwei Seiten gespeist. Ringnetze und Abwandlungen sind die am stärksten verbreiteten Netze. Sie bieten der Betriebsführung wegen der einfachen Gestalt eine gute Übersicht. Aus Kostengründen werden die einzelnen Abnahme- oder Einspeisepunkte nicht mit Leistungsschaltern und Netzschutzgeräten ausgerüstet. Es werden im Ring sogenannte Trennstellen festgelegt, die im Normalbetrieb geöffnet sind, sodass zwei Strahlen entstehen.

Die Trennstelle sollte möglichst in der elektrischen Mitte liegen (geringste Leitungsverluste). Betriebliche Erfordernisse wie Erreichbarkeit oder Zugänglichkeit der Netzstationen erfordern jedoch oftmals Kompromisse. Im Störungsfall wird die Fehlerstelle lokalisiert und freigeschaltet. Die Trennstelle wird danach wieder geschlossen und nach kurzer Unterbrechung sind alle Anschlussnehmer wieder spannungsversorgt.

Maschennetze: Ein Maschennetz ist ein Netz dessen Leitungen zwischen verschiedenen Knotenpunkten verlaufen und an diesen zusammengeführt sind (Bild 10.2c). Je ausgebildeter ein Maschennetz ist, desto geringer sind die Leitungsverluste und die Spannungsänderungen. Maschennetze bieten ein hohes Maß an Versorgungszuverlässigkeit, allerdings erhöhen sich auch die Kurzschlussströme. Die Überwachung des Netzes wird durch den hohen Aufwand an Schaltanlagen und Schutzgeräten aufwendiger und kostenintensiver. Hochspannungsnetze werden häufig als Maschennetze realisiert. So wird z. B. in Schleswig-Holstein das gesamte 110-kV-Netz der E.ON Netz GmbH als vermaschtes Netz betrieben.

10.2 Netzregelung

Der folgende Abschnitt beschreibt die Netzregelung des Energieversorgungsnetzes. Es wird dabei auf die Bereitstellung der momentan benötigten Leistung und auf die Frequenzhaltung des Netzes eingegangen. Außerdem werden die Systemdienstleistungen, die die WEA für einen sicheren Netzbetrieb erfüllen müssen, beschrieben.

10.2.1 Regelleistung

Elektrische Energie muss im selben Augenblick erzeugt werden, wie sie von den Verbrauchern benötigt wird. Die Regelleistung, unpräzise auch als Regelenergie bezeichnet, gewährleistet die Versorgung der Stromkunden mit genau der benötigten Menge elektrischer Energie, auch bei unvorhergesehenen Ereignissen im Stromnetz. Dazu können kurzfristig Leistungsanpassungen bei regelfähigen Kraftwerken durchgeführt werden, schnell anlaufende Kraftwerke (z. B. Gasturbinenkraftwerke) gestartet oder Pumpspeicherkraftwerke eingesetzt werden. Alternativ können bestimmte Stromkunden mit Laststeuerung kurzfristig vom Netz getrennt werden.

Regelleistung ist ein Teil der Ausgleichsleistungen, die im Rahmen der Bereitstellung von Energie zur Deckung von Verlusten und für den Ausgleich von Differenzen zwischen Ein- und Ausspeisung benötigt wird. Häufig wird der Begriff Regelenergie auch für die Ausgleichsenergie verwendet.

Darüber hinaus kann der Übertragungsnetzbetreiber bei besonderen Betriebszuständen zur Aufrechterhaltung der Systemsicherheit automatisch oder per Schaltbefehl Lasten vom Netz trennen oder Kraftwerken Sollwerte zuweisen. So lässt sich das Versorgungsnetz stabilisieren und damit verhindern, dass es im Extremfall zu einem Lastabwurf und dadurch ausgelöste regional beschränkte kleinere Stromausfälle oder zu einem flächenmäßig großen Stromausfall kommt [14].

10.2.2 Ausgleichsenergie und Bilanzkreise

Ein Bilanzkreis besteht in der Regel aus dem Stromlieferanten und dessen Kunden. Der Stromlieferant ist für die Abschätzung der Energiemenge, die sein Bilanzkreis benötigt, verantwortlich. Diese Schätzung teilt er seinem Energielieferanten (Kraftwerke) mit, damit sich dieser auf die Bestellmenge einstellen kann. Dieser Vorgang wird als Fahrplanlieferung bezeichnet. Der Stromlieferant kann seine Energie aus den verschiedensten Energiequellen wie zum Beispiel Wasserkraftwerke, Kohlekraftwerke, Atomkraftwerke, Windenergie, Biomasse oder Photovoltaik beziehen und stellt sie dann dem Bilanzkreis bereit. Die Größe eines Bilanzkreises kann unterschiedlich sein, eine Stadt z. B. kann dabei aus mehreren Bilanzkreisen bestehen. In einem Bilanzkreis fasst ein Stromhändler bzw. Stromlieferant alle seine Einspeise- und Entnahmestellen innerhalb einer Regelzone sowie Fahrplanlieferungen von und zu anderen Bilanzkreisen zusammen. Bilanzkreise werden nicht nur für Stromhändler oder Vertriebsabteilungen von Energieversorgungsunternehmen eingerichtet, sondern beispielsweise auch für große Industriebetriebe, die ihre Strombeschaffung in eigener Regie durchführen (z. B. Deutsche Bahn AG). Der Bilanzkreisverantwortliche hat auf Grundlage möglichst exakter Prognosen dafür zu sorgen, dass innerhalb jeder Viertelstunde die Leistungsbilanz seines Bilanzkreises ausgeglichen ist. Die Leistungsbilanz ist dabei die Summe der Entnahmen einerseits sowie die Summe der Einspeisungen andererseits. Abweichungen vom Fahrplan werden dem Bilanzkreisverantwortlichen bei einer Unterspeisung in Rechnung gestellt oder bei einer Überspeisung vergütet. Die Abrechnung erfolgt auf Basis der Kosten, die dem Übertragungsnetzbetreiber durch den Einsatz von Regelenergie entstehen. Abweichungen vom tatsächlichen Leistungsangebot zur Prognose treten beispielsweise bei Kraftwerksausfällen, nicht eingehaltenen Bezugsprofilen von Großverbrauchern, Prognosefehlern bei der Windenergieeinspeisung oder bei Stromnetzausfällen (Verlust von Verbrauchern) auf. Je größer ein Bilanzkreis ist, desto kleiner ist der relative Bedarf an Regelenergie. Durch Zuordnung der Bilanzabweichungen eines Bilanzkreises zu einem anderen Bilanzkreis können die Abweichungen insgesamt in Folge der sich hieraus ergebenden größeren Durchmischung minimiert werden. Aufgrund der gesetzlichen Verpflichtung zur Aufnahme von Strom aus erneuerbaren Energien führen die Übertragungsnetzbetreiber EEG-Bilanzkreise. Eine besondere Bedeutung kommt hierbei dem Bilanzkreis für Windenergie zu. Die eingespeiste Windleistung ist eine nur sehr schwierig zu bestimmende Größe. Trotz verbesserter Windprognosen gehört die Windeinspeisung weiterhin zu den häufigsten Ursachen für den Einsatz von Regelenergie zur Glattstellung von Bilanzkreisen [2].

Mit verstärkter Nutzung der Windenergie erhöht sich prinzipiell die erforderliche Regelleistung; es steigt insbesondere der Bedarf an negativer Regelleistung (Absorption von Produktionsspitzen). Das Erneuerbare-Energien-Gesetz verbietet die technisch naheliegende Lösung, bei Windspitzen die Überproduktion an der Quelle durch Herunterfahren der Leistungsabgabe der Windanlagen wegzuregeln; vielmehr ist gesetzlich vorgeschrieben, dass der gesamte verfügbare Windstrom ins Netz eingespeist und vergütet wird. Eine Ausnahme ist hierbei die Möglichkeit des Herunterregelns der Einspeiseleistung, wenn ansonsten das Netz durch Überlastung beschädigt würde. Die tatsächlich bereitgestellte Regelleistung ist in den letzten Jahren jedoch gleichgeblieben oder hat sogar leicht abgenommen [20]. Der tatsächliche Mehrbedarf an Regelenergie ist durch Überlagerung mit dem normalen Regelenergiebedarf kaum exakt zu beziffern, da sich die Genauigkeit der Prognosesysteme u. a. für die Windenergieeinspeisung in den letzten Jahren verbessert hat. Für die Einspeisung aus Photovoltaik werden aufgrund der relativ geringen Gesamtleistung bislang keine Prognoseprogramme eingesetzt. Durch die Summeneinspeisung mit der Spitze in der Mittagszeit kann sich die Photovoltaik je nach Einstrahlungsleistung dämpfend auf den Bedarf an Energie aus Mittellast- und sehr teuren Spitzenlastkraftwerken auswirken und damit auch sekundär auf die Regelleistung, die besonders in der Tagesmitte benötigt wird.

10.2.3 Grundlast, Mittellast und Spitzenlast

Der Energiebedarf der Verbraucher und damit auch der Stromtransport über die Netze ist von der Jahreszeit und Tageszeit abhängig. Morgens, mittags und abends erreicht der Stromverbrauch Spitzenwerte. Nach Mitternacht ist er dagegen besonders niedrig. Unterschiedliche Kraftwerkstypen decken diese Schwankungen ab. Sieht man sich beispielsweise die Kurve der Stromnachfrage eines Tages an (Bild 10.3) wird schnell deutlich, dass unterhalb des Minimalwerts eine bestimmte Leistung rund um die Uhr nachgefragt wird. Diese Last bezeichnet man als Grundlast. In Deutschland liegt sie bei um die 40 GW (2005) [11] im Gegensatz zur Jahreshöchstlast mit 75–80 GW [12].

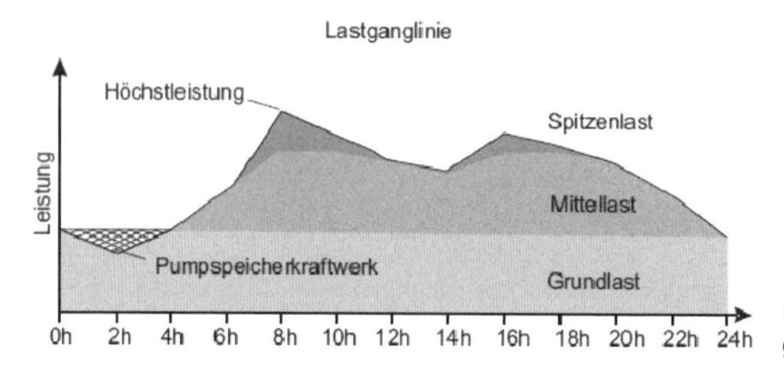

Bild 10.3 Typische Tageslastganglinie des Energiebedarfs

Als Grundlastkraftwerke bezeichnet man die Kraftwerke, welche aus technischen und betriebswirtschaftlichen Gründen möglichst ununterbrochen und möglichst nahe an der Volllastgrenze betrieben werden. Feste Kostenbestandteile (meist Kapitalkosten) und niedrige Stromentstehungskosten spielen dabei die entscheidende Rolle. Aus diesem Grund wird von den Energieversorgungsunternehmen versucht, den Grundlastbedarf möglichst langfristig im Voraus abzuschätzen. Bei Unterschreitung des abgeschätzten Wertes muss entsprechend reagiert werden, entweder durch Einschalten zusätzlicher Verbraucher (Pumpspeicherkraftwerke, Nachtspeicherheizungen), durch Abgabe von Strom in andere Stromnetze oder durch Drosselung der Grundlastkraftwerke. Ansprüche an schnelle Regelbarkeit werden nicht gestellt. Zu den Grundlastkraftwerken zählen Braunkohlekraftwerke, Laufwasserkraftwerke und Kernkraftwerke. Windenergieanlagen liefern abhängig von der Wetterlage einen Teil der Grundlastenergie. Bei viel eingespeister Windenergie müssen deshalb auch Grundlastkraftwerke ihre Leistung drosseln, da die vorrangige Abnahme der Windenergie durch das Erneuerbare-Energien-Gesetz (EEG) gesichert wird.

Zur Deckung von Spitzenlast werden Kraftwerke eingesetzt, die bei plötzlichem Bedarf in wenigen Minuten ihre volle Leistung bringen. Zu den Spitzenlastkraftwerken zählen zum Beispiel die Pumpspeicherkraftwerke und Gasturbinenkraftwerke oder Druckluftspeicherkraftwerke. Sie müssen jeder Leistungsänderung im Netz folgen können und somit eine sehr hohe Dynamik besitzen. Gasturbinenkraftwerke erreichen Änderungsgeschwindigkeiten bis zu 20 % der Nennleistung pro Minute und zeichnen sich durch sehr kurze Anfahrzeiten von wenigen Minuten aus. Die Leistung kann zwischen 20 % und 100 % geregelt werden [16]. Sie werden dazu benutzt, die Schwankungen im Leistungsbedarf auszugleichen, die von den anderen Kraftwerkstypen nicht ausgeregelt werden können oder bei denen dies wirtschaftlich nicht sinnvoll ist. Da Spitzenlastkraftwerke meist nur wenige Stunden pro Tag eingesetzt werden, ist der von ihnen erzeugte Strom wesentlich teurer als der anderer Kraftwerkstypen.

Zwischen der kurzfristig auftretenden Spitzenlast und der andauernden Grundlast liegt im Tagesbelastungsdiagramm der Bereich der Mittellast. Die dafür arbeitenden Mittelleistungskraftwerke werden in Zeiten besonders geringer Belastung, also in der Regel nachts, abgeschaltet oder zumindest auf eine deutlich geringere Leistungsabgabe heruntergefahren. Die stundenweise Belastung des Stromnetzes ist vorhersehbar und wird vor allem von Steinkohle-Kraftwerken abgedeckt. Mittellastkraftwerke lassen sich besser regeln als Grundlastkraftwerke [3].

10.2.4 Frequenzhaltung

In allen europäischen Kraftwerken rotieren die Generatoren genau 50 mal pro Sekunde und erzeugen den Wechselstrom bzw. Drehstrom mit einer Frequenz von 50 Hertz (Hz). Sinkt oder steigt die Frequenz im Netz, so wird die Funktion und teilweise Lebensdauer zahlreicher elektrischer Geräte wie Uhren, bei denen die Netzfrequenz zur Vorgabe des Zeittakts genutzt wird, Computer, Motoren oder Kompensationsanlagen beeinflusst. Aber auch die Generatoren selbst können beschädigt werden, sofern die Frequenz auf unter 47,5 Hz sinkt. Deshalb darf im europäischen Verbundnetz die Netzfrequenz nur sehr gering vom Sollwert abweichen. Die Netzregelung greift bereits ab einer Abweichung von 0,01 Hz automatisch ein.

Starten in den Industriebetrieben z. B. morgens die Maschinen gleichzeitig oder werden am Abend zu den Nachrichten die Fernseher im selben Moment eingeschaltet, so steigt die Belastung der Generatoren und sie werden für einen kurzen Augenblick etwas langsamer. Dadurch sinkt die Frequenz ab. Die automatisch einsetzende Leistungsfrequenzregelung im Netz sorgt dafür, dass die Kraftwerke neue Leistungssollwerte erhalten und dadurch die Turbinen mehr Dampf bekommen und die Generatoren wieder mit 50 Hz pro Sekunde rotieren. An dieser Regelung sind kontrahierende Kraftwerke im UCTE-Verbund (Union für die Koordinierung des Transports elektrischer Energie) beteiligt, die dafür ein vereinbartes Leistungsband ihrer Erzeugungsleistung als Reserve bereithalten [4].

Die Stromerzeugung und der Stromverbrauch müssen ständig ausgeglichen sein, damit die Frequenz nicht wesentlich vom Sollwert 50 Hz abweicht. Das Zusammenspiel zwischen Erzeugung und Verbrauch ist im Bild 10.4 dargestellt.

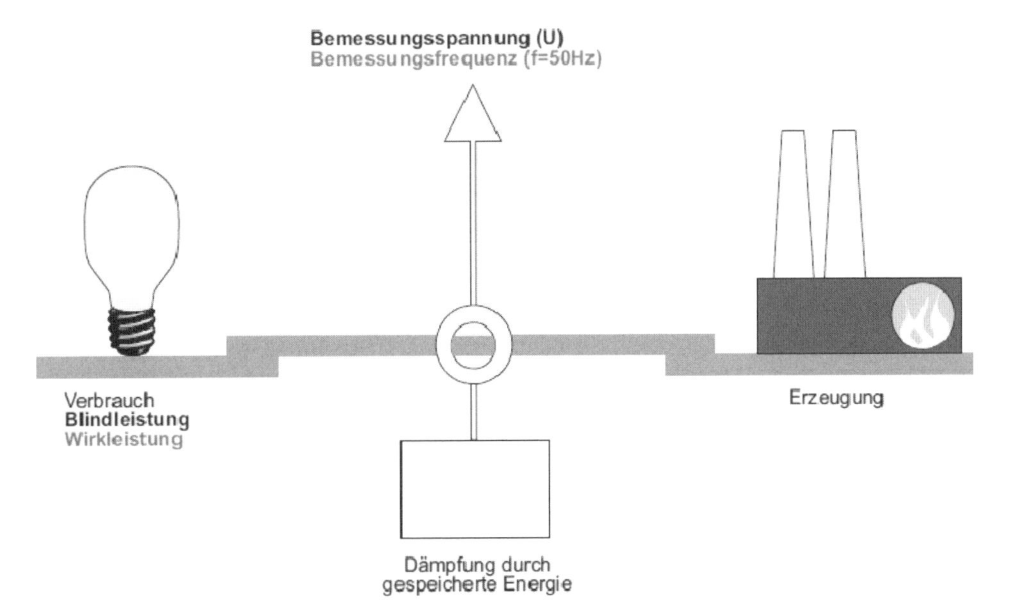

Bild 10.4 Waage der elektrischen Energie zwischen Erzeugung und Verbrauch

10.2.5 Primärregelung, Sekundärregelung und Minutenreserve

Ist das Gleichgewicht zwischen Erzeugung und Verbrauch nicht gegeben, tritt die Ausgleichsenergie bzw. Regelenergie in Kraft. Da mehrere Bilanzkreise bestehen, bei denen zeitgleich Schwankungen auftreten, können sie sich gegenseitig ausgleichen. Oftmals können sich Bilanzkreise jedoch nicht mehr gegenseitig ausgleichen. Das tritt ein, wenn alle Bilanzkreise unterversorgt sind oder ein Kraftwerk ausfällt. Die Frequenz von 50 Hz kann dann nicht mehr gehalten werden und der ÜNB muss eine Regelenergie zum Ausgleich bereitstellen. In der UCTE wird die Regelenergie durch drei Regelstufen bereitgestellt [14]:

- Primärregelung (primary control)
- Sekundärregelung (secondary control)
- Minutenreserve (tertiary control)

Die drei Regelenergiearten unterscheiden sich hinsichtlich ihrer Aktivierungs- und Änderungsgeschwindigkeit. Primär- und Sekundärregelleistung werden vom Übertragungsnetzbetreiber automatisch aus regelfähigen Kraftwerken abgerufen und werden quasi ständig in unterschiedlicher Höhe und Richtung benötigt. Minutenreserve wird durch telefonische Anweisung vom Übertragungsnetzbetreiber an den Lieferanten angefordert.

Die Primärregelung dient dazu, Ungleichgewichte zwischen physikalischem Leistungsangebot und -nachfrage im gesamten europäischen Verbundnetz auszugleichen, mit Ziel der Wiederherstellung einer stabilen Netzfrequenz. Jeder Netzbetreiber innerhalb des Verbundnetzes muss dafür innerhalb von 30 Sekunden zwei Prozent seiner momentanen Erzeugung als Primärregelreserve zur Verfügung stellen. Dabei beteiligt sich nicht jedes Kraftwerk an der Primärregelung (beispielsweise Windparks, Photovoltaikanlagen). Es ist unerheblich, in welchem Bereich des europäischen Verbundnetzes eine Schwankung auftritt, da die momentane Netzfrequenz sich im gesamten Netzbereich aufgrund von Lastschwankungen verändert. Diese wird für den proportionalen Primärregler der an der Primärregelung teilnehmenden Kraftwerke mit der Sollfrequenz von 50 Hz verglichen. Kommt es zu einer Abweichung, so wird Primärregelleistung in jedem beteiligten Kraftwerk (meist alle Kraftwerke über 100 MW Nennleistung) gemäß der Reglerkennlinie aktiviert und die Frequenz so gestützt (bei sprunghafter Lastzunahme) bzw. eine weitere Frequenzsteigerung (bei Lastabnahme) verhindert. Die Primärregelleistung tritt nach 5 Sekunden automatisch in Kraft und muss innerhalb von 30 Sekunden die Leistungsabgabe erhöhen bzw. verringern und diese bis zu 15 Minuten halten können (Bild 10.5). Auch die Sekundärregelung hat die Aufgabe, das Gleichgewicht zwischen physikalischem Stromangebot und -nachfrage nach dem Auftreten einer Differenz wieder herzustellen. Im Gegensatz zur Primärregelung wird hier nur die Situation in der jeweiligen Regelzone inklusive des Stromaustauschs mit anderen Regelzonen betrachtet. Dafür werden die geplanten mit den tatsächlichen Leistungsflüssen zu anderen Regelzonen verglichen und ausgeregelt. Es muss sichergestellt sein, dass die Sekundär- und Primärregelung immer in die gleiche Richtung arbeiten, was durch eine Überwachung der Netzfrequenz sichergestellt wird.

Primär- und Sekundärregelung können zeitgleich starten, der sekundäre Regelvorgang sollte nach spätestens 15 Minuten erfolgt sein. Das ist wichtig, damit die Primärregelung wieder für neue Regelvorgänge freigestellt wird. Die Sekundärregelleistung muss dabei innerhalb von 15 Minuten im vollständig benötigten Umfang bereitgestellt werden (Bild 10.5). Hierfür werden in der Regel Pumpspeicherwerke oder Gasturbinenkraftwerke eingesetzt.

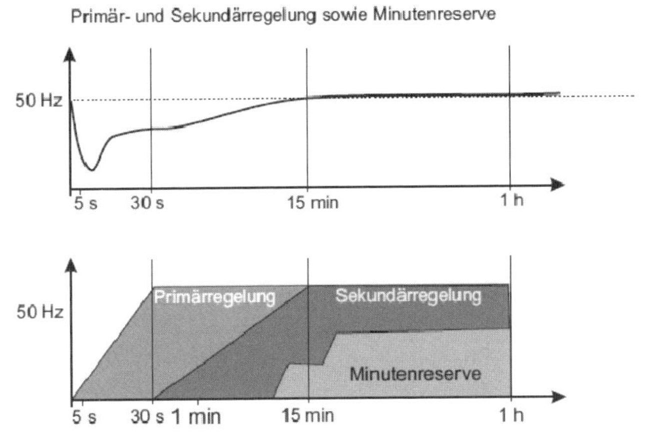

Bild 10.5 Primär- und Sekundärregelleistung und Minutenreserve

Falls die Regelabweichung nach 15 Minuten noch nicht beseitigt ist, wird die Sekundärregelung von der Tertiärregelung (Minutenreserve) abgelöst. Sie wird bei länger anstehendem Einsatz von Sekundärregelleistung insbesondere nach Kraftwerksausfällen eingesetzt, um die Sekundärregelung abzulösen und für neue Regelvorgänge freizumachen. Minutenreserve wird in der Regel als Fahrplanlieferung zur vollen Viertelstunde eingesetzt und muss daher innerhalb von 15 Minuten vollständig aktivierbar und auch wieder deaktivierbar sein (Bild 10.5). Auch bei der Minutenreserve wird zwischen negativer und positiver Regelenergie unterschieden. Eingesetzt werden regelfähige Kraftwerke wie z. B. Pumpspeicherkraftwerke oder Steinkohlekraftwerke. Um die Lastschwankungen ausregeln zu können, müssen die Kraftwerke kurzzeitig ihre Leistung mit einem Gradienten von mindestens 2 % ihrer Nennleistung pro Minute verändern können. Bei einer Nennleistung von 800 MW wären dies beispielsweise ±16 MW/min, um die die Leistung angepasst werden kann.

Für die negative Minutenreserve stehen zwei Möglichkeiten zur Verfügung: Bei Frequenzsteigerungen können zusätzliche Lasten in Form von Pumpspeicherkraftwerken, Nachtspeicherheizungen etc. im Netz aktiviert werden. Außerdem ist es möglich, die erzeugte elektrische Leistung in den Kraftwerken innerhalb kürzester Zeit zu verringern oder Kraftwerke abzuschalten [14].

10.2.6 Spannungshaltung

Während die Netzfrequenz maßgeblich durch den Wirkleistungsfluss bestimmt wird, wird die Spannung im Wesentlichen durch den Austausch von Blindleistung beeinflusst. In Abhängigkeit von den vorherrschenden Wirk- und Blindwiderständen des Netzes entscheidet das Blindleistungsverhalten des Verbrauchers oder der Erzeugungsanlage, wie hoch die Spannungsänderungen im Netz bzw. an den Netzanschlusspunkten ausfallen. Führte ein klassisches Verbrauchsverhalten in der Vergangenheit zu Spannungsfällen, so sieht es heute mit der Einspeisung von Windenergie anders aus, da sich die Lastflussrichtung geändert hat. Mit dem Blindleistungsbereich, in dem heute üblicherweise Windenergieanlagen betrieben werden, wird die Spannung am Netzanschlusspunkt in der Regel angehoben. Bei Blindleistungsbezug der Windenergieanlage (induktives Verhalten) fällt die Spannungsanhebung sehr viel geringer aus als bei Blindleistungseinspeisung (kapazitives Verhalten). In den Hoch- und Höchstspannungsnetzen wird die Spannungshaltung durch die sogenannten Blindleistungsbänder der Kraftwerke in den zulässigen Grenzen gehalten. Man spricht dabei von der Spannungs-Blindleistungsregelung. Durch den massiven Ausbau der Windenergie müssen sich auch die Windenergieanlagen an dem Blindleistungsaustausch und damit an der Spannungshaltung beteiligen.

10.2.7 Systemdienstleistungen durch Windenergieanlagen

Als Systemdienstleistungen werden in der Elektrizitätsversorgung diejenigen für die Funktionstüchtigkeit des Systems unvermeidlichen Hilfsdienste bezeichnet, die der Energieerzeuger für die Kunden zusätzlich zur Übertragung und Verteilung elektrischer Energie erbringt und die damit die Qualität der Stromversorgung bestimmen. Zu den Systemdienstleistungen zählen [17]:

- (Wirkleistungs-)Regelreserve (relevant für die Frequenzhaltung)
- Primärregelung, Sekundärregelung, Tertiärregelung
- Spannungshaltung
- Kompensation der Wirkverluste
- Schwarzstart-/Inselbetriebsfähigkeit
- Systemkoordination
- betriebliche Messung

Bereits 2001 hat die E.ON Netz GmbH als einer der damaligen Übertragungsnetzbetreiber eine Kurzschlussberechnung mit einem simulierten dreipoligen Kurzschluss in der 380-kV-Schaltanlage Dollern durchgeführt. Physikalisch bedingt bildet sich ein Spannungstrichter um die Fehlerstelle. An der Fehlerstelle bricht die Spannung bis auf 0 % ein. Durch die Impedanzen des Leitungsnetzes erhöht sich die Spannung mit Zunahme der Entfernung von der Fehlerstelle. So betrug die Spannung im 380-kV-Netz an der dänischen Grenze ca. 70 %. Der Spannungseinbruch überträgt sich mehr oder minder gedämpft über die Trafoimpedanzen auch in die unterlagerten Hoch-, Mittel- und Niederspannungsnetze.

Die damaligen VDEW-Richtlinien *Eigenerzeugungsanlagen am Mittelspannungsnetz* und *Erzeugungsanlagen am Niederspannungsnetz* gingen von dem Grundgedanken aus, Rückwirkungen von Erzeugungsanlagen auf das Verteilungsnetz zu minimieren und damit die Versorgungsqualität zu erhalten. Außerdem stellten sie mit ihren Anforderungen sicher, dass bei Störungen im Verteilungsnetz eine schnelle Entkopplung der Erzeugungsanlagen vom Netz erfolgt. Nach der oben genannten Kurzschlusssimulation wurde ermittelt, dass Windenergieanlagen mit einer installierten Leistung von bereits rund 2 700 MW innerhalb des Spannungstrichters $U \leq 70\,\% \cdot U_n$ an die Netze angeschlossen waren. Würde dieser simulierte Netzfehler so eintreten und läge ein entsprechendes Windangebot vor, so würde sich schlagartig eine sehr hohe Einspeiseleistung durch die Entkopplungsschutzeinrichtungen der Windenergieanlagen vom Netz trennen. In diesen Größenordnungen ist dann bereits die Stabilitätsgrenze des UCTE-Verbundnetzes gefährdet.

Wegen der Zunahme von Erzeugungsanlagen, die auf Basis des Erneuerbaren-Energien-Gesetz an das Netz vorrangig angeschlossen und eingesetzt werden, sind teilweise andere

Anforderungen als bis dato an das Verhalten dieser Anlagen im Normalbetrieb und im Netzfehlerfall zu stellen, um auch weiterhin einen stabilen und versorgungsgerechten Systembetrieb zu gewährleisten. Neu errichtete WEA müssen sich deshalb aktiv an der Spannungs- und Frequenzhaltung beteiligen. Beispielsweise muss die in Folge eines Fehlers im Netz ausgefallene Einspeiseleistung begrenzt werden, um eine unkontrollierte Störungsausweitung zu vermeiden; eine schnelle Entkopplung der Erzeugungsanlagen bei Fehlern im Hoch- und Höchstspannungsnetz darf daher nicht mehr unselektiv erfolgen. Wie in der Hoch- und Höchstspannung werden zukünftig auch die in Mittelspannungsnetze einspeisenden Erzeugungsanlagen an der Netzstützung beteiligt. Sie dürfen sich daher im Fehlerfall auch nicht wie bisher sofort vom Netz trennen und haben auch während des normalen Netzbetriebs ihren Beitrag zur Spannungshaltung im Mittelspannungsnetz zu leisten.

Aus den gewonnenen Erkenntnissen müssen Windenergieanlagen daher generell folgende Anforderungen, die zusammengefasst als Systemdienstleistungen Wind tituliert werden, erfüllen:

- statische Spannungshaltung (durch einen regelbaren Blindleistungsbereich)
- dynamische Netzstützung durch Spannungshaltung bei Spannungseinbrüchen im Hoch- und Höchstspannungsnetz. Dieses bedeutet die Fähigkeit:
  - sich bei Fehlern im Netz nicht vom Netz zu trennen
  - während eines Netzfehlers die Netzspannung durch Einspeisung eines Blindstroms zu stützen
  - nach Fehlerklärung dem Netz nicht mehr induktive Blindleistung zu entnehmen als vor dem Fehler
- Betrieb mit reduzierter Einspeiseleistung
- Wirkleistungsreduktion bei Überfrequenz im Netz

Die relevanten Richtlinien zum Anschluss von Erzeugungsanlagen am Höchst- und Hochspannungsnetz sowie Mittel- und Niederspannungsnetz sind auf Basis der zwingenden Anforderungen überarbeitet worden bzw. befinden sich in der Überarbeitung. Sie fassen dabei die wesentlichen Gesichtspunkte zusammen, die beim Anschluss an die jeweiligen Netze zu beachten sind, damit die Sicherheit und Zuverlässigkeit des Netzbetriebs gemäß den Vorgaben des Energiewirtschaftgesetzes auch mit wachsendem Anteil an dezentralen Erzeugungsanlagen erhalten bleiben und die in der DIN EN 50160 formulierten Grenzwerte der Spannungsqualität eingehalten werden können [5].

10.3 Grundbegriffe zur Netzintegration von WEA

In diesem Abschnitt werden die elektrischen Grundbegriffe, die für eine Netzintegration notwendig sind, beschrieben. Dabei wird besonders auf die Spannungsqualität, die bei einer Netzintegration besonders zu beachten ist, eingegangen.

10.3.1 Elektrische Grundbegriffe

Zählpfeilsystem

Für die Angabe der Richtungen von Strom und Spannungen sowie der Phasenwinkel wird von den Kraftwerksbetreibern das Erzeugerzählpfeilsystem und von den Netzbetreibern das Verbraucherzählpfeilsystem angewendet.

Im Folgenden wird das Verbraucherzählpfeilsystem auf die im Netz angeschlossenen Bezugskundenanlagen ebenso wie auf die Erzeugungsanlagen angewendet. Ströme und Spannungen in Pfeilrichtung werden positiv gezählt. Damit speziell die Begriffe „untererregter Betrieb" und „übererregter Betrieb" bei Erzeugungsanlagen sowie „induktives" und „kapazitives" Verhalten bei Verbrauchern zu keinen Missverständnissen führen, ist es wichtig, sich auf ein einheitliches Zählpfeilsystem zu einigen. In den Anschlussrichtlinien sowie in den technischen Richtlinien der Windenergieanlagen für die Messung und Beurteilung der elektrischen Eigenschaften wird generell – wie auch für an das Netz angeschlossene Bezugskundenanlagen – das Verbraucherzählpfeilsystem verwendet. Zur Darstellung der einzelnen Betriebszustände in Quadranten wird ein Leistungskreis gewählt (Bild 10.6). Die unterschiedlichen „Betriebszustände" werden in den vier Quadranten I bis IV dargestellt.

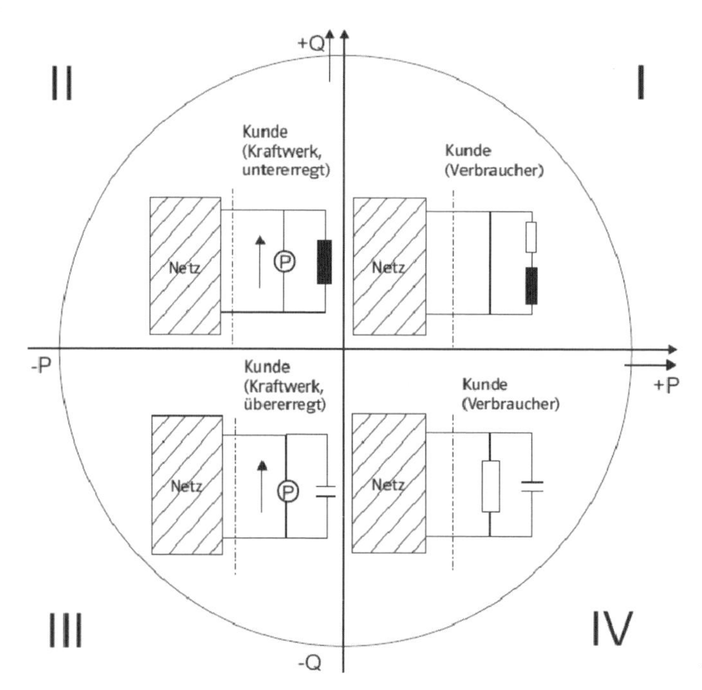

Bild 10.6 Darstellung im Verbraucherzählpfeilsystem

Der Stromzeiger liegt immer auf der reellen Achse (bei 3 Uhr), während die Lage des Spannungszeigers der Scheinleistung und dem Phasenwinkel entspricht. Winkel werden gegen den Uhrzeigersinn positiv gezählt. Als Phasenwinkel wird der Winkel vom Stromzeiger zum Spannungszeiger definiert.

In den Quadranten I und IV wird von Verbrauchsanlagen jeweils Wirkleistung bezogen (P+), wobei im Quadranten I auch Blindleistung bezogen wird (sogenanntes induktives Verhalten) und im Quadranten IV Blindleistung geliefert wird (sogenanntes kapazitives Verhalten).

Die Quadranten II und III beschreiben dagegen das Verhalten einer Erzeugungsanlage, welche Wirkleistung einspeist (P-). Im Quadranten II entzieht die Erzeugungsanlage jedoch dem Netz Blindleistung, während sie im Quadranten III dem Netz Blindleistung zur Verfügung stellt.

Einpoliges Ersatzschaltbild

Zur Bewertung einer Anschlussmöglichkeit und zur Darstellung der Gesamtübersicht ist der Übersichtsschaltplan im Allgemeinen in der einpoligen Darstellung ausreichend. Der Übersichtsschaltplan der gesamten elektrischen Anlage enthält dabei alle relevanten Daten der eingesetzten Betriebsmittel, Angaben über kundeneigene Mittelspannungsleitungsverbindungen, Kabellängen und Schaltanlagen sowie eine Übersicht des Schutzes. Ferner ist dargestellt, wo Messgrößen erfasst werden und auf welche Schaltgeräte der Schutz wirkt.

Das allpolige Schaltbild hingegen geht in die Tiefe, verfeinert die Anlage, detailliert die Komponenten. Sie werden für Verdrahtungsaufgaben und für eine mögliche Suche von Fehlern verwendet.

Betriebsmittel

Als elektrische Betriebsmittel werden alle Bauteile, Baugruppe oder Geräte einer elektrischen Anlage bezeichnet. Es sind somit alle „Gegenstände", die ganz oder teilweise zu Erzeugung, Transport, Verteilung, Speicherung, Messung, Datenübertragung etc. im Sinne der Nutzung elektrischer Energie dienen.

WEA und andere DEA können eine höhere Belastung von Leitungen, Transformatoren und anderen Betriebsmitteln des Netzes verursachen. Daher ist eine Überprüfung der Belastungsfähigkeit der Netzbetriebsmittel im Hinblick auf die angeschlossenen Erzeugungsanlagen nach den einschlägigen Bemessungsvorschriften erforderlich. Im Gegensatz zu Betriebsmitteln, die Verbrauchsanlagen versorgen, muss hier mit Dauerlast (Belastungsgrad = 1) anstelle der oft üblichen EVU-Last (Belastungsgrad = 0,7) gerechnet werden.

Verfügbarkeit

Die Verfügbarkeit eines technischen Systems ist die Wahrscheinlichkeit oder das Maß, dass das System bestimmte Anforderungen zu einem bzw. innerhalb eines vereinbarten Zeitrahmens erfüllt. Sie ist ein Qualitätskriterium/Kennzahl eines Systems [21]. Die Verfügbarkeit lässt sich anhand der Zeit, in der ein System verfügbar ist, definieren:

$$\text{Verfügbarkeit} = \frac{\text{Gesamtzeit} - \text{Gesamtausfallzeit}}{\text{Gesamtzeit}} \tag{10.1}$$

In der Elektrizitätsversorgung versteht man unter Verfügbarkeit das Verhältnis der Zeit innerhalb eines vereinbarten Zeitraums, in der das System für seinen eigentlichen Zweck operativ zur Verfügung steht (Betriebszeit), zu der vereinbarten Zeit (Gesamtzeit). Die Betriebszeit kann durch regelmäßige Wartung oder Reparaturen begrenzt sein.

In der Windenergietechnik gewinnt der Begriff Verfügbarkeit noch eine andere Bedeutung. Windenergieanlagen als technische Einheit unterliegen den o. g. Betrachtungen und weisen in der Regel eine recht hohe Verfügbarkeit von über 95 % auf. Das bedeutet in über 95 % der Gesamtzeit könnten sie also Strom produzieren. Wartungs- oder Instandsetzungsarbeiten werden möglichst in einer windschwachen Zeit ausgeführt, um den Ertragsausfall zu minimieren.

Ein namhafter Hersteller aus Deutschland übernimmt z. B. gegenüber dem Anlagenbetreiber die Gewährleistung dafür, dass seine Windenergieanlagen zu 97 % technisch verfügbar sind. Technisch verfügbar ist eine Anlage, wenn der technische Zustand, in dem sich die Windenergieanlage befindet, einen Betrieb unter normalen Umgebungsbedingungen gestattet.

Anders sieht es mit der Verfügbarkeit des Windes als Antriebsquelle für die Windgeneratoren aus. Wind ist nicht immer ausreichend vorhanden und kann auch nicht einfach angeschaltet werden. Die Verfügbarkeit des Windes hängt von den jeweiligen meteorologischen Rahmenbedingungen ab. WEA an guten Windstandorten können 2 000–3 000 Volllaststunden pro Jahr produzieren. Die hohe technische Verfügbarkeit kann bedingt durch die niedrigere Verfügbarkeit des Windes also nicht ausgenutzt werden.

Versorgungsqualität

Die Versorgungsqualität elektrischer Netze ist die Summe aller qualitätsbestimmenden Bedingungen aus Sicht des Anschlussnehmers (Kunden) und wird über die drei folgenden Komponenten definiert:

- Versorgungszuverlässigkeit,
- Spannungsqualität,
- Servicequalität.

Die Versorgungszuverlässigkeit als ein Teil der Versorgungsqualität ist die Fähigkeit eines elektrischen Systems, seine Versorgungsaufgaben unter vorgegebenen Bedingungen während einer bestimmten Zeitspanne zu erfüllen. Die Versorgungszuverlässigkeit der einzelnen Anschlussnehmer ist bestimmt durch die Häufigkeit und Dauer von Versorgungsunterbrechungen. Je nach Netzstruktur und Lage des Anschlussnehmers im Netz ist seine Versorgungszuverlässigkeit unterschiedlich. Zur Beurteilung des gesamten Netzes eines Netzbetreibers werden Mittelwerte über entsprechende Anschlussnehmer gebildet. Betrachtet werden hierbei z. B. die mittlere Ausfallhäufigkeit und die mittlere Ausfalldauer sowie das Produkt aus beiden Größen.

(n-1)-Kriterium

Das (n-1)-Kriterium ist ein Sicherheitsstandard, der bei der Planung und Betriebsführung von Netzen üblicherweise zur Anwendung kommt. Dieses Kriterium sorgt dafür, dass das Netz (n) auch im Falle des Ausfalls der stärksten Leitung (-1) oder des größten Trafos die Versorgung sicherstellen kann. Dieses geschieht im Hoch- und Höchstspannungsnetz i. d. R. durch die automatische Wiedereinschaltung. Im vermaschten Mittelspannungsnetz gibt es Netzautomatiken, aber oftmals finden auch manuelle Umschaltungen statt. In Niederspannungsnetzen wird das (n-1)-Kriterium häufig durch die vermaschte Netztopologie oder durch den Einsatz von Netzersatzanlagen (Notstromanlagen) im Fehlerfall oder bei geplanten Arbeiten gewährleistet. Die bezugsorientierte (n-1)-Versorgungszuverlässigkeit ist im Netzbetrieb üblich.

Windenergieanlagen selbst werden aus Kostengründen üblicherweise nicht (n-1)-sicher an das Netz der allgemeinen Versorgung angeschlossen, da im Fehlerfall „lediglich“ die Einspeiseleistung entfällt, nicht aber die Versorgung von Netzanschlussnehmern gefährdet ist.

Übersteigt die Anschlussleistung einer WEA oder eines Windparks die im (n-1)-Fall – also im Fall einer Netzstörung – zulässige Leistung, muss die Erzeugungsanlage im (n-1)-Fall in ihrer Leistung beschränkt oder ganz abgeschaltet werden.

Kurzschlussstrom/Kurzschlussleistung

Durch den Betrieb einer Windenergieanlage oder eines Windparks wird der Kurzschlussstrom des Netzes, insbesondere in der Umgebung des Netzanschlusspunkts, um den Kurzschlussstrom der Erzeugungsanlage erhöht. Die Angabe der zu erwartenden Kurzschlussströme der Windenergieanlage am Netzanschlusspunkt ist daher eine unabdingbare Information für die Netzplanung und Netzberechnung.

Überschlägig können zur Ermittlung des Kurzschlussstrombeitrags einer Windenergieanlage (Erzeugungsanlage) folgende Werte angenommen werden:

- bei direkt gekoppelten Synchrongeneratoren das 8-Fache
- bei Asynchrongeneratoren und doppelt gespeisten Asynchrongeneratoren das 6-Fache
- bei Generatoren mit Wechselrichtern bzw. Gleichspannungszwischenkreis das 1-Fache

des Bemessungsstroms. Für eine genaue Berechnung müssen die Impedanzen zwischen Generator und Netzanschlusspunkt (Kundentransformator, Leitungen etc.) berücksichtigt werden.

Wird durch die Windkraftanlage(n) der Kurzschlussstrom im Mittelspannungsnetz über den Bemessungswert erhöht, so sind geeignete Maßnahmen, wie z. B. die Begrenzung des Kurzschlussstroms aus der Windenergieanlage (z. B. durch den Einsatz von Kurzschlussstrombegrenzern), zu vereinbaren.

Bei der Betrachtung der Kurzschlussfestigkeit aller elektrischen Betriebsmittel ist dabei neben dem Anfangskurzschlusswechselstrom I_k'', der für die thermische Beanspruchung verantwortlich ist, insbesondere auf den Stoßkurzschlussstrom I_p, welcher maßgeblich die Betriebsmittel mechanisch beansprucht (Anziehungs- und Abstoßungskräfte), zu achten.

Die Kurzschlussleistung S_k'' bzw. Anfangskurzschlusswechselstromleistung gemäß DIN EN 60909-0 (VDE 0102) „Kurzschlussströme in Drehstromnetzen“ lässt sich mit der Gleichung 10.2 bestimmen.

$$S_k'' = \sqrt{3} \cdot U_n \cdot I_k''$$
$$U_n = \text{Bemessungsspannung} \qquad (10.2)$$

Bei der Auslegung von Mittelspannungsschaltanlagen ist die Kurzschlussfestigkeit bezüglich des Stoßkurzschlussstroms im Allgemeinen 2,5-fach höher als die Kurzschlussfestigkeit für den Anfangskurzschlusswechselstrom. Typische Werte für die Kurzschlussfestigkeiten sind hierbei:

$I_k'' = 16\,\text{kA}$ (für 1 sec.) $I_p = 40\,\text{kA}$

$I_k'' = 20\,\text{kA}$ (für 1 sec.) $I_p = 50\,\text{kA}$

$I_k'' = 30\,\text{kA}$ (für 1 sec.) $I_p = 75\,\text{kA}$

Netzrückwirkungen

Unter Netzrückwirkungen versteht man die gegenseitige Beeinflussung von Betriebsmitteln über das Netz, aber auch die Beeinflussung des Netzes durch diese Betriebsmittel. Die Störemission elektrischer Betriebsmittel wirkt sich auf Form, Höhe und Frequenz der Versorgungsspannung, bei Dreiphasensystemen auch durch mögliche Veränderung der Spannungssymmetrie, aus [19].

Verträglichkeitspegel

Der für ein System festgelegte Wert einer Störgröße, der nur mit einer so geringen Wahrscheinlichkeit überschritten wird, dass elektromagnetische Verträglichkeit für alle Einrichtungen des jeweiligen Systems besteht.

10.3.2 Netzqualität

Die Grundlage zur Ermittlung eines geeigneten Anschlusspunkts einer Erzeugungsanlage (z. B. Windenergieanlage bzw. Windpark) bilden zum einem die Forderungen nach einen zuverlässigen Netzbetrieb gemäß den Vorgaben des Energiewirtschaftsgesetzes und zum anderen die in der EN 50160 (*Merkmale der Spannung in öffentlichen Energieversorgungsnetzen*) formulierten Grenzwerte der Spannungsqualität. Diese Europäische Norm definiert, beschreibt und spezifiziert die wesentlichen Merkmale der Versorgungsspannung an der Übergabestelle zum Netznutzer in öffentlichen Nieder-, Mittel- und Hochspannungswechselstrom-Versorgungsnetzen unter normalen Betriebsbedingungen. Durch diese Norm wird die Versorgungsspannung als ein Produkt mit fest definierten Merkmalen beschrieben. Jeder Netzanschlussnehmer, ob nun Verbraucher oder Erzeuger (Einspeiser), beeinflusst die Spannungsqualität, da das Netz nicht starr ist. Ein starres Netz würde eine unendlich hohe Kurzschlussleistung voraussetzen.

Je nach Netzebene sind die Qualitätsmerkmale unterschiedlich. Gegenseitige Wechselwirkungen sind dabei zu beachten. Aus diesem Grund erfolgt auch die Aufteilung der Anschlussrichtlinien nach Spannungsebenen, da die spezifischen Anforderungen zu unterschiedlich sind, um sie in einer Richtlinie zusammenfassen zu können. Die Anforderungen aus der EN 50160 sind dabei jeweils berücksichtigt, in der folgende Merkmale der Versorgungsspannung definiert werden:

- Frequenz
- Spannungshöhe
- Spannungskurvenform
- Symmetrie der Leiterspannungen

Einfluss auf diese Merkmale der Versorgungsspannung haben folgende Effekte:

- Oberschwingungen
- Netzflicker
- Spannungsänderungen
- Netz-Signalübertragungsspannunngen
- Frequenzhaltung
- ungleichmäßige Lastverteilung auf den einzelnen Leitern

Oberschwingungen

Gleichbleibende, periodische Abweichung der Netzspannung von der Sinusform (Spannungsverzerrung) werden durch der Grundschwingung zusätzlich überlagerte Schwingungen, deren Frequenz ein ganzzahliges Vielfaches der Netzfrequenz beträgt, verursacht. Diese sogenannten Oberschwingungen in der Netzspannung entstehen durch Betriebsmittel (Geräte und Anlagen) mit einer nicht sinusförmigen Stromaufnahme. Eine Oberschwingungsspannung ergibt sich aus dem entsprechenden Oberschwingungsanteil des Stroms und der Netzimpedanz für die entsprechende Oberschwingung.

Die wesentlichsten Oberschwingungserzeuger sind z. B. (siehe [19]): Betriebsmittel (Geräte und Anlagen) der Leistungselektronik, z. B. Stromrichterantriebe, Gleichrichteranlagen, Dimmer oder Massengeräte mit Gleichstromversorgung wie Fernsehgeräte, Kompaktleuchtstofflampen mit eingebautem elektronischen Vorschaltgerät, IT-Geräte oder Betriebsmittel mit nichtlinearer Strom-Spannungs-Kennlinie, wie Induktions- und Lichtbogenöfen, Gasentladungslampen, Motoren, Kleintransformatoren und Drosseln mit Eisenkern.

Hohe Oberschwingungsanteile in der Netzspannung können zu Beeinträchtigungen sowohl des Netzbetriebs als auch von Betriebsmitteln (Geräten und Anlagen) bei Netzbenutzern führen, wie z. B.:

- Verkürzung der Lebensdauer von Kondensatoren und Motoren infolge thermischer Zusatzlast
- akustische Störungen bei Betriebsmitteln mit elektromagnetischen Kreisen (Drosseln, Transformatoren und Motoren)
- Einkopplung von Oberschwingungen in nachrichten- und informationstechnische Einrichtungen
- Funktionsstörungen bei elektronischen Geräten
- Fehlfunktion von Rundsteuerempfängern und Schutzeinrichtungen
- Erschwerung der Erdschlusskompensation in Netzen

Die einschlägigen Vorschriften (z. B. die europäische Norm EN 50160 *Merkmale der Spannung in öffentlichen Elektrizitätsversorgungsnetzen*) schreiben die Einhaltung festgelegter Grenzwerte für die Oberschwingungsspannungen in Netzen vor. Dazu werden Emissionsgrenzwerte sowohl für einige individuelle Oberschwingungsströme als auch für die Gesamtheit aller Oberschwingungsströme festgelegt. In der Niederspannungsebene addieren sich die Spannungsverzerrungen aller überlagerten Spannungsebenen. Die zulässigen Oberschwingungsspannungen in der jeweiligen Netzebene werden zum großen Teil bereits durch die angeschlossenen Verbrauchsgeräte ausgeschöpft. Die von Windenergieanlagen zusätzlich erzeugten Oberschwingungsspannungswerte müssen daher auf zulässige Werte begrenzt werden. Ggf. sind daher Maßnahmen zur Reduktion von Oberschwingungen notwendig. Eine Beurteilung hinsichtlich Oberschwingungen ist in der Regel nur dann erforderlich, wenn die Einspeisung über Umrichter oder Wechselrichter erfolgt.

Netzflicker

Laständerungen, hervorgerufen durch Verbrauchseinrichtungen oder Erzeugungsanlagen, bewirken Änderungen der Spannungsfälle an den Netzimpedanzen. Diese Spannungsänderungen führen zu Leuchtdichteänderungen in Lampen, insbesondere Glühlampen. Diese vom Auge wahrgenommen Leuchtdichteänderungen werden als Flicker bezeichnet. Da das Auge sehr empfindlich auf Flicker reagiert, müssen Spannungsänderungen in engen Grenzen gehalten werden. Eine wahrnehmbare Leuchtdichteänderung wird erst ab einer bestimmten Wiederholrate als störend empfunden. Die Störwirkung wächst sehr schnell mit der Amplitude der Schwankung an. Bei bestimmten Wiederholraten können bereits kleine Amplituden störend sein. Grundsätzlich sind die von einem Gerät verursachten Spannungsänderungen auf max. 3 % begrenzt. Bei 18 Änderungen pro Sekunde reagiert das menschliche Auge am empfindlichsten. Spannungsänderungen von nur 0,3 % können hier schon zu Beschwerden führen. Als Messgröße für den Flicker wird die Flickerstärke verwendet.

Spannungsänderungen können z. B. durch das Zuschalten von größeren Lasten (z. B. Motoren, Kondensatoren), durch gesteuerte Lasten (Schwingungspaketsteuerung usw.) und durch variable Einspeiser (z. B. WEA) entstehen. Bei Windenergieanlagen führen die Windschwankungen (z. B. Böen) zu einer Änderung der Einspeiseleistung. Die Leistungsänderung wirkt sich wiederum über die Netzimpedanzen aus und kann zu unzulässigen Flickerwerten führen.

Zulässige Spannungsänderung

Die Toleranzen der Betriebsspannung im Niederspannungsnetz sind in den Normen DIN IEC 60038 (IEC-Normspannungen) und EN 50160 (Merkmale der Spannung in öffentlichen Elektrizitätsnetzen) zwingend vorgeschrieben. Die Nennspannung beträgt europaweit 400 V zwischen den Außenleitern und entsprechend 230 V zwischen dem Außen- und Neutralleiter oder Erde. Die Toleranzgrenze der Betriebsspannung beträgt $\pm 10\,\%\, U_n$ und muss vom Netzbetreiber sowohl bei Schwankungen zwischen Schwach- und Starklast als auch bei Schwankungen der Einspeisung aus Windenergie eingehalten werden.

Der Netzbetreiber wählt die Betriebsspannung des Mittelspannungsnetzes und die Stufenstellung der Netztransformatoren so, dass die Betriebsspannung der am weitesten entfernten Kundenanlage noch oberhalb der unteren Toleranzgrenze liegt und die näher an dem Umspannwerk liegenden Kundenanlagen eine nicht zu weit oberhalb der Nennspannung liegende Betriebsspannung erfährt. Die Regelung der Netztransformatoren von der Hochspannungs- auf die Mittelspannungsebene erfolgt über eine größere Anzahl von Stufen so, dass der gesamte Betriebsspannungsbereich der Hochspannung ausgeregelt werden kann. Damit schwankt die Mittelspannung an der Sammelschiene eines Umspannwerks innerhalb einer Stufung (in der Regel zwischen 1 % und 1,5 %).

Unter statischer Spannungshaltung ist die Spannungshaltung für den normalen Betriebsfall zu verstehen, bei der die langsamen Spannungsänderungen im Verteilungsnetz in verträglichen Grenzen gehalten werden. Windenergieanlagen müssen sich über ihr Blindleistungsverhalten an der statischen Spannungshaltung beteiligen.

Frequenzhaltung

Die Frequenz wird über die im UCTE-Netz angeschlossenen Großkraftwerke so fein geregelt, dass die Betriebsfrequenz in der Vergangenheit nur um wenige mHz schwankte. Durch die starke Zunahme der Windenergieanlagen wird die Frequenzhaltung sehr viel schwieriger. WEA müssen sich daher im Betrieb auch an der Frequenzhaltung beteiligen, indem sie ab einer Frequenz von mehr als 50,2 Hz die momentane Wirkleistung mit einem Gradienten von 40 % der momentan verfügbaren Leistung des Generators je Hertz absenken (Bild 10.7). Erst wenn die aktuelle Frequenz auf einen Wert von $f \leq 50{,}05$ Hz wieder gesunken ist, darf die Wirkleistung wieder gesteigert werden. Bei Unterschreitung darf sich die WEA erst bei einer Frequenz von 47,5 Hz selbstständig vom Netz trennen.

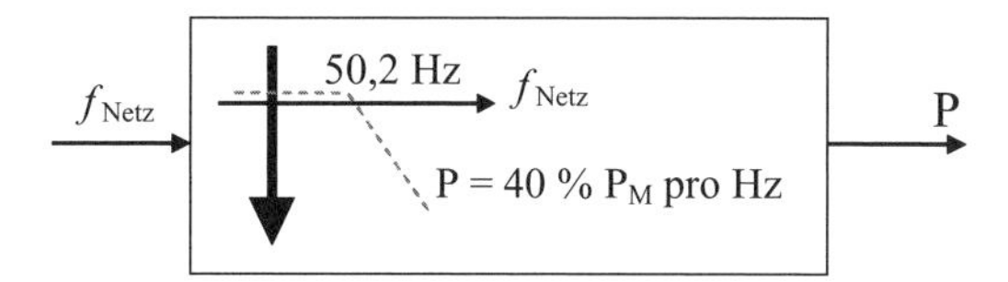

Bild 10.7 Beispiel Wirkleistungsreduktion bei Überfrequenz: $p = 20 P_M (50{,}2\,\text{Hz} - f_{Netz})/50\,\text{Hz}$ bei $50{,}2\,\text{Hz} < f_{Netz} < 51{,}5\,\text{Hz}$; P_M momentan verfügbare Leistung, p Leistungsreduktion, f_{Netz} Netzreduktion; im Bereich $47{,}5\,Hz < f_{Netz} < 50{,}2\,\text{Hz}$ keine Einschränkung; bei $f_{Netz} = 47{,}5\,\text{Hz}$ und $f_{Netz} = 51{,}5\,\text{Hz}$ Trennung vom Netz

10.4 Netzanschluss für WEA

Durch die rasante Zunahme der Windenergieanlagen erfolgte mit der Jahrtausendwende ein Paradigmenwechsel bei den Netzanschlussbedingungen für Windenergieanlagen. Galt bis dato, dass sich Windenergieanlagen bei Netzfehlern sofort und unselektiv vom Netz trennen sollten, müssen nun zur Sicherstellung der Netzstabilität das Schutzkonzept sowie die Anschlussbedingungen für Windenergieanlagen (aber auch andere Erzeugungsarten) von Grund auf verändert werden. Die Anforderungen des derzeit geltenden EEG sowie der Verordnung zu Systemdienstleistungen durch Windenergieanlagen (Systemdienstleistungsverordnung – SDLWindV) wurden dabei genauso berücksichtigt wie neueste Erkenntnisse aus Stabilitätsberechnungen der Hoch- und Höchstspannungsnetzbetreiber.

Die Netzanschlussrichtlinien bzw. Anwendungsregeln sind die Basis für die Technischen Anschlussbedingungen der Netzbetreiber und fassen die wesentlichen Gesichtspunkte zusammen, die beim Anschluss der Erzeugungsanlagen an das Netz des jeweiligen Netzbetreibers zu beachten sind. Sie legen insbesondere die Handlungspflichten des Netzbetreibers, des Errichters, Planers sowie des Anschlussnehmers fest. Die Technischen Anschlussbedingungen (TAB) eines Netzbetreibers gelten zusammen mit § 19 des Energiewirtschaftsgesetzes (EnWG) *Technische Vorschriften* und sind veröffentlichungspflichtig. Generell gelten Anschlussrichtlinien bzw. Anwendungsregeln für neu anzuschließende Erzeugungsanlagen sowie für bestehende Erzeugungsanlagen, an denen wesentliche Änderungen durchgeführt werden (z. B. Repowering).

In den Spannungsebenen Höchstspannung, Hochspannung und Mittelspannung müssen sich Windenergieanlagen an der statischen und dynamischen Netzstützung beteiligen können. Mit der statischen Spannungshaltung werden im normalen Betriebsfall die langsamen Spannungsänderungen in verträglichen Grenzen durch Vorgabe des Blindleistungsverhaltens gehalten. Die dynamische Netzstützung verhindert eine ungewollte Abschaltung großer Einspeiseleistungen und dadurch bedingte Netzzusammenbrüche bei Spannungseinbrüchen im Hoch- und Höchstspannungsnetz. Da Windenergieanlagen mit Anschlüssen im Mittelspannungsnetz unmittelbar oder mittelbar auf die Hoch- und Höchstspannungsnetze Einfluss nehmen, müssen auch diese Anlagen technisch in der Lage sein, die in Abschnitt 10.2.7 beschriebenen Systemdienstleistungen zu erfüllen.

Zukünftig werden auch die in Niederspannungsnetze einspeisenden Erzeugungsanlagen an der statischen Spannungshaltung beteiligt. Da sie während des normalen Netzbetriebs ihren

Beitrag zur Spannungshaltung im Niederspannungsnetz leisten müssen, hat dieses unmittelbare Auswirkungen auf die Auslegung der Anlagen. Eine dynamische Netzstützung wird bei in Niederspannungsnetze einspeisenden Erzeugungsanlagen nicht gefordert.

Der Nachweis der geforderten elektrischen Eigenschaften von WEA und Windparks ist per Zertifikat von unabhängigen akkredierten Gutachtern zu erbringen. Hierin sind die projektspezifischen elektrischen Eigenschaften und das richtlinienkonforme Verhalten der Summe aller am Netzanschlusspunkt angeschlossenen Windenergieanlagen, der parkinternen Verbindungen, Zusatzkomponenten wie z. B. Kompensationsanlagen und der Anschlussleitungen zum Netzanschlusspunkt (also der kompletten Anschlussanlage) zu bestätigen.

Für eine Anschlussbeurteilung müssen, wie in den nächsten Abschnitt beschrieben, eine Überprüfung der Spannungsänderung, der Netzrückwirkung, der Kurzschlussfestigkeit und die Auslegung der Netzbetriebsmittel erfolgen. Darüber hinaus müssen Langzeitflicker, Oberschwingungen, Rückwirkungen auf Tonfrequenz- und Rundsteueranlagen und die dynamische Netzstützung überprüft werden.

10.4.1 Bemessung der Netzbetriebsmittel

In diesem Abschnitt wird anhand eines Beispiels die Auslegung der Netzbetriebsmittel beschrieben. Der folgende Netzaufbau (Bild 10.8) zum Anschluss eines Windparks im Mittelspannungsnetz wird auch für die Betrachtung der Spannungsanhebung in Abschnitt 10.4.2 und der Blindleistungsregelung in Abschnitt 10.4.3 verwendet.

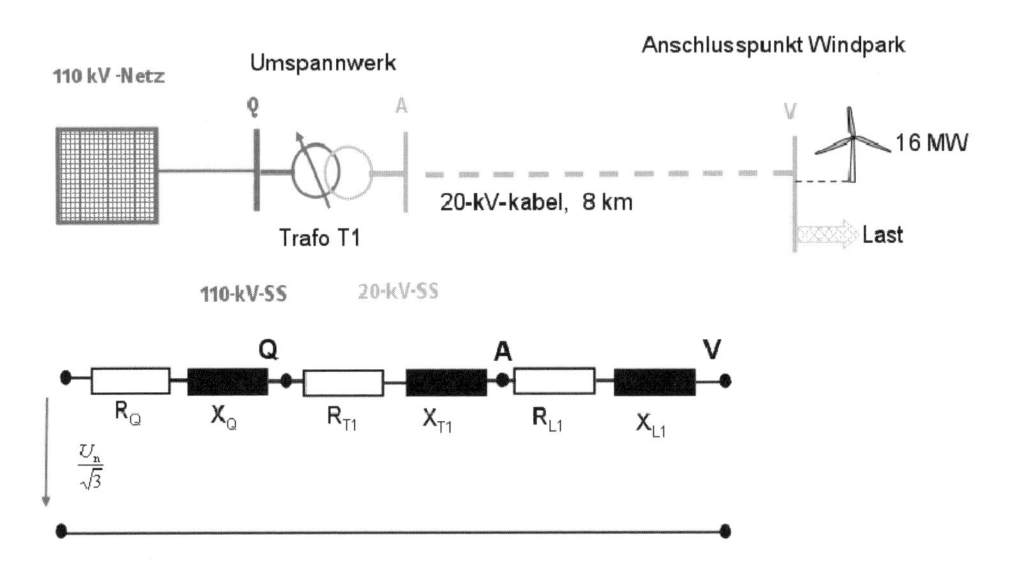

Bild 10.8 Beispielnetz für Berechnungen. Vereinfachtes Ersatzschaltbild

Der Windpark Maxwind soll an ein Umspannwerk, welches über zwei Netztransformatoren gespeist wird und über zwei getrennte 20-kV-Sammelschienen (SS) verfügt, über ein 8 km langes

Aluminiumkabel (NA2XS2Y $3 \times 1 \times 500^2$) angeschlossen werden. An dem geplanten Anschlusspunkt des Windparks soll außerdem noch eine Bezugsanlage angeschlossen werden. Daher wird dieser Punkt auch mit V für Verknüpfungspunkt bezeichnet.

Bei den geplanten Windenergieanlagen handelt es sich um acht doppelt gespeiste Asynchrongeneratoren der Fa. Vielwind TYP WEA 2000, 2 MW pro Einheit. Bemessungsscheinleistung pro Einheit $S_{\mathrm{re}} = 2{,}2\,\mathrm{MVA}$.

Der vom Netzbetreiber geforderte Verschiebungsfaktor am Anschlusspunkt V soll zwischen 0,95 induktiv und 0,95 kapazitiv betragen.

Zur Überprüfung der Bemessungsleistungen P der Betriebsmittel wird zunächst der höchste vom Windpark zu erwartende Strom I errechnet. Hierbei wird der „ungünstigste" Verschiebungsfaktor mit 0,95 angenommen. Für den zu bewertenden Wirkstrom ist zunächst die Festlegung induktiv oder kapazitiv unrelevant.

$$P = U_n \cdot I \cdot \sqrt{3} \cdot \cos\varphi$$

$$I = \frac{16\,\mathrm{MW}}{20\,\mathrm{kV} \cdot \sqrt{3} \cdot 0{,}95} = 486\,\mathrm{A} \tag{10.3}$$

Exakterweise müsste mit der realen Betriebsspannung am Verknüpfungspunkt V gerechnet werden. Die nach dieser Formel durchgeführte Berechnung ist jedoch hinreichend genau. Die exakten Werte des Stroms werden etwas geringer ausfallen, da die Spannung am Punkt V etwas höher als 20 kV ist. Die Berechnung ist somit auf der „sicheren" Seite.

Der Transformator verfügt über eine Bemessungsscheinleistung von $S_{\mathrm{rT}} = 20\,\mathrm{MVA}$. Bei einem Verschiebungsfaktor von $\cos\varphi = 0{,}95$ beträgt die Scheinleistung des Windparks:

$$S_{\mathrm{rT}} = \frac{P}{\cos\varphi} = \frac{16\,\mathrm{MW}}{0{,}95} = 16{,}8\,\mathrm{MVA} \tag{10.4}$$

Der Transformator ist damit ausreichend dimensioniert. Die 20-kV-Abgangsfelder im Umspannwerk sind für 630 A und das Trafoeinspeisefeld für 1 250 A (spätere Erweiterungsmöglichkeit) ausgelegt. Der geplante Windpark kann somit an ein Abgangsfeld angeschlossen werden.

Das 20-kV-VPE-Kabel ist nach Herstellerangaben für einen Bemessungsstrom I_{r} von 610 A ausgelegt. Dieser Bemessungsstrom gilt jedoch bei definierten Umgebungsbedingungen wie Erdbodentemperatur und Wärmeleitfähigkeit des Bodens bei einem Belastungsgrad $m = 0{,}7$, der sogenannten EVU-Last. Der Belastungsgrad ergibt sich als Quotient der Fläche unter der Lastkurve und der Gesamtfläche des Rechtecks. Im Bild 10.9 ist der Belastungsgrad bei einer EVU- und Dauerlast dargestellt.

Durch den Betrieb des Windparks muss jedoch ein Belastungsgrad von 1,0 (Dauerlast) angesetzt werden. Durch die nicht vorhandenen Abkühlphasen sind Reduktionsfaktoren für die Strombelastbarkeit anzusetzen. Die zulässige Strombelastbarkeit des Kabels errechnet sich nach der DIN VDE 0276 [7] zu:

$$I_{\mathrm{z}} = I_{\mathrm{r}} \cdot f_1 f_2 \cdot \Pi f = 610 \cdot 0{,}93 \cdot 0{,}87 \cdot 1 = 493\,\mathrm{A} \tag{10.5}$$

I_z = maximal zulässiger Strom auf dem Kabel, f_1, f_2 = Reduktionsfaktor in Abhängigkeit vom Belastungsgrad, Umgebungstemperatur, spezifischem Erdbodenwärmewiderstand und Häufung, Πf = Summe weiterer möglicher Reduktionsfaktoren wie z. B. Rohrlegung oder Abdeckung

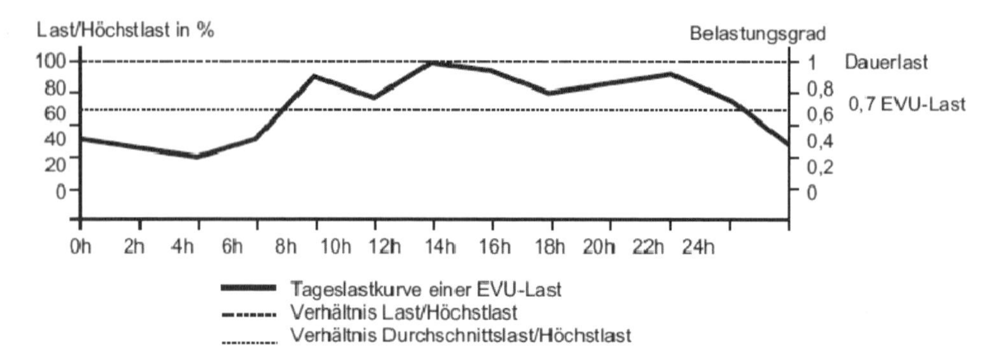

Bild 10.9 EVU- und Dauerlastverhalten

Damit liegt die Strombelastbarkeit über dem maximal erwarteten Belastungsstrom des Windparks von 486 A.

Die Last am Verknüpfungspunkt V wird für die Worst-case-Betrachtung als Schwachlast zu null angesetzt. Abnahmelasten würden den Strom auf dem Kabel unter Berücksichtigung normal üblicher Leistungsfaktoren der Verbraucher reduzieren.

10.4.2 Überprüfung der Spannungsänderung/Spannungsband

Da der Windpark evtl. zur Spannungsstützung genutzt werden soll und der Netzbetreiber einen definierten Blindleistungsbereich vorgegeben hat, sind die Spannungsänderungen Δu_{a} für die Extremwerte $\cos\varphi = 0{,}95$ ind. und $\cos\varphi = 0{,}95$ kap. zu errechnen. Die Spannungsänderung am Verknüpfungspunkt V lässt sich bei Bezug von Blindleistung durch den Windpark mittels folgender Formel berechen:

$$\Delta u_{\mathrm{a}} = \frac{S_{\mathrm{Amax}} \cdot \left(R_{\mathrm{kV}} \cdot \cos|\varphi| - X_{\mathrm{kV}} \cdot \sin|\varphi|\right)}{U^2} \tag{10.6}$$

S_{Amax} = Summe der maximal angeschlossenen Scheinleistungen, R_{kV} = Kurzschlusswirkwiderstand am Versorgungspunkt, X_{kV} = Kurzschlussblindwiderstand am Versorgungspunkt

In der Regel wird die Spannungsänderung positiv (Spannungserhöhung). Wird der zweite Term im Zähler größer als der erste, kann sie jedoch auch negativ werden, was dann einem Spannungsfall entspricht. Dies setzt aber einen genügend kleinen $\cos\varphi$ und damit eine entsprechend hohe Lieferung von Blindleistung der WEA voraus. Da eine solch hohe Blindleistungslieferung die Leitungsverluste erheblich erhöht und die Übertragungskapazität der Leitungen verringert, tritt dieser Fall in der Praxis in Nieder- und Mittelspannungsnetzen quasi nicht ein.

Bei Blindleistungsbezug durch den Windpark wird die Spannungsanhebung am Verknüpfungspunkt V verstärkt. Es gilt nachfolgende Formel:

$$\Delta u_{\mathrm{a}} = \frac{S_{\mathrm{Amax}} \cdot \left(R_{\mathrm{kV}} \cdot \cos|\varphi| + X_{\mathrm{kV}} \cdot \sin|\varphi|\right)}{U^2} \tag{10.7}$$

Die Formeln 10.6 und 10.7 sind Näherungsgleichungen bei denen der Winkel zwischen der Sammelschienenspannung und der Spannung am Verknüpfungspunkt V zu null angenommen wird. Außerdem werden die Auswirkungen der Spannungsänderung auf den Strom und die Spannung des Windparks am Verknüpfungspunkt V vernachlässigt (Linearisierung des nichtlinearen Lastflusses). Für die schnelle Praxisanwendung sind die Näherungen jedoch hinreichend genau. Verglichen mit Ergebnissen einer komplexen Lastflussrechnung ergeben sie geringfügig höhere Werte und bieten dem Netzplaner eine Abschätzung zur sicheren Seite.

Vorzugsweise sollten derartige Berechnungen jedoch insbesondere bei größeren Netzen mit mehreren Verbrauchs- und Erzeugungsanlagen mithilfe von komplexen Lastflussprogrammen durchgeführt werden.

Da sich in der Praxis die Betriebsspannung des Hochspannungsnetzes im Bereich von 96 kV bis 123 kV verändert, sind Netzkuppeltransformatoren i. d. R mit einem Stufenschalter ausgerüstet, der die Spannung auf der Sekundärseite (Mittelspannung) ausreichend konstant hält. Üblicherweise wird ein Regelbereich von ±22 % über insgesamt 27 Stufen realisiert (13 Stufen +, 1 Stufe Mittelstellung und 13 Stufen −).

Die sich durch den WP ergebende Spannungsänderung nach dem Beispiel in Bild 10.8 errechnet sich nach den Formeln 10.6 und 10.7 vereinfacht über die Summe der Wirk- und Blindwiderstände. Für den Transformator wird dabei der Stufenschalter in Mittelstellung angenommen. Bei Anschluss mehrerer Bezugsanlagen und Erzeugungsanlagen über verschiedene Abgänge im Umspannwerk ist jeweils eine Berechnung der Spannungsänderung pro Zweig vorzunehmen. Die Summenwirkung der Abnahme- und Einspeiseleistungen über den Trafo erfolgt über eine phasenrichtige Addition der Wirk- und Blindleistungen.

Impedanzermittlung nach Ersatzschaltbild 10.8

Impedanz des 110-kV-Netzes:

Berechnung der Impedanz des 110-kV-Netzes:

$$Z_{Q20\mathrm{kV}} = \frac{U_n^2}{S_{\mathrm{k110kV}}} \tag{10.8}$$

S_{k110kV} = Netzkurzschlussleistung des 110-kV-Netzes, $Z_{Q20\mathrm{kV}}$ = Impedanz der Quelle (bezogen auf 20 kV)

$$S_{\mathrm{k110kV}} = 2\,000\,\mathrm{MVA}$$

$$Z_{Q20\mathrm{kV}} = \frac{U_n^2}{S_{\mathrm{k110kV}}} = \frac{(20\,\mathrm{kV})^2}{2\,000\,\mathrm{MVA}} = 0{,}2\,\Omega$$

In Hochspannungsnetzeinspeisungen mit Nennspannungen über 35 kV, gespeist über Freileitungen kann Z_Q in den meisten Fällen als Reaktanz (ind. Blindwiderstand $R \ll X$) betrachtet werden. Ist die Resistanz (Wirkwiderstand) nicht genau bekannt, kann $R_Q = 0{,}1 \cdot X_Q$ angesetzt werden. Es ergeben sich dann die Werte:

$$X_Q = Z_Q = 0{,}2\,\Omega$$

$$R_Q = 0{,}1 \cdot X_Q = 0{,}1 \cdot 0{,}2\,\Omega = 0{,}02\,\Omega$$

Impedanz des Transformators 110/20 kV:

Bemessungsscheinleistung:	$S_{rT} = 20\,\text{MVA}$
Bemessungsspannung Oberspannungsseite:	$U_{rTOS} = 110\,\text{kV}$
Bemessungsspannung Unterspannungsseite:	$U_{rTUS} = 20\,\text{kV}$
Bemessungswert der Kurzschlussspannung:	$u_{kr} = 11{,}6\,\%$
Bemessungswert des Wirkanteils der Kurzschlussspannung:	$u_{Rr} = 0{,}82\,\%$

Berechnung der Impedanz Z_{T20kV} bezogen auf die Unterspannungsseite des Transformators (20 kV):

$$Z_{T20kV} = \frac{u_{kr}}{100\,\%} \cdot \frac{U_{rTUS}^2}{S_{rT}} = \frac{11{,}6\,\%}{100\,\%} \cdot \frac{(20\,\text{kV})^2}{20\,\text{MVA}} = 2{,}3\,\Omega \tag{10.9}$$

Der Widerstand R_{T20kV} des Netztrafos kann in der Regel vernachlässigt werden, aber auch ggf. aus dem Wirkanteil der Kurzschlussspannung oder aus den Wicklungsverlusten des Trafos berechnet werden.

$$R_{T20kV} = \frac{u_{Rr}}{100\,\%} \cdot \frac{U_{rTUS}^2}{S_{rT}} = \frac{0{,}82\,\%}{100\,\%} \cdot \frac{(20\,\text{kV})^2}{20\,\text{MVA}} = 0{,}16\,\Omega \tag{10.10}$$

Die Reaktanz X_{T20kV} wird wie folgt ermittelt:

$$X_{T20kV} = \sqrt{Z_{T20kV}^2 - R_{T20kV}^2} = \sqrt{(2{,}32\,\Omega)^2 - (0{,}16\,\Omega)^2} = 2{,}31\,\Omega \tag{10.11}$$

Wirk- und Blindwiderstand des 20-kV-Kabels zum Anschlussspunkt V:

Kabeltyp (Aluminiumleiter, VPE-Isolierung, 20 kV):	3x1xNA2XS2Y, 500²
Länge:	$l = 8\,000\,\text{m}$
Widerstandsbelag des Kabels:	$R_L' = 0{,}0681\,\Omega/\text{km}$
Blindwiderstandsbelag des Kabels:	$X_L' = 0{,}102\,\Omega/\text{km}$

$$R_L = R_L' \cdot l = \frac{0{,}0681\,\Omega}{\text{km}} \cdot 8\,\text{km} = 0{,}55\,\Omega \qquad X_L = X_L' \cdot l = \frac{0{,}102\,\Omega}{\text{km}} \cdot 8\,\text{km} = 0{,}82\,\Omega$$

Danach ergeben sich folgende Werte für das Ersatzschaltbild (Bild 10.10) bezogen auf 20 kV:

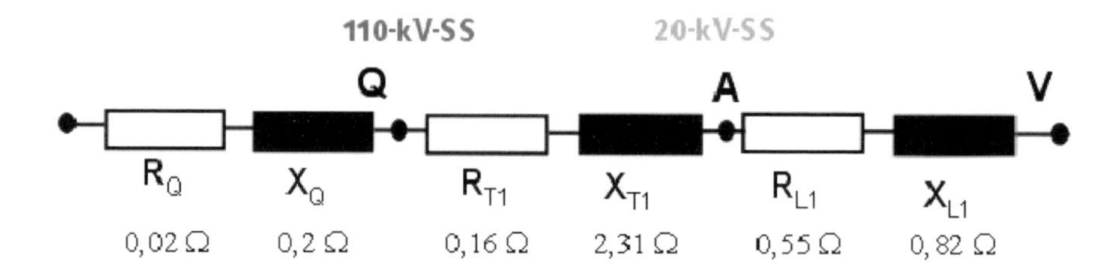

Bild 10.10 Ersatzschaltbild bezogen auf die 20-kV-Ebene

Da der Transformator über einen Stufenschalter verfügt und die Mittelspannung an der 20-kV-Sammelschiene auf einen festen Sollwert geregelt ist, wird zunächst die Spannungsanhebung von der 20-kV-Sammelschiene des Umspannwerks bis zum Anschlusspunkt V für die geforderten Betriebspunkte des Windparks

- $\cos\varphi = 0{,}95$ induktiv (Blindleistungsbezug)
- $\cos\varphi = 1{,}0$ (kein Blindleistungsaustausch)
- $\cos\varphi = 0{,}95$ kapazitiv (Blindleistungslieferung)

gemäß den Formeln 10.6 und 10.7 berechnet.

$\cos\varphi = 0{,}95$ induktiv:

$$\Delta u_{\mathrm{L}} = \frac{S_{\max} \cdot (R_{\mathrm{L}} \cdot \cos|\varphi| - X_{\mathrm{L}} \cdot \sin|\varphi|)}{U^2}$$

$$\Delta u_{\mathrm{L}} = \frac{16{,}84\,\mathrm{MVA} \cdot (0{,}55\,\Omega \cdot 0{,}95 - 0{,}82\,\Omega \cdot 0{,}31)}{(20\,\mathrm{kV})^2} = 1{,}1\,\%$$

$\cos\varphi = 0{,}95$ kapazitiv:

$$\Delta u_{\mathrm{L}} = \frac{S_{\max} \cdot (R_{\mathrm{L}} \cdot \cos|\varphi| + X_{\mathrm{L}} \cdot \sin|\varphi|)}{U^2}$$

$$\Delta u_{\mathrm{L}} = \frac{16{,}84\,\mathrm{MVA} \cdot (0{,}55\,\Omega \cdot 0{,}95 + 0{,}82\,\Omega \cdot 0{,}31)}{(20\,\mathrm{kV})^2} = 3{,}3\,\%$$

$\cos\varphi = 1{,}0 \rightarrow \sin\varphi = 0$

$$\Delta u_{\mathrm{L}} = \frac{S_{\max} \cdot (R_{\mathrm{L}} \cdot \cos|\varphi|)}{U^2}$$

$$\Delta u_{\mathrm{L}} = \frac{16{,}84\,\mathrm{MVA} \cdot (0{,}55\,\Omega \cdot 0{,}95)}{(20\,\mathrm{kV})^2} = 2{,}2\,\%$$

Weiterhin ist es erforderlich, die Spannungsänderung an der 20-kV-Sammelschiene zu ermitteln, die durch den Transformator verursacht wird. Dieses geschieht zunächst ohne Berücksichtigung der Stufenregelung. Für die Berechnung gemäß der Formeln 10.6 und 10.7 unter Verwendung der Trafowerte $R_{\mathrm{T20kV}} = 0{,}16\,\Omega$ und $X_{\mathrm{T20kV}} = 2{,}31\,\Omega$ ergibt sich analog zur Berechnung der Spannungsänderung auf der Leitung:

$\cos\varphi = 0{,}95$ induktiv:

$$\Delta u_{\mathrm{T}} = \frac{16{,}84\,\mathrm{MVA} \cdot (0{,}16\,\Omega \cdot 0{,}95 - 2{,}31\,\Omega \cdot 0{,}31)}{(20\,\mathrm{kV})^2} = -2{,}4\,\%$$

$\cos\varphi = 0{,}95$ kapazitiv:

$$\Delta u_{\mathrm{T}} = \frac{16{,}84\,\mathrm{MVA} \cdot (0{,}16\,\Omega \cdot 0{,}95 + 2{,}31\,\Omega \cdot 0{,}31)}{(20\,\mathrm{kV})^2} = 3{,}6\,\%$$

$\cos\varphi = 1{,}0 \rightarrow \sin\varphi = 0$

$$\Delta u_{\mathrm{T}} = \frac{16{,}0\,\mathrm{MVA} \cdot (0{,}16\,\Omega \cdot 1{,}0)}{(20\,\mathrm{kV})^2} = 0{,}64\,\%$$

Der Transformator verfügt über einen Stufenregler mit ±13 Stufen mit einer Stufung von jeweils 1,7 %. Eine Stufenänderung erfolgt erst ab einer Abweichung von ca. 1 % des eingestellten Sollwerts, also in der oberen Hälfte des Regelbereichs. Über den Stufenregler wird der Sollwert der Sammelschienenspannung in Abhängigkeit von der Stufung eines Regelschritts und der Regelabweichung geregelt. Im Zusammenspiel mit dem Traforegler ergeben sich folgende Spannungswerte- bzw. Spannungsänderungen an der 20-kV-Sammelschiene und am Anschlusspunkt im eingeschwungenen Zustand (vereinfachte Berechnung ohne vektorielle Addition der Impedanzen und Reaktanzen):

$\cos\varphi = 0{,}95$ induktiv:

Bei untererregtem Betrieb des Windparks tritt an der Sammelschiene des UW eine negative Spannungsänderung, also eine Spannungsabsenkung auf. Diese Spannungsabsenkung wird spätestens dann durch den Stufenschalter ausgeregelt, wenn sie die Stufung der Regelwicklung $-1{,}7\%$ unterschreitet. Das Übersetzungsverhältnis des Transformators wird hierdurch herabgesetzt, d. h., die Spannung des 110-kV-Netzes liegt über der Nennspannung der Oberspannungswicklung. In diesem Fall würden zwei Regelschritte vom Stufenschalter ausgeführt ($2 \cdot (+1{,}7\%)$). Damit ergibt sich an der 20-kV-Sammelschiene eine Spannung von $-2{,}4\% + 3{,}4\% = +1\%$. Am Anschlusspunkt V beträgt die Spannungsanhebung mit der Spannungsanhebung auf der Leitung von 1,1% dann rund 2,1%.

$\cos\varphi = 0{,}95$ kapazitiv:

Bei übererregtem Betrieb des Windparks tritt an der Sammelschiene eine Spannungsanhebung auf, die durch die Stufenschalterregelung durch Wahl eines größeren Übersetzungsverhältnisses ausgeglichen wird. Die Nennspannung der OS-Wicklung liegt dann oberhalb der Netzspannung und der in das Netz eingespeiste Strom wird niedriger. In diesem Beispiel würden ebenfalls zwei Regelschritte durchgeführt. Damit ergibt sich an der 20-kV-Sammelschiene eine Spannung von $3{,}6\% - (2 \cdot (+1{,}7\%)) = +0{,}2\%$. Am Anschlusspunkt V beträgt die Spannungsanhebung mit der Spannungsanhebung auf der Leitung von 3,3 % dann rund 3,5 %.

$\cos\varphi = 1{,}0$ (kein Blindleistungsaustausch):

Gemäß Berechnung tritt hier eine Spannungsanhebung von 0,64 % an der 20-kV-Sammelschiene auf. Ein Regelschritt wird in diesem Fall nicht vom Stufenschalter ausgeführt. Am Anschlusspunkt V beträgt die Spannungsanhebung mit der Spannungsanhebung auf der Leitung von 2,2 % dann rund 2,8 %. Zusammenfassung der Ergebnisse über alle drei Arbeitspunkte

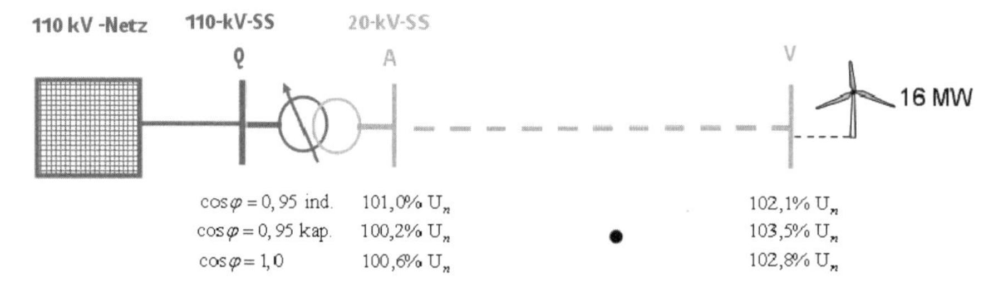

Bild 10.11 Zusammenfassung von allen drei Arbeitspunkten (Blindleistungsbereiche)

Der Einfluss des vorgegebenen Blindleistungsarbeitspunkts ist deutlich zu erkennen. Der Netzbetreiber muss nun die Rechenergebnisse bewerten. Gemäß der bdew-Richtlinie *Erzeugungsanlagen am Mittelspannungsnetz* [5] gilt:

Im ungestörten Betrieb des Netzes darf der Betrag der von allen Erzeugungsanlagen mit Anschlusspunkt in einem Mittelspannungsnetz verursachten Spannungsänderung an keinem Verknüpfungspunkt in diesem Netz einen Wert von 2 % gegenüber der Spannung ohne Erzeugungsanlagen überschreiten.

$$\Delta u_{\mathrm{a}} \leq 2\% \qquad (10.12)$$

Anmerkungen:

- Die Erzeugungsanlagen mit Anschlusspunkt in den unterlagerten Niederspannungsnetzen dieses Mittelspannungsnetzes bleiben hiervon unberücksichtigt. Hierfür gelten die Grenzwerte der Richtlinie *Erzeugungsanlagen am Niederspannungsnetz.*
- Nach Maßgabe des Netzbetreibers und ggf. unter Berücksichtigung der Möglichkeiten der statischen Spannungshaltung kann im Einzelfall von dem Wert von 2 % abgewichen werden.
- Abhängig vom resultierenden Verschiebungsfaktor aller Erzeugungsanlagen kann die Spannungsänderung positiv oder negativ werden, also eine Spannungsanhebung oder -absenkung erfolgen.
- Da der Netztransformator in der Regel über eine automatische Spannungsregelung verfügt, kann die Sammelschienenspannung als nahezu konstant angesehen werden.

Vorzugsweise sind die Spannungsänderungen mithilfe der komplexen Lastflussrechnung zu ermitteln.

Danach wäre lediglich der untererregte Betrieb noch zulässig (Grenzbereich 2,1% zu 2 %). Allerdings kann der Netzbetreiber von dem vorgeschlagenen Wert abweichen. Insbesondere ist hierbei zu betrachten, ob an unterlagerte Niederspannungsnetze noch Kunden angeschlossen sind oder evtl. angeschlossen werden. Noch entscheidender ist jedoch die Frage, ob weitere Einspeisungen in diese Niederspannungsnetze erfolgen sollen. Es ist dann zu überprüfen, ob dies zu einer Überschreitung der Niederspannungstoleranzen am Verknüpfungspunkt V führt. Ist dies nicht der Fall, können ggf. auch die anderen beiden Betriebsbereiche des Windparks zugelassen werden. Diese Entscheidung liegt jedoch immer in der Verantwortung des Netzbetreibers. Die Spannungshaltung ist bereits heute eines der größten Probleme beim Betrieb elektrischer Netze. Derzeit wird untersucht, ob in Zukunft auch regelbare Trafos von Mittelspannung auf Niederspannung eingesetzt werden. Hierzu soll jedoch kein klassischer Stufenschalter eingesetzt werden. Geplant ist ein elektronischer Regler auf Thyristorbasis. Erste Pilotprojekte sind in der Erprobung.

10.4.3 Überprüfung der Netzrückwirkung „Schnelle Spannungsänderung“

Hier soll die Auswirkung auf die Spannung bewertet werden, wenn der gesamte Windpark z. B. aufgrund eines Fehlers schlagartig vom Netz getrennt wird. Gemäß der bdew-Richtlinie *Erzeugungsanlagen am Mittelspannungsnetz* [5] gilt für diesen Fall:

Bei Abschaltung einer oder der gleichzeitigen Abschaltung mehrerer Erzeugungsanlagen an einem Netzanschlusspunkt (hier Windpark) ist die Spannungsänderung an jedem Punkt im Netz begrenzt auf:

$$\Delta u_{\text{max}} \leq 5\% \qquad (10.13)$$

Hierbei sind all die Erzeugungsanlagen zu betrachten, die sowohl infolge von betrieblichen Abschaltungen als auch von Schutzauslösungen gleichzeitig ausfallen können.

Für die Abschaltung des gesamten Windparks errechnet sich die entstehende Spannungsänderung als Differenz der Spannungen mit und ohne Einspeisung ohne Berücksichtigung der Spannungsregelung der Netztransformatoren.

Der größte Spannungssprung ergibt sich in diesem Fall an der 20-kV-Sammelschiene des Umspannwerks. Gemäß den vorherigen Berechnungen entsteht dieser durch die Spannungsänderung über den Trafo, die erst im Nachgang durch den Stufenschalter wieder ausgeregelt wird. Für die Anregung und Durchführung einer Stufenschaltung wird i. d. R. eine Zeit von ca. einer Minute benötigt.

In dem Beispiel beträgt damit die größte schnelle Spannungsänderung 3,6 % im übererregten Betrieb und ist somit zulässig.

10.4.4 Überprüfung der Kurzschlussfestigkeit

Der Betrieb einer WEA erhöht den Kurzschlussstrom des Netzes, insbesondere in der Umgebung des Netzanschlusspunkts, um den Kurzschlussstrom der Erzeugungsanlage. Die Angabe der zu erwartenden Kurzschlussströme der Erzeugungsanlage am Netzanschlusspunkt ist daher eine wichtige Angabe für die Netzberechnung.

Sind keine genauen Werte bekannt, können überschlägig zur Ermittlung des Kurzschlussstrombeitrags einer Windenergieanlage die Werte aus dem Abschnitt 10.3.1 (Kurzschlussstrom/Kurzschlussleistung) verwendet werden. Für eine genaue Berechnung müssen die Impedanzen zwischen Generator und Netzanschlusspunkt (Kundentransformator, Leitungen etc.) berücksichtigt werden.

Wird durch die Erzeugungsanlage der Kurzschlussstrom im Mittelspannungsnetz über den Bemessungswert erhöht, so sind zwischen Netzbetreiber und Anschlussnehmer geeignete Maßnahmen, wie die Begrenzung des Kurzschlussstroms aus der Erzeugungsanlage (z. B. durch den Einsatz von I_s-Begrenzern), zu vereinbaren.

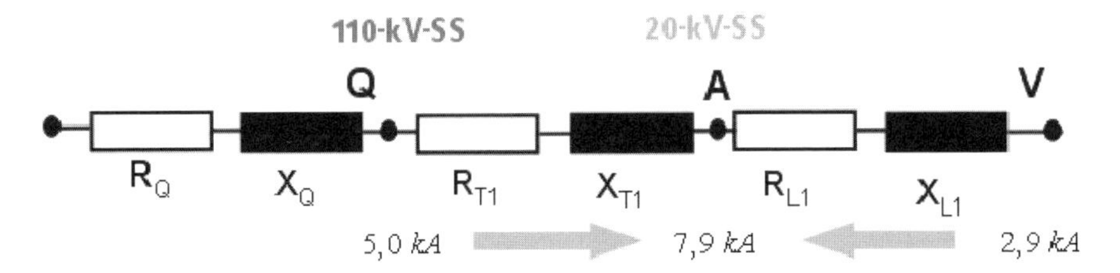

Bild 10.12 Kurzschlusswechselstrom an den jeweiligen Bauteilen

Beispielhaft wird hier die Ermittlung der Kurzschlussleistung an der 20-kV-Sammelschiene des Umspannwerks dargestellt. Die Kurzschlussleistung setzt sich hier aus zwei Anteilen zusammen:

- Beitrag zur Kurzschlussleistung aus dem 110-kV-Netz
- Beitrag zur Kurzschlussleistung vom Windpark

Für den Kurzschlussbeitrag aus dem 110-kV-Netz sind R_Q, X_Q und X_T maßgebend. Die Wirk- und Blindanteile ergeben aufaddiert am Punkt A:

$$R_A = 0{,}18\,\Omega \quad \text{und} \quad X_A = 2{,}51\,\Omega$$

Die Kurzschlussimpedanz ergibt sich dann wie folgt:

$$Z_A = \sqrt{R_A^2 + X_A^2} = \sqrt{0{,}18\,\Omega^2 + 2{,}51\,\Omega^2} = 2{,}52\,\Omega \tag{10.14}$$

Die maximale Kurzschlussleistung aus dem 110-kV-Netz über den Transformator errechnet sich gemäß nachfolgender Formel:

$$I''_{\text{kA}} = \frac{c \cdot U_n}{\sqrt{3} \cdot Z_A} = \frac{1{,}1 \cdot 20\,\text{kV}}{\sqrt{3} \cdot 2{,}52\,\Omega} = 5\,\text{kA} \tag{10.15}$$

Berechnung nach DIN VDE 0102 *Kurzschlussströme in Drehstromnetzen*

Für eine grobe und sichere Abschätzung wird für den Kurzschlussbeitrag des Windparks der 6-fache Bemessungsstrom (doppelt gespeiste Asynchronmaschine) ohne Berücksichtigung der Trafo- und Leitungsimpedanzen linear addiert.

$$I''_{\text{kWindpark}} = 6 \cdot 486\,\text{A} = 2{,}9\,\text{kA} \tag{10.16}$$

Das ergibt an der 20-kV-Sammelschiene des Umspannwerks dann einen Wert von

$$I''_{\text{kges}} = I''_{\text{kA}} + I''_{\text{kWindpark}} = 5\,\text{kA} + 2{,}9\,\text{kA} = 7{,}9\,\text{kA}$$

Die Schaltanlage ist für einen Anfangskurzschlusswechselstrom I''_k von 16 kA damit ausreichend dimensioniert.

Analog zum Anfangskurzschlusswechselstrom ist die Kurzschlussfestigkeit für den Stoßkurzschlussstrom i_p zu kontrollieren.

10.5 Netzanbindungen von WEA

Grundlage für die Netzanbindung ist zunächst die Ermittlung des geeigneten Anschlusspunkts unter Beachtung der gesetzlichen Vorgaben aus dem EEG. Insbesondere gilt hier bei verschiedenen möglichen Varianten die Wahl der insgesamt kostengünstigsten Anschlussmöglichkeit (gesamtwirtschaftliche Betrachtungsweise). Für Anlagenplaner und Netzbetreiber wird die Ermittlung des geeigneten Anschlusspunkts, bedingt durch den rasanten Zuwachs aller Erzeugungsanlagen auf Basis regenerativer Energien, immer aufwendiger. Windenergieanlagen sind unter Beachtung der jeweils gültigen Bestimmungen und Vorschriften so zu errichten und zu betreiben, dass sie für den Parallelbetrieb mit dem Netz des Netzbetreibers geeignet sind und unzulässige Rückwirkungen auf das Netz oder andere Kundenanlagen ausgeschlossen werden. Für die Errichtung und den Betrieb der elektrischen Anlagen sind mindestens einzuhalten [5]:

- die jeweils gültigen gesetzlichen und behördlichen Vorschriften,
- die gültigen DIN-EN-Normen und DIN-VDE-Normen,
- die Betriebssicherheitsverordnung,
- die Arbeitsschutz- und Unfallverhütungsvorschriften der zuständigen Berufsgenossenschaften,
- die Bestimmungen und Richtlinien des Netzbetreibers.

Der Anschluss an das Netz ist im Einzelnen in der Planungsphase, vor Bestellung der wesentlichen Komponenten, mit dem Netzbetreiber abzustimmen. Planung, Errichtung und Anschluss der Windenergieanlage(n) an das Netz des Netzbetreibers sind durch geeignete Fachfirmen vorzunehmen. Zur netztechnischen Prüfung durch den Netzbetreiber sind vom Anlagenplaner aussagefähige Unterlagen zur Erzeugungsanlage einzureichen [5].

An Hand der Unterlagen kann der Netzbetreiber den geeigneten Netzanschlusspunkt ermitteln, der auch unter Berücksichtigung der Windenergieanlage(n) einen sicheren Netzbetrieb gewährleistet und an dem die beantragte Leistung aufgenommen und übertragen werden kann. Entscheidend für eine Netzanschlussbeurteilung ist stets das Verhalten der Erzeugungsanlage an dem Netzanschlusspunkt sowie im Netz der allgemeinen Versorgung. Die Beurteilung der Anschlussmöglichkeit unter dem Gesichtspunkt der Netzrückwirkungen erfolgt anhand der Impedanz des Netzes am Verknüpfungspunkt (Kurzschlussleistung, Resonanzen), der Anschlussleistung sowie der Art und Betriebsweise der Windenergieanlage(n). Sofern mehrere Erzeugungsanlagen im gleichen Mittelspannungsnetz angeschlossen sind, muss deren Gesamtwirkung betrachtet werden.

In der Regel werden Windenergieanlagen über kundeneigene Mittelspannungsstationen im Netz angeschlossen oder über separate Kabel in einem Umspannwerk. Der Anschluss erfolgt aus Kostengründen meist als sogenannter Einfachanschluss (Stichanbindung). Neben dem Kurzschluss- und Überlastschutz für die Windenergieanlage(n) sind weitere Entkupplungsschutzfunktionen erforderlich. Der Anschluss von Erzeugungsanlagen im Mittelspannungsnetz erfolgt – abhängig von netztechnischen Gegebenheiten, Anzahl und Größe der Windenergieanlagen – entweder über Leistungsschalter oder über eine Lastschalter-Sicherungs-Kombination. Der Anschluss an das Umspannwerk eines Netzbetreibers erfolgt mittels eines Leistungsschalters.

10.5.1 Schaltanlagen

Neben der Übertragungsfähigkeit der Schaltanlagen zum Anschluss von Windenergieanlagen ist die Kurzschlussfestigkeit der Schaltanlage ein wesentliches Auslegungskriterium. Die sogenannte Übergabestation stellt den Übergang von der Kundenanlage zum Netz des Netzbetreibers her. Diese Station mit einer Mittelspannungsschaltanlage unterliegt daher einer besonderen Betrachtung. Für die Errichtung der Anschlussanlage sind die BDEW-Richtlinie *Technische Anschlussbedingungen - Mittelspannung* [18], die Anschlussbedingungen der Netzbetreiber und die allgemein gültigen Bestimmungen von Mittelspannungsanlagen (insbesondere die der DIN VDE 0101, der DIN VDE 0670 und der DIN VDE 0671) einzuhalten. In [18] ist dies wie folgt beschrieben:

> Elektrische Anlagen müssen so ausgelegt, konstruiert und errichtet werden, dass sie den mechanischen und thermischen Auswirkungen eines Kurzschlussstroms sicher standhalten können. Vom Anschlussnehmer ist der Nachweis der Kurzschlussfestigkeit für die gesamte Übergabestation zu erbringen. Wird durch den Betrieb der Kundenanlage der Kurzschlussstrom im Mittelspannungsnetz über dessen Bemessungswert hinaus erhöht, so sind zwischen Netzbetreiber und Anschlussnehmer geeignete Maßnahmen, wie die Begrenzung des Kurzschlussstroms aus der Kundenanlage (z. B. durch den Einsatz von I_S-Begrenzern), zu vereinbaren.

Der Netzbetreiber gibt die erforderlichen Kennwerte für die Dimensionierung der Anschlussanlage am Netzanschlusspunkt vor (z. B. Bemessungsspannungen und Bemessungskurzschlussstrom). Ferner stellt der Netzbetreiber dem Anschlussnehmer nach Anfrage zur Dimensionierung der anschlussnehmereigenen Schutzeinrichtungen und für Netzrückwirkungsbetrachtungen folgende Daten zur Verfügung [5]:

- Anfangskurzschlusswechselstrom aus dem Netz des Netzbetreibers am Netzanschlusspunkt (ohne den Beitrag der Erzeugungsanlage)
- Fehlerklärungszeit des Hauptschutzes aus dem Netz des Netzbetreibers am Netzanschlusspunkt

Typische Werte für die Kurzschlussfestigkeit von Mittelspannungsschaltanlagen sind:

Anfangskurzschluss-wechselstrom I''_k	Stoßkurzschluss-strom i_p
16 kA	40 kA
20 kA	50 kA
25 kA	63 kA
31,5 kA	80 kA

Tabelle 10.1 Typische Werte für die Kurzschlussfestigkeit von Mittelspannungsschaltanlagen

10.5.2 Schutzeinrichtungen

Für einen sicheren und zuverlässigen Betrieb der Netze sowie der Windenergieanlage(n) einschließlich der Anschlussanlage und des Windparknetzes ist der Schutz von erheblicher Bedeutung. Gemäß DIN VDE 0101 müssen für elektrische Anlagen selbsttätige Einrichtungen zum Abschalten von Kurzschlüssen vorgesehen werden. Der Netzbetreiber ist bis zum Anschlusspunkt/Übergabepunkt für den Schutz seines Netzes verantwortlich und der Windenergieanlagenbetreiber ab dort für den zuverlässigen Schutz seiner Anlagen (z. B. Schutz bei Kurzschluss, Erdschluss, Überlast, Schutz gegen elektrischen Schlag). Das Schutzkonzept sowie die Schutzeinstellungen an der Schnittstelle zwischen Netzbetreiber und Windenergieanlagenbetreiber sind stets so zu realisieren, dass eine Gefährdung der aneinander grenzenden Netze und Anlagen ausgeschlossen werden kann.

Zum Schutz der Windenergieanlage(n) und anderer Kundenanlagen müssen die Windenergieanlagen bzw. der Windpark bei gestörten Betriebszuständen vom Netz getrennt werden können. Zu den gestörten Betriebszuständen zählen z. B. Netzfehler, Inselnetzbildung oder ein langsamer Aufbau der Netzspannung nach einem Fehler im Übertragungsnetz. Diese Aufgabe übernimmt der sogenannte Entkupplungsschutz. Der Entkupplungsschutz kann sowohl in einem autarken Gerät realisiert werden als auch in der Anlagensteuerung der Windenergieanlage(n) als unabhängige Logik integriert sein. Ein Ausfall der Versorgungsspannung der Schutzeinrichtung bzw. der Anlagensteuerung muss zum unverzögerten Auslösen des Übergabeschalters führen.

Entkupplungsschutzeinrichtungen werden am Anschlusspunkt/Übergabepunkt des Windparks und/oder an den einzelnen Windenergieanlagen installiert. Der Entkupplungsschutz muss für diese Aufgabe folgende Funktionen realisieren:

- Spannungsrückgangsschutz $U <$ und $U <<$
- Spannungssteigerungsschutz $U >$ und $U >>$
- Frequenzrückgangsschutz $f <$
- Frequenzsteigerungsschutz $f >$
- Blindleistungsunterspannungsschutz $Q \rightarrow \& U <$

Die Spannungsschutzeinrichtungen und die Frequenzschutzeinrichtungen haben sowohl die Aufgabe, Kundenanlagen bei einem Inselbetrieb vor unzulässigen Spannungs- und Frequenzzuständen zu schützen, als auch bei bestimmten Fehlern im Netz eine Abschaltung der Windenergieanlage(n) sicherzustellen. Neben den Spannungs- und Frequenzüberwachungen kommt dem Blindleistungsunterspannungsschutz ($Q \rightarrow \& U <$) eine besondere Aufgabe zu. Er trennt die Windenergieanlage nach einer definierten Zeit (i. d. R. 0,5 s) vom Netz, wenn alle drei verketteten Spannungen am Netzanschlusspunkt kleiner als 0,85 U_C sind (logisch UND-verknüpft) und wenn die Windenergieanlage gleichzeitig induktive Blindleistung aus dem Netz des Netzbetreibers aufnimmt. Dieser Schutz überwacht das systemgerechte Verhalten der Windenergieanlage(n) nach einem Fehler im Übertragungsnetz. Der Wiederaufbau der Netzspannung nach einem Fehler im Übertragungsnetz wird durch Entnahme von induktiver Blindleistung aus diesem Netz stark behindert. Verhält sich eine Windenergieanlage nicht systemgerecht, muss sie daher schnell vom Netz getrennt werden. Zum besseren Aufbau der Netzspannung bzw. zur Spannungsstützung muss bei Fehlern im Übertragungsnetz zusätzlich ein Blindstrom von den Windenergieanlagen in das Netz eingespeist werden.

Der Kurzschlussschutz für die Windenergieanlage(n) ist für das Abschalten von Kurzschlüssen in der Anschlussanlage und im Windparknetz erforderlich. Bei Anschlüssen über einen Leistungsschalter ist als Kurzschlussschutz mindestens ein Überstromzeitschutz vorzusehen. Der Kurzschlussschutz bei Anschluss über eine Lastschalter-Sicherungs-Kombination erfolgt durch die Sicherung.

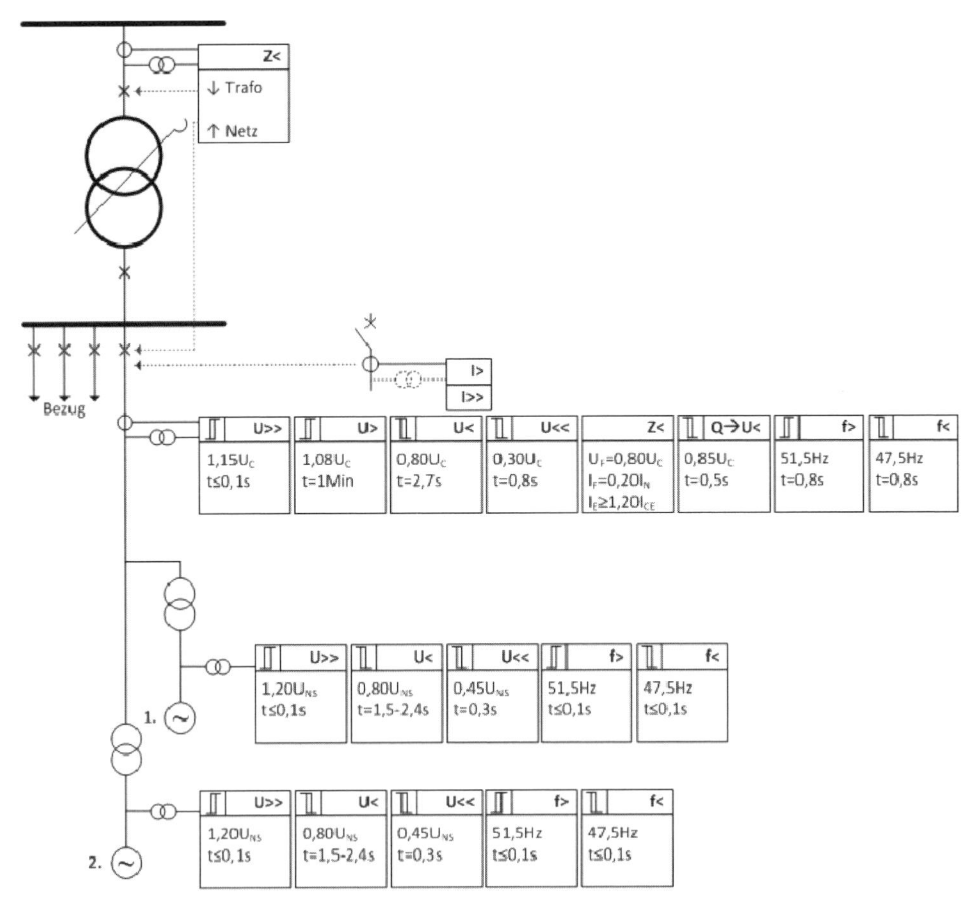

Bild 10.13 Beispiel Schutzkonzept bei Anschluss von Windenergieanlagen an die Sammelschiene eines Umspannwerks

10.5.3 Einbindung in das Netzleitsystem

Einige namenhafte Hersteller von Windenergieanlagen bieten eine Fernüberwachung über eigene Leitsysteme an. Von dort können u. a. Ferndiagnosen erstellt werden, aber auch Einstellparameter verändert werden. Darüber hinaus hat auch der Betreiber der Anlagen die Möglichkeit aktuelle Statusmeldungen, Betriebszustände und Online-Istwerte abzufragen.

Windparks mit Anschluss an die Sammelschiene eines Umspannwerks werden i. d. R. in das Netzleitsystem des zuständigen Netzbetreibers eingebunden. Hierfür besteht dann die Fernsteuermöglichkeit auch für den Notfall, dass angeforderte Leistungsreduzierungen im Rahmen des Einspeisemanagements (Eisman) oder Netzsicherheitsmanagement (NSM) nicht oder nicht zeitgerecht durchgeführt werden, um das Übertragungsnetz vor einer Überlastung zu schützen. In diesem Fall erfolgt kein kontrolliertes Herunterfahren von Anlagen sondern eine sogenannte harte Abschaltung durch Auslösen des Leistungsschalters. Bei Windenergieanlagen oder Windparks, die in das Mittelspannungsversorgungsnetz eingebunden sind, kann eine Einbindung in das Netzleitsystem eines Netzbetreibers nur erfolgen, wenn entsprechende Kommunikationswege vorhanden sind. Die erforderlichen Protokolle und die Technik sind im Einzelnen abzustimmen.

10.6 Weitere Entwicklungen in der Netzintegration und Ausblick

In der heutigen Zeit speisen WEA Energie unabhängig vom Leistungsbedarf (Verbrauch) der Netzkunden und ohne Bereitstellung von Regelenergie in das öffentliche Netz ein. Um jedoch weitere WEA in das Netz zu integrieren, muss sich das Stromnetz den neuen Bedingungen anpassen. Einerseits kann es durch einen Netzausbau und andererseits durch eine intelligente Speicherung und verbesserte Lastflusssteuerung, dem sogenannten Smart Grid, geschehen.

Die Europäische Union definiert ein Smart Grid im *Strategischen Umsetzungskonzept für Smart Grids* wie folgt [10]:

> Ein Smart Grid ist ein elektrisches Netz, das die Aktionen aller angeschlossenen Nutzer – Erzeuger, Verbraucher, Speicher – intelligent koordiniert, um Effizienz in der nachhaltigen, ökologischen, wirtschaftlichen und zuverlässigen Stromversorgung zu gewährleisten.

Um die angeschlossenen Nutzer intelligent zu koordinieren, muss zwischen ihnen nicht nur ein elektrisches, sondern auch ein bidirektionales Kommunikationsnetz aufgebaut werden (Bild 10.14).

In der Definition sind die drei Ziele – Umweltverträglichkeit, Versorgungszuverlässigkeit und Wirtschaftlichkeit – des Zieldreiecks aus dem Energiewirtschaftsgesetz vorhanden. Diese Ziele müssen für eine gerechte Energieversorgung immer gleichmäßig ausbalanciert werden.

10.6.1 Netzausbau

In den letzten Jahren stieg die Erzeugung aus DEA stetig an und wird in den nächsten Jahren vermutlich auch kontinuierlich steigen. Damit das Netz diese zusätzliche Energie aufnehmen kann, muss es nicht nur in der Mittel- und Hochspannungsebene ausgebaut werden, sondern auch in der Höchstspannungsebene. Der Bau solch einer Strecke kann sich jedoch aufgrund aufwendiger Genehmigungsverfahren um bis zu 15 Jahre verzögern. Deshalb wird heutzutage in den 110 kV-Netzen und zukünftig wohl auch im Mittelspannungsnetzen ein Monitoring durchgeführt. Bei 110-kV-Freileitungen wird zum Beispiel über die Umgebungsbedingungen Temperatur, Windgeschwindigkeit und Windrichtung die maximale Übertragungsleistung berechnet und die Einspeiseleistung der DEA ggf. auf diese Leistung reduziert, ganz nach dem Motto „less copper, more intelligence“.

Um aus den unterschiedlich fluktuierenden Energiequellen eine möglichst verbrauchsorientierte Einspeiseleistung zu generieren, sollen diese zukünftig flächendeckend miteinander

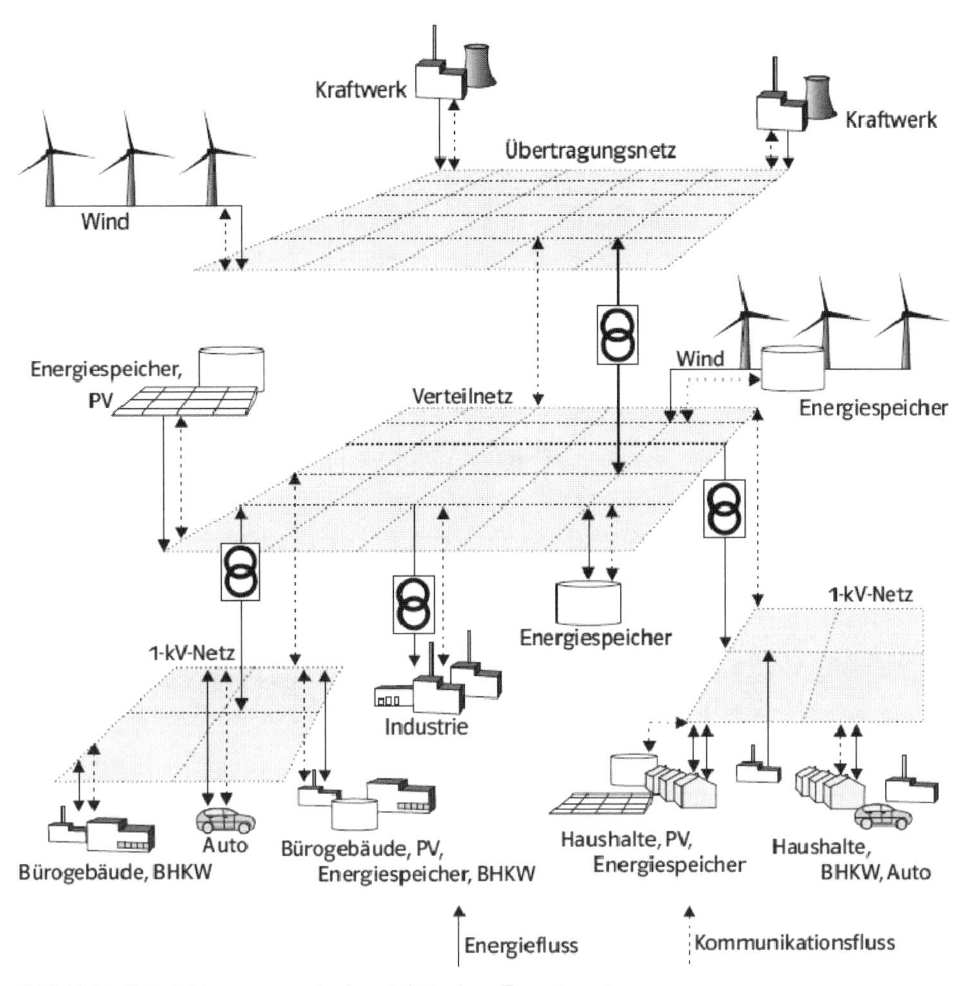

Bild 10.14 Entwicklungsszenario des elektrischen Energiesystems

kombiniert werden. So soll beispielsweise die Energieerzeugung aus Solarkraftwerken in Nordafrika mit der aus Windkraftanlagen der Nord- und Ostsee und Wasserkraftwerken in Nordeuropa kombiniert werden. Dafür muss jedoch nicht nur ein Netzausbau in Deutschland, sondern in ganz Europa erfolgen. Für eine Umsetzung dieses Netzes (Super Grids) müssen deshalb Transportleitungen gebaut werden, die die Energie über weite Strecken möglichst verlustarm übertragen. Diese Transportleitungen können entweder mit Drehstrom oder mit Gleichstrom betrieben werden. Gravierender Nachteil einer Drehstromübertragung sind jedoch frequenzabhängige Verluste, die durch Ummagnetisierungsverluste und durch den Skin-Effekt, der eine Widerstandserhöhung des Leiters bewirkt, verursacht werden. Bei Gleichstrom treten diese Verluste nicht auf, sodass bei einer Übertragung von Energie über große Distanzen die Hochspannungsgleichstromübertragung (HGÜ) verwendet wird. Um jedoch die Wechselspannung, den die Generatoren der Erzeugungsanlagen produzieren, in eine Gleichspannung zu wandeln, muss die erzeugte Energie für die Übertragung gleichgerichtet und nach der

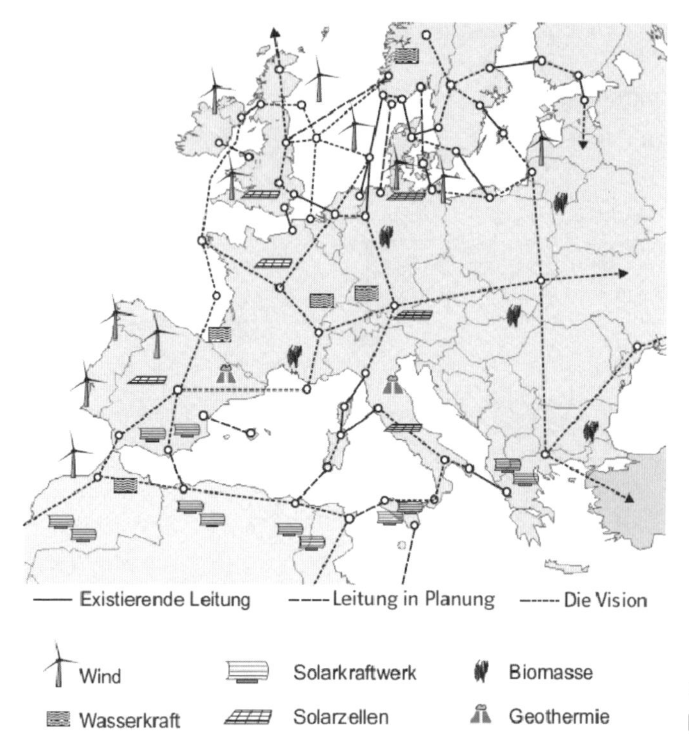

Bild 10.15 Geplantes Europäisches Super Grid

Übertragung wieder in eine Wechselspannung umgewandelt werden. Diese Umwandlung erfolgt mittels Stromrichtern, die allerdings Verluste erzeugen. Deshalb und wegen der hohen Kosten der Umwandlung lohnt sich die HGÜ bei einem Kabel erst ab einer Länge von ca. 50 km und bei einer Freileitung erst ab einer Länge von ca. 600 km einzusetzen. Die HGÜ-Technik eignet sich besonders gut, um kurzzeitige Einspeiseschwankungen, die zum Beispiel durch Windböen bei der Erzeugung durch WEA entstehen, auszugleichen, da im Gleichstromkreis ein Energiespeicher vorhanden ist, der die kurzen Erzeugungsschwankungen ausgleicht. Deshalb wird diese Technik besonders bei der Anbindung von Offshore-Windparks an das Hoch- bzw. Höchstspannungsnetz eingesetzt. Nachteil der HGÜ-Technik sind jedoch hohe Investitionskosten für die Stromrichteranlagen. Des Weiteren sind die Stromrichter störungsanfälliger als die erprobten Betriebsmittel bei der Drehstromübertragung. Um jedoch viel Energie über weite Strecken zu transportieren, ist nach dem heutigen Stand der Technik die HGÜ die interessante Alternative zur Drehstromübertragung [1].

10.6.2 Lastverschiebung

Durch die schwankende Einspeiseleistung von fluktuierenden Erzeugern ist es schwierig, den Verbrauch bedarfsgerecht zu decken und gegebenenfalls positive oder negative Ausgleichsenergie bereitzustellen. Schon vor dem Boom der fluktuierenden Energien wurde bei kurzzeitigen Leistungsengpässen (z. B. Spitzenlast) bzw. Leistungsüberschüssen versucht, den Energiebedarf der Netzsituation anzupassen. Aus diesem Grund haben einige Großkunden Verträge mit den Netzbetreibern, um beispielsweise große Verbraucher im Betrieb, wie zum Beispiel große Gefrierhäuser, über eine gewisse Zeit ein- bzw. auszuschalten. Zukünftig sollen alle Erzeuger und Verbraucher über ein Kommunikationsnetz verknüpft werden. So soll beispielsweise die Waschmaschine, die Tiefkühltruhe oder auch die Speicherheizung in einem Haushalt wissen, wann die regenerativen Einspeiser Energie erzeugen. Um solch ein Netz zu realisieren, muss jedoch neben dem Stromnetz auch ein komplexes Datennetzwerk zwischen den Betriebsmitteln im Netz realisiert werden.

10.6.3 Energiespeicherung

In Deutschland kommt vor allem der Windenergie eine tragende Rolle in der regenerativen Energieerzeugung zu. Ein Problem ist jedoch, dass die Erzeugung wetterabhängig ist. Bei Starkwind soll deshalb die überschüssige Energie, die trotz Lastverschiebung ins Netz eingespeist wird, dazu genutzt werden, Energiespeicher aufzufüllen. Die gespeicherte Energie soll dann bei einer Flaute für die Energieversorgung zur Verfügung stehen. Diese Energiespeicher können unterschiedlich aussehen und stecken zum Teil noch in der Entwicklung.

Eine ausgereifte und am weitesten verbreitete Speichertechnologie ist das Pumpspeicherkraftwerk. Dieses pumpt bei einem Energieüberfluss Wasser von einem tiefliegenden auf ein höher gelegenes Niveau. Ist im Netz ein Energiebedarf vorhanden, kann durch ein Ablassen des höher liegenden Wassers auf eine Turbine, die an einen Generator gekoppelt ist, wieder elektrische Energie erzeugt werden. Solch ein Wasserspeicher ist von der Landschaftsform abhängig und deshalb ist die Speicherkapazität in Deutschland begrenzt. Ein Land, das viele Wasserkraftwerke besitzt und noch viel Erweiterungspotenzial besitzt, ist dagegen Norwegen. Dort wird schon heute 99 % der elektrischen Energie aus Wasserkraftwerken erzeugt. Aus diesem Grund wäre es denkbar, die überschüssige elektrische Energie von deutschen WEA über HGÜ-Seekabel nach Norwegen zu exportieren und bei einem Energiebedarf wieder zu reimportieren. Der Wirkungsgrad dieses Prozesses liegt je nach Entfernung und Pumpspeicherkraftwerk bei ca. 70 % [13].

Eine weitere Möglichkeit elektrische Energie zu speichern, ist die Druckluftspeichertechnik. Mit einem Kompressor wird dabei ein Druckluftspeicher gefüllt, der sich zum Beispiel in einem ausgewaschenen Salzstock befinden kann. Wird Energie benötigt, kann die Druckluft wieder entspannt und somit elektrische Energie erzeugt werden. Ein Nachteil dieser Technologie ist jedoch, dass der Wirkungsgrad des Verfahrens nur bei ca. 55 % liegt und geeignete Speicherorte vorhanden sein müssen [15].

Eine chemische Möglichkeit elektrische Energie zu speichern, ist ein Verfahren, das aus elektrischer Energie Erdgas erzeugt. Um Erdgas herzustellen, wird durch Elektrolyse Wasserstoff erzeugt. Durch mehrere chemische Prozesse und durch Zugabe von Kohlendioxid wird Methan produziert. Dieses kann in Speichern gelagert oder ins Erdgasnetz eingespeist werden. Wird wieder elektrische Energie benötigt, kann aus dem gespeicherten Methan elektrische Energie erzeugt werden. Für diese Anlagen wird momentan die industrielle Umsetzung vorbereitet, sodass noch keine Erfahrungswerte im industriellen Einsatz vorliegen [6].

Um elektrische Energie zu speichern, können auch Batterien verwendet werden. Für solch eine Speicherung gibt es mehrere Konzepte. Einerseits können große Speicher von einigen kW bis MW zentral aufgestellt werden, die dann Leistungsspitzen oder Engpässe ausgleichen können.

Andererseits können auch dezentrale Batterien von Elektroautos zur Speicherung dienen, die mit einem intelligenten Lademanagement ausgestattet sind. Dieses ermöglicht den Batterien, sich bei überschüssiger Energie als Verbraucher und bei einem Energiebedarf des Netzes als Erzeuger zu verhalten.

Literatur

[1] ABB, Was ist HGÜ? *http://www.abb.de/cawp/db0003db002698/1969e8ef4e83cb62c125725f0054bf10.aspx/*

[2] amprion, Marktplattform, Bilanzkreise. *http://www.amprion.net/bilanzkreise,* 18.5.2011

[3] amprion, *http://www.amprion.net/grundlast-mittellast-spitzenlast,* 18.5.2011

[4] amprion, *http://www.amprion.net/netzfrequenz,* 18.5.2011

[5] Technische Anschlussbedingungen für den Anschluss an das Mittelspannungsnetz, Berlin: BDEW Bundesverband der Energie- und Wasserwirtschaft e. V., Mai 2008

[6] BINE: Informationsdienst, Publikationen, News. *Überschüssigen Strom in Erdgas umwandeln, http://www.bine.info/hauptnavigation/publikationen/news/news/ueberschuessigen-strom-in-erdgas-umwandeln/?artikel=1594,* 30. 6. 2010

[7] DIN VDE 0276 Teil 1000: Starkstromkabel: Strombelastbarkeit, Allgemeines, Umrechnungsfaktoren. Berlin, VDE Verlag GmbH, 1995

[8] DIN IEC 60038, IEC Normspannungen. November 2002

[9] DIN EN 50160, Merkmale der Spannung in öffentlichen Elektrizitätsversorgungsnetzen. 2010

[10] Fenchel G.; Hellwig M. (Hrsg.): Smart Metering in Deutschland. Frankfurt am Main, EW Medien und Kongresse, 2010

[11] Institut für Solare Energieversorgungstechnik (ISET), Summenganglinien für Energie 2.0.

[12] Monitoring-Bericht des Bundesministeriums für Wirtschaft und Technologie nach § 51 EnWG zur Versorgungssicherheit im Bereich der leitungsgebundenen Versorgung mit Elektrizität, *www.bmwi.de/BMWi/Redaktion/PDF/M-O/monitoring-versorgungssicherheit-elektrizitaetsversorgung,property=pdf,bereich=bmwi,sprache=de,rwb=true.pdf* 30. 8. 2010

[13] Pumpspeicherkraftwerke. *http://de.wikipedia.org/wiki/Pumpspeicherkraftwerk,* 23. 6. 2011

[14] Regelleistung (Energie). *http://de.wikipedia.org/wiki/Regelleistung_(Energie),* 15. 5. 2011

[15] RWE: Innovationen, Stromerzeugung, Energiespeicherung, Druckluftspeicher. *http://www.rwe.com/web/cms/de/183732/rwe/innovationen/stromerzeugung/energiespeicherung/druckluftspeicher,* 30. 6. 2011

[16] Spitzenlast. *http://de.wikipedia.org/wiki/Spitzenlast,* 15. 5. 2011

[17] swissgrid: Versorgungssicherheit, Systemdienstleistungen. *http://www.swissgrid.ch/swissgrid/de/home/reliability/ancillary_services.html,* 7. 5. 2011

[18] Technische Richtlinie: Erzeugungsanlagen am Mittelspannungsnetz. Richtlinie für Anschluss und Parallelbetrieb von Erzeugungsanlagen am Mittelspannungsnetz. Berlin: Bundesverband der Energie- und Wasserwirtschaft e.V., Ausgabe Juni 2008

[19] Technische Regeln zur Beurteilung von Netzrückwirkungen. 2. Ausgabe, Berlin: VDN Verband der Netzbetreiber, Ausgabe 2007

[20] VDN: Leistungsbilanz der allgemeinen Stromversorgung in Deutschland. Vorschau 2005-2015. *http://www.vdn-berlin.de/global/downloads/Publikationen/LB/VDNLB_VS_2005-2015.pdf*

[21] Verfügbarkeit. *http://de.wikipedia.org/wiki/Verfügbarkeit,* 4. 6. 2011

11 Offshore-Windenergie

11.1 Offshore-Windenergieanlagen

11.1.1 Einführung

In zahlreichen Ländern ist man gezwungen, aufgrund knapper werdender Flächen für Onshore-Windenergieanlagen (z. B. Deutschland, Niederlande) oder ungünstiger Windverhältnisse onshore die Aufstellung von Windenergieanlagen im Meer (offshore) vorzunehmen. Vorreiter sind zurzeit Dänemark (im relativ küstennahen Bereich mit geringen Wassertiefen: Horns Rev, ca. 15 m Wassertiefe) und Großbritannien (küstennah).

In Deutschland gibt es erhebliche Bedenken, solche Anlagen im küstennahen Bereich aufzustellen, weil es sich bei den betreffenden Gebieten zum großen Teil um Naturschutzgebiete (Naturschutzpark Wattenmeer) handelt oder aus touristischen Gründen wegen der „störenden Silhouetten“. Deshalb ist man hier gezwungen, die Offshore-Windparks „hinter dem Horizont“, d. h., in Entfernungen von 30–120 km von der Küste bei Wassertiefen zwischen 20 und 45 m, aufzustellen. Besonders in der Nordsee herrschen in diesen Regionen nahezu „Hochseeverhältnisse“, d. h., Wind und Wellen sind dort wesentlich stärker als in den küstennahen Regionen.

Durch die Umweltbedingungen und die großen Entfernungen von der Küste sind die erforderlichen Investitionen für Aufstellung, Betrieb und Wartung von Offshore-Windenergieanlagen (OWEA) sehr hoch. Das war durch die nach dem alten deutschen Erneuerbare-Energien-Gesetz (EEG) vorgesehenen Vergütungen bisher nicht wirtschaftlich. Durch die Novellierung des EEG hat sich das geändert, zumal die Netzbetreiber dadurch zusätzlich verpflichtet wurden, die Kosten der Netzanbindung ab dem Windpark zu übernehmen.

Allerdings sind die technischen und wirtschaftlichen Risiken noch sehr hoch, da bisher nur wenige Erfahrungen für die Aufstellung und den Betrieb solcher Anlagen über einen längeren Zeitraum vorliegen.

Laut einer Prognose der EWEA (European Wind Energy Association) von 2011 sollen in der deutschen AWZ (Ausschließliche Wirtschaftszone) bis zum Jahr 2030 bis zu 5 000 OWEA mit einer Leistung von ca. 25 GW (1 Gigawatt = 10^{12} Watt) aufgestellt werden, in Europa ca. 150 GW. Die Investitionen dafür sollen ca. 220 Milliarden Euro betragen (siehe Bild 11.1).

11.1.2 Unterschiede Offshore-/Onshore-WEA

Bei Offshore-Windenergieanlagen (OWEA) treten bei Rotorblättern, Gondel und Turm die gleichen Belastungsarten wie bei Onshore-Anlagen auf (Wind, Böen mit Turbulenzen), mit jedoch im Mittel stärkeren und gleichmäßigeren Winden (geringere Turbulenzen). Während man bei

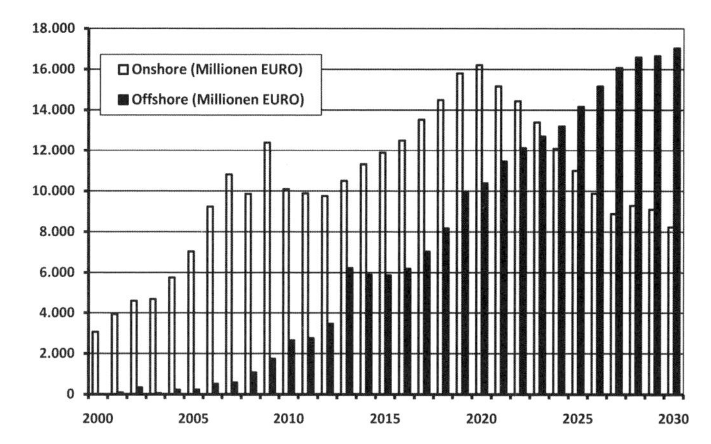

Bild 11.1 Prognose der Investitionen in Europa bis 2030 in Onshore- und Offshore-WEA (Quelle: EWEA, 2011)

Onshore-Anlagen je nach Standort mit ca. 1 700 bis 2 500 Volllaststunden pro Jahr rechnen kann, sind es bei Offshore-Anlagen ca. 4 000 bis 4 500 Stunden.

Bei einer größeren Anzahl von Windenergieanlagen (Parks) beeinflussen sich die Anlagen gegenseitig, da sie aus Kostengründen für die Kabelanschlüsse relativ dicht zusammenstehen. Es können dadurch stärkere Turbulenzen auftreten, die Auswirkungen auf die Belastungen haben (Größe der Spannungsamplituden und Anzahl der Lastwechsel).

Für Offshore-Windenergieanlagen kommen gegenüber den Onshore-Anlagen weitere Belastungen hinzu, sie betreffen hauptsächlich die Gründungsstruktur (siehe Bild 11.2). Dabei werden Belastungen als statische oder quasistatische behandelt, wenn deren zeitliche Änderungen (Schwingungsperioden) deutlich kleiner oder größer sind als die Eigenperioden der betrachteten Strukturen, d. h., diese werden durch die Belastungen nicht zu Schwingungen angeregt. Die Belastungsarten sind:

Seegangsbelastungen:

- durchlaufende Wellen bei relativ großen Wassertiefen (Verhältnis Wellenlängen zu Wassertiefen): Die Berechnungen erfolgen nach den verschiedenen Wellentheorien wie z. B. nach Airy, Stokes o. a. (s. unten) und die dadurch auftretenden Belastungen hauptsächlich nach der sogenannten Morison-Gleichung (dynamische Belastungen).
- Seeschlag durch brechende Wellen bei relativ geringen Wassertiefen oder bei zu Wellenlängen relativ hohen Wellen in tiefem Wasser (dynamisch)
- Lastwechsel: Wegen der hohen Wechsellastzahlen (mittlere Wellenperioden 3–10 s, ca. $3 \cdot 10^8$ Lastwechsel in 25 Jahren) und der hohen Dichte des Wassers sind die Wellenlastungen für die Gründungsstrukturen ein wichtiges Auslegungskriterium.

Strömungen:

- konstante Meeresströmungen oder durch Wind verursachte Strömungen (quasistatische Belastungen)
- Tidenströmungen (quasistatisch)
- Wirbelablösungen (→ Kármán'sche Wirbelstraße, dynamisch)

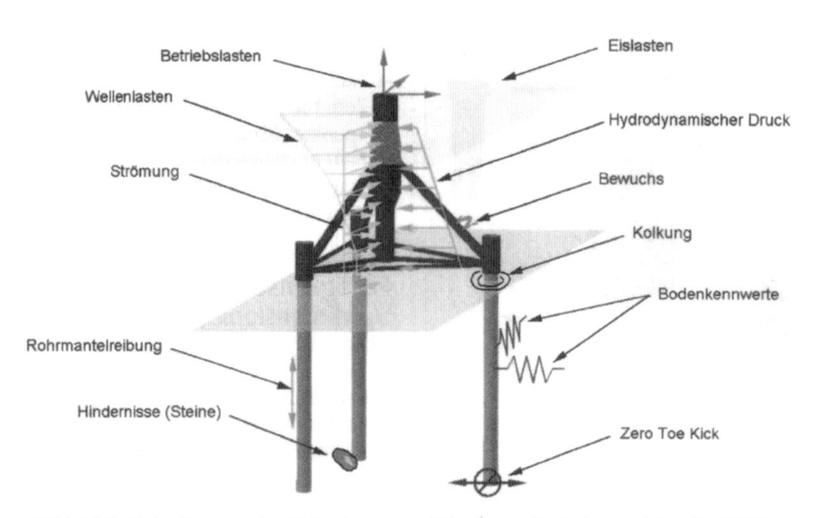

Bild 11.2 Belastungen der Gründung von Windenergie-Anlagen (Quelle: HDW, 2004)

Kolkbildung: Reduzierungen der Steifigkeit der Gründungsstrukturen durch Auskolkung des umgebenden Meeresbodens. Dadurch ergeben sich höhere Spannungen und niedrigere Eigenfrequenzen.

Eisbildung:

- Belastungen durch Festeis, Treibeis, Eisbildung durch Spritzwasser (quasistatisch)
- In der Nordsee ist die Gefahr der Eisbildung durch den Golfstromeinfluss außer im Wattenmeer gering, in der Ostsee muss generell mit Eisbildung gerechnet werden.

Mariner Bewuchs: Durch den Bewuchs (Querschnittsvergrößerung, Masseerhöhung) erfolgt eine ständige Erhöhung der Fundamentbelastung durch Wellen und Strömungen sowie eine Reduzierung der Eigenfrequenzen (statisch und dynamisch).

Korrosion: verstärkt durch Meerwasser, salzhaltige und feuchte Luft

Alterung von Faserverbundwerkstoffen: verstärkt bei Rotorblättern durch höhere UV-Strahlungsbelastung, Feuchtigkeit und abrasive Wirkung der salzhaltigen Luft

Beim Betrieb von Offshore-Anlagen kommt erschwerend hinzu, dass die Anlagen nicht so häufig und regelmäßig gewartet werden können wie Onshore-Anlagen. Es ist davon auszugehen, dass bei auftretenden Störungen diese auf Grund von Wetterbedingungen nicht umgehend beseitigt werden können (⇒ Wartungsfenster). Deshalb sind für Offshore-Anlagen geeignete Wartungs- und Überwachungskonzepte vorzusehen (→ CMS = Condition Monitoring System).

11.1.3 Umweltbedingungen, Naturschutz

Die Offshore-Anlagen und deren Aufstellungsorte im Bereich der deutschen AWZ müssen durch das BSH (Bundesamt für Seeschifffahrt und Hydrographie) genehmigt werden. Für die Genehmigungen von Windparks hat das BSH umfangreiche Richtlinien erstellt [1, 2]. Dabei wird insbesondere Folgendes geprüft:

- Eignung des Aufstellungsgebiets (Beeinträchtigungen von Schifffahrt und Fischerei, Schutzgebiete usw.)
- Eignung des Meeresbodens
- Kollisionssicherheit bei Kollisionen mit Schiffen
- Einfluss auf Vögel (Vogelzug)
- Einfluss auf Meeresfauna und -flora (Fische, Meeressäuger, Meeresboden)
- Geräuschemissionen ins Wasser
- Anlagenabstände innerhalb der OWEA-Parks sowie von Parks untereinander
- Kennzeichnung der Anlagen (optisch, akustisch)
- Kennzeichnung in Seekarten
- Verlauf der Kabeltrassen
- Rückbaumöglichkeit

Die Nachweise müssen zum großen Teil von den Anlagenbetreibern erbracht werden.

11.2 Strömungen, Belastungen

11.2.1 Strömungen

Meeresströmungen können nennenswerte statische und dynamische Belastungen für die Gründungen von OWEA verursachen. Deshalb müssen sie bei der Dimensionierung der Strukturen berücksichtigt werden. Die Meeresströmungen werden aufgeteilt in:

- konstante Meeresströmungen (sogenannte thermo-saline Strömungen)
- Tidenströmungen
- windinduzierte Strömungen

Die Belastungen durch diese Strömungen werden als zeitlich konstant behandelt (quasistatisch), da die Änderungsperioden der Strömungen (z. B. Tide, Periode ca. 12,5 h) wesentlich größer sind als die Schwingungsperioden von OWEA-Komponenten.

Für die Tidenströmungen wird i. A. über der Tiefe ein Potenzansatz verwendet (u_{T0} = Strömungsgeschwindigkeit an der Wasseroberfläche ($z = d$), nach dem Germanischer Lloyd (GL) ist $n = 7$ [9]):

$$u_T(z) = u_{T0} \cdot \left(\frac{z}{d}\right)^{1/n} \tag{11.1}$$

Für windinduzierte Strömungen wird i. A. ein über der Tiefe z linearer Ansatz verwendet:

$$u_{Wi}(z) = u_{Wi}(d) \cdot \frac{z}{d} \tag{11.2}$$

Die Strömungsgeschwindigkeit an der Wasseroberfläche $u_{Wi}(d)$ wird häufig nach folgender Näherung angenommen ($U_{1\,h}$ = Windgeschwindigkeit in 10 m Höhe, gemittelt über eine Stunde):

$$u_{Wi}(d) = 0{,}02 \cdot U_{1\,h} \tag{11.3}$$

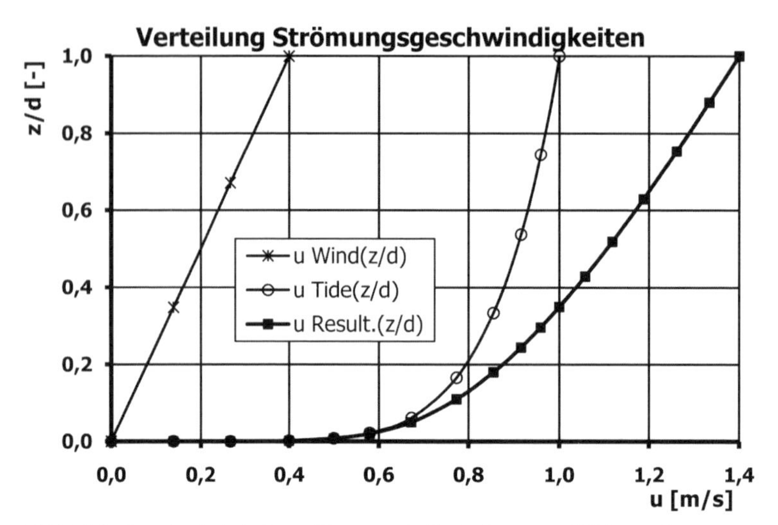

Bild 11.3 Geschwindigkeitsprofile von windinduzierter und Tidenströmung

Für Tidenströmungen sind umfangreiche Messungen vorhanden, für die anderen Meeresströmungen dagegen nur wenige. Für u_{Wi} setzt der GL [9] i. A. 2 kn[1] an. Damit erhält man für die Strömungsgeschwindigkeit u_{c} (c für current) über der Tiefe z die Gl. (11.4). Die Richtungen der beiden Strömungsanteile können sich dabei um den Winkel α unterscheiden.

$$u_{\mathrm{c}}(z) = u_{\mathrm{T0}} \cdot \left(\frac{z}{d}\right)^{1/n} + \cos\alpha \cdot U_{\mathrm{Wi}} \cdot \frac{z}{d} \tag{11.4}$$

11.2.2 Strömungsbelastungen

Beim Umströmen eines Körpers in einem realen Medium entstehen je nach Anströmwinkel Widerstands- und Auftriebskräfte, die die Offshore-Fundamente belasten. Dabei unterscheidet man bei den Kräften zwischen wellen- und reibungsinduzierten Widerständen. Die welleninduzierten Kräfte entstehen nur an den Grenzflächen zwischen zwei unterschiedlich dichten Medien wie z. B. Wasser und Luft (Wellenbildung am Schiff). Für Offshore-Fundamente können die Wellenwiderstände vernachlässigt werden.

Die für Offshore-Strukturen maßgeblichen Reibungswiderstände sind der Strömungsgeschwindigkeit zum Quadrat proportional. Für Modellversuche zur Ermittlung der Reibungskräfte ist das Reynolds-Modellgesetz maßgeblich, d. h., die Reynolds-Zahlen von Großausführung und Modell müssen gleich sein. Die Reynolds-Zahl lautet:

$$\mathrm{Re} = D \cdot u / \nu \, [-] \tag{11.5}$$

mit: u = Anströmgeschwindigkeit; D =Durchmesser des umströmten Körpers; ν = kinematische Viskosität des Mediums

[1] 1 kn (Knoten) = 1 sm/h (Seemeile/h) = 1,852 km/h = 0,5144 m/s

Beispiel Reynolds-Zahl: $u = 2\,\text{kn}$; $D = 5\,\text{m}$; $\nu_{\text{Seew.}15°\text{C}} = 1{,}19 \cdot 10^{-6}\,\text{m}^2/\text{s}$; $\Rightarrow \text{Re} = 4{,}3 \cdot 10^6$ [-]

Für schräg zur Achse angeströmte Strukturen werden die Strömungskräfte in einen Auftriebsanteil und einen dazu senkrechten Widerstandsanteil zerlegt.

Für den Reibungswiderstand erhält man:

$$F_\text{D} = -1/2 \cdot \rho \cdot \int_{(\text{L})} c_\text{D} \cdot |u| \cdot u \cdot A \cdot \text{d}z \tag{11.6}$$

und für die Auftriebskraft:

$$F_\text{L} = -1/2 \cdot \rho \cdot \int_{(\text{L})} c_\text{L} \cdot |u| \cdot u \cdot A \cdot \text{d}z \tag{11.7}$$

mit: c_D = dimensionsloser Widerstandsbeiwert des umströmten Querschnitts; c_L = dimensionsloser Auftriebsbeiwert; ρ = spez. Dichte des Strömungsmediums = 1 025 kg/m^3 (Seewasser); A = angeströmte Querschnittsfläche; L = umströmte Länge des Bauteils

Die Beiwerte c_D (D für Drag) und c_L (L für Lift) sind von der Form des umströmten Körpers wie z. B. Zylinder oder Rechteck und von der Strömungsgeschwindigkeit bzw. der Reynolds-Zahl abhängig (laminare oder turbulente Strömungen). Der Ausdruck u^2 ist in $|u| \cdot u$ aufzuspalten, um das Vorzeichen bzw. die Richtung der Strömungskräfte zu erhalten, da diese der Strömungsrichtung stets entgegengesetzt wirken. Zahlenwerte für die Widerstands- und Auftriebskoeffizienten bei unterschiedlichen Querschnitten findet man z. B. in [13] und [8].

Da Abmessungen und Form der Querschnitte sowie die Strömungsgeschwindigkeit und damit auch die Strömungsbeiwerte über der Tiefe veränderlich sein können, müssen die Kräfte pro Längeneinheit ermittelt und über die Länge des Bauteils integriert werden.

$$f_\text{D}(z) = -1/2 \cdot \rho_\text{Wasser} \cdot c_\text{D}(z, A, \text{Re}) \cdot D(z) \cdot |u(z)| \cdot u(z) \tag{11.8}$$

Damit wird der resultierende Widerstand:

$$F_\text{D}(z) = -1/2 \cdot \rho_\text{Wasser} \cdot \int_{(\text{L})} c_\text{D}(z, A, \text{Re}) \cdot D(z) \cdot |u(z)| \cdot u(z) \cdot \text{d}z \tag{11.9}$$

Die Berechnung des Auftriebs erfolgt analog.

Beispiel: Der Widerstand eines mit einer windinduzierten Strömung beaufschlagten Pfahls (Zylinder) im Seewasser ist zu ermitteln. Gegeben sind: $D = 5{,}0\,\text{m}$; $d = 30\,\text{m}$ (Wassertiefe); $\rho_\text{Seew.} = 1025\,\text{kg/m}^3$; Windgeschwindigkeit $u_\text{1h} = 15\,\text{m/s}$

Ergebnis: Strömungsgeschwindigkeit an der Oberfläche $u_\text{Wi} = 0{,}3\,\text{m/s}$; $\text{Re} = 1{,}25 \cdot 10^6$; $c_\text{D} \approx 0{,}35$; $F_\text{D} = 1210\,\text{N}$

Anmerkung: $1\,\text{kg} = 1\,\text{N} \cdot \text{s}^2/\text{m}$ [Masse] bzw. $1\,\text{N} = 1\,\text{kg} \cdot \text{m/s}^2$ [Kraft]

11.2.3 Wirbelablösungen an umströmten Körpern

Werden reale Körper umströmt (ebene Strömung), kann eine Wirbelablösung erfolgen. Durch die wechselnden Druckdifferenzen an den Seiten entstehen abwechselnd quer zur Anströmrichtung gerichtete Kräfte, die den umströmten Körper zu Schwingungen anregen können.

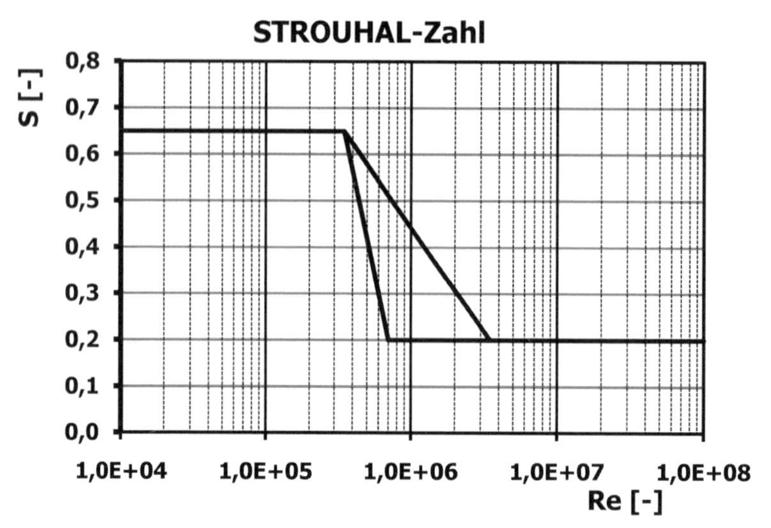

Bild 11.4 Strouhal-Zahl in Abhängigkeit von der Reynolds-Zahl

Diese Schwingungsanregungen können alle umströmten Bauteile betreffen, sowohl in Wasser als auch in Luft. Liegen die Anregungsfrequenzen in der Nähe der Bauteileigenfrequenzen, kann es zu Schwingungsresonanzen kommen, die eine Überbeanspruchung der Bauteile bedeuten oder die Lebensdauer der Bauteile reduzieren können. Deshalb sind Resonanzen auf alle Fälle zu vermeiden.

Die Ablösefrequenz der Wirbel für zylindrische und ähnliche Körper beträgt:

$$f = \frac{S \cdot u}{D} \text{ [Hz]} \qquad (11.10)$$

mit: f = Wirbelablösefrequenz [Hz]; S = Strouhal-Zahl [-]; u = ungestörte Anströmgeschwindigkeit; D = Durchmesser des umströmten Körpers

Die Strouhal-Zahl ist abhängig von der Reynolds-Zahl der Strömung (siehe Bild 11.4), man unterscheidet dabei drei Bereiche für die turbulenten Strömungen (Re > 2 320):

unterkritischer Bereich:	$2320 < \text{Re} < 3{,}5 \cdot 10^5$	→	$S \approx 0{,}65$
überkritischer Bereich:	$3{,}5 \cdot 10^5 < \text{Re} < 3{,}5 \cdot 10^6$	→	$S \approx 0{,}65$ bis 0,2
transkritischer Bereich:	$\text{Re} > 3{,}5 \cdot 10^6$	→	$S \approx 0{,}2$

Da genaue Messungen der Strouhal-Zahlen sehr schwierig sind, streuen die in der Literatur angegebenen Werte teilweise deutlich. Hinzu kommt, dass sich die Wirbelablösefrequenzen bei bis zu ±10 bis 15 % Abweichung davon in die Eigenfrequenzen des Bauteils „einkoppeln", d. h. anpassen können.

In z. B. den Vorschriften des Det Norske Veritas (DNV) [4, 5] sind Strouhal-Zahlen für verschiedene Querschnitte zusammengestellt. Bei strömungsgünstig geformten Bauteilen (Strömungsprofile) sind die Kräfte aus den Wirbelablösungen vernachlässigbar gering.

Beispiel: Die Wirbelablösefrequenzen und -perioden eines im Wasser bzw. in der Luft angeströmten Zylinders mit einem Durchmesser von $D = 5{,}0$ m sind zu bestimmen. Gegeben sind:

- Anströmgeschwindigkeit im Wasser 2 kn; kinemat. Viskosität Seewasser (16 °C) $\nu = 1{,}135 \cdot 10^{-6}\,\text{m}^2/\text{s}$;

  Ergebnis: Re $= 1{,}01 \cdot 10^7$ (transkritisch) $\rightarrow S \approx 0{,}2$; $\rightarrow$ Wirbelablösefrequenz: $f = S \cdot u/D \approx 0{,}041\,\text{s}^{-1}$; Ablöseperiode $T \approx 24{,}3\,\text{s}$
- Anströmgeschwindigkeit in Luft 10 m/s; kinemat. Viskosität Luft (20 °C) $\nu = 1{,}59 \cdot 10^{-6}\,\text{m}^2/\text{s}$

  Ergebnis: Re $= 3{,}3 \cdot 10^6$ (transkritisch) $\rightarrow S \approx 0{,}2$; $\rightarrow$ Wirbelablösefrequenz: $f = S \cdot u/D \approx 0{,}4\,\text{s}^{-1}$; Ablöseperiode $T \approx 2{,}5\,\text{s}$

■

11.3 Wellen, Wellenlasten

11.3.1 Wellentheorien

Die vom Wind angefachten Oberflächenwellen des Meeres sind sogenannte Schwerewellen. Durch die Reibung der Windströmungen und die Turbulenzen in der Grenzschicht zwischen Luft und Wasser werden die Wasserpartikel aus ihrem Ruhezustandsgleichgewicht gebracht und erfahren in Folge der rückstellenden Schwerewirkung eine Wellenbewegung, die im Idealfall harmonisch fortschreitet. Zur Beschreibung der Dynamik der Wellen wird eine wirbelfreie, inkompressible und reibungsfreie Flüssigkeit angenommen.

Für die Wellenbeschreibung gibt es unterschiedliche Theorien nach Airy, Gerstner, Stokes, Fenton, der Stromfunktionstheorie, sowie für Einzelwellen, elliptische Wellen usw. Welche Theorie angewandt werden kann, richtet sich nach den jeweiligen Verhältnissen von Wassertiefe, Wellenlänge, -höhe- und -frequenz (siehe unten).

Diese Theorien beschreiben die Bewegung einer Einzelwelle in der x-z-Ebene, Bewegungen in y-Richtung, d. h. quer zur Wellenrichtung, finden dabei nicht statt. Näheres zu den Grundlagen und Herleitungen der verschiedenen Wellentheorien findet man in der weiterführenden Literatur, siehe z. B. [3, 13, 18, 20].

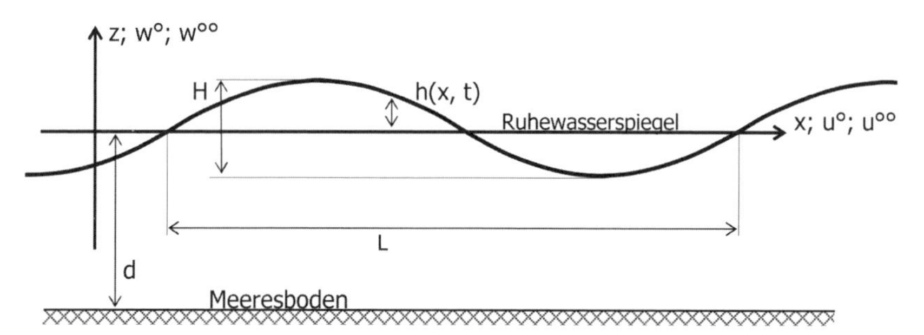

Bild 11.5 Bezeichnungen der linearen Elementar- oder Airy-Welle

Die wichtigsten Bezeichnungen einer Welle sind (siehe Bild 11.5): $h(x,t)$ = lokale Wellenhöhe an der Stelle x zur Zeit t; H = Wellenhöhe; L = Wellenlänge; T = Wellenperiode; c = Wellenfortschrittsgeschwindigkeit; ω = Wellenfrequenz = $2 \cdot \pi / T$; k = Wellenzahl = $2 \cdot \omega / L$.

Mit den o. g. Voraussetzungen und weiteren Annahmen (siehe unten) lässt sich die Bernoulli-Gleichung (eine der beiden Grundgleichungen der Strömungslehre neben der Kontinuitätsgleichung) linearisieren sowie die kinematischen und dynamischen Randbedingungen erfüllen.

Für inkompressible, wirbel- und reibungsfreie Medien lauten die beiden Gleichungen:

Bernoulli-Gleichung: $$\frac{(u^\circ)^2}{2} + \frac{p}{\rho} + g \cdot z = \text{konstant} \tag{11.11}$$

Kontinuitätsgleichung: $$Q = A \cdot u^\circ = \text{konstant} \tag{11.12}$$

mit: u° = Strömungsgeschwindigkeit = $\mathrm{d}u/\mathrm{d}t$; p = Druck in der Strömung; ρ = spezifische Dichte des Mediums; z = Höhe; Q = Volumenstrom; A = durchströmter Querschnitt

Wird ein zweidimensionales zeitabhängiges Geschwindigkeitspotenzial $\Phi(x, z, t)$ eingeführt, erhält man aus der Kontinuitätsgleichung die Potenzialgleichung:

$$\Delta\Phi(x, z, t) = \frac{\partial^2\Phi}{\partial x^2} + \frac{\partial^2\Phi}{\partial z^2} = 0 \tag{11.13}$$

Ist das Geschwindigkeitspotenzial bekannt, ergeben sich daraus die Geschwindigkeiten u° in x-Richtung und w° in z-Richtung durch Ableitungen. Die Beschleunigungen erhält man durch erneute Ableitungen (nach der Zeit bzw. den Koordinaten x und z):

$$u^\circ(x, z, t) = \frac{\mathrm{d}x}{\mathrm{d}t} = \frac{\partial\Phi}{\partial x}; \quad w^\circ(x, z, t) = \frac{\mathrm{d}z}{\mathrm{d}t} = \frac{\partial\Phi}{\partial z} \tag{11.14a}$$

$$u^{\circ\circ}(x, z, t) = \frac{\mathrm{d}^2x}{\mathrm{d}t^2} = \frac{\partial^2\Phi}{\partial x^2}; \quad w^{\circ\circ}(x, z, t) = \frac{\mathrm{d}^2z}{\mathrm{d}t^2} = \frac{\partial^2\Phi}{\partial z^2} \tag{11.14b}$$

Setzt man die Geschwindigkeiten in die Gl. (11.11) ein, erhält man die spezielle instationäre Bernoulli-Gleichung (Euler'sche Bewegungsgleichung) für wirbelfreie Flüssigkeiten):

$$\frac{\partial\Phi}{\partial t} + \frac{1}{2} \cdot (\text{grad}\,\Phi)^2 + \frac{p}{\rho} + g \cdot z = 0 \tag{11.15a}$$

$$\text{mit} \quad \text{grad}\,\Phi(x, z, t) = \frac{\partial^2\Phi}{\partial x^2} + \frac{\partial^2\Phi}{\partial z^2} \quad \text{(zweidimensional)} \tag{11.15b}$$

Die Gl. (11.15a) ist eine nichtlineare partielle Differenzialgleichung zweiter Ordnung, für deren eindeutige Lösung folgende Randbedingungen berücksichtigt werden:

- Am Meeresboden ($z = -d$) ist die Geschwindigkeit der Wasserpartikel senkrecht zum horizontal verlaufenden Meeresboden gleich null.

$$w^\circ(x, z = -d, t) = \frac{\partial\Phi}{\partial z} = 0 \tag{11.16}$$

- An der Oberfläche der Welle bei $z = h(x, t)$ ist der Druck p konstant. Der Druck kann willkürlich zu null gesetzt werden. Damit wird die Gl. (11.15a) an dieser Stelle

$$\frac{\partial\Phi}{\partial t} + \frac{1}{2} \cdot (\text{grad}\,\Phi)^2 + g \cdot z = 0 \tag{11.17}$$

- Für die Geschwindigkeit w° an der Oberfläche $z = h(x, t)$ erhält man aus der Gl. (11.16):

$$w^\circ(x, z = h(x, t), t) = \frac{\partial\Phi}{\partial z} = \frac{\partial z}{\partial t} = \frac{\partial h(x, t)}{\partial z} \cdot \frac{\partial x}{\partial t} = \frac{\partial h}{\partial z} \cdot u^\circ + \frac{\partial h}{\partial t} \tag{11.18}$$

Da die Gl. (11.17) und (11.18) nichtlinear sind, ist eine geschlossene Lösung der Differenzialgleichung Gl. (11.15a) nicht möglich. Es lassen sich dafür nur Näherungen angeben.

11.3.1.1 Lineare oder Wellentheorie nach Airy

Die bekanntesten Näherungslösungen sind die von Airy, der eine einfache Sinusform der Welle annimmt und die Gleichungen linearisiert, sowie die nichtlinearen Theorien von Stokes, der mehrgliedrige Potenzreihen verwendet.

Bei der linearen Wasserwellentheorie nach Airy wird als Wellenform eine Sinus- oder Kosinusform plus Phasenverschiebung (je nach gewähltem Koordinatenursprung) für die Wellendarstellung angenommen unter den folgenden Voraussetzungen:

- Die Wassertiefe d ist größer als die halbe Wellenlänge L (tiefes Wasser).
- Die Wellenhöhe H ist klein gegenüber der Wellenlänge (geringe Wellensteilheit).
- Die Wasseroberfläche ist ungestört.

Trotz dieser Einschränkungen gegenüber den tatsächlich auftretenden Wellen, die mit nichtlinearen Theorien genauer beschrieben werden, können mit der Airy'schen Theorie die wichtigsten Welleneffekte näherungsweise gut dargestellt werden.

Der Airy'sche Ansatz für den Verlauf der Wellenhöhe lautet:

$$h(x,t) = \frac{H}{2} \cdot \cos\left(2 \cdot \pi \cdot \left(\frac{x}{L} - \frac{t}{T}\right)\right) = \frac{H}{2} \cdot \cos(k \cdot x - \omega \cdot t) \tag{11.19}$$

Durch die o. g. Voraussetzungen werden die nichtlinearen Terme in den Gl. (11.17) und (11.18) von kleinerer Größenordnung als die linearen und können deshalb vernachlässigt werden. Außerdem kann man dadurch in den Randbedingungen Gl. (11.17) und (11.18) die lokale Wellenerhebung $h(x,t)$ durch den konstanten Wert $h = 0$ ersetzen.

Mit diesen Vereinfachungen wird eine analytische Lösung der Gl. (11.15a) mit dem Ansatz nach Gl. (11.19) möglich und man erhält für das Geschwindigkeitspotenzial Φ:

$$\Phi(x,z,t) = \frac{H}{2} \cdot \frac{g}{\omega} \cdot \frac{\cosh[k \cdot (z+d)]}{\cosh[k \cdot d]} \cdot \sin(k \cdot x - \omega \cdot t) = \frac{H}{2} \cdot \frac{g}{\omega} \cdot \eta(z) \cdot \sin(k \cdot x - \omega \cdot t) \tag{11.20}$$

Der Ausdruck $\eta(z)$ stellt die Tiefenabhängigkeit des Geschwindigkeitspotenzials dar.

Aus der Randbedingung Gl. (11.18) erhält man damit die sogenannte Dispersionsgleichung, die die Beziehungen zwischen Wellenfrequenz ω, Wellenzahl k und Wassertiefe d beschreibt.

$$\omega^2 = g \cdot k \cdot \tanh(k \cdot d) \tag{11.21}$$

Für die Wellenlänge ergibt sich:

$$L = \frac{g \cdot T^2}{2 \cdot \pi} \cdot \tanh\left(2 \cdot \pi \cdot \frac{d}{L}\right) \tag{11.22}$$

für die Wellenperiode:

$$T = \sqrt{\frac{2 \cdot \pi \cdot L}{g} \cdot \frac{1}{\tanh(2 \cdot \pi \cdot d/L)}} \tag{11.23}$$

und für die Wellenausbreitungsgeschwindigkeit:

$$c = \frac{L}{T} = \frac{\omega}{k} = \sqrt{\frac{g \cdot L}{2 \cdot \pi} \cdot \tanh\left(2 \cdot \pi \cdot \frac{d}{L}\right)} = \sqrt{\frac{g}{k} \cdot \tanh(k \cdot d)} \tag{11.24}$$

Die Geschwindigkeitskomponenten erhält man aus den partiellen Ableitungen des Potenzials Gl. (11.20) nach den Koordinaten x bzw. z:

$$u^{\circ}(x,z,t)=\frac{\partial\Phi}{\partial x}=\frac{g\cdot k}{\omega}\cdot\frac{\cosh[k\cdot(z+d)]}{\cosh[k\cdot d]}\cdot\frac{H}{2}\cdot\cos(k\cdot x-\omega\cdot t) \tag{11.25a}$$

$$w^{\circ}(x,z,t)=\frac{\partial\Phi}{\partial z}=\frac{g\cdot k}{\omega}\cdot\frac{\sinh[k\cdot(z+d)]}{\cosh[k\cdot d]}\cdot H\cdot\sin(k\cdot x-\omega\cdot t) \tag{11.25b}$$

und die Beschleunigungen aus den zweiten Ableitungen nach der Zeit.

Die Bahnkurven der einzelnen Wasserpartikel ergeben sich durch Integration der Geschwindigkeiten nach Gl. (11.25a) und (11.25b) über der Zeit. Sie lauten:

$$u(x,z,t)=\frac{H}{2}\cdot\frac{g\cdot k}{\omega^2}\cdot\frac{\cosh[k\cdot(z+d)]}{\cosh[k\cdot d]}\cdot\sin(k\cdot x-\omega\cdot t) \tag{11.26a}$$

$$w(x,z,t)=\frac{H}{2}\cdot\frac{g\cdot k}{\omega^2}\cdot\frac{\sinh[k\cdot(z+d)]}{\cosh[k\cdot d]}\cdot\cos(k\cdot x-\omega\cdot t) \tag{11.26b}$$

Die Bahnkurven bilden im tiefem Wasser ($d\to\infty$) Kreise und im flacheren Wasser ($d <\approx L/2$) Ellipsen mit den Halbachsen:

$$\frac{H}{2}\cdot\frac{g\cdot k}{\omega^2}\cdot\frac{\cosh[k\cdot(z+d)]}{\cosh[k\cdot d]}\qquad\text{(in } x\text{-Richtung)} \tag{11.27a}$$

$$\frac{H}{2}\cdot\frac{g\cdot k}{\omega^2}\cdot\frac{\sinh[k\cdot(z+d)]}{\cosh[k\cdot d]}\qquad\text{(in } z\text{-Richtung)} \tag{11.27b}$$

Die Radien der Halbachsen nehmen mit zunehmender Wassertiefe z entsprechend den Hyperbelfunktionen ab, die Halbachse in z-Richtung wird am Meeresboden zu null, sodass sich die Wasserpartikel in einer Welle dort nur noch horizontal hin und her bewegen (Randbedingung).

Damit werden aus den Gl. (11.25) bis (11.27) für die Bahnkurven, Geschwindigkeiten und Beschleunigungen mit $\cosh(\alpha\cdot x)=(\mathrm{e}^{\alpha\cdot x}+\mathrm{e}^{-\alpha\cdot x})/2$ und $\sinh(\alpha\cdot x)=(\mathrm{e}^{\alpha\cdot x}-e^{-\alpha\cdot x})/2$:

$$u(x,z,t)=-H/2\cdot\mathrm{e}^{k\cdot z}\cdot k\cdot\sin(k\cdot x-\omega\cdot t) \tag{11.28a}$$

$$w(x,z,t)=-H/2\cdot\mathrm{e}^{k\cdot z}\cdot k\cdot\cos(k\cdot x-\omega\cdot t) \tag{11.28b}$$

$$u^{\circ}(x,z,t)=-H/2\cdot\omega\cdot\mathrm{e}^{k\cdot z}k\cdot\cos(k\cdot x-\omega\cdot t) \tag{11.29a}$$

$$w^{\circ}(x,z,t)=H/2\cdot\omega\cdot\mathrm{e}^{k\cdot z}\cdot k\cdot\sin(k\cdot x-\omega\cdot t) \tag{11.29b}$$

$$u^{\circ\circ}(x,z,t)=H/2\cdot\omega^2\cdot\mathrm{e}^{k\cdot z}k\cdot\sin(k\cdot x-\omega\cdot t) \tag{11.30a}$$

$$w^{\circ\circ}(x,z,t)=-H/2\cdot\omega^2\cdot\mathrm{e}^{k\cdot z}\cdot k\cdot\cos(k\cdot x-\omega\cdot t) \tag{11.30b}$$

Die Abhängigkeit der Wellen von der Wassertiefe sind in den Gl. (11.21) bis (11.30a) enthalten. Für tiefes Wasser mit $d\to\infty$ wird aus der Gl. (11.21):

$$\omega^2=g\cdot k \tag{11.31}$$

In der Praxis nimmt man tiefes Wasser an, wenn gilt: $d < L/2$

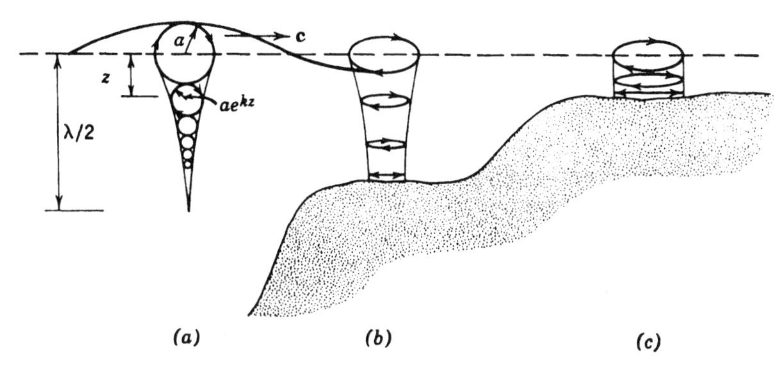

Bild 11.6 Bewegungen der Wasserpartikel bei unterschiedlichen Wassertiefen, (a) für tiefes, (c) für flaches Wasser, (b) für den Übergangsbereich (nach McCormick)

Es werden damit näherungsweise $\tanh(k \cdot d) \approx 1$ und $\sinh(k \cdot d) \approx \cosh(k \cdot d) \approx e^{k \cdot d/2}$. Damit erhält man für tiefes Wasser für die

Wellenlänge: $$L = \frac{g \cdot T^2}{2 \cdot \pi} \tag{11.32}$$

Wellenfrequenz: $$\omega^2 = (2 \cdot \pi / T)^2 = g \cdot k \tag{11.33}$$

Wellengeschwindigkeit: $$c = \frac{L}{T} = \frac{\omega}{k} = \sqrt{\frac{g \cdot L}{2 \cdot \pi}} = \sqrt{\frac{g}{k}} \approx 1{,}25 \cdot \sqrt{L} \tag{11.34}$$

Zur eindeutigen Beschreibung einer Airy-Welle (harmonische Welle) in tiefem Wasser reichen also die Parameter H und L oder H und T aus.

Flaches Wasser wird angenommen, wenn gilt: $d < L/20$.

In flachem Wasser erhält man dort wegen $\tanh(k \cdot d) \approx \sinh(k \cdot d) \approx k \cdot d$ und $\cosh(k \cdot d) \approx 1$ aus der Gl. (11.24) für die Geschwindigkeit:

$$c = \frac{\omega}{d} = \sqrt{g \cdot d} \tag{11.35}$$

d. h., die Wellengeschwindigkeit ist nur von der Wassertiefe abhängig.

Für den Übergangsbereich gilt dann: $L/2 > d > L/20$.

Der Radius r der Wellenbewegung nimmt mit steigender Wassertiefe rasch ab, er ist:

$$r = r(z) = H/2 \cdot e^{2 \cdot \pi \cdot z/L} \tag{11.36}$$

mit z = Abstand von der Wasseroberfläche (z nach unten negativ); bei einer Wassertiefe von $z = -L/2$ beträgt $r \approx 0{,}043 \cdot H/2$ und bei $z = -L$ beträgt $r \approx 0{,}0019 \cdot H/2$, d. h. nicht mehr spürbar.

Laufen Wellen in flacheres Wasser ein, ändern sich auch die Wellenhöhen. Unter der Voraussetzung, dass die Wellen noch nicht gebrochen sind, ergibt sich aus Energiebetrachtungen (Energie und Periode werden als konstant angenommen) für die Wellenhöhen H im flachen Wasser (H_0 = Höhe im tiefen Wasser):

$$\frac{H}{H_0} = \left[\frac{1}{\tan(k \cdot d) \cdot \left(1 + \frac{2 \cdot k \cdot d}{\sinh(2 \cdot k \cdot d)}\right)} \right]^{1/2} \tag{11.37a}$$

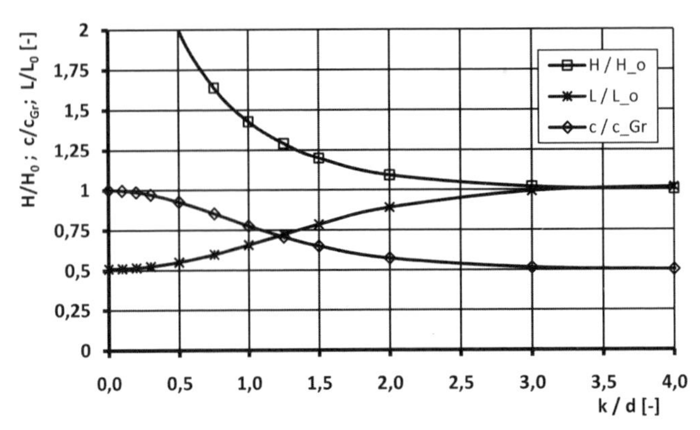

Bild 11.7 Änderungen der Wellenhöhen, -längen und -geschwindigkeiten beim Auflaufen einer Welle auf flaches Wasser

Im Grenzfall „Flaches Wasser" wird das Verhältnis:

$$\frac{H}{H_0} = \left[\frac{\sqrt{g \cdot T}}{4 \cdot \pi \cdot \sqrt{d}}\right]^{1/2} \approx 0{,}5 \cdot \sqrt{\frac{T}{\sqrt{d}}} \tag{11.37b}$$

Wellengruppengeschwindigkeit

Ein Seegang wird als „regelmäßig" bezeichnet, wenn er aus vielen zufällig überlagerten harmonischen Wellen ähnlicher Frequenz, Länge und Richtung besteht (Wellengruppe). Die Wellengruppe schreitet mit der Geschwindigkeit der „Einhüllenden", der Gruppengeschwindigkeit c_{Gr} fort. Sie lautet:

$$c_{\text{Gr}} = \frac{c}{2} \cdot \left[1 + \frac{2 \cdot k \cdot d}{\sinh(2 \cdot k \cdot d)}\right] \tag{11.38a}$$

Im tiefen Wasser wird die Gruppengeschwindigkeit wegen des mit der Tiefe d rasch anwachsenden Ausdrucks für $\sinh(2 \cdot k \cdot d)$:

$$c_{\text{Gr}} = c/2 \tag{11.38b}$$

Für flaches Wasser wird die Gruppengeschwindigkeit:

$$c_{\text{Gr}} = c \tag{11.38c}$$

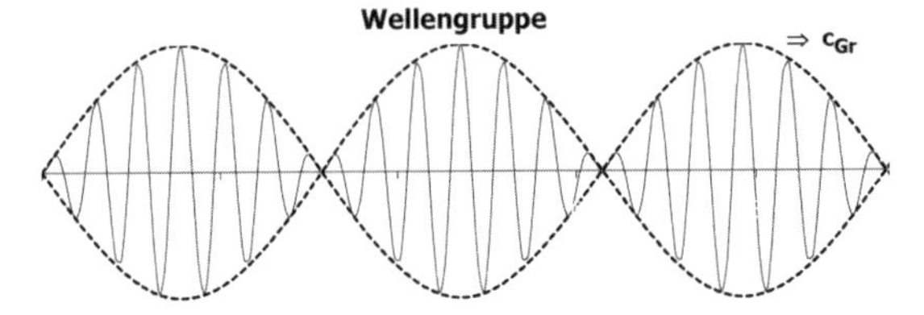

Bild 11.8 Wellengruppe

Wellenenergie

Die Energie eines massebehafteten, bewegten, ungedämpften Systems setzt sich aus einem potenziellen und einem kinetischen Anteil zusammen. Zur Berechnung der Wellenenergie wird ein Flüssigkeitsvolumen betrachtet, das in der x-z-Ebene durch $x = 0$ und $x = L$ (über eine Wellenlänge) sowie durch $z = h(x,t)$ und $z = -d$ begrenzt ist. In y-Richtung wird eine Einheitsbreite 1 angenommen. Die potenzielle Energie lautet ohne Formänderungsanteile (Lageenergie):

$$V(t) = \iiint_{(\text{Vol.})} m(x,y,z)\cdot g\cdot z(t)\cdot \mathrm{d}x\cdot\mathrm{d}y\cdot\mathrm{d}z \qquad \text{mit: } m = \text{Masse/Volumen} \tag{11.39a}$$

Durch die Wahl eines geeigneten Bezugssystems für z lässt es sich immer erreichen, dass die potenzielle Energie größer als null ist. Man erhält für die potenzielle Wellenenergie:

$$V = g\cdot\rho_{\text{Seew.}}\cdot\int_{(A)} z\cdot\mathrm{d}A = \ldots -\frac{1}{2}\cdot\rho_{\text{Seew.}}\cdot g\cdot d^2\cdot L + \frac{1}{4}\cdot\rho_{\text{Seew.}}\cdot g\cdot\left(\frac{H}{2}\right)^2\cdot L \tag{11.39b}$$

Der erste Term der Gl. (11.39b) gibt die potenzielle Energie des Stillwassers an, wenn als Bezugsniveau für die potenzielle Energie der Stillwasserstand gewählt wird. Das ist bezüglich der Wellenenergie eine willkürliche Konstante (Wellenparameter kommen außer der Länge darin nicht vor) und kann deswegen weggelassen werden. Damit erhält man für die potenzielle Energie einer Welle der Höhe H, der Länge L und der Breite 1:

$$V = \frac{1}{4}\cdot\rho_{\text{Seew.}}\cdot g\cdot\left(\frac{H}{2}\right)^2\cdot L \tag{11.39c}$$

Die kinetische oder Bewegungsenergie erhält man nach:

$$T = \frac{1}{2}\cdot\rho_{\text{Seew.}}\cdot\iiint_{(\text{Vol.})} m(x,y,z)\cdot\left[\underline{r}^\circ(x,y,z,t)\right]^2\cdot\mathrm{d}x\cdot\mathrm{d}y\cdot\mathrm{d}z \geq 0 \tag{11.40a}$$

mit: $\underline{r}^\circ$ = Geschwindigkeitsvektor. Die kinetische Energie ist wegen des Quadrats der Geschwindigkeit $r^\circ = \mathrm{d}r/\mathrm{d}t$ stets ≥ 0.

Damit wird die kinetische Wellenenergie aller Wasserpartikel in diesem Bereich:

$$\begin{aligned} T &= \frac{1}{2}\cdot\rho_{\text{Seew.}}\cdot\iiint_{(V)}\left[\underline{r}^\circ(x,y,z,t)\right]^2\cdot\mathrm{d}x\cdot\mathrm{d}y\cdot\mathrm{d}z = \frac{1}{2}\cdot\rho\cdot\int_{(A)}\left[u^{\circ 2}+w^{\circ 2}\right]\cdot\mathrm{d}A \\ &= \ldots = \frac{1}{2}\cdot\rho_{\text{Seew.}}\cdot g\cdot\int_{x=0}^{L} h(x)\cdot\mathrm{d}x = \frac{1}{4}\cdot\rho_{\text{Seew.}}\cdot g\cdot\left(\frac{H}{2}\right)^2\cdot L \geq 0 \end{aligned} \tag{11.40b}$$

Die Summe der so ermittelten Energieanteile wird durch die Wellenlänge L geteilt und man erhält die mittlere Energie einer Welle, bezogen auf eine horizontale Einheitsfläche mit der Länge und Breite gleich 1:

$$E = \frac{T+V}{L} = \frac{1}{8}\cdot\rho_{\text{Seew.}}\cdot g\cdot H^2 \tag{11.41}$$

Der Energietransport erfolgt mit der Geschwindigkeit der Wellengruppe nach Gl. (11.38).

Nach der Airy-Theorie führen die Wasserpartikel eine reine Orbital- oder Kreisbewegung durch, d. h., es findet kein Massetransport, sondern nur ein Energietransport statt. Nach den nichtlinearen Wellentheorien sowie bei realen Wellen ist das nicht mehr der Fall. Während die einzelnen Wasserpartikel nach einem Wellendurchlauf die gleiche Höhe = z-Koordinate haben, findet in x-Richtung ein Fortschreiten der Wasserpartikel statt, da die Geschwindigkeit der Wasserpartikel in der Welle u. a. tiefenabhängig ist. Im Wellenberg ist die Vorwärtstransportgeschwindigkeit größer als die Rückwärtsgeschwindigkeit im Wellental, da die Wasserpartikel dort eine kleinere z-Koordinate ($z = -H/2$) haben, d. h., die Bahnkurven sind nicht mehr geschlossen.

Die Transportgeschwindigkeit der Wasserpartikel beträgt in Wellenfortschrittsrichtung:

$$u^{\circ}(z) = \left(\frac{\pi \cdot h(z)}{L}\right)^2 \cdot c \tag{11.42}$$

Sie klingt mit der Tiefe wegen $h(z) = 2 \cdot r(z)$ rasch ab.

11.3.1.2 Nichtlineare Wellentheorien

Die nichtlinearen Wellentheorien werden für die genauere Berechnung der Geschwindigkeiten und Beschleunigungen der Wasserpartikel beim Passieren von Offshore-Bauwerken durch Wellen benötigt, da man mit ihnen die daraus resultierenden Geschwindigkeiten, Beschleunigungen und Kräfte genauer ermitteln kann. Ferner sind die sich danach ergebenden Belastungen i. A. höher als die nach der linearen Theorie. Da diese Kräfte eine der Hauptbelastungen solcher Bauwerke darstellen, ist deren genauere Kenntnis für die Optimierung der Fundamentkonstruktionen wichtig.

Die tatsächlichen Wellenformen entsprechen im Gegensatz zu der Airy'schen Theorie nicht Sinuskurven, sondern Wellenberg und Wellental haben unterschiedliche Längen und Formen. Ferner gilt die Airy-Theorie nur für sehr flache Wellen. Die in einem Seegang auftretenden Wellen haben jedoch ein deutlich größeres Höhen-Längenverhältnis, sodass für die genauere Beschreibung der realen Wellen nichtlineare Theorien verwendet werden müssen.

Zur Beschreibung einer einzelnen Welle wird häufig, z. B. im Schiffbau, nach Gerstner [10] eine Trochoide (eine spezielle Form der Zykloiden oder Abrollkurven) als gute Näherung für Oberflächenwellen in tiefem Wasser angenommen.

Um eine Trochoide zu erzeugen, lässt man ein Rad mit dem Radius R auf einer Geraden abrollen (siehe Bild 11.9). Die Erzeugende der Bahnkurve ist der Punkt P, der sich auf dem Radius $r < R$ vom Mittelpunkt des Rads entfernt befindet und sich mit dem Rad fortbewegt. Der Umfang des Rads mit dem Radius R entspricht der Wellenlänge L. Ein Wasserpartikel an der Oberfläche führt demnach eine Kreisbewegung mit dem Radius r durch. Sind R und r gleich groß, erhält man die klassische Zykloide.

Die Form der Gleichungen der Welle in Parameterform (Parameter ist der Winkel α) ist abhängig von der Lage des gewählten Koordinatensystems; für das hier verwendete System (siehe Bild 11.9) lauten sie (Wellenberg bzw. Wellental auf $L/2$):

Wellenberg bei $L/2$: $x = R \cdot \alpha + r \cdot \sin\alpha$; $z = -r \cdot \cos\alpha$ $(0 \leq \alpha \leq 2 \cdot \pi)$
Wellental bei $L/2$: $x = R \cdot \alpha - r \cdot \sin\alpha$; $z = r \cdot \cos\alpha$

mit: $R = L/(2 \cdot \pi)$; L = Wellenlänge; $r = H/2$; H = Wellenhöhe

Aus dem Verlauf des Wellenprofils erkennt man, dass das Wellental länger ist als der Wellenberg ($l_{WT} = L/2 + 2 \cdot H$; $l_{WB} = L/2 - 2 \cdot H$). Je größer das Verhältnis H/L ist, umso länger wird danach das Wellental. Dies entspricht auch der Realität.

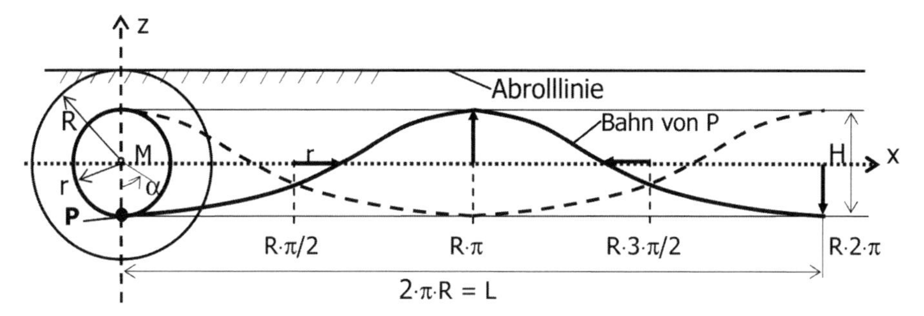

Bild 11.9 Trochoidenförmige Welle nach Gerstner

Wellensteilheit

Das Maß für die Wellensteilheit ist das Verhältnis H/L (Wellenlänge zu Wellenhöhe). Bei einer Steilheit von größer als 1/7 wird die Welle theoretisch instabil und bricht auch im tiefen Wasser. Im realen Seegang brechen die Wellen bereits ab einer Steilheit von ca. 1/10. Dabei verlieren sie einen großen Teil ihrer Energie. Im flachen Wasser ist das Verhältnis Wellenhöhe zu Wassertiefe maßgebend, die Wellen brechen dort bei $H/d \geq 0{,}78$.

Da die Airy-Theorie streng genommen nur für Wellen mit geringer Steilheit ($H/L <\approx 1/50$) gilt, die tatsächlichen Wellen jedoch eine wesentlich größere Steilheit haben ($H/L \approx 1/30 - 1/10$), müssen für die Dimensionierung von Offshore-Bauwerken die den Verhältnissen Wassertiefe/Wellenlänge/Frequenz/Wellenhöhe entsprechenden Wellentheorien verwendet werden. In Bild 11.10 sind die Wellenprofile nach den unterschiedlichen Theorien und in Bild 11.11 deren Anwendungsbereiche dargestellt. Zur Berechnung der nichtlinearen Wellen und der daraus resultierenden Kräfte gibt es EDV-Programme, die je nach den o. g. Verhältnissen die dafür geeignete Wellentheorie verwenden. Die Berechnungen von Hand sind i. A. zu aufwändig.

Treffen Wellen auf große Hindernisse oder nimmt die Wassertiefe ab, z. B. in Schelfmeeren, wie sie die Nordsee bei längeren Wellen bereits darstellt, wird die Ausbreitung der Wellen behindert. Es können die folgenden Effekte auftreten:

Shoaling: Durch Grundberührung der Welle (bei $d <\approx L/2$) wird die Wellengeschwindigkeit reduziert, die Wellenlänge nimmt ab, die Wellenhöhe nimmt zu (Shoaling-Faktor K_S)

Refraktion: Wellen, die nicht senkrecht zum ansteigenden Meeresboden auflaufen, schwenken solange zur Küste hin, bis ihre Wellenkämme parallel zu den Tiefenlinien gerichtet sind. Die Wellenhöhen können dabei größer oder kleiner als die der Ausgangswellen werden. Sie werden mit dem Refraktionskoeffizienten K_R beschrieben.

Diffraktion: Wellen, die auf ein Hindernis wie z. B. ein großes Bauwerk, eine Landzunge oder Ähnliches treffen, schwenken um diese herum und laufen in den Wellenschatten ein. Die Wellenhöhen nehmen dabei i. A. ab.

Reflektion: Versperrt ein massives Hindernis die Ausbreitung der Wellen in tiefem Wasser, werden diese reflektiert (Einfallswinkel = Ausfallswinkel). Die Wellenhöhen bleiben gleich.

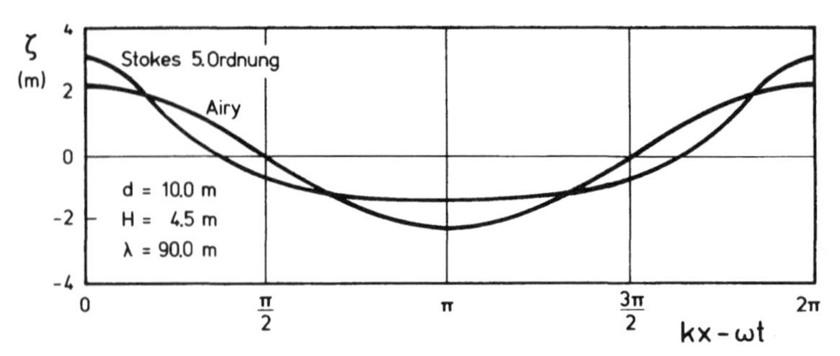

Wellenprofile. Airy'sche Welle, Stokes'sche Welle 5. Ordnung

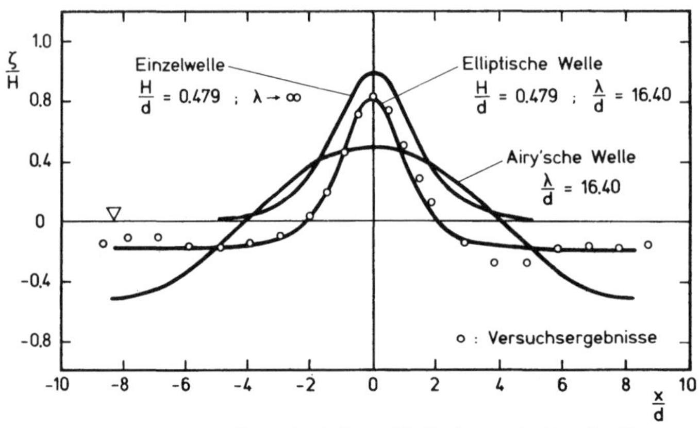

Wellenprofile. Airy'sche, elliptische und Einzelwelle

Bild 11.10 Wellenprofile verschiedener Theorien (nach [14])

11.3.2 Überlagerung von Wellen und Strömungen

Treten Wellen und Strömungen zusammen auf, werden die Wellen verzerrt. Der einfachste Fall ist die Überlagerung einer Tiefwasserwelle (Wellenausbreitungsgeschwindigkeit c_0) mit einer über der Tiefe konstanten Strömungsgeschwindigkeit $U°$ (z. B. Tidenströmung) genau in Wellenrichtung ($U° > 0$) oder entgegengesetzt ($U° < 0$).

Unter Benutzung eines ortsfesten Koordinatensystems und der Kennzeichnung der ungestörten Wellengrößen mit dem Index 0, erhält man mit der Annahme, dass die Wellenfrequenz bzw. -periode bei der Überlagerung konstant bleibt, Folgendes:

$$\frac{L}{L_0} = \frac{1}{4} \cdot (1+\chi)^2 \tag{11.43a}$$

$$\frac{c}{c_0} = \left(\frac{L}{L_0}\right)^{1/2} = \frac{(1+\chi)}{2} \tag{11.43b}$$

$$\text{mit } \chi = \left(1 + 4 \cdot \frac{U°}{c_0}\right)^{1/2} \tag{11.44}$$

Die Gleichungen (11.43) gehen bei der Geschwindigkeit $U° = 0$ bzw. $\chi = 1$ in die der ungestörten Welle über.

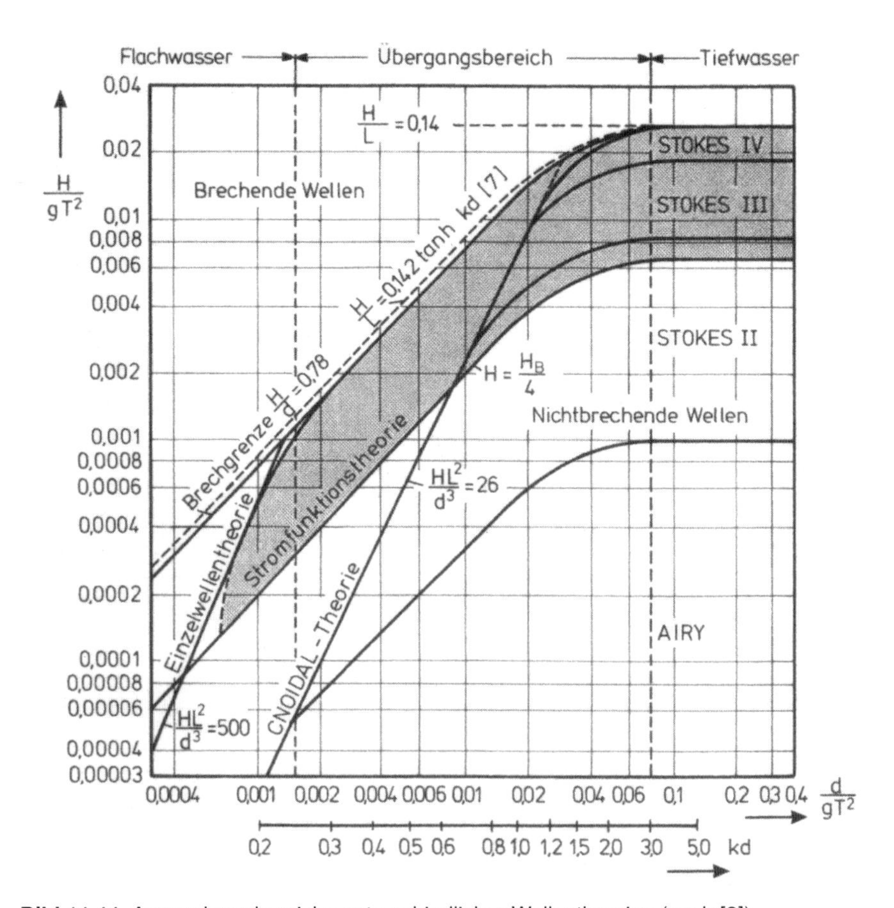

Bild 11.11 Anwendungsbereiche unterschiedlicher Wellentheorien (nach [3])

Man kann aus den Gl. (11.43a) und (11.44) erkennen, dass bei einer Strömung in Wellenrichtung ($U^\circ > 0$) Wellenlänge und -geschwindigkeit größer werden, bei $U^\circ < 0$ kleiner. Wegen der Gl. (11.44) kann U° nicht kleiner als $-c_0/4 = c_{Gr}/2$ werden ($\chi = 0$). Bei dieser Strömungsgeschwindigkeit wird die Geschwindigkeit des Energietransports gleich null, die Wellenhöhe wächst und die Welle bricht.

Die Änderung der Wellenhöhe H unter Strömungseinfluss im Verhältnis zur ungestörten Wellenhöhe H_0 kann unter Berücksichtigung der Energieerhaltung bestimmt werden. Mit der Annahme, dass sich die Wellenenergie in einer Strömung mit der Geschwindigkeit $c_{Gr} + U^\circ$ ausbreitet, erhält man

$$E \cdot (c_{Gr} + U^\circ) = E_0 \cdot c_{Gr0} \tag{11.45}$$

und daraus für das Verhältnis der Wellenhöhen

$$\frac{H}{H_0} = \sqrt{\frac{2}{\chi \cdot (\chi + 1)}} \tag{11.46}$$

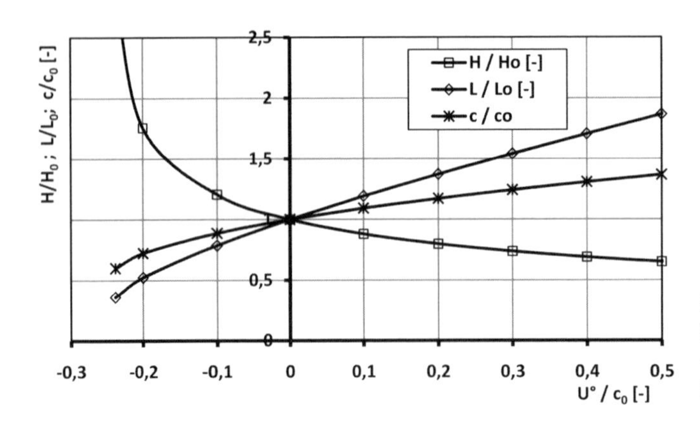

Bild 11.12 Änderungen der Wellenhöhen, -längen und -geschwindigkeiten bei Überlagerung mit Strömungen

11.3.3 Belastungen durch Wellen (Morison-Verfahren)

Die Belastungen eines Offshore-Bauwerks durch Wellen werden durch die Verhältnisse Wellenlänge zu Bauwerksgröße sowie Wellenhöhe bzw. Wellenlänge zur Wassertiefe beeinflusst. Die zur Wellenhöhe relative Bauwerksgröße wird durch die dimensionslose Keulegan-Carpenter-Zahl *KC* beschrieben.

$$KC = \pi \cdot \frac{H}{2 \cdot D} \tag{11.47}$$

mit: H = Wellenhöhe; D = Bauwerksabmessung quer zur Welle

Man unterscheidet in der Offshore-Technik schlanke und großvolumige Bauwerke. Schlanke Bauwerke mit $D/L <\approx 0{,}2$ oder $KC <\approx 0{,}4$ werden als „hydrodynamisch transparent" bezeichnet und man geht davon aus, dass die Welle durch das Bauwerk beim Passieren nicht beeinflusst wird. Strömungswiderstand (zähigkeitsbedingte Effekte) und Beschleunigungskraft durch die Welle haben etwa die gleiche Größenordnung.

Relativ große Bauwerke mit $D/L >\approx 0{,}5$ werden als „hydrodynamisch kompakt" bezeichnet. Dabei wird die Welle durch das Bauwerk verformt und die Beschleunigungskräfte dominieren mit zunehmendem Wert von D/L.

Die Gründungsstrukturen von Offshore-Windenergieanlagen gelten als hydrodynamisch transparente oder schlanke Bauwerke, d. h., die Wellen passieren die Strukturen nahezu unbeeinflusst. Offshore-Öl- oder -Gasförderplattformen sind dagegen i. A. so groß (hydrodynamisch kompakt), dass die Wellen beeinflusst werden. Dann müssen die Wellenkräfte nach der Diffraktionstheorie berechnet werden (siehe z. B. [3]).

Die schlanken Gründungsstrukturen von OWEA können durch das Überlagerungsverfahren (Zähigkeits- und Beschleunigungskräfte) nach Morison [14] berechnet werden. Es ist die am häufigsten benutzte Methode zur Berechnung von Wellenkräften auf schlanke Strukturen.

Morison-Verfahren

Die Kräfte auf einen von einer Welle umströmten Körper werden nach dem Morison-Verfahren in zwei Komponenten aufgeteilt, in eine Trägheitskraft F_M (Mass Force) und eine Strömungskraft F_D (Drag Force). Die Komponenten werden getrennt berechnet und überlagert. Die Maxima der beiden Kräfteanteile treten entsprechend der bestimmenden Größen (Geschwindigkeit

u° bzw. Beschleunigung $u^{\circ\circ}$) zu unterschiedlichen Zeiten auf. Sie sind um ein Viertel der Wellenperiode T gegeneinander verschoben. Der Horizontalanteil der Geschwindigkeit der Wasserpartikel in einer Welle entspricht der wirksamen Strömung, die horizontale Komponente der Beschleunigung der wirksamen Beschleunigung.

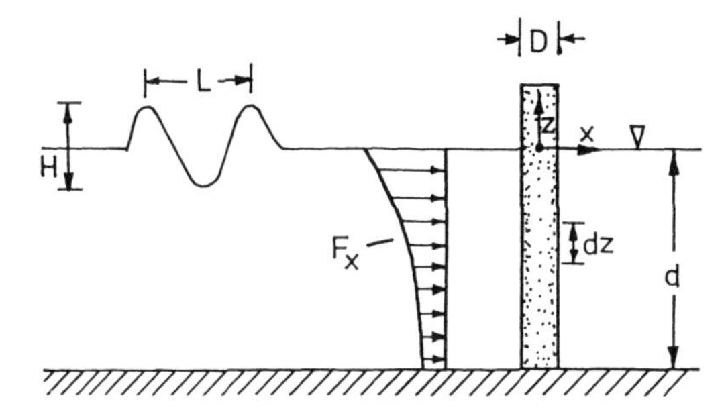

Bild 11.13 Belastung eines Pfahls durch Wellen (Prinzip, nach [13])

Die Streckenlast infolge des Strömungswiderstands in einer Welle beträgt nach Morison:

$$q_D(z,t) = \frac{1}{2} \cdot C_D(z, \mathrm{Re}) \cdot \rho_{\mathrm{Seew.}} \cdot D(z) \cdot u^\circ(z,t) \cdot |u^\circ(z,t)| \qquad (11.48a)$$

und die Streckenlast infolge der Beschleunigung:

$$q_M(z,t) = C_M(z) \cdot \rho_{\mathrm{Seew.}} \cdot A(z) \cdot u^{\circ\circ}(z,t) \qquad (11.48b)$$

mit: $C_D(z, Re)$ = Widerstandsbeiwert des umströmten Querschnitts; ρ = spezifische Dichte des Wassers; $D(z)$ = Durchmesser des Querschnitts in der betrachteten Tiefe; $A(z)$ = Querschnittsfläche in der betrachteten Tiefe; $u^\circ(z,t)$ = Horizontalgeschwindigkeit der Wasserpartikel; $u^{\circ\circ}(z,t)$ = Horizontalbeschleunigung der Wasserpartikel; $C_M = 1 + C_a$ = Widerstandsbeiwert der Strömungsbeschleunigung; $C_a = m_a / m_0$ = Koeffizient der hydrodynamischen Masse des Querschnitts; $m_a(z)$ = hydrodynamische Masse; $m_0(z)$ = Wasserverdrängung des Körpers (Volumen x Dichte des Wassers)

Die auf ein Bauteil wirkende Streckenlast infolge von Wellen wird damit

$$q_W(z,t) = q_D(z,t) + q_M(z,t) \qquad (11.49)$$

Hydrodynamische Masse

Wird ein Körper in einem Medium beschleunigt, muss ein Teil des umgebenden Mediums mitbeschleunigt werden. Diese mitbewegte Masse wird als hydrodynamische Masse oder hydrodynamische Zusatzmasse bezeichnet, da sie scheinbar die Masse des zu beschleunigenden Körpers erhöht. Das heißt, zur Beschleunigung eines Körpers im Wasser sind größere Kräfte als für die gleiche Beschleunigung nur der Körpermasse erforderlich. Die Größe der hydrodynamischen Masse ist im Wesentlichen von der Körperform abhängig, dagegen in weiten Bereichen unabhängig von der Geschwindigkeit oder Beschleunigung. Sie ist auch bei Schwingungsvorgängen in Flüssigkeiten zu berücksichtigen. Nur bei sehr hochfrequenten Schwingungen kann sie auch von der Frequenz abhängig sein.

Bei der Ermittlung der hydrodynamischen Massen wird vereinfachend angenommen, dass ein bestimmter Anteil der den Körper umgebenden Flüssigkeit die gleiche Beschleunigung wie der

Körper erfährt. Bei der Bestimmung ist zu beachten, ob der Körper nur ein- oder beidseitig von dem Medium benetzt wird.

Werte für die anzunehmenden hydrodynamischen Massen findet man z. B. in [13]. Bei Verwendung der linearen Wellentheorie nach Airy und einem senkrecht stehenden Pfahl erhält man nach Morison Folgendes:

$$\begin{aligned} q_\mathrm{D}(z,t) &= \frac{1}{2}\cdot C_\mathrm{D}\cdot\rho\cdot D\cdot\left(\frac{H}{2}\right)^2\cdot\omega^2\cdot\left(\frac{\cosh[k\cdot(z+d)]}{\cosh(k\cdot d)}\right)^2\cdot|\cos(\omega\cdot t)|\cdot\cos(\omega t) \\ &= \frac{1}{8}\cdot C_\mathrm{D}\cdot\rho\cdot D\cdot H^2\cdot\omega^2\cdot\eta^2(z)\cdot|\cos(\omega\cdot t)|\cdot\cos(\omega t) \end{aligned} \tag{11.50}$$

$$\begin{aligned} q_\mathrm{M}(z,t) &= C_\mathrm{M}\cdot\rho\cdot\frac{\pi\cdot D^2}{4}\cdot\frac{H}{2}\cdot\omega^2\cdot\left(\frac{\cosh[k\cdot(z+d)]}{\cosh(k\cdot d)}\right)^2\cdot\sin(\omega t) \\ &= \frac{1}{8}\cdot C_\mathrm{M}\cdot\rho\cdot\pi\cdot D^2\cdot H\cdot\omega^2\cdot\eta^2(z)\cdot\sin(\omega t) \end{aligned} \tag{11.51}$$

Die resultierenden Kräfte bzw. Querkräfte in Richtung der Welle $\Rightarrow Q_x(z,t)$, die auf das Offshore-Bauwerk wirken, ergeben sich durch Integration der Gesamtstreckenlasten $q_\mathrm{W}(z,t)$ über die Wassertiefe.

$$Q_x(z=z_0,t) = -\int_{z=0}^{z_0}\left[q_\mathrm{D}(z,t)+q_\mathrm{M}(z,t)\right]\cdot\mathrm{d}z = -\int_{z=0}^{z_0} q_\mathrm{W}(z,t)\cdot\mathrm{d}z \tag{11.52}$$

Zur Ermittlung des Biegemoments um die y-Achse $\Rightarrow M_y(z,t)$ muss die Streckenlast bei der Integration noch mit dem jeweiligen Hebelarm multipliziert werden.

$$M_y(\overline{z}_0,t) = -\int_{\overline{z}=0}^{\overline{z}_0} q_\mathrm{W}(\overline{z},t)\cdot\overline{z}\cdot\mathrm{d}z \qquad (\overline{z}\text{ vom Meeresboden aus gemessen}) \tag{11.53}$$

Für einen senkrechten Pfahl mit konstanten Werten für D und C_D über z lässt sich das Integral der Gl. (11.52) geschlossen auswerten, man erhält für die Querkraft

$$Q_x(z=d,t) = -\int_{z=0}^{d}\left[q_\mathrm{D}(z,t)+q_\mathrm{M}(z,t)\right]\cdot\mathrm{d}z = -F_\mathrm{D}(d,t)-F_\mathrm{M}(d,t) \tag{11.54a}$$

$$\text{mit}\quad F_\mathrm{D}(t) = \frac{1}{8}\cdot C_\mathrm{D}\cdot\rho\cdot D\cdot H^2\cdot\omega^2\cdot d\cdot\frac{\sinh(2\cdot k\cdot d)+2\cdot k\cdot d}{k\cdot d\cdot[\cosh(2\cdot k\cdot d)-1]}\cdot|\cos(\omega\cdot t)|\cdot\cos(\omega\cdot t) \tag{11.54b}$$

$$F_\mathrm{M}(t) = \frac{1}{8}\cdot C_\mathrm{D}\cdot\rho\cdot A\cdot H\cdot\omega^2\cdot\frac{1}{k}\cdot\sin(\omega\cdot t) \tag{11.54c}$$

Der Verlauf des Biegemoments nach Gl. (11.53) muss i. A. numerisch integriert werden, z. B. mit der Simpson-Regel.

Beispiel: Belastungen eines Monopiles durch regelmäßigen Seegang (nach Morison)

Wassertiefe $d = 25\,\mathrm{m}$; Pfahldurchmesser $D = 6\,\mathrm{m}$; Wellenlänge $L = 50\,\mathrm{m}$; Wellenhöhe $H = 4\,\mathrm{m}$; Beiwert $C_\mathrm{D} = 0{,}8$; Beiwert $C_\mathrm{M} = 2{,}0$; Dichte des Wassers $\rho = 1\,025\,\mathrm{kg/m^3}$;

$\Rightarrow$ Verhältnisse $d/L = 0{,}5 \Rightarrow$ Übergangsbereich flaches/tiefes Wasser

$$\Rightarrow k = \frac{2\cdot\pi}{L} = 0{,}1257\,\mathrm{m^{-1}};\ T = \sqrt{\frac{2\cdot\pi\cdot L}{g\cdot\tanh(2\cdot\pi\cdot d/L)}} = 5{,}7\,\mathrm{s};\ \omega = \frac{2\cdot\pi}{T} = 1{,}108\,\mathrm{s^{-1}}$$

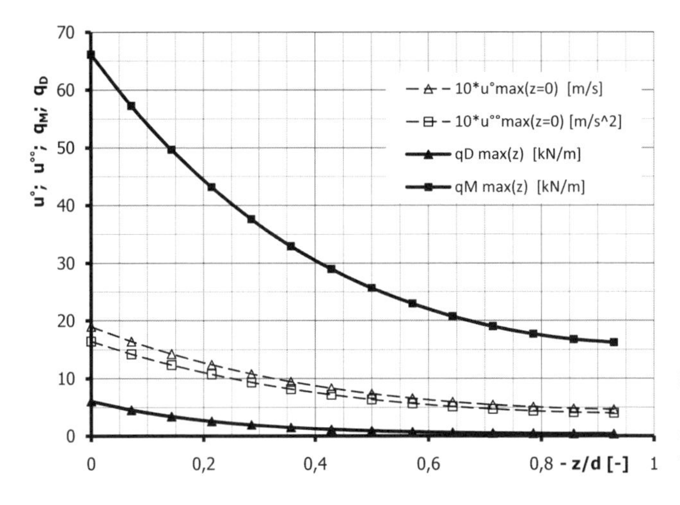

Bild 11.14 Strömungsgeschwindigkeit, -beschleunigungen und -belastungen an einem Pfahl in Abhängigkeit von der Tiefe nach Morison

Die Koordinate z ist von der Meeresoberfläche aus gemessen.

Geschwindigkeit:	$u^{\circ}_{\max}(z=0) = 2{,}233\,\mathrm{m/s}$
Beschleunigung:	$u^{\circ\circ}_{\max}(z=0) = 2{,}466\,\mathrm{m/s^2}$
Strömungsbelastung:	$q_{\mathrm{D\,max}}(z=0) = 10{,}15\,\mathrm{kN/m}$
Beschleunigungsbelastung:	$q_{\mathrm{M\,max}}(z=0) = 99{,}24\,\mathrm{kN/m}$
Gesamtkraft aus Strömung:	$F_{\mathrm{Dmax}}(t=0) = 40{,}88\,\mathrm{kN}$
Gesamtkraft aus Beschleunigung:	$F_{\mathrm{Dmax}}(t=T/4) = 880{,}6\,\mathrm{kN}$
Biegemoment im Pfahl am Meeresboden:	$M_{\mathrm{y\,max}}(z=d) = 13\,928\,\mathrm{kNm}$

Die tatsächliche Biegebeanspruchung des „Kragträgers Monopile" ist jedoch höher, da durch die wirksame Einbindelänge des Pfahls im Meeresboden der Kragträger „verlängert" wird (um ca. 1 bis 2 D, je nach Bodenbeschaffenheit).

Geschwindigkeit, Beschleunigung, Streckenlasten infolge Strömung und Beschleunigung sind als Funktionen der Tiefe z/d in Bild 11.14, der zeitliche Verlauf der an der Meeresoberfläche maximalen Streckenlasten über eine Wellenperiode t/T in Bild 11.15 dargestellt.

■

Oberflächenrauigkeit

Die Rauigkeit k der umströmten Bauteiloberflächen durch Korrosion, Bewuchs usw. hat einen erheblichen Einfluss auf die Wellenkräfte. Die Rauigkeit wird mit dem Verhältnis k = Korngröße zu Bauwerksdurchmesser angegeben (Stahl neu: Korngröße ≈ 0,02–0,1; Beton: ≈ 0,5–1). Der Beiwert C_{D} wird bei zunehmender Rauigkeit größer, der Beiwert C_{M} kleiner.

Überlagerung von Wellen und konstanter Strömung

Ist zusätzlich zu den Wellen eine konstante Strömung vorhanden, erhöhen sich die angreifenden Strömungskräfte im Wellenberg (quadratisch mit der resultierenden Strömungsgeschwindigkeit), im Wellental werden sie entsprechend geringer. Die Beschleunigungskräfte bleiben durch eine überlagerte Strömung unverändert. Zu beachten ist, dass Wellen und Strömung unterschiedliche Richtungen haben können.

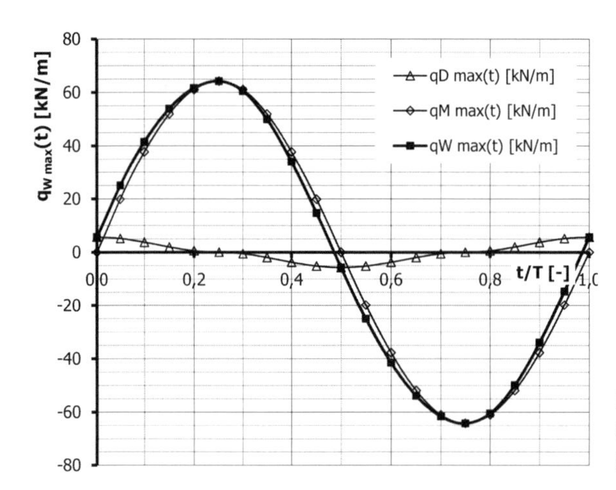

Bild 11.15 Zeitlicher Verlauf der maximalen Strömungs- und Beschleunigungslasten über eine Wellenperiode

Belastungen aus brechenden Wellen

Bei der Ermittlung der Kräfte durch brechende Wellen wird vereinfachend angenommen, dass dabei die Trägheitskräfte gering gegenüber den Strömungskräften sind. Die Wasserpartikel treffen dabei mit relativ hoher Geschwindigkeit auf das Bauwerk.

Als Wellenhöhe ist die der brechenden Wellenhöhe H_B anzunehmen (abhängig von der Wassertiefe). Die horizontale Geschwindigkeit der brechenden Welle entspricht näherungsweise der Ausbreitungsgeschwindigkeit der Welle im flachen Wasser:

$$u^{\circ}_{\max} \approx \sqrt{g \cdot H_B} \tag{11.55}$$

Die stoßartig auftretende Kraft, auch als „Slamming" bezeichnet, wird danach (*Anmerkung:* die Gl. (11.56) ist nicht dimensionsneutral, d. h., die Argumente müssen mit den unten angegebenen Einheiten eingesetzt werden):

$$F_S = C_S \cdot \frac{1}{2} \cdot \rho \cdot D \cdot |u^{\circ}_{\max}| \cdot u^{\circ}_{\max} \cdot \lambda \cdot h_B \tag{11.56}$$

mit: F_S = Slamming-Kraft [kN], C_S = Slamming-Koeffizient $\approx 2 \cdot \pi$ [-]; ρ = Dichte des Wassers [t/m^3]; D = Pfahldurchmesser [m]; λ = „Curling"-Faktor $\approx$ 0,5 [-]; h_B = maximale Höhe des Brechers über dem Ruhewasserspiegel (ca. $0{,}7 \cdot H_B$) [m]; $u^{\circ}_{\max}$ = maximale horizontale Wellengeschwindigkeit [m/s]

11.4 Seegang

11.4.1 Regelmäßiger Seegang

Meereswellen entstehen in erster Linie durch die Windeinwirkung auf die Wasseroberfläche. Streicht Luft über die zunächst ruhige Meeresoberfläche, kommt es durch die Reibung zwischen Luft und Wasser sowie Luftturbulenzen zu einem Anfachen von Wellen. In der Anfangsphase entstehen kleine, d. h. niedrige und kurze Wellen, die sogenannten Rippelwellen. Mit dem Wirken des Windes über eine längere Strecke wachsen diese Wellen ständig an und werden schneller. Gleichzeitig entstehen weiterhin neue kleine Wellen, die anwachsen und die vorher entstandenen Wellen überlagern.

Beim „regelmäßigen" Seegang wird davon ausgegangen, dass dieser nur aus nacheinander folgenden Wellen mit ähnlichen Wellenlängen und -höhen besteht. Ursache der Wellen soll hier nur der Wind sein.

Weht der Wind über eine längere Zeit mit konstanter Geschwindigkeit und Richtung (Streichdauer; engl. fetch time) über eine längere Strecke (Streichlänge; engl. fetch length), dominieren im tiefen Wasser Wellen nahezu gleicher Länge, Höhe und Richtung (regelmäßiger Seegang oder „ausgereifte Windsee"). Das trifft zu für größere Windstärken mit entsprechend langen und hohen Wellen z. B. im Nordatlantik, Nordpolarmeer sowie Indischen und Pazifischen Ozean südlich des 40. Breitengrads („Roaring Fourties"). In der Nord- und Ostsee kann sich ein ausgereifter Seegang nur bei relativ geringen Windstärken bilden.

11.4.2 Unregelmäßiger oder natürlicher Seegang

Zusätzlich zu den durch den Wind angefachten Wellen mit unterschiedlich langen und hohen Wellen können noch Wellen aus anderen Richtungen hinzukommen, z. B. aus einem entfernten Windsystem. Die so überlagerten Wellen werden als "natürlicher Seegang" bezeichnet.

Bei der Beschreibung eines Seegangs unterscheidet man

- langkämmiger Seegang: Es werden nur harmonische Wellen beliebiger Frequenzen überlagert, jedoch mit einer dominierenden Anhäufung benachbarter Längen und Frequenzen. Sie haben alle nur eine Richtung.
- kurzkämmiger Seegang: Hierbei können die Wellen unterschiedliche Richtungen, Längen und Frequenzen haben, d. h., es kommt noch eine Richtungsverteilungsfunktion hinzu. Die Frequenzen haben i. A. eine Gauß-Verteilung, die Wellenhöhen eine Rayleigh-Verteilung (siehe unten).

Der Seegang kann durch ein Fourier-Integral beschrieben werden. Fourier-Integrale sind analog zu den Fourier-Reihen Entwicklungen, bei denen die Entwicklungsfrequenzen nicht mehr ganzzahlige Vielfache einer Grundfrequenz, sondern kontinuierlich verteilt sind (Voraussetzung: das Integral muss endlich sein).

11.4.3 Statistik

Die Verteilung der Parameter, die den natürlichen oder unregelmäßigen Seegang beschreiben, wie Wellenhöhen, Frequenzen oder Längen, lassen sich nicht mehr durch die o. g. Wellentheorien beschreiben, sondern nur noch mit statistischen Methoden.

Die wichtigsten Methoden dafür sind:

Gauß- oder Normalverteilung: Damit werden z. B. die Wellenfrequenzen des natürlichen Seegangs beschrieben. Die Häufigkeitsverteilung der Gauß-Verteilung eines Zufallsprozesses lautet (s = Streuung):

$$f(x) = \frac{1}{s \cdot \sqrt{2 \cdot \pi}} \cdot \exp\left[-\frac{x^2}{2 \cdot s^2}\right] \qquad (11.57a)$$

Die Wahrscheinlichkeitsverteilung ergibt sich daraus zu:

$$F(x_0) = \int_{-\infty}^{x_0} f(x) \cdot \mathrm{d}x = \frac{1}{s \cdot \sqrt{2 \cdot \pi}} \cdot \int_{-\infty}^{x_0} \exp\left[-\frac{x^2}{2 \cdot s^2}\right] \cdot \mathrm{d}\xi \tag{11.57b}$$

Weibull-Verteilung: Die Weibull-Verteilung stellt eine Extremwertverteilung, bezogen auf ein zu erwartendes Minimum eines Zufallsprozesses, dar. Sie wird insbesondere für Windverteilungen, Lebensdauerberechnungen von Konstruktionen oder bei Werkstoffuntersuchungen verwendet. Durch die Veränderung ihrer Parameter lässt sie sich an sehr viele unterschiedliche Verteilungen anpassen. Die Häufigkeitsverteilung der Weibull-Verteilung lautet:

$$f(x) = \begin{cases} \frac{m}{x_0} \cdot \left(\frac{x - x_\mathrm{u}}{x_0}\right)^{m-1} \cdot \exp\left[-\left(\frac{x - x_\mathrm{u}}{x_0}\right)^m\right] & \text{für } x \geq x_\mathrm{u} \\ 0 & \text{für } x < x_\mathrm{u} \end{cases} \tag{11.58a}$$

mit: x_0 = Nennwert der untersuchten Größe; x_u = untere Erwartungs- oder Versagensgrenze der untersuchten Größe; m = Weibull-Modul (je größer der Modul, umso „spitzer" ist die Häufigkeitsverteilung bzw. umso steiler ist die Wahrscheinlichkeitsverteilung, siehe Bild 5.16)

Für die Wahrscheinlichkeitsverteilung erhält man danach:

$$F(x) = \int_0^x f(x) \cdot \mathrm{d}x = \begin{cases} 1 - \exp\left[-\left(\frac{x - x_\mathrm{u}}{x_0}\right)^m\right] & \text{für } x \geq x_\mathrm{u} \\ 0 & \text{für } x < x_\mathrm{u} \end{cases} \tag{11.58b}$$

Rayleigh-Verteilung: Die Rayleigh-Verteilung beschreibt bestimmte Zufallsprozesse, wie z. B. die Verteilung der Wellenhöhen eines natürlichen Seegangs. Sie ist ein Spezialfall der Weibull-Verteilung mit dem Weibull-Modul $m = 2$ und der unteren Erwartungsgrenze $x_\mathrm{u} = 0$.

Die Häufigkeitsverteilung der Rayleigh-Verteilung lautet:

$$f(x) = \frac{x \cdot \pi}{x_\mathrm{M} \cdot 2} \cdot \exp\left[-\frac{\pi}{4} \cdot \left(\frac{x}{x_\mathrm{M}}\right)^2\right] \quad \text{für } x \geq 0 \tag{11.59a}$$

mit: x_M = Referenzwert (z. B. mittlere Windgeschwindigkeit)

Die Wahrscheinlichkeitsverteilung ergibt sich zu:

$$F(x) = 1 - \exp\left[-\frac{\pi}{4} \cdot \left(\frac{x}{x_\mathrm{M}}\right)^2\right] \quad \text{für } x \geq 0 \tag{11.59b}$$

Die Momente aus den Verteilungen ergeben sich nach:

$$m_0 = \int_0^\infty f(x) \cdot \mathrm{d}x; \qquad m_n = \int_0^\infty x^n \cdot f(x) \cdot \mathrm{d}x \tag{11.60}$$

mit: $f(x)$ = Häufigkeitsverteilung; m_0 = Moment 0-ter Ordnung, die Momente höherer (n-ter) Ordnung werden analog bestimmt

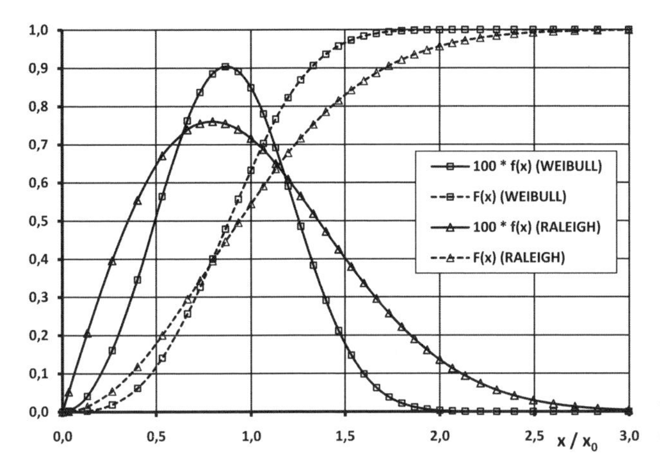

Bild 11.16 Verläufe der Statistikverteilungen nach Weibull ($m = 3$) und Rayleigh

11.4.4 Seegangsspektren

Die Wellenhöhen eines unregelmäßigen Seegangs können durch das folgende Fourier-Integral dargestellt werden.

$$h^2(t) = \int_{\omega=0}^{\infty} S_\mathrm{h}(\omega) \cdot \mathrm{d}\omega < \infty \tag{11.61}$$

mit: $h(t)$ = Erhebung der Wasseroberfläche zum Zeitpunkt t; ω = Seegangsfrequenz; $S_\mathrm{h}(\omega)$ = Spektrum des Seegangs (Energiespektraldichte)

Durch Multiplikation der Gl. (11.61) mit dem Faktor $\rho \cdot g/2$ erhält man die Energie, die in dem beschriebenen Seegang enthalten ist. Dabei stellt die linke Seite die mittlere Energie des Seegangs dar, die rechte Seite die Energieverteilung über der Seegangsfrequenz ω.

Bei langkämmigem Seegang (ausgereifte Windsee) nimmt man an, dass alle Wellen die gleiche Richtung haben. Dann kann der Seegang als zweidimensionales Problem behandelt werden.

Zur Beschreibung eines kurzkämmigen Seegangs muss das Spektrum des langkämmigen Seegangs noch mit einer Verteilungsfunktion der Wellenrichtungen multipliziert werden. Das führt zu einem dreidimensionalen Problem.

$$S_\mathrm{h}(\omega, \mu) = S_\mathrm{h}(\omega) \cdot G_\mathrm{h}(\omega, \mu_\mathrm{e}) \tag{11.62}$$

mit: $G(\omega, \mu)$ = Richtungsfunktion der Wellenausbreitung; μ = Winkel der Hauptlaufrichtung gegenüber einem festen Koordinatensystem; μ_e = Winkel einer Elementarwelle, gemessen von der Hauptwellenrichtung aus

Für die Wellenrichtungsfunktion gilt:

$$\int_{\mu=-\pi/2}^{\pi/2} G(\omega, \mu_\mathrm{e}) \cdot \mathrm{d}\mu_\mathrm{e} = 1 \tag{11.63}$$

Für sie wird häufig unter der Annahme, dass die Verteilung der Wellenenergie über der Laufrichtung von der Frequenz unabhängig ist, ein Ansatz folgender Form verwendet:

$$G(\mu_\mathrm{e}) = \begin{cases} k_n \cdot \cos^n(\mu_\mathrm{e}) & \text{für } -\frac{\pi}{2} \leq \mu_\mathrm{e} \leq +\frac{\pi}{2} \\ 0 & \text{sonst} \end{cases} \tag{11.64}$$

mit den am häufigsten angenommen Werten: $n = 2$ oder $n = 4$

Die Berücksichtigung der Richtungsverteilungsfunktion führt i. A. zu einer geringeren Beanspruchung (Lastwechselzahlen und Spannungsamplituden) von OWEA-Fundamenten, da die maximalen Spannungen je nach Wellenrichtung an unterschiedlichen Orten in den Fundamenten auftreten. Dadurch können diese mit geringeren Materialstärken ausgeführt werden. Ähnliches gilt auch für Verteilung und Häufigkeit der Windrichtungen und Windgeschwindigkeiten und den Belastungen daraus.

Allgemeines Seegangsspektrum nach Bretschneider:

$$S_\mathrm{h}(\omega) = \alpha \cdot \omega^{-5} \cdot \exp\left(-\beta \cdot \omega^{-4}\right) \quad [\mathrm{m}^2 \cdot \mathrm{s}] \tag{11.65}$$

mit: $S_\mathrm{h}(\omega)$ = Spektraldichte des Seegangs; ω = Seegangsfrequenz [s^{-1}]; α = Koeffizient [$\mathrm{m}^2/\mathrm{s}^4$]; β = Koeffizient [s^{-4}]

Für eine ausgereifte Windsee (sogenannter langkämmiger Seegang, Windgeschwindigkeit u) erhält man das daraus abgeleitete Pierson-Moskowitz-Spektrum (P-M-Spektrum) mit den durch Beobachtungen und Messungen von Seegängen im Nordatlantik ermittelten Koeffizienten α und β:

$$s_\mathrm{h}(\omega) = 0{,}0081 \cdot g^2 \cdot \omega^{-5} \cdot \exp\left[-0{,}74 \cdot \left(\frac{g}{u \cdot \omega}\right)^4\right] \tag{11.66}$$

darin sind $\alpha = 0{,}0081 \cdot g^2$ und $\beta = 0{,}74 \cdot (g/u)^4$ enthalten

In der Praxis wird häufig auch das zweiparametrische verzerrte P-M-Spektrum verwendet, das „modifiziertes" P-M-Spektrum oder ISSC-Spektrum (ISSC = International Ship Structure Conference). Dieses Spektrum kann auch für sogenannte „unausgereifte" Seegänge verwendet werden, d. h., wenn Streichlänge und/oder Streichdauer nicht ausreichend sind, um eine ausgereifte Windsee zu erzeugen (Beispiel: Sturm in der Nordsee oder Ostsee). Dazu müssen weitere Größen eingeführt werden, die solchen Seegang kennzeichnen.

Das sind: $H_{1/3}$ = mittlere Höhe der Wellen, die höher sind als 2/3 aller Wellen (auch als „signifikante" Wellenhöhe H_S bezeichnet); T_0 (Periode der Nulldurchgänge ($h(t) = 0$) oder T_m (mittlere Wellenperiode) oder T_P (Periode des Maximums des Spektrums)

Die Parameter $H_{1/3}$ und T müssen aus Seegangsstatistiken ermittelt werden. Das ISSC-Spektrum lautet:

$$\begin{aligned} S_\mathrm{h}(\omega) &= 173 \cdot H_{1/3}^2 \cdot T_\mathrm{m}^2 \cdot \omega^{-5} \cdot \exp\left[-692\left(\frac{1}{T_\mathrm{m} \cdot \omega}\right)^4\right] \\ &= 124 \cdot H_{1/3}^2 \cdot T_0^2 \cdot \omega^{-5} \cdot \exp\left[-496\left(\frac{1}{T_0 \cdot \omega}\right)^4\right] \end{aligned} \tag{11.67}$$

Zwischen den unterschiedlichen Perioden gelten bei dem P-M- und dem ISSC-Spektrum die Beziehungen:

$$T_\mathrm{m} = 0{,}7716 \cdot T_\mathrm{P} = 1{,}0864 \cdot T_0 \tag{11.68}$$

Aus dem Spektrum nach Bild 11.17 kann man bei der Windgeschwindigkeit $u = 20\,\mathrm{m/s}$ für ω_P bzw. T_P ablesen:

$$\Rightarrow \omega_\mathrm{P} = 0{,}43\,\mathrm{s}^{-1} \Rightarrow T_\mathrm{P} = 2 \cdot \pi/\omega_\mathrm{P} = 14{,}6\,\mathrm{s}; \quad T_0 = 0{,}7102 \cdot T_\mathrm{P} = 10{,}4\,\mathrm{s}; \quad T_\mathrm{m} = 11{,}3\,\mathrm{s}$$

Die signifikante Wellenhöhe $H_{1/3}$ erhält man aus dem Wert für m_0 nach Gl. (11.60) durch Integration des Seegangsspektrums.

$$H_{1/3} \approx 4 \cdot \sqrt{m_0} = 4 \cdot \sqrt{\int_0^\infty S_\mathrm{h}(\omega) \cdot \mathrm{d}\omega} \tag{11.69}$$

Es ergibt sich für $u = 20\,\mathrm{m/s}$: $H_{1/3} = 9{,}89\,\mathrm{m}$.

Das ist jedoch nur ein theoretisch auftretender Wert, da z. B. bei einer Windgeschwindigkeit von $20\,\mathrm{m/s} \approx 39\,\mathrm{kn}$ für eine ausgereifte Windsee bereits eine Streichlänge von mehr als 4 000 km erforderlich wäre.

Für Seegebiete mit beschränkter Windstreichlänge und Tiefeneinfluss (Übergangsbereich zwischen tiefem und flachem Wasser), wie z. B. die Nordsee, kann das sogenannte JONSWAP-Spektrum (Joint North Sea Wave Project) verwendet werden.

$$S_\mathrm{h}(\omega) = \alpha \cdot g^2 \cdot \omega^{-5} \cdot \exp\left[-1{,}25 \cdot \left(\frac{\omega}{\omega_\mathrm{P}}\right)^{-4}\right] \cdot \gamma^p \tag{11.70a}$$

mit: α = Phillips-Konstante (siehe Gl. (11.71a), im P-M-Spektrum hat sie den festen Wert 0,0081); γ = Vergrößerungsfaktor gegenüber dem P-M-Spektrum, der Faktor liegt zwischen 1 und 7, häufig wird der Wert $\gamma = 3{,}3$ verwendet (mittleres JONSWAP-Spektrum).

$$p = \exp\left[-\frac{(\omega - \omega_\mathrm{P})^2}{2 \cdot \sigma^2 \cdot \omega_\mathrm{P}^2}\right]$$

$$\sigma = \begin{cases} \sigma_\mathrm{a} & \text{für } \omega \le \omega_\mathrm{P} \quad \text{(Maß für die Breite des Spektrums links von } \omega_\mathrm{P}) \\ \sigma_\mathrm{b} & \text{für } \omega > \omega_\mathrm{P} \quad \text{(Maß für die Breite des Spektrums rechts von } \omega_\mathrm{P}) \end{cases} \tag{11.70b}$$

$$\sigma_\mathrm{a} = 0{,}07; \sigma_\mathrm{b} = 0{,}09 \quad \text{(häufig gewählte Werte)}$$

Die Parameter σ und ω_P sind abhängig von der Windwirklänge x, durch Auswertungen von Messdaten wurde dafür ermittelt:

$$\alpha = 0{,}076 \cdot \overline{x}^{(-0{,}22)} \tag{11.71a}$$

$$\omega_\mathrm{P} = 0{,}557 \cdot \frac{g}{\overline{u}_\mathrm{10m}} \cdot \overline{x}^{(-0{,}33)} \tag{11.71b}$$

mit: $\overline{x} = g/\overline{u}_{10} \cdot x^2$ und $\overline{u}_{10}$ = Windgeschwindigkeit in 10 m Höhe

Mit den Werten für $\alpha_\mathrm{JONSWAP} = \alpha_\mathrm{P-M} = 0{,}0081$ und $\omega_\mathrm{P,P-M} = \omega_\mathrm{P,JONSWAP}$ (Werte s. o.) sind zum Vergleich die beiden Spektren in Bild 11.17 dargestellt.

Vergleicht man ein JONSWAP- und ein Pierson-Moskowitz-Spektrum mit den o. g. gleichen Werten für α und ω_P, ergibt sich für das Verhältnis der Maxima der beiden Spektren der Vergrößerungsfaktor:

$$\gamma^p = \frac{S_\mathrm{h\,max}^\mathrm{JONSWAP}}{S_\mathrm{h\,max}^\mathrm{P-M}} \approx 2{,}7 \quad \text{(für das obige Beispiel)} \tag{11.72}$$

Aus dem jeweiligen Energiespektrum ergeben sich die anregenden Belastungen einer Offshore-Struktur. Kennt man deren Schwingungsverhalten (Eigenfrequenzen), kann die Strukturantwort unter Berücksichtigung des Dämpfungsverhaltens berechnet werden. Aus der Strukturantwort lassen sich dann die dabei auftretenden Spannungen ermitteln und mit den Lastwechselzahlen die Lebensdauer aus der Seegangsbelastung (siehe weiterführende Literatur, z. B. [3, 13]).

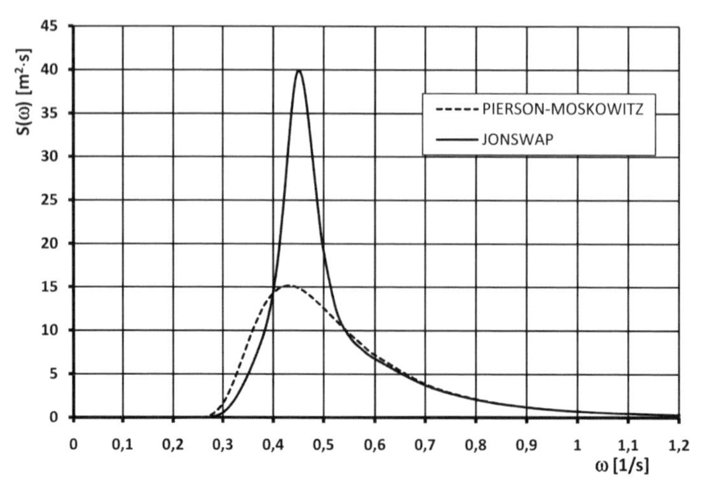

Bild 11.17 Pierson-Moskowitz- und JONSWAP-Seegangsspektrum (Windgeschwindigkeit = 20 m/s, α und ω_P gleich)

11.4.5 Einfluss von Strömungen

Die Überlagerung eines Seegangs mit einer Strömung U° hat eine Modifizierung der Seegangsspektren zur Folge. Durch Berücksichtigung des nichtlinearen Energietransports infolge der Wechselwirkung zwischen Seegang und Strömung erhält man die folgende Beziehung:

$$S_h(\omega, U^\circ) = \frac{4}{\chi \cdot (\chi + 1)^2} \cdot S_h(\omega) \quad \text{mit } \chi \quad \text{nach Gl. (11.44)} \tag{11.73}$$

11.4.6 Langzeitstatistik des Seegangs

Die Ausführungen des vorangegangenen Abschnitts gelten nur für konstante Werte der signifikanten Wellenhöhe $H_{1/3}$, der Wellenperiode T_0 bzw. T_P und der Hauptwellenrichtung μ_H. Über größere Zeiträume sind diese Parameter statistische Veränderliche. Dies ist bei der Aufstellung eines Langzeitkonzepts für den Seegang zu berücksichtigen.

Da $H_{1/3}$, T_0 und μ_H über einen längeren Zeitraum stochastisch auftreten, ist für das Langzeitkonzept die vierdimensionale Verteilung $f(H, H_{1/3}, T_0, \mu_H)$ maßgeblich, für die Folgendes angenommen werden kann:

$$f(H, H_{1/3}, T_0, \mu_H) = f(H/H_{1/3}, T_0, \mu_H) \cdot f_L(H_{1/3}, T_0, \mu_H) \tag{11.74}$$

Das führt zu der Langzeitüberschreitungswahrscheinlichkeit der Wellenhöhen $H > H^*$:

$$P_L(H > H^*) = \int_0^{2\pi} \int_0^{\infty} \int_0^{\infty} P_K(H > H^*) \cdot f_L(H_{1/3}, T_0, \mu_H) \cdot dH_{1/3} \cdot dT_0 \cdot d\mu_H \tag{11.75}$$

Im Rahmen dieser Einführung soll nicht weiter darauf eingegangen werde, sondern auf die Literatur verwiesen werden, z. B. [13, 14].

11.4.7 Extremwellen

Die Ermittlung der maximal zu erwartenden Wellenhöhe (50- bzw. 100-Jahreswelle) während der Lebensdauer einer Offshore-Anlage ist aus folgenden Gründen erforderlich:

- Mit der maximalen Wellenhöhe ist ein Extremlastfall gegeben, der die maximale Belastung durch Wellen darstellt, er tritt einmalig auf.
- Ist eine Plattform vorhanden, die nicht überspült werden soll, muss diese höher als der maximal auftretende Wasserstand sein. Der höchste Wasserstand ergibt sich aus dem Wasserstand auf Normal Null (NN, auf den mittleren Niedrigwasserstand bezogen) + mittlerer Tidenhub + Windstau + halbe maximale Wellenhöhe.

Die maximal zu erwartenden Wellenhöhen während eines mehrstündigen bzw. mehrtägigen Sturms lassen sich aus einem vorliegenden Seegangsspektrum mit der entsprechenden Windgeschwindigkeit abschätzen:

$$H_{\max} \approx 1{,}86 \cdot H_{1/3} \quad \text{(mehrstündig wehender Wind)} \qquad (11.76a)$$

$$H_{\max} \approx 2{,}23 \cdot H_{1/3} \quad \text{(mehrtägig wehender Wind)} \qquad (11.76b)$$

11.5 Kolkbildung, Bewuchs, Korrosion, Eis

11.5.1 Kolkbildung

Kolke (engl.: scours) entstehen, wenn durch die erodierende Wirkung des strömenden Wassers der Meeresboden gelöst und abgetragen wird. Beim Umströmen von Bauwerken bewirken diese eine zusätzliche Erhöhung der Strömungsgeschwindigkeit und verursachen Wirbel. Dadurch legen Kolke die Gründungen von Bauwerken teilweise frei. Die Strömungsursachen können Meeres-, Tiden-, windinduzierte und Wellenströmungen sein. Je nach der Beschaffenheit des Meeresbodens und den vorhandenen Strömungsgeschwindigkeiten können sich die Kolke bei sogenannten nichtbindigen Böden (s. u.) schnell ausbilden, bei bindigen Böden kann dieser Prozess länger dauern.

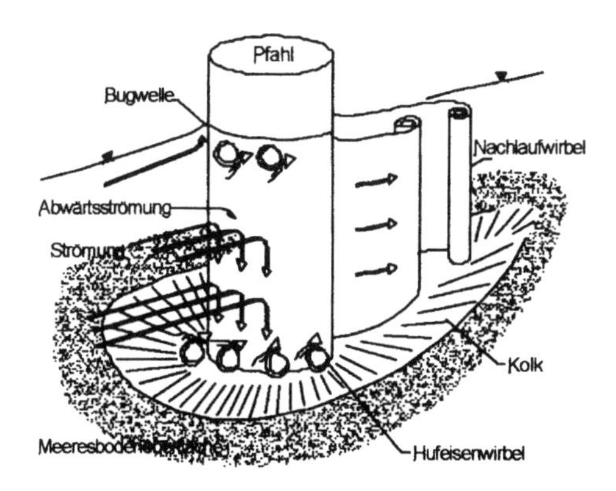

Bild 11.18 Kolkbildung (nach [12])

Bei der Planung der Gründungen von Offshore-Bauwerken spielt die Frage der Kolkbildung bzw. des Kolkschutzes eine wichtige Rolle. Durch eine Auskolkung des Meeresbodens wird das Trag- und Betriebsverhalten der gesamten Offshore-WEA beeinflusst:

- Die Spannungen in der Gründungsstruktur werden höher (der „Kragträger" Gründung und Turm wird länger).
- Die Belastung des Bodens wird höher (die Einbindelängen der unterhalb des Meeresbodens liegenden Gründungsstrukturen werden kürzer, dadurch die vom Boden aufzunehmenden Kräfte größer).
- Eigenfrequenzen der Tragstruktur (Gründung plus Turm) werden kleiner, damit ändert sich auch das Betriebsverhalten der OWEA (evtl. Verschiebung in kritische Frequenzbereiche).
- Durch diese Effekte kann sich die Lebensdauer reduzieren, es kann sogar zum frühzeitigen Ausfall der OWEA kommen.
- Bei Schwerkraftgründungen kann die Aufstandsfläche durch Auskolkung reduziert werden, sodass die Standsicherheit der Anlage geringer wird.

Deshalb ist es erforderlich, entweder bereits bei der Dimensionierung der Gründungen eine maximal zu erwartende Kolktiefe zu berücksichtigen oder Kolkschutzmaßnahmen (z. B. Steinschüttungen mit mehreren Lagen unterschiedlicher Steingrößen, synthetische Seegrasmatten usw.) vorzunehmen. Der Kolkschutz wird entweder vorlaufend (vor dem Einbringen der Gründung) oder nachlaufend (nach dem Einbringen) vorgesehen. Werden Kolkschutzmaßnahmen vorgesehen, müssen diese auch während des Betriebs der OWEA kontrolliert und eventuell nachgebessert werden.

Insbesondere die Kabelanschlüsse zur Übertragung der erzeugten Energie sind so zu schützen, dass sie auf keinen Fall freigespült werden, da sie für die sich daraus ergebenden Belastungen durch Wellen und Strömungen i. A. nicht ausgelegt sind.

Für die Bestimmung der Kolktiefen liegen nur für kleine Pfahldurchmesser, z. B. für Brückenpfeiler, umfangreiche Erfahrungen und Berechnungsformeln vor, die auch z. T. experimentell abgesichert sind. Bei Offshore-WEA sind die o. g. Einflüsse auf die Kolktiefe noch wenig erforscht. Die bisher entwickelten Berechnungsformeln liefern sehr unterschiedliche Ergebnisse. Danach erhält man Kolktiefen von $0{,}3–3 \cdot D$ [17]. Der GL [9] nimmt in seinen Richtlinien eine Kolktiefe von $2{,}5 \cdot D$ an. Durch die breite Streuung der Ergebnisse sind die bisher entwickelten Berechnungsformeln für die Praxis kaum brauchbar.

11.5.2 Mariner Bewuchs

Strukturen, die sich längere Zeit im Wasser befinden, werden von zahlreichen Tieren und Pflanzen besiedelt. Der Bewuchs beeinflusst insbesondere das dynamische, aber auch das statische Verhalten der Strukturen. Man unterscheidet:

- „weichen" Bewuchs wie Algen, Seetang, Seeanemonen u. ä.: Er bewirkt eine Erhöhung der Strömungswiderstände und Wellenkräfte durch die Vergrößerung der Querschnitte und der Rauigkeit. Eine Erhöhung der statischen und hydrodynamischen Massen erfolgt nur im geringen Maße, da der weiche Bewuchs den Bewegungen der Strukturen nur teilweise folgt. Die Dichte des Bewuchses beträgt ca. $1\ \mathrm{kg/m^3}$.

- „harten" Bewuchs wie Muscheln, Seepocken, Röhrenwürmer u. ä.: Er erhöht die Strömungswiderstände und Wellenkräfte durch die Vergrößerung der Querschnitte und der Rauigkeit. Zusätzlich werden die statischen Massen und bei Schwingungsvorgängen die hydrodynamischen Massen vergrößert, da dieser Bewuchs die gleichen Bewegungen wie die Strukturen ausführt. Die Dichte des harten Bewuchses beträgt ca. 1,3–1,4 kg/m^3.

Die Stärke des Bewuchses wird durch die folgenden Faktoren beeinflusst:

- Wassertiefe: Je größer die Wassertiefe, umso geringer ist der Bewuchs. Bei einer Wassertiefe von 0–10 m kann die Bewuchsmasse bis ca. 250–300 kg/m^2 betragen, bei einer Tiefe von > 50 m bis ca. 20 kg/m^2.
- Entfernung von der Küste: Je größer die Entfernung ist, umso geringer ist der Bewuchs und umso später werden die Strukturen besiedelt.
- Strömungsgeschwindigkeit: Je höher die Strömungsgeschwindigkeit, umso schwieriger ist es für Algen, Seepocken- oder Muschellarven usw., sich an die Strukturen anzuheften.
- Temperatur: Höhere Temperaturen fördern einen schnelleren Bewuchs
- Klarheit des Wassers: Je klarer das Wasser ist, umso tiefer reicht das Sonnenlicht und umso stärker wird das Wachstum von Algen usw. gefördert.
- Nährstoffgehalt des Wassers: Je höher der Nährstoffgehalt des Wassers ist, umso besser sind die Wachstumsbedingungen für Algen, Muscheln usw.

Bild 11.19 Muschelbewuchs an einem Offshore-Fundament (Foto: M. Klaustrup)

11.5.3 Eisbelastung

Wasser gefriert je nach Salzgehalt bei 0 °C (Süßwasser) und bei −1,8 °C mit einem Salzgehalt von ca. 3,5 % (Nordsee). Bei anhaltendem Frost wird der Salzgehalt im Eis reduziert und die Festigkeit des Eises nimmt zu. Sie ist abhängig vom Salzgehalt, der Eistemperatur und der Geschwindigkeit des Vereisungsprozesses.

Eis, das während der warmen Jahreszeit nicht abschmilzt, wird als mehrjähriges Eis (multi year ice) bezeichnet, Eis, das im Winter neu entsteht, als einjähriges Eis (first year ice). Die Festigkeit von mehrjährigem Eis ist generell höher als die des einjährigen Eises, da der Salzgehalt im Eis langsam abnimmt.

Für die Auslegung von Offshore-Bauwerken sind folgende Eisformen zu unterschieden: Geschlossene Eisdecke, Eisschollen, Packeisfelder, Presseisrücken und Eisberge. Die verschiedenen Eisformen werden durch die Umweltbedingungen wie Wind, Strömungen, Wellen und den örtlichen Bedingungen geschaffen. Die Festigkeitswerte sind abhängig von Eistemperatur, Salzgehalt und Lufteinschlüssen. Für die Druckfestigkeit von Eis bei 0 °C können folgende Werte angenommen werden:

Nordsee: 1,5 MPa (1 Megapascal = 10^6 N/m^2 = 1 N/mm^2)
Ostsee: 1,8 MPa
Süßwasser: 2,5 MPa

Pro Grad tieferer Eistemperatur steigt die Druckfestigkeit um ca. 0,25 MPa. Das Eis verhält sich beim Bruch wie ein sprödes Material.

Eine Bemessungsformel für die in der Wasserlinie auf das Bauwerk horizontal wirkende Streckenlast (nach Khorzavin) lautet:

$$F_H = k_K \cdot k_F \cdot D \cdot h \cdot \sigma_0 \tag{11.77}$$

mit: F_H = Horizontalkraft auf das Bauwerk; k_K = Kontaktbeiwert (Eis/Bauwerk); k_F = Formbeiwert (Form des Bauwerkes); D = Bauwerksbreite; h = Eisdicke; σ_0 = einachsige Eisdruckfestigkeit

Beispiel: Eisbelastung auf ein vertikales Bauwerk im Ostseeraum mit den folgenden Daten:

Eistemperatur = −10°C; $k_K = 0{,}33$; $k_F = 1{,}0$; $D = 5{,}0$ m; $h = 0{,}5$ m → $\sigma_0 \approx 1{,}8 + 10 \cdot 0{,}25 = 4{,}3$ MPa
→ $F_H = 0{,}33 \cdot 1{,}0 \cdot 5{,}0 \cdot 0{,}5 \cdot 4{,}3 = 3{,}5 MN$

■

11.5.4 Korrosion

Meerwasser ist eines der aggressivsten Medien, insbesondere in Verbindung mit intensiver Sonneneinstrahlung, hoher Luftfeuchtigkeit und häufiger Taupunktunterschreitung (Kondenswasserbildung mit Salzkonzentrationen). Deshalb ist auf einen ausreichenden Korrosionsschutz bei Offshore-Anlagen über eine Lebensdauer von ca. 20 Jahren bei begrenzter Zugänglichkeit besonders zu achten. Mängel wirken sich über kurz oder lang auf die Verfügbarkeit der Anlagen aus, werden an den Außenflächen oft auch schnell optisch sichtbar und können sich so imageschädigend auswirken. Die korrosive Wirkung der salzhaltigen und feuchten Luft reicht bis über die Gondeln der OWEA.

Korrosion ist der Oberbegriff für Materialveränderungen an Bauteilen. Das können Materialabträge (Dickenreduzierungen) oder Änderungen der Materialeigenschaften (chemische oder metallurgische) sein. Die wichtigsten Korrosionsarten sind:

- Oxidation: Sie führt bei Stahl zur Rostbildung (Umwandlung des Eisens in Eisenoxid mit völlig anderen Materialeigenschaften) und damit zur Reduzierung der tragfähigen Materialdicken. Dabei ist Sauerstoffzutritt an der Oberfläche erforderlich. Bei Aluminium bildet sich dort eine Oxidschicht, die sauerstoffundurchlässig ist und damit das Material schützt. Wird diese Schicht z. B. durch mechanische Belastung zerstört, bildet sich sofort eine neue Schicht. Im Meerwasser ist diese Schutzschicht i. A. nicht beständig.

- Galvanische oder Kontaktkorrosion: Sind zwei elektrisch leitende Materialien mit unterschiedlichen elektrischen Potenzialen (z. B. Stahl und Aluminium) durch eine elektrisch leitende Flüssigkeit wie Meerwasser benetzt, erfolgt ein Materialabtrag bei dem Material, welches das geringere elektrische Potenzial hat, hier bei dem Aluminium. Je größer die Potentialdifferenz der Materialien ist, um stärker ist die galvanische Korrosion.
- Weitere Korrosionsarten sind: Loch- (Pitting), Spalt-, Spannungsriss-, Schwingungsriss- und biochemisch induzierte Korrosion.

Durch Schweißungen kann die Korrosionsbeständigkeit von ansonsten korrosionsbeständigen Stählen im Bereich der Schweißnaht z. T. erheblich reduziert werden (verstärkte Neigung zur Spannungsrisskorrosion durch Zugschweißeigenspannungen im Schweißnahtbereich, Entmischung der Legierungsbestandteile).

In den Bemessungsregeln der Zertifizierungsgesellschaften (GL, DNV usw.) sind für entsprechend gefährdete Bauteile Korrosionszuschläge vorgesehen. Sie sollen gewährleisten, dass ein Bauteil auch nach längerem Betrieb, bei dem sich Abrostungen, d. h. Reduzierungen der Materialdicken, nicht vermeiden lassen, noch eine ausreichende Materialstärke bzw. Festigkeit hat.

Je nach korrosiver Beanspruchung (Meerwasser) und Wartung kann man davon ausgehen, dass bei durch Farbanstriche geschützte Bauteile eine Reduzierung der Materialdicken durch Abrostung von ca. 0,1 mm pro Jahr auftritt, bei ungeschützten Bauteilen ca. 0,3 mm, in dem Wechselbereich Luft/Wasser (Spülsaum) bis ca. 0,5 mm pro Jahr.

Für den Korrosionsschutz gibt es zahlreiche Normen und Richtlinien. Die beiden wichtigsten für Offshore-Anlagen sind:

- DIN EN ISO 12944 *Korrosionsschutz von Stahlbauten*, 1998
- NORSOK M 501 *Surface Preparation and Protective Coating*, 1999

Die DIN-Norm unterscheidet unterschiedliche Kategorien der Korrosionsbeanspruchung:

Für WEA im Onshore-Bereich sind im atmosphärischen Bereich die Kategorien „C3 mäßig" bis „C5-M sehr stark" je nach Aufstellungsort (küstenfern bzw. küstennah mit salzhaltiger Atmosphäre) vorgesehen. Für die Fundamente im Erdreich oder Wasser gelten die Kategorien „Im1" bis „Im3". Für den Offshore-Bereich ist im atmosphärischen Bereich die Kategorie „C5-M sehr stark" und im Bereich mit dauernder Wasserbelastung (Unterwasser- und Spritzwasserzone) die Kategorien „Im2" bis „Im3" vorgesehen.

Der norwegische NORSOK-Standard M-501 [16] ist für Offshore-Anlagen der Erdöl- und Erdgasindustrie erstellt worden. Sie beschreibt sehr ausführlich und detailliert den vorzunehmenden Korrosionsschutz derartiger Anlagen und kann auch für Offshore-Windenergieanlagen herangezogen werden.

11.6 Fundamentierungen für OWEA

11.6.1 Einleitung

Die Art der Gründungen von Offshore-WEA ist sehr stark von der Größe der WEA, der Wassertiefe, der Beschaffenheit des Meeresbodens (Tragfähigkeit) und den Umweltbedingungen wie

Strömungen, Tidenhub, Wellen, Eisgang usw. abhängig. Für Wassertiefen bis ca. 60 m kommen in Frage:

- Monopiles: bis ca. 30–35 m Wassertiefe
- Tripods: bis ca. 40 m Tiefe
- Jackets/Fachwerk: bis ca. 60 m Tiefe
- Suction Buckets (Saugrohre): bis Tiefen von ca. 25 m
- Schwergewichts- oder Gravitationsgründungen: bis Tiefen von ca. 20–30 m
- Varianten und Kombinationen der o. g. Gründungen

Aufgrund der hohen Gründungskosten werden für OWEA nur große Windenergieanlagen in Windparks mit 30 und mehr WEA ab der 3,5-MW-Klasse eingesetzt; je tiefer das Wasser ist, um so größer sollten die Anlagen sein. In Dänemark, England und Irland sind bereits zahlreiche Windparks mit Anlagen mit 3,5 MW Leistung bei Wassertiefen bis ca. 25 m in relativ geringer Entfernung von der Küste installiert. Für die deutschen Windparks, die in größeren Wassertiefen (bis ca. 40 m) und sehr viel weiter von der Küste entfernt installiert werden sollen (bis zu 120 km), kommen hauptsächlich Anlagen der 5-MW-Klasse und größer in Frage. Ferner muss die Anzahl der Anlagen pro Park wegen der hohen Netzanbindekosten ebenfalls größer werden. Die meisten sind für 80 Anlagen und mehr geplant.

Für Wassertiefen größer als ca. 60 m müssen andere, sogenannte schwimmende Gründungen gewählt werden, die am Meeresboden verankert werden. In der Offshore-Öl- und Gasindustrie sind solche Gründungen heute Stand der Technik. Dort sind Anlagen für Wassertiefen von mehr als 1 500 m realisiert worden, allerdings mit entsprechend großem Materialeinsatz. Für Windenergieanlagen können diese Techniken ebenfalls verwendet werden, jedoch unterscheiden sie sich in den Entwurfsanforderungen. Es kommen für schwimmende Offshore-Windenergieanlagen in Frage:

- „Tension Legs“ (Zugbeine): große Auftriebskörper, die durch Verankerungen am Meeresboden unter Wasser gehalten werden und durch die Vorspannungen in den Verankerungen die auf die OWEC[2] wirkenden Kräfte und Momente ausgleichen.
- „Spar Buoys“ (stabförmige Bojen): senkrecht schwimmende Türme, die am Meeresboden verankert werden. Durch eine entsprechende Gewichtsverteilung und die Vorspannung der Verankerung wird der Turm auch unter den Belastungen durch die Windenergieanlage in der Senkrechten gehalten.
- Varianten der o. g. schwimmenden Fundamente

Für schwimmende Gründungen kommen wegen des hohen Materialeinsatzes ebenfalls nur große WEA in Frage. Die Wirtschaftlichkeit solcher Anlagen ist zurzeit noch nicht gegeben.

11.6.2 Feste Gründungen

Als feste Gründungen werden solche Fundamente für OWEA bezeichnet, die auf dem Meeresboden stehen und die auf sie einwirkenden Kräfte in den Meeresboden einleiten. Aus der Offshore-Öl- und Gasindustrie haben sich derartige Gründungen seit langem bewährt, sie sind dort in Meerestiefen bis zu ca. 400 m installiert worden.

[2] Offshore wave energy converter

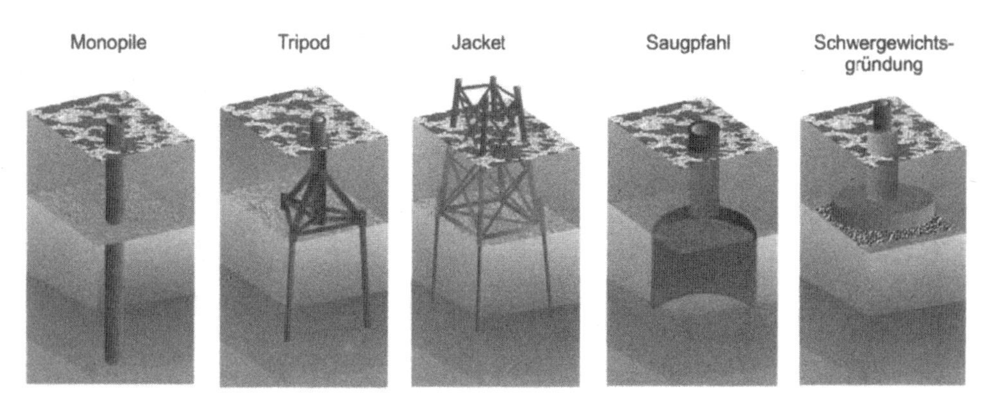

Bild 11.20 Feststehende Gründungsarten

Die Begrenzungskriterien für feste Gründungen sind:

- Höhe h der Gründung wegen der erforderlichen Biegesteifigkeit
- Spannungen nehmen zu mit h bzw. h^2
- Verformungen bzw. Neigungen der Gondel nehmen zu mit ca. h^4 bzw. h^3, die Neigung der Gondel darf im Betrieb nicht größer als 1–2 Grad sein
- Eigenfrequenzen nehmen ab mit ca. $1/h^2$
- Seegebiet (Wellenhöhen, Seegangsspektren, Strömungen, Windverhältnisse)
- Bodentragfähigkeit
- Rammbelastung (erforderliche Rammenergie)
- Gewicht der Gründungsstruktur (Fertigung, Transport, Krankapazitäten)
- Umweltbelastungen (z. B. Schalleintrag beim Rammen)

11.6.2.1 Monopiles

Die Gründung durch Monopiles besteht im unteren Teil aus einem zylindrischen Rohr, das je nach Größe der OWEA, Belastung und Bodentragfähigkeit ca. 15–35 m tief in den Meeresboden gerammt wird. Andere Techniken wie Einspülen oder Bohren (bei felsigem Untergrund) sowie Kombinationen sind ebenfalls möglich, aber kostenintensiver. Der über dem Meeresboden liegende Teil des Rohrs wird bei großen Rohrdurchmessern entweder konisch oder zylindrisch mit nach oben abnehmenden Wandstärken ausgeführt, da die Biegemomentenbelastung nach oben hin abnimmt. Auf das Rohr wird dann über Wasser der eigentliche Turm der WEA gesetzt.

Vorteile des Monopiles gegenüber den anderen Gründungsmethoden:

- einfache und kostengünstige Herstellung (Rohr mit bis zu 8 m Durchmesser und Wandstärken bis 90 mm)
- einfache und schnelle Installation, da nur ein Pfahl gerammt werden muss
- keine Vorbereitung des Meeresbodens
- gute Anlegemöglichkeiten für Serviceschiffe
- relativ sicher bei Kollision mit Schiffen

- einfacher Rückbau, der Pfahl wird bis ca. 3 m unterhalb des Meeresbodens freigespült und dort gekappt

Nachteile:

- relative geringe Biegesteifigkeit, dadurch Beschränkung auf die o. g. Wassertiefen
- Größere Rohrabmessungen (Durchmesser, Wanddicke) lassen sich nur schwierig rammen (Beschränkungen durch Größe des Rammhammers und Rammbelastung des Pfahls, Alternativen sind das Einspülen, Bohren oder Kombinationen).
- hoher Materialeinsatz
- erhebliche Belastung des Monopile-Kopfes beim Rammen (Einfluss auf die Lebensdauer)
- sehr hohe Geräuschpegel beim Rammen

Die Monopiles können als Rohre mit konstanter oder entsprechend der Momentenbelastung veränderlicher Wandstärke ausgeführt werden. Vorteil der letzteren ist der geringere Materialeinsatz, Nachteil die schlechteren Rammeigenschaften, da die Rammenergie an den Dickensprüngen teilweise reflektiert wird und nicht mehr vollständig am Rohrfuß wirkt.

Durchmesser, Wandstärken und Einbindelängen richten sich nach der Wassertiefe, der Belastung durch die Windenergieanlage, den Wellen, der Strömung und den Bodeneigenschaften. Die Durchmesser betragen zwischen 4 und 8 m, die Wandstärken zwischen 30 und 90 mm, die Einbindelängen bis zu ca. 35 m. Zur Gesamtlänge kommt noch die Wassertiefe plus dem über die Wasseroberfläche hinausreichenden Teil hinzu, sodass die Gesamtlänge der Pfähle bis zu 80 m betragen kann.

Rammung

Die Rammenergie bzw. Größe des Rammhammers wird an die jeweiligen Pfahlabmessungen und Bodenverhältnisse angepasst. Da die Bodeneigenschaften durch Bodenuntersuchungen meistens bekannt sind, wird vor dem Rammen eine Rammanalyse durchgeführt, d. h., es wird ermittelt, wie viel Schläge und welche Rammenergie während der Pfahleinbringung erforderlich sind und wie hoch die Belastung des Pfahlkopfes dabei sein wird. Während des Rammvorgangs wird die Eindringtiefe pro Rammschlag überwacht, es gelten pro 1 cm Eindringtiefe ca. 25 Schläge als Maximum. Wenn mehr Schläge dafür erforderlich sind, besteht die Gefahr, dass der Pfahlkopf durch die Rammung zu hoch beansprucht wird. Insgesamt beträgt die Anzahl der Rammschläge zwischen 3 000 und 6 000. Nach erfolgter Rammung sind ca. 25 % der Betriebsfestigkeit des Pfahls verbraucht.

Während des Rammens entstehen sehr hohe Schallpegel, sie können bis zu 260 dB betragen. Solche Schallpegel sind für Fische und Meeressäuger tödlich. Deshalb wird häufig beim Rammvorgang mit einem sogenannten Softstart begonnen, d. h., man beginnt das Rammen mit geringer Rammenergie und wartet eine bestimmte Zeit ab, in der die Meeresbewohner flüchten können.

Das BSH lässt für Rammarbeiten einen Schallpegel von 160 dB in 750 m Entfernung zu. Da diese Begrenzung bei großen Monopiles i. A. nicht einzuhalten ist, sind Schallschutzmaßnahmen wie Blasenschleier, Ummantelung des Pfahls und Ähnliches beim Rammvorgang erforderlich. Die Wirksamkeit und Kosten solcher Maßnahmen werden zurzeit intensiv untersucht.

Grouted Joint

Die Verbindung des Monopiles mit dem eigentlichen Turm der OWEA wird meistens über einen sogenannten Grouted Joint ausgeführt. Dabei wird ein Rohr (transition piece) mit einem um 200 bis 400 mm größeren Durchmesser und ca. 5–8 m Länge über den Monopile gestülpt, senkrecht ausgerichtet, unten abgedichtet und der Raum zwischen Monopile und Rohr mit seewasserbeständigem und schnell aushärtendem Spezialbeton ausgefüllt. Das Grouting-Material soll eine hohe Haftung zu den Stahlteilen haben. Dadurch können mögliche Ausrichtefehler des Monopiles, die beim Rammen entstanden sind, ausgeglichen werden. Der Turm wird mit dem Rohr durch einen Flansch verbunden.

Diese Art der Verbindung ist in der Offshore-Ölindustrie bereits erfolgreich eingesetzt worden, bei den OWEA liegen jedoch andere Belastungen vor (hohe Lastwechselzahlen, alternierende Spannungen). Zur Absicherung der Grouting-Verbindung sollten sogenannte Shear Keys (Halteknaggen) am Verbindungsrohr und dem Monopile angeordnet werden (Empfehlung des DNV [5]). Die Shear Keys sollen das Abrutschen des Turms verhindern, falls sich die Verbindung Grouting/Monopile gelockert hat.

Geschraubte Flanschverbindungen oder ähnliche zwischen Gründungspfahl und Turm kommen bei gerammten Pfählen nicht zum Einsatz, da durch das Rammen der Pfahlflansch beschädigt sein könnte und Ausrichtefehler nicht kompensiert werden können.

Materialien

Für die Herstellung der Monopiles werden ferritische Stähle verwendet mit hohen Anforderungen an die Zähigkeitseigenschaften des Werkstoffs (hohe Kerbschlagzähigkeitswerte bei Temperaturen von −40 °C nach GL-Vorschrift) und guten Schweißeigenschaften. Die Stähle haben meistens Fließgrenzen ($\sigma_{0,2}$-Grenze) von 355 bis 450 MPa (1 Megapascal = 1 N/mm^2). Höhere Fließgrenzen sind normalerweise nicht erforderlich, da neben den ertragbaren Spannungen auch die Beulsicherheit (Druckspannungen) der Pfähle zu berücksichtigen ist. Dafür ist nicht die Festigkeit des Werkstoffs maßgebend, sondern Dicke und Elastizitätsmodul, der für alle ferritische Stähle gleich ist.

Beispiele für eingesetzte Stähle:

S355EM, S450EM, S355G7+M, S355G7+N nach EN 10225; der Buchstabe S steht für Stahl, die folgende Zahl für die $\sigma_{0,2}$-Grenze und die nachfolgenden Zeichen für den Gütegrad (Zähigkeit, Schweißbarkeit, Einsatztemperatur usw.).

Die Ausführungen über das Rammen, die Grouting-Verbindung und die Materialen gelten sinngemäß auch für die weiter unten beschriebenen Gründungen mit Tripods, Jackets und Suction Buckets.

11.6.2.2 Tripods

Tripod(Dreibein)-Gründungen sind Stahlkonstruktionen, die mit drei Beinen auf dem Meeresboden aufgestellt werden. In einem zentralen Knoten unter oder über der Wasseroberfläche werden die Beine zusammengeführt und durch Flansche oder Grouted Joints mit dem Turm der OWEA verbunden. Im Meeresboden verankert werden die Beine des Tripods durch Rammpfähle oder Suction Buckets (s. u.). Auf diese wird dann der Tripod gestellt. Die Montage des Tripods erfolgt komplett an Land, sie werden anschließend mit Pontons zum Aufstellungsort transportiert und mithilfe von großen Kränen aufgestellt.

Über die abstützende Struktur der Tripods werden die durch Seegang, Strömung und Wind erzeugten Kräfte auf die einzelnen Gründungselemente verteilt. Das führt zu einer Lastreduktion in den einzelnen Elementen. Durch die Beine der Tripodkonstruktion werden die Biegemomente hauptsächlich in Zug- und Druckkräfte im Boden umgesetzt. Alternativ können die Rammpfähle auch schräg in den Boden eingebracht werden und somit auch die Horizontalkräfte zum Teil in Form von Tangentialkräften in den Boden einleiten.

Vorteile der Tripodgründung:

- geringes Gesamtgewicht (Materialeinsatz)
- höhere Steifigkeit, dadurch für größere Wassertiefen als beim Monopile geeignet
- kleine Rammpfähle oder Suction Buckets
- geringere Rammenergie und Schallemissionen beim Rammen
- geringere Bodenbelastung

Nachteile:

- höhere Fertigungskosten (Herstellung und Schweißen von dickwandigen Knoten)
- Bodenvorbereitung erforderlich (einebnen)
- Kollisionsgefahr beim Anlegen von Serviceschiffen durch die schrägen Stützen
- geringere Kollisionssicherheit
- größere Kolkschutzfläche erforderlich
- höheres Rammrisiko, wenn große Steine im Boden vorhanden sein können (der letzte der Rammpfähle trifft auf einen großen Stein)

Neben dem klassischen Tripod sind andere Gründungsformen entwickelt worden, die jedoch bis auf den Tripile (s. u.) zurzeit noch nicht eingesetzt worden sind:

- Tripile der Firma BARD: die drei Beine der Gründung werden in einem über der maximalen Wasserstandshöhe liegenden Stützkreuz zusammengeführt, auf das der Turm gesetzt wird. Die Beine sind auf Rammpfählen oder Suction Buckets gelagert. Vorteile sind eine einfachere Fertigung, da keine Knoten geschweißt werden müssen, kritische Schweißnähte und der größte Teil der korrosionsanfälligen Flächen liegen über Wasser. Nachteilig ist das höhere Gesamtgewicht gegenüber dem klassischen Tripod (größere Materialstärken, um die notwendige Steifigkeit zu erreichen).
- Asymmetrischer Tripod: Bei dieser Konstruktion steht ein Hauptrohr senkrecht auf einem Gründungspfahl, die beiden anderen kleineren Rohren werden an das Hauptrohr angeschlossen. Das Hauptrohr reicht bis zum Meeresboden. Die Gründung kann durch Rammpfähle oder Suction Buckets erfolgen.

11.6.2.3 Jackets

Beim Jacket besteht die Gründungsstruktur aus einem aus Stahlrohren gebildeten räumlichen Fachwerk, an dessen unteren Eckpunkten Hülsen angeordnet sind, durch die die Pfähle (je Eckpunkt ein Pfahl oder mehrere) gerammt werden. Es ist möglich, statt Pfähle auch Suction Buckets zu verwenden. Jackets haben sich seit Jahrzehnten als Gründungsstrukturen für Offshore-Plattformen der Öl- und Gasindustrie bei Wassertiefen bis zu 400 m bewährt.

Das Jacket-Gerüst wird komplett an Land gefertigt, mit einem Ponton zum Aufstellungsort geschleppt und dort mithilfe von großen Kränen aufgestellt.

Vorteile von Jacket-Gründungen:

- geringes Gewicht (Materialverbrauch ca. 50–60 % eines vergleichbaren Monopiles)
- kleine Abmessungen der Einzelteile bei der Fertigung
- hohe Steifigkeit, dadurch für größere Wassertiefen geeignet
- kleinere Rammpfähle oder Suction Buckets
- geringere Rammenergie und Schallemissionen
- geringe Querschnitte in der Wasserlinie, wenn der Hauptknoten über Wasser liegt, dadurch geringere Belastungen durch Strömung, Wellen und Eis
- geringere Bodenbelastung

Nachteile:

- höhere Fertigungskosten (Herstellung und Schweißen von vielen Knoten)
- Bodenvorbereitung erforderlich (einebnen)
- höherer Korrosionsschutzaufwand durch viele kleine Flächen
- geringe Kollisionssicherheit mit Schiffen
- größere Kolkschutzfläche erforderlich
- höheres Rammrisiko, wenn große Steine im Boden vorhanden sein können (siehe Abschnitt 11.6.2.2)

11.6.2.4 Schwerkraftgründungen

Das Prinzip der Schwerkraftgündung beruht darauf, dass ein schwerer Körper auf den Meeresboden aufgestellt wird und durch sein Gewicht und eine große Aufstellfläche die Standsicherheit der OWEC sicherstellt. Als Material wird dafür seewasserbeständiger Beton verwendet. Der Betonkörper wird an Land gefertigt und auf einem Ponton zu dem Aufstellungsort transportiert oder, wenn er schwimmfähig gestaltet wird, dorthin geschleppt und abgesenkt. Nach dem Absenken werden dafür vorgesehene Kammern zusätzlich mit Ballast, z. B. Sand, beschwert, um ein größeres Kippmoment aufnehmen zu können.

Vorteile der Schwerkraftgründung:

- kostengünstige Herstellung bei Serienfertigung und durch Verwendung von Beton, der sehr billig im Vergleich zu Stahl ist
- bei Wassertiefen bis ca. 15–20 m günstigste Fundamentierung
- Erfahrung mit dem Prinzip und den Materialien liegen aus Brückenbau und Offshore-Ölindustrie vor.
- keine Rammung erforderlich, außer eventuell einem Führungspfahl zum kontrollierten Absenken
- kaum Schallemissionen
- geringe Korrosionsschutzmaßnahmen
- hohe Belastbarkeit bei Eisgang (einfache Anordnung eines eisbrechenden Konus in Höhe der Wasserlinie)
- einfacher Rückbau

Nachteile:

- hohe Startkosten für die Fertigung
- hohes Gewicht, beim Pontontransport sind große Kräne erforderlich (Gewichte bis 3 000 t)
- große Aufstandsflächen erforderlich
- hohe Bodenbelastung, insbesondere an den Kanten
- Gefahr der Sattelbildung (Verdichten des Bodens an den Kanten rundum) bei wechselnden Belastungsrichtungen
- umfangreiche Bodenvorbereitung erforderlich (Einebnen einer großen Fläche, eventuell zusätzliche Erhöhung der Tragfähigkeit durch Verdichtung des Bodens, Aufschüttungen mit Sand o.ä.)
- aufwändige Kolkschutzsicherung

Neben der klassischen Schwerkraftgründung gibt es weitere Entwicklungen, wie z. B. das „Ocean Brick System", das modular aufgebaut ist und aufgelöste Strukturen verwendet, sowie Systeme, die statt der runden Ausführung eine kreuzförmige Anordnung von großen Betonbalken vorsehen. Das Ziel ist dabei, Gewicht zu sparen bei gleicher Standsicherheit.

11.6.2.5 Suction Buckets

Bei der Suction-Bucket-Fundamentierung wird ein großer, oben geschlossener, unten offener Körper (umgestülpter Eimer) durch einen im Inneren erzeugten Unterdruck in den Boden gepresst. Um eine ausreichende Standsicherheit zu erhalten, müssen Durchmesser und Länge des Zylinders groß sein. Durch die Mantelreibung des Suction Bucket im Boden soll die Standfestigkeit sichergestellt werden. Die durch den Unterdruck auftretenden Kräfte dürfen nicht bei der Standsicherheit berücksichtigt werden, da der Unterdruck durch langsam nachströmendes Wasser wieder abgebaut wird.

Vorteile:

- keine Rammarbeiten erforderlich
- keine Schallemissionen

Nachteile:

- erhöhte Beulgefahr durch äußeren Überdruck, Versteifungen zur Erhöhung der Beulstabilität erforderlich
- große Abmessungen, dadurch hoher Materialverbrauch und hohes Gewicht
- Bodenvorbereitung erforderlich (einebnen)
- sorgfältige Bodenuntersuchung, ob der Unterdruck ausreicht, das Rohr gegen die Mantelreibung ausreichend tief in den Boden zu drücken
- ungünstiges Verhältnis der Sicherheiten gegen Spannungsversagen und gegen Beulversagen

Abschätzung der Umfangsspannung eines Zylinders unter Außen- oder Innendruck:

$$\sigma = \frac{p \cdot R}{t} \qquad \text{(Kesselformel)} \tag{11.78}$$

Abschätzung des Beuldrucks eines Zylinders unter Außendruck (nach [7]):

$$p_{\text{krit}} = \frac{\pi \cdot E \cdot R}{9 \cdot l} \left(\frac{t}{R} \right)^{5/2} \cdot \sqrt[4]{\frac{36}{(1-\nu^2)^3}} \tag{11.79}$$

mit: p_{krit} = kritischer Beuldruck = maximal zulässige Druckdifferenz außen/innen; E = Elastizitätsmodul des Werkstoffs; ν = Querkontraktionszahl; R = Radius des Zylinders; l = Länge des Zylinders; t = Wandstärke

11.6.3 Schwimmende Gründungen

11.6.3.1 Tension Legs

Bei einer Tension-Leg-Gründung werden Schwimmkörper (häufig dreieckig ausgeführt) aus Stahl oder Beton vorgesehen, die im völlig getauchten Zustand einen großen Auftriebsüberschuss haben. Dieser wird kompensiert durch Verankerungen an den Ecken des Körpers, mit denen über Ketten oder Seile der Schwimmkörper komplett unter Wasser in der entsprechenden Position gehalten wird. Über Rohrstreben wird der Turm in der Mitte des Schwimmkörpers gelagert.

Bild 11.21 Schwimmende Gründungsarten

Bei einer Krängung des Tauchkörpers durch die Wind- und Wellenkräfte fällt eines oder zwei der durch den Auftriebsüberschuss vorgespannten Ankerseile oder Ketten lose (je nach Ausrichtung der Anlage zur Windrichtung). Die wegfallenden Seilkräfte bewirken ein aufrichtendes Moment am Schwimmkörper. Solange das aufrichtende Moment größer als das krängende Moment ist, bleibt die Anlage senkrecht. Die Zugkräfte in den Ankerseilen durch den Auftrieb müssen so groß sein, dass sie das krängende Moment aus der Gesamtbelastung der WEA in allen Richtungen ausgleichen können.

Wegen des hohen Materialeinsatzes für Tauchkörper und Verankerung sowie der aufwändigen Aufstellung lohnen sich solche Gründungen nur für große WEA bei großen Wassertiefen (> ca. 60 m).

11.6.3.2 Spar Buoys

Bei sehr großen Wassertiefen (> ca. 200 m) kommen auch „Spar Buoys“ infrage. Sie werden ebenfalls zurzeit hauptsächlich in der Offshore-Öl- und Gasindustrie eingesetzt. Dabei handelt es sich um senkrecht schwimmende stabförmige Hohlkörper, deren Gewichtsschwerpunkt deutlich unterhalb des Auftriebsschwerpunkts liegt und damit ein stabilisierendes Moment erzeugt. Der Auftriebsüberschuss wird durch den Zug der Verankerung mit Seilen und zusätzlichen Reitergewichten kompensiert. Damit wird die senkrechte Schwimmlage zusätzlich stabilisiert. Die Einsatzmöglichkeiten für OWEA bei großen Wassertiefen werden zurzeit intensiv untersucht.

Auch hier gilt, dass wegen des hohen Materialeinsatzes für Schwimmkörper und Verankerung sowie der aufwändigen Aufstellung sich solche Gründungen nur für große WEA (5 MW und mehr) bei großen Wassertiefen (> ca. 200 m) lohnen.

11.6.4 Betriebsfestigkeit

Neben den Maximalbelastungen einer OWEA aus der 50- bzw. 100-Jahresböe und der 50- bzw. 100-Jahreswelle sind die hohen Lastwechselzahlen aus den Seegangs- und Windbelastungen mit bis zu $3 \cdot 10^8$ Lastzyklen in 25 Jahren ein weiteres bestimmendes Kriterium für die Dimensionierung der OWEA-Fundamentierungen.

Zur Berechnung der Lebensdauer gibt es mehrere Verfahren, das am meisten genutzte ist die lineare Schadensakkumulationsmethode nach Palmgren-Miner (siehe z. B. [9]).

Danach werden die zeitlichen Belastungen von Komponenten der Gründungen in k sogenannte Lastkollektive aufgeteilt. Jedes Kollektiv wird durch auftretende Lastwechselzahl, Spannungsamplitude und Mittelspannung festgelegt. Für die so festgelegten Lastkollektive werden entsprechende Teilbeiträge d_i zu einer Schädigungssumme D ermittelt.

$$D = \sum_{i=1}^{k} d_i \leq \eta \leq 1 \tag{11.80}$$

Für die konstruktiven und fertigungstechnischen Ausführungen der Komponenten (Bauteilart, Schweißnahtform, Belastungsrichtung, Kantenbearbeitung usw.) hat das IIW (International Institute of Welding) sogenannte Detailkategorien (Referenzspannungen) für Bauteile aus Stahl oder Aluminium festgelegt [9]. Die Referenzspannungen werden mithilfe von Einflussfaktoren wie z. B. für die Art des Schweißverfahrens, Dicke des Bauteils, Wichtigkeit des Bauteils usw. korrigiert. Die Detailkategorien berücksichtigen nicht die Festigkeit der jeweiligen Materialien, diese wird nur mit einem Einflussfaktor bei der Korrektur der Referenzspannungen berücksichtigt.

Es wird meistens für $\eta = 1$ angenommen. Das bedeutet, dass auch der Sicherheitsfaktor gegen Versagen gleich 1 ist. Die Palmgren-Miner-Regel weist jedoch gewisse Schwächen auf, es wird z. B. die Belastungsgeschichte nicht berücksichtigt. So haben zuerst auftretende höhere Belastungen und danach niedrigere Belastungen eine stärkere Reduzierung der Lebensdauer zur Folge als bei umgekehrter Reihenfolge. Deshalb sollte die Schadenssumme $\eta < 1$ bleiben. DNV [5] gibt in seinen Vorschriften für η Werte von 0,1 bis 1 vor, je nach Wichtigkeit des Bauteils.

Der Grenzwert $D \leq 1$ sollte auch nur für Komponenten aus Stahl verwendet werden. Für Bauteile aus Aluminium oder FVK (Faserverstärkte Kunststoffe) ist eher die Grenze $D \leq\approx 0{,}5$ zu verwenden, da solche Bauteile deutlich früher versagen als nach Gl. (11.80) ermittelt.

Zur Ermittlung der Lastkollektive (s. o.) hat sich die Rainflow-Methode (siehe Bild 11.22) als besonders geeignet erwiesen. Sie ist z. B. in [11] ausführlicher erläutert.

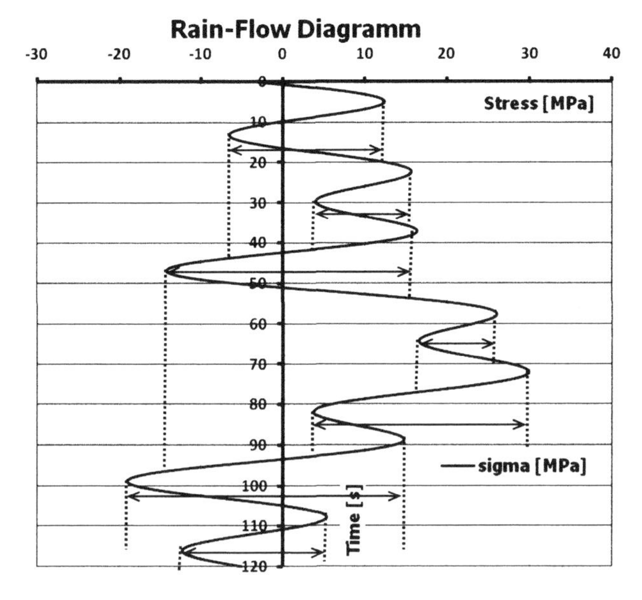

Bild 11.22 Rainflow-Diagramm

11.7 Bodenmechanik

11.7.1 Einführung

Die Beschaffenheit des Meeresbodens mit seinen unterschiedlichen Schichten hat einen entscheidenden Einfluss auf die Standsicherheit der Gründungen. Der Boden muss die auf die Gesamtanlagen wirkenden Kräfte und Momente aus Wind, Wellen, Strömungen usw. aufnehmen. Die Festigkeits- und Elastizitäts- bzw. Plastizitätseigenschaften der einzelnen Bodenschichten spielen dabei eine wesentliche Rolle. Deshalb ist deren Kenntnis zwingend notwendig.

Zur Ermittlung der Bodeneigenschaften werden an den Standorten die bis zur geplanten Eindringtiefe der Gründungspfähle vorhandenen Schichten untersucht, z. B. durch Probebohrungen. Die Anzahl der Probebohrungen ist abhängig von der Größe der Windparks, den Änderungen der Bodenbeschaffenheit innerhalb eines Windparks usw. Die Anzahl der erforderlichen Proben wird für die deutschen AWZ vom BSH festgelegt, siehe [1]. Die Mindestforderungen sind vier Bohrungen an den Ecken und eine in der Mitte eines Windparks oder 10 % der Anzahl der OWEA des Windparks.

Zur Ermittlung der Bodeneigenschaften kommen auch geotechnische und geophysikalische Methoden in Frage.

11.7.2 Bodeneigenschaften

Die Bodeneigenschaften sind, wie bereits erwähnt, entscheidend für die Tragfähigkeit und damit für die Standsicherheit der OWEA. Sowohl in der Nordsee und als auch in der Ostsee können die Schichtungen sowie deren Eigenschaften sehr unterschiedlich sein. Generell unterscheidet man bei den Bodenarten zwischen bindigen (kohäsiven) und nichtbindigen (nichtkohäsiven) Böden. Während beide Bodenarten relativ große Druck- bzw. Scherspannungen übertragen können, sind die übertragbaren Zugspannungen bei den nichtbindigen Bodenarten im trockenen Zustand gleich null, im nassen Zustand sehr klein (Beispiel: trockener und nasser Sand). Bindige Böden können geringe Zugspannungen übertragen. Der Zusammenhalt wird durch den Kohäsionsfaktor c' beschrieben.

Bindige Bodenarten sind Lehm, Kleie, Schluff, Geschiebemergel, Torf und Ton. Sie haben i. A. eine plättchenförmige Struktur und kleine Korngrößen von ca. 0,001–0,06 mm. Ihre Schüttwichten im Wasser betragen zwischen 1 (Torf) und 12 kN/m^3 (Mergel), nach Schmidt [19].

Nichtbindige Arten sind Sand und Kies mit rundlicher Struktur und Korngrößen von 0,06 (Sand) bis 65 mm (Kies). Die Schüttwichten im Wasser betragen zwischen 10 (Kies) und 11 kN/m^3 (dichter Sand), nach [19]. Weitere Bodenarten sind Fels und organischer Schlamm sowie Gemische aus den o. g. Arten.

Je nachdem wie stark die Böden verdichtet sind, unterscheidet man zwischen lockeren, mitteldichten, dichten und sehr dichten Böden. Die Räume zwischen den Körnern sind mit Wasser gefüllt.

Zur Ermittlung der Tragfähigkeit einer Gründung sind die folgenden mechanischen Kenngrößen von Böden notwendig (Zahlenwerte nach [19]):

- Druckfestigkeit σ (Fließgrenze)
- Schub- oder Scherfestigkeit τ
- innerer Reibungswinkel φ' (ähnlich zum Schüttwinkel): im Wasser ca. 30–40 Grad für nichtbindige, ca. 15–25 Grad für bindige Böden
- Kohäsionsfaktor c': ca. 2–8 kN/m^2 für nichtbindige, ca. 5–25 für bindige Böden
- Sekantenmodul E_S: ca. 20–300 MN/m^2 für nichtbindige, ca. 0,5–100 für bindige Böden
- Permeabilität k: ca. $5 \cdot 10^{-5}$ m/s für lockeren Sand, ca. 10^{-3} für dichten Ton

Die Permeabilität (Wasserdurchlässigkeit) gibt an, wie schnell Wasser durch die Bodenart fließt. Bei dynamischen Belastungen, z. B. Schwingungen oder durchlaufenden Wellen, ändert sich der Wasserdruck im Boden zeitlich. Passt er sich bei einer zu geringen Permeabilität nicht entsprechend schnell dem umgebenden statischen Druck an, entsteht ein Über- oder Unterdruck (der sogenannte Porenwasserdruck). Die zeitliche Änderung des Porenwasserdrucks wird durch seinen Gradienten $p(t)$ beschrieben. Übersteigt dieser Wert die Fließgrenze des Bodens, wird die Scherfestigkeit des Bodens zu null, d. h., der Boden verliert seine Tragfähigkeit vollständig, er „verflüssigt" sich. Die Berechnung dieses Effekts ist zurzeit noch nicht ausreichend genau möglich, er muss aber grundsätzlich bei der Gründungsauslegung mit beachtet werden.

Die Bestimmung der Bodeneigenschaften erfolgt meistens experimentell, z. B. durch seismische Methoden oder durch Laboruntersuchungen an Proben aus den lokalen Bohrungen. Ein bewährtes Verfahren ist die Untersuchung mit dem Triaxialgerät. Damit können die wichtigsten Bodenkennwerte durch Variation der Parameter (Spannungen in den drei Richtungen,

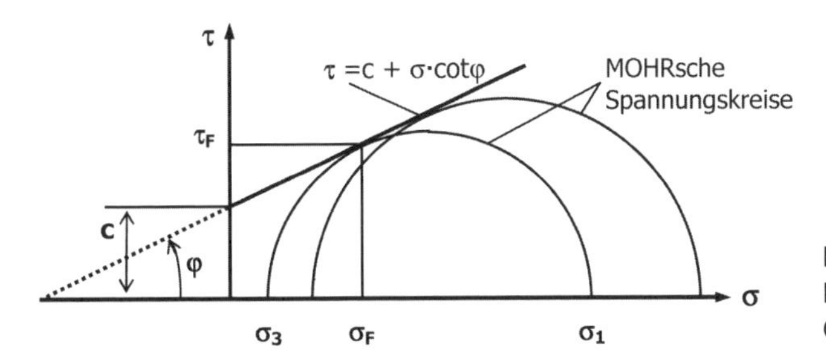

Bild 11.23 Ermittlung der Bodenscherfestigkeit (Mohr-Coulomb'sche Grenzbedingung)

triaxial), Porenwasserdruck, nasser oder trockener Probenzustand) bestimmt werden. Näheres zu den Laborversuchen und deren Auswertungen sind z. B. in [19] zu finden.

Eine dauerhafte Wechselbeanspruchung des Bodens führt zu einer Reduzierung seiner Tragfähigkeit und Steifigkeit. Wird eine Bodenschicht überlastet, verformt sich der Boden bleibend (plastisch). Verfahren zur Ermittlung der Grenztragfähigkeit einer Bodenart (plastisches Versagen, Flächenbruch) sind ebenfalls [19] zu entnehmen.

11.7.3 Berechnungen des Bodentragverhaltens

Die auf Gründungen der OWEA wirkenden Lasten aus dem Gewicht der Anlage und den Wind-, Wellen-, Strömungs- und Eiskräften müssen von dem Boden aufgenommen werden. Das Gewicht der Anlage verursacht Vertikalkräfte, der Rotorschub und die Kräfte aus Wellen, Strömungen und Eis Horizontalkräfte, diese multipliziert mit den jeweiligen Hebelarmen, zusätzlich Momente. Grundsätzlich gilt auch hier das Gleichgewichtsprinzip, d. h., die Summe der Kräfte aus den Belastungen muss gleich den Kräften und die Summe der Momente aus den Belastungen gleich den Momenten sein, die im Boden als Reaktionen wirken.

Je nach Gründungsart treten unterschiedliche Belastungen des Bodens auf:

Monopile-Gründung: (siehe Bild 11.24): Die Biegemomente und Schubkräfte werden durch horizontal gerichtete Drücke übernommen, das Gewicht der Anlage durch vertikale Drücke (Spitzendruck am Fuß des Pfahls und Mantelreibung). Dabei ist die horizontale Verschiebung am Meeresboden am größten und verursacht eine hohe Bodenbelastung an der Leeseite (dem Wind abgewandt) des Pfahls. An der Luvseite (dem Wind zugewandt) werden keine Kräfte übertragen, da die übertragbaren Zugspannungen zwischen Pfahl und Boden nahezu null sind. Ein Monopile „lehnt sich nur an einer Seite gegen den Boden". Das maximale Biegemoment im Pfahl liegt wegen seiner „elastischen Einspannung" unterhalb des Meeresbodens. Je nach Steifigkeit des Materials der obersten Bodenschichten tritt das Maximum beim 2- bis 3-Fachen des Pfahldurchmessers tiefer auf.

Dominiert beim Monopile eine Wind- oder Wellenrichtung oder wird die Tragfähigkeit des Bodens z. B. durch eine Jahrhundertwelle überlastet (plastifiziert), kann sich an der Luvseite ein Spalt zwischen Boden und Pfahl bilden, der sich nach der Entlastung nicht wieder schließt. Das führt zu einer Schiefstellung der Anlage, die im Laufe der Betriebszeit zunehmen und die Lebensdauer der OWEC reduzieren kann.

Tripod- und Jacket-Gründungen: Die aufzunehmenden Lasten verteilen sich auf verschiedene Reaktionskräfte. Die Biegemomente und vertikalen Lasten werden durch Spitzendruck

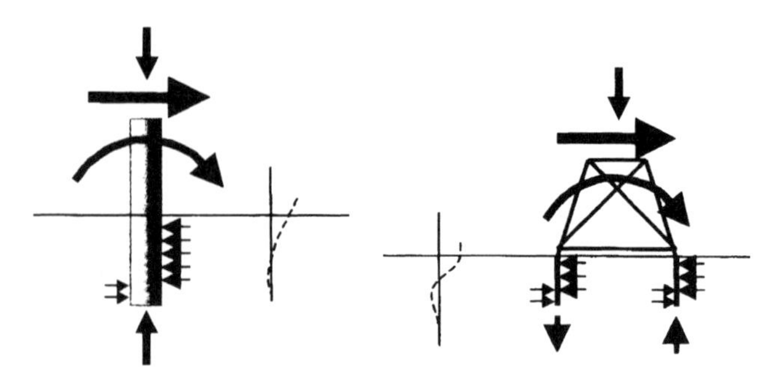

Bild 11.24 Lastabtragungen und Verformungen bei Monopile- und Jacket-Gründung

und Mantelreibungskräfte an den Pfählen (an der Luvseite nach oben, an der Leeseite nach unten gerichtet), die Schubkräfte durch horizontale Drücke in den Boden eingeleitet. Dadurch wird der Boden geringer und gleichmäßiger als beim Monopile belastet.

Schwerkraftgründungen: Gewichte und Biegemomentenbelastung der OWEA werden durch vertikal gerichtete Normalspannungen, verteilt über die Aufstandsfläche, aufgenommen, die horizontalen Schubkräfte durch horizontal gerichtete Scherspannungen. Die Biegemomente werden durch die Verteilung der Normaldrücke in Lastrichtung aufgenommen, auf der Leeseite steigen sie an, auf der Luvseite werden sie geringer.

Suction Buckets: Die Lasten werden hauptsächlich durch die Mantelreibung an der Innen- und Außenseite des Zylinders aufgenommen. Die Tangentialspannungen sind durch die große Oberfläche des Suction Buckets relativ klein im Verhältnis zum Tripod oder Jacket.

Eine Möglichkeit zur Berechnung der Bodenreaktion auf die äußeren Belastungen ist, das Bodenverhalten durch mehrere lineare oder nichtlineare Federn zu modellieren (siehe Bilder 11.25 und 11.26). Die Federcharakteristiken werden durch Spannungsverschiebungs- bzw. Kraftverschiebungskurven beschrieben. So geben z. B. die p-y-Kurven die Bodenverformung in Horizontalrichtung unter den wirkenden Normalspannungen (Druck) p an, die t-z-Kurven die Bodenverformungen in z-Richtung unter den Tangentialspannungen t und die Q-z-Kurven die Bodenverformungen in z-Richtung unter der senkrecht wirkenden Kraft Q. Zugspannungen oder -kräfte können die Federn nicht übertragen.

Bei Bodenschichten mit unterschiedlichen mechanischen Verhalten muss jede Schicht durch die entsprechenden Kurven bzw. Federkennlinien dargestellt werden. Damit können die Spannungen und Verformungen eines Pfahl wie ein Balken mit linearer (elastischer) oder nichtlinearer Bettung z. B. mit FE-Methoden berechnet werden.

Eine andere, aufwendigere Möglichkeit zur Berechnung ist die FEM-Modellierung der Bodenschichten durch Volumenelemente mit ihren jeweiligen mechanischen Eigenschaften (E-Modul, Querkontraktion, Spannungsverformungskennlinien usw.). Der Pfahl wird mit Volumen oder Flächen modelliert. Die Grenzflächen zwischen Boden und Pfahl müssen mit Kontaktelementen dargestellt werden, damit nur Druckkräfte übertragen werden.

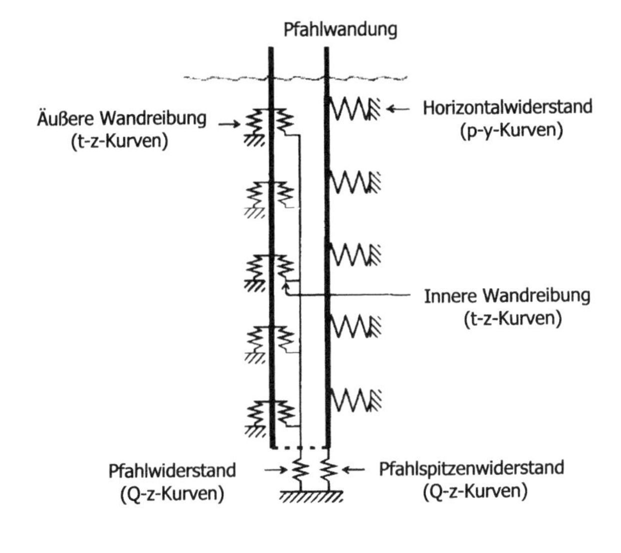

Bild 11.25 Federmodell zur Berechnung einer Pfahlgründung

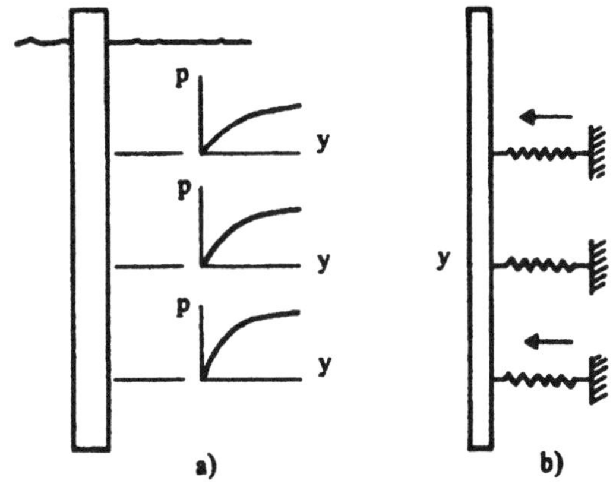

Bild 11.26 (a) p-y-Kurven, (b) Modellierung durch nichtlineare Federn

Literatur

[1] BSH (Bundesamt für Seeschifffahrt und Hydrographie): Standard-Nr. 7003, Mindestanforderungen für Gründungen von Offshore-Windenergieanlagen, Hamburg, 2003

[2] BSH (Bundesamt für Seeschifffahrt und Hydrographie): Standard-Nr. 7007, Konstruktive Ausführung von Offshore-Windenergieanlagen, Hamburg, 2007 (www.bsh.de)

[3] Clauss, Günther u. a.: Meerestechnische Konstruktionen, Springer-Verlag, Berlin, 1988

[4] Det Norske Veritas (DNV): Environmental Conditions and Environmental Loads, Oslo, 2000 (www.dnc.com)

[5] Det Norske Veritas (DNV): Design of Offshore Wind Turbine Structures (DNV OS-J101), Oslo, 2004 (www.dnc.com)

[6] EAU (Empfehlungen des Arbeitskreises Ufereinfassungen), Ernst & Sohn, Berlin, 2004

[7] Ebner, H.: Festigkeitsprobleme von U-Booten, Schiffstechnik Bd. 14, Heft 74, 1967

[8] Eck, Bruno: Technische Strömungslehre, Springer-Verlag, Berlin, 1966

[9] Germanischer Lloyd (GL): Guidelines for the Certification of Offshore Wind Turbines, Hamburg, 2005 (www.gl-group.com)

[10] Gerstner, Franz Josef: Theorie der Wellen, Annalen der Physik, 1809

[11] Haibach, E: Betriebsfestigkeit, VDI-Verlag, Düsseldorf, 2002

[12] Hamil: Bridge Hydraulics, E&F Spon, London,1999

[13] Hapel, Karl-Heinz: Festigkeitsanalyse dynamisch beanspruchter Offshore-Konstruktionen, Vieweg Verlag, Stuttgart, 1990

[14] Kokkinowrachos, K.: Offshore-Bauwerke, Handbuch der Werften, Bd. XV, Schifffahrtsverlag Hansa, Hamburg, 1980

[15] Morison, I. R. u. a.: The Force exerted by Surface Waves on Piles, Transactions AIME 189, 1950

[16] NORSOK: Standard M-501, Surface Preparation and Protective Coating, 2004, www.nts.no/norsok

[17] Richwien, W.; Lesny, K: Kann man Kolke an Offshore-Windenergieanlagen berechnen, BAW-Workshop Boden- und Sohl-Stabilität, 2004

[18] Sarpkaya, Turgut u. a.: Mechanics of Wave Forces on Offshore Structures, van Nostrand Reinhold, New York, 1981

[19] Schmidt, H.-H.: Grundlagen der Geotechnik, Teubner Verlag, Wiesbaden, 2006

[20] Wehausen, John V. u. a.: Surface Waves, Handbuch der Physik Bd. 9, Springer-Verlag, Berlin, 1960

Index